# Gehirn und Kognition

Verständliche Forschung

# Gehirn und Kognition

Mit einer Einführung von Wolf Singer

# Inhaltsverzeichnis

# Einführung:
# Das Ziel der Hirnforschung

## Von Wolf Singer

Es ist erklärtes Ziel all derer, die sich an dem Gemeinschaftsunternehmen „Hirnforschung" beteiligen, die Funktionsweise unseres Gehirns zu verstehen. Dabei wird implizit vorausgesetzt, daß Verstehen bedeutet, Leistungen des Gesamtsystems aus dem Zusammenspiel seiner Einzelkomponenten herleiten zu können. Man geht davon aus, daß sich komplexe Funktionen aus der Wechselwirkung einzelner Systemkomponenten ergeben, die, jede für sich genommen, weniger komplexe Eigenschaften aufweisen als das Gesamtsystem. Da es sich beim Gehirn um das Organ handelt, dem wir die Steuerung unseres Verhaltens, psychische und geistige Prozesse eingeschlossen, zuschreiben, rührt das Vertrauen auf die Gangbarkeit eines reduktionistischen Ansatzes an die Grundfesten unseres Selbstverständnisses. Lassen sich psychische Prozesse — die in naturwissenschaftlichen Begriffssystemen am wenigsten faßbaren werden auch als seelische bezeichnet — über Mechanismen erklären, die in und zwischen Nervenzellen ablaufen, also an das neuronale Substrat gebunden sind? Mit anderen Worten, lassen sich Wahrnehmungsleistungen, motorische Reaktionen, Gefühlslagen oder gar spezifische Befindlichkeiten, wie wir sie bei der Rezeption von Kunst erfahren, auf hirninterne Vorgänge, also auf Wechselwirkungen zwischen materiellen Strukturen, zurückführen? Es ist dies nicht der Ort, diese uralte Frage nach dem Verhältnis von Leib und Seele, von Geist und Materie, auf der Basis unseres gegenwärtigen Wissens über Hirnfunktionen aufzugreifen und mit philosophischer Stringenz zu behandeln. Doch wäre dies sicherlich ein lohnendes Unterfangen.

Tatsächlich haben seit kurzem Philosophen und Naturwissenschaftler hier die Diskussion des verfügbaren Wissens wieder aufgegriffen und damit an alte Traditionen angeknüpft. Die Deutsche Forschungsgemeinschaft unterstützt ein Schwerpunktprogramm „Gehirn und Kognition", und am Zentrum für Interdisziplinäre Forschung (ZIF) an der Universität Bielefeld läuft zur Zeit ein Studienprogramm zum Thema „Gehirn und Bewußtsein". Philosophie und Naturwissenschaft, ursprünglich eng miteinander verwobene, im Grunde untrennbare Verfahren der Erkenntnisgewinnung, haben sich durch die stürmische Entwicklung der naturwissenschaftlichen Disziplinen aus den Augen verloren. Und so folgt der naturwissenschaftliche Erkenntnisprozeß einer Eigendynamik, die durch Anhäufung neuer Beobachtungen unterhalten wird. Neue Fakten führen zu Modifikationen von Modellvorstellungen, Arbeitshypothesen und experimentellen Ansätzen, und letztere erschließen wiederum neue Fakten. Die diesen Aktivitäten zugrundeliegenden Basishypothesen sind jedoch meist implizit, beruhen auf unausgesprochenem Konsens und harren einer philosophischen Durchdringung und Einordnung. Die gezogenen Schlußfolgerungen sind deshalb vermutlich nicht weniger richtig, aber sie erscheinen verschiedentlich als ungeschützt und nicht hinreichend eingebunden in disziplinenübergreifende Beschreibungssysteme.

Die implizite Basishypothese der modernen Hirnforschung ist in der Tat, daß alle uns bekannten Verhaltensleistungen, auch die geistigen und seelischen Phänomene, auf Prozessen beruhen, die an das materielle Substrat des Gehirns gebunden sind. Diese Annahme wird gestützt durch die zahlreichen Beispiele für eine enge Korrelation zwischen Verhaltensstörungen beziehungsweise Leistungsdefiziten auf der einen Seite und spezifischen Läsionen des neuronalen Substrats auf der anderen. Bei Verhaltensleistungen oder Funktionsausfällen, für die eine Substratbeziehung nicht gefunden werden konnte, wird in aller Regel angenommen, daß hierfür Wissenslücken und nicht die Substratungebundenheit psychischer Prozesse verantwortlich sind. Als weiteres Indiz gelten die Ergebnisse aus entwicklungsphysiologischen Untersuchungen. Es zeigt sich, daß die Ausreifung bestimmter Hirnregionen mit dem Auftreten entsprechender Verhaltensleistungen eng korreliert ist. So hängt etwa die Fähigkeit von Kleinkindern, seriell dargebotene Reize in Abhängigkeit von der Reihenfolge differentiell zu bewerten, von der Ausreifung bestimmter präfrontaler Hirnregionen, von Bereichen des Stirnhirns, ab. In Versuchen mit Primaten, die mit identischen Verhaltenstests untersucht wurden, ließen sich diese und verwandte Korrelationen direkt überprüfen und bestätigen. Eine weitere Stütze sind nichtinvasive Bestimmungen des Hirnstoffwechsels beim Menschen, zum Beispiel mit Hilfe der Positronen-Emissions-Tomographie. Aus diesen geht hervor, daß auch interne Zustandsänderungen, die sich nicht in meßbarem Verhalten äußern, wie etwa die Vorstellung von Sinneseindrücken oder motorischen Reaktionen, zu differentiellen Aktivitätssteigerungen in den entsprechenden Hirnregionen führen. Das belegen auch elektrophysiologische Untersuchungen an Tieren. So gehen zum Beispiel be-

7

reits die Intention, bestimmte Handlungen auszuführen, und die Verlagerung von Aufmerksamkeit mit spezifischen Aktivitätsänderungen umschriebener Nervenzellpopulationen einher. Diese Hinweise auf eine enge Korrelation zwischen psychischen Vorgängen und neuronalem Substrat werden von der Mehrheit der Hirnforscher als Argumente für die Legitimität monistischer Betrachtungsweisen angeführt, schließen jedoch alternative, beispielsweise dualistische Interpretationen keineswegs aus.

Neben der offensichtlichen Praktikabilität des gegenwärtigen Ansatzes, Verhalten aus Wechselwirkungen materieller Systemkomponenten abzuleiten, kommen die derzeit wohl stärksten Argumente für die Legitimität eines solchen Vorgehens aus der Analyse der phylogenetischen und ontogenetischen Entwicklung des Gehirns. In der Phylogenese, der stammesgeschichtlichen Entwicklung, und − gleichsam im Zeitraffer und vor aller Augen − in der Ontogenese, also der Individualentwicklung des Gehirns, läßt sich Schritt für Schritt nachvollziehen, wie aus der Aggregation einfacher Grundbausteine der Materie zunehmend komplexere Strukturen entstehen, die schließlich in der Lage sind, über sich selbst und ihresgleichen nachzudenken, sich gegenseitig und ihre Umwelt abzubilden, Begriffe und Symbole für Wahrnehmungsinhalte zu erfinden, sich darüber zu verständigen, kurzum, der vorgefundenen materiellen Welt eine weitere hinzuzufügen, die aus immateriellen Konstrukten, Beschreibungen, Zitaten und Phänomenen besteht − eine Welt, die zu analysieren sich die geisteswissenschaftlichen Disziplinen vorgenommen haben. Es ist einsichtig, daß zumindest die ontogenetischen Entwicklungsprozesse kontinuierlich verlaufen − bei den phylogenetischen ist dies lediglich die wahrscheinlichste Hypothese − und daß der jeweils erreichte Komplexitätsgrad der Systeme mit der Komplexität der je erbrachten Leistungen in enger Beziehung steht, was die Annahme nährt, daß nicht nur sensorische und motorische Funktionen, sondern auch kognitive Leistungen, ja generell alle psychischen Phänomene emergente Leistungen einer extrem komplexen Aggregation von Materie sind − Leistungen, die aus verschiedenen Ebenen der Organisationsstruktur hervorgehen (emergieren). Dies bedeutet natürlich nicht, daß sich die Hirnforschung anheischig macht, mit ihrem naturwissenschaftlichen Ansatz alle indirekt mit Hirnfunktionen in Beziehung stehenden Phänomene erklären zu können. Viele der von den Geisteswissenschaften behandelten Erscheinungen konnten sich erst herausbilden, als Hirne miteinander in Wechselwirkung traten, ihre diesbezüglichen Leistungen gegenseitig abbildeten und thematisierten. Dieser Entwicklungsprozeß hat Phänomene hervorgebracht, die als emergente Leistung zahlreicher, miteinander über Generationen hinweg interagierender Hirne verstanden werden können. Folglich entziehen sich diese der Analyse durch eine Wissenschaftsdisziplin wie der Neurobiologie, die sich lediglich mit Leistungen befaßt, die von einzelnen Gehirnen oder gar nur von Teilsystemen derselben erbracht werden. Nachdem jedoch auch die Entwicklung unserer spezifisch menschlichen Kulturen ein kontinuierlicher Prozeß war, wäre es unklug, von vornherein ausschließen zu wollen, daß sich eines Tages direkte Verbindungen zwischen den Beschreibungssystemen der Geisteswissenschaften und jenen der Naturwissenschaften herstellen lassen. Der Hirnforschung käme dann als Mittlerin zwischen diesen heute noch weit entfernten Disziplinen eine Schlüsselrolle zu.

Diese Bemerkungen sollen nicht mißverstanden werden als Plädoyer für einen naiven Erkenntnispositivismus. Selbst wenn es sich bewerkstelligen lassen sollte, neben allen Verhaltensabläufen auch alle psychischen und geistigen Phänomene auf Funktionsabläufe im Gehirn zurückzuführen, erfolgte alles Erklären, alles „Verstehen" nach wie vor innerhalb wissenschaftlicher Beschreibungssysteme. Sie sind jedoch − und auch diese Aussage ist bereits eine Hypothese forschender Subjekte − ihrerseits emergente Produkte der geistesgeschichtlichen Entwicklung, die einsetzte, als Hirne damit begannen, Begriffe und Symbole für Erfahrbares zu erfinden und sich darüber auszutauschen. Das läßt den Erkenntnisgewinnungsprozeß als einen zirkulären erscheinen. Unsere Primärerfahrungen haben uns zur begrifflichen Untergliederung von Welt in verschiedene Ebenen bewogen: in die Ebenen der unbelebten Materie, der lebenden Organismen, der psychischen und geistigen, auch seelischen Prozesse, der historisch-kulturellen Entwicklungen und − mit bereits reduzierter Verbindlichkeit − in die Ebene religiöser, metaphysischer Inhalte. Immer aber haben wir es nur mit Konstrukten zu tun, Repräsentanten für etwas, das in irgendeiner Weise unserer Erfahrung zugänglich ist und von unserem Gehirn als unterscheidbar erkannt wird. Das einzige Argument gegen die Möglichkeit, daß all diese Konstrukte, auf denen letztlich unser gesamtes Wissenssystem basiert, weniger den Forschungsgegenstand an sich als die Funktionsweise unseres Gehirns betreffen, erwächst aus dem Umstand, daß unsere Gehirne aus dem gleichen Stoff sind und den gleichen Naturgesetzen zu gehorchen scheinen wie der Gegenstand ihrer Beschreibungen. Aber auch hieraus kann nicht zwingend gefolgert werden, daß Hirnkonstrukte deshalb umkehrbar eindeutige Abbildungen von „Wirklichkeit" sein müssen. Denn unsere Primärerfahrungen sind gefiltert, das Gehirn „erfährt" durch seine Sinnesorgane nur, was es und der es bergende Organismus zum Leben und letztlich zum Überleben brauchen kann. Materie, so wie sie sich unsere Primärerfahrung offenbart, ist für uns Menschen zunächst etwas Dingliches, Nehm- und Gebbares, Begreifbares. Die Erweiterung unseres Sinnesapparates unter Zuhilfenahme technischer Geräte hat uns jedoch gelehrt, daß dieses Konzept nicht für beliebige Skalierungen gilt. Weder in sehr großen noch in sehr kleinen Maßstäben verhält sich Materie so, wie wir sie natürlich wahrnehmen. Aber auch die technische Erweiterung unserer Sinne und die daraus resultierende Verfügbarkeit von Fakten, die unserer Primärerfahrung unzugänglich sind, bewirken nicht notwendigerweise, daß unsere Konstrukte „wirklichkeitsnäher" werden. Denn sowohl bei der Fertigung der Meßvorrichtungen als auch bei der Interpretation der Beobachtungen greifen wir auf Hypothesen, Begriffssysteme und Axiome zurück, die im Laufe der Menschheitsgeschichte aufgrund von Wahrnehmungen aufgestellt worden sind.

Andererseits − das berührt jedoch nicht die Frage absoluter Erkenntnis − funktionieren die Hirnkonstrukte in aller Regel gut, erweisen sich als richtig im Sinne richtiger Voraussagen. Und dies genügt, um den Wissenschaftsbetrieb und den ihn Tragenden hinreichend zu motivieren, um trotz des Wissens um Beschränktheit weiterzuforschen. Die Ursache für diese Möglichkeit zur Wissenschaft scheint nun in der Tat darin begründet zu liegen, daß Gehirne einer im Sinne des Überlebens erfolgreichen Spezies so ausgelegt sein müssen, daß die von ihnen entworfenen Konstrukte, Hypothesen und Voraussagen an die Gegebenheiten der Welt, in der sie überleben, angepaßt sind. Das bedeutet, daß die Art, wie Gehirne Phänomene unterscheiden, zueinander in Beziehung setzen und Gesetzmäßigkeiten entdecken, nicht ohne „Realitäts"bezug sein kann. Wobei mit „Realität" natürlich nicht etwas gemeint ist, was vom Gehirn verschieden, lediglich als Erkenntnisobjekt mit ihm in Verbindung steht, sondern etwas, was Gehirne ebenso mit einschließt wie alle evolutionsgeschichtlichen und historischen Prozesse, die durch Wechselwirkungen zwischen Gehirnen „Wirklichkeit" wurden und werden.

Aus dem oben Gesagten geht hervor, daß Hirnforschung notwendigerweise eines vielschichtigen Ansatzes bedarf, um sich dem Ziel zu nähern, die Funktionsweise des Gehirns zu verstehen. Ein Ansatz ist, das Gesamtverhalten eines Organismus nach bestimmten Kriterien in einzelne Verhaltenskomponenten zu zerlegen. Gelingt dies, so beginnt die Suche nach jenen Hirnregionen, deren Intaktheit für das Auftreten des entsprechenden Verhaltens unerläßlich ist. Es schließt sich deren strukturelle und funktionelle Analyse an. Um die Funktionsprinzipien zu erfassen, die Verhaltensleistungen hinreichend „erklären", genügt es in der Regel, die Architektur der Nervenzellverbindungen in den jeweiligen Hirnzentren und die dynamischen Wechselwirkungen zwischen Neuronengruppen zu analysieren. Bereits das erweist sich jedoch als außerordentlich schwierig, und deshalb ist die Bestandsaufnahme selbst auf der relativ makroskopischen Ebene noch längst nicht abgeschlossen. Ein nicht unerheblicher Bereich der Neurowissenschaften geht einen anderen Weg, parallel zu diesem integrativen Ansatz die elementaren Prozesse aufzuklären, die den makroskopischen Phänomenen zugrunde liegen. Dieser Ansatz reicht hinunter bis zur Analyse der molekularen und submolekularen Vorgänge in einzelnen Nervenzellen. Der Bezug zum Gesamtverhalten des Organismus spielt dabei nur noch eine untergeordnete Rolle. Die auf den einzelnen Analyseebenen relevanten Funktionen, die es zu erklären gilt, sind die elektrische Aktivität einzelner Nervenzellen, die Leitfähigkeit bestimmter Ionenkanäle in Zellmembranen oder die Regulation der Synthese von synaptischen Überträgersubstanzen. Es geht also im wesentlichen darum, Funktionen und Leistungen, die auf einer rein beschreibenden Ebene definiert wurden, durch das Zusammenwirken grundlegender Prozesse auf der jeweils nächstniedrigeren Beschreibungsebene zu erklären. Die Definition der Ebene ist dabei meist willkürlich. Oft ist sie durch historisch bedingte Abgrenzungen der einzelnen Wissenschaftsdisziplinen vorgegeben, oft auch durch die in den jeweiligen Forschungseinrichtungen durchführbaren Methoden.

Für nur sehr wenige Verhaltensleistungen konnten bisher die zugrundeliegenden neuronalen Prozesse über die verschiedenen Analyseebenen hinweg im Detail aufgeklärt werden. Naturgemäß wurden zunächst die eindrucksvollsten Ergebnisse an einfach strukturierten Nervensystemen erzielt. So gelang es zum Beispiel bei der Meeresschnecke *Aplysia*, die Mechanismen von bestimmten Lernprozessen bis auf die molekulare Ebene zu verfolgen. Aber auch bei der Analyse komplexer Nervensysteme wurden beachtliche Fortschritte erzielt. Für Teilaspekte von Sinnesfunktionen lassen sich die neuronalen Mechanismen bereits angehen, und das gleiche gilt für eine Reihe einfacher Bewegungsabläufe.

Anliegen dieses Bandes ist es nun, mit einer Sammlung von Übersichtsartikeln den derzeitigen Kenntnisstand in Teilbereichen exemplarisch darzustellen − welche Forschungsansätze in der Hirnforschung gegenwärtig betrieben werden, mit welchen Untersuchungsmethoden vorgegangen wird und wie die Erklärungsversuche auf den verschiedenen Analyseebenen beschaffen sind. Bei der Artikelauswahl wurde auf eine in sich geschlossene Form Wert gelegt, die sich aber in der Zusammensetzung von den beiden ebenfalls in der Reihe „Verständliche Forschung" erschienenen Bänden *Gehirn und Nervensystem* sowie *Wahrnehmung und visuelles System* abheben sollte. Wir haben uns hierbei am ontogenetischen Entwicklungsprozeß orientiert und gehen vom Einfachen zum Komplexen. Am Anfang stehen deshalb Arbeiten, die sich mit der Strukturentwicklung des Zentralnervensystems befassen. Es folgen dann Beiträge, die sich mit der Umsetzung physikalischer Reize in neuronale Signale auseinandersetzen, wobei die Prozesse der Phototransduktion, also der Umwandlung von elektromagnetischer Strahlung in neuronale Signale, exemplarisch herausgegriffen wurden. Da die Ausreifung höherer Hirnfunktionen von der Interaktion mit der Umwelt abhängt und auf Lernprozessen beruht, hielten wir es für notwendig, einige Artikel zum Problemkreis der neuronalen Plastizität und des Lernens beziehungsweise Gedächtnisses mit einzubeziehen. Schließlich folgen Beiträge, deren Ziel es ist, die Mechanismen kognitiver Funktionen über Verhaltensanalysen zu erschließen. Am Ende befinden sich Arbeiten, bei denen die Modell- und Theorienbildung im Vordergrund steht, ein Ansatz, der zur philosophischen Betrachtungsweise der Hirnforschung überleitet. Die Hoffnung ist, daß diese lose in Verbindung stehenden Beiträge nicht einzeln für sich zu betrachten sind, sondern in ihrer Gesamtheit erkennen lassen, wie vielschichtig und faszinierend das Unterfangen ist, den Übergangsbereich zwischen „Geist" und „Materie" zu untersuchen.

# Wie embryonale Nervenzellen einander erkennen

Eines der größten biologischen Rätsel ist, wie sich die Nervenzellen eines sich entwickelnden Nervensystems in der richtigen Weise miteinander verschalten. Beim Insektenembryo folgen sie Bahnen, die — gleich Wegmarkierungen — spezifische Erkennungsmoleküle tragen.

Von Corey S. Goodman und Michael J. Bastiani

Das menschliche Gehirn besteht aus einigen Milliarden Nervenzellen, und jede entsendet zahlreiche Ausläufer, die sich ungemein spezifisch mit anderen zu einem Schaltnetz verflechten und verbinden. Eines der größten Geheimnisse der Biologie ist immer noch, wie das Nervensystem während der Embryonalentwicklung „verdrahtet" wird. Wie können einzelne Neuronen, sprich Nervenzellen, sich überhaupt finden, einander erkennen und die richtigen Verbindungen knüpfen?

Als Pfadfinder fungieren dabei keulenförmige, nach Amöbenart vordringende Strukturen an der Spitze der auswachsenden embryonalen Nervenfasern. Sie wurden Ende des 19. Jahrhunderts von dem spanischen Neuroanatomen Santiago Ramón y Cajal entdeckt und Wachstumskegel genannt. Dieser Pionier seines Faches beobachtete, wie später auch Ross G. Harrison von der Yale-Universität, daß eine Nervenfaser nicht ziellos auswächst: Ein bestimmter Wachstumskegel dringt immer entlang einer bestimmten Bahn vor, um sein Ziel zu finden und zu erkennen. Diese beiden Wissenschaftler stellten die Hypothese auf, daß die Wachstumskegel einen ausgezeichneten chemischen Spürsinn besitzen und ihre Ziele chemische Erkennungsmerkmale tragen müßten.

Diese Vorstellung wurde Anfang der sechziger Jahre von Roger W. Sperry vom California Institute of Technology in seiner Chemoaffinitäts-Hypothese weiter ausgearbeitet. Er nahm an, daß „die letztendlich von jeder Faser zurückgelegte Wegstrecke die Geschichte einer ununterbrochenen Folge von Entscheidungen widerspiegelt, die aufgrund von unterschiedlichen Affinitäten zwischen den verschiedenen als Vorhut ausgesandten Filamenten getroffen werden. Diese Filamente erkunden das vor ihnen liegende Umfeld und die mannigfaltigen Elemente, auf die sie stoßen".

Im vergangenen Jahrzehnt haben Untersuchungen an dissoziierten, in Gewebekultur gehaltenen Neuronen uns viel über die Struktur und den Bewegungsmechanismus der Wachstumskegel gelehrt — insbesondere die Arbeiten von Dennis Bray vom King's College in London, Paul C. Letourneau von der Universität von Minnesota und Norman K. Wessells von der Stanford-Universität. Die Wachstumskegel strecken zahlreiche haarähnliche Ausläufer, die Filopodien, aus, die regelrecht ausschwärmen und ihre Umgebung erkunden (Sperrys „Vorhut-Filamente"). Filopodien sind ständig in Bewegung: Sie strecken sich aus, wandern umher und ziehen sich zurück — und das alles innerhalb von Minuten.

Viele stellen Kontakte zur Oberfläche anderer Zellen her. Wenn ein solches Filopodium nur schwach daran haften bleibt, löst es sich beim Kontrahieren und zieht sich in seinen Wachstumskegel zurück. Wenn es aber fest daran haftet, ruft die nachfolgende Kontraktion eine Zugspannung hervor, welche die Spitze des Wachstumskegels zum Haftpunkt zieht. Auf diese Weise können in einer Gewebekultur die Wachstumskegel durch die unterschiedliche Adhäsion ihrer Filopodien zu bestimmten Oberflächen geleitet werden.

Die eingangs gestellten Fragen lassen sich nun präzisieren. Wie werden neuronale Wachstumskegel zu ihren Zielen im sich entwickelnden Embryo geleitet? Wie weit können Wachstumskegel und Filopodien spezifisch die Oberflächen anderer Neuronen während der Entwicklung erkennen, und bis zu welchem Grad sind diese Oberflächen verschiedenartig markiert? Wie sieht der molekulare Code der Oberflächenmarker aus, und wie wird er von den sich entwickelnden Wachstumskegeln entziffert?

Um diese Fragen zu beantworten, begannen viele der daran interessierten Wissenschaftler, die weit einfacher gebauten Gehirne von wirbellosen Tieren zu untersuchen — in der Hoffnung, auch eines Tages verstehen zu können, wie das menschliche Gehirn während der Entwicklung verdrahtet wird. So haben wir und unsere Kollegen an der Stanford-Universität die Entwicklung der neuronalen Spezifität an den Embryonen zweier Insektenarten untersucht: der in Trocken- und Wüstengebieten vorkommenden großen Heuschrecke *Schistocerca americana* und der kleinen Taufliege *Drosophila melanogaster* (fälschlich oft Fruchtfliege genannt).

## Ein überschaubares Nervensystem

Das Zentralnervensystem dieser und anderer Insekten besteht aus einem Gehirn mit ungefähr 50 000 Neuronen und einer Kette einfacherer Bauchganglien, in der sich die segmentale Gliederung des Insektenkörpers widerspiegelt. Die Ganglien, die Nervenknoten, sind paarig angelegt, aber meist verschmolzen. Jede der identischen Hälften des Doppelknotens enthält rund 1000 Neuronen. In Längsrichtung verbinden dicke Stränge aus gebündelten Nervenfasern, die Konnektive, die Ganglien zu einer Kette.

Als Nervenfaser oder Axon bezeichnet man den langen Fortsatz einer Nervenzelle, mit dem sie Signale zu den Synapsen, den Schaltstellen mit anderen Neuronen oder Zielzellen, weiterleitet. Die zahlreichen, normalerweise kürzeren Fortsätze heißen Dendriten und sind vor allem für den Empfang solcher Signale zuständig.

Im Ganglion selbst bilden die Zellkörper der motorischen Nervenzellen zur Bauchseite hin eine dünnen Schicht, während ihre dendritischen und axonalen Fortsätze in ein dickes darüberliegendes Geflecht, das Neuropil, ziehen, in dem sie synaptische Verbindungen knüpfen. Von den 1000 Neuronen in jeder Hälfte lassen sich die meisten individuell erkennen, und zwar anhand der charakteristischen Form und Anordnung ihrer Axone, Dendriten und Synapsen mit anderen Nervenzellen. Diese „identifizierten" Neuronen sind bei allen Tieren einer Art identisch.

Das Nervensystem der Heuschrecke ist das inzwischen bestuntersuchte aller Insekten, weil seine Neuronen besonders groß sind. In eine solche Zelle kann man leicht eine Mikroelektrode einstechen, entweder um Nervenimpulse aufzuzeichnen und die synaptische Verschaltung zu bestimmen, oder um einen Farbstoff zu injizieren, der sich dann in den Zellkörper und seine Fortsätze ausbreitet und die genaue Form sichtbar macht.

Auf diese Weise haben Keir G. Pearson und seine Kollegen an der Universität von Alberta zwei Heuschrecken-Neuronen im zweiten Brustganglion untersucht. Die beiden Nervenzellen — mit den Kennbuchstaben C und G — geben eine gewisse Vorstellung von der Vielfalt in Morphologie, Struktur und Verschaltung, welche die 1000 Neuronen einer einzigen Ganglienhälfte zu bieten haben. Das C-Neuron besitzt Synapsen zu bestimmten Zwischen- und Motoneuronen (motorischen, die Muskeln innervierenden Nervenzellen) und spielt beim Auslösen des Springverhaltens eine Rolle. Das G-Neuron ist für ein ganz anderes Verhalten zuständig und hat auch ganz andere synaptische Verbindungen.

Solche Unterschiede in Funktion und Verschaltung schlagen sich in der Morphologie eines jeden Neurons nieder — und das am auffälligsten in den Routen, die sein Axon und seine Dendriten innerhalb des Neuropils wählen. So zieht in jeder Heuschrecke das primäre Axon des G-Neurons nach vorn in einen bestimmten, von Axonen und Dendriten gebildeten Trakt, während sich seine beiden primären Dendriten nach vorn in zwei parallel zur Mittelachse angeordnete andere Trakte erstrecken (Bild 2).

Aus Untersuchungen an identifizierten Neuronen „erwachsener" Heuschrecken zeichnen sich zwei Organisationsprinzipien ab: Jedes Neuron entsen-

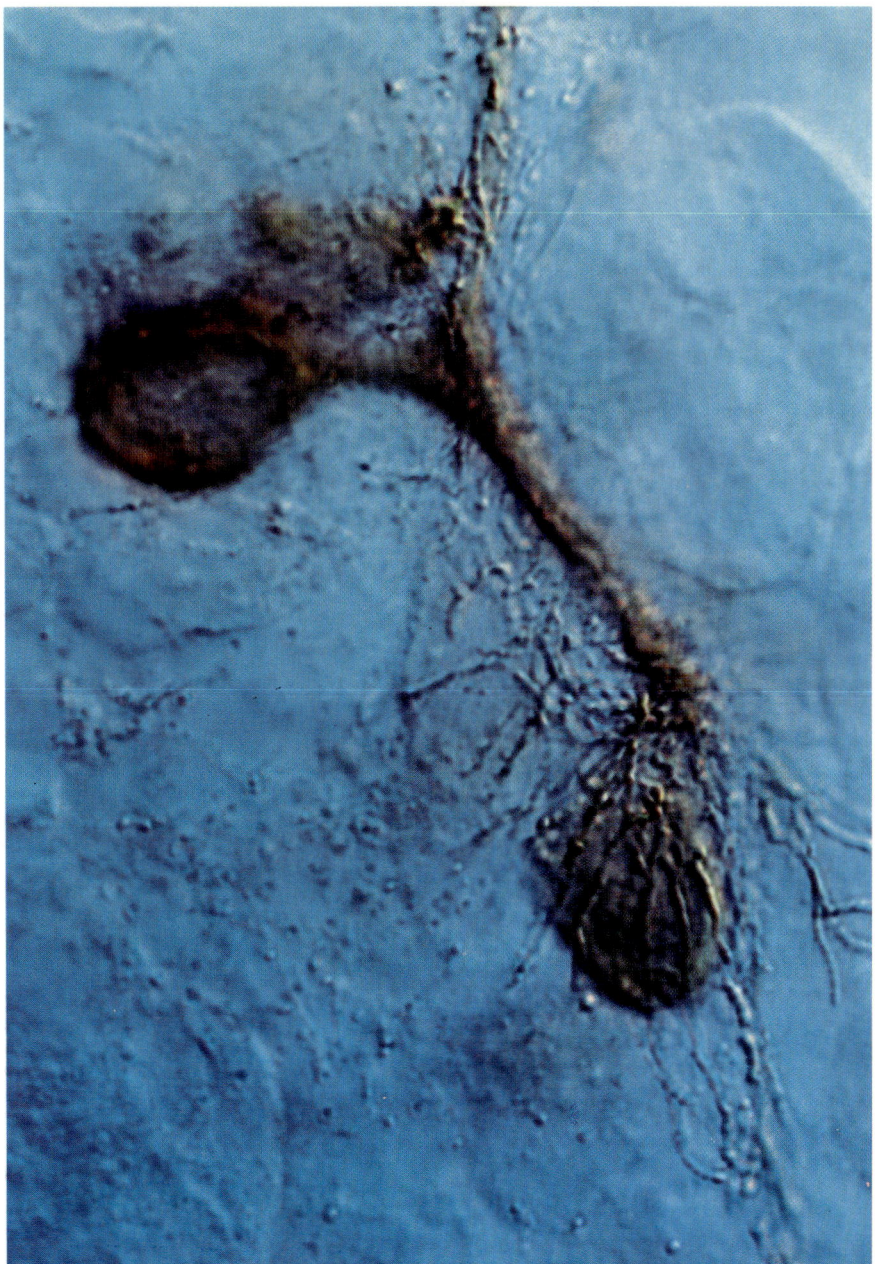

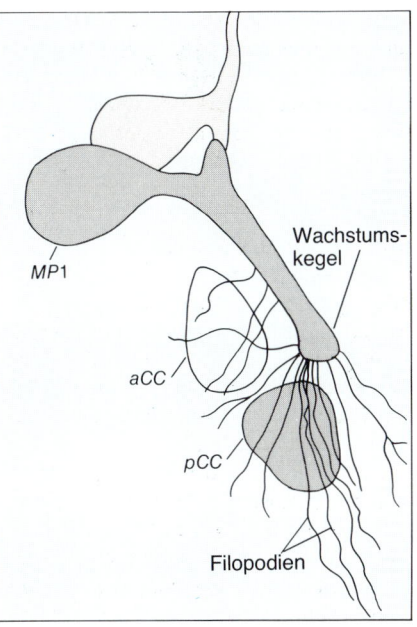

**Bild 1: Beim Heuschrecken-Embryo wandert der Wachstumskegel des sogenannten *MP*1-Neurons an einer anderen, mit den Buchstaben *aCC* gekennzeichneten Nervenzelle vorbei: Er sucht und erkennt die Oberfläche eines dritten Neurons, nämlich *pCC*. Damit sich diese Ereignisse verfolgen und beobachten ließen, wurde dem *MP*1-Neuron der Fluoreszenz-Farbstoff Luzifer-Gelb injiziert. Ein dagegen gerichteter braun färbender Antikörper hebt hier das *MP*1-Neuron hervor. Die Mikrophotographie — sie wird auf der nebenstehenden Zeichnung erläutert — zeigt die fadendünnen Filopodien, die vom Ende des Wachstumskegels ausgehen und den richtigen Weg erkunden. Sie haben selektiv mit dem *pCC*-Neuron Verbindung aufgenommen, es also dem *aCC*-Neuron und vielen anderen benachbarten Neuronen vorgezogen. Vermutlich stellen die Filopodien engen Kontakt zu *pCC* her, weil sie es an einem Markierungsmolekül auf seiner Oberfläche erkennen. Der selektive Kontakt zeigt sich auch daran, daß der in das *MP*1-Neuron injizierte Farbstoff in *pCC* eingedrungen ist und es braun färbt.**

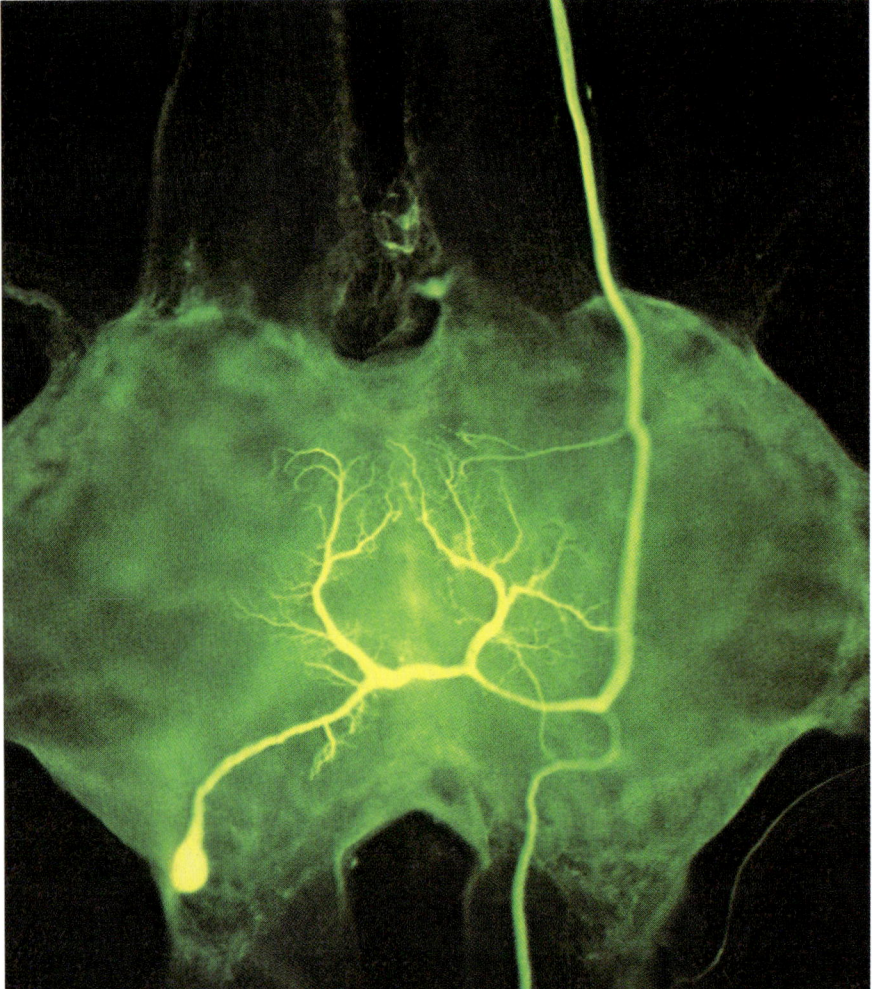

det seine Ausläufer in bestimmte Trakte, und zwar in einer für jede einzelne Zelle charakteristischen Anordnung; im Umfeld seines Traktes nimmt es dann nur mit einer zellspezifischen Untergruppe neuronaler Fortsätze Kontakte auf.

### Entstehung der Nervenzellen

Diese Prinzipien wirken sich grundlegend auf die Verschaltung des Nervensystems in einer sich entwickelnden Heuschrecke aus. Wie bei der Vollkerfe, dem ausgewachsenen Tier, besteht auch das Nervensystem des Embryos aus vergleichsweise großen, leicht zugänglichen Zellen. Die segmental angeordneten Ganglien entwickeln sich aus einer plattenähnlichen Region, dem Neuroepithel, das sich vom Kopf bis zum „Schwanz" des Embryos erstreckt (Bild 5 links). In ihm differenzieren sich bestimmte Zellen zu neuronalen Vorläuferzellen.

Im Jahre 1976 stellte Michael Bate (heute an der Universität von Cambridge) fest, daß sich die Anordnung der neuronalen Vorläuferzellen fast unverändert in jedem Segment des Neuroepithels wiederholt. Ein typisches Segment umfaßt neben einer einzigen mittleren Bildungszelle, einem Neuroblasten, zwei symmetrische Seitenplatten aus je 30 Neuroblasten, die in sieben, aus je zwei bis fünf Zellen bestehende Reihen angeordnet sind (Bild 5). Sieben weitere Vorläuferzellen liegen entlang der Mittellinie und heißen danach Mittellinien-Vorläufer.

Jeder dieser Mittellinien-Vorläufer teilt sich nur einmal, hat also nur zwei neuronale Nachkommen. Anders die Neuroblasten: Jeder fungiert als Stammzelle, die sich wiederholt teilt und eine Kette kleinerer Ganglien-Mutterzellen hervorbringt. Diese teilen sich nochmals und erzeugen je zwei Ganglienzellen, die sich zu Neuronen differenzieren. Ein einziger Neuroblast steuert dadurch sechs bis etwa 100 Nervenzellen, also eine ganze Familie, zu dem sich entwickelnden Ganglion bei. Die stereotype Anordnung der rund 1000 identifizierten Neuronen einer jeden Hälfte entwickelt sich also weitgehend aus einer ebenso stereotypen Anordnung von 30 Neuroblasten.

Im Jahre 1977 begannen Nicholas C. Spitzer und einer von uns (Goodman) an der Universität von Kalifornien in San Diego zu untersuchen, wieweit die Herkunft, die Abstammung einer Zelle, deren künftiges Schicksal festlegt. Unsere erste Frage lautete: Entstehen bestimmte identifizierte Neuronen immer an festgelegten Verzweigungsstellen des neuronalen Familienstammbaums? Um dies zu beantworten, mußten wir einzelne Ner-

**Bild 2: Eine als *G*-Neuron bezeichnete Nervenzelle wird hier durch das injizierte fluoreszierende Luzifer-Gelb sichtbar. Die Mikrophotographie zeigt das zweite Brustganglion im segmental gegliederten Zentralnervensystem einer ausgewachsenen Heuschrecke. *G* zählt zu den sogenannten „identifizierten" Neuronen. Es läßt sich in jedem Individuum dieser Art eindeutig erkennen: an der Form und Anordnung seiner Fortsätze, der Axone und Dendriten, sowie an seinen Synapsen mit anderen Neuronen.** **Sein Zellkörper, links unten, ist einer von ungefähr 2000 anderen im Ganglion. Das von ihm ausgehende primäre Axon durchquert es und zieht nach vorn, ein kleineres, sekundäres Axon nach hinten (auf der Mikrophotographie unten). Zwei symmetrisch angeordnete primäre Dendriten strecken ihre Ausläufer parallel zur Mittellinie nach vorn. Diese Aufnahme mit dem rund 100fach vergrößerten *G*-Neuron wurde von Keir G. Pearson und John D. Steeves von der Universität von Alberta angefertigt.**

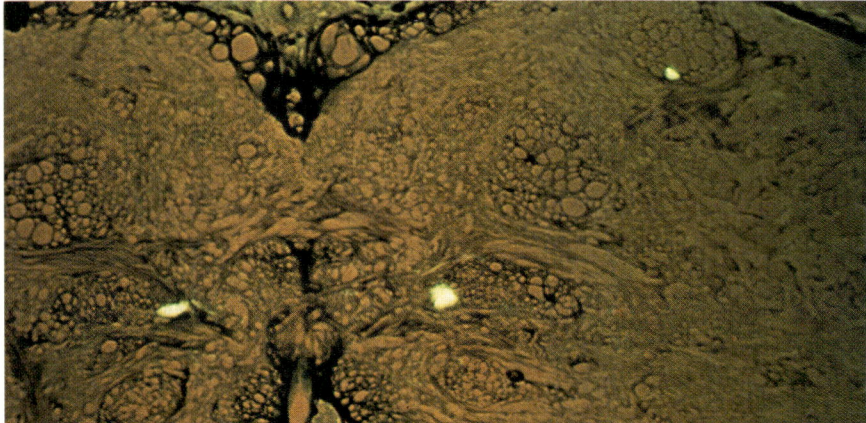

**Bild 3: Die Fortsätze des *G*-Neurons sind auf diesem Querschnitt durch das Neuropil ebenfalls an der Fluoreszenz des injizierten Luzifer-Gelbs zu erkennen. Das Neuropil ist die Region des Ganglions, in dem die Axone und Dendriten einiger tausend Nervenzellen ein Geflecht** **bilden und synaptisch miteinander verbunden sind. Das angeschnittene primäre Axon des *G*-Neurons liegt hier rechts oben in einem bestimmten Trakt, einem Bündel aus Axonen und Dendriten. Seine symmetrischen Dendriten sind unten in jeweils anderen Trakten zu sehen.**

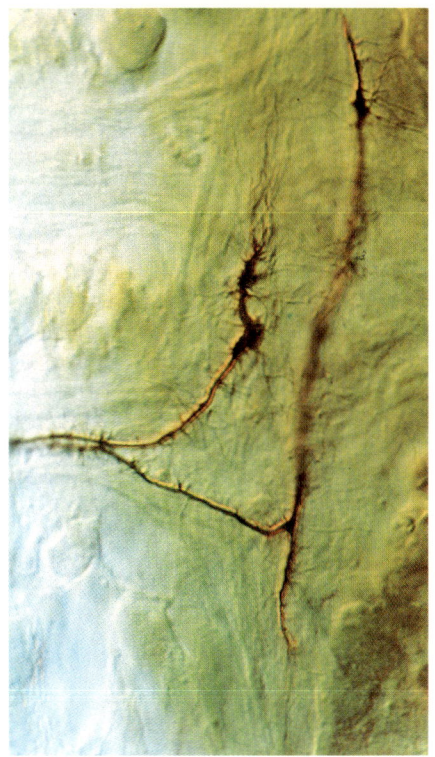

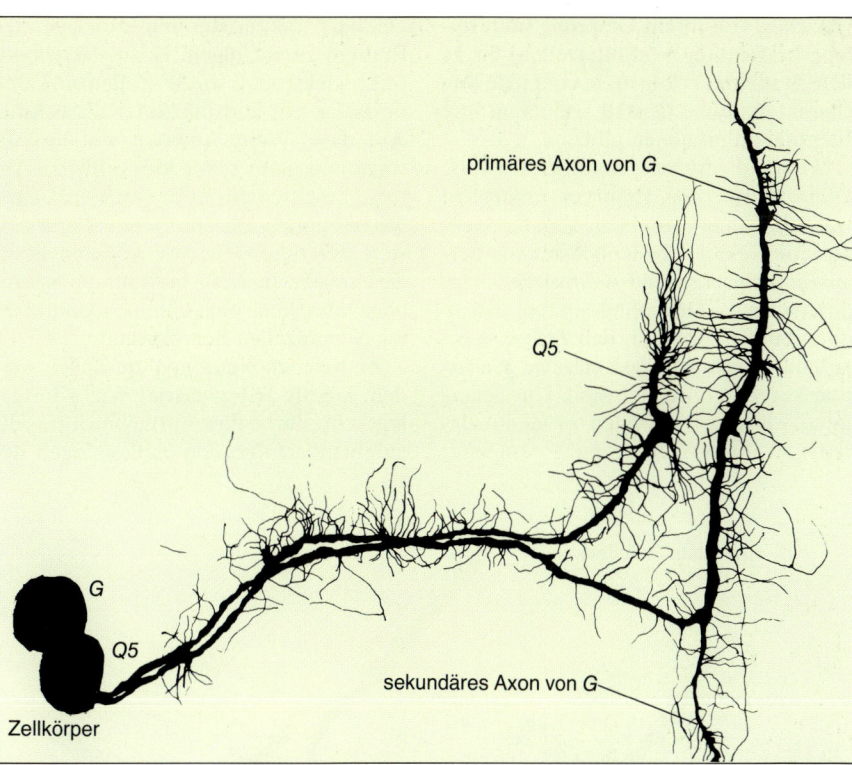

primäres Axon von *G*

*Q5*

sekundäres Axon von *G*

*G*

*Q5*

Zellkörper

**Bild 4: Die Wachstumskegel an der Spitze der *Q*5- und *G*-Axone dringen, wie auf der Mikrophotographie links zu sehen, entlang ihrer spezifischen Bahnen nach vorn (hier oben) vor. Den beiden zugehörigen Neuronen wurde, um sie sichtbar zu machen, das Enzym Meerrettich-Peroxidase injiziert: Es färbt nach einer chemischen Reaktion die Zellen und ihre** Fortsätze braun. Die Zeichnung rechts umfaßt einen größeren Ausschnitt. Sie zeigt, wie die Axone dem Zellkörper entspringen und wie die Filopodien an den Wachstumskegeln und – in diesem Stadium – auch auf der ganzen Länge der Axone regelrecht ausschwärmen. Sie suchen das Umfeld nach dem richtigen Weg und der zugehörigen Markierung ab.

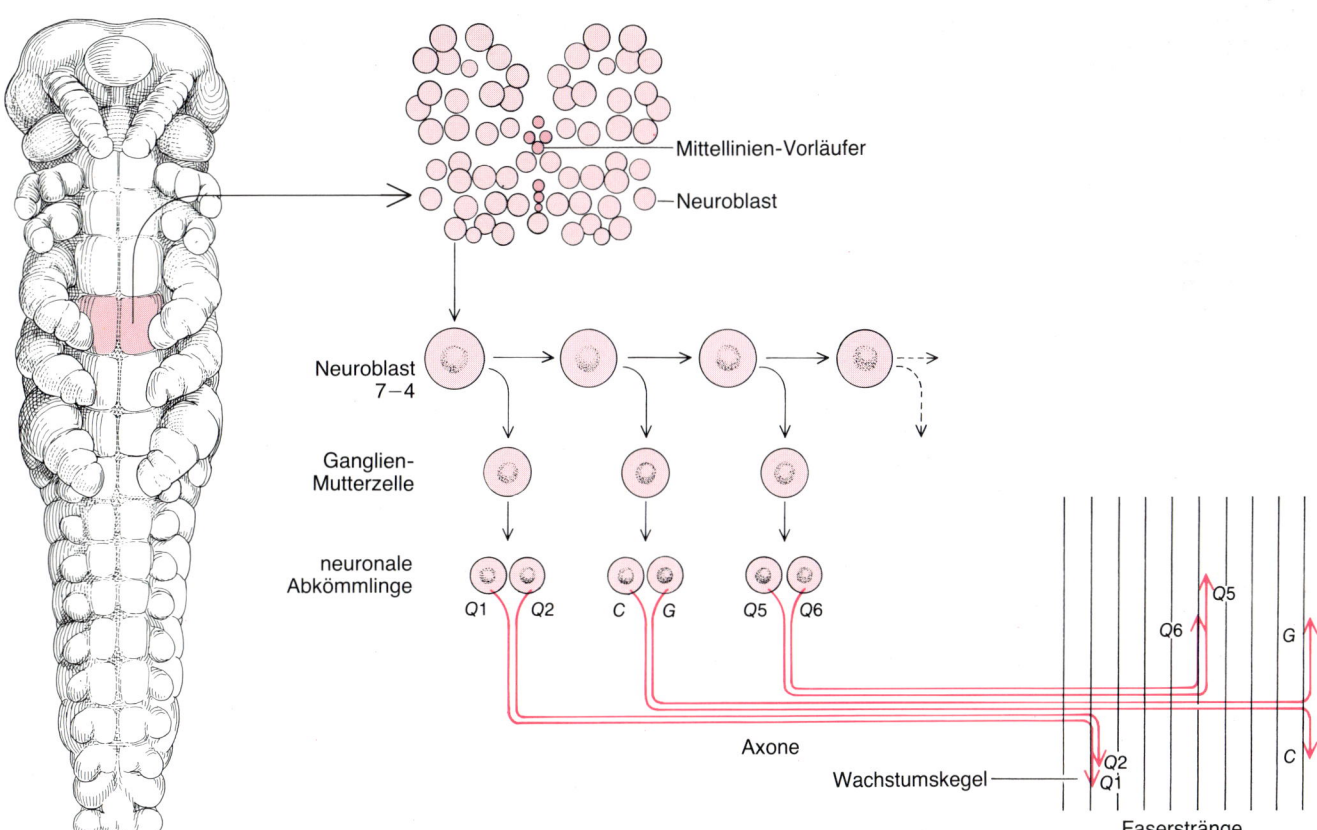

Mittellinien-Vorläufer

Neuroblast

Neuroblast 7–4

Ganglien-Mutterzelle

neuronale Abkömmlinge

*Q1*   *Q2*      *C*   *G*      *Q5*   *Q6*

Axone

Wachstumskegel

*Q5*

*Q6*      *G*

*Q2*
*Q1*      *C*

Faserstränge

**Bild 5: Der Heuschrecken-Embryo (links) besitzt 17 Segmentganglien, jedes mit praktisch gleich angeordneten neuronalen Vorläuferzellen: auf jeder Seite 30 Neuroblasten (Bildungszellen für Neuronen), in der Mitte einen einzelnen Neuroblasten und entlang der Körperachse sieben sogenannte Mittellinien-Vorläufer. Ein solcher Mittellinien-Vorläufer teilt sich nur einmal, bringt also nur zwei Neuronen hervor. Ein Neuroblast hinge-** gen teilt sich wiederholt und läßt jeweils eine Ganglien-Mutterzelle entstehen, die sich wiederum teilt und dabei zwei Geschwisterneuronen hervorbringt. Der Neuroblast 7–4 hat rund 100 neuronale Nachkommen; die Entstehung der ersten sechs Neuronen ist dargestellt. Der primäre Wachstumskegel folgt jeweils einer bestimmten Bahn: Er erkennt „seinen" Faserstrang, ein Bündel aus Axonen, und schließt sich ihm an (rechts).

venzellen von ihrem Ursprung (der Teilung bestimmter Vorläuferzellen) bis zu dem Stadium verfolgen, in dem jede ihre charakteristische Gestalt und damit ihre Identität zu erkennen gibt.

Während früher chemisch fixierte Dünnschnitte des Embryos untersucht wurden, fanden wir einen Weg, das Neuroepithel eines lebenden Embryos herauszupräparieren und mikroskopisch zu untersuchen. Das Neuroepithel ist so dünn und transparent, daß Zellen, Axone und manchmal sogar einzelne Wachstumskegel zu erkennen sind. Uns gelang es so, einzelne Neuronen zu identifizieren und ihren Werdegang – von ihrer

„Geburt" bis zur Reifung – im lebenden Embryo zu verfolgen. Dazu stachen wir Mikroelektroden in die Zellen und ihre Fortsätze ein und injizierten Farbstoffe. Auf diese Weise konnten wir die Abstammungslinie sowie die zeitliche Abfolge beschreiben, in der sich die ersten Nachkommen des mittleren Neuroblasten differenzieren; wir konnten überdies zeigen, daß ein bestimmter Neuroblast tatsächlich eine Familie identifizierter Nervenzellen hervorbringt.

Zu welchen Neuronen die Zellen werden, könnte auf zweierlei Weise festgelegt sein: durch ihre Vorgeschichte – die aufeinanderfolgenden Zellteilungen des

Neuroblasten und der Ganglien-Mutterzellen in ihrem Familienstammbaum – oder durch ihre Position in dem sich entwickelnden Ganglion und die sich daraus ergebenden Wechselwirkungen mit bestimmten Nachbarn. Welche Alternative verwirklicht ist, läßt sich ansatzweise entscheiden, indem man entweder den mutmaßlichen Vorläufer einer Zelle oder ihre Nachbarn entfernt oder abtötet und die Auswirkungen beobachtet.

Ein Verfahren – entwickelt von John E. Sulston in Cambridge – besteht darin, einzelne Neuronen mit einem auf sie fokussierten feinen Laserstrahl abzutöten. Solche Experimente wurden von unseren

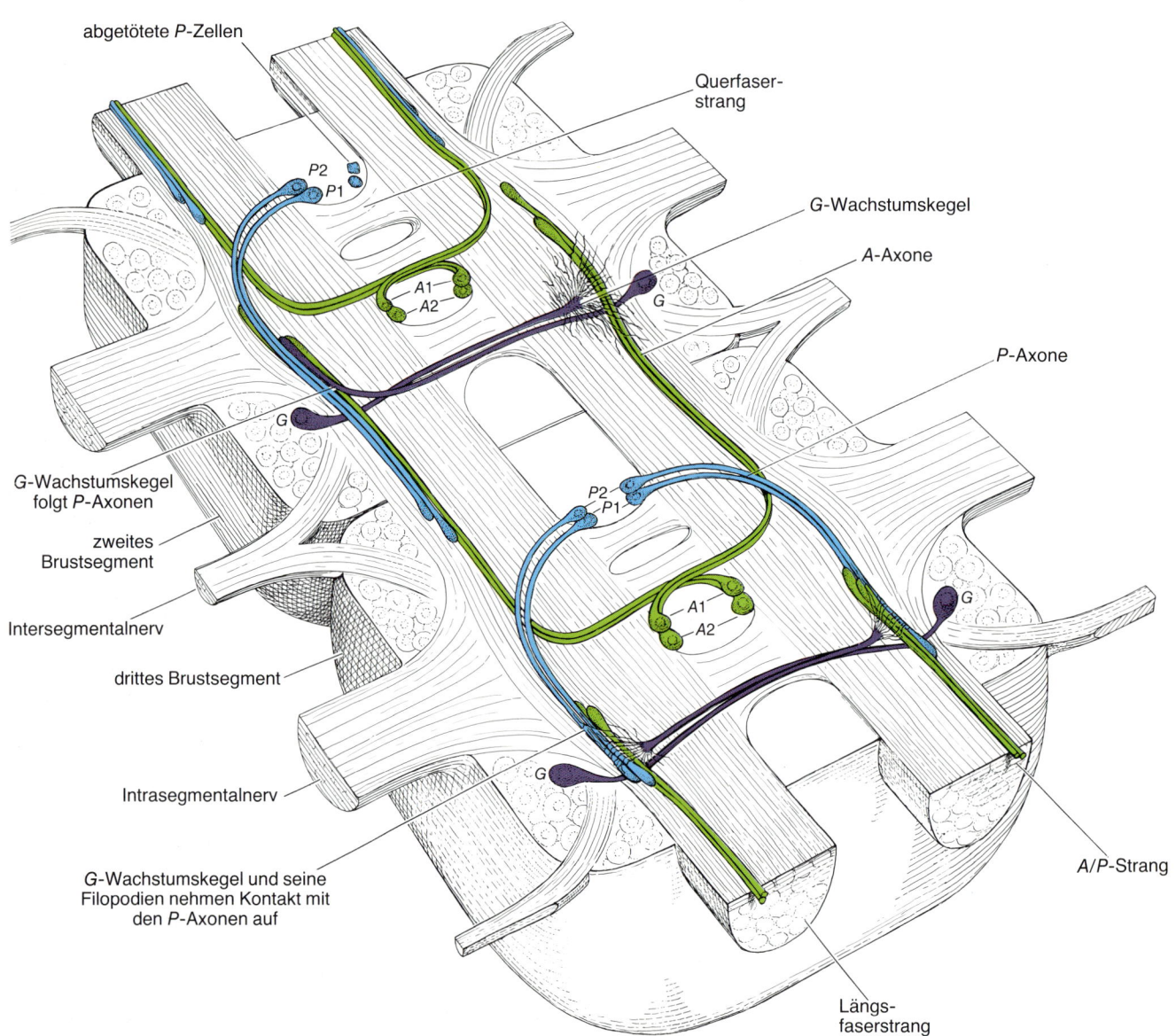

**Bild 6:** Der *G*-Wachstumskegel schließt sich selektiv mit dem *A/P*-Bündel – bestehend aus den beiden *A*- und *P*-Axonen – zu einem Faserstrang zusammen. Der Vorgang ist für zwei aufeinanderfolgende Brustsegmente dargestellt, wobei hier das obere etwas weiter entwickelt ist. Im unteren Segment haben die Wachstumskegel des rechten und linken *G*-Neurons das Neuropil durchquert und den Punkt erreicht, wo sie sich für das richtige Längsbündel entscheiden müssen. Ihre Filopodien haben die Oberflächen von rund 100 zu 25 Strängen zusammengefaßten Axonen erkundet und selektiv zu den *P*-Axonen Kontakt hergestellt. Zehn Stunden später in der Entwicklung hat der *G*-Wachstumskegel den *A/P*-Strang erklommen und wandert an ihm nach vorn (links oben). Er schließt sich dabei spezifisch den *P*-, nicht aber den *A*-Axonen an. Die Vermutung, daß er ein nur auf den *P*-Neuronen vorhandenes Oberflächenmolekül erkennt, wurde durch Experimente von Jonathan A. Raper bestätigt. Dabei wurden das *A*- und das *P*-Paar getrennt oder beide zusammen abgetötet, so daß sie keine Axone entwickelten. Ohne die *A*-Axone verhielt sich der *G*-Wachstumskegel normal und bildete mit den beiden verbliebenen *P*-Axonen einen Faserstrang. Ohne die beiden *A*-Axone jedoch streckte der *G*-Wachstumskegel abnorm viele Filopodien aus, ohne eine Affinität zu irgendeinem anderen Faserstrang zu zeigen (rechts oben).

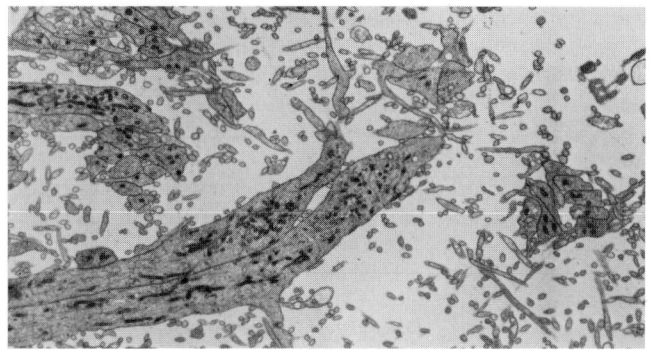

**Bild 7:** Der Wachstumskegel des *G*-Neurons wandert – wie auf diesem 40 000fach vergrößerten Querschnitt durch das Neuropil zu erkennen – auf den *A/P*-Strang zu. Die Zeichnung erläutert die elektronenmikroskopische Aufnahme. Der Kegel hängt durch die zahlreichen Kontakte seiner Filopodien mit dem Strang regelrecht im Neuropil. Wenige Stunden später würde sich seine Spitze den *P*-Axonen angeschlossen haben.

Kollegen Chris Q. Doe, John Y. Kuwada und Paul H. Taghert durchgeführt. Sie zeigten, daß dann, wenn ein Neuroblast sich zu teilen beginnt, die Abstammung eine größere Rolle bei der Determination seiner unmittelbaren Nachkommen, der Ganglien-Mutterzellen, spielt. Die beiden Geschwisterneuronen jedoch, die bei der abschließenden Teilung jeder Ganglien-Mutterzelle entstehen, sind zunächst gleichwertig; ihre genaue Entwicklungsrichtung wird erst durch die Wechselwirkungen miteinander, und zwar noch ehe jede Wachstumskegel ausbildet, entschieden. Kurzum: Sowohl die Abstammung der Zellen als auch die Wechselwirkungen untereinander tragen zur Determination eines Neurons bei.

### Ein Irrgarten von Nervenfasern

Wenden wir uns nun dem zu, was geschieht, wenn die Wachstumskegel zu sprossen beginnen. Wie können Neuronen einander individuell erkennen, während ihre Wachstumskegel eine Reihe spezifischer wegbestimmender Entscheidungen treffen?

Um eine Antwort zu finden, untersuchten wir zusammen mit Jonathan A. Raper in allen Einzelheiten, wie die Frühentwicklung der ersten sechs Abkömmlinge des mit 7-4 bezeichneten Neuroblasten abläuft. Die sechs sind die Neuronen *Q1* und *Q2*, *C* und *G* (die bereits erwähnt wurden) sowie *Q5* und *Q6*. Ihre Wachstumskegel entscheiden sich nach ungefähr 40 Prozent der Entwicklung für unterschiedliche, spezifische Bahnen. Der Embryo braucht 20 Tage für seine Entwicklung, so daß ein Tag 5 Prozent dieser Zeit entspricht. Zusammen mit Frances C. Thomas untersuchten wir diese Wahlentscheidungen, indem wir den Neuronen Farbstoffe injizierten und ihre Axone, ihre Wachstumskegel und die Kontakte ihrer Filopodien anhand elektronenmikroskopi-

scher Aufnahmen von Seriendünnschnitten des embryonalen Gewebes rekonstruierten.

Die Wachstumskegel befinden sich in einem regelrechten Irrgarten von Axonen, die zu etwas früher sich ausdifferenzierenden Neuronen gehören. In diesem Stadium sind es immerhin rund hundert in jeder Ganglienhälfte, die ihre Axone bereits in das sich entwickelnde Neuropil entsandt haben. Die Axone sind zu dünnen Quer- und Längsfasersträngen, sogenannten Faszikeln, zusammengefaßt. Diese bilden in jedem Segment ein ungefähr quadratisches Gerüst und lassen die Kette der Bauchganglien wie eine Strickleiter aussehen (Bild 6).

Anfangs verhalten sich die Wachstumskegel der ersten sechs Nachkommen des Neuroblasten 7-4 gleich. Sie dringen bis zur gegenüberliegenden Seite des Neuropils vor, indem sie selektiv an einem sprossenähnlichen Querbündel von Axonen entlangwachsen und dieses mit ihrem Axon verstärken. Auf der Gegenseite angekommen aber sucht sich jeder Wachstumskegel einen anderen Längsstrang, dem er folgt (Bild 5 rechts).

An diesem Scheideweg streckt der Wachstumskegel des *G*-Neurons büschelweise Filopodien aus, die mit der Oberfläche von ungefähr 25 verschiedenen Fasersträngen – mit insgesamt etwa hundert Axonen – Kontakt aufnehmen (Bild 6 unten). Obwohl der *G*-Wachstumskegel zu fast all diesen verschiedenen neuronalen Oberflächen Zugang hat, entscheidet er sich doch stets für einen ganz bestimmten Strang: für den aus den Axonen der vier Neuronen *A1*, *A2*, *P1* und *P2* (Bild 7). In diesem *A/P*-Faszikel winden sich die beiden eng aneinanderliegenden *P*-Axone um die beiden *A*-Axone. Die Spitze des *G*-Wachstumskegels scheint aber immer eng mit den *P*- und nicht mit den *A*-Axonen assoziiert zu sein. Offensichtlich kann *G* nicht nur den *A/P*-Faserstrang von den anderen 25 unterscheiden, sondern im Strang

selbst auch die *P*- von den *A*-Axonen. Es sind eigentlich die Filopodien des *G*-Wachstumskegels, welche die *P*-Axone als erstes erkennen. Sie heften sich selektiv an die beiden und umschlingen sie. In diesem Entwicklungsstadium strecken nicht nur die Wachstumskegel, sondern auch die Axone auf ihrer ganzen Länge Filopodien aus (Bild 4). Zu unserer Überraschung stellten wir fest, daß die *G*-Filopodien in dem verwirrenden Gespinst anderer Filopodien, das einen großen Teil des embryonalen Neuropils ausfüllt, nicht nur die *P*-Axone, sondern auch deren Filopodien erkennen können. Wie auch immer die Erkennungsmarken der neuronalen Oberflächen aussehen mögen, sie sind offensichtlich auf den Filopodien genauso wie auf den Axonen und Wachstumskegeln vorhanden.

Die selektive, von den Wachstumskegeln und Filopodien vermittelte Strangbildung hat zwei Funktionen bei der Verdrahtung des embryonalen Nervensystems. Erstens dienen die Faserstränge als Leitschienen, welche die Kegel zu bestimmten Regionen des Nervensystems führen. Zweitens wählen die Nervenzellen dann dort in der unmittelbaren Umgebung ihre synaptischen Partner aus.

In der Frühphase der Entwicklung, wenn das Neuropil noch nicht so stark verfilzt ist, können die Neuronen aus großem Abstand Kontakt aufnehmen und sich erkennen, sobald Filopodien einer Zelle auf die einer anderen stoßen. Solche Kontakte bringen selektive Strangbildungsmuster hervor. Später, wenn sich die Synapsen gerade ausbilden, ist die Entfernung, über die die Neuronen noch miteinander in Kontakt treten können, vermutlich geringer. Denn dann ist das Neuropil größer und stärker verfilzt, was den erkundenden Filopodien keinen Raum läßt. Dadurch ist ein Neuron in der Wahl seiner möglichen Partner auf Nervenzellen beschränkt, deren Ausläufer es in der unmittelbaren Nachbarschaft erreichen kann.

### Die Wegmarkierungs-Hypothese

Wie können die Filopodien andere Neuronen erkennen und die richtigen Wege und Ziele finden? Aufgrund unserer Erkenntnisse über die Stranganlagerung des *G*-Wachstumskegels schlugen wir und Raper die Wegmarkierungs-Hypothese vor: Sie besagt, daß benachbarte Faserstränge im embryonalen Neuropil durch „Erkennungsmoleküle" an ihren Oberflächen markiert sind. Nach 40 Prozent der Entwicklungszeit reichen die *G*-Filopodien an etwa 25 Faserstränge heran. Folglich — so unsere Hypothese — müßten der *A/P*-Strang und insbesondere die *P*-Axone einen Oberflächenmarker tragen, den sie mit keinem der anderen umliegenden Längsbündel teilen. Um dies zu prüfen, haben wir die *A*- und *P*-Neuronen-Paare getrennt oder zusammen abgetötet und das Verhalten des *G*-Wachstumskegels beobachtet.

Wenn *A*- wie *P*-Neuronen ausgeschaltet sind, entwickeln sich die meisten der rund 100 Neuronen einer Hälfte normal. Das *G*-Neuron jedoch tut dies nicht. Ohne den *A/P*-Strang verhält sich sein Wachstumskegel ziellos: Er verzweigt sich abnorm, ohne eine starke Affinität zu einem anderen Faserstrang. Wird nur das *A*-Paar abgetötet, so verhält sich der Kegel normal und wächst an den *P*-Axonen entlang. Umgekehrt aber, wenn das *P*-Paar fehlt, zeigt er keinerlei Affinität zu den *A*-Axonen und schließt sich nicht ihrem Bündel an.

Daraus läßt sich schließen, daß die bloße Nachbarschaft von Axonen nicht der Haupt-Determinationsfaktor sein kann; denn die *A*-Axone verbleiben an ihrem Platz im Grundgerüst, auch wenn die *P*-Axone fehlen. Die Ergebnisse sprechen auch dagegen, daß irgendein feinabgestimmter Zeitplan für die Determination verantwortlich ist. Das Experiment stützt stattdessen die These, daß *P*-Axone einen Oberflächen-Marker tragen, der sich qualitativ von denen der hundert anderen Axone in der Nachbarschaft unterscheidet.

Der *G*-Wachstumskegel nimmt mit ungefähr 25 Faserbündeln Kontakt auf, und zumindest eines von ihnen — der *A/P*-Strang — hat zwei verschieden markierte Komponenten. Wir glauben daher, daß die Axone in diesem Teil des Neuropils und in diesem Entwicklungsstadium mindestens 25, vielleicht aber auch 50 verschiedene Marker tragen.

Ein solches Ausmaß an Spezifität und zu erwartenden molekularen Markern ließ uns zögern. Vielleicht war das 40-Prozent-Entwicklungsstadium — mit seinen rund 100 interagierenden Neuronen — bereits zu komplex für eine präzise zelluläre und molekulare Analyse.

Wir entschieden uns daher, ein noch früheres Stadium — bei 30 bis 35 Prozent der Entwicklungszeit — zu untersuchen. Dann können nämlich die ersten sieben Wachstumskegel in dieser Region des Embryos einander unterscheiden und sich durch ihre spezifischen Wechselwirkungen selektiv zu den ersten drei längsziehenden Fasersträngen zusammenlagern (Bild 8)! Der erste Strang besteht nur aus dem Axon des sogenannten *vMP2*-Neurons, der zweite aus den Axonen von *MP1*, *dMP2* und *pCC*, der dritte aus den Axonen von *U1*, *U2* und *aCC*.

Zusammen mit Sascha du Lac untersuchten wir die unterschiedlichen Wahlentscheidungen, welche die Wachstumskegel der Neuronen *pCC* und *aCC* treffen. Beide sind Tochterzellen einer einzigen Ganglien-Mutterzelle. Sie müssen bereits unterschiedliche Oberflächenmarker tragen, noch ehe ihre Wachstumskegel zu sprossen beginnen. Denn die Filopodien des *MP1*-Wachstumskegels haften, obwohl sie beide Nervenzellen erreichen, nur am Zellkörper von *pCC*, nicht aber an *aCC* (Bild 1).

Der Unterschied zwischen den beiden Zellen wird noch deutlicher, wenn ihre

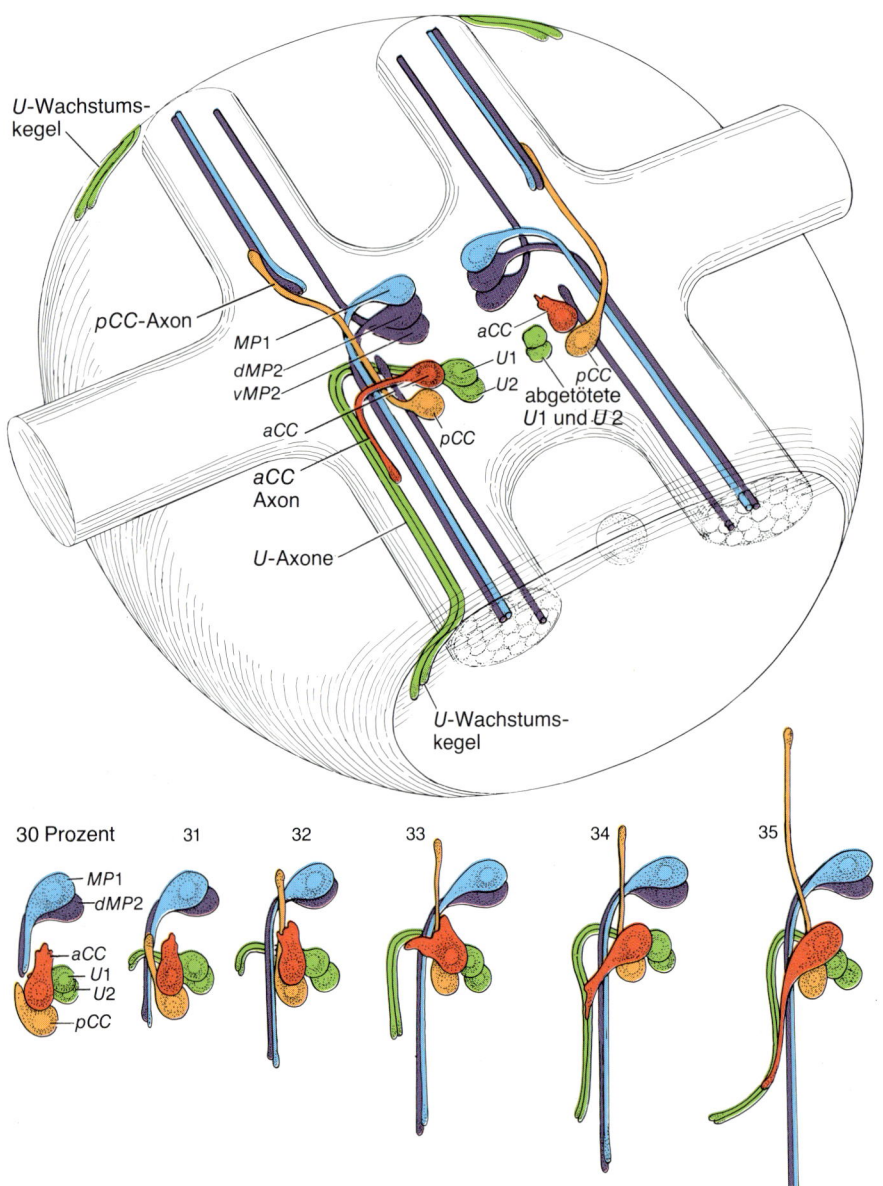

**Bild 8: Die ersten drei Längsstränge einer Seite bilden sich bereits früh in der Entwicklung. Einen davon wählen die Wachstumskegel der Geschwisterneuronen *pCC* (orange) und *aCC* (rot) aus, um sich ihm anzuschließen. Der *pCC*-Kegel lagert sich recht schnell mit den *MP1*- und *MP2*-Axonen zu einem Strang zusammen und wächst nach vorn. Der *aCC*-Kegel hingegen verharrt nach vorn gerichtet in Ruhe, bis die beiden *U*-Axone dicht an ihm vorbeiwandern und sich nach hinten wenden. Dann dreht er sich — wie in der unteren Abfolge und links im Ganglion dargestellt — und schließt sich ihnen an. Die Abfolge umfaßt sechs Stadien, angegeben in Prozent der durchlaufenen Entwicklungszeit. S. du Lac stellte fest, daß bei Abtötung der beiden *U*-Neuronen der *aCC*-Wachstumskegel nach vorne gerichtet stehenbleibt, ohne sich anderen Axonen anzuschließen (rechts oben). Offensichtlich sind diese ersten Axonbündel bereits verschieden markiert und so für die *pCC*- und *aCC*-Kegel unterscheidbar.**

Wachstumskegel zu sprossen beginnen (Bild 8 unten). Der pCC-Wachstumskegel schiebt sich nach vorn, wobei er mit den MP1- und dMP2-Axonen einen Strang bildet. Der aCC-Wachstumskegel richtet sich zwar auch nach vorn, verharrt aber, statt weiter zu wachsen, ungefähr 10 bis 15 Stunden in Ruhe. Erst wenn die U1- und U2-Axone das Gebiet in Reichweite seiner Filopodien durchqueren, zeigt er eine sichtbare Reaktion: Er wendet sich zur Seite, wandert auf die beiden U-Axone zu und schließt sich mit ihnen, während sie weiter nach hinten wachsen, zu einem Strang zusammen (Bilder 8 und 9).

Um unsere Wegmarkierungs-Hypothese zu prüfen, tötete du Lac die U1- und die U2-Neuronen mit einem feinen Laserstrahl ab. Ohne sie blieb der aCC-Wachstumskegel einfach nach vorne gerichtet stehen. Er zeigte keinerlei Affinität zu irgendeiner der vier anderen ihm zugänglichen axonalen Oberflächen. Ganz ähnlich blieb auch der pCC-Wachstumskegel nach vorn gerichtet und ohne erkennbare Affinität zu den anderen Neuronen stehen, wenn die MP1- und dMP2-Neuronen abgetötet wurden.

Diese Paradebeispiele ausgeprägter Spezifität − im 40-Prozent-Stadium sowie im viel einfacheren 30-bis-35-Prozent-Stadium − überzeugten uns, daß auf der Oberfläche embryonaler Axone viele verschiedene Erkennungsmoleküle vorkommen und daß sich die Neuronen mit ihren Filopodien selektiv an die markierten Axone heften und dadurch zu ihrem jeweiligen Ziel geleitet werden. Aus all diesen Untersuchungen war auch zu erwarten, daß kleine Untergruppen von Nervenzellen, deren Axone miteinander einen Strang bilden, gewisse gemeinsame Marker haben.

### Der Nachweis von Erkennungsmolekülen

Eine Möglichkeit, die postulierten Erkennungsmoleküle zu finden, bestand darin, einer Maus embryonale Heuschrecken-Zellen zu injizieren und ihr Immunsystem monoklonale Antikörper gegen alle daraufsitzenden Oberflächenmoleküle bilden zu lassen. Jeder Antikörper bindet spezifisch sein Antigen: also nur eine einzige Sorte dieser Moleküle. Unter Tausenden solcher monoklonalen Antikörper läßt sich beim Austesten vielleicht einer finden, der spezifisch irgendein Molekül bindet, dessen zeitliches und räumliches Erscheinen mit den von einem bestimmten Wachstumskegel getroffenen Entscheidungen korreliert werden kann. Ein solches Molekül markiert mit ziemlicher Wahrscheinlichkeit eine bestimmte Bahn.

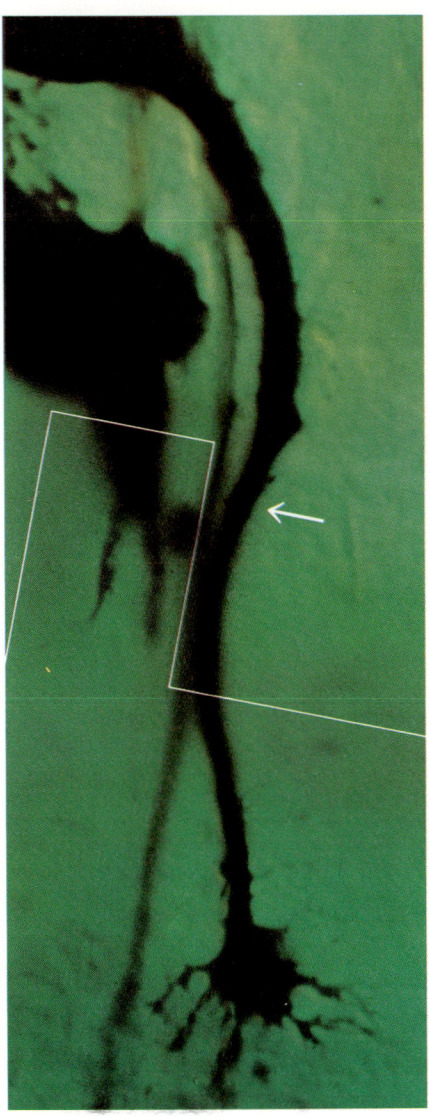

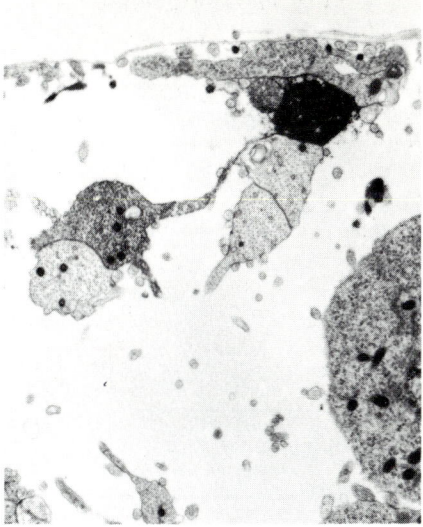

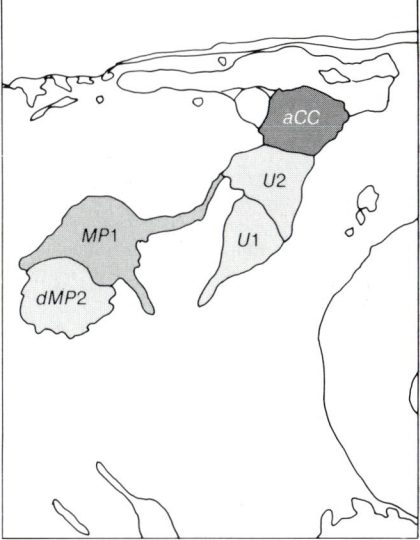

Bild 9: Das Axon des embryonalen aCC-Neurons überquert zwei andere Bündel, ehe es sich dem U-Bündel anschließt. Die Montage aus lichtmikroskopischen Aufnahmen (links) zeigt ein aCC-Neuron (oben angeschnitten), ein MP1-Axon und eine Stützzelle (links darunter), denen Meerrettich-Peroxidase injiziert worden war. Das aCC-Axon überquert das schwächer gefärbte MP1-Axon und zieht parallel zu ihm weiter, bildet aber mit dem U-Bündel (ungefärbt) einen Strang. Ein Querschnitt an der markierten Stelle (Pfeil) ist auf der elektronenmikroskopischen Aufnahme (rechts oben) rund 6500fach vergrößert zu sehen.

Wir wählten diesmal den zu 40 Prozent entwickelten Heuschrecken-Embryo, da die Nervenzellen in diesem Stadium noch keine Überträgersubstanzen (Neurotransmitter) oder andere von ausdifferenzierten Neuronen hergestellten Proteine synthetisieren. Sie haben in erster Linie ihre Wachstumskegel voranzutreiben und die einzuschlagenden Wege zu erkennen. Mit ihnen, so hofften wir, würde es einfacher sein, Antikörper gegen die interessierenden Oberflächenmoleküle zu erzeugen.

Kathryn J. Kotrla injizierte also Mäusen das Neuroepithel von 40-Prozent-Embryonen. Die antikörperproduzierenden Lymphozyten aus der Mäuse-Milz wurden mit krebsartig veränderten Myelom-Zellen verschmolzen und die entstandenen Hybrid-Zellen dann geprüft, ob sie gegen neuronale Oberflächenantigene gerichtete Antikörper herstellten. Tatsächlich fand Kathryn Kotrla mehrere monoklonale Antikörper gegen Oberflächenmoleküle, die nur auf kleinen Untergruppen von strangbildenden Axonen vorhanden sind − genau wie unsere Hypothese es vorausgesagt hatte.

Zwei dieser Antikörper − mit der Bezeichnung Mes-3 und Mes-4 − binden sich an Oberflächenmoleküle, die ein Längsbündel von Axonen kennzeichnen, und zwar sowohl im 40-Prozent-Stadium mit seinen rund 25 verschiedenen Fasersträngen als auch im 33-Prozent-Stadium mit seinen lediglich drei Strängen. Beidemal erkennen die Antikörper den MP1/dMP2-Strang, also jenen, der vom

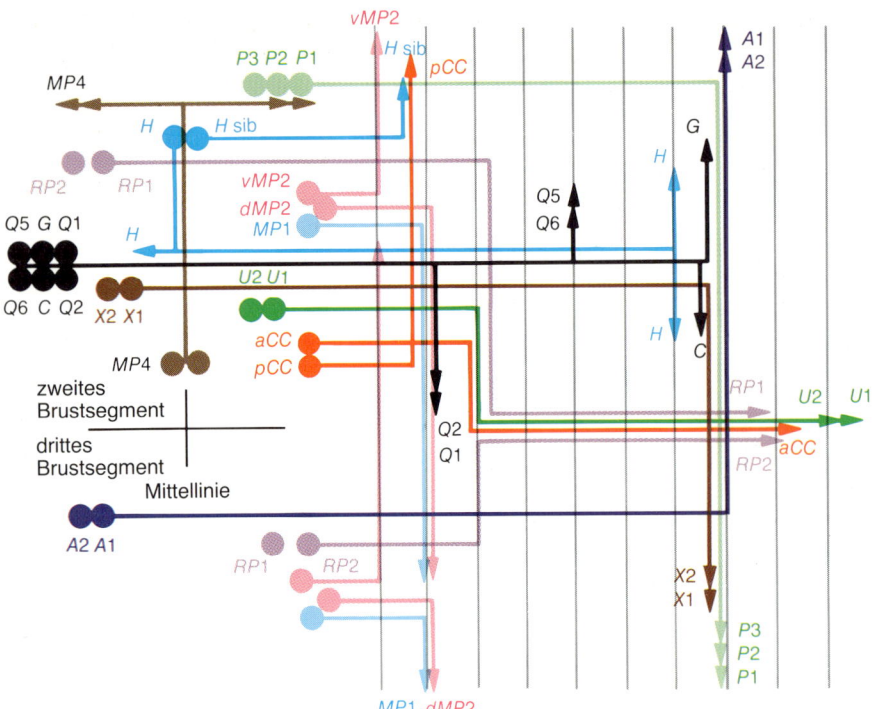

**Bild 10: Die schematische Darstellung zeigt, welche Wege die Wachstumskegel identifizierter Neuronen in einer Ganglienhälfte einschlagen. In dem gewählten Entwicklungsstadium haben rund 100 Neuronen (26 davon sind eingezeichnet) ihre Axone ausgesandt. Diese 100 Axone lagern sich zu 25 Längsbündeln (10 sind dargestellt) zusammen. Die Kreise symbolisieren die Zellkörper, die Pfeile hingegen die** **Wachstumskegel der primären Axone. Das Diagramm zeigt Teile des zweiten und dritten Brustganglions, so daß einige Neuronen mehr als einmal vertreten sind. Verwandte Neuronen (Abkömmlinge derselben Vorläuferzelle) haben die gleiche Farbe erhalten. Trotz ihrer gemeinsamen Herkunft und trotz ihrer gleichen Umgebung wählen sie oft verschiedene Stränge in dem sich entwickelnden Neuropil aus.**

pCC-, aber nicht vom aCC-Wachstumskegel gewählt wird. Damit war gezeigt, daß sich ein einzelner Strang durch seine Antigene von allen anderen Strängen in Reichweite eines bestimmten Wachstumskegels unterscheidet.

Bislang haben wir nur ein ziemlich statisches Bild eines Entwicklungsprozesses gezeichnet, der in Wirklichkeit voller Dynamik und Wechselwirkungen ist. So haben wir beschrieben, daß der G-Wachstumskegel und seine Filopodien in einem bestimmten Entwicklungsstadium eine selektive Affinität zu den beiden P-Axonen zeigen. Wenig später jedoch wachsen drei neue Wachstumskegel aus dem G-Axon heraus. Zwei davon schieben sich nach vorn und werden zu den bilateral-symmetrischen Dendriten, die in Bild 2 zu sehen sind. Der dritte Kegel wächst nach hinten und wird zu einem sekundären Axon. Diese neuen Wachstumskegel bilden mit verschiedenen Bündeln Stränge, und zwar mit solchen, zu denen der ursprüngliche Kegel keinerlei Affinität gezeigt hatte.

Zweifellos müssen die Wachstumskegel eines einzigen Neurons ihre Oberflächenaffinität mit der Zeit ändern, vermutlich infolge der Wechselwirkungen mit anderen Zellen wie auch aufgrund des im Neuron ablaufenden genetischen

Programms. So glauben wir, daß nacheinander eintretende Veränderungen der Oberflächenaffinität einen Wachstumskegel veranlassen, von einem Strang zum anderen zu wechseln, während er auf sein endgültiges Ziel zuwandert.

Wie aber kann der biochemische Apparat einer Zelle „wissen", wo sich der Wachstumskegel gerade befindet und mit welchen Neuronen er in Wechselwirkung gestanden hat?

Ein von uns entdeckter Vorgang, die selektive Eingliederung von Filopodien, könnte das „Wie" beantworten. Wir waren darauf gestoßen, als wir elektronenmikroskopische Aufnahmen nach irgendwelchen Kontakten zwischen Filopodien und spezifischen Zelloberflächen absuchten. Die G-Filopodien heften sich, wie beschrieben, gezielt an die Oberfläche der Axone und Filopodien der P-Neuronen. Interessanterweise stellen umgekehrt auch die Filopodien der P-Axone zum G-Wachstumskegel Kontakt her und integrieren sich dann in ihn. Im Laufe dieses Prozesses induzieren sie die Bildung von sogenannten Stachelsaum-Grübchen und Stachelsaum-Vesikeln – Strukturen, die sich normalerweise bilden, um Moleküle in die Zelle einzuschleusen. Die Eingliederung ist ein hochspezifischer Vorgang. Denn die

rund 40 benachbarten Wachstumskegel und Axone stellen mit ihren Filopodien ebenfalls Kontakt zur Oberfläche des G-Wachstumskegels her, ohne jedoch in ihn einzudringen.

Diese Eingliederung der Filopodien könnte, wie wir glauben, bewirken, daß auf dem G-Wachstumskegel nun andere Oberflächenmoleküle exprimiert, das heißt vom G-Neuron hergestellt und in seine Zellmembran eingebaut werden. Vielleicht geht mit der Eingliederung eine Rückmeldung an den G-Zellkörper einher, die praktisch sagt: Dein Wachstumskegel hat die P-Axone gefunden, bereite Dich auf die nächsten Wahlentscheidungen vor.

Solch eine Spezifitätsänderung zeigt sich im Experiment mit einem der monoklonalen Antikörper. Der Mes-2-Antikörper erkennt ein Antigen, das nur auf vier der 1000 Neuronen einer Ganglienhälfte vorhanden ist, und zwar auf zwei Moto- und zwei Zwischenneuronen. Es wird überdies nur vorübergehend, also in einem bestimmten Entwicklungsstadium, exprimiert. Die Motoneuronen FETi und SETi haben Axone, die sich außerhalb des Zentralnervensystems bündeln und den gleichen Beinmuskel innervieren. Die beiden stammen von verschiedenen Neuroblasten ab, gehören also verschiedenen Familien an. Von allen Mitgliedern haben aber nur sie, genauer ihre Axone, ein letztes Stück gemeinsamen Weges und das Mes-2-Antigen als Marker.

Wenn der Wachstumskegel des FETi-Axons erstmals an der Grenze des Zentralnervensystems auf das SETi-Axon trifft, bilden beide noch keinen Strang – und tragen auch noch kein Mes-2-Antigen. Später jedoch, nach verschiedenen Begegnungen mit anderen Zellen, treffen Wachstumskegel und Axon weiter „draußen" in der sich entwickelnden Gliedmaßen-Knospe erneut aufeinander. Diesmal verhalten sie sich völlig anders. Der FETi-Wachstumskegel legt sich dem SETi-Axon an, und die beiden strangbildenden Axone stoßen zusammen bis in den Zielmuskel vor. Das Mes-2-Antigen erscheint, wie wir feststellten, unmittelbar vor diesem zweiten Zusammentreffen auf der Oberfläche beider Neuronen. Später, wenn die beiden Axone ihren gemeinsamen Muskel erreichen und innervieren, geht das Mes-2-Antigen schlagartig zurück und verschwindet schließlich.

Die Entdeckung, daß dieses Antigen nur auf vier Nervenzellen vorhanden ist und auch nur vorübergehend exprimiert wird, war wirklich aufregend. Denn dies entsprach dem Grad an Spezifität, den die Wegmarkierungs-Hypothese vorausgesagt hatte. Zugleich war der Befund aber enttäuschend; denn wir wußten, daß es äußerst schwierig sein würde, ein solch vergängliches Molekül zu isolieren und seine Funktion zu bestimmen. Immerhin mußten wir dazu das dafür codierende Gen identifizieren und seine Expression mit molekulargenetischen Methoden untersuchen und manipulieren. Und das wäre sehr schwierig bei einem Insekt wie der Heuschrecke, deren genetischer Apparat noch nicht gründlich erforscht ist. Deshalb wandten wir uns dem Embryo der Taufliege *Drosophila* zu, der molekulargenetisch besser zu handhaben ist.

### Konservative Muster

Anders als die Heuschrecke ist die Taufliege in ihrer Genetik weit erforscht. Ihre Gene und deren Expression werden seit den zwanziger Jahren eingehend untersucht. Tausende mutierter Stämme sind inzwischen identifiziert, so daß sich bestimmte Gene mit bestimmten Funktionen assoziieren lassen. Genetische Untersuchungen an der Taufliege, vor allem die von Seymour Benzer und seinen Mitarbeitern am California Institute of Technology haben entscheidende Erkenntnisse zur Entwicklung des Nervensystems beigetragen. Doch Kleinheit und Unzugänglichkeit der embryonalen *Drosophila*-Neuronen hatten es früher unmöglich gemacht, Zellerkennung und neuronale Spezifität mit solcher Genauigkeit, wie wir sie bei der Heuschrecke erzielen konnten, zu untersuchen.

Uns gelang es jedoch, die am Heuschrecken-Embryo entwickelten Methoden auf kleinere Maßstäbe zu übertragen und die gleiche Art von Experimenten an *Drosophila* auszuführen. In Zusammenarbeit mit John B. Thomas und mit Bate in Cambridge fanden wir heraus, daß das Nervensystem des Fliegen-Embryos im Frühstadium eine Miniaturausgabe des Heuschrecken-Nervensystems ist. Die Ähnlichkeit ist geradezu frappierend. Beide Embryonen besitzen homologe identifizierte Nervenzellen, und die Wachstumskegel daran wandern in die gleichen Richtungen durch ein im Prinzip gleiches Strickleiter-Gerüst gebündelter Axone und entscheiden sich dabei für die gleichen Faserstränge (Bild 11).

Beispielsweise besitzt *Drosophila* auch ein *G*-Neuron. Sein Wachstumskegel zieht in einem Querbündel aus Axonen zur anderen Seite des Neuropils und wächst nach einer Drehung an einem Längsbündel nach vorn. Dieses Längsbündel besteht, wie wir feststellten, aus zwei *P*- und zwei *A*-Axonen, und die Spitze des Wachstumskegels schließt sich spezifisch den *P*-Axonen an, genau wie beim Heuschrecken-Embryo. Diese und viele andere Ergebnisse lassen vermuten,

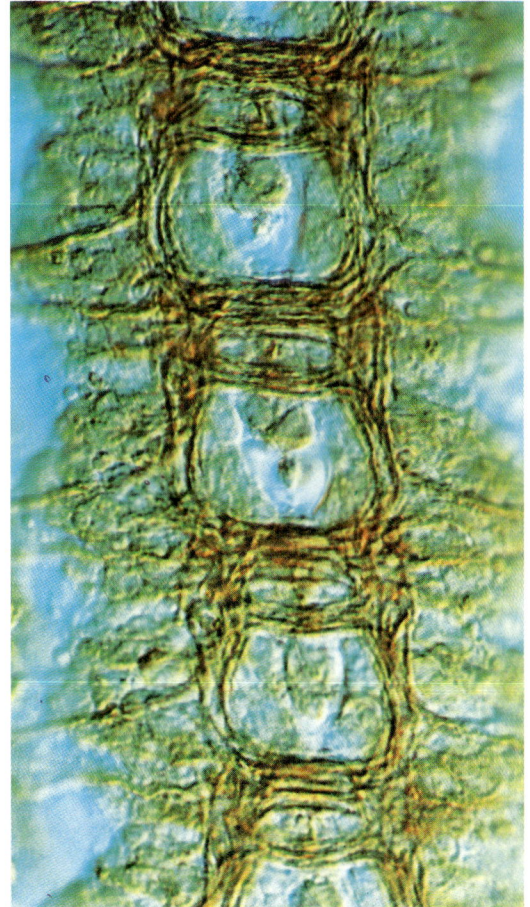
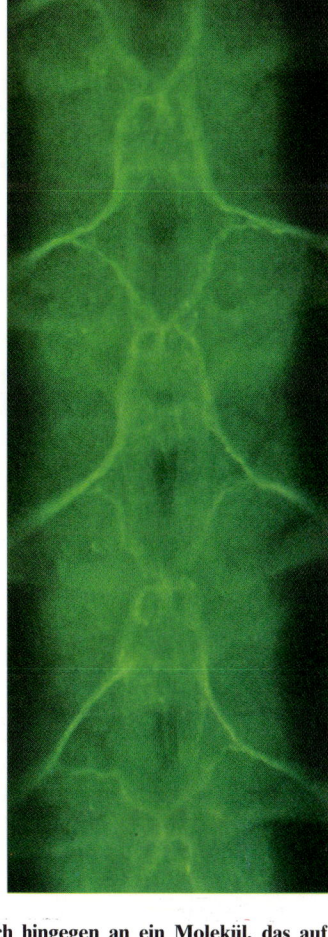

**Bild 11: Die beim Heuschrecken-Embryo festgestellte rechteckige Anordnung der Axonbündel ist — in Miniaturausgabe — auch beim Embryo der Taufliege *Drosophila* wiederzufinden. Auf der Mikrophotographie (links) sind drei identische Segmente eines 12 Stunden alten Fliegen-Embryos zu sehen, die mittels eines gegen das Axonprotein Tubulin gerichteten Antikörpers dargestellt wurden. Ein von Stephen L. Helfand entwickelter monoklonaler Antikörper** bindet sich hingegen an ein Molekül, das auf den Axonen eines bestimmten Faserbündels im Taufliegen-Embryo vorkommt. Er wurde bei einem anderen 12 Stunden alten Embryo eingesetzt und mit einem Fluoreszenzfarbstoff indirekt markiert. Dadurch werden das *aCC*-Axon und seine Partner sichtbar (rechts), mit denen es auf dem Weg aus dem Zentralnervensystem zu dem Nerv zwischen den Segmenten (dem Intersegmentalnerv) einen Strang bildet.

daß die frühen Muster der Zellerkennung im Laufe der Insekten-Evolution in einem hohen Grad bewahrt wurden.

Daß wir auch im Zentralnervensystem des *Drosophila*-Embryos mit identifizierten Neuronen, ihren Wachstumskegeln und ihren speziellen Strangbildungsmustern arbeiten können, ermöglicht es, monoklonale Antikörper, gentechnische Methoden und genetische Analysen anzuwenden, um die Mechanismen der Zellerkennung und neuronalen Spezifität aufzudecken. So hat Stephen L. Helfand in unserem Labor monoklonale Antikörper gewonnen, die kleine Untergruppen strangbildender Axone erkennen. Einer dieser Antikörper bindet sich beispielsweise spezifisch an ein Molekül, das von wenigen sich einem einzigen Bündel anschließenden Axonen exprimiert wird. Dieses Bündel ist die *Drosophila*-Version des in der Heuschrecke vorkommenden *U*-Stranges. Der Antikörper unterscheidet dabei

zwischen den *aCC*- und den *pCC*-Neuronen, wie aufgrund unserer zellulären Analyse an der Heuschrecke zu erwarten war. Das von ihm erkannte Antigen dürfte demnach ein Zellerkennungsmolekül sein, das an der selektiven Strangbildung beteiligt ist.

Zusammen mit Stephen T. Crews, Denise M. Johnson, Linda McAllister und John Thomas versuchen wir derzeit, die für Zellerkennungsmoleküle codierenden Gene unter Einsatz von Antikörpern und anderen molekularen Sonden zu isolieren. Aus dem Verständnis der Mechanismen, auf denen die Erkennung von 10 bis 100 Neuronen im Embryo von Heuschrecke und Taufliege basiert, sollte sich schließlich ein Modell ergeben, das auf alle Nervenzellen anwendbar ist: auf die 1000 Neuronenpaare, die sich in jedem Bauchganglion eines Insekts entwickeln — und vielleicht sogar auf die Milliarden von Neuronen, die sich im Nervensystem von Säugern entwickeln.

# Die Entwicklung eines einfachen Nervensystems

Das wohl Eindrucksvollste an der Entwicklung eines Embryos ist die Ausbildung des Nervensystems — ein höchst komplizierter Vorgang, der sich gewöhnlich schlecht verfolgen läßt. Leichter geht das bei dem vielen so unsympathischen Blutegel.

## Von Gunther S. Stent und David A. Weisblat

Das Nervensystem stellt uns vor zwei der schwierigsten und zugleich faszinierendsten Fragen der modernen Biologie. Wie steuert das Netzwerk aus Nervenzellen das Verhalten eines Tieres? Und wie entwickeln sich die Nervenzellen und ihre zielgenauen Verbindungen aus einem befruchteten Ei? Das letzte Problem läßt sich natürlich nicht von dem ersten trennen, gipfelt doch die Entwicklung gerade in jenem „elektronischen" Wunderwerk, dessen Verschaltung und Funktionsweise uns soviel Kopfzerbrechen bereitet. Nun sind aber tiefergehende Fragen zur Entwicklung überhaupt erst möglich, wenn man genau weiß, wie das fertige Produkt aussieht und wie es funktioniert. Und das läßt sich bei Tieren mit einem einfachen Nervensystem wesentlich leichter ergründen. Ein solches Tier haben wir in dem Blutegel, dem blutsaugenden Verwandten des Regenwurms, gefunden.

Bei vielen erweckt die bloße Erwähnung schon Abscheu. Und denen spricht sicher jene Szene in dem Film „The African Queen" aus dem Herzen, bei der Humphrey Bogart aus dem tropischen Sumpf auftaucht, die Blutsauger an seiner Brust entdeckt und mit widerwillig verzerrtem Gesicht ausruft: „Ich hasse Egel!" Trotzdem haben auch Egel ihr Gutes, denn sie injizieren ihren Opfern — was Bogart vermutlich nicht wußte — gerinnungshemmende Substanzen, die das Risiko gewisser Herz- und Kreislaufstörungen verringern helfen. Darüber hinaus macht sie ihr einfacher Körperbau zu einem reizvollen Studienobjekt für Experimentalbiologen.

### Ein wenig über Anatomie und Verhalten

Der schlauchförmige Körper der Egel ist dicht geringelt und aus 32 fast gleich gebauten Segmenten zusammengesetzt (Bild 2). Die Kopf- und Schwanzsegmente tanzen dabei etwas aus der Reihe.

Der Kopf — er wird von den ersten vier Segmenten gebildet — trägt auf seiner oberen (dorsalen) Seite ein Paar Augen, auf seiner unteren (ventralen) Seite einen Saugnapf, an dessen Grund sich der Mund öffnet. Der After mündet am Hinterende, das von den letzten sieben Segmenten geformt wird und fast gänzlich aus einem großen bauchwärts gelegenen Saugnapf besteht.

Bei den 21 Rumpfsegmenten sieht dagegen eines fast aus wie das andere, so daß man häufig nur ein einziges zu untersuchen braucht, um etwas über das gesamte Tier zu erfahren. Jedes dieser Segmente enthält in gleicher Weise jeweils eine Garnitur Fortpflanzungs- und Exkretionsorgane und ist mit einer kräftigen muskulösen Körperwand ausgestattet. Die äußeren Ringmuskeln pressen den Körper zusammen, so daß er sich streckt, die inneren, längs verlaufenden Muskeln können ihn dagegen verkürzen.

Die Haut eines jeden Segments ist deutlich geringelt, wobei die Zahl der Ringe von Art zu Art variiert, aber bei ein und derselben Art konstant bleibt. Der jeweils mittlere Ring (oder Annulus) trägt eine Reihe von Sinnesorganen.

Auch das Nervensystem spiegelt den segmentalen Bauplan des übrigen Körpers wider. Es besteht — anders als bei den Wirbeltieren — aus einem bauchwärts gelegenen Strang, der in jedem Segment zu einem Knoten, einem Ganglion, anschwillt. In Wirklichkeit handelt es sich beim Bauchmark des Egels um zwei Längsstränge, die aber so innig miteinander verschmolzen sind, daß sie wie ein einziger Strang erscheinen. Jedes Bauchganglion enthält — neben einigen unpaaren — etwa zweihundert, zu Paaren geordnete Nervenzellen (Neuronen), wobei jeweils ein Partner in der rechten und einer in der linken Hälfte des Ganglions sitzt. Aus jeder Hälfte entspringen zwei sich gabelnde Segmentnerven, die seitlich zur Körperwand und zu den Ein-

geweideorganen ziehen (Bild 2, unten). Ausführliche Untersuchungen, die hauptsächlich von John G. Nicholls und dessen Mitarbeitern an der Stanford-Universität durchgeführt wurden, zeigten, daß sich die Ganglien verschiedener Segmente und sogar verschiedener Tiere nur wenig in ihrem Aufbau unterscheiden. Daher läßt sich ein Großteil der Neuronen verläßlich identifizieren.

Mit einer Mikroelektrode kann man die elektrische Aktivität der Neuronen eines Bauchganglions aufzeichnen. Auf ähnliche Weise lassen sich auch Farbstoffe oder fluoreszierende Stoffe injizieren, so daß selbst die feinen Fortsätze der Neuronen sichtbar werden. Mit dieser Methode ist es möglich, die Verbindungen zwischen den Neuronen zu verfolgen. So gelang es, die neuronalen Schaltkreise aufzuspüren, die für einige Reflexe und etwas kompliziertere Bewegungsabläufe wie den Herzschlag verantwortlich sind. Ein solcher Reflex läßt sich leicht beobachten: Berührt man einen Egel, zieht er sich sofort zusammen.

Das komplizierteste Verhalten, das man bisher auf neuronaler Ebene ergründen konnte, ist das Schwimmen. Wie die Bewegung zustandekommt, klärten William B. Kristan junior, Carol Ort, Otto Friesen, Margaret Poon und Ronald Calabrese in unserem Labor an der Kalifornien-Universität in Berkeley. Danach wird das charakteristische rhythmische Zusammenziehen der Längsmuskulatur durch entsprechende rhythmische Aktivitäten bestimmter Motoneuronen erzeugt. Davon gibt es in jedem Ganglion zwölf Paare. Sie erhalten ihren Rhythmus wiederum von vier Paar anderen als Vermittler tätigen Neuronen (Interneuronen) aufgeprägt, die gewissermaßen den zentralen Schwingkreis für die Schwimmbewegung bilden.

Wir wissen also inzwischen genauer, wie das fertige Nervensystem funktioniert und welche Elemente daran beteiligt sind. Das erlaubt uns nun, nach den wichtigen Strukturen in einem sich entwickelnden Nervensystem zu suchen und sinnvoll und gezielt nach Einzelheiten ihres Werdegangs zu fragen. Wird beispielsweise der Schwimmschaltkreis von außen nach innen „zusammengelötet", so daß sich zuerst die Motoneuronen mit den Längsmuskeln verbinden, dann die Interneuronen mit den Motoneuronen und zuletzt die Interneuronen untereinander? Oder verläuft die Entwicklung umgekehrt, also von innen nach außen? Oder entstehen die Verbindungen auf allen drei Ebenen gleichzeitig? Vielleicht trifft es auch gar nicht zu, daß solche

neuronalen Schaltkreise entstehen, indem sich bestimmte Verbindungen ausbilden; möglicherweise werden für sie lediglich die funktionsgerechten aus einer Unzahl bereits wahllos geknüpfter Verbindungen ausgewählt?

## Unsere Versuchstiere

Vor nunmehr sieben Jahren begannen wir mit einer langfristig angelegten Studie in der Hoffnung, einmal einige dieser Fragen beantworten zu können. Zunächst mußten wir aber geeignete Egelarten finden, die sich im Laboratorium züchten ließen und uns ständig mit Em-

bryonen zu versorgen vermochten. Unter den zahlreichen Arten, die unser Mitarbeiter Roy T. Sawyer daraufhin untersuchte, eigneten sich schließlich zwei als Kandidaten für unser Projekt. Die erste Art, *Helobdella triserialis*, ist in Kalifornien heimisch und ernährt sich von Schnecken, aus denen sie die Körperflüssigkeit heraussaugt. Sie wird ausgewachsen ungefähr zwei Zentimeter lang und ist – vom Eistadium gerechnet – bereits nach etwa acht Wochen geschlechtsreif. Die zweite Art, *Haementeria ghilianii*, kommt aus Französisch Guayana und hat sich auf das Blut von Säugetieren spezialisiert. Gestreckt erreicht sie die respek-

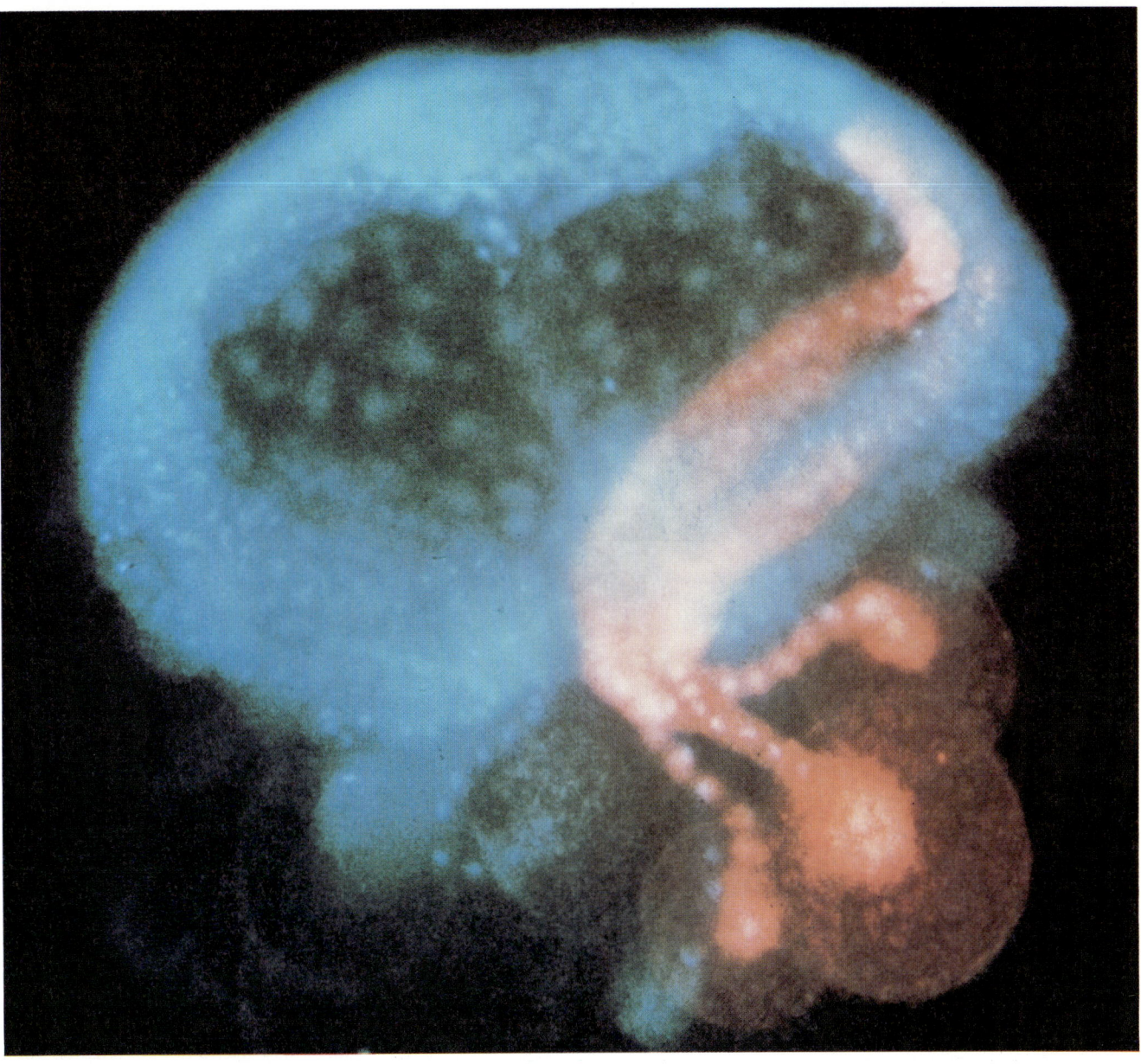

**Bild 1: Ein frühes Entwicklungsstadium des Egels** *Helobdella triserialis* **in 300facher Vergrößerung. Ein neuartiges Markierungsverfahren erlaubt es, die Herkunft bestimmter Zellen sichtbar zu machen. Dazu wurde hier ein rot fluoreszierender Farbstoff in eine einzelne Zelle des Embryos injiziert. Als sich der Embryo weiterentwickelte, erhielten zwangsläufig auch alle Nachkommen dieser Zelle eine rote Färbung.**

Die drei großen Zellen (unten rechts) sind die ersten davon. Ihre Töchter, die Stammzellen, bilden drei „Streifchen", die hier zu dem rechten Keimstreifen beitragen (Bild 3). Das Nervensystem des ausgewachsenen Egels leitet sich aus insgesamt acht solcher Streifchen ab. Bevor man den Embryo fotografierte, wurde er chemisch fixiert und mit einem blau fluoreszierenden Farbstoff behandelt, der die Kerne der em-

bryonalen Zellen hervorhebt (blaue Punkte). An der starken Färbung am Rand läßt sich erkennen, daß die meisten Zellen in den beiden halbmondförmigen Keimstreifen sitzen, und zwar besonders am Vorderende (oben). Die hier angewandte Färbe- und Markierungstechnik wurde von der Arbeitsgruppe der Autoren an der Universität von Kalifornien in Berkeley entwickelt.

table Länge von fünfzig Zentimetern, und ihre Generationszeit beträgt zehn Monate.

*Helobdella* eignet sich wegen ihrer einfachen Haltung, ihrer kurzen Generationszeit und ihrer robusten Embryonen hervorragend zum Studium der Embryonalentwicklung, ihr kleines Nervensystem läßt sich jedoch neurophysiologisch nur schlecht untersuchen. Im Gegensatz dazu haben bei der geradezu riesigen *Haementeria* sowohl das ausgewachsene Nervensystem als auch die embryonalen Neuronen eine Größe, die es leicht macht, eine Mikroelektrode oder feine Injektionsnadel in eine einzelne Zelle einzustechen. Nachteile stellen jedoch die aufwendigen Brutbedingungen und der empfindliche Embryo dar. Da beide Arten – trotz ihrer unterschiedlichen Größe und Lebensweise – in Körperbau und Embryonalentwicklung fast genau übereinstimmen, lassen sie sich für die meisten embryologischen Untersuchungen gegeneinander austauschen. Zusammen eröffnen sie einen weit breiteren experimentellen Spielraum als dies eine einzige Art tun könnte.

Die Eier der beiden Egel enthalten viel Dotter und erreichen einen Durchmesser von ungefähr 0,5 beziehungsweise 2,5 Millimetern. Das „Muttertier" (Egel sind in Wirklichkeit Zwitter) legt davon etwa ein Dutzend, das dann – in einen durchsichtigen Eisack gehüllt – am Bauch des Egels haften bleibt. Die Entwicklung setzt sofort ein und dauert bei *Helobdella* etwa zwei Wochen, bei *Haementeria* ungefähr einen Monat. Der Dotter stellt dazu alle notwendigen Nährstoffe zur Verfügung. Bald nachdem er aufgebraucht ist, haben wir das Jugendstadium vor uns. Ein Jungtier sieht wie eine verkleinerte Ausgabe der Erwachsenen aus, es sucht bereits nach einem geeigneten Wirt, an dem es seine erste Mahlzeit einnehmen kann. Es wächst nun und reift heran, wobei seine Körperzellen vor allem größer, in geringem Maße auch zahlreicher werden.

### Vom Ei zum Embryo

Bereits die Pioniere der modernen experimentellen Embryologie konzentrierten ihr Interesse auf Egel. So beschrieb in den achtziger Jahren des vorigen Jahrhunderts Charles O. Whitman, der erste Direktor des Marine Biological Laboratory in Woods Hole (Massachusetts), in

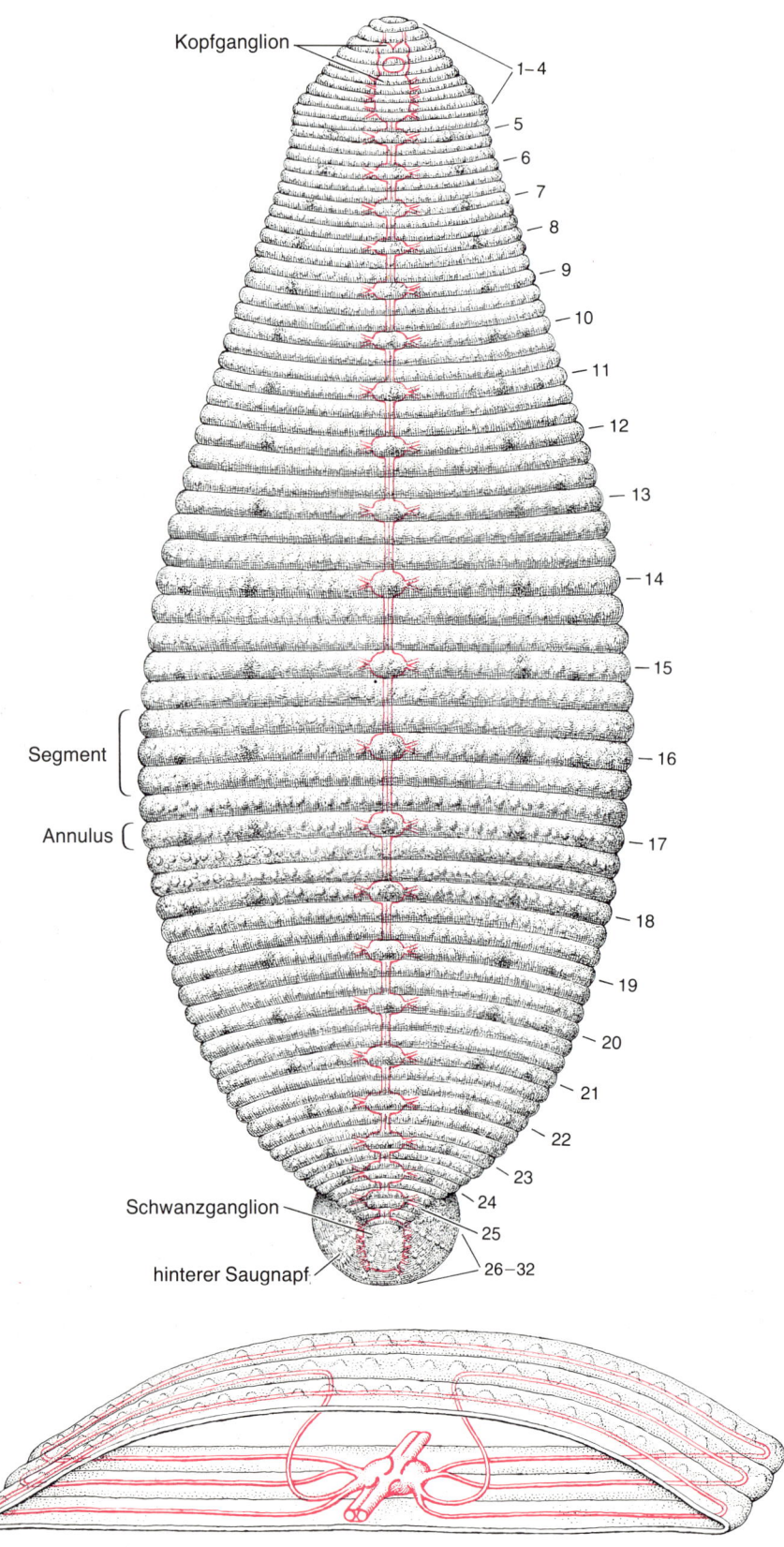

**Bild 2: Die Zeichnung veranschaulicht, wie sich das Nervensystem im Körper des Egels *Haementeria ghilianii* anordnet. *Haementeria* ist eine blutsaugende Riesenart aus Französisch Guayana, die im Gegensatz zu dem zweiten, nur zwei Zentimeter langen Studienobjekt *Helobdella triserialis* die respektable Länge von 50 Zentimetern erreicht. Trotzdem gleichen sich beide Arten in vieler Hinsicht und sind daher für embryologische Zwecke austauschbar. Der segmentierte Körperbau der Egel läßt sich in dieser Rückenansicht gut erkennen. Jedes Rumpfsegment ist äußerlich durch drei Hautringe, sogenannte Annuli, unterteilt. Einen Querschnitt durch ein solches Segment zeigt die untere Darstellung. Die wichtigsten Bestandteile des Nervensystems wurden farbig hervorgehoben. Egel besitzen ein Bauchmark, das in jedem Segment zu einem Knoten, einem Ganglion, anschwillt. Insgesamt gibt es 32 solcher Ganglien. Die sieben letzten sind zu einem Schwanzganglion verwachsen, während die vier ersten den unteren Teil des Kopfganglions bilden. (Der obere Teil entwickelt sich gänzlich unabhängig von den segmentalen Ganglien.) Die untere Zeichnung verdeutlicht zudem den Verlauf der Segmentnerven.**

Kopfganglion

1–4
5
6
7
8
9
10
11
12
13
14
15
16
17
18
19
20
21
22
23
24
25
26–32

Segment

Annulus

Schwanzganglion

hinterer Saugnapf

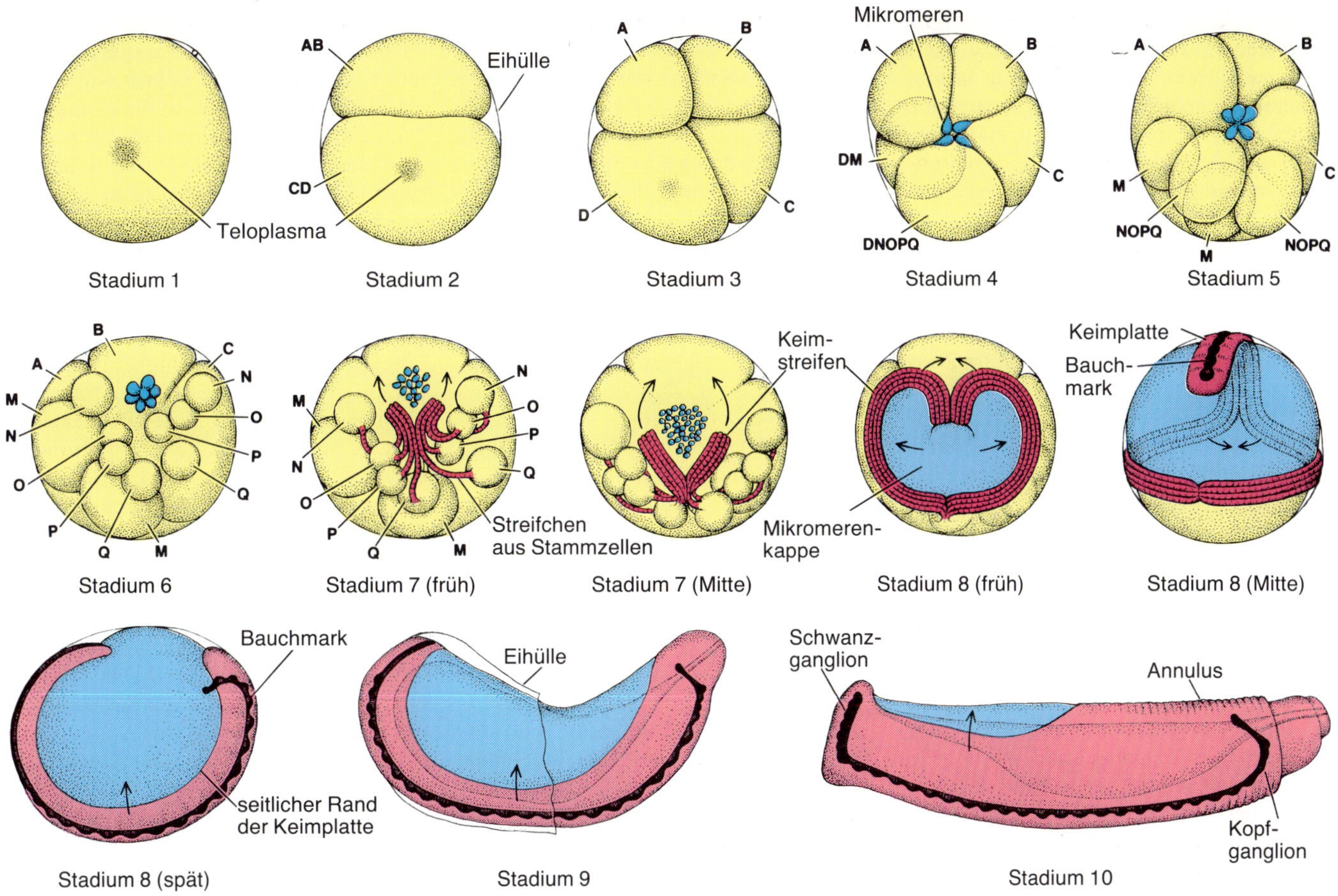

Teloplasma

Stadium 1

AB · CD · Eihülle · Teloplasma

Stadium 2

A · B · C · D

Stadium 3

Mikromeren · A · B · DM · C · DNOPQ

Stadium 4

A · B · M · C · NOPQ · M · NOPQ

Stadium 5

B · A · C · M · N · N · O · O · P · P · Q · Q · M

Stadium 6

N · M · N · O · O · P · P · Q · Q · M · Streifchen aus Stammzellen

Stadium 7 (früh)

Keimstreifen · Mikromerenkappe

Stadium 7 (Mitte)

Keimplatte · Bauchmark · Mikromerenkappe

Stadium 8 (früh)

Keimplatte · Bauchmark

Stadium 8 (Mitte)

Bauchmark · seitlicher Rand der Keimplatte

Stadium 8 (spät)

Eihülle

Stadium 9

Schwanzganglion · Annulus · Kopfganglion

Stadium 10

**Bild 3: Die ersten 10 Stadien der Entwicklung von** *Helobdella*: **vom ungeteilten Ei bis zur Schließung der Körperwand.** Der Embryo ist in den beiden oberen Reihen von oben und in der unteren Reihe von der Seite zu sehen. Nach den ersten Zellteilungen werden im frühen Stadium 4 von den Zellen A, B, C und D − zum sogenannten dorsalen (rückenseitigen) Pol hin − vier kleine Zellen abgeschnürt. Die Mikromeren, wie man sie nennt, vermehren sich und bilden die Mikromerenkappe (blau), die sich ausdehnt und schließlich den Embryo umschließt. Die Zelle D teilt sich als nächstes. Sie enthält fast das gesamte, zuvor an den Polen der Eizelle versammelte Teloplasma. Aus ihr gehen die sogenannten Teloblasten hervor, die hier mit den Buchstaben M bis Q versehen sind (Stadium 6). Jeder der Teloblasten schnürt kleine Stammzellen ab, die sich zu den beiden Keimstreifen zusammenlagern (rot). Die Streifen wandern dann in einer komplizierten Bewegung zur zukünftigen Bauchseite, wo sie sich treffen und zur Keimplatte verschmelzen (Stadium 8). In den Stadien 9 und 10 wächst die Keimplatte (rot) so stark, daß sie sich über die Flanken des Embryos zum Rücken hochschiebt. Die seitlichen Ränder treffen sich dort auf der Mittellinie und schließen so die Körperwand.

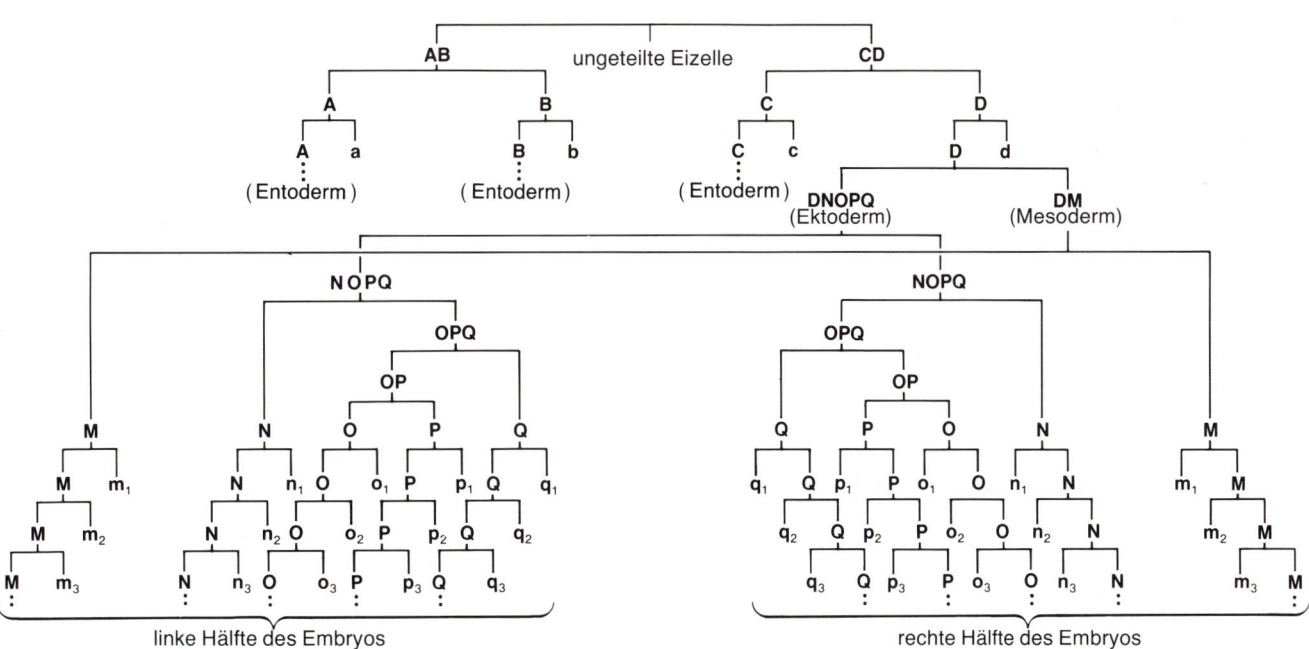

**Bild 4: Der Stammbaum der ersten Zellgenerationen von** *Helobdella*. **Die Nachkommen der Zellen A, B und C liefern das Entoderm (inneres Keimblatt), die der Zelle DNOPQ das Ektoderm (äußeres Keimblatt) und die der Zelle DM das Mesoderm (mittleres Keimblatt). Die weiteren** Teilungen der Mikromeren a−d sind hier nicht eingezeichnet. Die Stammzellen der Teloblasten D bis Q haben gleichfalls kleine Buchstaben erhalten. Die zweiseitige Symmetrie des Embryos entsteht mit den Teilungen der Zellen DNOPQ und DM.

welcher Reihenfolge die Zellteilungen ablaufen, die aus dem befruchteten Egelei einen Embryo hervorgehen lassen. Damit untersuchte er zum erstenmal, woher die einzelnen Zellen stammen. Auf der Grundlage seiner Beobachtungen formulierte er die Hypothese, daß jede am frühen Embryo identifizierbare Zelle – beziehungsweise alle von ihr abstammenden Zellen – eine bestimmte vorhersagbare Rolle in der weiteren Entwicklung spielt. Dieser damals ganz neue Gedanke steht auch heute noch im Zentrum der Diskussion.

Um die Jahrhundertwende ließ das Interesse der Embryologen am Egel nach, und es lebte erst in jüngerer Zeit wieder auf, was vor allem auf Roy T. Sawyer und Juan Fernandez von der Universität Chile zurückzuführen ist. Was geschieht nun in dem befruchteten Ei? Kurz vor der ersten Teilung sammelt sich an den beiden Polen des kugeligen Gebildes farbloses Zytoplasma (das sogenannte Teloplasma), das sich deutlich von der dottergelben Farbe des restlichen Eies abhebt (Bild 5). Dabei erhält der dorsale Pol, an dem später der Rücken des Embryos entstehen wird, etwas mehr Teloplasma als der ventrale Pol, der die zukünftige Bauchseite markiert. Die erste Teilungsebene liegt nun so, daß zwei unterschiedlich große Zellen AB und CD entstehen, wobei die etwas größere Zelle CD meist das gesamte Teloplasma beherbergt (Bild 3, obere Reihe). Aus der zweiten Teilung gehen die vier Zellen A, B, C und D hervor, von denen die letzte das Teloplasma erhält. Sie teilt sich auch als nächste. Ihre eine Tochter, die Zelle

DNOPQ, liegt dem dorsalen Pol näher und bekommt dessen Teloplasma, während das Plasma des anderen Pols auf die zweite Tochter, die Zelle DM, entfällt.

Bereits in diesem Stadium ist die Aufteilung in die drei zukünftigen Keimblätter vollzogen (Bild 4): Die Nachkommen von A, B und C liefern das innere Keimblatt (das Entoderm), die von DNOPQ das äußere Keimblatt (das Ektoderm) und die von DM das mittlere Keimblatt (das Mesoderm). Die beiden nächsten Teilungen legen die zweiseitige Symmetrie des Egels an: DM bringt eine linke sowie eine rechte Tochterzelle M hervor und DNOPQ die beiden Töchter NOPQ, aus denen schließlich durch drei weitere Teilungen vier Paare entstehen, nämlich die Zellen N, O, P und Q. Ein Partner liegt dabei auf der rechten, der andere auf der linken Seite der zukünftigen Mittellinie (Bild 3, mittlere Reihe). Die Zellen der Paare M, N, O, P und Q nennt man Teloblasten, weil auf sie das Teloplasma verteilt wurde.

Kaum sind die Teloblasten entstanden, beginnt jeder der zehn mit einer Reihe höchst ungleicher Teilungen. Dabei schnürt jeder periodisch kleine, teloplasmareiche Zellen ab, die Stammzellen heißen und als dünnes Band zusammenhängen. Diese Streifchen wachsen zur Oberfläche, wobei sich die fünf einer jeden Seite zu einem Zellwulst vereinigen, den man den linken oder rechten Keimstreifen nennt (Bilder 1 und 3).

Während immer mehr Stammzellen hinzukommen, wandern die beiden Keimstreifen entlang zweier Halbkreise über die zukünftige Rückenfläche, bis sie

sich dort treffen, wo später der Kopf entsteht. Gleichzeitig schieben sich die mittleren Abschnitte der Keimstreifen seitwärts und nach unten auf die zukünftige Bauchseite. Schließlich treffen sich auch dort beide Streifen. Sie wachsen zusammen, wobei sie am zukünftigen Kopfende beginnen und wie mit einem Reißverschluß die Bauchnaht zum Hinterende schließen (Bild 3, Stadium 8 sowie Bild 6, oben links).

Indem die beiden Keimstreifen entlang der Bauchmitte zusammenwachsen, bilden sie eine neue Struktur, die nun Keimplatte heißt. In dieser Platte teilen sich die Stammzellen weiter und bringen die Vorläuferzellen zu den Geweben des fertigen Tieres hervor. Dadurch wird die Keimplatte allmählich dicker und zu den Seiten hin ständig breiter, so daß ihre Ränder über die Flanken zum Rücken des Embryos emporsteigen. Dort treffen sie sich schließlich auf der Mittellinie und schließen den Körper des Egels. Dies ist ein markantes Ereignis, auf das wir noch öfter zurückkommen werden.

Bald nachdem sich die Keimplatte auszubreiten beginnt, setzt die Segmentierung ein (Bild 6, oben rechts). Sie schreitet von vorn nach hinten fort und läßt eine Reihe von Geweblöcken entstehen, die durch Querwände (Septen) voneinander getrennt werden. Bis alle Blöcke, sprich alle zukünftigen Segmente, vollendet sind, bedeckt die Keimplatte des Embryos bereits ein rundes Drittel der Bauchfläche.

Auch das Bauchmark folgt dem allgemeinen Muster: Es bildet sich mit einer vom vorderen zum hinteren Ende der Keimplatte fortschreitenden Segmentierung. Erste Anzeichen dafür sind halbkugelförmige Ansammlungen von Zellen, die in der Keimplatte beiderseits der Mittellinie auftauchen. Jedes Paar stellt die Anlage eines Segmentganglions dar. In der Reihenfolge ihrer Entstehung wandern beide Hälften zur Mittellinie und vereinigen sich dort zu einem kugelförmigen Ganglion, das bereits in etwa die endgültige Anzahl Neuronen enthält. Zunächst berühren sich die neuen Ganglien. Mit dem länger werdenden Embryo rücken sie aber auseinander, wobei zwischen ihnen kurze Verbindungsstücke (Konnektive) wachsen. Wenn sich die Keimplatte ungefähr über die halbe Bauchseite ausgebreitet hat, sind alle 32 Ganglien vorhanden (Bild 6, unten links).

Inzwischen wurde auch der embryonale Darm in Angriff genommen. Er geht aus den Zellen A, B und C hervor und erscheint zunächst als langer, mit dem Dotter dieser Zellen gefüllter Schlauch. Später schnürt er sich in Höhe der Querwände ein – vielleicht, weil diese ihn beim Wachsen ringsum zusammenpres-

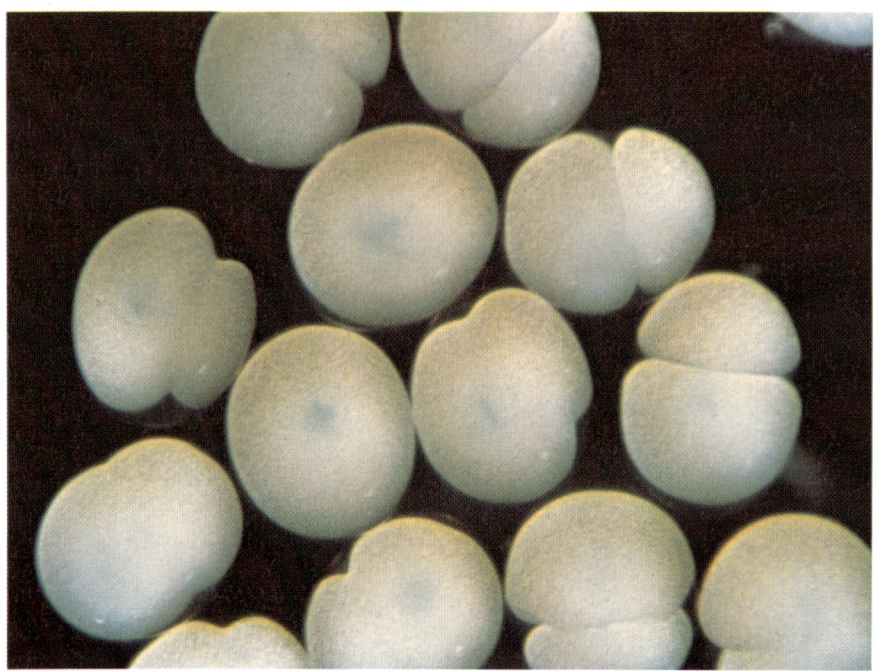

Bild 5: Die befruchteten Eier des Egels *Helobdella* sind hier gerade dabei, sich zum ersten Mal zu teilen (Vergrößerung 50fach). In den noch ungeteilten Eiern läßt sich das Teloplasma als blauer Fleck an einem Pol des Eies erkennen. In einigen der geteilten Eier sieht man, daß das Teloplasma an die größere Tochterzelle CD (Bild 3) weitergegeben wird.

**Bild 6:** Diese Embryonen des Egels *Haementeria* wurden in vier aufeinanderfolgenden Entwicklungsstadien mit unterschiedlicher Vergrößerung fotografiert. Man blickt hier stets auf die zukünftige Bauchseite, wobei das Vorderende oben liegt. Bei dem neun Tage alten Embryo (spätes Stadium 8) heben sich die beiden rot angefärbten Keimstreifen deutlich von der gelblichen Dottermasse ab (links oben). Sie sind — bis auf ihren hintersten Abschnitt — zur Keimplatte zusammengewachsen. Im vorderen Abschnitt lassen sich bereits kleine Gewebeblöcke erkennen, die den späteren Segmenten entsprechen. Bei einem elf Tage alten Embryo (Stadium 9) hat sich die Keimplatte so weit verbreitet, daß sie ungefähr ein Viertel der Bauchfläche bedeckt (rechts oben). Auf ihrer Mittellinie — etwa im vorderen Drittel — sind einige vollständige Ganglien zu sehen, während im mittleren Drittel erst die beiden Hälften der einzelnen Ganglienanlagen aufeinander zurückken und verwachsen. Im hinteren Drittel fehlen sogar auch diese. Die Entwicklung schreitet also von vorn nach hinten fort. Die Unterteilungen in Geweblöcke sind nunmehr deutlicher geworden und zwischen den Segmenten bauen sich trennende Querwände, die Septen, auf. Die Keimplatte wächst im weiteren Verlauf nicht nur in die Breite, sondern auch erheblich in die Länge, so daß der ehedem rundliche Embryo eine längliche, abgeflachte Gestalt erhält. Bei einem 14 Tage alten Embryo (Stadium 10) bedeckt die Keimplatte die gesamte Bauchfläche (links unten). Alle Ganglien des Bauchmarks sind vorhanden und durch Konnektive verbunden. Am Hinterende bildet sich gerade der große Saugnapf aus. Bei einem 19 Tage alten Embryo (Stadium 11) sind die beiden Ränder der Keimplatte über die Flanken zum Rücken emporgestiegen und auf der Mittellinie miteinander verwachsen (rechts unten). Damit hat sich die Körperwand geschlossen. Der Darm, der immer noch Dotter enthält, zeigt jetzt in jedem Segment zwei seitliche Ausstülpungen, die Caecen. Der hintere Saugnapf läßt sich als schwacher Ring erkennen.

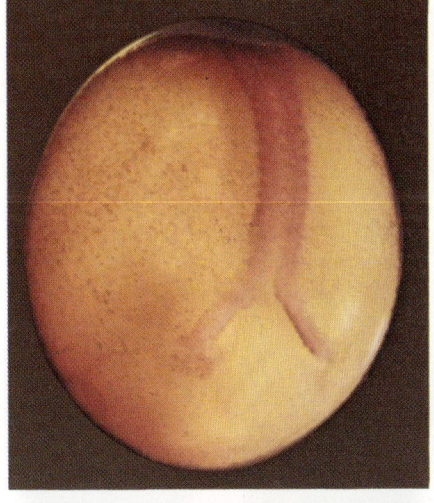
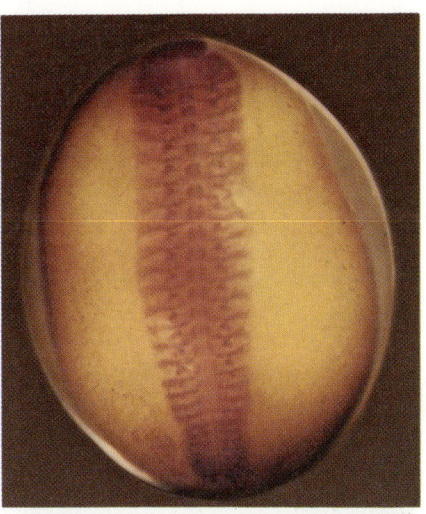
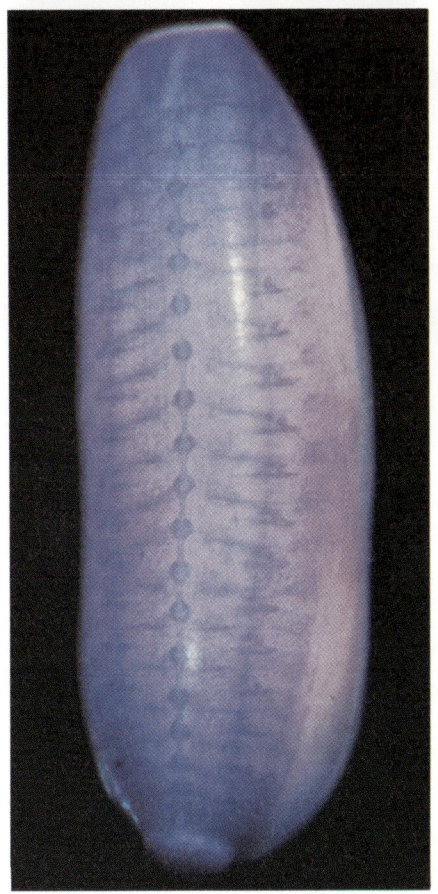

sen. Die Folge davon ist, daß in jedem Rumpfsegment zwei seitliche Ausstülpungen aus dem Darmrohr (die sogenannten Caecen) hervorquellen (Bild 6, unten rechts). Wenn das letzte Darmsegment seiner Vollendung entgegengeht, schließt sich die Körperwand. Nun besitzt der Embryo die Gestalt des jugendlichen Egels.

## Die funktionelle Entwicklung des Nervensystems

Unserem Mitarbeiter Andrew P. Kramer gelang es nun, das Nervensystem der *Haementeria*-Embryonen freizulegen und Mikroelektroden sowie Mikropipetten in einzelne Neuronen einzuführen. So konnte er nicht nur die elektrische Aktivität der embryonalen Neuronen aufzeichnen, sondern auch fluoreszierende Farbstoffe injizieren. Dabei stellte er fest, daß den Neuronen — noch nachdem sich die beiden „halben“ Ganglienanlagen vereinigt haben — die für voll entwickelte Nervenzellen charakteristischen Fortsätze fehlen. Sie besitzen also weder

Nervenfasern (Axone) noch feine Verzweigungen am Zellkörper (Dendriten). Darüber hinaus sind die jungen Nervenzellen durch besondere, für Ionen und kleinere Moleküle durchlässige Zellkontakte verbunden. Daher kann sich der eingespritzte Farbstoff auch in andere, benachbarte Zellen ausbreiten. Später wachsen die Fortsätze, und mit der Durchlässigkeit der Zellkontakte verschwindet auch der elektrische „Kurzschluß“ zwischen den Neuronen.

Wie reife Nervenzellen benehmen sich die jungen jedoch erst später — nämlich dann, wenn ihre wachsenden Axone in die Segmentnerven und die Konnektive

eindringen (Bild 7, links). Bis sich die Körperwand schließt, hat das embryonale Nervensystem weitgehend alle Eigenschaften des ausgewachsenen erlangt. Nun sind neben den Aktionspotentialen auch die kleinen, raschen Potentialschwankungen vorhanden, die auf funktionierende Synapsen hinweisen — also jene Kontaktzonen, die mit Hilfe besonderer Botenstoffe (Neurotransmitter) Nervensignale von einem Neuron auf das nächste übertragen.

Die Synapsen müssen dann bereits solche Stoffe produzieren können. Dies ist — wie unser Mitarbeiter Duncan K. Stuart herausfand — auch tatsächlich der

25

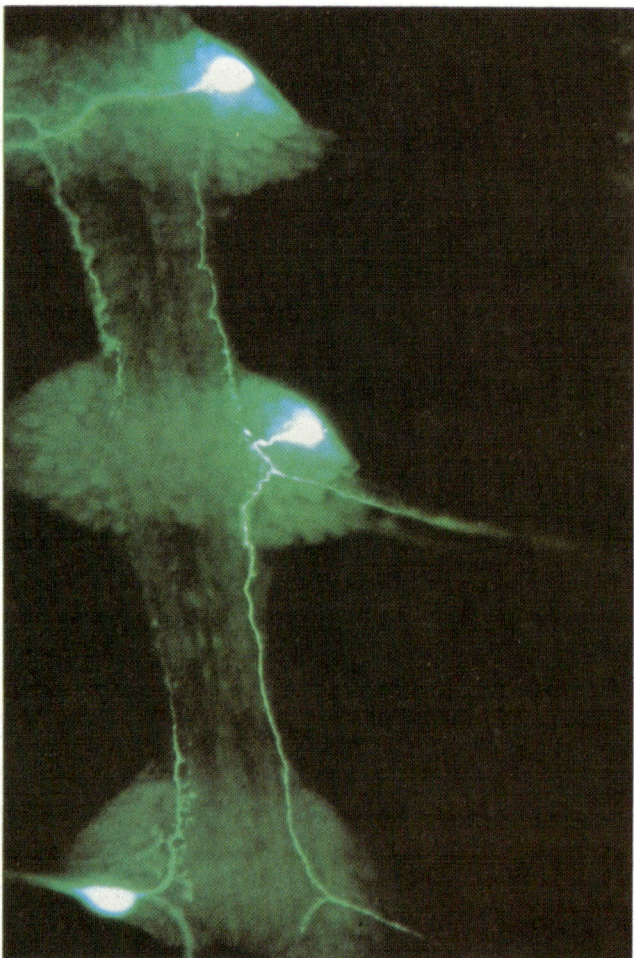

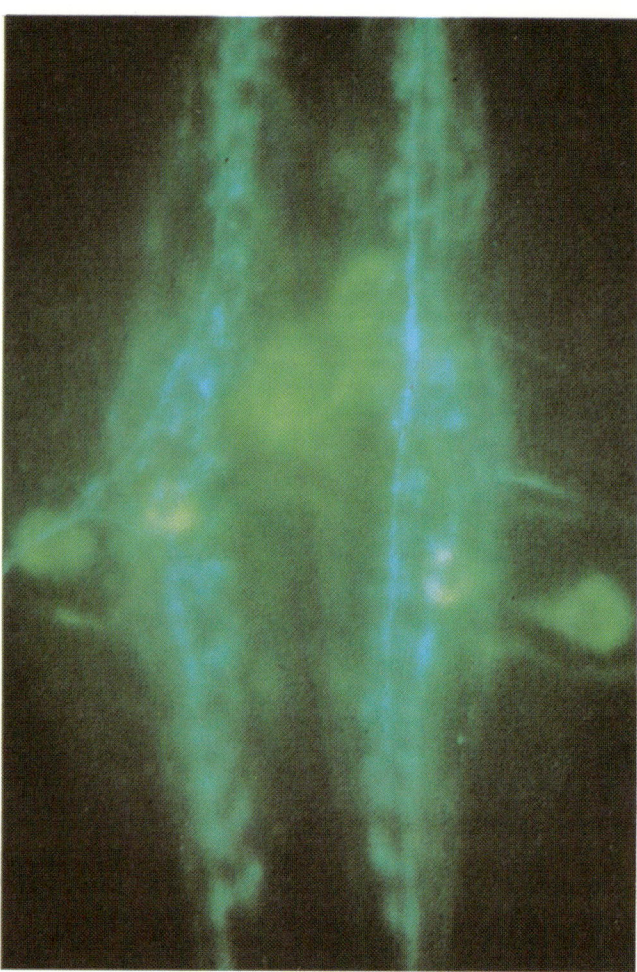

Bild 7: Wenn sich die Körperwand schließt, sind auch den Nervenzellen (den Neuronen) in den Rumpfganglien jene langen Fortsätze gewachsen, die man Axone nennt. Die linke Aufnahme zeigt drei solcher Ganglien von *Haementeria*, in denen jeweils ein einzelnes Neuron farblich markiert ist. Dazu wurde der fluoreszierende Farbstoff „Lucifer Yellow" in die Zelle injiziert. Das Neuron im vorderen Ganglion (oben) treibt sein Axon in den Segmentnerv der Gegenseite und eine Abzweigung nach hinten in den Verbindungsnerv zum nächsten Ganglion. Die beiden anderen Neuronen entsenden Axone in den Segmentnerv ihrer Seite sowie Abzweigungen nach vorne und hinten in die Konnektive. Eine weitere

Abzweigung des mittleren Neurons zieht sich bis in den Segmentnerv des hinteren Ganglions. Die Fotografie auf der rechten Seite zeigt ein Ganglion, das mit Glyoxylsäure behandelt wurde. Dadurch fluoreszieren alle Neuronen, die als Überträgersubstanz (Neurotransmitter) Dopamin und Serotonin enthalten – die ersten bläulichgrün, die zweiten gelbgrün. Insgesamt lassen sich hier sieben serotoninhaltige Zellen erkennen: drei Zellpaare und eine einzelne Zelle. Die Zellkörper der vier dopaminhaltigen Zellen liegen außerhalb des Ganglions, so daß nur ihre etwas verwaschen wirkenden Fortsätze sichtbar sind. Das linke Foto stammt von A. P. Kramer, das rechte von D. K. Stuart.

Fall. Für seine Untersuchungen präparierte er das Bauchmark verschieden alter Embryonen heraus und legte es in ein Bad, das Cholin – eine Vorstufe des Neurotransmitters Acetylcholin – enthielt. Das Cholin hatte er zuvor mit Tritium, dem radioaktiven Isotop des Wasserstoffs, markiert. Mit zunehmendem Alter der Embryonen wurde im Bauchmark auch rascher tritiummarkiertes Acetylcholin synthetisiert. Die Geschwindigkeit lieferte Stuart ein quantitatives Maß für die Konzentration jener Enzyme, die für die Aufnahme des Cholins sorgen und dessen Umwandlung in Acetylcholin katalysieren.

Zwar wurde auch dann noch wenig Botenstoff synthetisiert, wenn die Ganglien bereits ihre endgültige Form besaßen und ihre Nervenzellen Axone austrieben. Sobald jedoch die Axone die Segmentnerven oder die Konnektive er-

reicht hatten und Aktionspotentiale zeigten, stieg auch die Produktion der Botenstoffe sprunghaft an. Schließlich kann das Bauchmark zu dem Zeitpunkt, an dem sich die Körperwand schließt, 25mal schneller das Acetylcholin herstellen als zuvor.

Stuart untersuchte noch zwei weitere Neurotransmitter, nämlich Dopamin und Serotonin. Beide lassen sich nachweisen, indem man die Ganglien in bestimmter Weise mit Glyoxylsäure behandelt. Im Mikroskop zeigen die dopamin- und serotoninhaltigen Neuronen eine grünliche Fluoreszenz (Bild 7, rechts). Als Stuart Ganglien verschiedener Entwicklungsstufen prüfte, stellte er fest, daß die dopamin- und serotoninhaltigen Neuronen ungefähr zur selben Zeit ihren charakteristischen Neurotransmitter zu produzieren begannen wie die anderen Neuronen ihr Acetylcholin.

## Die Entwicklung des Verhaltens

Zusammen mit den anatomischen, elektrischen und biochemischen Eigenschaften des Nervensystems entwickelt sich auch das Verhalten des Egels, und zwar von ersten, unregelmäßigen Zukkungen bis zu den komplizierten Bewegungsabläufen des Kriechens oder Schwimmens. Diese Entwicklung beginnt schon früh, und es lassen sich dabei mehrere Stadien unterscheiden. Anhand von Videoaufzeichnungen konnte Kramer zeigen, daß bei den *Haementeria*-Embryonen die einfachen Bewegungen früher Entwicklungsstadien später in kompliziertere, zusammengesetzte Bewegungen eingebaut werden, die selbst wieder zum üblichen Fortbewegungsverhalten der jugendlichen und ausgewachsenen Tiere zählen. Manche embryonale Bewegungen scheinen von Anfang an einen besonderen Zweck zu erfüllen: So könnten sie dem Embryo helfen, Nährstoffe zu verteilen oder aus der Eihülle zu schlüpfen. Dagegen sind andere frühe Bewegungen vermutlich nur das Vorspiel zu späteren Verhaltensweisen, also nichts anderes als „Probeläufe" jener funktionsfähig werdenden Verbindungen, die sich in einem reifen Nervensystem ausbilden.

So lassen sich peristaltische Kontraktionswellen erkennen, die den Embryo von einem Ende zum anderen durchlaufen und die schließlich die Eihülle sprengen. Die ersten Wellen treten schon auf, bevor sich die beiden Keimstreifen auf ihrer ganzen Länge vereinigt haben. Da in diesem Stadium noch kein Nervensystem vorhanden ist, gehen sie vermutlich von der zukünftigen Muskulatur aus. Die Biologen bezeichnen dies als myogene Bewegung. Nach dem Schlüpfen verlieren sich die Kontraktionswellen, und der Embryo beginnt, abwechselnd die Längsmuskeln seiner Seiten zusammenzuziehen. Er krümmt sich also nach rechts und nach links. Nun ist die Entwicklung schon soweit fortgeschritten, daß das Bauchmark vom Nervensystem gesteuerte, neurogene Bewegungen veranlassen kann.

Nachdem sich die Körperwand geschlossen hat, wird das Seitwärtskrümmen von einem komplizierteren Bewegungsablauf abgelöst, der offensichtlich eine Vorübung zum Kriechen darstellt. Später, nachdem sich die beiden Saugnäpfe entwickelt haben, sieht man das eigentliche spannerartige Kriechen heranreifen (Bild 8). Der Egel „läuft" dabei gewissermaßen auf seinen Saugnäpfen. Mit dem Eintritt in das Jugendalter erwirbt der Miniaturegel schließlich die Fähigkeit, seine Längsmuskeln so zu koordinieren, daß er auch schwimmen kann. Nun wird er sich kriechend oder schwimmend auf die Suche nach seiner ersten Blutmahlzeit machen.

### Die Markierung der Zellen

Schon seit geraumer Zeit beschäftigen wir uns mit der Herkunft jener Zellen, aus denen sich das Nervensystem des Egels zusammensetzt. Whitman und seine Schüler, die dafür gemeinsam den Grundstein legten, hatten bei ihren embryologischen Studien die ersten Teilungen der Eizelle noch direkt im Mikroskop beobachtet. Damit gelang es ihnen, die Herkunft der Zellen A, B und C und der Teloblasten M, N, O, P und Q aufzuklären. Das Schicksal der kleineren und weit zahlreicheren Stammzellen läßt sich jedoch ohne weitere Hilfsmittel nur mühsam verfolgen. Daher entwickelten wir eine Methode, mit der sich einzelne Zellen und ihre Abkömmlinge markieren lassen. Das sollte uns helfen, beim Egel etwas Genaueres über den Stammbaum der Nervenzellen zu erfahren.

Unsere Methode besteht darin, einen sogenannten Tracer (eine Art Spurenleger) in eine bestimmte, am frühen Embryo erkennbare Zelle zu injizieren. Der Embryo darf sich dann noch einige Zeit weiterentwickeln, bevor geprüft wird, wie sich der Tracer über das Gewebe verteilt hat. Ein dafür geeigneter Tracer muß drei Bedingungen erfüllen: Er soll erstens die Entwicklung nicht stören, zweitens nicht abgebaut oder zu sehr verdünnt werden und drittens nicht die durchlässigen Zellkontakte passieren, damit er nur an die direkten Nachkommen seiner Zelle weitergegeben wird.

Einer der von uns gewählten Tracer ist ein rot fluoreszierender Farbstoff namens Rhodamin, welcher an einen eigens dafür konstruierten Träger gekoppelt wird. Dieser Träger entstand in Zusammenarbeit mit Janis D. Young. Er ist ein Peptid aus zwölf Aminosäuren und gerade groß genug, um die erwähnten Zellkontakte nicht passieren zu können. Das Besondere dabei ist, daß die Aminosäuren eine räumliche Struktur besitzen, die in der Natur nicht vorkommt. Die Verdauungsenzyme der Zellen können dann mit dem Träger nichts anfangen und lassen ihn daher unbehelligt. Das Rhodamin-Polypeptid eignet sich hervorragend dazu, die Entwicklung der Keimplatte zu verfolgen. Für ein solches Experiment injiziert man es in einen Teloblasten oder einen Vorläufer davon. Nach einiger Zeit wird der Embryo durch ein spezielles Mittel chemisch fixiert und zusätzlich mit einem blau fluoreszierenden Stoff behandelt, der das genetische Material der Zellkerne anfärbt. Lohn der Mühe ist ein Embryo, in dem alle von dem gefärbten Teloblasten abstammenden Zellen rot und sämtliche Zellkerne blau fluoreszieren.

Doch nun zu den Experimenten selbst. Eines davon stammt von unserem Mitarbeiter Saul L. Zackson. Er nahm einen

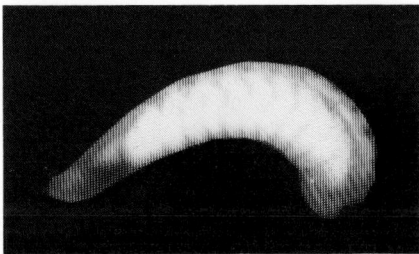
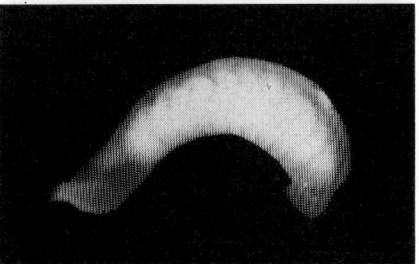
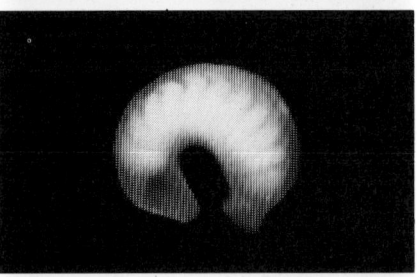
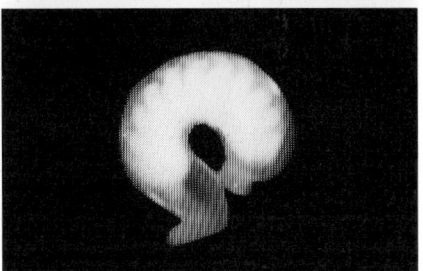
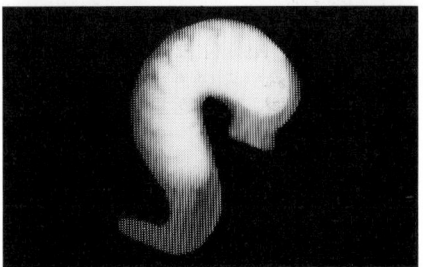
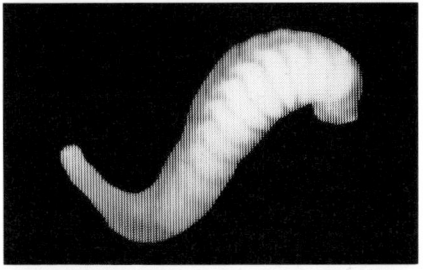
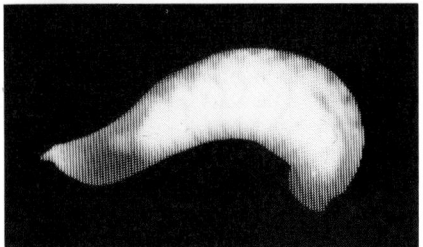

**Bild 8: Nachdem sich die Körperwand geschlossen hat, bewegt sich der Embryo bereits ähnlich wie beim späteren spannerartigen Kriechen. Eine solche Vorübung zeigt diese Videoaufzeichnung eines *Haementeria*-Embryos. Zwischen dem obersten und dem untersten Bild liegen etwa 25 Sekunden. Wie ein ausgewachsener Egel „läuft" der Embryo gewissermaßen auf seinem Kopf- und Schwanzsaugnapf. Er streckt sich — mit dem Hinterteil an der Unterlage haftend — nach vorn, setzt den Kopfsaugnapf auf, löst den am Schwanz und zieht den Körper nach. Dabei krümmt er den Rücken ein, um den hinteren Saugnapf dichter an den vorderen heranstellen zu können. Sobald dies geschehen ist, löst sich der Kopfsaugnapf und der Körper streckt sich zum nächsten Schritt.**

Embryo im Stadium 6 und injizierte das Rhodamin-Polypeptid in die rechte OPQ-Zelle, also in den Ahnherrn der rechten O-, P- und Q-Teloblasten. Was im Stadium 8 dann zu sehen war, zeigt Bild 1. Die drei großen, rotgefärbten Zellen sind die O-, P- und Q-Teloblasten

der rechten Seite, die drei roten Streifchen ihre Stammzellen. Im Inneren der Stammzellen heben sich die in einem zweiten Arbeitsgang gefärbten Zellkerne bläulich ab, und ein geschultes Auge erkennt, daß einige davon sich gerade teilen wollen.

In einem anderen Experiment wurde das Rhodamin-Polypeptid in den linken M-Teloblasten des Stadiums 5 injiziert. Wie sich Stadium 8 dann darstellt, zeigt Bild 9. Der große rote M-Teloblast liegt hier tiefer im Embryo (außerhalb der Schärfeebene), was von einer Zelle, aus der das mittlere Keimblatt hervorgeht, auch zu erwarten war. Sein Streifchen führt nach oben, knickt an der Oberfläche scharf nach links ab und tritt in den halbmondförmigen linken Keimstreifen ein. An seinem vorderen Ende teilt es sich bereits in Zellblöcke, die als erste Zeichen einer Segmentierung gelten. Die Segmentierung beginnt also noch ehe sich der linke und rechte Keimstreifen vereinigen konnten.

Eine Ausschnittsvergrößerung läßt erkennen, wie sehr sich benachbarte Zellblöcke gleichen (Bild 9, unten). Vermutlich sind alle durch die gleiche Folge von Zellteilungen entstanden. Neuere Experimente von Zackson zeigen, daß jeder dieser Zellblöcke aus einer einzigen M-Stammzelle hervorgeht und wahrscheinlich das gesamte, aus dem mittleren Keimblatt abgeleitete Gewebe hervorbringt, das dann eine linke oder rechte Segmenthälfte füllt. Daher dürften jeweils eine Stammzelle des linken und eine des rechten M-Teloblasten das gesamte Mesoderm eines jeden Körpersegments liefern.

### Der Stammbaum der Nervenzellen

Ein anderer von uns verwendeter Tracer ist das Enzym HRP (nach dem englischen *horseradish peroxidase* für Meerrettichperoxidase). In der Mitte der siebziger Jahre entwickelten Kenneth J. Muller und Uriel J. McMahan II an der Harvard Medical School eine Methode, HRP in die Nervenzelle eines erwachsenen Egels einzuspritzen und darin sichtbar zu machen. Dazu behandelten sie das Gewebe mit Wasserstoffperoxid und Benzidin, wodurch sich das gesamte Neuron bis in seine feinsten Verzweigungen hinein dunkel färbt.

Wir injizierten nun das Enzym HRP in Embryonen des Stadiums 6 und führten die Färbung im Stadium 10 durch, also zu einer Zeit, zu der bereits alle 32 Ganglien vorhanden sind. Bei einem Embryo, der das Enzym in den linken N-Teloblasten injiziert erhielt, trat die Färbung als regelmäßiges, sich segmentweise wiederholendes Muster auf, dessen Größe, Form und Lage keinen Zweifel daran ließ, daß es sich bei dem gefärbten Gewebe um die linken Hälften der Ganglien handelte (rechter Embryo in Bild 10, links). Ein beträchtlicher Teil des Nervensystems leitet sich also von den beiden N-Teloblasten ab. Die Färbung war jedoch nicht gleichmäßig, son-

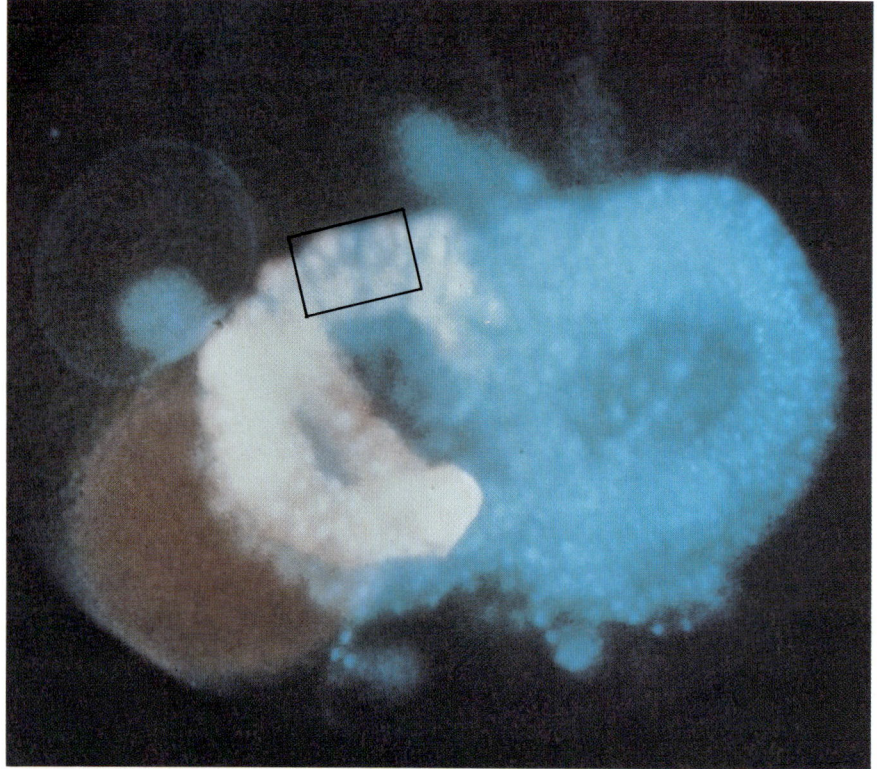

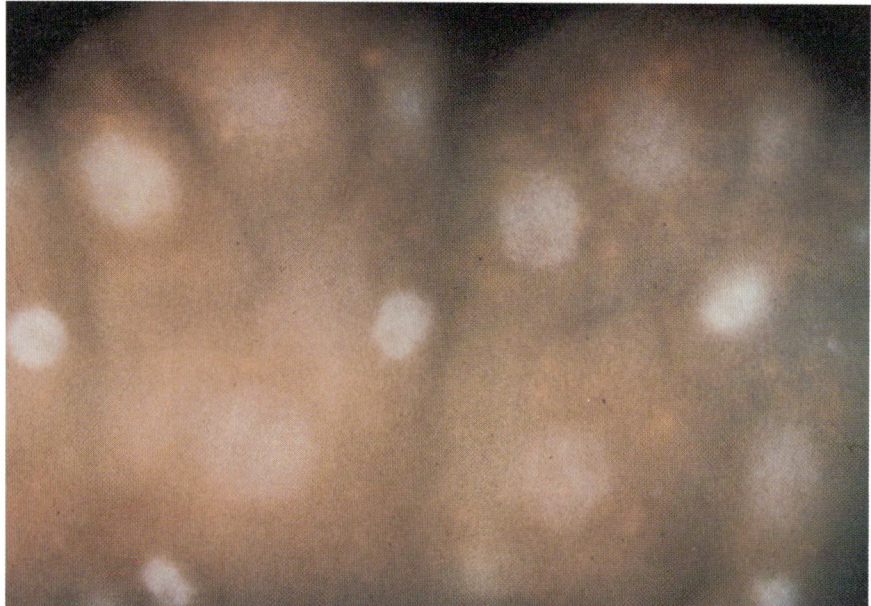

**Bild 9: Mit Hilfe der gleichen Färbetechnik, wie sie in Bild 1 beschrieben wurde, läßt sich auch die Bildung des Mesoderms (des mittleren Keimblatts) am Egelembryo verfolgen. Dazu erhielt der M-Teloblast im Stadium 5 den rot fluoreszierenden Farbstoff (ein Rhodamin-Polypeptid) injiziert. Im Stadium 8 wurde der Embryo dann chemisch fixiert und mit einem blau fluoreszierenden Farbstoff behandelt. Das Ergebnis ist im oberen Bild zu sehen. Ein Streifchen rötlicher Stammzellen steigt von dem tiefer gelegenen M-Teloblasten auf, biegt an der Oberfläche scharf nach links ab und tritt in den halbmondförmigen Keimstreifen ein. Aus den beiden eingerahmten Zellblöcken – sie sind unten im Ausschnitt vergrößert – wird sich jeweils das mesodermale Gewebe entwickeln, das später die linke Hälfte der beiden zugehörigen Segmente einnimmt. Beide Blöcke sind gleich gebaut, was darauf schließen läßt, daß sie über die gleiche vorgegebene Teilungsfolge aus den Stammzellen hervorgehen.**

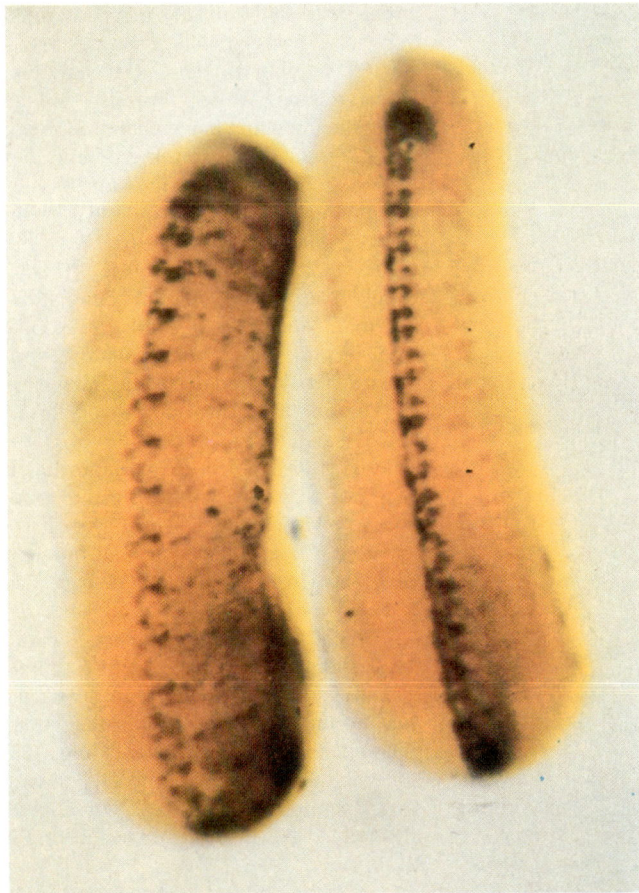

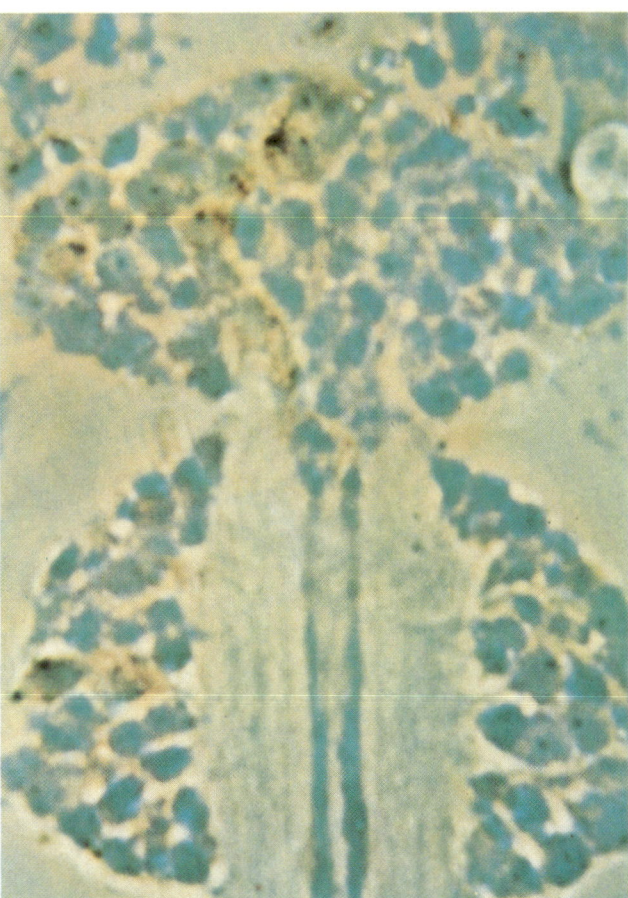

**Bild 10:** Die Herkunft embryonaler Zellen läßt sich mit einem weiteren Markierungsverfahren bestimmen, das die Nachkommen der behandelten Zellen dunkel färbt. Die linke Aufnahme zeigt (von der Bauchseite gesehen) zwei Embryonen, denen im Stadium 6 das Enzym Meerrettichperoxidase eingespritzt wurde. Im Stadium 10 fügte man Chemikalien zu, die alle enzymhaltigen Zellen bräunen. Bei dem linken Embryo war die linke OPQ-Zelle, bei dem rechten Embryo der linke N-Teloblast der Ausgangspunkt. Aus dem abgebildeten Muster läßt sich erkennen, daß

jeweils nur bestimmte Zonen der Halbganglien eine Färbung annehmen. Anhand mikroskopischer Schnitte wird dann die Abstammung deutlich (Bild 11). Ein Beispiel zeigt die linke Aufnahme eines ungefähr horizontal geführten Schnittes durch zwei embryonale Ganglien. Alle Nervenzellen, die aus der linken, enzymmarkierten OPQ-Zelle hervorgehen, erscheinen hier vor dem blau gefärbten Hintergrund braun. Im unteren Ganglion ist teilweise das Verbindungsstück des Bauchmarks getroffen, durch das in Längsrichtung die Axone führen.

dern in jedem Halbganglion auf einen dünnen Längsstreifen neben der Mittellinie und zwei dickere, davon rechtwinklig abstehende Streifen beschränkt.

Die ungefärbten Zellen des Ganglions mußten also von anderen Teloblasten abstammen. Sie gehen – wie uns ein zweiter Embryo verriet – aus den O-, P- und Q-Teloblasten hervor. Wir hatten dazu den Tracer in die linke OPQ-Zelle injiziert. Zwar war dann die Farbe über das gesamte äußere Blatt der linken Keimplatte verteilt, aber in jedem Segment erschien neben der Mittellinie der Bauchfläche ein deutlicher Fleck, der von seiner Position her nur innerhalb des Segmentganglions sitzen konnte (linker Embryo in Bild 10, links). Insgesamt ergänzen sich die Färbungen beider Embryonen, denn alle Ganglionteile, die bei dem einen hell bleiben, sind bei dem anderen dunkel.

Die letzte Gewißheit gaben uns allerdings erst mikroskopische Schnitte, die horizontal durch die Ganglien führten. Bei Embryonen, deren rechter oder lin-

ker N-Teloblast HRP erhalten hatte, zeigte sich neben der Mittellinie ein Nest gefärbter Zellen: Es entspricht dem erwähnten dünnen Längsstreifen. Zwei weitere Nester lagen am vorderen und am hinteren Rand des Ganglions: Sie entsprechen den beiden Querstreifen. Wurde dagegen HRP in eine OPQ-Zelle injiziert, so sah man in den mikroskopischen Schnitten gerade jene Zellgruppen dunkel gefärbt, die zuvor hell geblieben waren (Bild 10, rechts).

In weiteren Experimenten dieser Art haben wir anstelle der Vorläuferzelle OPQ nur einen einzelnen O-, P- oder Q-Teloblasten markiert. Damit konnten wir zeigen, daß die Nachkommen eines Teloblasten im Ganglion mehrere charakteristisch angeordnete Zellnester bilden (Bild 11). Die Größe und Verteilung dieser Nester sind in jedem Ganglion und in jedem Tier gleich. Anscheinend gründet jedes Teloblastenpaar des äußeren Keimblattes seine eigene Neuronen-Familie. Zieht man jetzt noch die unveränderliche Lage der meisten Neuronen

in Betracht, so darf man mit einiger Sicherheit behaupten, daß jedes identifizierte Neuron in gerader Linie von einem bestimmten Teloblasten abstammt.

**Ausschaltungsexperimente**

Zellstammbäume dieser Art zeigen, daß beim Egel die Bildung des Nervensystems ein hochdeterministischer Vorgang ist: Aus jedem Teloblasten geht stets ein bestimmter Teil des Nervensystems hervor. Da jeder Teloblast eine feste Bestimmung hat, können seine Aufgaben nicht oder jedenfalls nicht ganz von anderen Teloblasten übernommen werden. Tötet man ihn in einem frühen Entwicklungsstadium ab, so entstehen charakteristische Fehlbildungen.

Wie sich das auf den Aufbau des Nervensystems auswirkt, haben wir gemeinsam mit unserem Mitarbeiter Seth S. Blair untersucht. Dazu injizierten wir zellschädigende Enzyme in den interessierenden Teloblasten. Geschah dies bei einem N-Teloblasten im Stadium 6, so

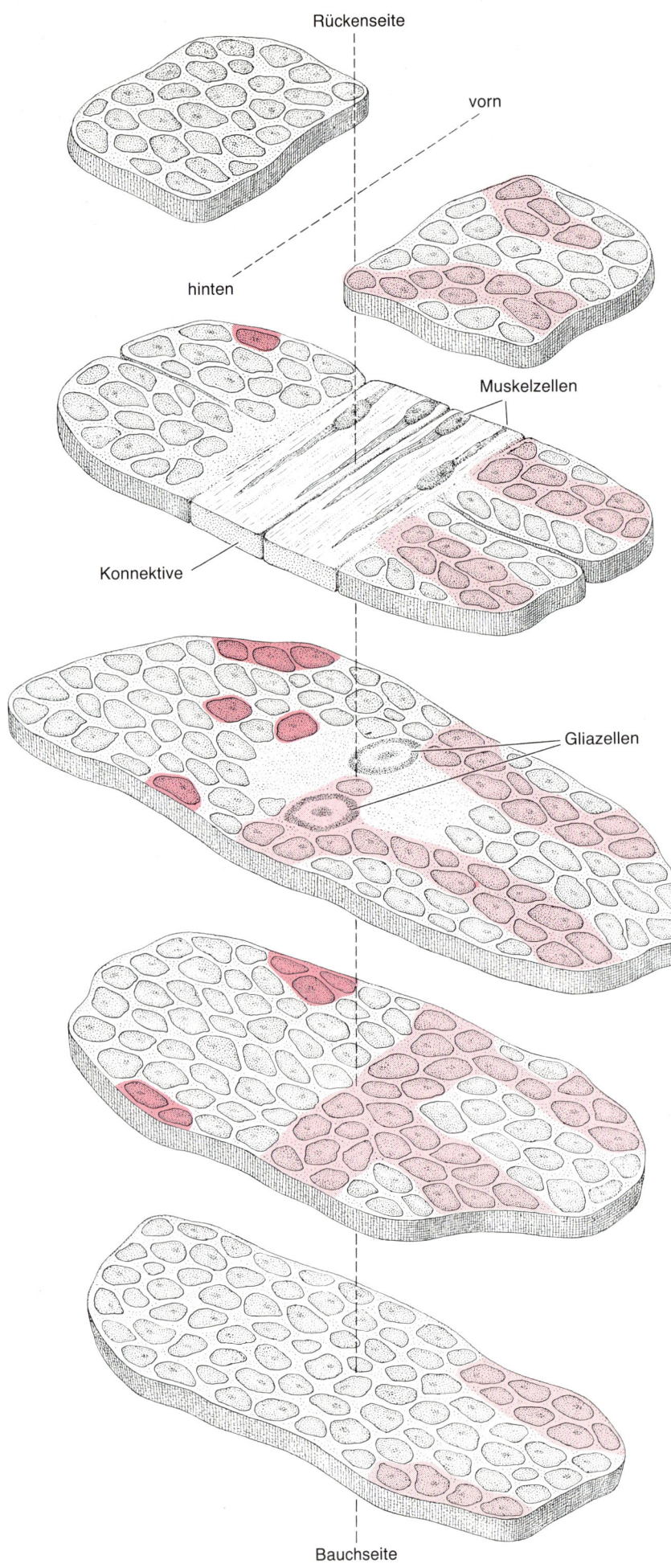

Rückenseite

vorn

hinten

Muskelzellen

Konnektive

Gliazellen

Bauchseite

entwickelte sich auf der entsprechenden Seite erwartungsgemäß nur ein unvollständiges embryonales Nervensystem. Überraschenderweise waren jedoch nicht alle Ganglien in gleichem Maße betroffen: In ein und demselben Tier findet man alle Übergänge von nahezu vollständigen bis zu verschwindend kleinen Halbganglien.

Die annähernd normal großen Halbganglien enthalten die üblichen Nachkommen jener O-, P- und Q-Teloblasten, die für diese Seite zuständig sind. Doch zusätzlich finden sich in ihnen einige Abkömmlinge aus dem unversehrten N-Teloblasten der anderen Seite. Diese Zellen sind offensichtlich vom normalen Weg abgekommen, wobei sie die „verbotene" Mittellinie des Embryos überschritten. Da es aber auch Halbganglien gibt, die winzig klein bleiben, wird das Verbot wohl nicht regelmäßig übertreten. Solche mehr als kümmerlichen Hälften lassen einen weiteren interessanten Schluß zu: Anscheinend fördern die Nachkommen des N-Teloblasten in irgendeiner Weise die Entwicklung der anderen, aus den O-, P- und Q-Teloblasten stammenden Zellen. Ihnen kommt also eine besondere organisatorische Rolle zu.

Wie nicht anders zu erwarten, hatte ein abgetöteter M-Teloblast zur Folge, daß auf der betroffenen Seite alles Gewebe fehlte, das auf das mittlere Keimblatt zurückgeht. Das war nicht der einzige Defekt, denn auf der gleichen Seite fehlte auch das Nervensystem, das freilich aus dem äußeren Keimblatt hervorgeht. Die zuständigen Teloblasten erzeugen zwar normale Streifchen, aber ohne die Zellblöcke des mittleren Keimblatts

**Bild 11: Mit Hilfe der in Bild 10 beschriebenen Technik läßt sich beispielsweise feststellen, von welchen frühembryonalen Zellen sich die Neuronen eines Rumpfganglions ableiten. Die nebenstehende Zeichnung zeigt fünf horizontale Schnitte durch ein solches Ganglion, und zwar von einem *Helobdella*-Embryo im Stadium 10. Betrachten wir gleich den zweiten Schnitt. In seiner Mitte fallen vier dunkle, langgestreckte Gebilde auf: Es sind dies Muskelzellen, die in dem verbindenden zentralen Nervenstrang auftreten und von den beiden T-Teloblasten abstammen. Die beiden dunklen Ringe im Zentrum des mittleren Schnittes stellen zwei Stützzellen (Gliazellen) dar. Sie leiten sich von den N-Teloblasten ab. Die kleineren grauen Flächen in jedem Schnitt sollen lediglich die ungefähre Größe und Lage der Nervenzellen andeuten: Sie entsprechen keinen wirklichen Zellen. Die intensiv gefärbten Gebiete der linken Ganglienhälfte enthalten Nachkommen des linken Q-Teloblasten, während die hellfarbigen Gebiete in der rechten Hälfte Nachkommen des N-Teloblasten umfassen. Alle grauen Flächen kennzeichnen die Abkömmlinge der O- und P-Teloblasten.**

bilden sich aus diesen Streifchen keine Ganglienanlagen. Die Mißbildungen, die durch das Abtöten eines Teloblasten entstehen, beweisen also, daß sich beim Egel nur dann ein normales Nervensystem entwickeln kann, wenn Zellen verschiedener Abstammung miteinander in Wechselwirkung treten können.

## Fragen über Fragen

Wie entstehen also die Neuronen und ihre präzisen Verbindungen im Nervensystem des Egels? Unser Artikel zeigt, daß wir auf diese große Frage bisher mehr beschreibende als erklärende Antworten gefunden haben. Trotzdem ergeben sich eine ganze Reihe neuer, enger gefaßter Fragen. Ist beispielsweise die exakte Reihenfolge, in der die Teilungsebenen wechseln, tatsächlich vorherbestimmt? (Eine solche Abfolge beobachtet man bei den ersten Teilungen des Eies und später, wenn sich das mittlere Keimblatt in Zellblöcke unterteilt.) Wenn dem so ist, erklärt sich die Determination wahrscheinlich aus der Art und Weise, wie sich die besonderen Zytoplasmastrukturen der embryonalen Zellen verdoppeln und umorientieren, denn die Ausrichtung des Zytoskeletts bestimmt die Ebene der Zellteilung.

In den gleichen Zusammenhang gehört die Frage, welche Rolle das in der Zelle D konzentrierte Teloplasma bei der Entwicklung spielt. Wie eingangs beschrieben, geht das Teloplasma des ventralen Pols auf die Zelle DM und weiter auf die Vorläuferzellen des mittleren Keimblattes über. Das Teloplasma des dorsalen Pols dagegen wird an die Zelle DNOPQ und von dort an die Vorläuferzellen des äußeren Keimblattes weitergegeben. Schließlich reichen die Teloblasten den größten Teil des Teloplasmas portionsweise an ihre Nachkommen, die Stammzellen, weiter. Unbekannt ist auch, welche Art von Zählmechanismus garantiert, daß sich genau 32 und nie 31 oder 33 Stammzellen des M-Teloblasten weiter teilen und zu den Zellblöcken des mittleren Keimblattes entwickeln. Das sind aber nicht die einzigen interessanten Fragen. Wie finden beispielsweise die von den N-, O-, P- und Q-Teloblasten abstammenden Zellen in der Keimplatte zusammen, um die Anlagen der Ganglien bilden zu können? Reifen die Neuronen strukturell, elektrisch und biochemisch heran, weil sie über ihre Axone mit den Zielgeweben in Wechselwirkung treten? Fördert das Üben der Kriech- und Schwimmbewegungen die Entwicklung der dafür verantwortlichen Motoneuronen und Verbindungen? Kann sich das Fortbewegungsverhalten auch ohne diese Art von Rückkopplung ausbilden?

Und nun zu den drei letzten Fragen: Wie werden die charakteristischen Eigenschaften und damit die Identität eines Neurons durch die Abstammung festgelegt? Geschieht dies durch besondere Wirkstoffe, die sich bei den aufeinanderfolgenden Zellteilungen – nach einem gewissen Schema – an die Tochterzellen und schließlich an die Neuronen weiterreichen lassen? Oder wird eine Zelle einfach von ihrer Lage im Embryo geprägt und damit nur indirekt von der Teilungsfolge, aus der sie hervorging? Wir hoffen, daß wir mit unserem experimentellen Handwerkszeug manche dieser Fragen schon in naher Zukunft beantworten können.

# Die Sehkaskade

Wenn der Sehfarbstoff einer Stäbchenzelle Licht absorbiert, kommt
eine molekulare Kettenreaktion in Gang: eine Enzymkaskade, die in einem elektrischen
Signal gipfelt. Die einzelnen Schritte sind jetzt weitgehend geklärt.

## Von Lubert Stryer

Die Erforschung des Sehvorgangs macht derzeit aufregende wissenschaftliche Fortschritte. Vor vielen Jahren schrieb William A. H. Rushton von der Universität Cambridge: „Moleküle reagieren auf Licht so verschieden wie Menschen auf Musik. Einige empfinden gar nichts. Andere reagieren gerade noch mit leichtem Wippen eines Fußes oder Fingers. Ein paar aber erheben sich, tanzen und wirbeln von Partner zu Partner". Seine Beschreibung entsprang allerdings mehr einer Art dichterischer Vorstellung als wissenschaftlichen Fakten; denn damals war weder genau bekannt, welche Moleküle an der Antwort der Sehzellen auf Lichtreize beteiligt sind, noch wußte man, wie diese Moleküle miteinander in Wechselwirkung treten.

In den vergangenen zehn Jahren sind nun durch Experimente in meinem eigenen und vielen anderen Laboratorien die molekularen Grundlagen der visuellen Erregung aufgedeckt worden — die beteiligten Moleküle ebenso wie das Grundschema ihrer Wechselwirkungen. Dabei hat sich gezeigt, wie vorausschauend Rushtons Beschreibung war: Die beteiligten Moleküle erheben sich, tanzen und wechseln in der Tat ihre Partner wie beim Reigen. Sie tun dies in einer bemerkenswerten Reaktionskaskade, die den Sehvorgang einleitet.

Diese nun so sorgfältig erarbeitete molekulare Kaskade läuft in den Sehzellen der Netzhaut, der Retina, ab. Es gibt zwei Arten von Photorezeptoren, die aufgrund ihres charakteristischen Aussehens als Stäbchen und Zapfen bezeichnet werden. Die Stäbchen dienen dem Hell-Dunkel-Sehen bei Dämmerung, die Zapfen hingegen dem Farbensehen bei hellem Licht. Die menschliche Netzhaut enthält drei Millionen Zapfen und 100 Millionen Stäbchen. Die von ihnen erzeugten elektrischen Signale werden dann von anderen retinalen Zellen verarbeitet, bevor sie über den Sehnerv zum Gehirn weitergeleitet werden.

Mein Interesse an den molekularen Grundlagen des Sehens wurde durch gewisse bemerkenswerte Eigenschaften der Stäbchen geweckt. So haben sie als Rezeptoren das absolute Höchstmaß an Empfindlichkeit erreicht: Ein Stäbchen kann von einem einzigen Photon — der kleinstmöglichen Lichtmenge, also einem Lichtquant — errregt werden.

Diese winzige Informationsmenge wird durch die Kaskade molekularer Reaktionen zu einem Signal verstärkt, das sich vom Nervensystem nutzen läßt. Der Verstärkungsgrad verändert sich überdies mit der vorhandenen Grundhelligkeit; bei starker Beleuchtung sprechen die Stäbchen viel weniger empfindlich an als bei schwacher, so daß sie über einen weiten Helligkeitsbereich effizient arbeiten.

Ferner ist das außerordentlich sensitive sensorische System der Stäbchen säuberlich in einer zellulären Untereinheit verpackt, so daß es sich bequem abtrennen und untersuchen läßt. Die schlanken länglichen Stäbchen bestehen nämlich aus zwei Abschnitten: Das Außenglied beherbergt den größten Teil des molekularen Apparates, der für die Photorezeption und das Auslösen eines Nervenimpulses zuständig ist; das Innenglied ist auf das Erzeugen von Energie und das Erneuern der im äußeren Glied benötigten Moleküle spezialisiert (Bild 2). Es besitzt überdies eine synaptische Endigung, über die das Stäbchen Signale an andere Zellen weitergibt.

Schüttelt man eine herauspräparierte Netzhaut leicht, dann fallen die Außenglieder ab. An ihnen lassen sich — quasi in Reinform — die Prozesse vom Reiz bis zur Erregung studieren. Eben diese Eigenschaft macht die Stäbchen geradezu zu einem Glücksfall für den Biochemiker.

Das Außenglied eines Stäbchens gleicht einem schlanken Rohr, gefüllt mit etwa 2000 winzigen aufeinandergestapelten Scheibchen, sogenannten Disks (Bild 2). Rohr- und Scheibenwandung bestehen zwar aus dem gleichen Typ von Membran, das heißt aus zwei einander zugekehrten Lagen von Lipidmolekülen; doch besteht zwischen der Plasmamembran außen und der Scheibenmembran innen eine funktionelle Arbeitsteilung.

Die Membranstapel sind mit dem größten Teil jener Proteinmoleküle besetzt, die das Licht absorbieren und die Erregung auslösen. Die Plasmamembran hingegen ist dazu da, ein chemisches Signal in ein elektrisches umzuwandeln. Ein Großteil der faszinierenden neueren Arbeiten zur visuellen Erregung galt der Frage, wie die Moleküle der Scheibenmembran eigentlich mit denen der Plasmamembran in Verbindung stehen.

### Das Rhodopsin
### der Stäbchen

Zu den wichtigsten Molekülen der Scheibenmembran gehört das Rhodopsin, der Sehfarbstoff der Stäbchen. Rhodopsin besteht aus zwei Komponenten: dem lichtabsorbierenden 11-*cis*-Retinal, das sich vom Vitamin A ableitet, und dem Protein Opsin, das nach Aktivierung als Enzym wirken kann. Wenn das 11-*cis*-Retinal ein Photon absorbiert, wird das Opsin enzymatisch aktiv, und dies setzt die dem Sehprozeß zugrunde liegende biochemische Kaskade in Gang.

Opsin besteht aus einer einzigen Kette von 348 Aminosäuren. Die Reihenfolge dieser Bausteine, die Aminosäuresequenz, ist vor kurzem entschlüsselt worden, und zwar in den Laboratorien von Juri A. Owtschinnikow vom M. M.

Schemjakin-Institut für bioorganische Chemie in Moskau und von Paul A. Hargrave an der Southern-Illinois-Universität in Carbondale. Aus der Sequenz ließ sich beachtlich viel über die räumliche Struktur des Proteins ableiten, das sich quer durch die Scheibenmembran erstreckt. Es besteht offenbar aus sieben schraubig gewundenen Kettenabschnitten, sogenannten Alpha-Helices, die vertikal in der Membran stekken und durch kurze, nichthelikale Teile verbunden sind (Bild 3). An einem der schraubigen Abschnitte im Innern der Membran sitzt ein Molekül 11-*cis*-Retinal mit seiner Längsachse parallel zur Membranebene.

Das Retinal steckt damit mitten in einem komplexen, hochstrukturierten Proteinmilieu. Und dieses ist − neben

anderen Faktoren − für die spektrale Abstimmung des Retinals verantwortlich. Freies, vom Opsin abgetrenntes Retinal absorbiert nämlich am stärksten bei einer Wellenlänge von 380 Nanometern, also im Ultraviolettbereich; das Absorptionsmaximum von Rhodopsin liegt hingegen bei 500 Nanometern, also im − sichtbaren − Grünbereich. Diese Verschiebung ist funktionell gesehen zweckmäßig, weil dadurch das Absorptionsspektrum des Sehfarbstoffs auf das ins Auge fallende Licht abgestimmt wird.

Was passiert nun, wenn 11-*cis*-Retinal ein Photon absorbiert? Bekanntlich wird das Molekül dadurch isomerisiert. Isomere sind Moleküle mit gleicher Summenformel (gleicher Atomzusammensetzung), aber unterschiedlicher

Struktur. So ist mit der Vorsilbe 11-*cis* ein bestimmtes Isomer des Retinals gemeint. Das Rückgrat des Retinals besteht aus einer Kette von Kohlenstoffatomen, die durchnummeriert werden (Bild 4 oben). In der 11-*cis*-Konfiguration liegen die Wasserstoffatome am Kohlenstoffatom Nummer 11 und 12 auf derselben Seite der Kette und zwingen diese, sich abzuknicken. In einem anderen Isomer, dem all-*trans*-Retinal, stehen dieselben Wasserstoffatome einander gegenüber, und das Kohlenstoff-Rückgrat ist gestreckt (Bild 4 unten).

Bereits 1957 hatten George Wald und Ruth Hubbard von der Harvard-Universität das molekulare Initialereignis beim Sehvorgang identifiziert. Sie zeigten, daß das 11-*cis*-Retinal durch Absorption eines Photons in die all-*trans*-Form

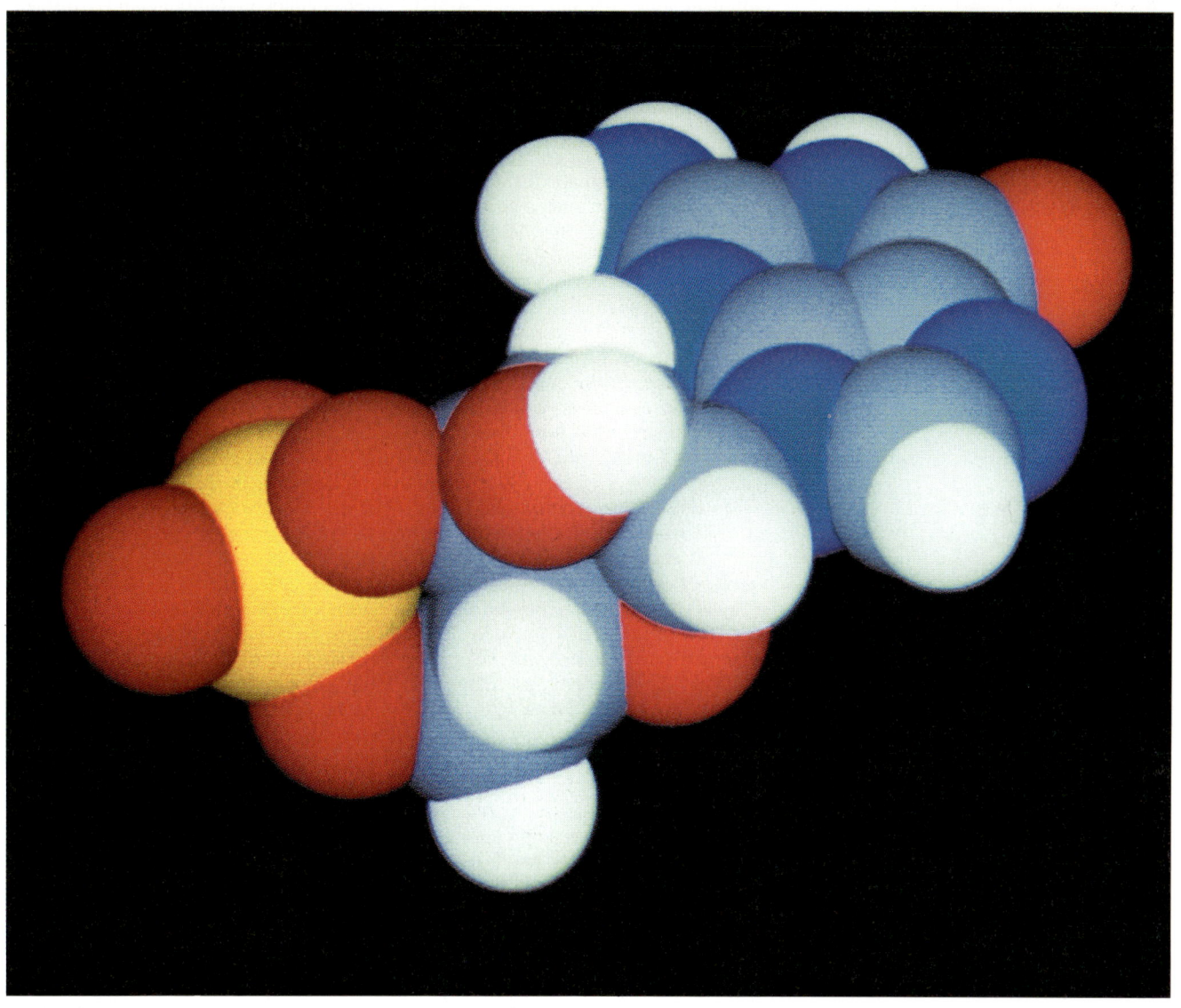

**Bild 1: Cyclisches Guanosin-3′,5′-monophosphat (cGMP) ist ein Schlüsselmolekül beim Sehen − der Überträgerstoff in den Stäbchen der Netzhaut, der direkt für die Entstehung eines elektrischen Signals verantwortlich ist. Seine Atome sind hier als verschiedenfarbige Kugeln dargestellt: Kohlenstoff hellblau, Stickstoff dunkelblau, Wasserstoff weiß, Sauerstoff rot und Phosphor gelb. Das Phosphoratom ist Bestand-**teil jener Ringstruktur, von der die Bezeichnung „cyclisch" herrührt (Bild 5). Bei intaktem Ring hält das cyclische Guanosinmonophosphat die Natriumkanäle in der äußeren Membran der Stäbchen, also in der Plasmamembran, offen. Wird der Ring enzymatisch gespalten, dann schließen sich die Natriumkanäle. Dadurch ändern sich die elektrischen Eigenschaften der Membran, so daß ein Nervenimpuls entsteht.

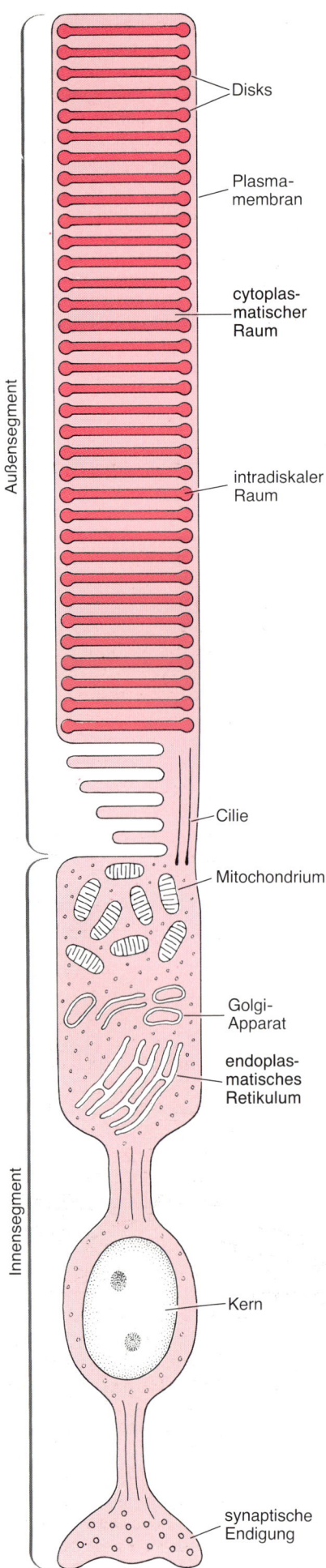

Disks

Plasmamembran

cytoplasmatischer Raum

intradiskaler Raum

Außensegment

Cilie

Mitochondrium

Golgi-Apparat

endoplasmatisches Retikulum

Innensegment

Kern

synaptische Endigung

überführt wird (die zugeführte Lichtenergie streckt die Kette).

Das Rhodopsin spricht auf Licht recht leicht an: Die Absorption eines Photons bewirkt etwa in der Hälfte der Fälle eine solche Isomerisierung; eine spontane Isomerisierung im Dunkeln fände hingegen nur etwa einmal in 1000 Jahren statt. Dieses unterschiedliche Verhalten ist wiederum für das Sehen von besonderem Wert: Trifft ein Photon auf die Netzhaut, so meldet das getroffene Rhodopsin-Molekül dies sehr effektiv, während die Millionen anderen Rhodopsin-Moleküle in der Zelle stumm bleiben.

### Die Erregung

Mehr als ein Jahrzehnt nach den Arbeiten von Wald und Ruth Hubbard kam man auch bei der Frage weiter, was denn am Ende der Erregungskaskade in der äußeren Membran geschehe. Die Plasmamembran ist für Ionen selektiv permeabel (durchlässig); diese Ladungsträger sind innen und außen ungleich konzentriert. Daraus resultiert eine elektrische Potentialdifferenz zwischen dem Inneren und dem Äußeren der Stäbchenzelle. Ihr Membranpotential beträgt im Ruhezustand etwa −40 Millivolt, wobei sich das Zellinnere negativ gegenüber der Außenseite verhält.

Die Potentialdifferenz vergrößert sich nach Belichtung, wie Tsuneo Tomita von der Keio-Universität in Tokio sowie William A. Hagins und Shuko Yoshikami von den amerikanischen National Institutes of Health 1970 mit eleganten elektrophysiologischen Messungen zeigen konnten. Sie wächst je nach Intensität des Reizes und der Grundhelligkeit auf maximal −80 Millivolt.

Das als Hyperpolarisation bezeichnete Überschreiten des Ruhepotentials beruht auf einer Änderung der Permeabilität: Die Membran ist dann für Natrium-Ionen, die ja eine positive Ladung tragen, weniger durchlässig als

**Bild 2: Ein Stäbchen besteht aus zwei Abschnitten mit unterschiedlichen Funktionen. Das äußere Segment − mit dem lichtaufnehmenden Apparat − enthält etwa 2000 geldrollenartig gestapelte Membranscheiben, sogenannte Disks, die sich von der Plasmamembran herleiten. Das innere Segment beherbergt Organellen, welche die bei der Photorezeption benötigten Moleküle bereitstellen. Sobald ein Lichtreiz auf die Scheiben trifft, verändert er die dort eingelagerten Moleküle des Sehfarbstoffs. Das Signal wird über eine Kette von Reaktionen zur Plasmamembran geleitet, über die es sich dann zur synaptischen Endigung hin ausbreitet. Von dort wird es an andere Zellen der Netzhaut weitergegeben.**

zuvor. Wie mein Kollege Denis A. Baylor nachweisen konnte, blockiert die Absorption eines einzigen Photons den Einstrom von einigen Millionen Natrium-Ionen, weil Hunderte von Natriumkanälen in der Plasmamembran geschlossen werden (siehe „Die Reaktion von Photorezeptoren auf Licht" von Julie L. Schnapf und Denis A. Baylor in Spektrum der Wissenschaft, Juni 1987). Sobald die Natriumkanäle geschlossen sind, breitet sich die licht-induzierte Hyperpolarisation entlang der äußeren Membran zur synaptischen Endigung am anderen Ende der Zelle aus, wo der Nervenimpuls entsteht.

Diese fundamentalen Erkenntnisse über Anfang und Ende der biochemischen Kaskade warfen zwangsläufig die Frage auf, was eigentlich dazwischen passiere. Auf welche Weise veranlaßt also die Isomerisierung des Retinals in der Scheibenmembran die Natriumkanäle der äußeren Membran, sich zu schließen? Da die Plasmamembran eines Stäbchens nicht mit den Scheibenmembranen verbunden ist, muß das Signal von dort mit Hilfe eines Transmitters zur äußeren Membran übertragen werden. Und da die Absorption eines einzigen Photons einige hundert Natriumkanäle zum Schließen bringen kann, muß sie auch die Bildung vieler Transmitter-Moleküle veranlassen.

### Die Zwischenglieder

Was aber fungiert hier als Transmitter? Hagins und Yoshikami meinten 1973, es wären die Calcium-Ionen, die im Dunkeln in den Disks gespeichert werden. Sie sollten bei Belichtung freigesetzt werden, zur Plasmamembran diffundieren und dort die Natriumkanäle schließen. Diese verlockende Hypothese wurde mit lebhaftem Interesse aufgenommen und ausgiebig experimentell geprüft. Neueste Arbeiten haben jedoch ergeben, daß Calcium-Ionen zwar eine entscheidende Rolle beim Sehvorgang spielen, aber doch nicht der erregend wirkende Transmitter sind. Der wirkliche Überträgerstoff ist das cyclische Guanosin-3',5'-monophosphat, abgekürzt cyclisches GMP.

Die Transmitterfunktion von cyclischem GMP ist eng mit seiner chemischen Struktur verknüpft. GMP gehört zu der Sorte von Nucleotiden, die als Untereinheiten der Ribonucleinsäure (RNA) auftreten. Wie andere Nucleotide auch besteht es aus drei Komponenten: einer organischen Base, einem ringförmigen Zucker mit fünf Kohlenstoffatomen (numeriert mit 1' bis 5') sowie einer Phosphatgruppe. GMP enthält Guanin als Base; die Verbindung

34

aus Guanin und der Zucker-Einheit bezeichnet man als Guanosin. Cyclisches Guanosin-3′,5′-monophosphat bedeutet nun, daß das 3′- und das 5′-Kohlenstoffatom des Zuckermoleküls über eine Phosphatgruppe ringförmig miteinander verknüpft sind (Bild 5). Die Art der Bindung zwischen dem Phosphoratom und den Kohlenstoffatomen bezeichnet man als Phosphodiester-Bindung. Solange der Ring intakt ist, hält das cyclische GMP die Natriumkanäle in der Membran offen. Wird er aber durch ein Enzym, eine Phosphodiesterase, gespalten, so schließen sich die Kanäle spontan.

Zwischen der Anregung von Rhodopsin und der enzymatischen Spaltung von cyclischem GMP liegen allerdings weitere Schritte. So aktiviert das durch Absorption eines Photons aktivierte Rhodopsin selbst wieder ein Enzym, das Transducin, dessen Wirkung wir in meinem Laboratorium aufgeklärt haben. Transducin ist ein Schlüsselglied innerhalb der exzitatorischen Kaskade, denn es aktiviert seinerseits die spezifische Phosphodiesterase, die dann den Ring im cyclischen GMP sprengt (sie

baut ein Wassermolekül in ihn ein, hydrolysiert ihn also). So leicht dieser Weg zu skizzieren ist, so schwierig war es, ihn zu klären und in seiner physiologischen Bedeutung zu verstehen. Eine Vielzahl von Versuchen in vielen Laboratorien war dazu nötig.

Im Jahre 1971 stellten Mark B. Bitensky und William H. Miller von der medizinischen Fakultät der Yale-Universität in New Haven (Connecticut) zunächst fest, daß sich bei Licht die Konzentration eines cyclischen Nucleotids in den Außengliedern der Stäbchen entscheidend verringerte. Wie weitere Untersuchungen ergaben, handelte es sich um cyclisches GMP, das durch eine dafür spezifische Phosphodiesterase hydrolysiert wurde. Zum damaligen Zeitpunkt wurde jedoch die Calcium-Hypothese noch sehr stark vertreten, und es war auch keineswegs klar, wieweit cyclisches GMP überhaupt die Reaktion direkt beeinflußte. Ende der siebziger Jahre wurde ich dann mit zwei richtungsweisenden Befunden konfrontiert, die erstmals auch mein Interesse an cyclischem GMP als möglichem Transmitter weckten.

So berichtete im Sommer 1978 Paul A. Liebman von der Universität von Pennsylvania in Philadelphia auf einer wissenschaftlichen Konferenz über seine Ergebnisse an Präparaten von Außensegmenten der Stäbchen. Danach konnte ein einziges Photon die Aktivierung von mehreren hundert Phosphodiesterase-Molekülen pro Sekunde veranlassen, und zwar in Gegenwart von Guanosintriphosphat (GTP). Mit Adenosintriphosphat (ATP) hingegen – der zentralen „Energiewährung" der Zelle – ließ sich nur ein schon aus früheren Untersuchungen bekannter, weitaus geringerer Verstärkungseffekt beobachten.

Guanosintriphosphat leitet sich vom normalen, also nichtcyclischen GMP ab: Statt nur einer einzigen Phosphatgruppe am 5′-Kohlenstoffatom hat es – wie die Silbe „tri" impliziert – deren drei, die durch Phosphodiesterbindungen miteinander verknüpft sind. Die in solchen Bindungen gespeicherte Energie ist die Grundlage vieler zellulärer Funktionen. Durch Abspaltung einer Phosphatgruppe wird beispielsweise GTP in Guanosindiphosphat (GDP) umgewandelt; die daraus gewonnene Energie wird dann von der Zelle zum Betrieb energetisch ungünstiger chemischer Reaktionen genutzt. Dieser Energiegewinnungsprozeß schien auch – und das war Liebmans Schlüsselergebnis – bei der Aktivierung der Phosphodiesterase abzulaufen, da GTP dabei ein entscheidender Cofaktor ist.

Auf der Heimfahrt von der Konferenz, auf der Liebman seine Ergebnisse präsentiert hatte, machte ich in der Yale-Universität Halt, wo ich das Glück hatte, bei Miller zu Hause übernachten zu können. Nach einem ausgezeichneten Abendessen zeigte er mir einige faszinierende Versuchsaufzeichnungen. Ihm und seinem Mitarbeiter Grant Nicol war es gelungen, cyclisches GMP in das Außenglied eines intakten Stäbchens zu injizieren. Die Ergebnisse waren beeindruckend: Die Potentialdifferenz über die Plasmamembran hinweg verringerte sich rasch; und nicht nur das – die Zeitspanne zwischen der Ankunft eines Lichtpulses und der Hyperpolarisation der Membran vergrößerte sich auch drastisch. Die einfachste Erklärung hierfür war, daß das cyclische GMP Natriumkanäle geöffnet hatte, die dann so lange offen blieben, bis es von der durch Licht aktivierten Phosphodiesterase gespalten wurde.

Dies war eine bestechende Hypothese, nur fehlte ein direkter Beweis. Zurück in meinem Labor diskutierte ich die neuen Befunde mit meinem Mitarbeiter Bernhard K.-K. Fung. Er teilte meine Begeisterung für cyclisches

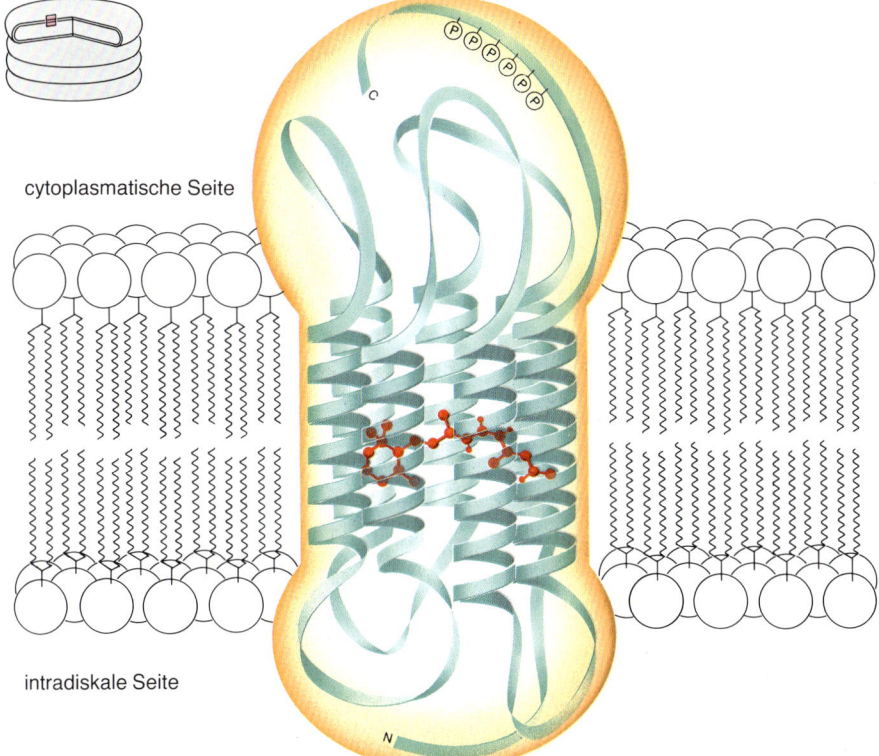

**Bild 3: Das in die Scheibenmembran eingebettete Rhodopsin-Molekül absorbiert Licht und initiiert die Erregungskaskade. Die Scheibenmembran (Ausschnitt wie links oben markiert) besteht genau wie die Plasmamembran aus einer Doppelschicht von – fettartigen – Lipidmolekülen. Rhodopsin setzt sich aus zwei Komponenten zusammen: 11-*cis*-Retinal und Opsin. Opsin ist ein Protein mit sieben helixartigen Strukturen, die sich durch die Membran** winden und über kurze lineare Abschnitte verbunden sind. An eine der Helices, etwa in Membranmitte, ist das 11-*cis*-Retinal (rot) angeheftet. Wenn das Retinal ein Photon, ein Lichtquant, absorbiert, ändert es seine Form und aktiviert das Rhodopsin. Das abgebildete Strukturmodell des Rhodopsins wurde von Edward Dratz von der Universität von Kalifornien in Santa Cruz und Paul Hargrave von der Southern Illinois University vorgeschlagen.

cytoplasmatische Seite

intradiskale Seite

GMP als potentiellen Transmitter. Daher wollten wir gemeinsam den molekularen Mechanismus erforschen, durch den dann die transmitter-spaltende Phosphodiesterase aktiviert wird.

## Transducin

Liebmans Entdeckung, daß für diese Aktivierung GTP notwendig sei, spielte bei unseren Überlegungen eine wichtige Rolle. Denn sie deutete darauf hin, daß ein GTP-bindendes Protein ein bedeutsames Zwischenglied bei der Aktivierung sein könnte. Wir schauten uns daher zunächst genau an, was mit GTP in den Stäbchen geschieht.

Als erstes wollten wir feststellen, ob sich GTP und seine chemischen Derivate an die Außenglieder der Stäbchen binden. Dazu wurde radioaktiv markiertes GTP mit Fragmenten der Außenglieder inkubiert und nach mehreren Stunden über einem Filter ausgewaschen, der Membranfragmente und Moleküle in der Größe von Proteinen zurückhielt, aber freie kleine Moleküle wie GTP passieren ließ. Die Membran erwies sich dabei als recht stark radioaktiv markiert. Weitere Untersuchungen ergaben jedoch, daß das an die Membran gebundene Molekül nicht GTP, sondern GDP war.

Dies deutete nun stark darauf hin, daß in den Stäbchenmembranen ein Protein existiert, das GTP binden und dann durch Abspalten einer Phosphatgruppe zu GDP umwandeln kann. Damit schien die Annahme, ein solches Protein sei ein Schlüsselglied und liefere mit der Umwandlung von GTP zu GDP die Energie für den Aktivierungsprozeß, noch berechtigter. Noch während dieser Untersuchungen meldeten Walter Godchaux III und William F. Zimmerman vom Amherst-College (Massachusetts), genau so ein Protein in Zellmembranen von Stäbchen gefunden zu haben. Es war jedoch nicht klar, wie ihr Befund zu den anderen auftauchenden Teilen des Puzzles paßte.

Ein entscheidender Aspekt unserer Beobachtungen war, daß die Membran nicht nur etwas enthielt, das Guanin-Nucleotide binden konnte. Sie setzte bei Belichtung auch GDP frei – und das besonders stark in Gegenwart von GTP. Jetzt begann sich eine Hypothese herauszuschälen, die den Wirrwarr von Fakten ordnen und vereinfachen sollte. Ein Teil des Aktivierungsprozesses schien nämlich in einem Austausch von GDP durch GTP in der Membran zu bestehen. Und dies erklärte, warum durch Zusatz von GTP so viel mehr GDP freigesetzt wurde: Die Freigabe eines GDP-Moleküls beruhte eben auf seinem

Ersatz durch ein GTP-Molekül. Später könnte dann GTP vielleicht in GDP umgewandelt werden.

Immer mehr deutete darauf hin, daß der Austausch von GDP gegen GTP ein Herzstück des Aktivierungsprozesses sei. Denn wir bemerkten dabei eine hohe Verstärkung: Nach Aktivierung eines einzigen Rhodopsin-Moleküls werden etwa 500 Moleküle einer dem GTP analogen Verbindung an der Membran gebunden (dieses Analogon wurde gewählt, weil es sich nicht in GDP umwandeln läßt; auf diese Weise konnten wir den Austausch-Schritt von den Folgeschritten isolieren). Die Entdeckung dieses Verstärkungsmechanismus war deshalb so aufregend, weil nun die für die Erregungskaskade charakte-

ristische Gesamtverstärkung eher erklärbar wurde.

Unsere These lautete nun: Es gibt innerhalb der Erregungskaskade ein vermittelndes Protein, das in zwei Zuständen existieren kann – in dem einen bindet es GDP und in dem anderen GTP. Aktiviert wird dieses Protein durch den Austausch von GDP durch GTP, der seinerseits von Rhodopsin ausgelöst wird. Das aktivierte Protein sorgt selbst wieder für die Aktivierung einer bestimmten Phosphodiesterase, die dann durch Spaltung von cyclischem GMP die Natriumkanäle in der Plasmamembran zum Schließen bringt.

Aufbauend auf den Arbeiten von Hermann Kühn vom Institut für Biologische Informationsverarbeitung der

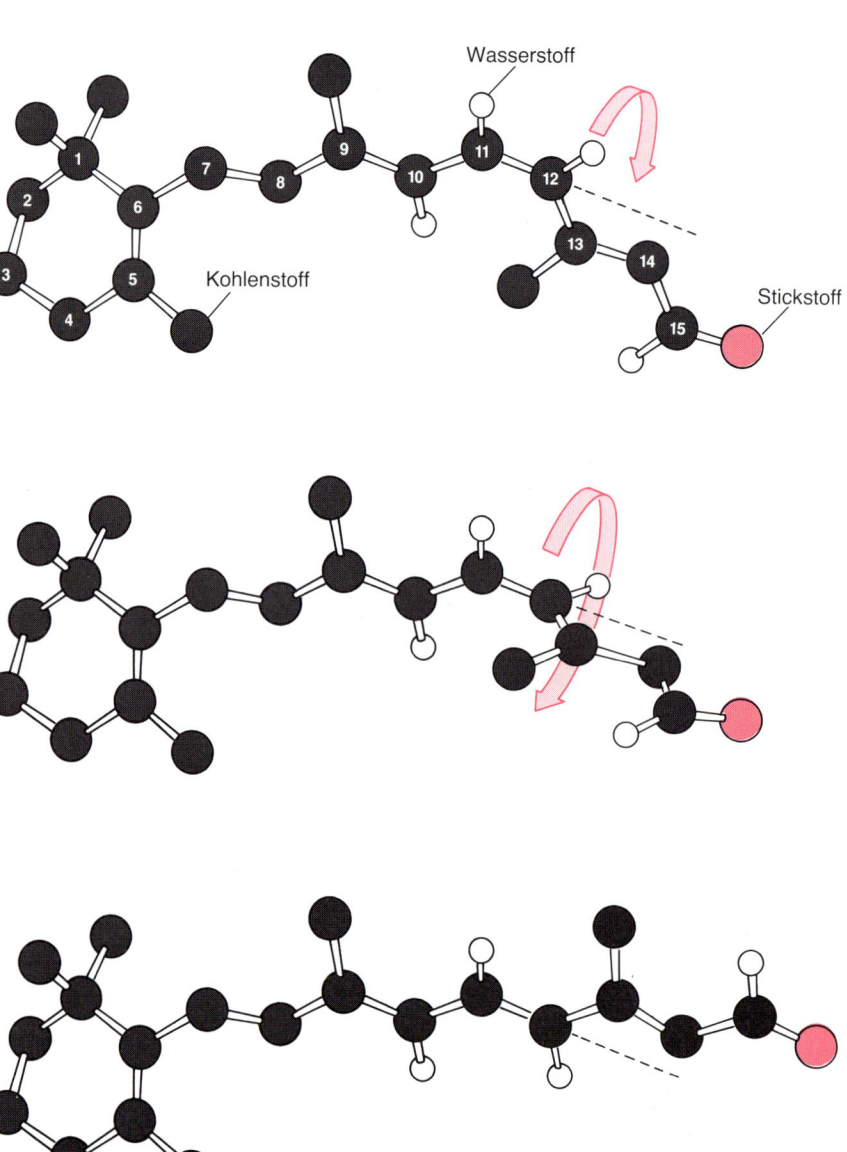

**Bild 4: Retinal ändert mit der Absorption eines Photons seine Gestalt. Im 11-cis-Retinal – das ist die im Dunkeln vorliegende Konfiguration (oben) – liegen die Wasserstoffatome, die an das elfte und zwölfte Kohlenstoffatom gebunden sind, auf derselben Seite des Kohlenstoff-** **Rückgrates und zwingen es, sich abzuknicken. Die Absorption eines Photons bewirkt eine Drehung der Kette zwischen beiden Kohlenstoffatomen (Mitte). Dabei richtet sich das Ende der Kette gerade; die neue chemische Konfiguration ist das all-trans-Retinal (unten).**

Kernforschungsanlage Jülich, gelang es uns bald, das postulierte Protein zu isolieren. Da es die Transduktion — die Umwandlung eines Lichtreizes in einen elektrischen Impuls — vermittelt, erhielt es den Namen Transducin. Es besteht, wie weitere Untersuchungen ergaben, aus drei Proteinuntereinheiten, die mit den griechischen Buchstaben Alpha, Beta und Gamma gekennzeichnet werden.

Mit dem gereinigten Transducin konnten wir unsere Hypothese über den Informationsfluß in der Erregungskaskade überprüfen, wonach das Signal vom aktivierten Rhodopsin über das Transducin (in seiner GTP-Form) an die Phospodiesterase gehen sollte. Wenn diese Vorstellung korrekt war, müßte einerseits Transducin in Abwesenheit der Phosphodiesterase in seine GTP-Form umgewandelt werden und andererseits die Phosphodiesterase auch in Abwesenheit von photolysiertem Rhodopsin aktiviert werden können.

Zur Überprüfung der ersten Folgerung stellten wir ein künstliches Membransystem mit Rhodopsin zusammen, in dem die Phosphodiesterase fehlte und in das gereinigtes Transducin in seiner GDP-Form eingebracht war. Das Ergebnis: Jedes durch Licht aktivierte Rhodopsin-Molekül katalysierte die Aufnahme von 71 Molekülen eines GTP-Analogons in die Membran (Bild 6). Jedes Rhodopsin-Molekül aktiviert also viele Transducin-Moleküle, indem es den Austausch von GDP gegen GTP bei vielen Molekülen katalysiert. Damit war zum ersten Mal ein Verstärkereffekt von Rhodopsin nachgewiesen, der nur ein zusätzliches Protein, das Transducin, erforderte.

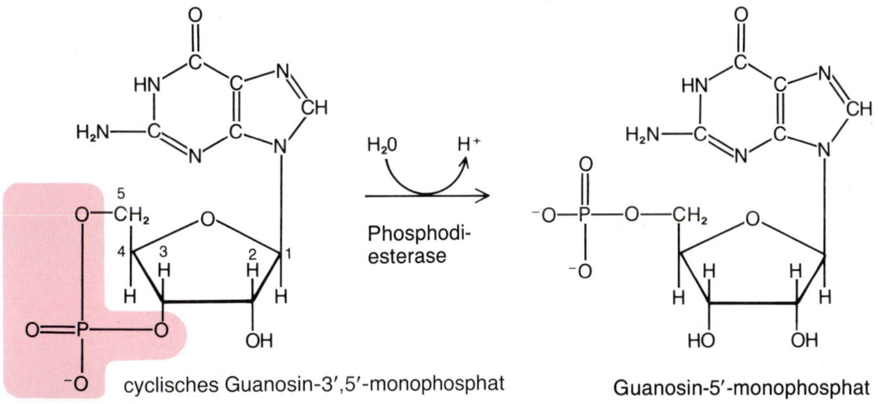

### Aktivierung der Phosphodiesterase

Um unsere zweite Schlußfolgerung zu prüfen, daß die GTP-Form von Transducin die Phosphodiesterase allein aktivieren kann, mußten wir zuerst die reine aktivierte Form des Enzyms, den Transducin-GTP-Komplex, gewinnen. Hierbei erlebten wir eine Überraschung. Wir wußten, daß inaktives Transducin, die GDP-Form also, aus drei gekoppelten Untereinheiten besteht. In der — aktiven — GTP-Form jedoch fiel das Transducin auseinander: Seine Alpha-Untereinheit löste sich mit dem von ihr gebundenen GTP von den vereint bleibenden Beta- und Gamma-Einheiten.

Wir konnten nun unsere Ausgangsfrage präzisieren: Stimulierte die Alpha-Untereinheit (mit dem angelagerten GTP) oder der Beta-Gamma-Komplex die Phosphodiesterase? Die Antwort

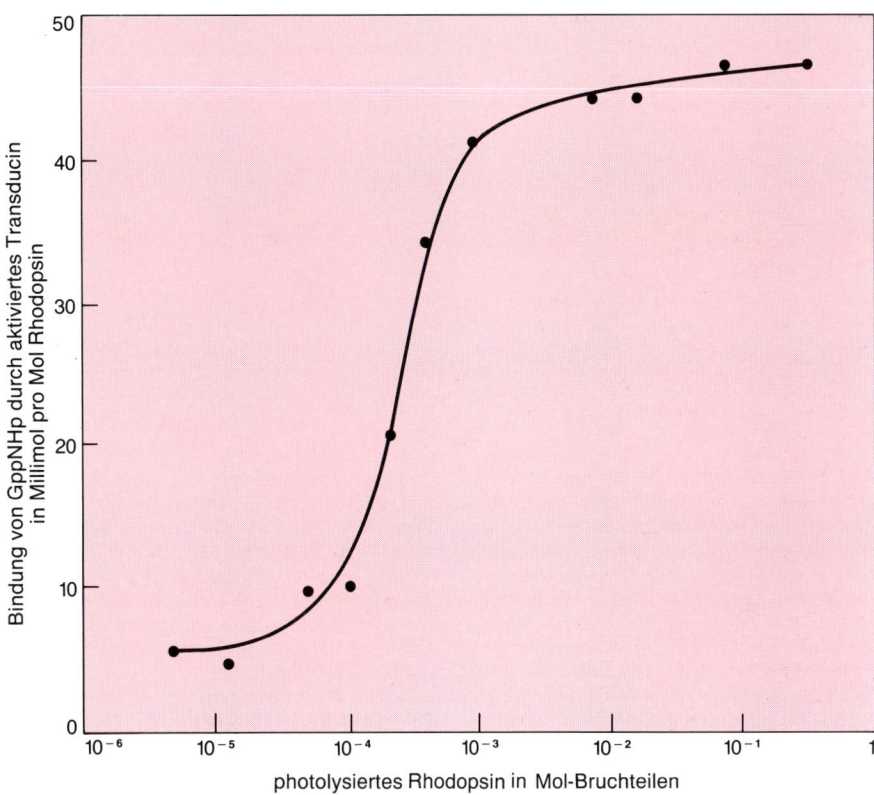

Bild 5: Der namensgebende Ring des cyclischen GMP wird durch das Enzym Phosphodiesterase gespalten. Er enthält ein Phosphoratom in einer sogenannten Phosphorsterbindung und ist hier farbig abgesetzt.

Das Enzym spaltet diese Bindung durch Hydrolyse, also durch Einfügen eines Wassermoleküls. (Ein Proton dissoziiert ab.) Aus dem cyclischen Guanosin-3′,5′-monophosphat ist dann ein Guanosin-5′-monophosphat geworden.

Bild 6: Die Aktivierung von Transducin, einem Protein, geht mit der Bindung eines Guanosintriphosphats (GTP) einher. Auf der horizontalen Achse des Diagramms ist die nach rechts ansteigende Konzentration von photolysiertem Rhodopsin aufgetragen, auf der vertikalen Achse die Bindung von GppNHp an künstliche Membranfragmente, die nur Rhodopsin und Transducin enthalten (GppNHp ist eine dem GTP analoge Verbindung). Aus der Kurve ist zu entnehmen, daß in diesem System jedes Rhodopsin-Molekül 71 Transducin-Moleküle aktiviert (in intakten Stäbchen sind es sogar ungefähr 500 Transducin-Moleküle). Aktiviertes Transducin aktiviert seinerseits die Phosphodiesterase, die cyclisches GMP spaltet.

lautete eindeutig: die Alpha-Untereinheit mit ihrem GTP (Bild 7). Und sie aktivierte das Enzym in Abwesenheit von Rhodopsin, was unsere Folgerung bestätigte und unser Gesamtbild über den Informationsfluß untermauerte.

Auf welche Weise aktiviert Transducin die spezifische Phosphodiesterase?

Die Arbeitsgruppe von Bitensky stellte fest, daß die Phosphodiesterase im Dunkeln aufgrund einer Hemmung eine geringe Aktivität hat. Durch Zusatz von etwas Trypsin (einem protein-verdauenden Enzym) wurde die Hemmung aufgehoben und das Enzym aktiviert. Es war bekannt, daß die Phosphodiesterase

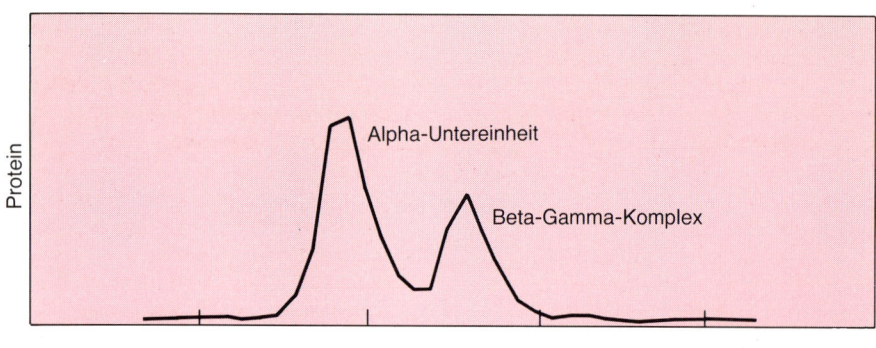

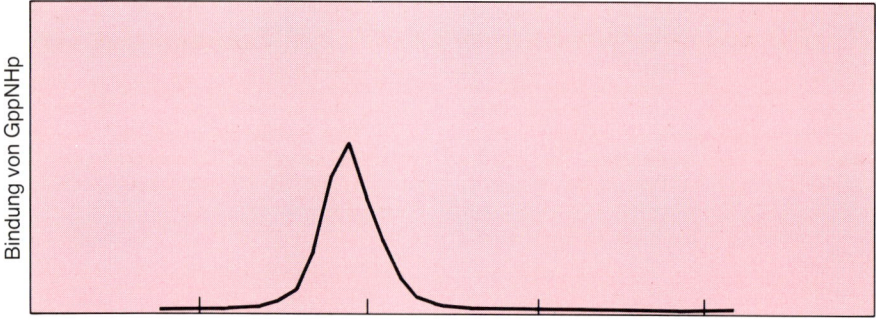

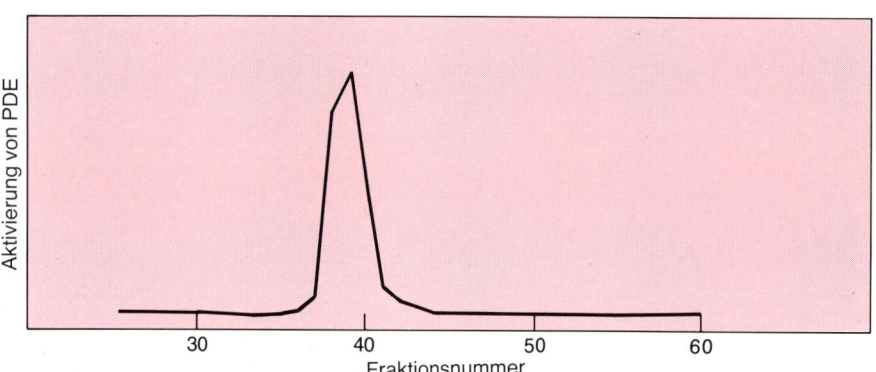

**Bild 7: Transducin besteht aus drei Untereinheiten, die mit den griechischen Buchstaben Alpha, Beta und Gamma bezeichnet werden. Die Alpha-Untereinheit bindet das Guanin-Nucleotid und aktiviert die Phosphodiesterase, wie die drei Diagramme zeigen. Für den Versuch wurde eine transducinhaltige Lösung über ein Molekularsieb gegeben, eine Art säulenförmige Filtereinrichtung, durch die große Moleküle langsamer passieren als kleine. Die am Boden austretende Flüssigkeit wurde in** gleich großen Portionen abgesammelt, wobei man die einzelnen Fraktionen in der Reihenfolge ihrer Ankunft durchnummerierte. Das obere Diagramm zeigt, daß das Protein in der Lösung aus zwei unterschiedlich großen Komponenten besteht. Die kleine Komponente ist die Alpha-Untereinheit, die große der Beta-Gamma-Komplex. Die anderen beiden Diagramme zeigen, daß die Bindung von GppNHp und die Aktivierung der Phosphodiesterase mit der Alpha-Untereinheit assoziiert sind.

aus drei − wieder mit Alpha, Beta und Gamma bezeichneten − Einheiten besteht. Das Trypsin baute, wie mein Mitarbeiter James B. Hurley herausfand, nur die Gamma-Untereinheit, nicht aber die Alpha- oder die Beta-Einheit ab. Demnach schien die Gamma-Untereinheit als Inhibitor der Phosphodiesterase zu fungieren.

Ergebnisse aus meinem und anderen Laboratorien bestätigten dies. Zusammen mit meinen Mitarbeitern reinigte ich die Gamma-Untereinheit. Nach Zugabe zu dem aktiven Alpha-Beta-Komplex verschwand dessen ursprüngliche katalytische Aktivität zu mehr als 99 Prozent. Außerdem entsprach die Rate, mit der Trypsin die Gamma-Einheit zer-

stört, weitgehend der Aktivierungsrate der Phosphodiesterase innerhalb der Erregungskaskade; und schließlich wiesen Marc Chabre und seine Kollegen am Institut für Kernforschung der Universität I von Grenoble nach, daß sich die GTP-Form des Transducins an die Gamma-Untereinheit der Phosphodiesterase binden und mit ihr einen Komplex bilden kann.

Demzufolge bindet sich nach der Belichtung die Alpha-Untereinheit des Transducins mit ihrem angehefteten GTP an die Phosphodiesterase, nimmt deren hemmend wirkende Gamma-Untereinheit weg und entfesselt so die hohe katalytische Aktivität der Phosphodiesterase: Jedes dieser aktivierten

Enzymmoleküle kann dann 4200 Moleküle cyclisches GMP pro Sekunde hydrolysieren.

## Verstärkerkaskade und Regeneration

Diese Erkenntnisse brachten viel Klarheit in den Ablauf der Erregungskaskade. Als erstes aktiviert das photolysierte Rhodopsin das Transducin; es veranlaßt das angeheftete GDP, sich vom Transducin zu lösen und so seinen Platz für ein GTP-Molekül freizumachen (Bild 8). Die Alpha-Untereinheit des Transducins dissoziiert daraufhin mitsamt ihrem GTP vom Rest des Proteins; der Vorgang dauert nur etwa eine Millisekunde, wie Chabre zusammen mit T. Minh Vuong während eines Gastaufenthaltes an meinem Laboratorium zeigen konnte. Ein einziges Rhodopsin-Molekül produziert Hunderte von aktiven Alpha-Transducin-GTP-Komplexen, und dies ist die erste Stufe der Signalverstärkung beim Sehvorgang.

Das GTP-beladene Alpha-Transducin aktiviert dann die Phosphodiesterase. Auf dieser Stufe findet keine Verstärkung statt: Jede Alpha-Transducin-Einheit bindet sich an ein einziges Phosphodiesterase-Molekül und aktiviert es damit. Das Transducin-Phosphodiesterase-Paar verhält sich dann im nächsten Schritt − der zweiten Stufe der Signalverstärkung − wie eine einzige Einheit, denn das Transducin bleibt mit der Phosphodiesterase assoziiert, während diese cyclisches GMP spaltet. Wie erwähnt kann jedes aktivierte Phosphodiesterase-Molekül mehrere tausend Moleküle cyclisches GMP spalten. Dies erklärt zusammen mit den vielen, von jedem Rhodopsin-Molekül aktivierten Transducin-Molekülen die bemerkenswerte Verstärkung eines einzigen einfallenden Photons zu einem meßbaren elektrischen Impuls.

Ein Lebewesen soll freilich mehr als ein einziges Mal sehen können, daher muß diese Kaskade auch beendet und der Ausgangszustand wiederhergestellt werden. Transducin spielt bei der Inaktivierung genauso eine Schlüsselrolle wie bei der Aktivierung: In seine Alpha-Untereinheit ist eine chemische Schaltuhr eingebaut, die den aktivierten Zustand durch Umwandlung des gebundenen GTP in GDP beendet. Wie diese Schaltuhr arbeitet, ist noch nicht ganz klar. Man weiß jedoch, daß die während der Inaktivierung zu beobachtende Hydrolyse von GTP zu GDP für den energetischen Antrieb des gesamten Zyklus eine wichtige Rolle spielt. Anders als die Aktivierungsreaktionen sind einige der Inaktivierungsreaktionen energetisch ungünstig, so daß sich das System ohne Umwandlung von GTP in GDP nicht in den startbereiten Ausgangszustand, den Dunkelzustand, zurückversetzen ließe.

Bei der Hydrolyse des gebunden GTPs zu GDP gibt die Alpha-Einheit des Transducins die hemmende Gamma-Einheit der Phosphodiesterase frei. Diese kehrt zur Phosphodiesterase zurück, heftet sich daran und stellt so den Ruhezustand wieder her. Die Alpha-Untereinheit des Transducins vereinigt sich dann ihrerseits mit dem Beta-Gamma-Komplex, so daß das Transducin wieder in seiner GDP-Form vorliegt.

Rhodopsin wird durch ein Enzym, eine spezifische Kinase, inaktiviert. Diese Kinase heftet mehrere Phosphatgruppen an die Aminosäuren an einem Ende der Opsinkette. Das Rhodopsin bildet dann, wie Kühn gezeigt hat, einen Komplex mit einem Protein, dem Arrestin, das die Bindung von Transducin blockiert und das System in den Dunkelzustand zurückversetzt.

Die Ausarbeitung der visuellen Kaskade Ende der siebziger und Anfang der achtziger Jahre fußte größtenteils auf der Annahme, cyclisches GMP öffne irgendwie die Natriumkanäle der Plasmamembran, während seine Hydrolyse sie zum Schließen bringe. Wie dies aber geschehen könne, darüber war wenig bekannt. Wirkte cyclisches GMP direkt oder über Zwischenglieder auf die Kanäle?

Eine schlüssige Antwort auf diese Frage fanden 1985 Jewgenij E. Fesenko und seine Mitarbeiter am Institut für Biophysik in Moskau. Fesenko sog mit einer Mikropipette ein kleines Stück Plasmamembran von einer Stäbchenzelle an und riß es heraus. Das Membranstück blieb fest an der Öffnung der Pipette haften, wobei seine zuvor dem Zellinneren zugewandte Seite nun außen freilag. Diese Seite setzten die Forscher dann verschiedenen Lösungen aus und prüften deren Auswirkungen auf die Natriumleitfähigkeit. Die Ergebnisse waren eindeutig: Cyclisches GMP öffnete direkt die Natriumkanäle, während andere Substanzen, auch Calcium-Ionen, sie nicht beeinflußten.

Dies nahm der alten Vorstellung, Calcium-Ionen könnten der erregende Transmitter sein, jegliche Grundlage und stellte klar, daß cyclisches GMP das letzte Glied in der Erregungskaskade ist. Die Erregungskaskade war nun im Umriß skizziert; wie wir angenommen hatten, fließt die Gesamtinformation vom Rhodopsin über das Transducin zur Phosphodiesterase und weiter zum cyclischen GMP.

Trotz dieser sehr befriedigenden Erfolge sind mehrere wichtige Fragen noch offen, etwa die, wie die Verstärkung innerhalb der Kaskade moduliert wird. Wie erwähnt, reagieren Stäbchen im hellen Licht viel weniger empfindlich als im Dunkeln. Also muß die Hintergrundbeleuchtung irgendwie den Verstärkungsgrad beeinflussen. Vieles spricht dafür, daß hierbei Calcium-Io-

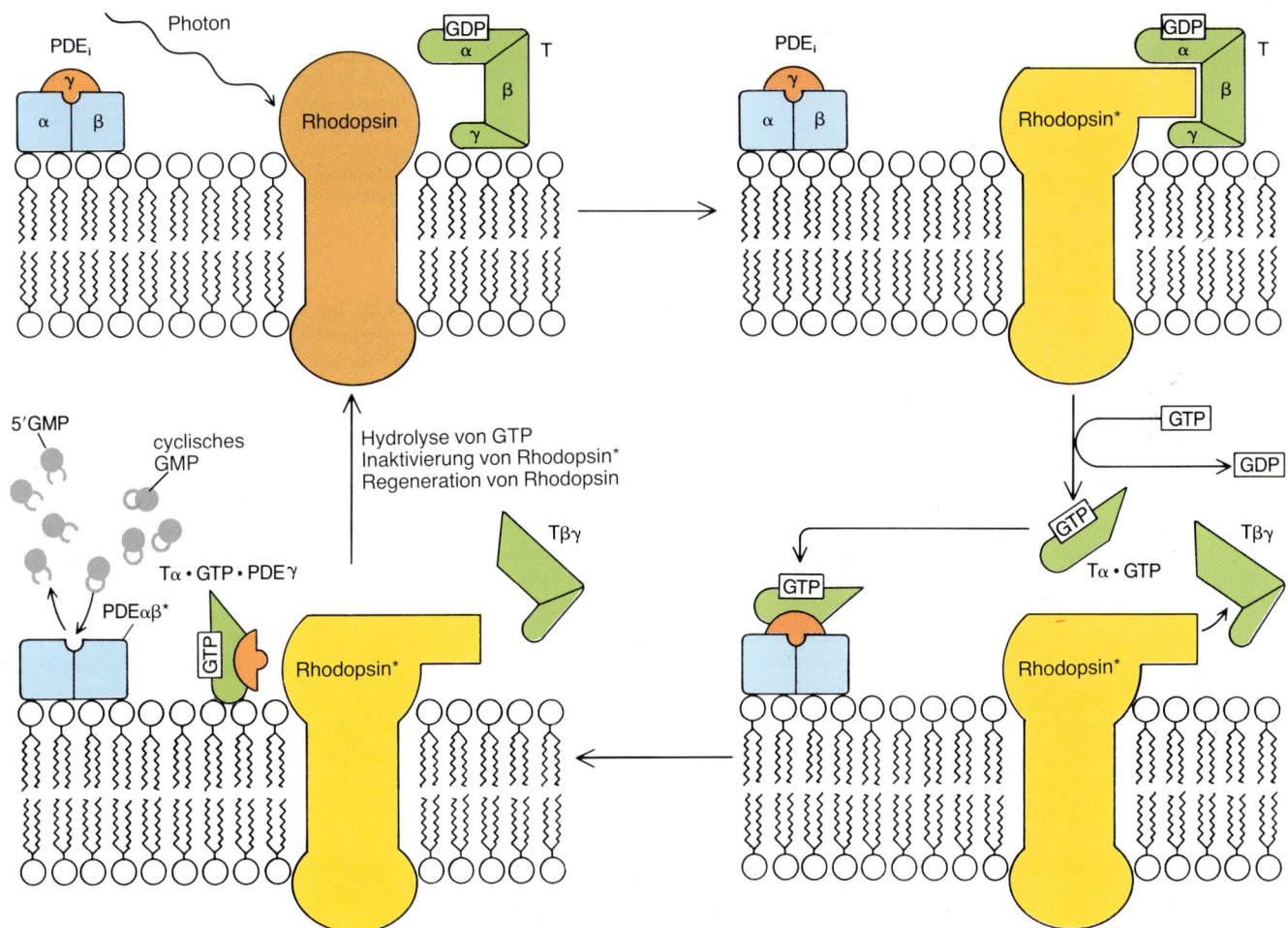

**Bild 8:** Die Erregungskaskade ist Teil eines Zyklus, der vom Transducin vermittelt wird. Er beginnt mit der Absorption eines Photons durch das Rhodopsin (links oben). Das aktivierte Rhodopsin (Rhodopsin*) tritt dann wie rechts oben dargestellt mit Transducin (T) in Wechselwirkung. Daraufhin ersetzt dessen Alpha-Untereinheit ihr GDP durch GTP und trennt sich vom Beta-Gamma-Komplex (rechts unten). Sie hebt die Hemmung der inaktiven Phosphodiesterase (PDE) auf, vielleicht indem sie deren Gamma-Einheit wegnimmt. Die nun aktivierte Phosphodiesterase beginnt mit der Spaltung vieler Moleküle cyclischen GMPs (links unten). Binnen kurzem veranlaßt eine in die Alpha-Einheit des Transducins eingebaute Schaltuhr die Hydrolyse von GTP zu GDP. Dadurch vereinigt sich die Alpha-Untereinheit wieder mit dem Beta-Gamma-Komplex, und auch die Phosphodiesterase wird wieder zusammengebaut. Gleichzeitig wird auch das Rhodopsin regeneriert.

nen eine Rolle spielen; genaueres ist aber noch nicht bekannt.

Andere Fragen betreffen die Struktur der Natriumkanäle und den Mechanismus, der verhindert, daß der Zelle cyclisches GMP ausgeht. Die Arbeitsgruppe von Liebman sowie die von Benjamin Kaupp am Neurobiologischen Institut der Universität Osnabrück haben wichtige Beiträge zur Beantwortung der ersten Frage geleistet, indem sie von cyclischem GMP gesteuerte Kanäle isolierten und deren Funktion in Modellmembranen wiederherstellten.

Eine Schlüsselsubstanz bei der Beantwortung der zweiten Frage muß die Guanylatcyclase sein, jenes Enzym, das cyclisches GMP synthetisiert. Zweifellos existiert eine Rückkopplungsschleife, die den ursprünglichen Gehalt an cyclischem GMP wiederherstellt — denn sonst wäre die Kapazität der Zelle nach mehrmaligem Feuern schon völlig erschöpft. Über die Art der Rückkopplung ist jedoch nichts bekannt.

### Parallelen zu anderen Prozessen

Zudem bemüht man sich gegenwärtig, die jüngsten Befunde auch auf andere Zellen zu übertragen. So haben Zapfen ein ähnliches Transduktionssystem wie die Stäbchen, wie Baylor sowie King-Wai Yau von der Johns-Hopkins-Universität in Baltimore nachgewiesen haben. Seit langem weiß man, daß die Zapfen drei dem Rhodopsin entsprechende Sehpigmente enthalten, die auf rotes, grünes und blaues Licht ansprechen. Alle drei enthalten 11-cis-Retinal und haben, wie meine Kollegen Jeremy Nathans und David S. Hogness auf molekulargenetischem Wege zeigen konnten, die gleiche Grundstruktur wie das Rhodopsin. Das Transducin, die Phosphodiesterase und die von cyclischem GMP gesteuerten Kanäle der Zapfen gleichen ihren Gegenstücken in den Stäbchen. Daher könnten die molekularen Einzelheiten des Transduktionszyklus auch hier schon bald ebenso genau geklärt sein wie bei den Stäbchen.

Die mit cyclischem GMP arbeitende Kaskade der Stäbchen ist sogar über den Sehvorgang hinaus von Bedeutung; denn sie gleicht bemerkenswert dem Wirkmechanismus bestimmter Hormone. Beispielsweise löst auch das Hormon Adrenalin, wenn es sich an einen passenden Rezeptor auf einer Zelle heftet, eine Verstärkerkaskade aus. Durch die Bindung an den Rezeptor wird im Zellinnern schließlich das Enzym Adenylatcyclase aktiviert, das die Bildung von cyclischem Adenosinmonophosphat katalysiert. Cyclisches AMP ist ein intrazellulärer Botenstoff und

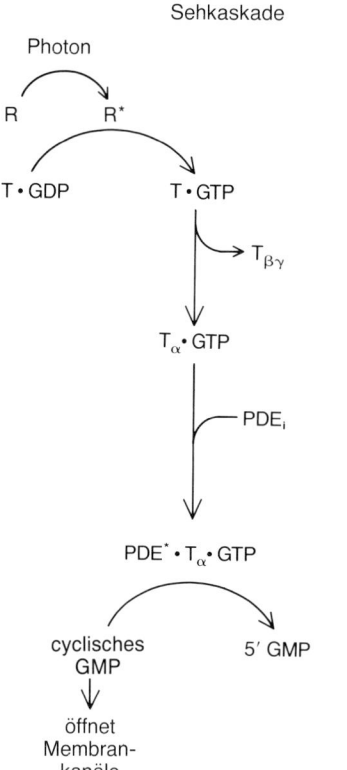

**Bild 9: Die Erregungskaskade beim Sehen (links) weist erstaunliche Parallelen zur Signalkette einiger Hormone auf (rechts). Die Anregung des Rhodopsins ähnelt der Vereinigung eines Hormons (H) mit seinem Rezeptor (R) zu einem Hormon-Rezeptor-Komplex (RH). Das Rhodopsin aktiviert Transducin (T) auf dieselbe Weise wie der Hormon-Re-** **zeptor-Komplex ein G-Protein (G). Dieses gleicht dem Transducin und bindet an seiner Alpha-Untereinheit ebenfalls GTP. Das G-Protein aktiviert dann die Adenylatcyclase (AC), die der Phosphodiesterase (PDE) entspricht. Sie katalysiert die Umwandlung von Adenosintriphosphat (ATP) in cyclisches Adenosinmonophosphat, das viele Enzyme reguliert.**

gleichsam der Mittelsmann vieler Hormone (siehe „Signalübertragung in die Zelle" von M. J. Berridge in Spektrum der Wissenschaft, Dezember 1985).

Alfred G. Gilman vom Health Science Center der Universität von Texas in Dallas hat viele Aspekte der über die Adenylatcyclase führenden Kaskade geklärt. Die Parallelen zur Erregungskaskade der Stäbchen sind erstaunlich. In den Stäbchen wird die Kaskade ausgelöst, wenn ein Rhodopsin-Molekül ein Photon absorbiert; in den Zielzellen des Hormons geschieht dies, wenn sich das Hormon an seinen spezifischen Rezeptor auf der Zelloberfläche bindet (Bild 9). Der Hormon-Rezeptor-Komplex tritt dann mit einem sogenannten G-Protein, das dem Transducin ähnelt, in Wechselwirkung. Dabei wird das G-Protein durch denselben Austausch gebundener Moleküle — GTP gegen GDP — aktiviert wie das Transducin.

Die Parallelen zum Transducin gehen aber noch weiter. Auch das G-Protein besteht aus drei Untereinheiten, wovon die Alpha-Untereinheit die Adenylatcyclase aktiviert, indem sie eine Hemmung aufhebt. Und diese Enthemmung wird wieder durch einen eingebauten

Zeitgeber beendet, der GTP in GDP umwandelt.

Transducin und die verschiedenen bisher identifizierten G-Proteine ähneln sich strukturell wie auch funktionell. Sie gehören derselben Familie signalkoppelnder Proteine an. Alle bislang identifizierten Mitglieder besitzen fast dieselbe Beta-Untereinheit und stimmen in der Funktion ihrer Alpha-Untereinheiten überein — eine Ähnlichkeit, die inzwischen auf molekularem Niveau demonstriert werden konnte. Die DNA-Sequenzen, die für die Alpha-Untereinheiten von Transducin und drei der G-Proteine codieren, sind nämlich vor kurzem bestimmt worden. Aus der Abfolge der DNA-Nucleotide läßt sich über den genetischen Code die Abfolge der Aminosäuren im Protein ableiten. Danach sind die vier Proteine zur Hälfte identisch oder nahezu identisch.

Ein Gesamtvergleich zeigt, daß sich einige Regionen der Proteine im Laufe der Evolution kaum verändert haben, während andere sehr stark voneinander abweichen. Jedes Protein enthält drei Bindungsstellen: eine für Guanin-Nucleotide, eine für den aktivierten Rezeptor (Rhodopsin oder einen Hormon-

Rezeptor-Komplex) und eine für das Effektorprotein (Phosphodiesterase oder Adenylatcyclase). Wie aufgrund ihrer entscheidenden Funktion innerhalb der Aktivierungskaskade durchaus zu erwarten war, hat sich die Bindungsstelle für GTP oder GDP bei den verschiedenen Proteinen am wenigsten verändert.

Diese GTP-Bindungsstellen gleichen überdies einer Region in einem Protein mit ganz anderer Funktion: dem in Bakterien entdeckten Elongationsfaktor *Tu*, der bei der Proteinbiosynthese eine entscheidende Rolle spielt. Er übergibt Transfer-RNAs — jene Moleküle, die eine bestimmte Aminosäure in Schlepp nehmen, um sie an eine wachsende Aminosäurenkette anzulagern — an die Ribosomen, die Proteinfabriken der Zelle. Dabei durchläuft *Tu* einen ähnlichen Zyklus wie das Transducin bei der visuellen Erregung. Angetrieben wird dieser Zyklus durch die Spaltung von einem Molekül GTP, für das an *Tu* eine Bindungsstelle vorhanden ist. Und diese Stelle ähnelt in ihrer Aminosäuresequenz sehr den Bindungsstellen von Transducin und den verschiedenen *G*-Proteinen für Guanin-Nucleotide.

Da die Proteinbiosynthese eine der wichtigsten Stoffwechselaktivitäten jeder Zelle ist, dürfte sich der daran beteiligte Elongationsfaktor *Tu* aller Wahrscheinlichkeit früher entwickelt haben als die *G*-Proteine oder ihr Verwandter, das Transducin. Vielleicht ist *Tu* sogar der Vorfahr der anderen. Die an einen GTP-GDP-Austausch (mit anschließender Spaltung) gekoppelte kontrollierte Aufnahme und Freisetzung von Proteinen wurde zweifellos früh in der Evolution perfektioniert. Der Zyklus, den der Elongationsfaktor *Tu* durchläuft, könnte also eine frühe Version dieses Prozesses repräsentieren.

Einer der vielen faszinierenden Aspekte der Evolution ist, daß Mechanismen, die sich ursprünglich in Anpassung an eine bestimmte Funktion entwickelt haben, später modifiziert und an andere Funktionen angepaßt werden können. Das geschah auch, glaube ich, beim Mechanismus von *Tu*. Nachdem sich der *Tu*-Zyklus für die Proteinbiosynthese entwickelt hatte, wurde er für Milliarden Jahre beibehalten und — abgewandelt — schließlich bei der Transduktion hormoneller und sensorischer Reize eingesetzt.

Eine dieser Funktionen, der Transducin-Zyklus, ist nun in den letzten Jahren detailliert aufgeklärt worden. Das Ergebnis ist außerordentlich befriedigend: Zum ersten Male verstehen wir jetzt auf molekularer Ebene eines der präzisesten sensorischen Ereignisse überhaupt — die visuelle Erregung.

# Die Gene für das Farbensehen

Seit Jahrhunderten suchen Wissenschaftler die Farbwahrnehmung zu ergründen. Unlängst sind die Gene, die für die farbempfindlichen Proteine des menschlichen Auges codieren, isoliert worden. Damit ergeben sich neue Erkenntnisse über die Evolution des Farbensehens und die Genetik der Farbenblindheit.

Von Jeremy Nathans

Farben − damit lächelt die Natur", so etwa sagte es der englische Publizist und Poet Leigh Hunt (1784 bis 1859), ein Freund der bedeutenden Romantiker Percy Bysshe Shelley und John Keats. Wie aber erkennt unser Auge die verschiedenen Ausprägungen dieses Lächelns?

Grundlage dafür sind die drei Typen von farbempfindlichen Lichtsinneszellen in der Netzhaut, nach ihrer Form auch Zapfen genannt. Von einem Körper reflektiertes Licht löst in ihnen je nach dem vorhandenen Sehfarbstoff unterschiedliche Antworten aus. Die Zapfen-Pigmente sind spezielle Proteine, die jeweils nur Licht eines bestimmten Spektralbereichs besonders gut absorbieren: Beim Menschen haben sie ihre maximale Empfindlichkeit im lang-, mittel- beziehungsweise kurzwelligen Bereich des sichtbaren Spektrums, vereinfacht gesagt also bei Rot, Grün und Blau. Die von den Zapfen registrierten Spektralanteile werden in elektrische Signale umgewandelt und im Gehirn zu einem Farbeindruck verarbeitet.

Daß beim Farbunterscheidungsvermögen bestimmte Pigmente eine Rolle spielen, ist seit Jahrzehnten bekannt. Ihr Aufbau allerdings wurde erst kürzlich geklärt, als meine Kollegen und ich die Gene identifizierten, die für diese Pigmente codieren. Wir haben die Reihenfolge der genetischen Bausteine analysiert und daraus die Reihenfolge der Aminosäuren in den entsprechenden Proteinen erschlossen. Diese Arbeit, seinerzeit an der Medizinischen Fakultät der Universität Stanford in Kalifornien durchgeführt, dürfte es in naher Zukunft ermöglichen, auch die Pigmente selbst zu isolieren und ihre Funktionsweise genau zu verstehen. Unsere Untersuchungen erhellen zudem die Evolution der Farbwahrnehmung; aber auch abweichende Formen des Farbensehens, die man gemeinhin unter dem Sammelbegriff Farbenfehlsichtigkeit zusammenfaßt oder schlichtweg Farbenblindheit nennt, werden jetzt erklärbar. Der Ausdruck Farbenblindheit ist übrigens mißverständlich, denn es gibt nur wenige Menschen, die überhaupt keine Farben wahrnehmen.

## Weißes und farbiges Licht

Die neuen Befunde ergänzen unser Bild vom Farbensehen, wie es allmählich im Laufe einiger Jahrhunderte entwickelt worden ist. Den ersten wesentlichen Beitrag lieferte der britische Naturforscher Isaac Newton (1643 bis 1727): Er entdeckte, daß Sonnenlicht, also weißes Licht, wenn es durch ein Glasprisma hindurchtritt, in ein Kontinuum von Farben zerlegt wird, die in gesetzmäßiger Weise dem Brechungswinkel zugeordnet sind. Dieses vom Regenbogen wohlvertraute Spektrum (Bild 1) reicht von Rot − den am wenigsten gebrochenen Strahlen − über Orange, Gelb, Grün und Blau bis zu Violett, den am stärksten gebrochenen. Heute weiß man, daß jeder Brechungswinkel und damit jede Spektralfarbe einer bestimmten Wellenlänge entspricht.

Newton beobachtete außerdem, daß das menschliche Auge häufig nicht zwischen Farben unterscheiden kann, die durch völlig unterschiedliche Kombinationen von Lichtanteilen zustande kommen. Beispielsweise hatte er bei der Mischung zweier Spektralfarben, etwa Rot und Grün, denselben Farbeindruck wie bei einer bestimmten dritten reinen Farbe, in diesem Falle Gelb, deren Brechungswinkel dem Mittelwert jener der beiden anderen Farben entsprach.

Forscher des späten 18. Jahrhunderts erweiterten Newtons Beobachtungen und erkannten, daß unser Farbensehen trichomatisch (nach griechisch *trichromatos* für dreifarbig) ist. Das bedeutet, daß jeder für uns unterscheidbare Farbton, der durch selbstleuchtende Lichtquellen herstellbar ist, sich durch Mischen dreier geeignet gewählter Primärfarben erzeugen läßt. Viele der monochromatischen Lichtanteile können als Primärfarben fungieren, aber jede geeignete Dreiergruppe besteht aus je einer lang-, mittel- und kurzwelligen Komponente. Werden drei solche Primärfarben zu je gleichen Anteilen gemischt, dann entsteht der Eindruck Weiß. Durch eine internationale Übereinkunft wurden die Wellenlängen der Primärfarben festgelegt, so daß heute die Spektralfarben Rot, Grün und Blau als die Primärfarben schlechthin gelten.

## Die Theorie der Farbwahrnehmung

Im Jahre 1802 mutmaßte der englische Arzt und Physiker Thomas Young, das trichromatische menschliche Sehen spiegele physiologische Vorgänge in der Netzhaut wider. Demnach sollten sich die verschiedenen wahrgenommenen Farben daraus ergeben, wie stark drei Typen von Sensoren − Young sprach von Partikeln − erregt werden;

er nahm an, daß Licht die Partikel in der Netzhaut in Schwingung versetzt. „Es ist aber kaum vorstellbar", so schrieb er, „daß sich an jedem Punkt der Netzhaut unendlich viele Partikel befinden, deren jedes in perfektem Gleichklang mit allen möglichen Undulationen [der auftreffenden Lichtwellen] mitschwingen kann. Daher muß man wohl annehmen, daß die Sorten von Partikeln begrenzt sind, etwa auf drei, die zu den drei Primärfarben passen."

Youngs Vermutung erwies sich schließlich als richtig. Von den drei Typen von Sensoren, den Zapfen, weiß man inzwischen, daß sie zwar überlappende, aber keineswegs übereinstimmende spektrale Empfindlichkeiten haben. Beispielsweise wird orangefarbenes Licht sowohl von Rot- als auch von Grün-Rezeptoren absorbiert, jedoch von den Rot-Rezeptoren bedeutend besser (Bild 2).

Kurz bevor Young seine Theorie aufstellte, hatte sein Zeitgenosse John Dalton (der Begründer der modernen Atomtheorie) das wissenschaftliche Interesse auch auf Farbenfehlsichtigkeiten gelenkt; solche Arbeiten haben stets die Erforschung der normalen Farbwahrnehmung begleitet und befruchtet. Dalton berichtete in seiner ersten Mitteilung an die Gesellschaft für Literatur und Philosophie in Manchester, die 1794 veröffentlicht wurde, er sähe Farben nicht so wie andere: „Der Teil des Bildes, den andere rot nennen, erscheint mir kaum anders als ein Schatten oder eine schlecht ausgeleuchtete Stelle." Orange, Gelb und Grün waren für ihn „unterschiedliche Schattierungen von Gelb". Mangelhafte Unterscheidungsfähigkeit für Farben im Spektralbereich zwischen Rot und Grün wird bisweilen noch als Daltonismus bezeichnet; innerhalb der europäischen

Rasse tritt diese „Rot-Grün-Blindheit" bei etwa 8 Prozent der Männer und 1 Prozent der Frauen auf. Eine Blau-Blindheit, genauer ein mangelndes Unterscheidungsvermögen für Farben im blauen Bereich des Spektrums, ist selten und soll hier nicht näher behandelt werden.

Mitte des 19. Jahrhunderts identifizierte der schottische Physiker James Clerk Maxwell zwei Typen des Daltonismus, als er Versuchspersonen verschiedene Farben vorführte und dann systematisch ermittelte, welche sie nicht unterscheiden konnten. In Anlehnung an Youngs Drei-Rezeptoren-Theorie schätzte Maxwell die Lichtempfindlichkeiten der drei Rezeptortypen ab. Seine farbenfehlsichtigen Probanden teilte er danach in zwei Gruppen ein, ob sie Farben verwechselten, die gleichermaßen die Rot- und Blau-Rezeptoren erregten oder die Grün- und

**Bild 1:** Wenn Sonnenlicht durch Wassertröpfchen hindurchtritt, wird es zu den Farben des Regenbogens gebrochen. Isaac Newton war wohl der erste, der dieses Phänomen genauer erklärte, indem er die Zerlegung des Sonnenlichts durch ein Glasprisma in das Farbenspektrum untersuchte; damit leitete er die wissenschaftliche Erforschung des Farbensehens ein. Welche Farben wir sehen, hängt davon ab, in welchem Verhältnis drei verschiedene Sehpigmente − lichtabsorbierende Proteine in der Netzhaut − aktiviert werden. Die zapfenförmigen Sinneszellen, die diese Pigmente enthalten, übersetzen das absorbierte Licht in elektrische Signale, die im Gehirn zu Sinneseindrücken verrechnet werden.

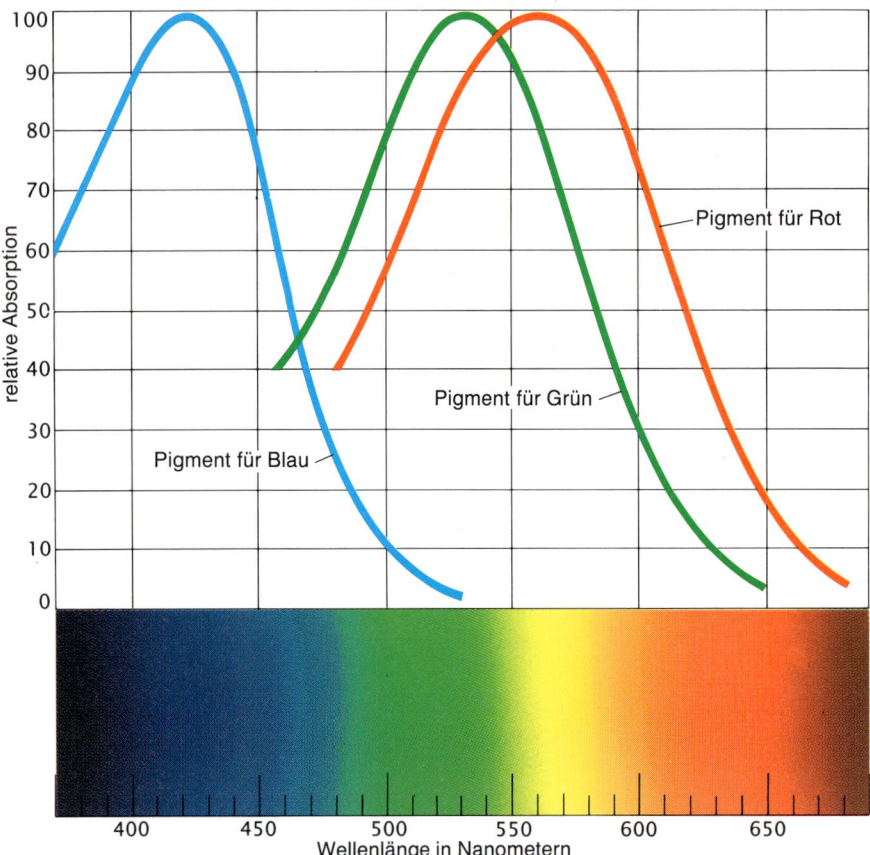

**Bild 2:** Das Absorptionsvermögen der drei Farbpigmente für Licht aus dem für uns sichtbaren Teil des Spektrums hat jeweils den Verlauf einer Glockenkurve. Die Kurven beruhen auf Meßergebnissen von James K. Bowmaker von der Universität London und H. J. A. Dartnell von der Universität von Sussex in Brighton. Das Pigment für blaues Licht hat seine maximale Empfindlichkeit bei einer Wellenlänge von 420 Nanometern (millionstel Millimeter); die Gipfel der Kurven für die grün- und rotempfindlichen Pigmente liegen relativ dicht — bei 535 und 565 Nanometer Wellenlänge — beieinander. Da es noch immer nicht gelungen ist, die Farbpigmente selbst zu isolieren, haben Bowmaker und Dartnell deren Empfindlichkeiten anhand der Lichtabsorption einzelner aus der Netzhaut isolierter Zapfen bestimmt.

Blau-Rezeptoren. Normal Farbensichtige, so war zu vermuten, würden solche Farben aufgrund unterschiedlich starker Erregung ihrer Grün- beziehungsweise Rot-Rezeptoren unterscheiden. Maxwell schloß daraus ganz richtig, daß die eine Gruppe von Farbenfehlsichtigen nicht über Grün-Rezeptoren verfügte, die andere nicht über Rot-Rezeptoren. Rotblinde bezeichnet man als Protanope, Grünblinde als Deuteranope und das Vorhandensein von nur zwei aktiven Zapfentypen als Dichromasie (nach griechisch *protos*, erster, *deuteros*, zweiter, *an-*, nicht, und *ope*, Blick).

Im weiteren Verlauf des 19. Jahrhunderts entwickelte der englische Mathematiker und Physiker John William Strutt, besser bekannt als Lord Rayleigh, das Anomaloskop, das bis heute wichtigste Hilfsmittel zum Testen der Farbentüchtigkeit. Dieses Gerät projiziert drei monochromatische Farben auf einen Schirm. Will man die Farbunterscheidung im Rot-Grün-Bereich untersuchen, werden ein dunkelrotes und ein grünes Licht auf der einen Hälfte des Schirms übereinander projiziert, so daß ein Mischlicht entsteht; die andere Hälfte des Schirms wird dagegen mit gelbem Licht beleuchtet. Die Versuchsperson verändert nun das Verhältnis von rotem zu grünem Licht sowie die Intensität des gelben Lichts so lange, bis ihr beide Farbflächen als gleich erscheinen (Bild 3). Das Anomaloskop ist deshalb so angelegt, weil Farbentüchtige im Rot-Grün-Bereich, also für die langwellige Seite des Spektrums, zwei Typen von Farbdetektoren haben — die Rot- und die Grün-Sensoren. (Durch das verwendete Testlicht werden die Blau-Sensoren nicht erregt.) Normalsichtigen erscheinen die einzustellenden Farben als gleich, wenn sowohl die Rot- wie die Grün-Rezeptoren von beiden Hälften des Schirms eine gleichgroße Lichtmenge — genauer die gleiche Anzahl von Photonen pro Sekunde — erhalten und absorbieren. Wenn solche Menschen die Mischfarbe mit dem monochromatischen Gelb abgleichen, stellen sie ein bestimmtes, fast immer gleiches Mischungsverhältnis von rotem und grünem Licht ein. Hingegen können Rot- und Grünblinde mit dem roten beziehungsweise dem grünen Licht allein und mit jedem beliebigen Verhältnis zwischen Rot und Grün denselben Farbeindruck wie durch das gelbe Licht nachstellen. Dazu brauchen sie nur die Intensität eines einzigen Lichts zu verändern, weil sie für den Rot-Grün-Bereich nur einen Rezeptortyp zur Verfügung haben, so daß auf die unterschiedlichen Wellenlängen auch nur ein Sinneszelltyp anspricht.

Dichromate Personen konnte Lord Raleigh mit seinem Apparat daher leicht ausfindig machen. Er testete damit Freunde und Verwandte und fand dabei noch zwei weitere Farbwahrnehmungsanomalien im Rot-Grün-Bereich. Diese Personen hatten mit Farbentüchtigen gemein (und unterschieden sich darin von Dichromaten), daß sie für den Gelbabgleich eine Mischung von rotem und grünem Licht brauchten — aber in ungewöhnlichem Verhältnis: Die eine Gruppe benötigte mehr Rot und weniger Grün; bei der anderen verhielt es sich umgekehrt. Rayleigh folgerte, daß diese eingeschränkt Farbtüchtigen — man nennt sie heute Protanomale (Rotschwache) und Deuteranomale (Grünschwache) — Rot- beziehungsweise Grün-Rezeptoren mit atypischen spektralen Empfindlichkeiten hatten.

### Die Funktion der Zapfen

Youngs Drei-Rezeptoren-Theorie war bis zur Mitte des 20. Jahrhunderts durch solche und weitere psychophysischen Untersuchungen, die auf subjektiver Beurteilung objektiv meßbarer Lichtreize beruhten, gut untermauert; und andere Studien hatten schließen lassen, daß die zapfenförmigen Zellen der Netzhaut besagte Rezeptoren waren. Dies direkt nachzuweisen blieb allerdings eine technische Herausforderung — vor allem, weil die Zapfen in der Netzhaut zwischen die sehr viel zahlreicheren Stäbchen eingebettet sind und sich daher nur schwer isolieren lassen. Stäbchen sind für das Schwarz-Weiß-Dämmerungssehen verantwortlich.

Schließlich siegte die Erfindungsgabe: In den sechziger Jahren bauten Paul K. Brown und George Wald von der Harvard-Universität in Cambridge (Massachussetts) sowie Edward F. MacNichol jr., William H. Dobelle und William B. Marks von der Johns-Hopkins-Universität in Baltimore (Maryland) Mikrospektralphotometer, mit denen sich die von einem einzigen Photorezeptor absorbierte Lichtmenge messen läßt. Das Gerät wirft zwei Strahlen identischer, aber variabler Wellenlänge auf einen aus der Netzhaut isolierten Zapfen, wobei der eine Strahl die farbempfindliche Zone passiert, der andere einen Zellbereich außerhalb davon. Die Intensitätsdifferenz zwischen den beiden wieder austretenden Strahlen ist ein Maß dafür, wieviel Licht absorbiert worden ist.

Auf diese Art hat man das gesamte Spektrum durchgemessen. Es ergaben sich drei gegeneinander abgrenzbare Absorptionsspektren, deren Verlauf mit den nach psychophysischen Versuchen vorausgesagten Empfindlichkeiten gut übereinstimmte.

Trägt man die relativen Anteile der pro Sekunde von jedem Zapfentyp absorbierten Photonen gegen die Wellenlängen des sichtbaren Spektrums auf, so ergeben sich drei glockenförmige Kurven (Bild 2). Der auf blaues Licht ansprechende Typ absorbiert Licht im Wellenlängenbereich zwischen 370 und 530 Nanometern (millionstel Millimetern) mit einem Maximum bei 420 Nanometern. Die rot- und die grünempfindlichen Zapfen decken einen Großteil des sichtbaren Spektrums ab. Sie absorbieren dabei bevorzugt im Bereich zwischen 450 und 620 Nanometern, wobei das Absorptionsmaximum der Grün-Zapfen bei 535, das der Rot-Zapfen bei 565 Nanometern liegt.

Zu Beginn der siebziger Jahre ergaben sich neue Hinweise darauf, daß bei

**Bild 3: Vergleich der Ergebnisse von Tests zur Rot-Grün-Unterscheidung (links) mit den spektralen Empfindlichkeitskurven (rechts) der jeweiligen Versuchsperson. Die Testapparatur, ein Raleigh-Anomaloskop, projiziert auf die eine Hälfte eines weißen Schirms rotes und grünes Licht übereinander, während sie die andere orangegelb ausleuchtet. Die Versuchsperson verändert das Verhältnis von Rot- zu Grünlicht sowie die Intensität des Gelblichts so lange, bis ihr die Farben beider Schirmhälften übereinzustimmen scheinen − was bedeutet, daß dann jeder Pigmenttyp gleiche Lichtmengen von beiden Schirmhälften absorbiert. Die Zahlen unter den Farbflächen geben die relativen Intensitäten an. Normalsichtige Versuchspersonen (a) benötigen sowohl rotes als auch grünes Licht, um einen dem Gelb gleichen Farbeindruck zu erzeugen, und zwar eine hohe Intensität von Rot und eine geringe von Grün. Denn die rot- und grün-empfindlichen Pigmente absorbieren Rotlicht mit geringerer und Grünlicht mit höherer Effizienz als Gelblicht. Menschen, denen das Rot-Pigment (b) oder das Grün-Pigment (c) fehlt, kann man daran erkennen, daß sie eine subjektive Übereinstimmung mit der gelben Fläche schon dann empfinden, wenn sie allein das rote oder das grüne Licht verwenden; nur letzterer Fall ist dargestellt. Personen, deren Farbpigmente für Rot (d) oder für Grün (e) zwar vorhanden sind, aber anomal reagieren, benötigen zwar rotes und grünes Licht zum Farbabgleich, brauchen aber im Vergleich zu normal Farbentüchtigen übermäßig viel Rot beziehungsweise Grün.**

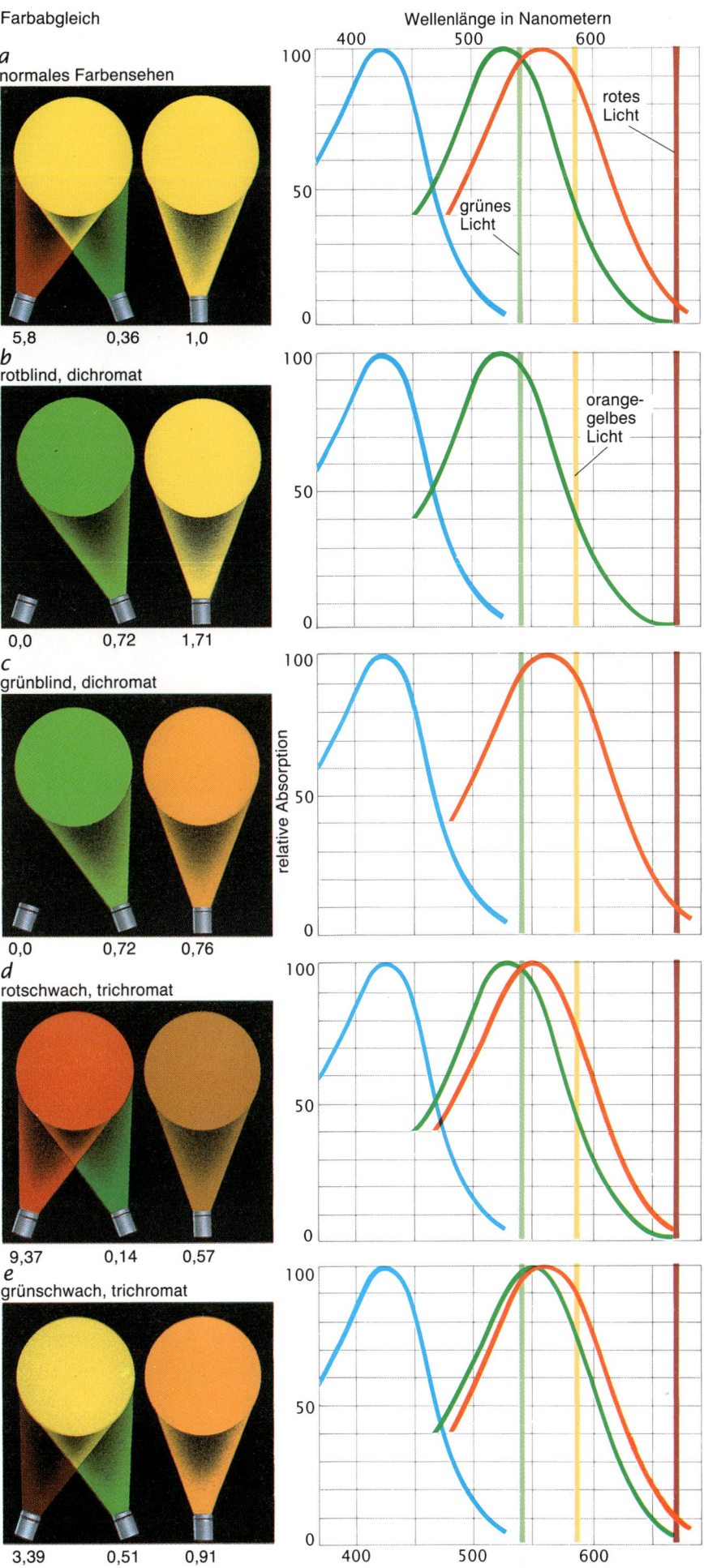

Farbabgleich

a normales Farbensehen
5,8    0,36    1,0

b rotblind, dichromat
0,0    0,72    1,71

c grünblind, dichromat
0,0    0,72    0,76

d rotschwach, trichromat
9,37    0,14    0,57

e grünschwach, trichromat
3,39    0,51    0,91

Wellenlänge in Nanometern
400    500    600

rotes Licht
grünes Licht
orangegelbes Licht

relative Absorption

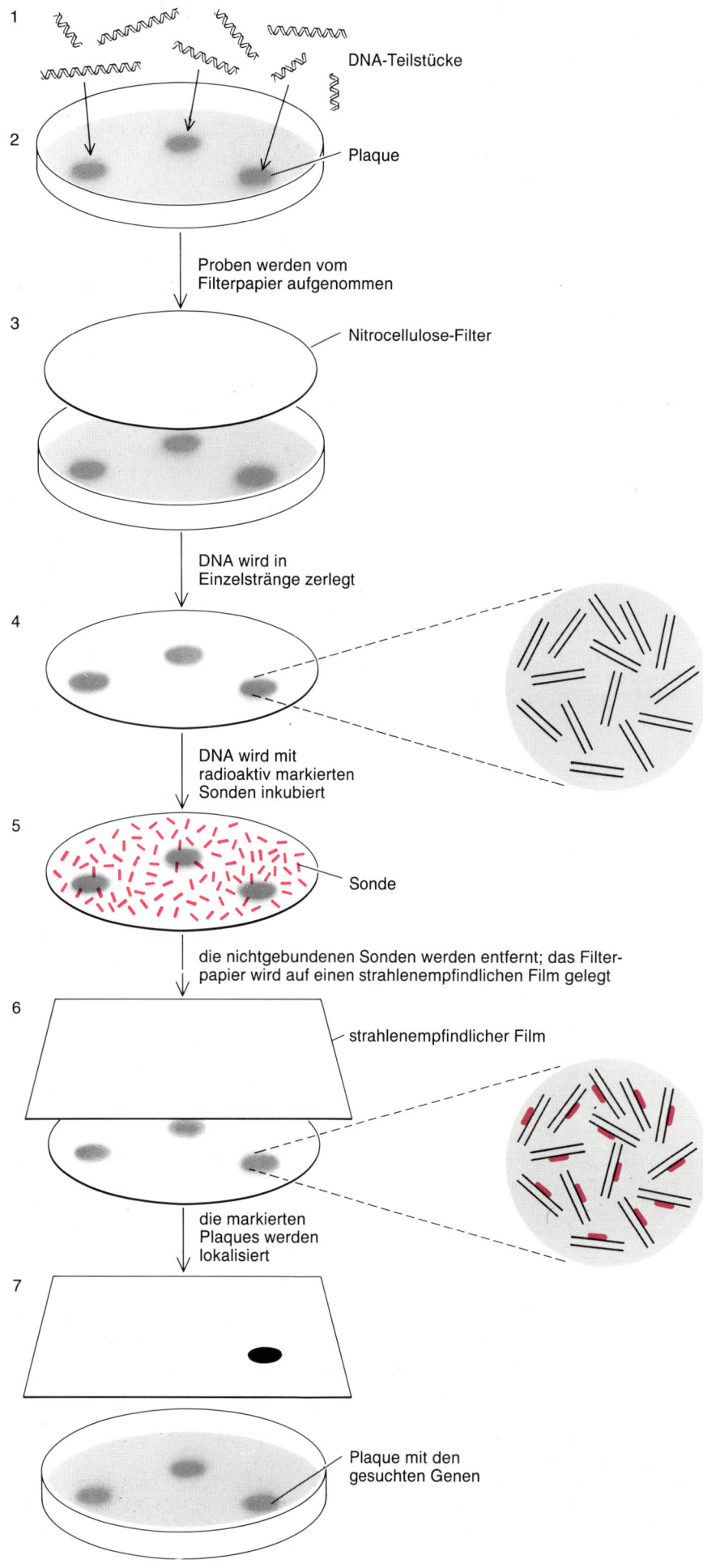

1

DNA-Teilstücke

2

Plaque

Proben werden vom
Filterpapier aufgenommen

3

Nitrocellulose-Filter

DNA wird in
Einzelstränge zerlegt

4

DNA wird mit
radioaktiv markierten
Sonden inkubiert

5

Sonde

die nichtgebundenen Sonden werden entfernt; das Filterpapier wird auf einen strahlenempfindlichen Film gelegt

6

strahlenempfindlicher Film

die markierten
Plaques werden
lokalisiert

7

Plaque mit den
gesuchten Genen

Dichromaten jeweils ein bestimmter Rezeptortyp fehlt. So registrierte William H. A. Rushton von der Universität Cambridge in Großbritannien, daß deren Netzhaut in der Regel Licht bestimmter Wellenlängen reflektiert, mithin nicht absorbiert. Später bestätigten James K. Bowmaker von der Universität London, John D. Mollon aus Cambridge und H. J. A. Dartnell von der Universität von Sussex in Brighton mittels Mikrospektralphotometrie, daß in der Netzhaut von Grünblinden keine Grün-Rezeptoren vorhanden sind.

Neue Befunde erklären auch das anomale trichromatische Sehen besser. Die Absorptionskurven von anomalen Grün- und Rot-Rezeptoren verlaufen nämlich zwischen den Absorptionskurven der normalen Grün- und Rot-Rezeptoren, wie unabhängig voneinander Rushton sowie Thomas P. Piantanida und Harry G. Sperling, die damals an der Universität von Texas arbeiteten, mit Hilfe psychophysischer Techniken zeigten.

### Die Genetik der Farbpigmente

Anfang der achtziger Jahre stand somit das Vorhandensein dreier Zapfentypen nicht mehr in Frage. Damals begannen mein Kollege David S. Hogness und ich, uns für die genetischen Grundlagen des normalen und des anomalen Farbensehens zu interessieren. Wir wollten uns an Versuchen, die Pigment-

**Bild 4: Die DNA-Hybridisierung ermöglichte dem Team des Autors, die Gene für das menschliche Rhodopsin – das Pigment der Stäbchen für das Schwarzweiß-Sehen bei niedrigen Lichtintensitäten – und für die damit stammesgeschichtlich nahe verwandten Zapfenpigmente für das Farbensehen zu finden. Die doppelsträngige DNA wurde chemisch in kurze Ketten zerlegt (1). Die Fragmente wurden nach ihrer Größe aufgetrennt und in Bakteriophagen kloniert. Dies sind Viren, die Bakterien befallen; bei ihrer Vermehrung hinterlassen sie auf einem sogenannten Bakterienrasen einer Kulturschale Löcher, Plaques (2). Über die Kulturen legte man Filterpapier aus Nitrocellulose, so daß man von jedem Plaque Proben erhielt (3). Die am Filterpapier haftende DNA wurde chemisch in Einzelstränge aufgeteilt (4) und mit einer radioaktiv markierten DNA-Sonde (rot) inkubiert; dies war ein DNA-Einzelstrang vom Rhodopsin-Gen des Rindes (5). Falls, wie erwartet, die Sonde den Genen für die menschlichen Pigmente strukturell ähnelte, sollte sie mit Einzelsträngen der Pigment-Gene hybridisieren (also sich daran heften). Dies ließ sich mit einem photographischen Film (6) überprüfen, nachdem die ungebundenen Sonden ausgewaschen worden waren: Tatsächlich gebundenes radioaktives Material verriet sich darauf durch dunkle Punkte (7). So ließen sich schließlich die Plaques mit den gesuchten Pigment-Genen identifizieren.**

proteine zu isolieren, beteiligen; zudem erhofften wir uns Aufschluß über die Vererbung der Farbenfehlsichtigkeit, die in klassischen genetischen Studien untersucht worden war.

Man weiß seit langem, daß eine Rot-Grün-Schwäche oder Rot-Grün-Blindheit bei Männern häufiger vorkommt als bei Frauen. Der Erbgang zeigte an, daß die entsprechenden Gene auf dem X-Chromosom (einem der beiden Geschlechtschromosomen) liegen müssen. Männer können Rot und Grün nicht unterscheiden, wenn ihr − einziges − X-Chromosom (das sie von der Mutter geerbt haben) in dem entsprechenden Merkmal defekt ist. Frauen hingegen sind nur dann davon betroffen, wenn sie von beiden Elternteilen je ein anomales X-Chromosom erhalten haben. Die Untersuchungen ergaben ferner, daß das Gen für die Blau-Empfindlichkeit auf einem anderen als den Geschlechtschromosomen liegt.

Wir wollten die naheliegende Erklärung prüfen, daß anomales Farbensehen von erblichen Veränderungen in den Zapfenpigment-Genen herrührte. Infolge möglicher Mutationen könnte dann entweder ein Farbpigment gänzlich fehlen oder aber ein anomales Absorptionsspektrum haben.

Es ging also darum, die Gene für die Farbpigmente zu isolieren und die genetischen Informationen von Menschen mit normaler und solchen mit abweichender Farbwahrnehmung zu vergleichen. Bei der Isolierung von Genen geht man häufig so vor, daß man zunächst die Aminosäuresequenzen der zugehörigen Proteine ermittelt und die sich daraus ergebenden Anhaltspunkte über die Struktur der Gene verwendet, um eben diese aufzuspüren. Als wir unsere Arbeit begannen, war jedoch nahezu nichts über den Aufbau der Farbpigment-Proteine bekannt. Deshalb mußten wir ein anderes, indirektes Verfahren anwenden.

### Homologie der Farbgene

Unsere Grundannahme war, daß die Pigmente der Zapfen und das Pigment der Stäbchen − das Rhodopsin − im Verlauf der Evolution aus einem gemeinsamen Vorläuferprotein entstanden seien. Dann aber müßten diese Gene sich in der Abfolge ihre Nucleotidbasen ähneln.

Zwar waren bis dahin weder das menschliche Rhodopsin noch sein Gen isoliert worden, wohl aber das Rinder-Rhodopsin. Auch war es Jurij A. Owtschinnikow und seinen Kollegen am M.-M.-Schemijakin-Institut für Bioorganische Chemie in Moskau sowie Paul

A. Hargrave und seinen Mitarbeitern an der Universität von Southern Illinois schon gelungen, die Aminosäuresequenz dieses Proteins zu bestimmen. Diese Information war gewissermaßen unser Sprungbrett, um die Gene der Zapfenpigmente zu identifizieren.

Wir wollten zunächst das Gen des Rinder-Rhodopsins isolieren, um es dann als Sonde zur Ermittlung der Gene für die menschlichen Zapfenpigmente zu verwenden. Dabei machten wir uns die sogenannte DNA-Hybridisierungstechnik zunutze: Ein DNA-Einzelstrang verbindet sich mit einem zweiten Einzelstrang zu einer stabilen DNA-Doppelhelix, wenn die Basensequenzen beider Stränge komplementär zueinander sind.

Diese Technik erfordert viele einzelne Arbeitsschritte, aber im wesentlichen geht man folgendermaßen vor (Bild 4). Die zu untersuchenden DNA-Doppelstränge werden chemisch in Teilstücke geschnitten und alle Fragmente durch Klonieren vielfach kopiert; dann zerlegt man die klonierten DNA-Stücke noch in Einzelstränge und gibt schließlich eine radioaktiv markierte Sonde hinzu − ein Stück einsträngiger DNA, von dem man annimmt, daß es komplementär zu dem gesuchten Gen ist. War der Ansatz richtig, wird sich die Sonde fest an ihr Gegenstück binden und es so über ihre radioaktive Markierung kenntlich machen.

Normalerweise hätten wir zunächst alle Basensequenzen der DNA auflisten müssen, die theoretisch möglich sind, um die bekannte Aminosäuresequenz von Rhodopsin zu erzeugen. (Eine Aminosäure kann durch verschiedene Dreiergruppen von Basen verschlüsselt sein.) Dann hätten wir eine Vielzahl von Sonden, hergestellt gemäß dieser Liste, testen müssen. Glücklicherweise aber hatten H. Gobind Khorana, Daniel D. Oprian und Arnold C. Satterwhait vom Massachusetts Institute of Technology sowie Meredithe L. Applebury und Wolfgang Baehr von der Purdue-Universität in West Lafayette (Indiana) bereits eine DNA-Sequenz gefunden, die sich mit hoher Affinität an Boten-RNA mit dem Code für Rinder-Rhodopsin bindet. (Boten-RNA ist ein einzelsträngiges Molekül, das die genetische Information aus dem Zellkern ins Cytoplasma schleust, wo dann das entsprechende Protein gebildet wird. Eine RNA ist immer komplementär zu einem betreffenden Teilabschnitt der DNA.) Wir bauten also lediglich anhand der bekannten DNA-Sequenz eine Sonde, mit der wir zuerst das Gen für das Rinder-Rhodopsin identifizierten.

Eben dieses Gen nutzten wir in einem zweiten Schritt als Hybridisierungssonde, um damit nach den menschlichen Genen für Rhodopsin und die Farbpigmente zu suchen. Diese Sonde band sich wirklich fest nur an einen einzigen Abschnitt der menschlichen DNA, und nachfolgende Tests identifizierten ihn tatsächlich als das Gen für Human-Rhodopsin.

Unsere Sonde lagerte sich allerdings, wenn auch mit schwächerer Bindung, noch an drei andere DNA-Teilstücke an. Wir bestimmten auch deren Basensequenzen und fanden Abschnitte, die den Sequenzen für das menschliche und das Rinder-Rhodopsin glichen, also homolog (gleicher stammesgeschichtlicher Herkunft) waren. Die entsprechenden Proteine ähnelten dadurch ebenfalls einander, und jedes stimmte zu etwa 40 Prozent seiner Aminosäurekette mit der des Rhodopsins überein (Bild 5).

Wir vermuteten natürlich, daß es sich bei diesen DNA-Segmenten um die drei gesuchten Gene für die Farbpigmente der Zapfen handelte, brauchten dafür aber noch weitere Indizien. So hofften wir, entsprechende Boten-RNAs in der Netzhaut zu finden, dem einzigen Ort, wo Sehpigmente produziert werden; eben dies gelang mit der Sonde.

Eine weitere Bestätigung wäre, wenn unsere Befunde mit denen der klassischen genetischen Arbeiten übereinstimmten. Dazu ermittelten wir, wo die von unserer Sonde markierten DNA-Abschnitte auf den Chromosomen lagen. Zusammen mit Thomas B. Shows und Roger L. Eddy vom Rosewell-Park-Memorial-Institute in Buffalo (New York) fanden wir zwei der drei schwach hybridisierenden Gene genau in der Region auf dem X-Chromosom, wo nach den klassischen Analysen der Fehler, auf dem Rot-Grün-Blindheit beruht, liegen sollte.

Aus alledem zogen wir den Schluß, daß diese Gene den Code für die beiden Pigmente enthalten, die für Rot und Grün empfindlich sind. Dies vermochten wir in späteren Arbeiten gemeinsam mit Piantanida zu bestätigen.

Von dem dritten schwach hybridisierenden Gen steht inzwischen fest, daß es für das im blauen Spektralbereich empfindliche Pigment codiert. Es liegt auf Chromosom 7, was mit der Vermutung übereinstimmt, daß anomales Farbensehen im Blaubereich nicht an ein Geschlechtschromosom gebunden ist.

### Die Evolution der Farbpigmente

Die eindeutigen Homologien zwischen dem Gen für Rhodopsin und denen für die Zapfenpigmente legten nahe, daß es in der Tat ein gemeinsames

Ur-Gen gegeben hat. Allen verfügbaren Befunden zufolge entwickelten sich daraus zunächst drei Gene: jenes für Rhodopsin, eines für das blauempfindliche Pigment und ein drittes für ein Pigment, das für Licht vom grünen bis zum roten Bereich des visuellen Spektrums empfindlich ist. Dieses dritte Gen muß sich später verdoppelt haben, sonst gäbe es nicht je ein Gen für Rot und für Grün.

Unserer Ansicht nach kann diese Verdoppelung erst vor entwicklungsgeschichtlich recht kurzer Zeit stattgefunden haben, denn die beiden Gene weisen einen verblüffend hohen Grad an Homologie auf: Ihre DNA ist zu nicht weniger als 98 Prozent gleich. Gäbe es beide Gene schon länger, würden sie sich stärker aufgrund von Mutationen unterscheiden.

Diesen Schluß stützten Befunde von Gerald H. Jacobs von der Universität von Kalifornien in Santa Barbara. Zusammen mit Bowmaker und Mollon

wies er nach, daß die Neuweltaffen – die Primaten Süd- und Mittelamerikas – nur ein einziges Sehpigment-Gen auf dem X-Chromosom haben; hingegen scheinen bei den Altweltaffen Afrikas und Asiens, die uns Menschen verwandtschaftlich viel näher stehen, zwei solcher Gene vorhanden zu sein. Dieser Unterschied muß sich irgendwann nach der Trennung von Südamerika und Afrika herausgebildet haben, also erst nach Trennung der Genpools von altweltlichen und neuweltlichen Affen vor etwa 40 Millionen Jahren.

### Genetische Anomalien

Alle diese Entdeckungen kamen nicht ganz unerwartet; ein weiterer Befund jedoch war schon erstaunlich: Als wir die auf dem X-Chromosom lokalisierten Zapfenpigment-Gene von siebzehn normalsichtigen männlichen Kollegen untersuchten, stellten wir fest, daß das

Gen für das rot-empfindliche Pigment stets nur einmal vorhanden war; dasjenige für das grün-empfindliche Pigment dagegen konnte auch in zwei oder drei Kopien vorliegen. Dieses Ergebnis war wirklich überraschend, da jeweils ein Gen zum normalen Farbensehen ausreichen dürfte.

Jüngste Untersuchungen lassen vermuten, daß die Sehpigment-Gene auf dem X-Chromosom unmittelbar aneinandergereiht sind, gewissermaßen ein Tandem bilden. Aus solchen Tandems einander ähnelnder Gene können bei der Meiose – der Reifeteilung, bei der die Spermien und Eizellen gebildet werden – Chromosomen mit einer anderen Anzahl von Genen entstehen. Bei der Meiose werden die zueinander passenden Chromosomen, die allerdings nie völlig gleich, also völlig reinerbig, sind, gepaart und rekombiniert; das bedeutet, sie tauschen Teilstücke aus. Normalerweise verläuft der Austausch insofern gleichwertig, als keines der beteiligten Chromosomen Erbmaterial verliert oder zusätzlich erhält. In einigen Fällen jedoch, insbesondere wenn mehrere hochgradig homologe Chromosomenabschnitte hintereinander liegen, gewinnt das eine Chromosom eine oder mehrere Kopien eines Gens auf Kosten des anderen, oder die beiden Chromosomen tauschen Material zwischen zwar noch sehr ähnlichen, aber in ihrer Funktion doch schon verschiedenen Genen aus (Bild 6). Die neu gebildeten Spermien und Eizellen, die ja wegen der Reduktionsteilung nur noch einen einfachen Chromosomensatz enthalten, haben dann einen veränderten Genbestand.

Man kann sich leicht vorstellen, wie eine solche ungleiche homologe Rekombination die unterschiedlichen Konfigurationen der Gene für grün-absorbierendes Pigment bei Menschen mit normalem Farbsehvermögen hervorgebracht hat. Betrachten wir zwei gepaarte Chromosomen, die beide jeweils ein Gen für rot-absorbierendes Pigment unmittelbar neben zwei Genen für grün-absorbierendes Pigment tragen. Geht eines der letzteren während der Meiose von einem auf das andere Chromosom über, erhielte die eine Tochterzelle außer dem Gen für rot-absorbierendes Pigment nur noch ein Gen für grün-absorbierendes. Die andere dagegen hätte jetzt ein Gen für rot-absorbierendes und drei für grün-absorbierendes Pigment – das sind genau die Varianten, die wir bei unseren Versuchspersonen mit normalem Farbsehvermögen festgestellt haben.

Fast immer tritt nur ein Gen für das Rot-Pigment auf, weil es am Ende der Kette der Farbpigment-Gene liegt. Ein

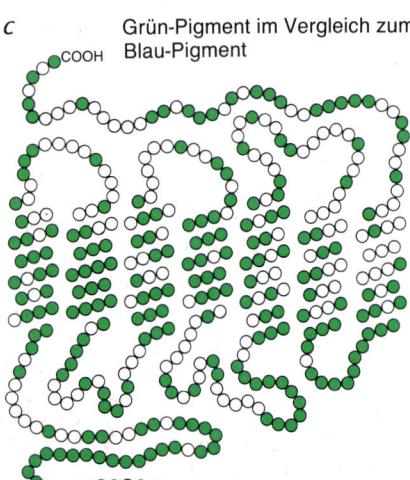

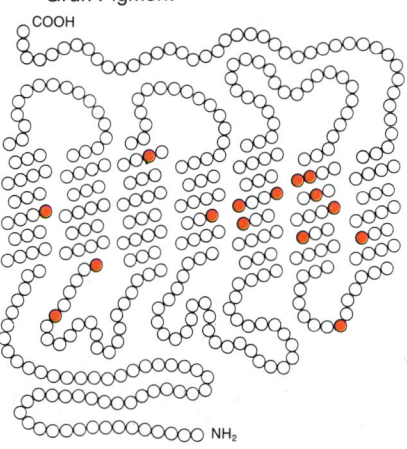

*a* Blau-Pigment im Vergleich zu Rhodopsin

*b* Grün-Pigment im Vergleich zu Rhodopsin

*c* Grün-Pigment im Vergleich zum Blau-Pigment

*d* Rot-Pigment im Vergleich zum Grün-Pigment

**Bild 5: Das menschliche Rhodopsin der Stäbchen und die drei Pigmente der Zapfen, die für das Farbensehen zuständig sind, haben ähnliche Aminosäuresequenzen. Dies ergab ein Vergleich der Basensequenzen der entsprechenden Gene. Unterschiede zwischen jeweils zwei Pigmenten sind farbig markiert. Am stärksten ähneln einander die rot- und grün-empfindlichen Pigmente (d). Beim Vergleich von Molekülen unterschiedlicher Länge ist das längere Molekül dargestellt und der Überhang gegenüber dem anderen ebenfalls farbig hervorgehoben.**

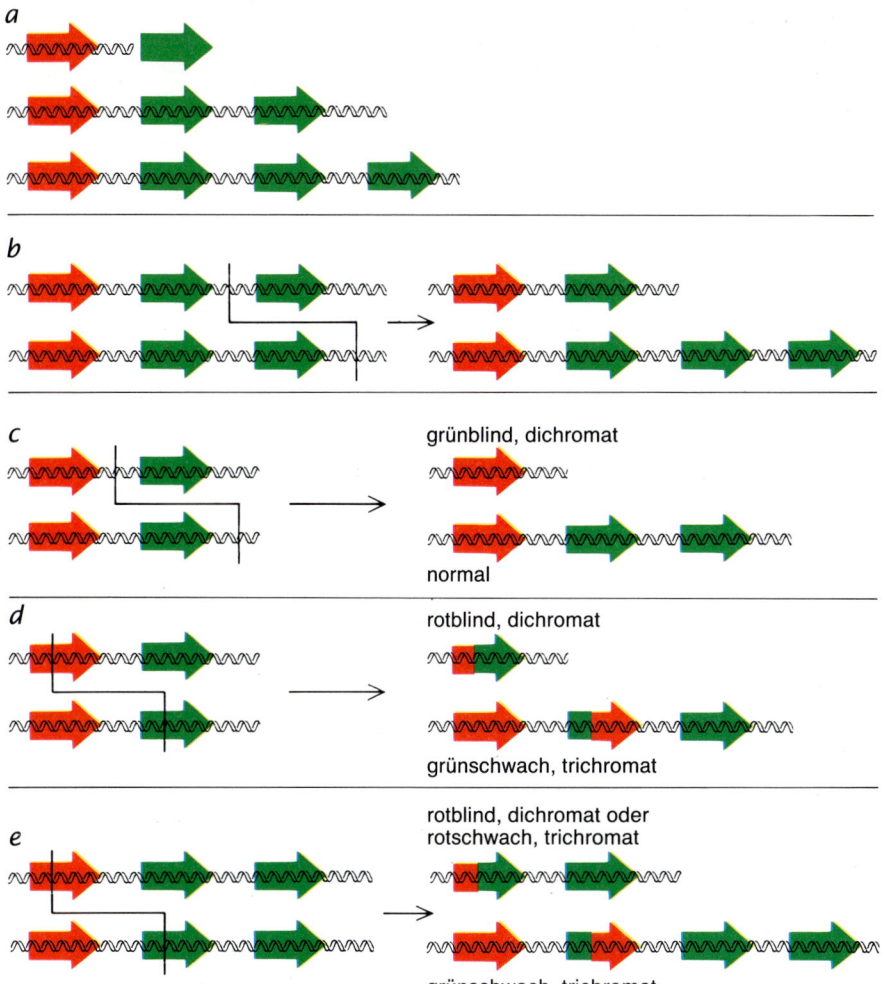

a

b

c

grünblind, dichromat

normal

d

rotblind, dichromat

grünschwach, trichromat

e

rotblind, dichromat oder
rotschwach, trichromat

grünschwach, trichromat

**Bild 6: Austausch von genetischem Material beim Crossing-over zwischen normalen X-Chromosomen, auf denen die Gene für das Rot- und das Grün-Pigment liegen (farbige Pfeile). Daraus kann normales oder anomales Rot-Grün-Unterscheidungsvermögen resultieren. Die X-Chromosomen von normal Farbtüchtigen haben ein normales Gen für das rotabsorbierende Pigment und ein bis drei Gene für das auf grün empfindliche Pigment (a). Solche Variationen ergeben sich, wenn ein** **Chromosom mit einem Gen für Rot und zweien für Grün eines dieser Gene an das andere Chromosom verliert (b). Dichromatizität und anomale Trichromatizität ergeben sich gewöhnlich, wenn eines der Pigment-Gene verlorengeht (c), und außerdem dann, wenn Hybrid-Gene entstehen, die sich aus Teilen von beiden Farbpigment-Genen zusammensetzen (d, e). Die jeweilige Farbempfindlichkeit eines bestimmten Hybrid-Pigmentes hängt vom Crossing-over-Punkt auf dem hybriden Gen ab.**

Dies hätte die Produktion von Rot-Pigment in Zellen zur Folge, die sonst Grün-Zapfen hätten werden sollen; und damit könnten sie allenfalls noch als Rot-Rezeptoren arbeiten.

Bei der überwiegenden Mehrzahl der Männer, bei denen der Anomaloskop-Test einen Ausfall der Rot-Rezeptoren angezeigt hatte, fehlte die genetische Information für das entsprechende Pigment nicht gänzlich. Vielmehr hatten sie statt dessen ein Hybridgen, bei dem nur noch der Anfang von einem Rot-Pigment-Gen stammte. Wir vermuten, daß dieses Hybridgen in Zellen, die normalerweise zu Rot-Rezeptoren geworden wären, die Produktion eines Grün-Pigments veranlaßt. Die Träger dieses Gens hätten mithin nur auf Grün reagierende Zapfen und keine Rot-Rezeptoren.

Bei allen Personen mit anomaler Trichromatizität fand sich mindestens ein Hybridgen; zusätzlich waren einige oder auch alle normalen Sehpigment-Gene vorhanden. Wir nehmen an, daß die Hybridgene bei diesen Menschen für Proteine mit anomalen spektralen Empfindlichkeiten codieren. Nach unseren Befunden scheint es eine ganze Anzahl anomaler Pigmente zu geben.

Die im Einzelfall vorliegende spektrale Empfindlichkeit der Hybridproteine hängt von der genauen Lage des Punktes ab, an dem die Chromosomen ihre Teilstücke ausgetauscht haben. Je größer der von dem Gen für grün-empfindliches Pigment stammende Anteil ist, desto mehr wird das erzeugte Protein dem normalen Pigment auch ähneln; für die Rot-Empfindlichkeit gilt Entsprechendes. Wenn unsere Überlegungen zutreffen, ließen sich damit zwanglos die Testergebnisse erklären, wonach anomale Rezeptoren am wirksamsten Licht absorbieren, dessen Wellenlänge zwischen den beiden Bereichen liegt, in denen die normalen Rot- und Grün-Rezeptoren am besten ansprechen.

Viele faszinierende Fragen zum Farbensehen, zur Rolle der Zapfen und ihrer Pigmente, sind noch offen: Auf welche Weise bekommen die einzelnen Sehpigmente eigentlich ihre unterschiedlichen Absorptionsspektren? Wie regelt eine Sehzelle, welches Farbpigment gebildet werden soll? Wie wird die Verschaltung zwischen den Photorezeptoren und den Neuronen höherer Ordnung im Laufe der Individualentwicklung hergestellt? Dem Wissenschaftler bieten sich — gerade durch die vorgefundene genetische Variabilität — einzigartige Möglichkeiten, die Funktionsweise der Farbwahrnehmung besser zu verstehen und einen Beitrag zum Verständnis der hochkomplexen Arbeitsweise unseres Auges zu leisten.

so lokalisiertes Gen wird äußerst selten durch homologe Rekombination verdoppelt oder eliminiert.

Ein fehlerhafter Austausch ist offenbar auch für die meisten Ausfälle und Abweichungen bei der Rot-Grün-Wahrnehmung verantwortlich. Wir haben zusammen mit Piantanida die DNA von fünfundzwanzig Männern untersucht, bei denen im Anomaloskop-Test nach Rayleigh anomales Rot-Grün-Unterscheidungsvermögen festgestellt worden war. Mit Ausnahme einer Person waren bei allen abnorme Konfigurationen der beteiligten Gene festzustellen.

Wie liegen nun aber die genetischen Verhältnisse bei den beiden Formen von Rot-Grün-Blindheit, also bei Dichromaten, und wie bei Trichromaten mit Rot-Grün-Schwäche? Wir fanden, daß die meisten Menschen, denen offensichtlich Grün-Rezeptoren fehlen, überhaupt kein Gen mehr für das grünempfindliche Pigment hatten. Bei einigen war statt dessen jedoch ein Hybrid-Gen vorhanden: Sein Anfang stammte von einem Gen für grün-absorbierendes Pigment, der Rest von einem Gen für rot-absorbierendes. Offenbar waren hier bei der Rekombination Teile beider Gene vertauscht worden.

Warum entwickelte sich aus einer Sehzelle mit dem Hybridgen kein funktionstüchtiger Grün-Rezeptor? Mutmaßlich bestimmen die DNA-Sequenzen in der Startregion normaler wie auch hybrider Gene den Sinneszelltyp, in dem das Gen aktiv sein wird, und die dahinterliegenden Genabschnitte dann den zu produzierenden Pigmenttyp.

# Hirnentwicklung und Umwelt

Art und Umfang frühkindlicher Erfahrung
bestimmen die spätere Leistungsfähigkeit des Zentralnervensystems: Signale aus
der Umwelt optimieren offenbar die zunächst relativ ungenaue
Verschaltung der Nervenzellen.

Von Wolf Singer

Kaspar Hauser ist das berühmteste, wenn auch wissenschaftlich nur schlecht dokumentierte Beispiel dafür, daß Hirnfunktionen irreversible Schäden erleiden, wenn während der frühkindlichen Entwicklung Erfahrungen mit der Umwelt vorenthalten werden. Überzeugend belegen ließ sich dieser Zusammenhang erst in jüngster Zeit, und zwar anhand kontrollierter Tierversuche sowie klinischer Beobachtungen am Menschen. Inzwischen gilt es als gesichert, daß das Gehirn höherer Tiere und insbesondere des Menschen seine vielfältigen Leistungen nur im Wechselspiel mit der Umwelt voll entwickeln und entfalten kann.

Voraussetzung für einen solchen Nachweis war, Leistungen zu finden, deren Ausbildung bei Mensch und Tier gleichermaßen von Umweltfaktoren abhängt. Diese Bedingungen sind für die Entwicklung der Sinnesfunktionen, insbesondere der visuellen Wahrnehmungsleistungen, hinreichend erfüllt: Höhere Säugetiere wie auch Menschen werden schwerwiegend beeinträchtigt, wenn sie während einer kritischen Phase der frühkindlichen Entwicklung ihren Gesichtssinn nicht ungestört gebrauchen können.

Beispielsweise trüben sich nach Infektionen und Verletzungen des Auges häufig Hornhaut und Linse so stark, daß davon betroffene Kinder völlig ihre Sehfähigkeit einbüßen. Mit dem Aufkommen mikrochirurgischer Techniken ließ sich der optische Teil des Auges zwar weitgehend instandsetzen. Doch wider alle Erwartungen brachte die Wiederherstellung nahezu normaler optischer Verhältnisse die Sehfähigkeit nicht zurück, wenn die Trübung seit der Geburt (oder den ersten Lebenswochen) bestanden hatte und die Patienten erst nach Erreichen des Schulalters operiert worden waren.

Kein einziger konnte zunächst seine Augen benutzen. Nur wenige erlernten mühsam, einfache Muster zu erkennen und sich mit Hilfe ihres Gesichtssinnes zu orientieren. Viele brachen die Rehabilitierungsbehandlung ab und zogen es vor, als Blinde weiterzuleben. Das Gehirn dieser Patienten blieb unfähig, die von den Augen wieder einwandfrei übermittelten Signale zu verarbeiten.

Aus dem Vergleich zahlreicher Krankengeschichten geht hervor, daß die für die Ausbildung der Sehfunktionen kritische Phase etwa bis zum Schulalter reicht. Sehleistungen, die sich bis dahin nicht entwickelt haben, können später nicht mehr erworben werden. Was sich im Erwachsenenalter wahrnehmen läßt, hängt also ganz entscheidend von der Art frühkindlicher Erfahrung ab.

Welche neuronalen Reifeprozesse während dieser kritischen Phase ablaufen, kann freilich nicht am Menschen bestimmt, sondern nur an höheren Säugetieren untersucht werden, bei denen der Entzug visueller Erfahrung während der Frühentwicklung die Wahrnehmungsleistung ebenfalls bleibend beeinträchtigt. Wie beim Menschen ist die visuo-motorische Koordination (das Greifen nach einem Objekt etwa) gestört und die Sehschärfe ebenso wie das Unterscheidungsvermögen für Muster deutlich vermindert.

Bei der Katze dauert die kritische Phase, in der das Sehsystem unter dem Einfluß von Umweltreizen zur vollen Funktionstüchtigkeit ausreift, etwa drei Monate, bei Primaten etwa ein Jahr. Läßt sich der Gesichtssinn bis dahin nicht normal gebrauchen, so sind die aufgetretenen Schäden weitgehend irreversibel. Wird die visuelle Erfahrung jedoch erst nach Ablauf der kritischen Phase entzogen, so bleiben die bereits entwickelten Sehfunktionen erhalten. Gezielte Mani-

**Bild 1:** Farbcodierte Autoradiogramme von der Sehrinde der Katze lassen die räumliche Verteilung von Nervenzellen erkennen, die selektiv auf vertikale Konturen ansprechen. Zellen mit gleicher Orientierungspräferenz — wie hier für die Vertikale — sind bei einem normal aufgezogenen Tier in nahezu parallelen Streifen angeordnet (oben). Bei einem Tier, das in den ersten Lebensmonaten nur eingeschränkte visuelle Erfahrungen hatte, ist diese funktionelle Organisation der Hirnrinde drastisch verändert (unten). Für die Darstellung wurden die interessierenden Sehrinden-Neuronen gezielt erregt, und zwar mit vertikal orientierten Gittern, die sich vor den Augen hin- und herbewegten. Gleichzeitig erhielt das Tier eine kleine Menge radioaktiv markierten Zucker ins Blut injiziert. Da erregte Nervenzellen infolge ihres höheren Energiebedarfs mehr Zucker aufnehmen, werden sie radioaktiver als unerregte Zellen und schwärzen dann bei der Autoradiographie den Röntgenfilm entsprechend stärker. Die Graustufungen des Films wurden schließlich per Computer in Farbwerte umgesetzt. So sind stärker radioaktive Bereiche im oberen Bild dunkelblau. Es zeigt eine Aufsicht auf die gespreitete Sehrinde, das heißt, alle Windungen und Furchen wurden „geglättet", um die streifige Anordnung der auf vertikale Konturen ansprechenden Zellen besser sichtbar zu machen. Die eingeblendete Graphik gibt nochmals an, wie sich die Intensität des Autoradiogramms entlang der eingetragenen Diagonalen ändert. Die beiden unteren Bilder zeigen Horizontalschnitte durch die Sehrinde einer Katze, die während einer bestimmten Phase ihrer Frühentwicklung nur vertikale Konturen zu sehen bekam. Links ist die Verteilung von Neuronen dargestellt, die weiterhin horizontale Konturen bevorzugen. Ihr Bestand ist auf kleine isolierte Inseln zusammengeschrumpft. (Bereiche mit niedriger Aktivität sind hier blau bis violett, solche mit mittlerer Aktivität rosa bis rot, und solche mit sehr hoher Aktivität braun, weiß und grün.) Die Territorien der vertikal orientierten Neuronen haben sich dagegen — wie im rechten Computerbild zu erkennen — fast kontinuierlich über die gesamte Hirnrinde ausgebreitet. Die Verteilung der Sehrinden-Neuronen mit bestimmten Orientierungspräferenzen hat sich also gegenüber normalen Tieren drastisch verändert. Dadurch ist die Wahrnehmung von entsprechend orientierten Konturen gestört.

50

140
130
120
110
100
90
80
70
60
50
40
30
20
10
50
100
150
200
250
300
350
400
450
500

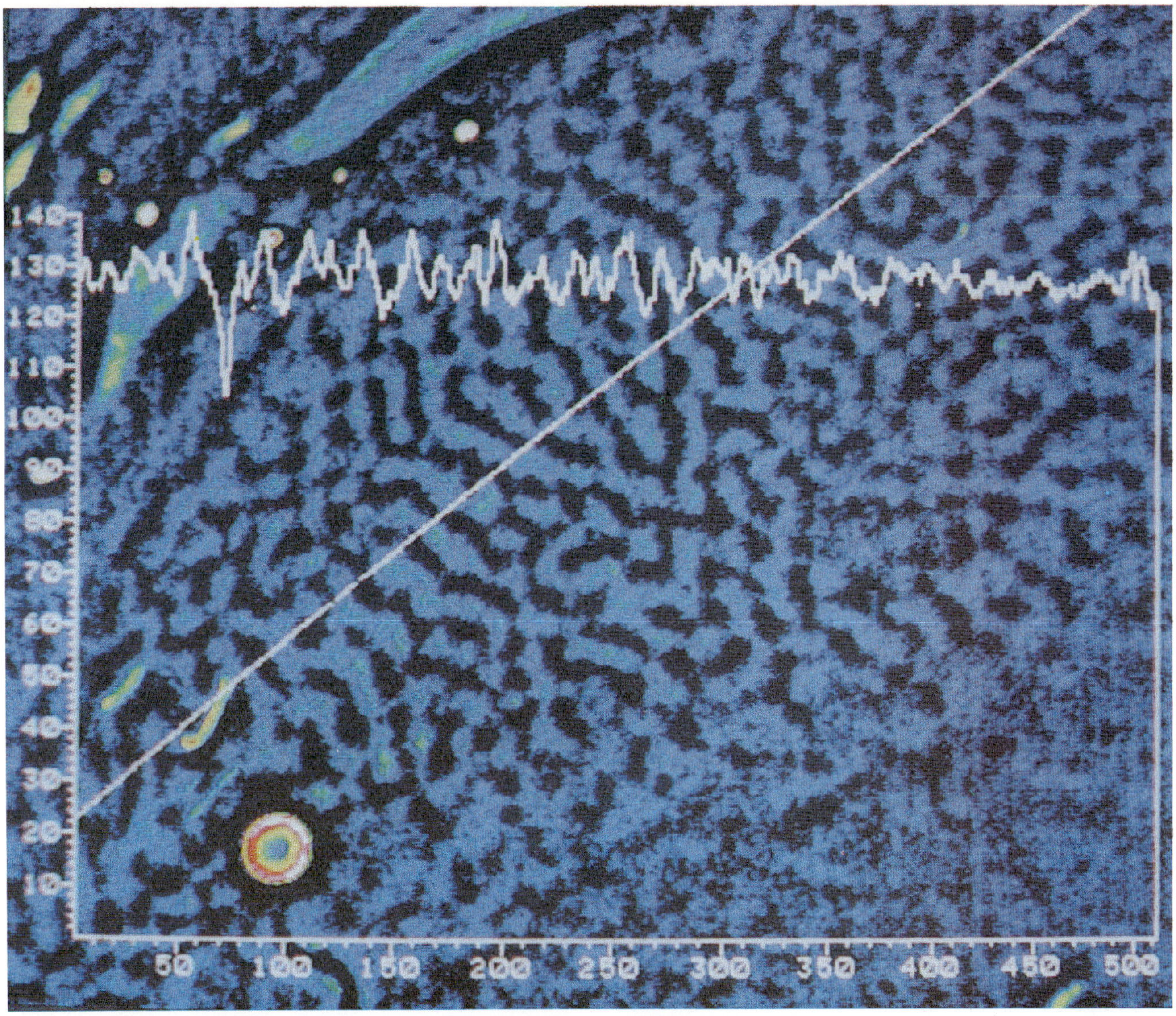

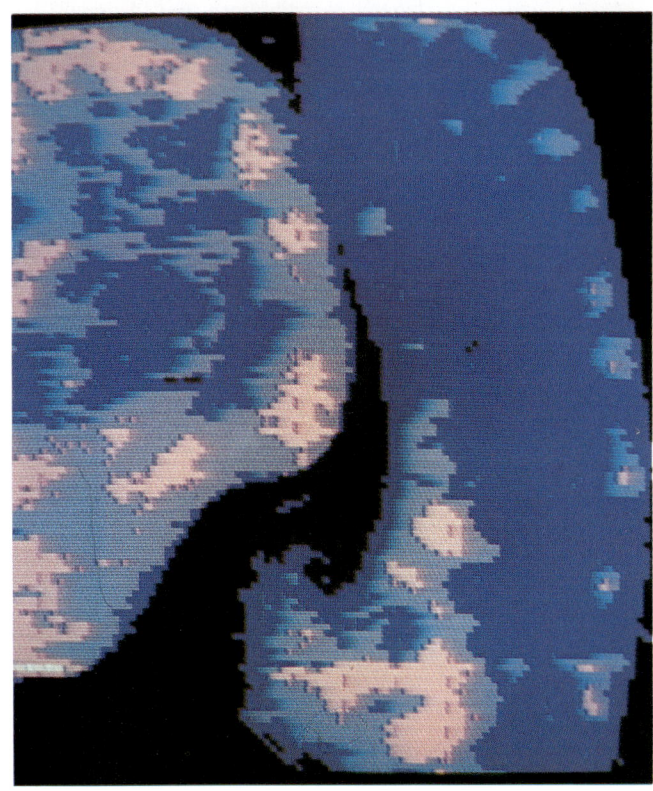

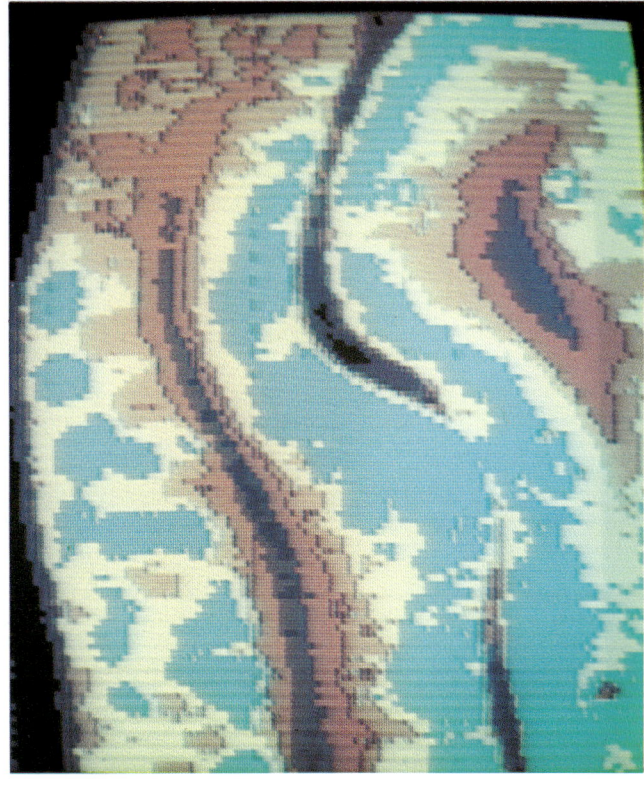

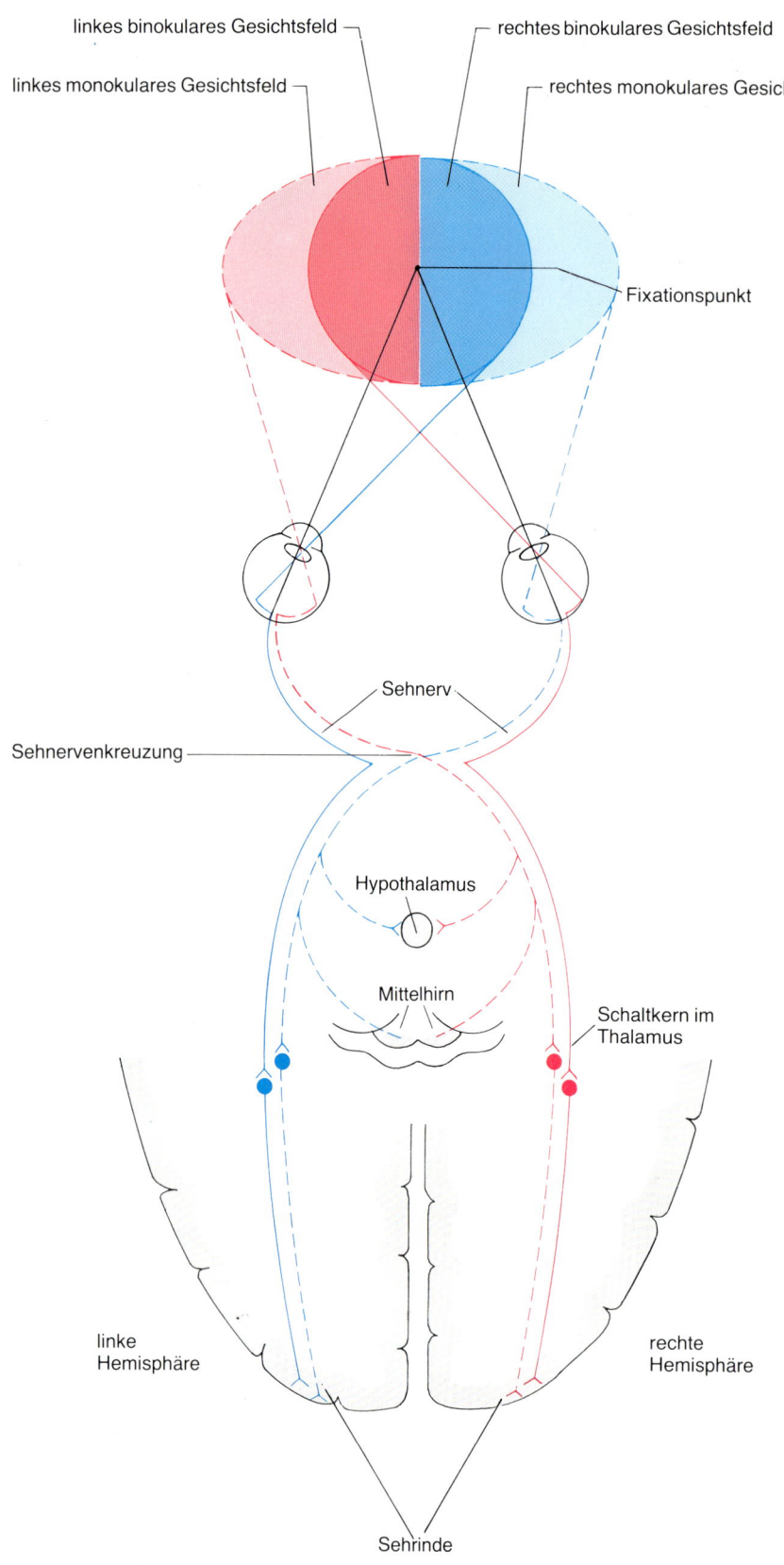

linkes binokulares Gesichtsfeld

linkes monokulares Gesichtsfeld

rechtes binokulares Gesichtsfeld

rechtes monokulares Gesichtsfeld

Fixationspunkt

Sehnerv

Sehnervenkreuzung

Hypothalamus

Mittelhirn

Schaltkern im Thalamus

linke Hemisphäre

rechte Hemisphäre

Sehrinde

**Bild 2: Das Diagramm zeigt schematisch die Sehbahnen eines Säugetieres mit beidäugig, also binokular erfaßtem Teil des Gesichtsfeldes.** Informationen aus dem binokularen Gesichtsfeld gelangen in beiden Augen auf jeweils entsprechende, also korrespondierende Netzhautbereiche. Von den Ganglienzellen in der Netzhaut ziehen die Nervenfasern — zum Sehnerv gebündelt — ins Gehirn. Kurz hinter ihrer Eintrittsstelle überkreuzen sich die Sehnervenfasern zur Hälfte, so daß alle Meldungen über den linken Teil des Gesichtsfeldes (rot), also von der jeweils rechten Augenhälfte, in die rechte Hemisphäre des Gehirns gelangen. Die Sehnervenfasern enden in drei verschiedenen Gehirnbereichen: im Hypothalamus, der den Schlaf-Wach-Rhythmus des Tieres mit dem Tag-Nacht-Wechsel der Umgebung synchronisiert; im Dach des Mittelhirns, das für die visuelle Aufmerksamkeit zuständig ist, und im seitlichen Kniehöcker des Thalamus, in dem die Nervenfasern schließlich zur Sehrinde umgeschaltet werden.

pulation der visuellen Umwelt hat nun gezeigt, daß die Verschaltung zwischen den Augen und den zuständigen Nervenzellen in der Sehrinde im wesentlichen genetisch festgelegt ist, wenn auch zunächst relativ ungenau.

Die Rolle epigenetischer Faktoren besteht vorwiegend darin, in diesem genetisch vorgegebenen Repertoire adäquat aktivierte Verbindungen auszuwählen und zu festigen, andere aber abzukoppeln. Diese erfahrungsabhängigen Entwicklungsprozesse haben zumindest auf einer deskriptiven Ebene alle Eigenschaften eines Lernvorgangs. Vermutlich liegen den Modifikationen der neuronalen Verschaltung in beiden Fällen die gleichen molekularen Mechanismen zugrunde.

### Das Sehsystem des Säugerhirns

Für ein Verständnis der erfahrungsabhängigen Entwicklungsprozesse ist es unerläßlich, die strukturelle und funktionelle Organisation des Sehsystems, vor allem der ausgereiften Sehzentren, zu kennen. Wenn Licht auf die Netzhaut des Auges fällt, erregt es Lichtsinneszellen, Photorezeptoren, die ihre elektrischen Signale an nachgeschaltete Nervenzellen in der Netzhaut weitergeben. Diese Übertragung geschieht wie fast überall im Nervensystem durch chemische Überträgerstoffe, sogenannte Transmitter, die an den Kontakten zwischen zwei Nervenzellen, den Synapsen, freigesetzt werden. Die Erregung wird schließlich an die Ganglienzellen in der Netzhaut weitergeleitet, die mit ihren langen Nervenfasern, den Axonen, den Sehnerv bilden (Bild 2).

Die Verrechnungsvorgänge in der Netzhaut, der Retina, sind bereits recht kompliziert. So wirken letztlich immer zahlreiche Photorezeptoren auf eine einzelne retinale Ganglienzelle ein. Der winzige Bereich auf der Netzhaut, der eine solche Ganglienzelle mit Signalen versorgt, bildet das sogenannte rezeptive Feld dieser Zelle. Die Felder sind annähernd kreisförmig und begrenzen mit ihrem Durchmesser das Auflösungsvermögen des Sehsystems. Beim Menschen sind sie im Bereich des gelben Flecks, der Stelle schärfsten Sehens, etwa so klein wie das Bild, das ein Stecknadelkopf aus ein Meter Entfernung auf der Netzhaut erzeugt. Wird das Zentrum ihres rezeptiven Feldes beleuchtet, so „feuern" manche Ganglienzellen vermehrt, während andere dies nur tun, wenn das Zentrum ihres Feldes verdunkelt wird (Bild 4). Man spricht daher von EIN-Zentrum-Feldern beziehungsweise AUS-Zentrum-Feldern und entsprechend von EIN- oder AUS-Neuronen (in der Fachsprache On- oder Off-Neuronen).

In der Netzhaut wird das Bild also in ein Raster benachbarter, sich überlappender rezeptiver Felder zerlegt. Die Ganglienzellen übermitteln die lokalen Helligkeits- und Farbwerte des Bildes verschlüsselt – in Form frequenzmodulierter Aktionspotentiale und für jeden Bildpunkt getrennt – über ihre zum Sehnerv gebündelten Axone an die weiterverarbeitenden Zentren im Gehirn. Kurz hinter ihrer Eintrittsstelle ins Gehirn überkreuzen sich diese Sehnervenfasern, zweigen sich auf und enden schließlich in verschiedenen Strukturen: im Hypothalamus, im Tektum (Dach des Mittelhirns) und im Thalamus (Bild 2).

Über die stammesgeschichtlich alten Bahnen zum Hypothalamus wird der Schlaf-Wach-Rhythmus des Organismus mit dem Tag-Nacht-Wechsel der Umgebung synchronisiert. Über die Bahnen zum Tektum wird die visuelle Aufmerksamkeit auf plötzlich auftauchende oder sich verändernde optische Reize gelenkt. Über die stammesgeschichtlich jüngsten Bahnen zum Thalamus gelangen die Meldungen, nachdem sie im seitlichen Kniehöcker des Thalamus (Corpus geniculatum laterale) umgeschaltet wurden, weiter zur Großhirnrinde. Dort in der Sehrinde beginnen dann jene Analyseschritte, die uns zur Musterwahrnehmung und Objekterkennung befähigen.

Da sich die Sehnerven beider Augen zur Hälfte überkreuzen, gelangen alle Meldungen über den linken Teil des Gesichtsfeldes, also von der jeweils rechten Augenhälfte, in die rechte Hemisphäre des Gehirns. In der Sehrinde einer Hemisphäre enden die sensorischen Fasern beider Augen in benachbarten sich überlappenden Arealen und bilden dort erregende Synapsen mit gemeinsamen Zielneuronen. Solche Sehrinden-Neuronen haben daher zwei rezeptive Felder, eines in jedem Auge, und können somit von jedem Auge aus erregt werden. Bestimmt man für eine größere Zahl dieser Zellen, wie gut sie sich vom rechten beziehungsweise linken Auge aus erregen lassen, so ergibt sich eine charakteristische Verteilung (Bild 6). Bei Tieren mit normaler visueller Erfahrung sind die meisten Zellen von beiden Augen aus gleich gut erregbar; nur ein kleiner Prozentsatz antwortet entweder besser auf Reizung des rechten oder linken Auges oder reagiert überhaupt nur auf Reizung eines Auges.

Die Verschaltung ist außerordentlich präzise und so ausgelegt, daß nur Meldungen von einander entsprechenden Netzhautbereichen beider Augen an denselben Hirnrinden-Neuronen einlaufen. Scharf anvisierte Objekte werden immer auf korrespondierenden Netzhautbereichen abgebildet. Jedes Hirnrinden-Neuron „sieht" also zwei Bilder.

Doch beim beidäugigen also binokularen Sehen verschmelzen die beiden Bilder zu einem, da die rezeptiven Felder in jedem Auge auf identische Bildpunkte gerichtet sind.

Für Objekte, die vor oder hinter der Fixationsebene liegen, gilt diese Beziehung jedoch nicht. Sie werden auf nichtkorrespondierenden Netzhautbereichen abgebildet und die entsprechenden Signale aus beiden Augen daher an verschiedene Zellen in der Hirnrinde weitergeleitet. Wie Sie sich leicht überzeugen können, sieht man diese Objekte tat-

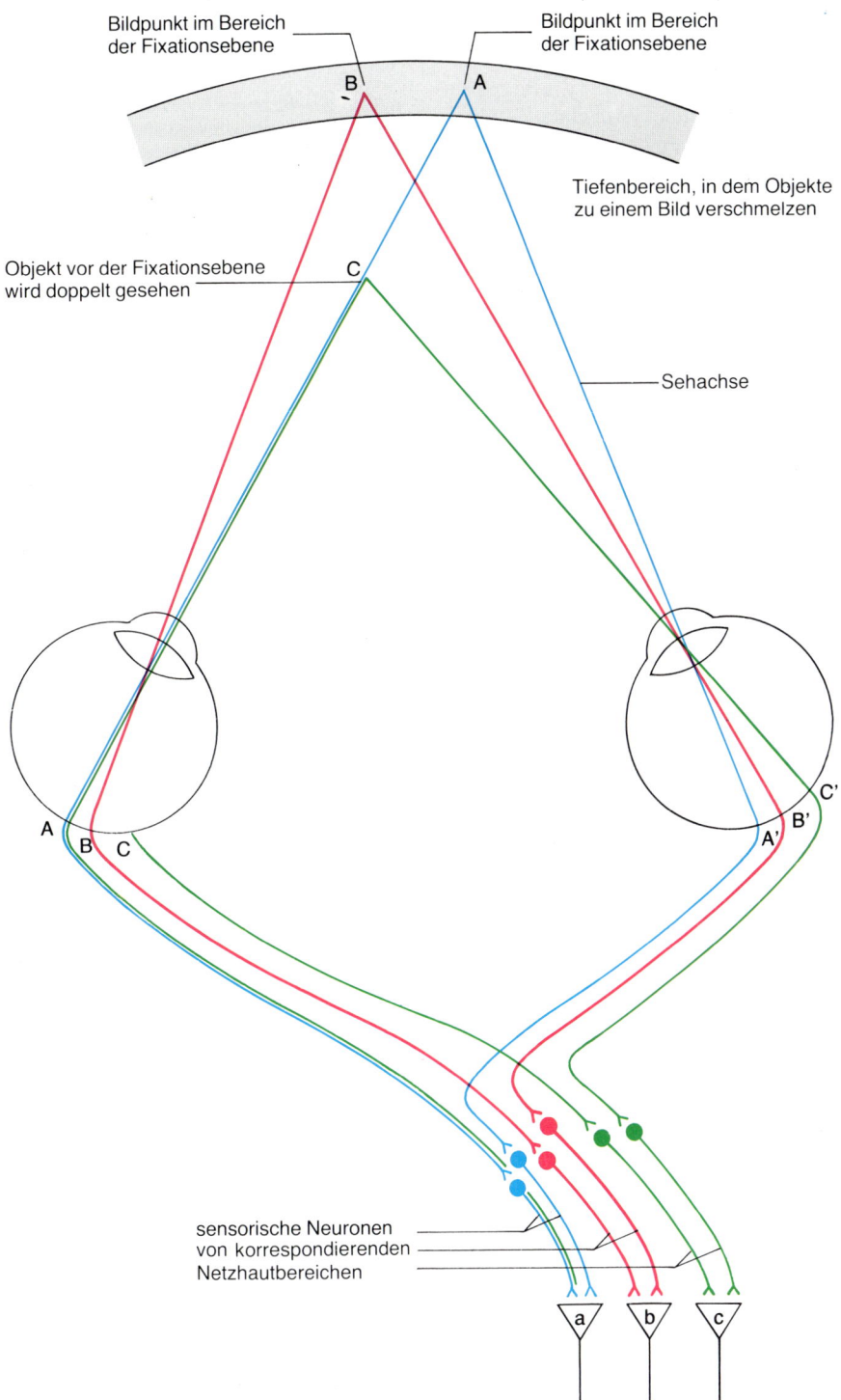

Bildpunkt im Bereich der Fixationsebene

Bildpunkt im Bereich der Fixationsebene

Tiefenbereich, in dem Objekte zu einem Bild verschmelzen

Objekt vor der Fixationsebene wird doppelt gesehen

Sehachse

sensorische Neuronen von korrespondierenden Netzhautbereichen

**Bild 3: Die Verschaltung zwischen Netzhaut und Sehrinde ist bei Erwachsenen außerordentlich präzise und so ausgelegt, daß Meldungen von einander entsprechenden Netzhautbereichen (A und A' etwa) an denselben Nervenzellen, also denselben Neuronen der Sehrinde (a) einlaufen. Da die Bildpunkte eines scharf anvisierten Objektes (A) – sofern sie in der Fixationsebene liegen – auf solche korrespondierenden Bereiche fallen, verschmelzen die von beiden Augen kommenden Bilder im Gehirn zu einem einzigen. Bildpunkte von Objekten außerhalb der Fixationsebene (C) tun dies nicht (blau-grüne Linie) und werden daher doppelt gesehen.**

sächlich auch doppelt. Fixieren Sie Ihren erhobenen Zeigefinger in etwa 30 Zentimeter Entfernung vor der Nase, am besten vor einem konturlosen Hintergrund, und halten dann dahinter in etwa doppelter Entfernung einen Bleistift: Der Stift erscheint Ihnen jetzt doppelt, weil er auf nicht-korrespondierende Netzhautbereiche abgebildet und damit von zwei verschiedenen Populationen von Sehrinden-Neuronen – gewissermaßen doppelt – verarbeitet wird.

Wenn Sie nun den Bleistift Ihrem Finger nähern, kommt er in einen Tiefenbereich, in dem er einfach gesehen wird und in einer entsprechenden Entfernung relativ zum Fixationspunkt wahrgenommen wird. Dieser Entfernungseindruck entsteht dadurch, daß das Sehsystem die kleinen Unstimmigkeiten zwischen den Bleistiftbildern beider Augen in einen Tiefeneindruck umrechnet.

Verhindern Sie diesen Bildvergleich durch Schließen eines Auges: Der Tiefeneindruck ist dann wesentlich geringer. Er tritt jedoch wieder deutlich auf, wenn Sie bei einäugigem Sehen Augen und Kopf bewegen. Denn Ihr Gehirn kann aus der Relativbewegung der Objekte zueinander zusätzlich Informationen über deren Abstand, sprich Raumtiefe, gewinnen.

Wie wir mit beiden Augen sehen und wie die binokularen Signale zu einem Bild verschmelzen, ist hier von zentraler Bedeutung, weil, wie ich später ausführen werde, die neuronalen Voraussetzungen für diese Leistung erst durch Erfahrung und Lernen geschaffen werden.

In der Hirnrinde konvergieren nicht nur die Signale von beiden Augen, auch die Eigenschaften der rezeptiven Felder wandeln sich. Fast alle Sehrinden-Neuronen von visuell erfahrenen Tieren reagieren, wie sich mit Hilfe von Mikroelektroden feststellen läßt, ausschließlich und hoch selektiv auf ganz bestimmte Mustermerkmale: So gibt es rezeptive Felder für Begrenzungslinien, Farbabstufungen, Kanten oder Bewegungsrichtungen. Nur wenige Zellen sprechen noch – wie die Neuronen in Netzhaut und Thalamus – auf kleine Lichtpunkte oder globale Helligkeitsänderungen an. Die größere Selektivität beruht auf der außerordentlich komplexen, noch nicht in allen Einzelheiten erforschten Verschaltung. Die Antwortcharakteristik dieser Zellen und die Anordnung funktionell zusammengehöriger Neuronen sind jedoch seit den grundlegenden Arbeiten der beiden amerikanischen Nobelpreisträger David H. Hubel und Torsten N. Wiesel gut bekannt.

Die Neuronen in der Sehrinde reagieren bevorzugt auf längliche Konturen, wobei jedes nur auf einen engen Bereich von Orientierungen anspricht: Zellen,

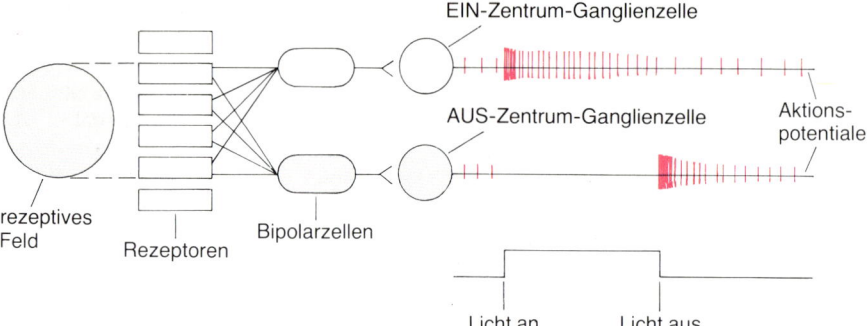

Bild 4: Bereits in der Netzhaut des Auges finden Verrechnungsvorgänge statt. So wirken – wie an Katzen nachgewiesen wurde – stets mehrere Lichtsinneszellen, sprich Photorezeptoren, auf eine nachgeschaltete Ganglienzelle in der Netzhaut ein. (Die Signale laufen in Wirklichkeit über mehrere Zwischenstationen.) Der winzige Bereich auf der Netzhaut, der eine solche Ganglienzelle mit Signalen versorgt, bildet das sogenannte rezeptive Feld dieser Zelle. Manche Ganglienzellen „feuern" vermehrt, wenn das Zentrum ihres annähernd kreisförmigen rezeptiven Feldes beleuchtet wird, andere tun dies hingegen nur, wenn es verdunkelt wird. Man spricht daher auch von EIN-Zentrum- oder AUS-Zentrum-Ganglienzellen.

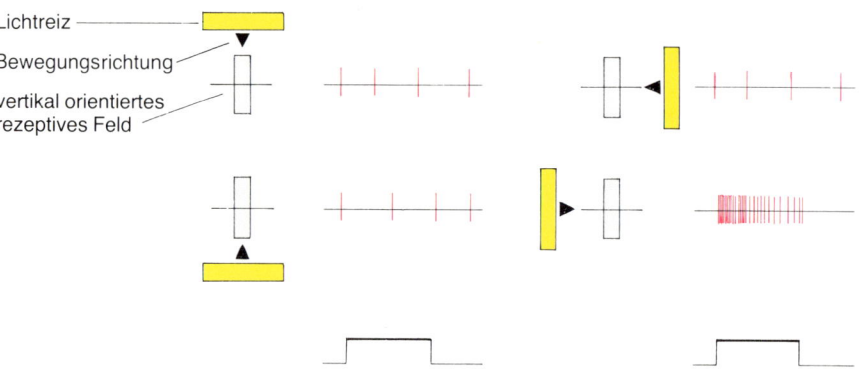

Bild 5: Anders als die Ganglienzellen der Netzhaut sprechen die Neuronen der Sehrinde bevorzugt auf längliche Konturen an, die eine bestimmte Orientierung haben und in einer bestimmten Richtung das Gesichtsfeld durchqueren. Entsprechend reagiert ein Sehrinden-Neuron mit einem vertikal orientierten rezeptiven Feld am besten auf einen vertikalen Leuchtbalken, aber nur, wenn er in bestimmter Richtung (hier nach rechts) das Feld durchquert. Die außerordentlich komplexe Verschaltung zwischen den Nervenzellen von Netzhaut und Sehrinde, aus der sich solche hochselektiven rezeptiven Felder ergeben, ist noch nicht in allen Einzelheiten erforscht, doch weiß man inzwischen, daß die meisten Sehrinden-Neuronen ihre charakteristischen Eigenschaften nur unter dem Einfluß visueller Erfahrung entwickeln.

die am besten auf vertikale Konturen ansprechen, tun dies in aller Regel nicht bei horizontalen Konturen und umgekehrt. Zellen mit gleicher Orientierungspräferenz gruppieren sich dabei zu bandenförmigen Mustern (Bild 1 oben). Neben dieser Orientierungsspezifität weisen die meisten rezeptiven Felder auch eine ausgeprägte Selektivität für die Bewegungsrichtung „ihrer" Konturen auf (Bild 5). In einer größeren Population von Sehrinden-Neuronen sind dann alle Orientierungen und Richtungen gleich häufig vertreten.

### Erfahrungsabhängige Ausreifung

Wie wir heute wissen, entwickeln die meisten Sehrinden-Neuronen ihre charakteristischen Eigenschaften nur unter dem Einfluß visueller Erfahrung. Bei jungen Katzen unterscheiden sich unmittelbar nach dem Öffnen der Augen in der zweiten Lebenswoche, also zu Beginn der kritischen Phase, diese Neuronen in ihren funktionellen Eigenschaften noch deutlich von denen visuell erfahrener, erwachsener Tiere. Sie sprechen auf Lichtreize oft nur schwach an, und ihre Antworten lassen sich bei wiederholter Reizung schlecht reproduzieren. Ihre rezeptiven Felder erscheinen unscharf begrenzt und oft deutlich vergrößert. Vor allem aber fehlt den meisten Neuronen die für die ausgereifte Sehrinde so charakteristische Orientierungs- und Richtungsselektivität. Nur etwa ein Siebtel besitzt sie schon von Anfang an; die Zellen gehören vermutlich zu einer Klasse von Neuronen, die direkt von den thalamischen Fasern erregt werden.

Wenn die Tiere in normaler Umgebung aufwachsen, entwickeln sämtliche Sehrinden-Neuronen innerhalb weniger

Wochen ihre typischen funktionellen Eigenschaften. Werden die Tiere jedoch im Dunkeln und somit ohne visuelle Erfahrung aufgezogen, reifen keine normalen rezeptiven Felder aus. Zudem nimmt der vorhandene Prozentsatz orientierungsselektiver Neuronen ab, und bei fortdauerndem Erfahrungsentzug verschlechtert sich auch die Erregbarkeit der Sehrinden-Zellen allgemein. Nach einigen Monaten reagieren überhaupt nur noch 30 bis 40 Prozent auf Licht.

Diesen drastischen Veränderungen entsprechend sind die Tiere auch in ihrem Sehvermögen stark beeinträchtigt. Kommen sie erst nach Ablauf der kritischen Phase in eine normale Umwelt, reagieren ihre Sehrinden-Zellen zeitlebens anomal, und ihre Sehleistung verbessert sich gewöhnlich nur sehr wenig.

Damit läßt sich die Möglichkeit ausschließen, daß frühkindliche Erfahrung angeborene Leistungen lediglich erhält und stabilisiert. Volle Funktionstüchtigkeit ist nicht von Anfang an gegeben, und die Strukturen im Gehirn büßen sie nicht etwa nur mangels Gebrauch ein – ähnlich wie Muskeln schwach und Gelenke unbeweglich werden, wenn sie zu lange ruhiggestellt bleiben. Erfahrungsentzug bringt vielmehr den Entwicklungsprozeß selbst auf einer unreifen Stufe zum Stillstand. Wie sorgfältige Verlaufsuntersuchungen bestätigen, bilden die Sehzentren in keiner Phase ihrer postnatalen Entwicklung annähernd normale Funktionszustände aus, wenn visuelle Erfahrung vorenthalten wird.

Wie weit bestimmen aber angeborene und erworbene Eigenschaften die späteren Funktionen des Gehirns? Eine Hypothese geht davon aus, daß alle Entwicklungsschritte zwar genetisch vorgesehen sind, die Ausdifferenzierung des Nervensystems aber auf einer unreifen Stufe stehenbleibt, wenn nicht gleichzeitig ein Anstoß von außen kommt, der die entsprechenden Leistungen abruft. Eine andere Hypothese ist, daß die genetische Information eines Säugetieres alleine nicht ausreicht, alle Teilleistungen des Gehirns voll zu entwickeln, und daher epigenetische Informationen (solche aus der Umwelt) gewonnen werden müssen, welche dann die weitergehenden Reifungsprozesse steuern. Manipulation der visuellen Umwelt sollte eine Entscheidung zwischen diesen alternativen Annahmen ermöglichen.

Bereits 1963 berichteten Hubel und Wiesel, die Pioniere dieses Forschungszweiges, daß Sehrinden-Neuronen bei Katzen ihre „Zweiäugigkeit", sprich ihre binokularen rezeptiven Felder verlieren, wenn während der kritischen Phase ein Auge durch eine chirurgische Naht geschlossen gehalten wird (Bild 7). Die Zellen sind dann nur noch vom offenen

Auge aus erregbar. Die vom vorher geschlossenen Auge kommenden Fasern wurden also abgekoppelt.

Der Prozeß verläuft in charakteristischer Weise. Zunächst verschlechtert sich die Erregungsübertragung drastisch, und daraus ergeben sich schließlich Sekundäreffekte entlang der gesamten Übertragungsstrecke vom geschlossenen Auge zur Hirnrinde. Zugleich treten auch entsprechende strukturelle Veränderungen zutage. Die vom geschlossenen Auge versorgten Bereiche schrumpfen, und der Durchmesser der entsprechenden Schaltzellen im Thalamus verkleinert sich, weil ihre Axone in der Hirnrinde abgekoppelt wurden.

Wie aus diesen massiven funktionellen und strukturellen Veränderungen in den Sehzentren zu erwarten, sind die Tiere auf dem vorher geschlossenen, also deprivierten Auge nahezu blind. Die Veränderungen sind jedoch alle weitgehend reversibel, wenn das geschlossene Auge noch vor Ablauf der kritischen Phase geöffnet wird. Innerhalb dieser Phase läßt sich der Effekt sogar umkehren, wenn das geschlossene Auge geöffnet und das normale verschlossen wird.

Die Beidäugigkeit der Sehrinden-Neuronen geht auch bei Fehlstellungen der Augen – wenn die Tiere schielen – völlig verloren. Wegen der Schielstellung lassen sich die beiden Netzhautbilder nicht mehr in Deckung bringen. Die meisten Neuronen in der Sehrinde werden dann einäugig. Doch ist eine annähernd gleich große Zahl von Zellen jetzt entweder nur noch vom rechten oder vom linken Auge aus erregbar (Bild 8). Entsprechend können die Tiere auch nicht die Signale von beiden Augen gleichzeitig verarbeiten.

Aus Untersuchungen an schielenden Kindern ist zu schließen, daß hier die Fehlstellung der Augen die neuronalen Verbindungen in ähnlicher Weise verändert. Wird die Fehlstellung nicht schon während der ersten Lebensjahre chirurgisch oder durch intensive Sehschulung behoben, so lernen die Kinder nie mehr, mit beiden Augen gleichzeitig zu sehen.

Um die ungemein störende Wahrnehmung von Doppelbildern zu verhindern, schlagen die Kinder nämlich zwei verschiedene Vermeidungsstrategien ein. Die einen entwickeln sich zu sogenannten Alternierern. Sie benützen abwechselnd nur ein Auge und unterdrücken die Signale vom anderen. Dadurch bleiben beide Augen für sich alleine funktionstüchtig, aber die Kooperation zwischen beiden fällt aus. Die anderen Schielkinder erwählen ein Auge zum Führungsauge und unterdrücken die Signale vom anderen. Die ständige funktionelle Unterdrückung verhindert die erfahrungsabhängigen Reifungsprozesse in den mit

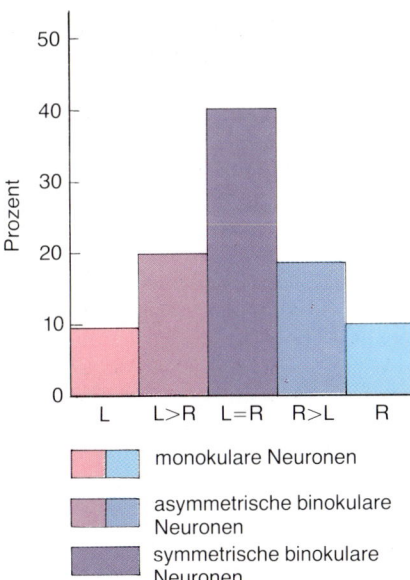

Bild 6: Die Neuronen der Sehrinde sind bei normal aufgezogenen Katzen meist von beiden Augen aus gleich gut erregbar. Solche symmetrischen binokularen Zellen erhalten von beiden Augen Signale, und zwar über die von korrespondierenden Netzhautbereichen kommenden Fasern (Bild 3). Manche binokularen Neuronen antworten besser auf Reizung des rechten oder linken Auges. Bei ihnen ist also ein Auge mehr oder weniger dominant. Einige Sehrinden-Neuronen reagieren überhaupt nur auf Reizung eines Auges: Sie sind monokular. Die binokularen Signale verschmelzen im Gehirn zu einem Bild. Die neuronalen Voraussetzungen dafür werden, wie Experimente an Katzen und klinische Beobachtungen zeigen, letztlich durch Erfahrung und Lernen geschaffen.

diesem Auge verbundenen Nervennetzen, und schließlich büßt es für immer seine Sehtüchtigkeit ein.

Diese entwicklungsbedingte Sehschwäche wird als Amblyopie bezeichnet. Untersuchungen zeigen, daß Schielkinder, gleich welche Vermeidungsstrategie sie einschlagen, die Signale von beiden Augen nicht mehr zusammen verarbeiten können und folglich stereoblind werden. Sie sind unfähig, durch direkten Vergleich der Bilder in beiden Augen auf die Entfernung von Objekten zu schließen.

Frühe visuelle Erfahrung beeinflußt nicht nur die binokularen Eigenschaften der Sehrinden-Neuronen, sondern auch deren Orientierungs- und Richtungspräferenz. Bekommen beispielsweise junge Tiere während der kritischen Phase nur vertikale Konturen zu sehen, so sind danach die Orientierungspräferenzen insgesamt nicht mehr gleichmäßig verteilt, sondern zu den vertikalen hin verschoben. Erstmals festgestellt haben dies – unabhängig voneinander – Helmut Hirsch und Donald Spinelli, damals an der Universität von Kalifornien, sowie Colin Blakemore und Nigel Cooper in Cambridge. In Abwandlung ihrer Verfahren läßt sich inzwischen zeigen, daß

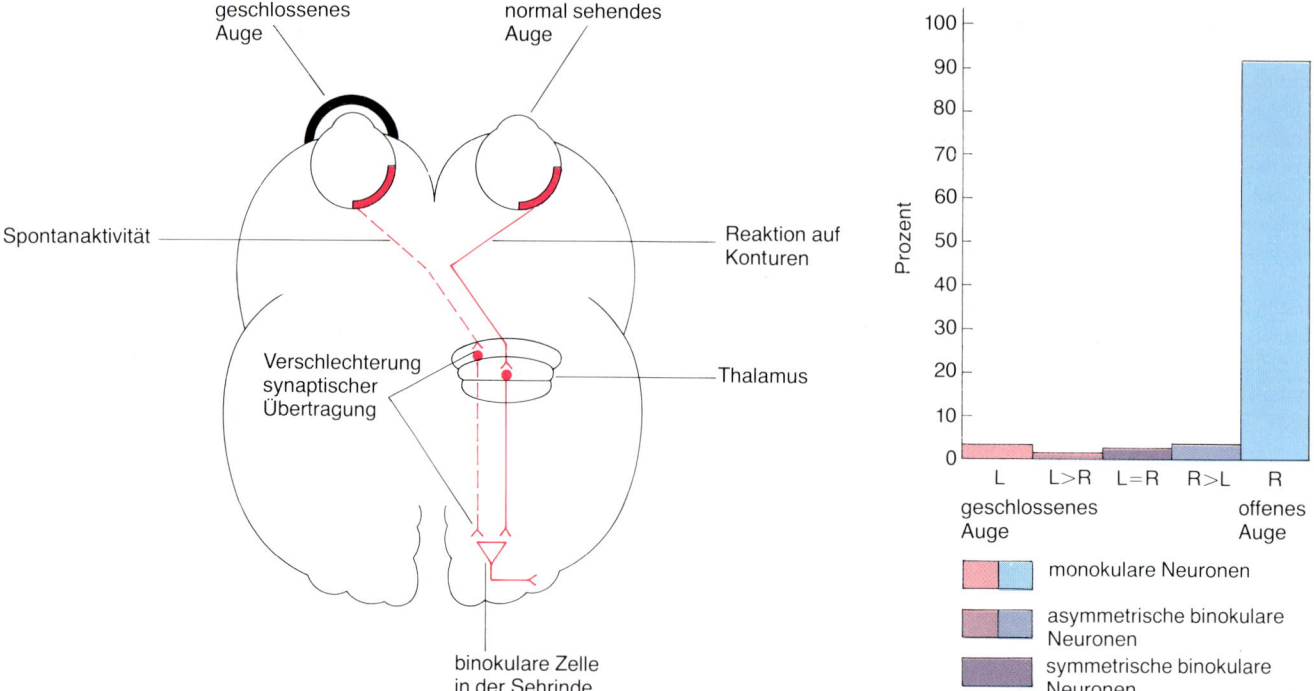

**Bild 7:** Bleibt während einer bestimmten kritischen Phase in der Frühentwicklung einer Katze eines ihrer Augen verschlossen, so verändert sich die neuronale Verschaltung auf Dauer. Bereits nach wenigen Tagen können die sensorischen, nur spontan aktiven Neuronen des geschlossenen Auges „ihre" Sehrinden-Neuronen nicht mehr erregen. Primär verändert sich dabei die Erregungsübertragung an den Sehrinden-Neuronen, an denen die von beiden Augen kommenden Bahnen enden. Nach längerem Verschluß verschlechtert sich sekundär auch die Übertragung im thalamischen Schaltkern, der die Signale beider Augen zur Hirnrinde weiterleitet, und seine Schalt-Neuronen schrumpfen schließlich. Im Gefolge dieser Veränderungen verschiebt sich die Augendominanz der Sehrinden-Neuronen grundlegend (rechts), wie die beiden amerikanischen Nobelpreisträger David Hubel und Thorsten Wiesel erstmals nachgewiesen haben. Zwar bleibt in der Sehrinde der Prozentsatz der durch Licht erregbaren Neuronen weitgehend gleich, doch ist nunmehr die überwältigende Mehrheit nur noch vom offenen, also hier dem rechten Auge aus erregbar. Die Veränderungen sind jedoch alle weitgehend reversibel, wenn das geschlossene Auge noch vor Ablauf der kritischen Phase geöffnet wird. Der Effekt läßt sich sogar umkehren, wenn man das normale Auge verschließt. Wird das geschlossene Auge erst nach Ablauf der kritischen Phase geöffnet, so bessert sich der Zustand nicht mehr, obwohl jetzt visuelle Reize unbegrenzt verfügbar sind. Es ist funktionell beeinträchtigt.

selektive visuelle Erfahrung alle drei Parameter der rezeptiven Felder gleichzeitig verändern kann: die Augendominanz, die Orientierungs- und die Richtungspräferenz.

Die Tatsache, daß die funktionellen Eigenschaften von Neuronen in der Sehrinde langfristig und reproduzierbar verändert werden können, ermöglichte es, die Frage nach den zugrundeliegenden neuronalen Mechanismen experimentell anzugehen. Vergleiche zwischen visuell erfahrenen und visuell deprivierten Tieren ergaben, daß die Verschaltung, die Verbindung zwischen den verschiedenen Neuronen-Gruppen, in ihren wesentlichen Grundzügen genetisch festgelegt ist. Jede der normalen Bahnverbindungen ließ sich auch in den deprivierten Tieren nachweisen, nur wurde dort die Erregung deutlich schlechter weitergeleitet.

Aus der anfangs ungewöhnlichen Größe und unscharfen Begrenzung vieler rezeptiver Felder ließ sich ferner schließen, daß der ursprüngliche Verschaltungsplan relativ ungenau ist. Aus anatomischen Untersuchungen geht zudem hervor, daß während der Entwicklung des Nervensystems in aller Regel weit mehr neuronale

Verbindungen angelegt werden, als im ausgereiften System übrigbleiben. Viele der ursprünglich angelegten Verbindungen werden im Laufe der normalen Entwicklung wieder abgekoppelt. Oft sterben sogar die entsprechenden Nervenzellen ab und verschwinden spurlos.

Diese Eliminationsprozesse treten in erster Linie während der Embryonalentwicklung auf und werden zumindest teilweise von der schon vorhandenen elektrischen Aktivität der Nervenzellen beeinflußt. Sie sind aktivitätsabhängig. Anscheinend ist es ihre Aufgabe, aus dem Überschuß der angelegten Verbindungen auszuwählen und nur jene zu festigen, die bestimmten funktionellen Kriterien genügen.

Im Sehsystem ereignen sich solche Eliminationsprozesse auch noch nach der Geburt, also während einer Entwicklungsphase, in der die elektrische Aktivität der Nervenzellen bereits durch Signale aus der Umwelt modifiziert wird. So könnten sensorische Signale als strukturierender Faktor in den Entwicklungsprozeß eingehen und bei der Auswahl neuronaler Verbindungen mitwirken.

Für uns am Max-Planck-Institut für Hirnforschung in Frankfurt ergab sich

daraus die Frage, nach welchen Kriterien diese erfahrungsabhängige Selektion vorgegebener Verbindungen geschieht. Bestimmt lediglich die Stärke der Aktivierung, welche Bahnen ausgewählt werden, oder wirken sich hier andere, gewissermaßen intelligente Auswahlkriterien aus, wie etwa die statistische Korrelation zwischen den Aktivitätsmustern in den sensorischen Bahnsystemen und den nachgeschalteten Neuronen?

### Regeln aktivitätsabhängiger Modifikation

Da Sehrinden-Neuronen nur auf Konturen und kaum auf diffuse Helligkeitsschwankungen reagieren, läßt sich das Aktivitätsniveau in den von beiden Augen kommenden Fasern stark zugunsten eines Auges verschieben, ohne daß zugleich die nachgeschalteten Sehrinden-Neuronen erregt werden. Es genügt, ein Auge zu verschließen und das andere – offene – mit einer Haftschale aus Milchglas zu versehen. Durch diese können Helligkeitsschwankungen, aber keine Konturen wahrgenommen werden. Da die retinalen Ganglienzellen sehr gut auf Helligkeitsschwankungen ansprechen, lassen sich die Bahnen vom „offenen" Auge durch wechselnde Beleuchtung stark aktivieren, ohne daß dabei gleichzeitig die Sehrinden-Neuronen aktiviert werden. Wenn die Veränderungen in der neuronalen Verschaltung tatsächlich nur vom Aktivierungsniveau der sensorischen Bahnen abhängen, sollte die Leistung der Bahnen vom offenen Auge zu- und die der Bahnen vom geschlossenen Auge abnehmen.

Wir haben junge Katzen mehrere Wochen unter diesen Bedingungen gehalten und danach die rezeptiven Felder von Neuronen in der Sehrinde untersucht; doch die Dominanz war nicht zugunsten des stimulierten Auges verschoben (Bild 9 rechts). Aktivitätsunterschiede in konvergierenden sensorischen Fasern allein konnten demnach die erfahrungsabhängige Auswahl von Verbindungen nicht erklären. Anscheinend müssen die Sehrinden-Neuronen auf die Aktivierung eines der konvergierenden Bahnsysteme ansprechen, damit die Verbindungen selektiv konsolidiert oder inaktiviert werden.

Um diese Hypothese zu prüfen, haben wir statt der Haftschale aus Milchglas eine spezielle Zylinderlinse genommen. Solche Linsen begrenzen das Spektrum sichtbarer Orientierungen. Denn es werden nur solche Konturen scharf auf der Netzhaut abgebildet, die quer zur Achse der Zylinderlinse ausgerichtet sind. Mit zunehmender Abweichung werden die Konturen immer unschärfer und schließlich unsichtbar. Daher werden nur solche Neuronen in der Hirnrinde vom offenen Auge aus erregt, deren vorgegebene Orientierungspräferenz zur Orientierung der sichtbaren Konturen „paßt": Bei horizontal stehender Achse der Zylinderlinse sind dies Nervenzellen mit einer Präferenz für vertikal orientierte Konturen.

Um sicherzustellen, daß die Neuronen tatsächlich orientierungsspezifische rezeptive Felder entwickelt hatten, wurden die Tiere zunächst für ein bis zwei Wochen in normaler visueller Umgebung aufgezogen. Aus früheren Untersuchungen ist bekannt, daß dies vollkommen ausreicht, um die spezifischen Antworteigenschaften der Sehrinden-Neuronen auszubilden.

Das Ergebnis war eindeutig und bestätigte unsere Hypothese (Bild 11). Bei vertikal stehenden Zylinderlinsen wurden Neuronen mit Präferenzen für vertikal orientierte Konturen fast vollständig vom offenen Auge übernommen, die Verbindungen vom geschlossenen Auge zu diesen Zellen aber inaktiviert, das heißt abgekoppelt. Im Gegensatz dazu blieben Zellen mit Präferenz für horizontale Orientierungen an das verschlossene Auge gekoppelt; hier gab es keine selektive Inaktivierung.

Sensorische Signale bewirken also nur dort selektive Veränderungen in der neuronalen Verschaltung, wo sie den vorgegebenen Antworteigenschaften der betroffenen Nervenzellen entsprechen. Angeborene, durch die jeweilige Verschaltung festgelegte Reaktionsweisen der Zellen werden also mit der Aktivität von der Netzhaut verglichen. Entsprechen die sensorischen Signale der „Erwartung" der Sehrinden-Neuronen, so werden die betreffenden Bahnen konsolidiert; ist dies nicht der Fall, bleiben selektive Änderungen in der Verschaltung aus. Allenfalls verschlechtert sich allgemein die synaptische Übertragung wie bei den in völliger Dunkelheit gehaltenen Jungtieren.

Aus solchen und ähnlichen Experimenten ließ sich ein Satz von Regeln aufstellen, welche die aktivitätsabhängigen Modifikationen in der Verschaltung zwischen beiden Augen und den binokularen Sehrinden-Neuronen hinreichend beschreiben. Sind ein sensorisches Neuron und seine nachgeschaltete, also postsynaptische Zelle gemeinsam aktiv, so wird die Erregungsübertragung effizienter und diese Verbindung selektiv gefestigt, also konsolidiert. Bleibt das Neuron aber inaktiv, während seine nachge-

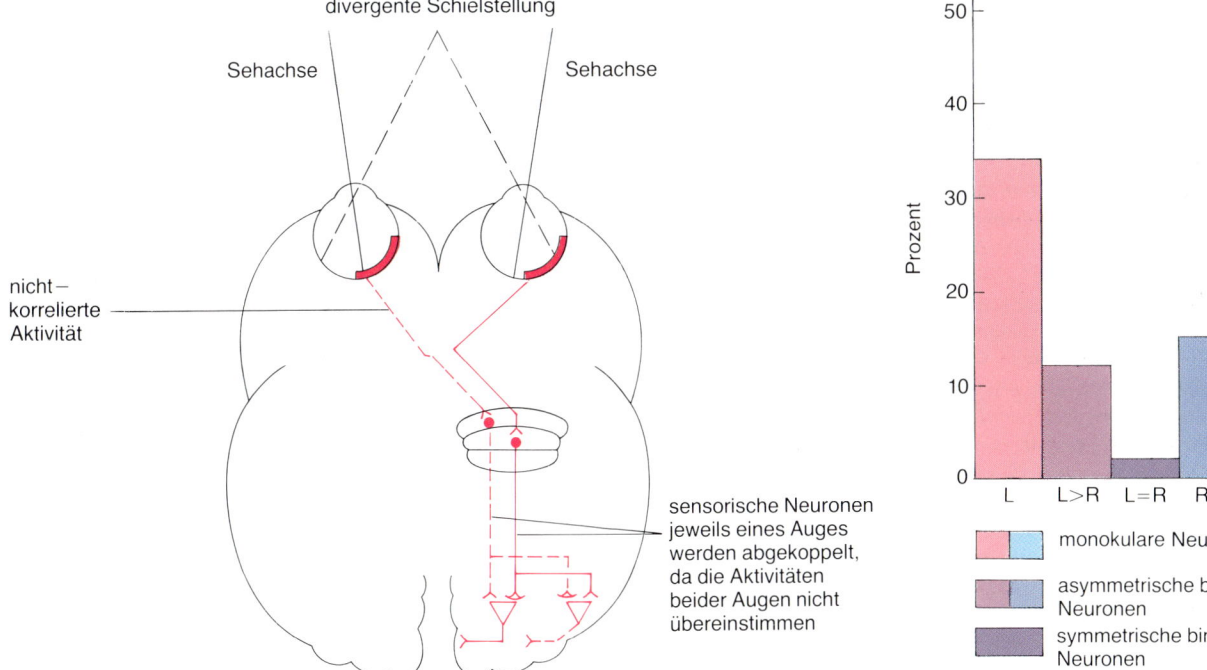

Bild 8: Stimmen die Sehachsen beider Augen während der kritischen Phase nicht überein, schielen die Tiere also, dann sind sie an einem binokularen Sehrinden-Neuron einlaufenden Aktivitätsmuster nicht mehr deckungsgleich. Die Verbindungen zu jeweils einem der beiden Augen werden abgekoppelt, wobei etwa gleichviele Sehrinden-Neuronen „links"- oder „rechtsäugig" werden, was sich in einer U-förmigen Verteilung der Augendominanz niederschlägt (rechts). Zwar können beide Augen für sich allein normale Sehfähigkeit erlangen, doch geht die Fähigkeit zum beidäugigen Sehen verloren. Die Tiere sind stereoblind. Bei schie-

lenden Kindern verändert die Fehlstellung der Augen offenbar die neuronalen Verbindungen in ganz ähnlicher Weise. Da die Signale eines Auges – oder abwechselnd beider Augen – unterdrückt werden, um die störende Wahrnehmung von Doppelbildern zu vermeiden, entfällt die Kooperation zwischen beiden Augen. Wird die Fehlstellung nicht schon während der ersten Lebensjahre chirurgisch oder durch intensive Sehschulung behoben, so lernen die Kinder nie mehr, mit beiden Augen gleichzeitig zu sehen. Sie sind dann unfähig, durch direkten Vergleich der Bilder in beiden Augen auf die Entfernung von Objekten zu schließen.

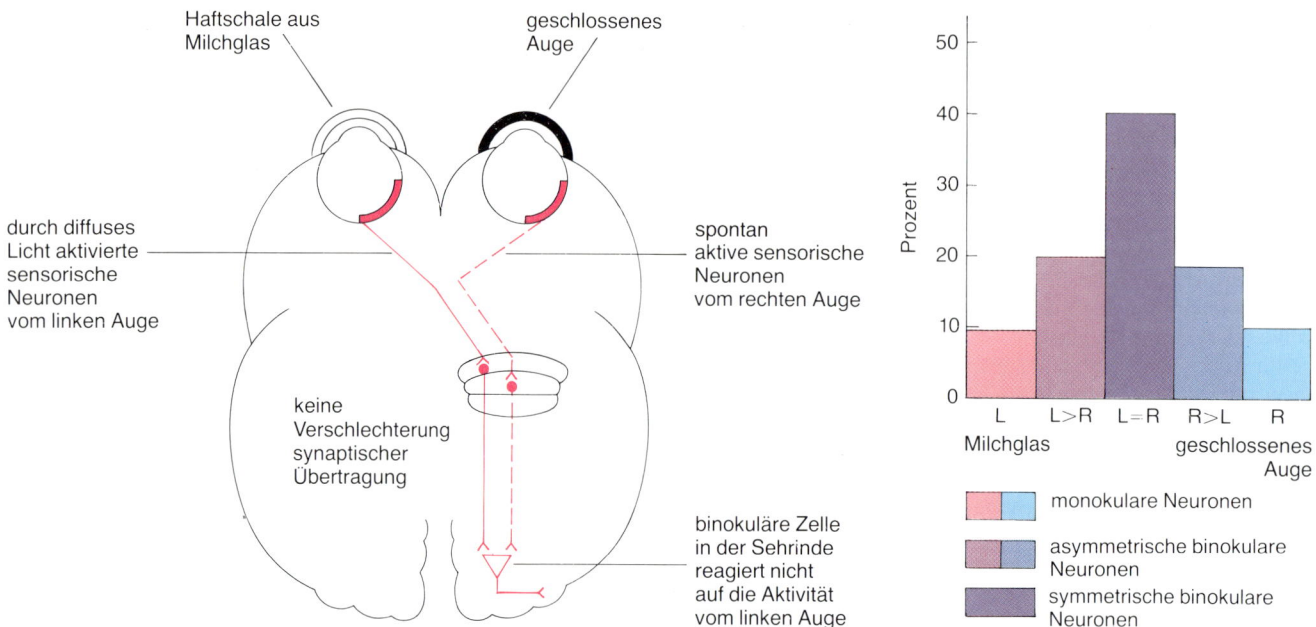

Bild 9: An den Verbindungen zwischen den Augen und den gemeinsamen Zielzellen in der Hirnrinde ändert sich nichts, wenn die Sehrinden-Neuronen daran gehindert werden, auf Aktivitäten vom offenen Auge zu reagieren. Das läßt sich auf einfache Weise erreichen, indem man das offene Auge mit einer Haftschale aus Milchglas abdeckt. Dadurch kann es zwar noch Helligkeitsunterschiede registrieren, aber keine Konturen mehr auflösen. Da die Sehrinden-Neuronen nur auf Konturen und kaum auf Helligkeitsschwankungen reagieren, lassen sich die vom Milchglas-Auge kommenden Fasern durch ständig wechselnde Beleuchtung stark aktivieren, ohne dabei die nachgeschalteten Sehrinden-Neuronen zu erregen. Wie aus der symmetrischen Verteilung der Augendominanz zu erkennen (rechts), verändert sich nichts in der Verschaltung der Hirnrinde, obwohl die sensorischen Neuronen im geschlossenen und im „offenen" Auge unterschiedlich aktiv waren. Die Dominanz ist also nicht zugunsten des stimulierten Auges verschoben. Damit aktivitätsabhängige Modifikationen in der neuronalen Verschaltung zustandekommen, müssen offenbar die Sehrinden-Neuronen auch auf die einlaufenden Signale ansprechen, also erregt werden. Ein weiteres Experiment konnte dies bestätigen.

schaltete Zelle — aufgrund anderer Eingänge — feuert, so verschlechtert sich die Erregungsübertragung zwischen beiden, und das Neuron wird abgekoppelt. Bleibt hingegen die nachgeschaltete Zelle inaktiv, ganz gleich, wie sich das sensorische Neuron auch verhält, so verändert sich nichts.

Wenn man diese Regeln nun auf Verschaltungen anwendet, bei denen mehrere sensorische Neuronen auf eine gemeinsame nachgeschaltete Zelle einwirken, zeigt sich, daß der aktivitätsabhängige Selektionsprozeß einen assoziativen Effekt hat. Er festigt selektiv jene neuronalen Verbindungen, deren Aktivitätsmuster stark miteinander korreliert und zugleich geeignet sind, das nachgeschaltete neuronale Element zu erregen (Bild 12 oben).

Sind die Muster jedoch nicht korreliert, dann treten diese sensorischen Neuronen in Wettstreit miteinander (Bild 12 Mitte). Dabei werden voraussagbar jene gewinnen und — auf Kosten der anderen — ihren Kontakt zur gemeinsamen Zielzelle festigen, die am häufigsten zeitgleich mit ihr aktiv sind.

Dies werden in aller Regel jene sensorischen Neuronen sein, welche die Zielzelle am besten aktivieren — sei es, weil sie schon von Anfang an die wirksameren synaptischen Verbindungen besitzen oder weil sie Aktivitätsmuster

weitergeben, die den Antworteigenschaften der nachgeschalteten Zelle am besten entsprechen.

Die molekularen Mechanismen, die der aktivitätsabhängigen Abkoppelung und Konsolidierung von synaptischen Verbindungen zugrunde liegen, werden derzeit intensiv untersucht. Als sehr hilfreich erweist sich dabei die Möglichkeit, dünne Schnitte der Sehrinde in vitro funktionstüchtig zu erhalten und aktivitätsabhängige Veränderungen der synaptischen Koppelung unter diesen vereinfachten Bedingungen zu untersuchen. Es muß davon ausgegangen werden, daß in Dendriten, die über eine kritische Schwelle hinweg depolarisiert wurden, ein Signal erzeugt wird, das Synapsen abschwächt, die nicht ausreichend aktiv sind. Die Natur dieses bestrafenden Signals ist noch nicht aufgeklärt. Die gegenwärtig wahrscheinlichste Hypothese ist, daß bei hinreichend starker Depolarisation der Zelle Calciumionen über spannungsabhängige Calciumkanäle in das Zellinnere gelangen und chemische Signale erzeugen, die dann zur Abschwächung der Synapsen führen. Ob von dieser Abschwächung nur Synapsen betroffen sind, die sich durch unzureichende, aber von Null verschiedene Aktivierung als „Versager" zu erkennen geben, oder ob auch vollkommen inaktive Synapsen

„bestraft" werden, bedarf noch der Klärung.

Interessanterweise spielt der Einstrom von Calciumionen auch eine entscheidende Rolle bei der Verstärkung und Stabilisierung der Synapsen, die zeitgleich mit der nachgeschalteten Zelle aktiv sind. Wir konnten zeigen, daß sich Synapsen vor einer Abkoppelung schützen können, wenn sie selbst in der Lage sind, über einen speziellen synaptischen Mechanismus einen massiven Calciumeinstrom zu erzeugen. Über diesen Mechanismus wird derzeit intensiv geforscht, da man in ihm eine der molekularen Grundlagen von Lernprozessen sieht. Es handelt sich um einen postsynaptischen Rezeptor für erregende Überträgerstoffe (Transmitter), der hochselektiv auf die künstlich synthetisierte Aminosäure N-Methyl-D-Aspartat anspricht und deshalb NMDA-Rezeptor getauft wurde. Die Besonderheit dieses Rezeptormechanismus ist, daß der mit dem Rezeptor verbundene Membrankanal nur dann für Ionen — und in diesem Fall interessanterweise für Calciumionen — durchlässig wird, wenn durch präsynaptische Aktivierung Transmitter freigesetzt werden und gleichzeitig die nachgeschaltete Zelle hinreichend stark aktiviert ist. Weder die präsynaptische Transmitterfreisetzung noch die postsynaptische Aktivierung alleine reichen aus, um den Ionenkanal permeabel zu machen. Der Grund ist, daß der Kanal durch ein Magnesiumion blockiert wird, welches den Kanal verlassen kann, wenn das Membranpotential hinreichend depolarisiert wird. Der Mechanismus funktioniert also wie ein molekularer Koinzidenzdetektor, der die zeitliche Korrelation von prä- und postsynaptischer Aktivität bewertet und für den Fall einer positiven Korrelation ein Signal erzeugt, welches die betreffenden Synapsen verstärkt beziehungsweise stabilisiert. Als Signal dient auch hier der Einstrom von $Ca^{2+}$-Ionen. Wenn dieser Mechanismus während der frühen Entwicklung inaktiviert wird, was durch eine pharmakologische Blockade möglich ist, dann bleiben aktivitätsabhängige Veränderungen der neuronalen Verschaltung aus. Ein faszinierender Aspekt ist hierbei, daß dieselben Vorgänge auch bei aktivitätsabhängigen Langzeitveränderungen der synaptischen Übertragung in ausgereiften Hirnstrukturen eine tragende Rolle spielen und als Grundlage für Lernprozesse angesehen werden. Die erfahrungsabhängige Optimierung der neuronalen Verschaltung während der frühen Entwicklung und beim Lernen im Erwachsenenalter beruhen also auf demselben molekularen Mechanismus, was die enge Verwandtschaft der beiden Prozesse unterstreicht.

### Eine Arbeitshypothese

Welche Funktion könnten solche erfahrungsabhängigen Entwicklungsprozesse haben? Warum sieht die Natur überhaupt ein so hohes Maß an Plastizität in den neuronalen Verbindungen vor? Mehr noch, warum „erlaubt" sie, daß sensorische Signale in so entscheidendem Maße die funktionelle und strukturelle Entwicklung der Sehrinde beeinflussen? Setzt sich das System doch damit der Gefahr aus, daß eine vorübergehend gestörte Informationsaufnahme durch die Augen irreversibel die Sehfunktion beeinträchtigen kann.

Die Antworten auf solche teleologischen Fragen müssen spekulativ bleiben. Meiner Meinung nach geht die Natur dieses Risiko ein, weil sie dadurch, daß sie Signale von den Augen als strukturierenden Faktor in den Entwicklungsprozeß mit einbezieht, Funktionen realisieren kann, die mit genetischen Anweisungen alleine nicht zu verwirklichen wären.

Ich will dies an einem Beispiel verdeutlichen. Tiere mit frontal stehenden Augen − und somit auch wir Menschen − können räumlich sehen. Dazu werden die Signale beider Augen integriert

und der Abstand von Objekten in der Tiefe des Raumes unmittelbar berechnet. Damit lassen sich Gegenstände genau lokalisieren, aber auch aufgrund ihrer Abgehobenheit vom Hintergrund als solche erfassen, also Figur-Grund-Unterscheidungen vornehmen. Dies ist eine für alle Wahrnehmungsprozesse außerordentlich bedeutsame Grundfunktion.

Voraussetzung dafür sind Zellen in der Hirnrinde mit zwei rezeptiven Feldern, einem in jedem Auge. Die Felder müssen gleich strukturiert und so auf der Netzhaut beider Augen angeordnet sein, daß sie deckungsgleiche Signale aus dem Sehraum empfangen und dem gleichen Zielneuron zuleiten. Dies erfordert aber außerordentlich präzise Verbindungen von beiden Augen zu den binokularen Neuronen in der Sehrinde. Ein bestimmtes Sehrinden-Neuron darf daher während der Entwicklung nur mit genau korrespondierenden Netzhautbereichen in beiden Augen verbunden werden.

Nun läßt sich aber leicht feststellen, daß die genetische Information alleine niemals so genau festlegen kann, welche Bereiche später einander entsprechen. Denn welche das letztlich im erwachsenen, ausgereiften System sein werden, hängt von Parametern wie dem Abstand der Augen oder der Lage der Augäpfel in den Augenhöhlen ab − und beides wird selbst wieder von außergenetischen Faktoren beeinflußt.

Eine elegante Strategie, die richtigen Verbindungen auszuwählen, wäre, diese nach funktionellen Kriterien zu identifizieren. Definitionsgemäß entsprechen jene Netzhautbereiche einander, die beim beidäugigen Fixieren eines Objektes identische Signale aus der Sehwelt empfangen. Es würde also genügen, eben nur die Verbindungen zu gemeinsamen Zielneuronen in der Sehrinde zu festigen, die sich in ihrem Aktivierungsmuster ähneln. Gemäß den erwähnten Modifikationsregeln würden selektiv Verbindungen stabilisiert, die miteinander korrelierte Aktivitäten beibehalten, solche mit unkorrelierten Aktivitäten aber abgekoppelt.

Entscheidend ist nun, daß dieser Auswahlprozeß nur dann erfolgreich sein wird, wenn zusätzliche Randbedingungen erfüllt sind. Denn die aktivitätsabhängige Selektion darf erst erfolgen, wenn das Tier aufmerksam mit beiden Augen fixiert. In allen anderen Fällen sind die von der Netzhaut kommenden Antworten − selbst wenn sie von anatomisch korrespondierenden Bereichen herrühren − nicht miteinander korreliert. Zwischen den sensorischen Neuronen von beiden Augen käme es zum Wettstreit, und schließlich gingen alle

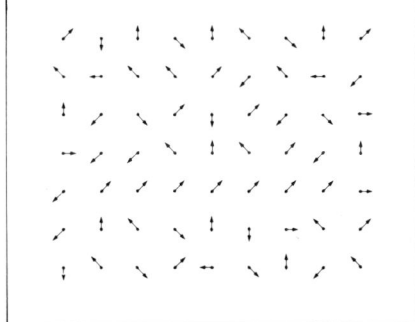

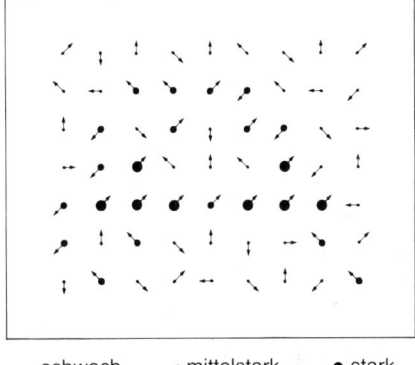

· schwach  • mittelstark  ● stark

eingeschwungener Zustand

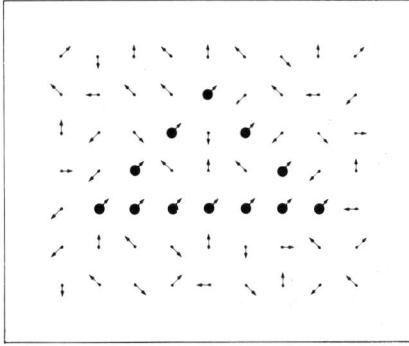

**Bild 10: Basisoperationen der Mustererkennung − wie die Figur-Grund-Unterscheidung − könnten ebenfalls auf aktivitätsabhängigen selektiven Koppelungen beruhen. Ein linear bewegtes Objekt beispielsweise läßt sich anhand der gleichsinnigen Bewegungsrichtung aller seiner Elemente vom Hintergrund trennen, wie diese „Dreieckspunkte" in einem Feld sich beliebig bewegender Punkte veranschaulichen. Zu Beginn (oben) werden all jene Merkmalsdetektoren der Sehrinde erregt, in deren rezeptiven Feldern ein Lichtpunkt mit passender Bewegungsrichtung erscheint (Bild 5). Die zum Dreieck gehörenden Punkte werden dabei genügend Detektoren gleicher Richtungspräferenz erregen, die über besonders wirksame erregende Verbindungen bereits miteinander gekoppelt sein sollen. Diese Detektoren stützen sich − da hinreichend nahe benachbart − gegenseitig in ihren Aktivitäten, ihre Reaktion verstärkt sich, und ihre Erregung wird zunehmend gleichförmiger (Mitte). Nach einer gewissen Zeit (unten) ist dann die Erregung eingeschwungener Detektoren als Muster für nachgeschaltete Analyseprozesse „erkennbar", die Figur ist deutlich vom Hintergrund abgetrennt.**

binokularen Verbindungen verloren. Die aktivitätsabhängige Selektion muß daher von Kontrollsystemen überwacht werden, welche die Modifikation von Verbindungen zur Sehrinde nur dann zulassen, wenn die Stellung der Augen und der Aufmerksamkeitszustand des Tieres dies geboten sein lassen.

## Zentrale Kontrolle erfahrungsabhängiger Modifikationen

Neuere Untersuchungen haben ergeben, daß solche Kontrollsysteme tatsächlich vorgesehen sind. So konnten wir zeigen, daß die erfahrungsabhängige Selektion von Verbindungen zur Sehrinde ausbleibt und die Tiere eine Sehschwäche wie beim Schielen entwickeln, wenn Rückmeldungen über den Kontraktionszustand der verschiedenen Augenstellmuskeln ausgeschaltet werden. Obgleich die Tiere visuelle Signale ungehindert aufnehmen können, bleiben die Funktionen der Sehrinden-Neuronen und die Sehleistungen fast so schlecht, als wenn jegliche visuelle Erfahrung gefehlt hätte. Rückmeldungen über die Position der Augäpfel haben offenbar eine wichtige Kontrollfunktion bei der erfahrungsabhängigen Optimierung der Sehrinden-Verschaltung.

Das gleiche gilt für zentrale Kontrollsysteme, die den Wachheits- und Aufmerksamkeitszustand des Tieres regulieren. Zu ihnen gehören eine Vielzahl kompliziert organisierter Strukturen im Mittel- und Zwischenhirn, die über ein weitverzweigtes Netz von Bahnen die Erregbarkeit der thalamischen Schaltkerne und der Hirnrinde modulieren (Bild 13). Diese aktivierenden Systeme lassen sich durch gezielte Eingriffe ausschalten. Geschieht dies einseitig, etwa durch Läsion bestimmter mittellinien-naher Kerngebiete in der rechten Hälfte des Zwischenhirns, so beachten die Tiere links im Sehfeld gebotene visuelle Reize nicht mehr. Eine solche einseitige Nichtbeachtung sensorischer Reize findet sich auch bei Menschen mit entsprechenden Hirnschäden. Sie verhindert bei den Tieren erfahrungsabhängige Modifikationen in der Hirnhälfte, die aufgrund der Läsion weniger aufmerksam ist. Bleibt nämlich ein Auge geschlossen, so entwickeln sich die Sehrinden-Funktionen in der normalen Hirnhälfte wie bei einäugig sehenden Tieren; im Gegensatz dazu entwickelt sich die andere, weniger aufmerksame Hirnhälfte, als wären die Tiere ohne jegliche visuelle Erfahrung aufgewachsen.

Obgleich also beide Hirnhälften vom offenen Auge identische Signale übermittelt bekommen, fördern diese nur in

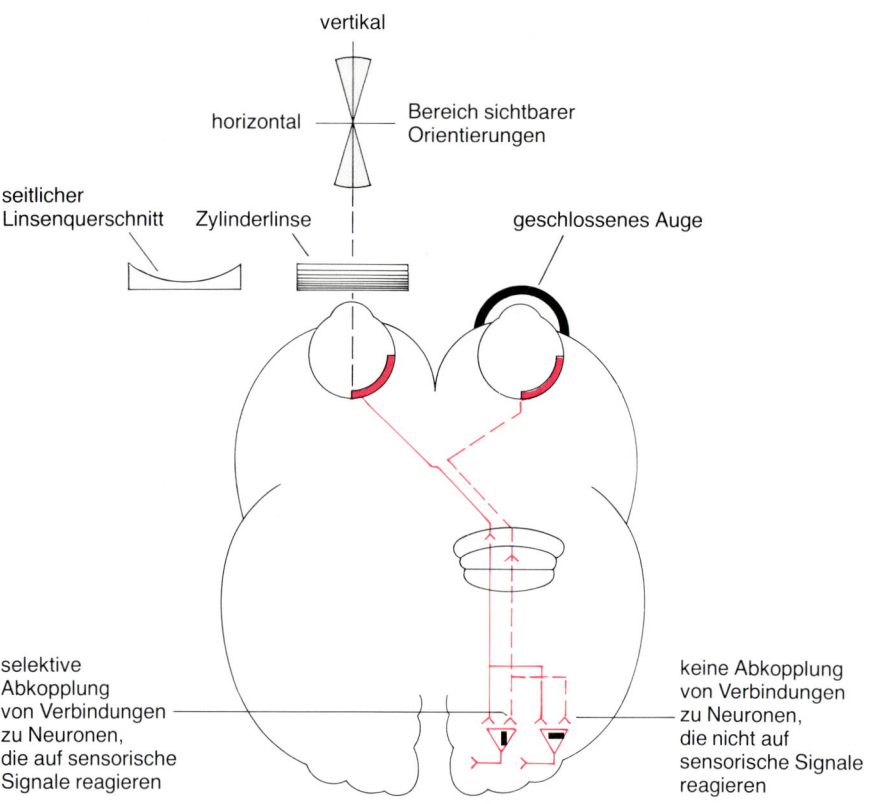

**Bild 11: Die Hypothese, daß die Neuronen der Sehrinden erregt werden müssen, um erfahrungsabhängige Veränderungen ihrer Verschaltung zu erreichen, läßt sich mit einer speziellen Brille prüfen. Sie verschließt ein Auge völlig, während das andere über eine Zylinderlinse nur** vertikale Konturen scharf zu sehen bekommt. (Der Querschnitt der Linse entlang der gestrichelten Linie ist hier in die Ebene geklappt dargestellt.) Daher können die Bahnen vom offenen Auge nur jene Sehrinden-Neuronen erregen, deren rezeptive Felder vertikal orientiert

der aufmerksamen Hirnhälfte die erfahrungsabhängigen Ausreifungsprozesse. Die bloße Aktivierung von Sehrinden-Neuronen durch Signale von der Netzhaut reicht demnach nicht aus, Modifikationen auszulösen. Zusätzliche, nicht von der Netzhaut kommende Signale müssen den Anstoß dazu geben.

Daß solche Signale im wesentlichen von Systemen einlaufen dürften, die Wachzustand und Aufmerksamkeit kontrollieren, ergibt sich auch aus einer Reihe anderer Befunde. Mehrere Arbeitsgruppen berichteten übereinstimmend, daß sich keine langfristigen Veränderungen der Hirnrinden-Funktionen induzieren lassen, wenn die Tiere während der Darbietung visueller Reize anästhesiert sind. (Die Augen sind bei solchen Tieren offen.) Die Narkose dämpft unter anderem global die Aktivität der Kontrollsysteme. Doch selbst beim narkotisierten Tier lassen sich reizabhängige Modifikationen erzielen, wenn zusätzlich zu den visuellen Reizen jene zentralen Kontrollsysteme direkt elektrisch stimuliert werden, die offenbar den Anstoß zu plastischen Prozessen geben müssen.

Ferner zeigte sich, daß erfahrungsabhängige Modifikationen in der Hirnrinden-Verschaltung auch dann ausblei-

ben, wenn die Tiere zwar wach sind, aber aus bestimmten Gründen den visuellen Signalen keine Beachtung schenken. Das läßt sich auf verschiedene Weise erreichen, beispielsweise durch eine Brille, welche die Bilder auf der Netzhaut umkehrt. Bei Kopf- oder Augenbewegung verschiebt sich dann das Bild auf der Netzhaut nicht mehr gemäß der selbst ausgeführten Bewegung. Dies wiederum beeinträchtigt die Steuerung von visuell kontrollierten Bewegungen, etwa das Ergreifen eines Objektes.

Tiere können ebenso wie Menschen diese Unstimmigkeiten zwischen den Netzhaut-Koordinaten und anderen sensorischen Bezugssystemen in einem mehrtägigen Lernprozeß überwinden und ihren Gesichtssinn dann wieder unbehindert einsetzen. Junge Tiere umgehen diese Schwierigkeit jedoch meist dadurch, daß sie den störenden Signalen von den Augen keine Beachtung schenken und sich auf ihre anderen Sinne verlassen. In einer ihnen vertrauten Umgebung entwickeln sie dabei so hohe Fertigkeiten, daß sich nur mit sorgfältigen Tests feststellen läßt, daß sie ihren Gesichtssinn in den meisten Situationen gar nicht einsetzen. Die nach wie vor zur Hirnrinde gelangenden Signale von

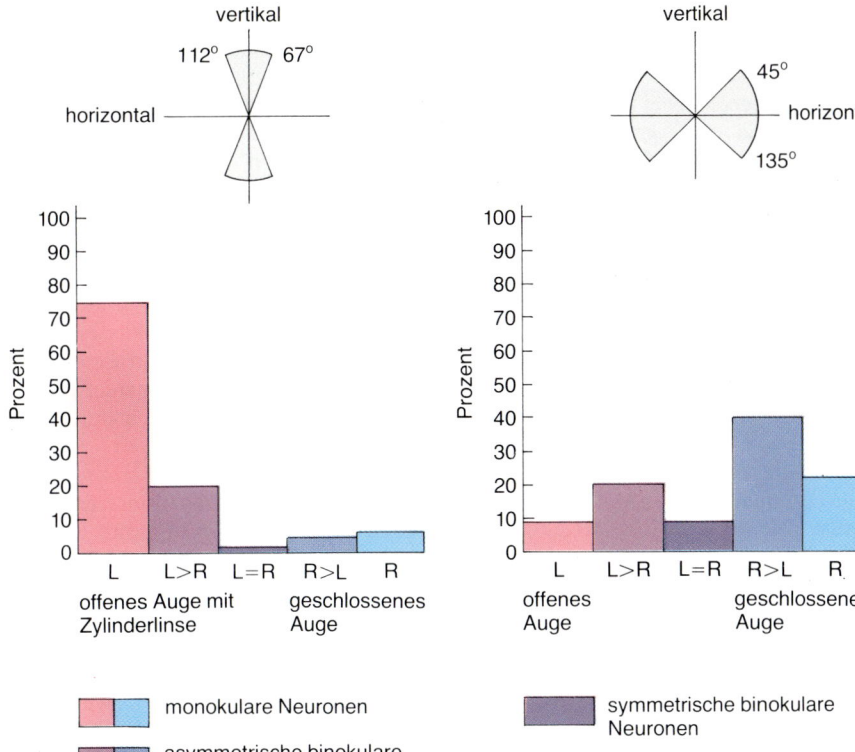

monokulare Neuronen

asymmetrische binokulare Neuronen

symmetrische binokulare Neuronen

sind (Bild 5). Entsprechend verschiebt sich die Dominanz dieser Neuronen zugunsten des offenen, also linken Auges (linkes Diagramm). Im rechten Diagramm sind alle jene Neuronen zusammengefaßt, deren Orientierungspräferenz so weit von der Vertikalen abweicht, daß sie

den Augen bewirken auch hier keinerlei Modifikation.

Diese experimentelle Situation ähnelt in vielem der, die bei schielenden Kindern Amblyopie zur Folge hat. Auch hier stören die visuellen Signale, da infolge der fehlgestellten Augen Doppelbilder entstehen. Die Kinder helfen sich, indem sie den Signalen von einem ihrer Augen keine Beachtung schenken und diese vom Wahrnehmungsprozeß ausschließen. Die Folge ist, daß die vom unterdrückten Auge kommenden Aktivitäten — obgleich in ihrer Struktur ganz ähnlich wie die vom anderen Auge — die erfahrungsabhängige Ausreifung der Hirnrinde nicht unterstützen.

Welche Richtung erfahrungsabhängige Modifikationen nehmen, ob sie eine bestimmte neuronale Verbindung festigen oder abkoppeln, hängt vom Ergebnis lokaler Korrelationsoperationen in der Hirnrinde ab. Ob sich jedoch überhaupt etwas auf ein bestimmtes sensorisches Aktivierungsmuster hin verändert, wird von zentralen Systemen bestimmt, welche es erlauben, die Stimmigkeit der jeweiligen Aktivierungszustände global zu bewerten.

Einige der zentralen Projektionssysteme, welche für die Kontrolle neuronaler Plastizität verantwortlich sind,

vom offenen Auge nicht erregt werden konnten. Ihre Dominanz verschiebt sich nicht zum offenen Auge. Doch zeigt sich in dieser Verteilung zusätzlich der Effekt, daß bei längerem Erfahrungsentzug die Zahl der symmetrisch binokularen Sehrinden-Neuronen abnimmt.

konnten identifiziert werden. So ist inzwischen erwiesen, daß die noradrenerge Projektion vom Hirnstamm und die cholinerge Projektion vom basalen Vorderhirn eine permissive Funktion beim Zustandekommen erfahrungsabhängiger Verschaltungsänderungen haben. Interessanterweise sind dies die gleichen Systeme, die auch Lernprozesse im Erwachsenengehirn begünstigen, was wiederum auf die engen Beziehungen zwischen entwicklungsspezifischen Anpassungsprozessen und Lernen verweist. Die Mechanismen, über welche diese modulierenden Systeme die neuronale Plastizität in der Hirnrinde kontrollieren, stehen vor der Aufklärung. Eine wichtige Aufgabe kommt den Überträgersubstanzen Acetylcholin und Noradrenalin zu, die erregende Antworten von Hirnrinden-Zellen durch die Blockade von Kalium-Leitfähigkeiten verstärken. Da die elektrische Erregung der Sehrinden-Zellen eine kritische Schwelle überschreiten muß, ehe die aktivitätsabhängigen Modifikationsprozesse in Gang kommen, können die modulierenden Systeme die plastischen Prozesse kontrollieren, indem sie die elektrische Erregbarkeit steuern. Dies bedeutet aber auch, daß grundsätzlich alle Projektionssysteme, welche die Er-

regung von Sehrinden-Neuronen beeinflussen, also auch die für die Informationsverarbeitung selbst zuständigen Verbindungen, an der Kontrolle plastischer Prozesse mitwirken könnten.

Das Verlockende an dieser Hypothese ist, daß dann die an der Reizverarbeitung direkt beteiligten Nervennetze selbst darüber „entscheiden" könnten, welche Aktivierungsmuster Spuren hinterlassen dürfen: Je besser ein Reiz den vorgegebenen Antworteigenschaften weitverzweigter Nervennetze entspricht, um so größer ist die Zahl der aktivierten Rückkoppelungsschleifen und um so größer die Wahrscheinlichkeit, daß die Schwelle für adaptive Veränderungen erreicht wird. Ein solcher Mechanismus hätte den unbestreitbaren Vorzug, daß zur Überwachung plastischer Prozesse kein übergeordnetes Kontrollsystem erforderlich wäre, das mindestens so komplex sein müßte wie die zu optimierenden Verarbeitungsstrukturen selbst.

## Müssen auch höhere Sehfunktionen erlernt werden?

Einiges spricht dafür, daß auch bei der Entwicklung anderer Teilleistungen des Sehsystems neuronale Verbindungen nach funktionellen Kriterien optimiert werden müssen. Viele der für die Mustererkennung notwendigen Verarbeitungsprozesse in der Hirnrinde setzen außerordentlich selektive Interaktionen zwischen Neuronen mit bestimmten funktionellen Eigenschaften voraus. Auch hier erscheint „Ausprobieren" als der ökonomischste, wenn nicht sogar einzig gangbare Weg, um Gruppen von Neuronen mit bestimmten funktionellen Eigenschaften zu identifizieren und entsprechende Verbindungen zu festigen.

In diesem Zusammenhang ist der assoziative Effekt der aktivitätsabhängigen Selektionsprozesse besonders bedeutsam, der gezielt Verbindungen zwischen Nervenzellen stabilisiert, deren Aktivitätsmuster miteinander korreliert sind. Auf solchen selektiven Koppelungen könnten verschiedene Basisoperationen beruhen, die zum Erkennen und Verarbeiten von Mustern unerläßlich sind.

Objekte lassen sich nur als solche erkennen, weil ihre Eigenschaften es erlauben, sie als Einheiten von anderen abzugrenzen. Eine Basisoperation, die am Anfang aller Mustererkennungsprozesse steht, ist, das zu identifizierende Objekt von den umgebenden, nicht zu ihm gehörenden Konturen abzugrenzen. Eine Objekteigenschaft, die zu solchen Figur-Grund-Unterscheidungen herangezogen wird, ist beispielsweise bei einem linear bewegten Objekt die gleichgerichtete, zusammenhängende Bewegung aller objekteigenen Konturen. Entsprechend lassen sich ruhende Objekte abgrenzen, etwa an einer bestimmten Farbe oder Helligkeit, an ihrer Raumtiefe oder an ihren geschlossenen Umrißkonturen. Immer kommt es darauf an, die Welt der sichtbaren Dinge auf Merkmale hin abzutasten, die innerhalb der jeweiligen Merkmalsräume bestimmte Bezüge zueinander aufweisen und sich dadurch zum Abgrenzen eignen. Das Wesen dieser Basisoperation läßt sich mit einem einfachen Gedankenexperiment verdeutlichen. Stellen wir uns einmal auf einem Fernsehschirm ein Feld von Punkten vor, die sich alle mit gleicher Geschwindigkeit und − bis auf wenige − in beliebiger Richtung (Bild 10) bewegen. Diese wenigen sollen auf den Seiten eines gedachten Dreiecks liegen und sich gleichsinnig bewegen. Unser Gehirn wird sie, solange ihre Zahl nicht zu klein ist, als zusammengehörig identifizieren, das heißt, im Chaos der Punktebewegungen werden die gepunkteten Umrisse eines Dreiecks sichtbar, das sich in einer bestimmten Richtung über den Schirm bewegt.

Das einzige Merkmal, nach dem sich die Figur vom Hintergrund trennen läßt, ist hier die gleichsinnige Bewe-

gungsrichtung aller Figurenelemente. Das Zentralnervensystem muß also Bezüge zwischen den Punkten herstellen und erkennen, daß eine gewisse Schar von Punkten eine gemeinsame Eigenschaft hat: sich in gleicher Richtung zu bewegen. Erst wenn das Gehirn diese Punkte als zusammengehörig identifiziert und somit von allen anderen abgegrenzt hat, kann es die Struktur der Figur analysieren.

Wie können Nervennetze, deren Verbindungen erfahrungsabhängig gefestigt oder entkoppelt wurden, solche Trennprobleme lösen? Wie eingangs beschrieben, reagieren viele Sehrinden-Neurone selektiv auf bestimmte Mustermerkmale. Neuroanatomische Befunde zeigen, daß diese Merkmalsdetektoren über weitreichende tangentiale Verbindungen miteinander in Wechselwirkung treten können. Auch diese intrakortikalen Verbindungen entwickeln sich vorwiegend nach der Geburt, werden zunächst im Überschuß angelegt und erreichen ihre endgültige Ausprägung erst nach einem Selektionsprozeß. Die Auswahl findet zu einem Zeitpunkt statt, an dem Interaktionen mit der visuellen Umwelt bereits möglich sind. Es gibt erste Hinweise dafür, daß auch die Selektion dieser Verbindungen nach funktionellen Kriterien erfolgt und hierbei die gleichen Regeln zum Tragen kommen, die bereits der Selektion bino-

kularer Verbindungen zugrunde lagen. Dies läßt erwarten, daß die erregenden Verbindungen zwischen häufig gleichzeitig aktivierten Neuronen effektiver, die zwischen nur selten oder nie zusammen aktivierten Neuronen hingegen schwächer werden. Dadurch schließen sich verschiedene Klassen von Merkmalsdetektoren zu Ensembles, zu Gruppen, zusammen, die sich durch verstärkte erregende Wechselwirkung zwischen ihren Mitgliedern auszeichnen. Solche selektiv gekoppelten Ensembles besitzen eine Reihe interessanter Eigenschaften und können unter anderem Figur-Grund-Unterscheidungen durchführen.

Aufgrund der Struktur unserer sichtbaren Welt werden bestimmte Kombinationen von Merkmalsdetektoren häufiger zusammen erregt als andere. Neuronen, welche auf ·die gleiche Bewegungsrichtung − von rechts nach links etwa − ansprechen, werden immer dann gleichzeitig aktiviert, wenn die Augen von links nach rechts über Konturen hinwegwandern oder wenn sich ein Objekt von rechts nach links durch das Gesichtsfeld bewegt. So werden sich also unter dem Einfluß visueller Erfahrung vorzugsweise erregende Verbindungen zwischen Merkmalsdetektoren konsolidieren, die ähnliche Richtungspräferenzen aufweisen. Wie folgendes Beispiel zeigt, sind Neuronennetze, die über solche selektiven Koppelungen verfügen, in der Lage, das Figur-Grund-Problem in unserem Beispiel zu lösen.

Nehmen wir wieder das Punktemuster und betrachten, wie sich die entsprechenden Erregungsverteilungen in der Sehrinde entwickeln. Zu Beginn werden all jene Merkmalsdetektoren gleichermaßen erregt, in deren rezeptiven Feldern ein Lichtpunkt erscheint und deren Richtungspräferenz der Bewegungsrichtung des jeweiligen Punktes entspricht. Da sich die zum Dreieck gehörigen Punkte gleichsinnig bewegen, erregen sie Detektoren gleicher Richtungspräferenz. Diese wiederum sind entsprechend unserer Annahme selektiv über besonders wirksame erregende Verbindungen miteinander gekoppelt. Werden nun genügend und hinreichend nahe benachbarte Detektoren durch gleichförmig bewegte Punkte erregt, so wirkt sich die selektive Koppelung aus: Die Detektoren stützen sich gegenseitig in ihren Aktivitäten, ihre Reaktionen werden stärker und ihre Erregung gleichförmiger.

Nichts dergleichen geschieht jedoch bei den vielen Detektoren, die von nichtgleichsinnig sich bewegenden Punkten aktiviert werden. Daher heben sich nach einer gewissen Einschwing-

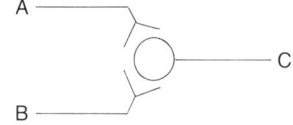

| statistische Eigenschaften der Aktivitätsmuster in A, B und C | Verschaltungsergebnis |
|---|---|
| A = B<br>\\ //<br>C | A und B festigen ihre Verbindung zu C:<br><br>Assoziation von A und B |
| A ⧻ B<br>\\ ⫽<br>C | A festigt seine Verbindung zu C auf Kosten von B:<br><br>kompetitive Abkoppelung von B |
| A ⧻ B<br>⫽ //<br>C | B festigt seine Verbindung zu C auf Kosten von A:<br><br>kompetitive Abkoppelung von A |
| A = B<br>⫽ ⫽<br>C<br><br>A ⧻ B<br>⫽ ⫽<br>C | A und B koppeln ab, wenn C aktiv<br><br>oder<br><br>A und B verbleiben an C, wenn C inaktiv |
| = korrelierte Aktivität  ⧻ unkorrelierte Aktivität | |

Bild 12: Die aktivitätsabhängige Selektion neuronaler Verbindungen gehorcht bestimmten Regeln. Sind ein sensorisches Neuron (A oder B) und seine nachgeschaltete Zelle (C) gleichzeitig aktiv, so wird die Erregungsübertragung zwischen beiden effizienter und diese Verbindung gefestigt. Bleibt es aber inaktiv, während seine nachgeschaltete Zelle − aufgrund anderer Eingänge − feuert, so verschlechtert sich die Erregungs- übertragung zwischen beiden, und das Neuron wird abgekoppelt. Bleibt hingegen die nachgeschaltete Zelle inaktiv, so verändert sich nichts. Bei unkorrelierter Aktivität mehrerer Neuronen werden jene auf Kosten der anderen ihren Kontakt zur Zielzelle festigen, die am häufigsten zeitgleich mit ihr aktiv sind (kompetitive Abkoppelung). Eine korrelierte Aktivität aller Elemente (oben) hat dann einen assoziativen Effekt.

zeit die Detektoren, welche die Punkte des Dreiecks codieren, von allen anderen aktivierten Detektoren dadurch ab, daß sie stärker und vermutlich auch kohärenter aktiviert sind. Ihre Erregung ist nun als Muster für nachgeschaltete Analyseprozesse „erkennbar", die Figur ist vom Hintergrund abgetrennt.

Dieses Gedankenexperiment macht deutlich, wie sich über einen — recht einfachen Regeln gehorchenden — Lernprozeß Nervennetze aufbauen ließen, die wichtige Basisoperationen bei der Mustererkennung durchführen können. Entwickelt man dieses Gedankenexperiment weiter, wird deutlich, daß es nicht ausreicht, Ensembles von zusammengehörigen Merkmalsdetektoren lediglich dadurch zu definieren, daß die Antworten der entsprechenden Neuronen verstärkt werden. Für den Regelfall, daß in einer Szene mehr als eine Figur enthalten ist, würde dies zur verstärkten Aktivierung mehrerer Zellensembles führen, und diese wären voneinander wieder nicht unterscheidbar. Jüngste Ergebnisse aus unserem Labor legen nahe, daß die Natur eine Lösung für dieses Problem gefunden hat, indem sie die zeitliche Struktur der neuronalen Antworten und nicht deren Amplitude als Variable benutzt, um Zusammengehörigkeit auszudrücken. Wir haben entdeckt, daß die Antworten von Merkmalsdetektoren rhythmisch sind und mit einer mittleren Frequenz von etwa 40 Hertz oszillieren. Wir haben ferner beobachtet, daß räumlich verteilt liegende Gruppen von Merkmalsdetektoren ihre rhythmischen Aktivitäten synchronisieren können und dann in Phase schwingen. Solche Synchronisationen traten besonders häufig auf zwischen Zellgruppen, die ähnliche Merkmale codieren, also zum Beispiel zwischen Neuronen, die ähnliche Richtungs- und Orientierungspräferenzen aufweisen. Die oszillierenden Antworten räumlich verteilter Merkmalsdetektoren beginnen in Phase zu schwingen, wenn im Bereich ihrer rezeptiven Felder Konturen angeboten werden, die sich mit gleicher Geschwindigkeit in die gleiche Richtung bewegen. Besonders ausgeprägt ist diese Synchronisation zwischen Neuronengruppen, wenn diese von zusammenhängenden Konturen erregt werden. Dies bedeutet, daß sich Neuronengruppen, die sich an der Codierung einer durch die Kohärenz bestimmter Merkmale definierten Figur beteiligen, durch die Phasenkohärenz ihrer oszillatorischen Antworten auszeichnen (Bild 14). Das Ensemble von Neuronen wäre demnach nicht durch die *verstärkten* Antworten der einzelnen Mitglieder, sondern durch die *Phasenkohärenz* ihrer oszillatorischen Ant-

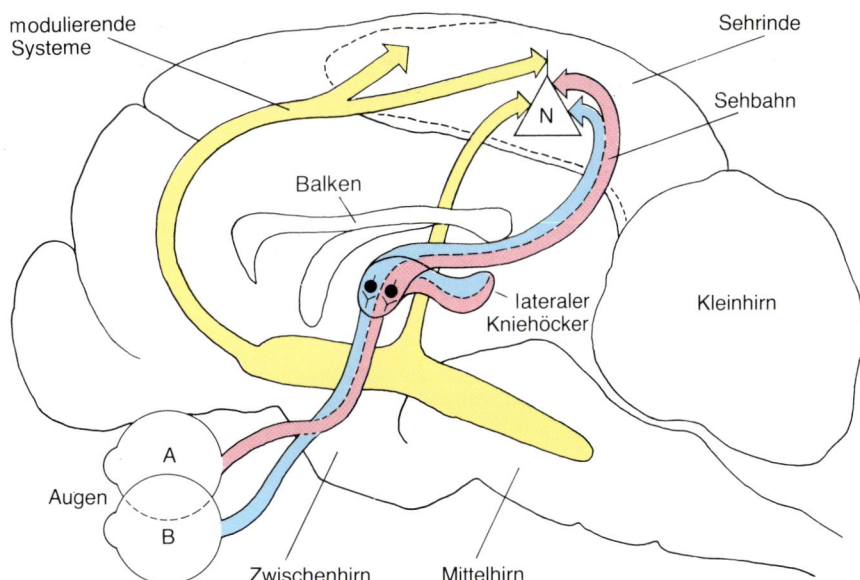

**Bild 13:** Erfahrungsabhängige Modifikationen in der neuronalen Verschaltung von Hirnrinden-Neuronen (N) hängen nicht nur von der Aktivität der sensorischen Neuronen ab, sondern auch von zusätzlichen, vom Gehirn selbst erzeugten Signalen. Welche Richtung solche Modifikationen nehmen, ob sie eine bestimmte neuronale Verbindung festigen oder abkoppeln, wird von der korrelierten oder nicht-korrelierten Aktivität der beteiligten Zellen bestimmt. Ob sich jedoch überhaupt etwas verändert, hängt vom Aktivierungszustand modulierender Systeme (gelb) im Mittel- und Zwischenhirn ab, die als zentrale Kontrollsysteme über ein Netz von Fasern den Wachheits- und Aufmerksamkeitszustand des Tieres regulieren.

worten definiert. Diese Codierungsart löst das Superpositionsproblem. Es lassen sich auf diese Weise mehrere Ensembles gleichzeitig aktivieren, ohne daß sich ihre Antworten miteinander vermischen. Es genügt, daß die Gruppen von Merkmalsdetektoren zwar in sich synchronisiert sind, ihre oszillatorischen Aktivitäten jedoch untereinander keine festen Phasenbeziehungen aufweisen. Dies wäre schon dann der Fall, wenn jedes Ensemble mit einer etwas unterschiedlichen Frequenz oszillierte. Weiterführende Untersuchungen haben inzwischen gezeigt, daß solche oszillatorischen Antworten nicht auf Neuronen der primären Sehrinde beschränkt sind, sondern es auch zwischen Neuronengruppen in verschiedenen Hirnrinden-Arealen zur Synchronisation der oszillierenden Antworten kommen kann. Dies legt nahe, daß es sich bei dieser Codierungsart, welche die Phasenlage oszillierender Antworten mit einbezieht, um ein allgemeines Prinzip kortikaler Verarbeitung handelt. Die Untersuchung dieser sehr komplizierten dynamischen Wechselwirkungen steht noch am Anfang. Es ist jedoch zu erwarten, daß die Berücksichtigung der Synchronisationsphänomene sowohl für die experimentelle als auch für die theoretische Analyse von Neuronennetzen weitreichende Implikationen haben wird.

Systeme, die aus gekoppelten Oszillatoren bestehen, weisen außerordentlich vielfältige nichtlineare Eigenschaf-

ten auf. Einige von ihnen entsprechen in geradezu idealer Weise den Merkmalen, die für musterverarbeitende und mustergenerierende Neuronennetze postuliert wurden. Hierzu zählen zum Beispiel die Eigenschaften, trotz einer begrenzten Zahl von Schaltelementen sehr viele verschiedene metastabile Zustände annehmen zu können, zwischen diesen sehr schnell wechseln zu können und auf bestimmte Zustände zu konvergieren, auch wenn die hierfür notwendige Anregungsaktivität schwach, unvollständig oder verrauscht ist. Schließlich läßt sich voraussagen, daß es für die Induktion erfahrungsabhängiger Modifikationen von synaptischen Koppelungen ganz besonders günstig ist, wenn größere Zellensembles synchron aktiv sind. Dies ergibt sich aus der Erkenntnis, daß synaptische Modifikationen eine hohe Aktivierungsschwelle aufweisen und nur dann induziert werden können, wenn hinreichend viele Afferenzen gleichzeitig aktiviert werden. Der Übergang von asynchronen in synchrone Aktivitätszustände könnte also gleichbedeutend sein mit dem Übergang von „bedeutungslosen" in „bedeutsame" Zustände. Auf diese Weise ließe sich auf elegante Weise ein Bewertungsautomatismus einführen, der sicherstellt, daß nur solche Zustände zu Veränderungen der synaptischen Übertragung führen, die auch tatsächlich im Verhaltenskontext von Bedeutung sind. Aktivitätsabhängige Veränderungen der Netzwerkeigenschaften

```
        A B C D E F G H I K L M N O
   1    — ╱ ╲ │ ╱ │ — ╱ │ — ╲ │ ╱ │
   2    │ ╲ — ╱ │ ╲ │ — ╲ │ ╱ ╱ —
   3    ╱ — │ ╲ │ ╱ │ ╱ ╲ │ — ╲ │ ╲ │
   4    │ ╲ ╲ ╲ ╱ ╲ ╱ ╲ — ╱ — │ │
   5    ╲ ╱ │ — ╱ │ ╲ — ╱ ╲ │ ╱ — ╱
   6    — │ — ╱ ╲ ╲ — ╱ ╲ ╲ — ╲ │
   7    ╱ ╲ │ ╱ ╲ │ — ╲ ╱ │ ╲ ╲ — —
   8    │ ╱ — — — — — — — — — ╲ │
   9    ╲ │ ╱ — │ ╲ │ ╱ │ ╲ ╱ ╲ ╱
  10    — ╱ │ ╲ — ╱ │ — ╱ ╲ │ ╱ — ╱
```

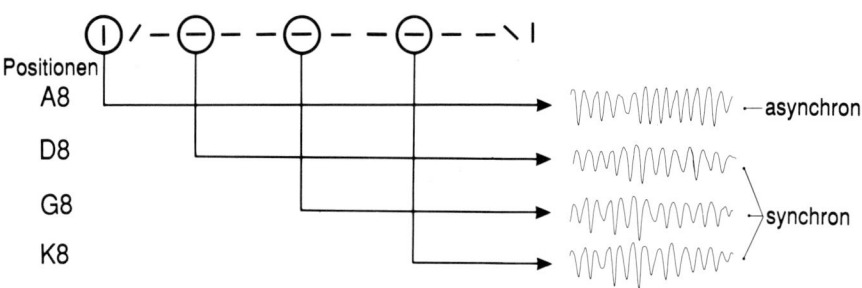

neuronale Antworten auf Konturen in Zeile 8

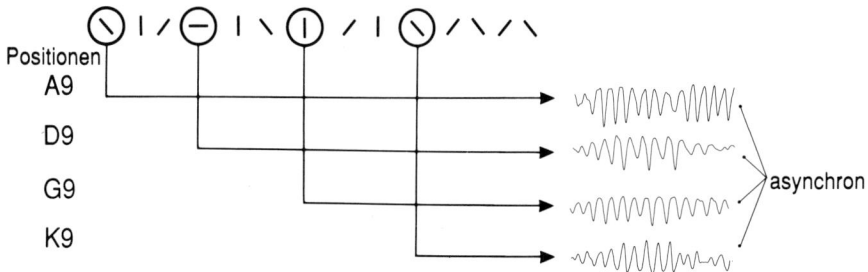

neuronale Antworten auf Konturen in Zeile 9

**Bild 14: Schematische Darstellung der Codierung kohärenter Mustermerkmale durch die Synchronisation oszillatorischer Antworten von Nervenzellgruppen in der Sehrinde. Aus** den Mustern mit Liniensegmenten gleicher Orientierung (oben) sind speziell die Antworten der Neuronen auf die Konturen in Zeile 8 (Mitte) und Zeile 9 (unten) herausgegriffen.

würden nur erfolgen, wenn hinreichend viele Neuronengruppen synchron aktiv sind, und dies wiederum wäre gleichzusetzen mit einem für das Gehirn „bedeutsamen" Ereignis.

## Unerläßliche Umwelt

Aus den beschriebenen Ergebnissen geht hervor, daß höher entwickelte Gehirne während der Ausbildung ihrer kognitiven Funktionen auf Wechselwirkungen mit der Umwelt angewiesen sind — offenbar, um funktionelle Kriterien für aktivitätsabhängige Selektionsprozesse zu gewinnen. Aufgrund solcher Selektionsprozesse können Systemeigenschaften realisiert werden, die sich mit den genetischen Anweisungen alleine nicht oder nur mit gewaltigem Aufwand verwirklichen ließen.

Die vorliegenden Befunde stützen die Hypothese, daß genetische Faktoren alleine nicht mehr für die Entwicklung der hier betrachteten Teilleistungen des Säugerhirns ausreichen; es müssen zusätzliche Informationen aus der Umwelt gewonnen werden, welche die Weiterentwicklung zur vollen Funktionstüchtigkeit steuern. Entsprechend beeinträchtigt Erfahrungsentzug dann all jene Funktionen auf Dauer, die funktionell optimierter neuronaler Verbindungen bedürfen.

Damit solche erfahrungsabhängigen Selektions- und Optimierungsprozesse erfolgreich ablaufen können, müssen — wie wir heute wissen — die visuellen Signale nicht nur vorhanden sein, sondern den vorgegebenen Antworteigenschaften der zu optimierenden Nervennetze auch hinreichend genau entsprechen. Ferner muß sich der Organismus

in ganz bestimmten funktionellen Zuständen befinden, wobei solche Phänomene wie selektive Aufmerksamkeit und vielleicht sogar Motivation eine Rolle spielen dürften.

Die Kriterien für die erfahrungsabhängige Assoziation bestimmter Neuronengruppen werden somit von drei Faktoren bestimmt: einmal von der genetisch vorgegebenen Grundverschaltung der Nervennetze und den dadurch festgelegten Antworteigenschaften der einzelnen Nervenzellen, zum anderen von der Struktur der visuellen Umwelt, mit welcher das Gehirn über seine sensorischen und motorischen Organe in Wechselwirkung tritt, und schließlich von dem jeweiligen Zustand, in dem sich das Gehirn befindet, während es mit der Umwelt interagiert. Die Rolle außergenetischer Faktoren beschränkt sich folglich darauf, aus einem genetisch vorgegebenen Repertoire auszuwählen. Dieses ist bei den hier betrachteten Hirnleistungen relativ genau vorgegeben und auf die zu erwartenden außergenetischen Anweisungen abgestimmt.

Da diese aktivitätsabhängigen Selektionsprozesse ganz bestimmte Neuronengruppen auf Dauer miteinander assoziieren, kann man sie als Speichervorgänge auffassen, als Lernprozesse, die mittels struktureller Änderungen „Wissen" über die statistischen Eigenschaften vorangegangener Aktivierungsmuster festhalten.

Sollte sich die Vermutung bestätigen, daß die bei der Entwicklung der Sehrinde erkannten Mechanismen allgemein gültig und auf die Ausbildung „höherer" Hirnleistungen übertragbar sind, dann lassen sich einige Feststellungen über die relative Bedeutung von Angeborenem und Erworbenem machen und Randbedingungen optimaler Entwicklung angeben.

Mit an Sicherheit grenzender Wahrscheinlichkeit beschränken die genetisch vorgegebenen Schaltpläne und das Repertoire modifizierbarer Verbindungen die potentielle Leistungsfähigkeit eines Gehirns — Vergleiche zwischen den Hirnleistungen verschiedener Tierarten unterstreichen dies. Das Gehirn muß jedoch zur Optimierung seines Repertoires außergenetische Information gewinnen, die Umwelt, in die hinein es sich entwickelt, also hinreichend differenziert sein. Ferner müssen die Interaktionsmöglichkeiten den Bedürfnissen des jungen Gehirns in seinen jeweiligen Entwicklungsphasen entsprechen und ihm — sofern kritische Phasen auch für die Entwicklung anderer Teilleistungen existieren — zu ganz bestimmten Zeiten vorrangig und ungestört verfügbar sein.

In diesem Zeitraum sollten die jeweils relevanten Umweltbedingungen hinreichend konstant bleiben, damit eindeutige Zuordnungen möglich sind. Bloße unablässig wechselnde Anreicherung der Umwelt schafft noch keine optimalen Entwicklungsbedingungen. Übermäßige Vielfalt kann den genetisch vorgegebenen Erwartungen mitunter genauso wenig entsprechen wie eine zu wenig differenzierte Umwelt. Wenn wir allerdings wissen wollen, welche Umweltbedingungen für die Entwicklung des Nesthockers Mensch optimal sind, müssen wir erst einmal herausfinden, welches Verhältnis zwischen Vielfalt und Ordnung den verschiedenen Entwicklungsphasen jeweils am besten entspricht.

# Vom Vogelgesang zur Bildung neuer Nervenzellen

Im Gehirn eines Kanarienvogels entstehen unablässig neue Nervenzellen. In einem höheren Zentrum des Gesangssystems treten diese immer dann an die Stelle älterer Neuronen, wenn der Vogel im Jahresrhythmus neue Gesangsmuster erwirbt.

Von Fernando Nottebohm

Bisher galt als unbezweifelbar, daß ein ausgewachsenes Wirbeltiergehirn keine neuen Nervenzellen mehr bilde. Nach fester Überzeugung der Neurowissenschaftler sollen sämtliche Neuronen in der frühen Entwicklung entstehen, und ihre Anzahl soll sich danach nicht mehr ändern. Infolge Krankheit oder Verletzung zerstörte Nervenzellen würden, so nahm man an, nicht ersetzt; auch Lernen erfolge nicht durch Einbau neuer Nervenzellen in alte neuronale Schaltkreise, sondern indem sich das Verknüpfungsmuster zwischen bereits vorhandenen Neuronen verändere.

Als erster wandte sich Joseph Altman von der Purdue-Universität in West Lafayette (Indiana) Anfang der sechziger Jahre gegen dieses Dogma. Er untersuchte Katzen und Ratten und meinte, seinen Ergebnissen nach würden selbst bei ausgewachsenen Tieren einige Typen von Nervenzellen in bestimmten Teilen des Gehirns weiterhin neugebildet. Tatsächlich aber waren Altmans Befunde nicht eindeutig. Bislang galt daher die Neurogenese (Neubildung von Nervenzellen) im Gehirn erwachsener Wirbeltiere nicht als nachgewiesen, und sie ist deshalb noch nicht allgemein anerkannt.

Neue Hinweise auf eine derartige Neurogenese kommen nun völlig unerwartet von einer anderen Klasse der Wirbeltiere und aus einer ganz anderen Richtung: aus Untersuchungen über das Gesangslernen der Vögel (siehe auch „Lernen durch Instinkt" von James L. Gould und Peter Marler, Spektrum der Wissenschaft, März 1987). Versuche, die meine Mitarbeiter und ich kürzlich durchgeführt haben, zeigen nicht nur, daß im Gehirn ausgewachsener Vögel fortwährend neue Nervenzellen gebildet werden, sondern auch, daß diese in einigen Fällen an die Stelle alter treten können.

Wir haben zwar bisher nicht nachweisen können, welche Funktion die neuen Neuronen erfüllen, glauben aber, daß sie dem Erwerb neuer Gedächtnisinhalte dienen. Das Erlernen von Gesangsmustern dürfte daher sowohl beim jungen als auch beim erwachsenen Vogel von der Verfügbarkeit neugebildeter Nervenzellen abhängen, die sich zu neuen neuronalen Schaltkreisen vernetzen lassen.

Diese Befunde werfen die Frage nach der Dauerhaftigkeit von Nervenverschaltungen im Gehirn auf. Und besonders verlockend ist der Gedanke, daß man auch das menschliche Gehirn zur Selbstreparatur anregen könnte, so daß es zugrundegegangene Nervenzellen ersetzen würde.

## Vogelgesang: Lernen durch Nachahmen

Man unterscheidet bei den Vögeln rund 30 Ordnungen mit etwa 8500 lebenden Arten. Fast die Hälfte davon gehören zu den Singvögeln (Oscines), einer Unterordnung der Sperlingsvögel (Passeriformes). Die Singvögel — bei vielen Arten allerdings nur die Männchen — zeichnen sich durch ihr zumeist reichhaltiges Gesangsrepertoire aus, dessen wichtige Funktionen wohl sind, Artgenossen die Anwesenheit zu signalisieren, Ansprüche auf ein Brutrevier geltend zu machen und Fortpflanzungspartner anzulocken.

Seit langem ist bekannt, daß manche Vögel Töne oder Geräusche, die sie hören, nachahmen. Aber selbst unter Biologen hat sich erst nach 1950 allmählich herumgesprochen, daß dies eine allgemeine Eigenschaft von Singvögeln ist und sie so ihren normalen Gesang überhaupt erst ausbilden.

Der erste, der dies nachwies und damit gleichzeitig ein neues Forschungsgebiet begründete, war W. H. Thorpe von der Universität Cambridge. Er untersuchte, wie der Buchfink seinen Gesang erlernt. Dazu zog er männliche Vögel isoliert in schalldichten Kammern groß; über Lautsprecher übertrug er Tonbandaufzeichnungen von Buchfinkengesang. Diese jungen Buchfinken vermochten die Gesänge tatsächlich nachzuahmen. Vögel jedoch, denen nichts vorgespielt worden war, entwickelten lediglich ganz einfache Gesangsmuster. Auch als man ihnen nach der Geschlechtsreife Tonbänder mit dem Artgesang vorspielte, lernten sie nichts mehr dazu.

Thorpe schloß daraus, daß Vögel das Singen so ähnlich lernten wie Menschen das Sprechen: durch Nachahmen ihrer Eltern beispielsweise. Weiter folgerte er, daß der Gesangserwerb beim Buchfinken auf eine sensible Phase irgendwann vor der Geschlechtsreife beschränkt sei. Später wiesen Peter R. Marler von der New Yorker Rockefeller-Universität und Klaus Immelmann von der Universität Bielefeld nach, daß auch zwei andere Singvogelarten — der nordamerikanische Weißkopf-Ammerfink (auch Dachsammer genannt) und der australische Zebrafink — den Artgesang während einer sensiblen Phase erlernen.

Dies gilt allerdings nicht für alle Singvögel. Kanarienvögel beispielsweise können ihr Lied von Jahr zu Jahr abwandeln. Man spricht deshalb auch von einer dauerhaft lernfähigen Art.

Die ersten Laute, die ein frisch geschlüpfter Kanarienvogel von sich gibt, sind schrille, hohe Rufe; sie veranlassen die Eltern zum Füttern. Auf diese Weise bettelt der Jungvogel bis zum Alter von vier Wochen, wenn er von den Eltern unabhängig wird — auch noch, nachdem er bereits flügge geworden ist.

Danach beginnt er mit ersten noch vorsichtigen Singversuchen. Dieser Jugendgesang oder Subsong ist vor allem zu hören, wenn der junge Vogel vor sich hin zu dösen scheint. Er klingt sehr zart und unauffällig und wirkt in seinem Aufbau sehr variabel. Bereits Charles Darwin (1809 bis 1882) hat auf Ähnlichkeiten zwischen dem Jugendgesang der Vögel und dem Brabbeln von Kleinkindern hingewiesen; in beiden Fällen scheint es sich um erste Stimmübungen zu handeln, aus denen schließlich das volle Lautrepertoire gesanglichen beziehungsweise sprachlichen Ausdrucks erwächst.

Gegen Ende des zweiten Lebensmonats wird der Jugendgesang des Kanarienvogels stärker gegliedert. Dieser sogenannte plastische Gesang ähnelt schon mehr dem erwachsener Kanarienvögel, hat aber noch — wie der Name besagt — kein gleichbleibendes Muster. Bis zur Geschlechtsreife des Vogels im Alter von sieben oder acht Monaten singen die Männchen dann zunehmend stereotyper; wie Vogelfreunde wissen, singen sie um so besser, je mehr sie vorher von älteren Artgenossen gehört haben.

Das endgültige Gesangsmuster läßt ein erwachsener männlicher Kanarienvogel dann während der gesamten ersten Brutsaison hören. Dieser Vollgesang ist anhand der Anzahl verwendeter Motive (auch Silben genannt), gut zu charakterisieren. Auch wenn ein Männchen im Alter von drei oder vier Monaten durchaus schon 90 Prozent der später benutzten Silben singen kann, erscheint das charakteristische stereotype Muster doch erst mit seiner Geschlechtsreife. Die monatelange Übungsphase zeigt an, wie aufwendig es für einen Jungvogel sein muß, den typischen Vollgesang zu erwerben.

Doch bleibt, was so mühsam entwickelt worden ist, nicht lebenslang erhalten. Jedes Jahr im Spätsommer und Herbst, also nach der Fortpflanzungszeit, geht das in den vorangegangenen Monaten so meisterhaft beherrschte Repertoire verloren, und der Gesang wird wieder ähnlich instabil wie der plastische Gesang des jugendlichen Vogels: viele der alten Silben verschwinden, neue treten auf, und aus diesem veränderten Bestand baut sich bis zur folgenden Brutsaison ein neuer stereotyper Vollgesang auf.

So kann ein Kanarienvogelmännchen jedes Jahr ein anderes Repertoire erwerben. Dieser von den Jahreszeiten abhängige Gesangserwerb ist vermutlich hormonell kontrolliert, denn unmittelbar nach einem Abfall des Testosteron-Spiegels im Blut des Männchens — nach Ende der Brutsaison — werden die meisten neuen Motive eingebaut.

## Neuronale Strukturen

Als Thorpe seine Buchfinken-Experimente durchführte, war völlig unbekannt, welche Teile des Vogelgehirns den Gesangserwerb kontrollieren. Erst

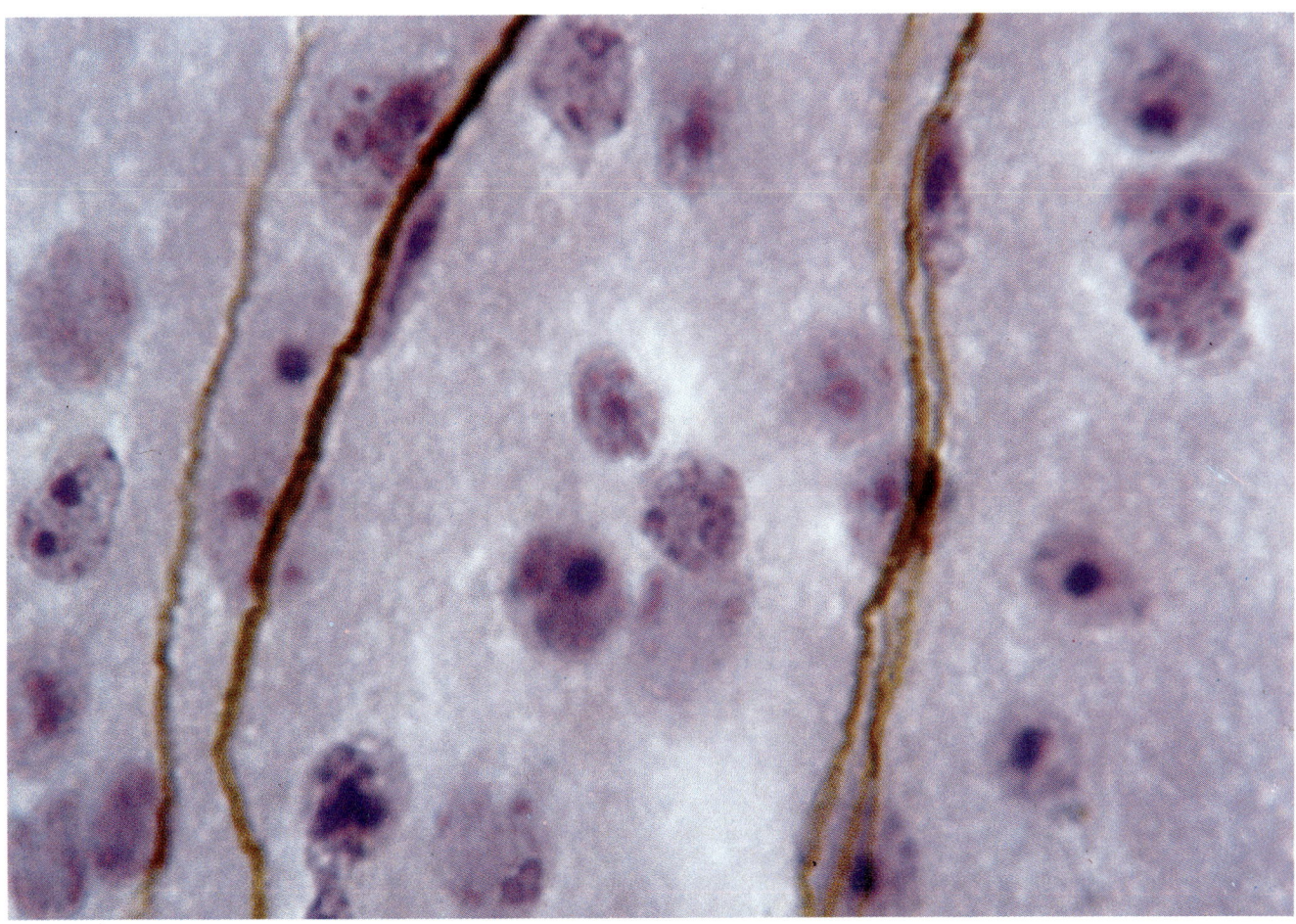

**Bild 1: Neugebildete Nervenzellen nehmen eine charakteristische längliche Gestalt an, wenn sie durch das Vorderhirn des Kanarienvogels wandern. Zumindest anfangs folgen sie den langen Fasern der radialen Glia** (braun), einem häufigen Zelltyp im Vogelgehirn. Die Kerne von alten und neuen Nervenzellen sind purpurrot angefärbt. Man erkennt zwei wandernde Zellen, von denen sich jede entlang einer anderen Faser bewegt.

1976 haben wir in meinem Labor an der New Yorker Rockefeller-Universität mehrere anatomisch abgegrenzte Zellansammlungen identifiziert, die beim Gesang des Kanarienvogels aktiv sind. Solch eine Ansammlung nennt man Nucleus oder Kern (nicht zu verwechseln mit dem Kern der einzelnen Zelle, der das genetische Material enthält).

Der größte dieser Kerne, einer der höheren Zentren des Gesangssystems (kurz HVC nach der anatomischen Bezeichnung *Hyperstriatum ventrale pars caudale*), liegt im Vorderhirn. Die Axone – die für Nervenzellen charakteristischen langen Fortsätze – zahlrei-

cher HVC-Zellen enden in einem anderen Kerngebiet im Vorderhirn, dem *Robustus archistriatalis* (RA). Viele Axone dieser RA-Neurone wiederum führen zu den Motoneuronen des 12. Hirnnerven, des Unterzungennerven (*Nervus hypoglossus*), der die Muskeln der Syrinx, des stimmbildenden Organs der Vögel, erregt (Bild 2).

Da diese verschiedenen Kerngebiete ziemlich weit auseinanderliegen, kann man ihr Volumen recht genau bestimmen und zu dem Geschlecht und dem Alter des Vogels, dem Hormon-Spiegel in seinem Blut und der Komplexität seines Gesangs in Beziehung setzen. Ob-

wohl das Gehirn eines jungen Kanarienvogels bereits mit etwa 30 Tagen nach dem Schlüpfen und damit etwa zum Zeitpunkt seiner Unabhängigkeit von den Eltern Erwachsenengröße erreicht hat, nehmen HVC und RA noch mehrere Monate lang an Größe zu; sie hören erst kurz vor der Geschlechtsreife zu wachsen auf. Und genau während dieser Wachstumsphase von HVC und RA lernen die jungen Vögel erstmals singen (Bild 3).

Im Jahre 1976 entdeckten Arthur P. Arnold, der damals an der Rockefeller-Universität tätig war, und ich, daß die beiden Kerngebiete HVC und RA bei erwachsenen männlichen Kanarienvögeln, die ja einen komplexen Gesang vortrugen, drei- bis viermal größer waren als bei erwachsenen Weibchen, die nur vergleichsweise sehr einfache Gesänge hervorbringen. Dieser Fall von sogenanntem Sexualdimorphismus widerlegte eine andere lange gehegte Ansicht, nämlich daß das Wirbeltiergehirn keine anatomisch auffälligen geschlechtsspezifischen Unterschiede aufweise (griechisch *dimorphos*, zweigestaltig).

Dem gingen Mark Gurney und Masakazu Konishi vom California Institute of Technology in Pasadena nach und fanden, daß der Sexualdimorphismus des RA unter anderem auf einer unterschiedlichen Anzahl an Neuronen beruht und sich schon frühzeitig in der Entwicklung ausprägt, bevor das Gesangslernen überhaupt einsetzt. Schon die anatomischen Strukturen geben also vor, in welchem Maße ein Gesangslernen möglich ist. Vielleicht spielt aber außer der Anzahl an Neuronen in einem bestimmten Kerngebiet auch die Vielfalt an Neuronentypen eine Rolle.

Die Beziehung zwischen Größe der gesangskontrollierenden Kerne und Singvermögen gilt auch innerhalb des gleichen Geschlechts: Manche Kanarienvogelmännchen scheinen ungewöhnlich talentiert und verfügen über ein umfangreiches Repertoire – sie haben in der Regel große HVC- und RA-Regionen im Gehirn. Andere Männchen gleicher Herkunft mit ähnlichen Erfahrungen produzieren einfachere Gesänge mit weniger verschiedenen Silbentypen; bei ihnen sind HVC und RA im allgemeinen klein.

Man ist leicht geneigt, die auffälligen Unterschiede im Gesang direkt auf diese anatomischen Unterschiede zurückzuführen. Es gibt aber auch Kanarienvögel, die trotz eines großen HVC recht wenige Silbentypen verwenden – es ist, als ob bei ihnen mehr Speicherplatz für Lerninhalte vorhanden wäre, als auch genutzt wird. Beobachtungen von Sarah Bottjer von der Universität

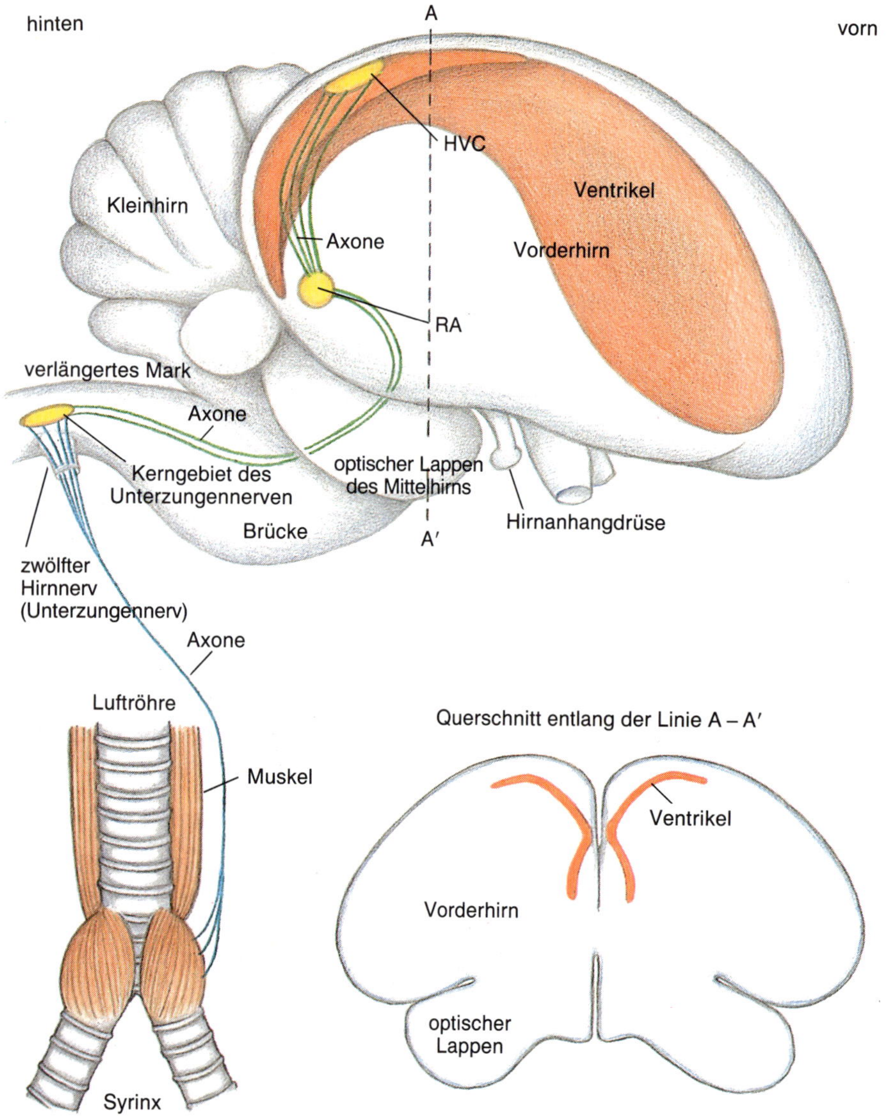

**Bild 2: Das Kanarienvogelgehirn**, hier in Seitenansicht (oben) und im Querschnitt (rechts unten) enthält im Vorderhirn mehrere Kerngebiete, anatomisch abgrenzbare Ansammlungen von Zellen, die das Erlernen des Gesangs kontrollieren. Das größte dieser höheren Zentren des Gesangssystems ist das *Hyperstriatum ventrale pars caudale* – HVC – im hinteren Gebiet des Vorderhirns. Signale aus dem HVC werden über die Axone, die langen Nervenzellfortsätze, auf andere Hirnareale übertragen. Zahlreiche Axone (grün) ziehen zu Ner-

venzellen eines anderen gesangskontrollierenden Kerngebietes, dem *Robustus archistriatalis* (RA), das zentral basal im Vorderhirn liegt. Die Axone vieler RA-Neuronen wiederum treten mit Motoneuronen des Unterzungennervs (*Nervus hypoglossus*) in Kontakt, der die Muskeln der Syrinx – des eigentlichen Lautorganes (Kehlkopfes) der Vögel – innerviert. Die beiden seitlichen Ventrikel (Hirnkammern) des Vorderhirns sind braun eingezeichnet. Links unten die Syrinx, die an der Verzweigung der Luftröhre zu den Lungen hin liegt.

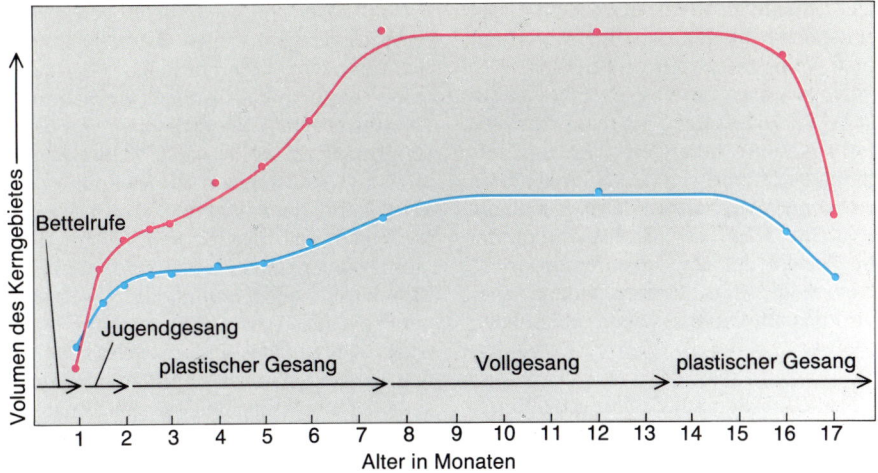

**Bild 3:** Die Ausbildung des Gesangs bei männlichen Kanarienvögeln geht mit einer starken Größenzunahme des HVC (rot) und des RA (blau) einher. Bis der Vogel den typischen Erwachsenengesang (Vollgesang) beherrscht, durchläuft er mehrere Entwicklungsphasen: In den ersten Wochen äußert er lediglich Futterbettelrufe. Der von seinen Eltern unabhängige Jungvogel versucht im Alter von vier Wochen erstmals zu singen (Jugendgesang oder Subsong); die Töne, die er dabei produziert, sind zart und variabel. Schon bald strukturiert sich der Gesang, ist aber immer noch abwandelbar (plastischer Gesang). Mit der Geschlechtsreife im Alter von etwa sieben bis acht Monaten wird der Gesang zunehmend stereo- typer, bis er schließlich seine endgültige Ausprägung als Vollgesang erreicht. Das stabile Gesangsmuster wird während der gesamten ersten Fortpflanzungsperiode beibehalten; dann fällt der Vogel jedoch in den plastischen Gesang zurück. Gleichzeitig mit diesem Wechsel werden das HVC und der RA wieder kleiner. Der Übergang vom plastischen zum stabilen Gesang und umgekehrt sowie die entsprechenden Größenveränderungen der Kerngebiete wiederholen sich beim erwachsenen Vogel jährlich. Die Größen der beiden Kerngebiete bei einem erwachsenen Kanarienvogel sind im Spätsommer mit der eines drei Monate alten Jungvogels vergleichbar, doch mit dem nächsten Frühjahr haben sie wieder ihre volle Größe.

damit wäre auch zu erklären, wieso Kanarienvogelmännchen ihren Gesang noch im Erwachsenenalter verändern. Die Männchen von Arten, die — wie der Weißkopf-Ammerfink und der Zebrafink — ihren Gesang ein für allemal vor der Geschlechtsreife erlernen, behalten hingegen als erwachsene Tiere das einmal entwickelte RA-Volumen in etwa bei.

Die Größenveränderungen der beiden gesangskontrollierenden Kerngebiete bei männlichen Kanarienvögeln in der Jugendentwicklung und im Jahreslauf sowie die entsprechenden auffälligen Reaktionen erwachsener Weibchen auf Testosteron-Gaben sprechen dafür, daß das Erlernen schwieriger Gesänge sich auch in den anatomischen Strukturen deutlich ausprägt und einschneidende Veränderungen im Aufbau neuronaler Schaltkreise erfordert. Die anatomischen Veränderungen waren für ein erwachsenes Wirbeltiergehirn sogar so außergewöhnlich, daß wir uns fragen mußten, was viele Neurowissenschaftler bisher für indiskutabel gehalten hatten: Betrafen diese Veränderungen tatsächlich stets dieselben Neuronen — jene, die seit der Geschlechtsreife vorhanden waren?

von Süd-Californien in Los Angeles und von Arnold, der dort heute an der Universität von Californien tätig ist, lassen vermuten, daß der HVC auch durch den Lernvorgang selbst größer werden kann. Statistisch korrelieren die Anzahl der Silbentypen und die Größe des HVC nur zu 20 Prozent. Offenbar sind noch andere Faktoren im Spiel. Trotzdem sprechen Beobachtungen aus meinem und anderen Labors dafür, daß im Einzelfall die Anzahl der Neuronen in HVC und RA (die sich in der Größe dieser Kerngebiete widerspiegelt) das Singvermögen eines Kanarienvogels beeinflußt.

### Hormoneller Einfluß

Weitere Hinweise liefert der Einfluß des Testosterons. Verabfolgt man beispielsweise dieses männliche Geschlechtshormon erwachsenen Kanarienvogelweibchen intramuskulär, so stimmen sie einen männchenähnlichen Gesang an. Und zwar aktiviert Testosteron bei ihnen nicht nur offenbar vorhandene neuronale Schaltkreise, sondern bewirkt auch, daß sich das Volumen von HVC und RA verdoppelt.

Zu diesen Befunden paßt, daß die Männchen im Frühjahr, wenn der Vollgesang auftritt, einen hohen Testosteron-Spiegel im Blut aufweisen, im frü- hen Herbst hingegen einen niedrigen. Dann, wenn sie sich wieder wie Jungvögel artikulieren, sind auch die beiden Kerngebiete nur noch halb so groß wie im Frühjahr (Bild 4).

Im Jahre 1981 untersuchten Timothy DeVoogd, damals an der Rockefeller-Universität, und ich, wie Testosteron das Wachstum des RA bei erwachsenen Vögeln induziert. (Entsprechende Daten zum HVC liegen bis heute nicht vor.) Wie erwähnt, senden die meisten Nervenzellen des RA ihre Axone zu den Motoneuronen, welche die Syrinx innervieren.

An den Zellkörpern der RA entspringen aber auch zahlreiche kleine Äste, Dendriten genannt, die Nervensignale aufnehmen. Bei erwachsenen Männchen sind sie wesentlich länger als bei erwachsenen Weibchen. Injizierten wir Weibchen jedoch Testosteron, begannen die Dendriten zu wachsen und glichen später genau denen der Männchen. Dabei bildeten sie auch mehr Kontaktstellen (Synapsen) mit anderen Neuronen aus.

Nach all diesen Befunden dürften sowohl ein Ansteigen des Testosteron-Spiegels als auch ein Lernprozeß die Verschaltung von Neuronen, die ein entsprechendes Verhalten kontrollieren, noch bei erwachsenen Tieren umstrukturieren. Solche Vorgänge könnten das RA-Gebiet anwachsen lassen; und

### Neugebildete Nervenzellen

Es gibt eine einfache Methode festzustellen, wann eine neue Zelle gebildet wird. Die DNA — die Erbsubstanz, aus der die Gene bestehen — befindet sich hauptsächlich im Zellkern; und eine Zelle, die sich anschickt sich zu teilen, synthetisiert neue DNA. Wenn man nun einem Tier beispielsweise radioaktiv markiertes Thymidin, einen Baustein der DNA, injiziert, wird es in den Zellkern sich gerade teilender Zellen aufgenommen. Nach der Teilung weist jede der beiden Tochterzellen die Hälfte der radioaktiv markierten DNA auf.

Steven A. Goldman und ich injizierten erwachsenen Kanarienvogelmännchen und -weibchen mehrere Tage lang täglich radioaktives Thymidin und warteten 30 Tage. Als wir uns dann das HVC ansahen, stellten wir zu unserer Überraschung fest, daß tatsächlich HVC-Neuronen markiert waren; für jeden Behandlungstag ließen sich etwa 1 Prozent zusätzlich markierte Neuronen nachweisen (Bild 5).

Bei einem anderen Experiment untersuchten wir die Gehirne bereits einen Tag nach der Thymidin-Injektion. In diesem Fall fanden wir im HVC keine markierten Neuronen. Statt dessen waren jedoch zahlreiche Zellen in der sogenannten ventrikulären Zone, die dem HVC aufliegt und den Boden des seitlichen Ventrikels (der Hirnkammer) bildet, markiert.

Diese Befunde lassen vermuten, daß die neuen HVC-Zellen tatsächlich zum Zeitpunkt der Thymidin-Behandlung gebildet worden waren und nicht aus dem HVC, sondern aus der ventrikulären Zone stammten. Offenbar waren sie von dort in das HVC eingewandert, wo sie sich innerhalb von 20 bis 30 Tagen zu Nervenzellen differenzierten.

Wie bei allen anderen Wirbeltieren auch entstehen bei Vögeln in der frühen Entwicklung Nervenzellen aus Zellen der ventrikulären Zone. Eine Neurogenese in diesem Gewebe im Erwachsenenalter dürfte als Bewahren eines frühen Entwicklungsmerkmals zu deuten sein.

Die Neuronen, die aus Zellen der ventrikulären Zone hervorgehen, unterscheiden sich in ihrem Aussehen nicht von anderen normalen Neuronen im ausgewachsenen Kanarienvogelgehirn. Gail D. Burd und ich wiesen nach, daß die neuen HVC-Neuronen auch Synapsen zu anderen Neuronen bilden; und John A. Paton und ich zeigten, daß die neuen Zellen die normalen elektrischen Signale erzeugen, wenn sie über andere Neuronen erregt werden. Zweifellos werden also die neuen Neuronen in die vorhandenen neuronalen Schaltkreise eingebaut.

Weitere Untersuchungen haben ergeben, daß im HVC erwachsener Kanarienvogelmännchen und -weibchen immerfort neue Neuronen hinzukommen. Warum wird das HVC dann nicht jedes Jahr größer? Die naheliegende Antwort ist, daß die neuen Nervenzellen alte ersetzen, die vermutlich abgebaut werden. Auch die neuen Neuronen werden übrigens bald wieder ersetzt. Die meisten scheinen nicht viel länger als

acht Monate zu leben, denn nach dieser Zeitspanne fanden wir im HVC nur noch wenige markierte Neuronen.

Die oben beschriebenen jahreszeitlichen Veränderungen im Volumen der gesangskontrollierenden Kerngebiete könnten auf wechselnden Bildungsraten neuer und Sterberaten alter Neuronen beruhen: Nach der Brutsaison nimmt die Anzahl der HVC-Neuronen um 38 Prozent ab; im folgenden Frühjahr aber wird das alte Niveau wieder erreicht.

## Funktion der neuen Nervenzellen

Diese Ergebnisse werfen natürlich die Frage auf, welche Nervenzellen nun ausscheiden und warum. Obwohl die Bildung neuer und der Austausch alter Neuronen im ausgewachsenen Kanarienvogelgehirn in einem Gebiet entdeckt worden sind, das den Gesang steuert, weiß man noch keineswegs, welche Funktion die neuen Neuronen beim Gesangserwerb erfüllen. So finden sich im HVC von Weibchen, die ja kaum oder nicht singen, pro Behandlungstag mit radioaktiv markiertem Thymidin prozentual mindestens genauso viele markierte Neuronen wie bei singenden Männchen. Außerdem lassen sich auch im HVC erwachsener Zebrafinkenmännchen, denen nach Ende der sensiblen Phase radioaktiv markiertes Thymidin injiziert worden ist, markierte Neuronen nachweisen; zu diesem Zeitpunkt haben sie ihren Gesang aber bereits fest erlernt. Werden die neuen Neuronen wirklich nur in solche Nervennetze eingebaut, welche allein die motorischen Fähigkeiten des Singens kontrollieren? Dies scheint uns nach den eben erwähnten Befunden unwahrscheinlich.

Physiologische Untersuchungen sprechen in der Tat dafür, daß das HVC nicht nur eine wichtige Rolle beim Gesang selbst spielt, sondern auch beim Erkennen und Wiedererkennen von Gesangsmustern. Sollte das HVC wirklich auch als Gedächtnisort für Lauteindrücke dienen, dann könnten jeweils neue Neuronen erforderlich sein, damit die Vögel neu gehörte Gesänge überhaupt individuell wiederzuerkennen vermögen. Genauso wie junge männliche Singvögel zunächst in ihrem Gedächtnis den Gesang eines anderen Männchens speichern müssen, den sie später nachahmen, müssen erwachsene Vögel beider Geschlechter nach dem Ende der sensiblen Phase für den Gesangserwerb einen Speicher für neugehörte Gesänge anlegen, um die Rufe von Fortpflanzungspartnern und bestimmten anderen Artgenossen erkennen zu können.

Warum müssen Singvögel die Nervenzellen in ihrem Gehirn unablässig ersetzen? Schließlich nimmt man doch an, daß auch der Mensch alle motorischen, sensorischen und kognitiven Leistungen mit einer begrenzten Anzahl nichtersetzbarer Neuronen vollbringt. Für die Flexibilität neuronaler Schaltkreise, die wir für den Erwerb neuer Gedächtnisinhalte brauchen, gelten Veränderungen an den Synapsen vorhandener Neuronen als völlig ausreichend.

Wie Untersuchungen in meinem Labor an Kanarienvögeln zeigen, finden auch in einigen Teilen des Gesangssystems wie dem RA synaptische Veränderungen statt, die möglicherweise etwas mit dem Erlernen motorischer Fähigkeiten zu tun haben. Die Frage bleibt aber, ob eine derartige Flexibilität auch zur Erklärung anderer Arten von Lernen ausreicht. Es gibt Hinweise

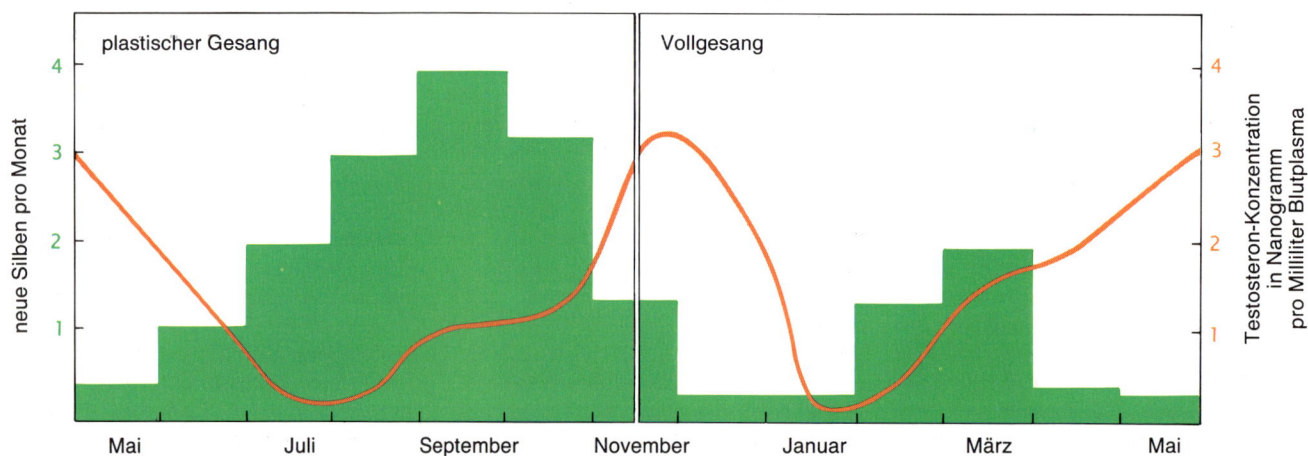

**Bild 4: Die Variabilität des Gesangsmusters, wie sie männliche Kanarienvögel übers Jahr zeigen, ist mit der Konzentration von Testosteron, einem männlichen Geschlechtshormon, im Blut gekoppelt. Kennzeichnendes Merkmal für die Gesangsqualität ist die Anzahl seiner verschiedenen Motive oder Silben. Befindet sich ein Vogel in der Phase des pla-** stischen Gesangs, ist das Gesangsmuster noch nicht festgelegt; er nimmt in sein Repertoire auch wieder neue Silben auf. Der Aufnahme neuer Silben geht ein Abfall des Testosteron-Spiegels voraus. Umgekehrt werden während eines hohen Testosteron-Spiegels kaum neue Silben aufgenommen; der Vogel befindet sich dann in der Phase des Vollgesangs.

aus anderen Labors darauf, daß über die Art der Eingänge, die eine Hirnzelle erhält, festgelegt wird, welche Gene exprimiert werden — das wirkt sich auf die Identität einer Zelle und ihre Funktionen aus. In einigen Fällen kann dies eine Art irreversibles Lernen bedeuten.

Möglicherweise werden also gewisse Typen von Nervenzellen, die am Gesangserwerb beteiligt sind, auf Dauer durch gespeicherte Gedächtnisinhalte modifiziert. Demzufolge dürfte die Anzahl verfügbarer Neuronen im Vogelgehirn der begrenzende Faktor dafür sein, in welchem Umfang Gesang erlernbar ist. Vielleicht müssen Singvögel deshalb von Zeit zu Zeit alte HVC-Neuronen ersetzen, um neue Gesänge speichern zu können, ihr Gedächtnis also mit Hilfe neuer Nervenzellen sozusagen auf den neuesten Stand zu bringen.

Im Gesangssystem der Vögel tritt eine Neurogenese nur im HVC auf. Sie ist aber sonst nicht auf dieses Gebiet begrenzt, sondern findet in weiten Bereichen des Vorderhirns statt (Bild 5).

Nun gilt interessanterweise ja das Vorderhirn als jener Teil des Gehirns, der bei der Kontrolle komplexen erworbenen Verhaltens die größte Rolle spielt. Zwar ist anscheinend auch bei einigen erwachsenen Säugetieren eine Neurogenese beobachtet worden, doch ist sie allenfalls — sollte sie tatsächlich auftreten — sehr begrenzt. Warum dann ist dieses Phänomen gerade bei Vögeln so auffällig?

Dies könnte mit ihrer relativ langen Lebensdauer und ihrer Anpassung ans Fliegen zusammenhängen. Ein Kanarienvogel wiegt so viel wie eine Maus, doch lebt er zehnmal so lange. Wenn ein Vogel all die Hirnzellen mit sich herumtragen müßte, die er im Laufe seines Lebens benötigt, um alle neu gesammelte Information zu verarbeiten und zu speichern, brauchte er ein wesentlich größeres und schwereres Gehirn. Um flugfähig zu bleiben, müssen aber alle seine Strukturen — auch sein Gehirn — so leicht wie möglich sein.

Die generelle Neurogenese im Vorderhirn des erwachsenen Kanarienvogels wirft eine wichtige Frage auf: Wie findet eine neue Nervenzelle den Weg von ihrem Entstehungsort dorthin, wo sie schließlich integriert wird?

Für Neuronen, die in den HVC wandern, kann die Antwort relativ einfach sein. Da sie in der ventrikulären Zone oberhalb des HVC gebildet werden, müssen sie allenfalls einen halben Millimeter überwinden. Doch viele der neuen Nervenzellen, die sich anderwärts im Vorderhirn ausdifferenzieren, haben mindestens fünf bis sechs Millimeter zu bewältigen. Welche Wegweiser leiten sie über eine Distanz, die das Hundert-

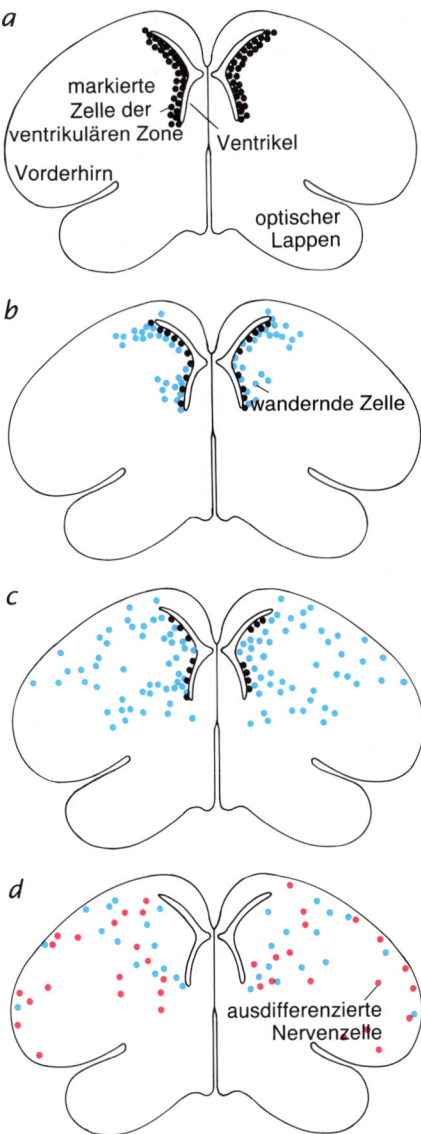

**Bild 5: Querschnitte durch das Kanarienvogelgehirn veranschaulichen die Wanderung und Differenzierung von Nervenzellen einen Tag (*a*) sowie sechs (*b*), 15 (*c*) und 40 Tage (*d*), nachdem die neuen Zellen entstanden sind. Die Kartierungen basieren auf Datenmaterial von Arturo Alvarez-Buylla und dem Autor; den Vögeln wurde dabei radioaktiv markiertes Thymidin, ein DNA-Baustein, injiziert. Das Thymidin wird von Zellen, die sich gerade teilen, aufgenommen und an ihre Tochterzellen weitergegeben, die dadurch markiert werden. Neugebildete Zellen sind hier schwarz, wandernde, noch undifferenzierte blau und ausdifferenzierte Neuronen rot dargestellt.**

fache ihrer eigenen Länge ausmachen kann?

Arturo Alvarez-Buylla und ich haben beobachtet, daß junge Nervenzellen, welche die Ventrikelwand verlassen, zunächst eine längliche Form annehmen und dann häufig langen Fasern von Zellen, der sogenannten radialen Glia, folgen (Bild 1). Diese Fasern sind für das junge, sich entwickelnde Wirbeltiergehirn typisch, gleichermaßen für das Vorderhirn erwachsener Vögel. Die

Zellkörper liegen in der Wand des Ventrikels, ihre Fortsätze aber reichen tief in die graue Substanz des Vorderhirns. Nach einigen Tagen der Wanderung löst sich die junge Nervenzelle wieder von der Gliafaser. Unserer Meinung nach geschieht dies, sobald sie das Gebiet erreicht hat, in dem sie ihre endgültige Gestalt annehmen und Teil eines Schaltkreises werden wird.

Nur ein Drittel der wandernden Zellen vollzieht die Wandlung zu einem voll funktionstüchtigen, ausdifferenzierten Neuron tatsächlich; die restlichen Zellen verschwinden wieder. Da die Wanderphase einer solchen Zelle nur wenige Wochen dauert, kann es sein, daß Neuronen, die sich auf ihrer Reise verirren oder die nicht in ein Nervennetz integriert werden, in dieser Zeit einfach zugrunde gehen.

### Ausnahme von der Regel?

Unsere Studien zeigen, daß — ganz im Gegensatz zu einer in den Neurowissenschaften tiefverwurzelten Doktrin — bei einigen Wirbeltieren Gehirnzellen tatsächlich erneuert werden. Auch im Erwachsenenalter noch können neue Nervenzellen entstehen, im Gehirn wandern und in neuronale Schaltkreise eingebaut werden. Die Kerngebiete, in denen diese Vorgänge ablaufen, sind, wie wir nachgewiesen haben, an Lernprozessen beteiligt.

Würde Ähnliches auch im menschlichen Gehirn stattfinden, wäre dies von unschätzbarem Wert für die Reparatur von Nervenverbindungen, die durch Krankheit oder Verletzung defekt geworden sind. Bislang fehlt jedoch jeder Nachweis einer Neurogenese im Erwachsenenalter beim Menschen oder bei anderen Primaten. Sollte es sie dort wirklich nicht geben, ließe sich dies möglicherweise über die besondere Fähigkeit des Menschen zu Traditionsbildung und seine damit einhergehenden Anpassungen, einmal Erlerntes lebenslang zu behalten, erklären: Es werden andere Anforderungen an sein Gedächtnis gestellt als an den Singvogel; würden vorhandene Neuronen immer wieder durch neue ersetzt, gingen zugleich alte Gedächtnisinhalte verloren.

Trotzdem könnte es möglich sein, Neurogenese im ausgewachsenen Gehirn, wo sie normalerweise nicht stattfindet, zu induzieren. Die Gene, die die Neurogenese der embryonalen Entwicklung steuern, sollten eigentlich auch im Erwachsenenalter noch in den Gehirnzellen vorhanden sein. Die künftige Herausforderung besteht daher darin, diese Gene zu identifizieren und zu aktivieren.

# Eine Meeresschnecke als Lernmodell

Auch Schnecken können lernen, zwei Reize miteinander zu assoziieren.
Von solch niederen Tieren zum Menschen ist zwar ein weiter Schritt; doch was in ihren
Nervenzellen beim Lernen geschieht, könnte in unseren Gehirnzellen
durchaus ziemlich ähnlich ablaufen.

## Von Daniel L. Alkon

Werden wir jemals die komplexen Verstandesleistungen hochentwickelter Tiere mit der elektrischen Aktivität bestimmter Nervenzellen und den ihr zugrundeliegenden chemischen Vorgängen erklären können? Immerhin vermögen die Neurobiologen einige einfache und stereotype Verhaltensweisen auf rein physikalischer Ebene zu beschreiben. Schutzreflexe etwa, wie das Zurückzucken eines Armes oder Beines auf einen schmerzhaften Reiz hin, lassen sich mit elektrischen Impulsen in ein paar identifizierbaren Zelltypen erklären. Viele der elektrophysiologischen und biochemischen Vorgänge, die diesen Impulsen zugrundeliegen, sind überdies bekannt.

Zwischen einer Reflexbewegung freilich und unserer Lern- und Gedächtnisleistung etwa klafft eine ungeheure Lükke. Doch gibt es zumindest eine Chance, wenigstens einen Brückenkopf schlagen zu können, und die liegt darin, einfache Formen des Lernens bei Tieren mit möglichst einfachen Nervensystemen zu untersuchen.

Tauben, Hunde und Menschen lassen sich konditionieren. Das heißt, man kann sie trainieren, einen Reiz mit einem anderen, zeitlich gekoppelten Reiz zu verbinden, zu assoziieren. Lernen Hunde beispielsweise (wie in den berühmten Pawlowschen Versuchen), daß ein Glockenzeichen dem Geruch von Fleisch vorausgeht, so läßt schon das Glockenzeichen und nicht erst der Fleischgeruch ihren Speichel fließen.

Leider ist das Wirbeltiergehirn viel zu komplex, als daß wir dort solche assoziativen Lernleistungen auf der Ebene von Einzelzellen analysieren könnten — jedenfalls nicht mit unseren gegenwärtigen Möglichkeiten. (Das menschliche Gehirn umfaßt immerhin grob eine Billion Zellen.) Seit einigen Jahrzehnten untersuchen die Neurobiologen jedoch bei wirbellosen Tieren kleine Schaltnetze aus Nervenzellen, die sensorische Informationen integrieren. In den letzten beiden Jahrzehnten sind dann einige Wissenschaftler dazu übergegangen, jene neuronalen Schaltkreise zu erforschen, die einfachen reflektorischen Verhaltensweisen zugrunde liegen.

Vor gut zwölf Jahren habe ich mich mit meinen Kollegen am Meeresbiologischen Laboratorium in Woods Hole (US-Bundesstaat Massachusetts) gefragt, ob sich einfache Tiere — mit einer gegenüber dem menschlichen Gehirn um viele Größenordnungen geringeren Zahl von Nervenzellen — konditionieren lassen. Wenn wir ein solches Tier trainieren könnten, zwei Reize miteinander zu assoziieren, dann könnten wir auch versuchen, die von diesen Reizen aktivierten Nervenbahnen zu identifizieren und herauszufinden, wie sie miteinander verbunden sind. Das würde uns die physische Grundlage für die gelernte Assoziation liefern.

Als nächstes wollten wir die elektrische Aktivität der Zellen in diesen Bahnen untersuchen, um möglichst festzustellen, was sich durch die Konditionie-

rung nun spezifisch darin verändert. Damit könnten wir beginnen, ‚Lernen‘ auf elektrischer und molekularer Ebene zu erklären.

### Training für eine Schnecke

Für unsere Untersuchungen wählten wir ein Weichtier: die gehäuselose, also nackte Meeresschnecke *Hermissenda crassicornis* (Bild 1). In ihrer natürlichen Umgebung verhält sich *Hermissenda* tagsüber positiv phototaktisch, das heißt, sie bewegt sich auf das Licht zu. Der Wert dieser Anpassung liegt auf der Hand, wenn man weiß, daß sich die Hydropolypen, die von der Schnecke abgeweidet werden, in den lichtdurchfluteten Bereichen nahe der Wasseroberfläche konzentrieren.

Bei Sturm aber, wenn das Meer turbulent wird, könnte sich der Hang zum Licht als verhängnisvoll erweisen. Auf Turbulenzen reagiert *Hermissenda*, indem sie ihre gesamte Bewegungsgeschwindigkeit herabsetzt und die Haftfläche ihres muskulösen „Fußes" vergrößert — eine Reaktion, die es ihr ermöglicht, sich tiefer im Wasser an feste Gegenstände zu klammern. Auch hier liegt der Überlebenswert klar auf der Hand. Eine Schnecke, die sich bei Sturm der Wasseroberfläche nähert, wird dort heftig hin und her gezerrt; rauhe See kann ihr Verletzungen beibringen, die sie nicht überleben würde. Dagegen vermag sie viele Wochen lang in tieferen,

Bild 1: Die Meeresschnecke *Hermissenda crassicornis*, hier in einem Meerwasseraquarium aufgenommen, ist knapp 4 Zentimeter lang. Mit ihren beiden großen Mundfühlern nimmt sie chemische und taktile Reize wahr. Die kleineren, wie Hörner aufgerichteten Fühler, die Rhinophoren, registrieren vermutlich Wasserbewegungen. Direkt hinter ihnen, über der sogenannten Mundmasse (Buccalmasse), befindet sich das Zentralnervensystem (Bild 2). Die den Rücken des Tieres bedeckenden Anhängsel, die Cerata, sorgen möglicherweise wie Kiemen für den Gasaustausch.

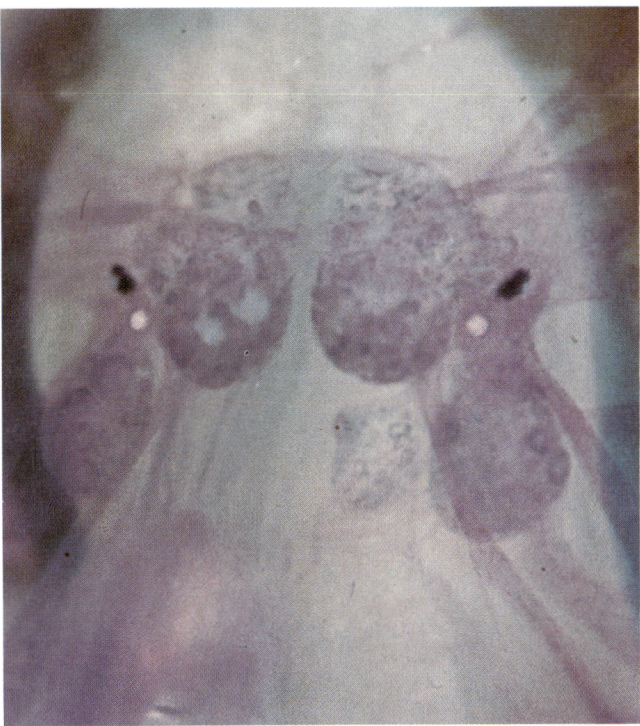

Bild 2: Die Mikrophotographie zeigt das Zentralnervensystem von *Hermissenda* 50fach vergrößert und mit Methylenblau gefärbt. So heben sich die kugeligen Ganglien und die davon ausstrahlenden Nerven von der helleren Buccalmasse ab. In den Ganglien sind die Nervenzellen zu Gruppen zusammengefaßt. Zwischen den beiden Pedalganglien (links und rechts unten) und den beiden enger zusammengerückten Pleuralganglien sind die pigmentierten Augen zu erkennen. Die hellen Bläschen schräg unter ihnen sind die Statocysten, primitive Gleichgewichtsorgane.

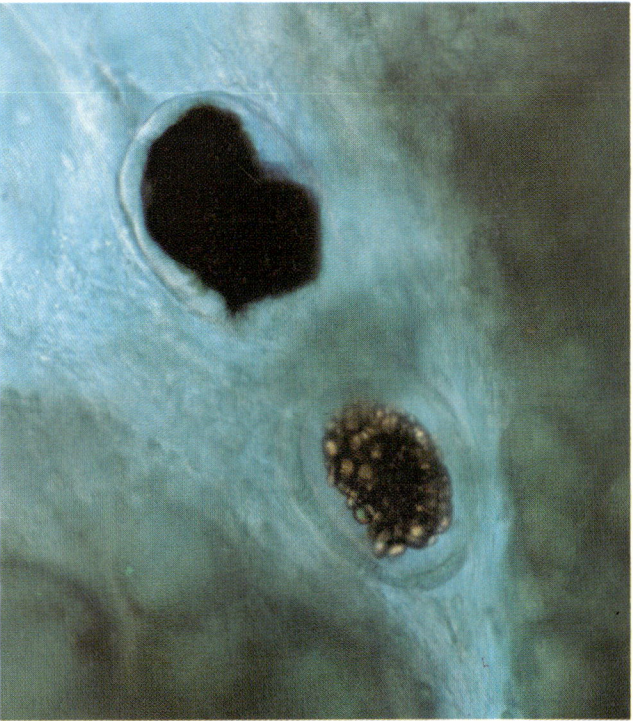

Bild 3: Auge und Statocyste sind hier 300fach vergrößert. Die lichtempfindlichen Enden der fünf Sehzellen ragen durch das schwarze Pigment und stoßen an die darüberliegende Linse an. In der fast kugeligen Wand der Statocyste sitzen 13 Haarzellen, die mit ihrem beweglichen, hier nicht sichtbaren Cilien eine Anzahl von „Ohrsteinchen" (Statokonien) in der Mitte des Bläschens halten. Verschieben sich die Kristallkörnchen, etwa durch Beschleunigung, so reizen sie bestimmte Haarzellen. Beide Aufnahmen machte Alan M. Kuzirian, der im Labor des Autors arbeitet.

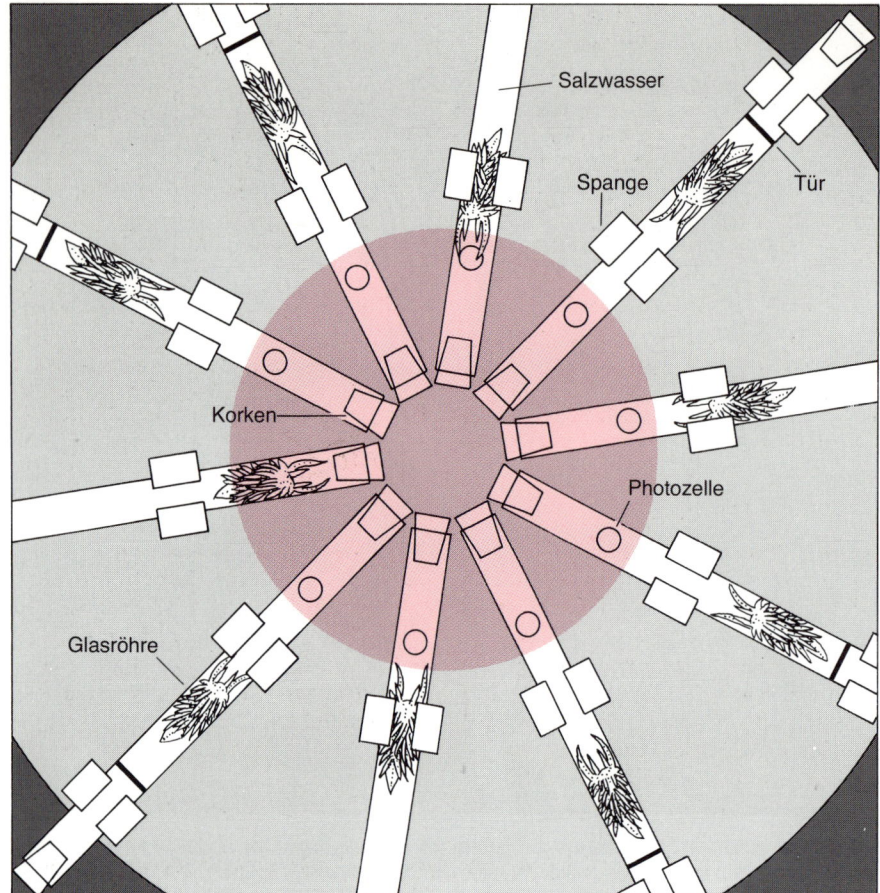

Bild 4: Trainiert und getestet werden die Schnecken in Glasröhren, die auf einen Drehtisch montiert sind. Zuvor wird gemessen, wie lange jedes Tier braucht, um zu dem anziehend wirkenden Lichtfleck (farbig) zu gelangen. Eine Lichtschranke registriert dabei automatisch den „Zieleinlauf". Danach werden die Schnecken in die äußeren Kammern der Röhren gesperrt und

„geschleudert", um ihnen Turbulenzen im Wasser vorzutäuschen. (Die dabei auftretende Zentrifugalkraft nehmen sie mittels der Statocysten wahr.) Für die Versuchsgruppe ist der Drehreiz exakt mit einem 30 Sekunden dauernden Lichtreiz gekoppelt. Wie sich dieses Training auf die phototaktische Reaktion auswirkt, zeigt ein sich daran anschließender Test.

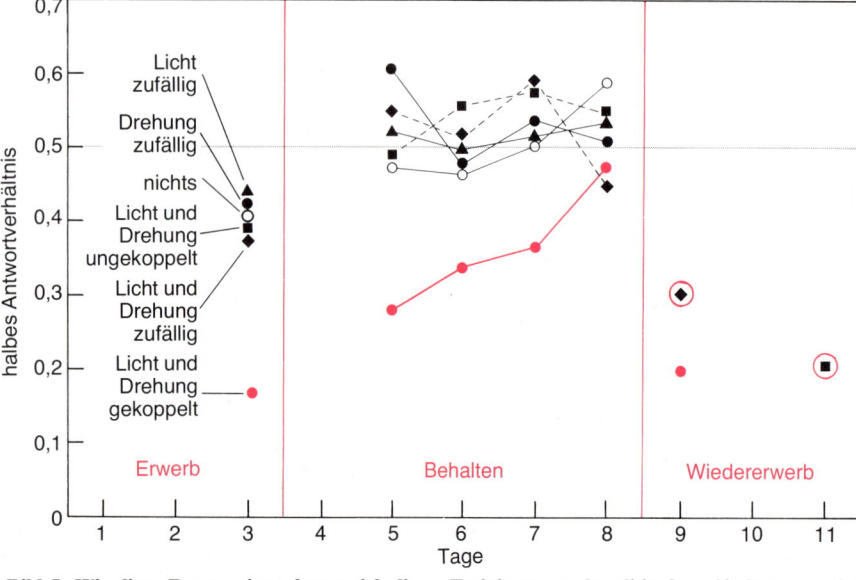

Bild 5: Wie diese Daten zeigen, lassen sich die Schnecken konditionieren. Das Reaktionsverhältnis gibt an, wie stark die phototaktische Reaktion unterdrückt wurde. Ein Wert von 0,5 bedeutet, daß sich die Bewegungsgeschwindigkeit nicht geändert hat; ein niedrigerer Wert zeigt eine Verlangsamung an. Bei gekoppelten Licht- und Drehreizen sind die Tiere nach drei

Trainingstagen konditioniert: Sie bewegen sich langsamer auf das Licht zu (farbiger Punkt). Sie „vergessen" dieses Verhalten, gewinnen es aber nach einem Trainingstag wieder voll zurück. Kontrolltiere zeigen keine signifikanten Verhaltensänderungen (schwarze Symbole). Sie lassen sich aber konditionieren, wenn ihnen gekoppelte Reize geboten werden (farbige Kreise).

sicheren Regionen ohne Nahrung auszuharren.

Vielleicht – das war unser Ansatz – „lernt" die Schnecke aus Erfahrung, Licht mit Turbulenzen zu assoziieren, weil ihr zur Wasseroberfläche hin Turbulenzen in Verbindung mit einer helleren Umgebung begegnen. Die gelernte Assoziation würde dann die auf einen Bereich größter Helligkeit – und damit größter Turbulenz – gerichtete Bewegung verlangsamen. Wir wollten nun die Wirkung von Licht und Turbulenz im Labor nachvollziehen.

Trainiert wurden die Schnecken in sternförmig auf einen Drehtisch montierten Glasröhren, gefüllt mit künstlichem Seewasser (Bild 4). Zuerst bestimmten wir die Zeit, die untrainierte Tiere durchschnittlich brauchten, um zu einer hell erleuchteten Fläche in der Mitte des Drehtisches zu gelangen. Danach ließen wir den Tisch mit verschiedenen Geschwindigkeiten rotieren, setzten die Tiere also einer Zentrifugalkraft aus, um die Wirkung von Turbulenzen zu simulieren. Dieses „Schleudern" wird hier stets als Drehreiz bezeichnet.

Das Trainingsprogramm sah nun folgendermaßen aus: Ein Teil der Tiere – unsere eigentliche Versuchsgruppe – bekam Licht und Drehung wiederholt und stets präzise miteinander gekoppelt zu spüren. Bei fünf anderen Gruppen variierten wir die Bedingungen zur Kontrolle; je eine Gruppe erhielt gar keinen oder nur einen der beiden Reize, beziehungsweise beide Reize in verschiedenen Kombinationen und zeitlichen Verknüpfungen.

Nach dem Training bestimmten wir wieder, wie schnell sich die Schnecken auf das Licht zubewegten, und berechneten daraus den Trainingseffekt. Wir fanden, daß einzig die Tiere, die Licht und Drehung gekoppelt erfahren hatten, ihre Geschwindigkeit auf weniger als ein Drittel der ursprünglichen verringert hatten. Sie hatten gelernt, das Licht (das in diesem Falle als bedingter Reiz diente) mit der Drehung (dem unbedingten Reiz) zu assoziieren (Bild 5). Die Konditionierung bewirkte also, daß die Tiere auf Licht eher so wie auf eine Drehung, also eine Turbulenz, reagierten.

### Die Konditionierung

Die Ergebnisse der verschiedenen Kontrollversuche zeigten, daß dieses veränderte Verhalten gegenüber Licht wirklich ein assoziatives Lernen widerspiegelt. So reagierten die Tiere nach einem Training mit Licht allein nicht schlechter auf diesen Reiz als zuvor. Damit war ausgeschlossen, daß es sich um eine nicht-assoziative Verhaltensänderung,

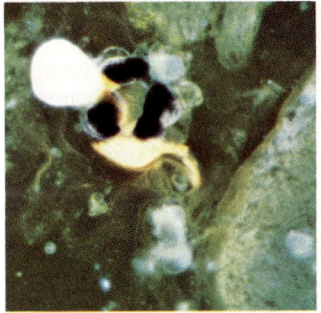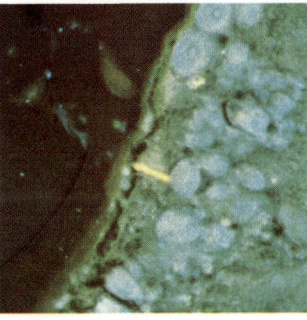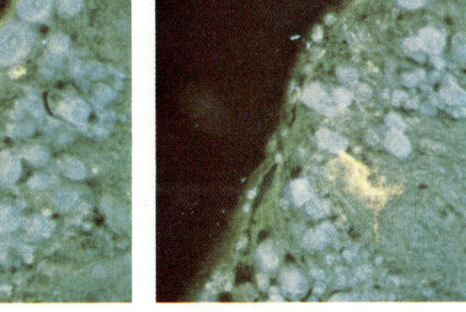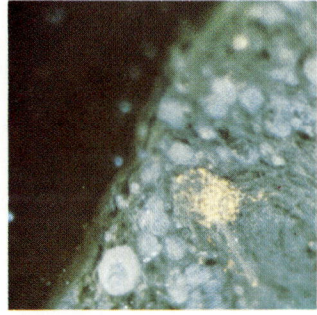

Bild 6: Im Auge von *Hermissenda crassicornis* gibt es zwei Arten von Sehzellen: Typ A- und Typ B-Zellen. Wohin diese Zellen ihre Axone entsenden, läßt sich mittels des Farbstoffs Procion-Gelb ermitteln. Er wurde hier in den Zellkörper einer B-Zelle injiziert und von dort bis in die feinsten axonalen Endigungen transportiert. In der ersten Mikrophotographie füllt der Farbstoff den Zellkörper (nahe der hellen Linse) und den Anfangsteil des Axons. In den folgenden Seriendünnschnitten ist zu sehen, wie das schräg angeschnittene Axon in das Pleuralganglion eintritt und schließlich in einem Büschel feiner Verzweigungen endigt (letztes Bild). Die Endknöpfchen daran bilden Synapsen mit anderen Zellen.

um eine Gewöhnung oder — wie die Fachleute sagen — Habituation handelt. Gewöhnung bedeutet, daß die Handlungsbereitschaft um so mehr abnimmt, je öfter sich ein Reiz wiederholt.

Tiere, die während des Trainings nur den Turbulenz simulierenden Drehreiz erfahren hatten, reagierten danach nicht stärker auf eine solche Drehung. Damit war eine mögliche Sensitivierung ausgeschlossen, bei der sich die Reaktionsbereitschaft durch mehrfaches Wiederholen eines stark motivierenden Reizes erhöht. (Beide Effekte können ein assoziatives Lernen vortäuschen oder verfälschen: Im Falle gewisser Verhaltensänderungen, die sich bei anderen Schnekkenarten nach einer Konditionierung ergeben sollen, sind solche Effekte nicht völlig ausgeschlossen worden.)

*Hermissenda* ließ sich auch dann nicht konditionieren, wenn beim Training Licht und Drehung abwechselnd oder beliebig aufeinanderfolgten (Bild 5). Terry J. Crow fand mit mir heraus, daß die beiden Reize zusammen geboten werden mußten. Das Licht wurde dabei etwa eine Sekunde vor Erreichen der maximalen Rotationsgeschwindigkeit eingeschaltet. Es ist gerade diese feste zeitliche Beziehung zwischen den Reizen, die das Tier lernt und an die es sich erinnert.

Die Verhaltensänderung der Schnekken zeigte noch andere Charakteristika einer klassischen Konditionierung. So prägte sie sich zum einen im Laufe des Trainings zunehmend stärker aus (der Fachmann spricht von Akquisition oder dem Erwerb einer bedingten Reaktion). Zum anderen konnte sie viele Wochen, also fast eine Schneckengeneration lang, anhalten. Schließlich änderte sich dabei auch nichts an den Reaktionen des Tieres auf andere als die manipulierten Reize.

William Richards und Joseph Farley von der Princeton University haben überdies gezeigt, daß das Erlernte auch der sogenannten Extinktion, der Auslöschung oder Abschwächung, unterliegt. Nach abgeschlossenem Training „vergaßen" die Tiere die gelernte Assoziation um so schneller, je häufiger ihnen der Lichtreiz ohne den Drehreiz geboten wurde. Daß sie nicht wirklich „vergessen" hatten, veranschaulicht ein weiterer Versuch von Crow. Nach der Abschwächung lernten die Schnecken die Assoziation in weniger Durchgängen als beim ersten Mal — ein Effekt, den man als Lernersparnis bezeichnet.

Schließlich konnte Farley zeigen, daß *Hermissenda* langsamer lernte, wenn er zusätzliche, nicht gekoppelte Reize (Licht oder Drehung) in den Konditionierungsablauf einstreute. Daß sich die Lernleistung durch diese unzusammenhängenden Reize verschlechterte beweist, wie wichtig der räumlich-zeitliche Zusammenhang, die Kontingenz von bedingtem und unbedingtem Reiz, ist. Die Tiere lernten, daß Drehung durch Licht bedingt ist; und war das nicht so, dann wurde der Lernprozeß beeinträchtigt.

Die eben beschriebenen Verhaltensänderungen wurden an Schnecken beobachtet, die man aus ihrem natürlichen Lebensraum, den Küstengewässern Kaliforniens, geholt hatte. Ohne jedes Training zeigten solche Tiere ein breites Spektrum von Reaktionen auf Lichtreize, das die unterschiedlichen individuellen Erfahrungen und Erbeigenschaften widerspiegelt. June F. Harrigan hat deshalb einen Laborstamm von *Hermissenda* gezüchtet, der von vornherein und auch im Laufe des Trainings viel einheitlicher reagierte. Auch ist es uns gelungen, Tiere mit geschädigten Gleichgewichtsorganen zu züchten. Sie lieferten uns weitere Belege für ein assoziatives Lernen, denn diese Schnecken reagieren auf Licht ganz normal, können es aber nicht wie intakte Tiere mit einer Drehung assoziieren.

Alles in allem wiesen die Ergebnisse darauf hin, daß sich die assoziative Lernfähigkeit von *Hermissenda* nicht ohne weiteres von der eines Hundes (oder eines Wales oder sogar eines Menschen) unterscheiden läßt. Damit könnten, so schien es uns, auch die solchen Lernleistungen zugrundeliegenden Prozesse artübergreifend sein.

## Den Leitungsbahnen auf der Spur

Der erste Schritt zum Verständnis solcher Prozesse bestand darin, bei der Schnecke die neuralen Leitungsbahnen aufzuspüren, die Licht und Drehung zu einer Assoziation verknüpfen.

Wir begannen also, einen Schaltplan vom Nervensystem der Schnecke zu erstellen. Insbesondere suchten wir dabei nach den von Auge und Schweresinnesorgan ausgehenden Bahnen: Die eine spricht auf den bedingten Reiz (Licht), die andere auf den unbedingten Reiz (Drehung) an.

Licht erzeugt in den fünf Sehzellen eines jeden Auges elektrische Signale, die über Zwischenneurone (Interneurone) an motorische Nervenzellen, sogenannte Motoneurone, und von diesen an die entsprechenden Muskelgruppen weitergeleitet werden. Drehbewegungen registriert die Schnecke über die jeweils 13 Haarzellen ihrer beiden Statocysten (Bilder 2 und 3). Das sind primitive vestibuläre Organe, analog den Schweresinnesorganen im Gleichgewichts- oder Vestibularapparat der Säuger. Die Haarzellen darin — so genannt nach den Sinneshaaren auf ihrer Scheitelfläche (Bild 8) — wandeln den Reiz in ein elektrisches Signal um, das wieder über Zwischen- und Motoneurone zu bestimmten Gruppen von Muskeln läuft.

Solche Nervenimpulse pflanzen sich über das Axon, über den langen Hauptfortsatz einer Nerven- oder Sinneszelle, fort und werden über besondere Schaltstellen, sogenannte Synapsen, zur nächsten Zelle weitergeleitet. Die Axone der

Haarzellen haben über einige ihrer Endverzweigungen auch Synapsen zu den Sehzellen. Über diese und andere indirekte Verbindungen zwischen den visuellen und vestibulären Bahnen laufen die beiden Sinnesmodalitäten zusammen.

Zur Kartierung der beiden Leitungsbahnen benutzten wir sowohl elektrophysiologische Methoden als auch spezielle Färbetechniken. Dabei registrierten wir mit Mikroelektroden, wie die Zellen auf natürliche Reize (Licht oder Drehung) oder auf künstliche Reize (schwache elektrische Ströme) ansprachen (Bilder 7 und 9). Auf diese Weise haben wir bei Tausenden von Tieren einzelne Zellpaare „angezapft", um drei Dinge zu erfahren: wann und wie bestimmte Sinneszellen auf bestimmte Reize mit Nervenimpulsen antworten; an welche nachgeschalteten (postsynaptischen) Neurone das Signal weitergeleitet wird und ob es auf diese erregend oder hemmend wirkt. Die gleiche Prozedur haben wir bei den jeweils nachgeschalteten Zellen wiederholt und so schrittweise die Leitungswege herausgearbeitet — von den Sinneszellen, die auf Licht oder Drehung ansprechen, über die Nerven-

zellen bis hin zu den Muskeln, mit denen sich *Hermissenda* bewegt.

Die elektrophysiologischen Ergebnisse wurden durch licht- und elektronenmikroskopische Untersuchungen ergänzt. Dazu haben wir einen speziellen Farbstoff (Procion-Gelb) in den Zellkörper injiziert, der sich von dort über das Axon bis in die entferntesten Endigungen verteilt (Bild 6). Der Verlauf der gefärbten Faser ließ sich dann anhand von Seriendünnschnitten rekonstruieren. Auf die gleiche Weise kann man auch die synaptischen Verbindungen zwischen zwei zusammengeschalteten Zellen sichtbar machen.

So konnten wir den Schaltplan, ein verflochtenes Netzwerk aus hintereinandergeschalteten Nervenzellen, aufbauen (Bild 10). Der Schaltplan war praktisch bei allen untersuchten erwachsenen Tieren der gleiche. Er ist also bei *Hermissenda* klar genetisch festgelegt — eine unveränderliche Grundlage für jedwede durch einen Lernprozeß hervorgebrachte Veränderung.

Wie ändert sich nun die Aktivität in diesem Netzwerk während der Konditionierung? Wir erforschten das Problem

schrittweise auf drei zunehmend spezifischeren Ebenen.

Die erste war die neuroanatomische Ebene: Wir maßen, wie sich die in einzelnen Zellen entstandenen und weitergeleiteten Signale während und nach der Konditionierung wandelten. Dann identifizierten wir die Nervenzellen, in denen sich die Signale zuerst veränderten, und danach jene, in denen diese Veränderungen erhalten blieben. Damit konnten wir die Vorgänge bestimmen, die eigentlich Erwerb und Erhalt des konditionierten Verhaltens verursachen.

Auf der nächsten, der biophysikalischen Ebene beschäftigten wir uns mit der Membran jener Nervenzellen, in denen die kritischen Änderungen aufgetreten waren. Nervenzellen steuern über ihre Membran den Ein- und Ausstrom bestimmter Ionen. Dieser Ionenfluß macht sich als elektrischer Strom bemerkbar. Wir fanden darin Unterschiede, die erklärten, warum sich die Signale verändern.

Auf biochemischer Ebene schließlich identifizierten wir die chemischen Reaktionen, die den veränderten Ionenfluß steuern.

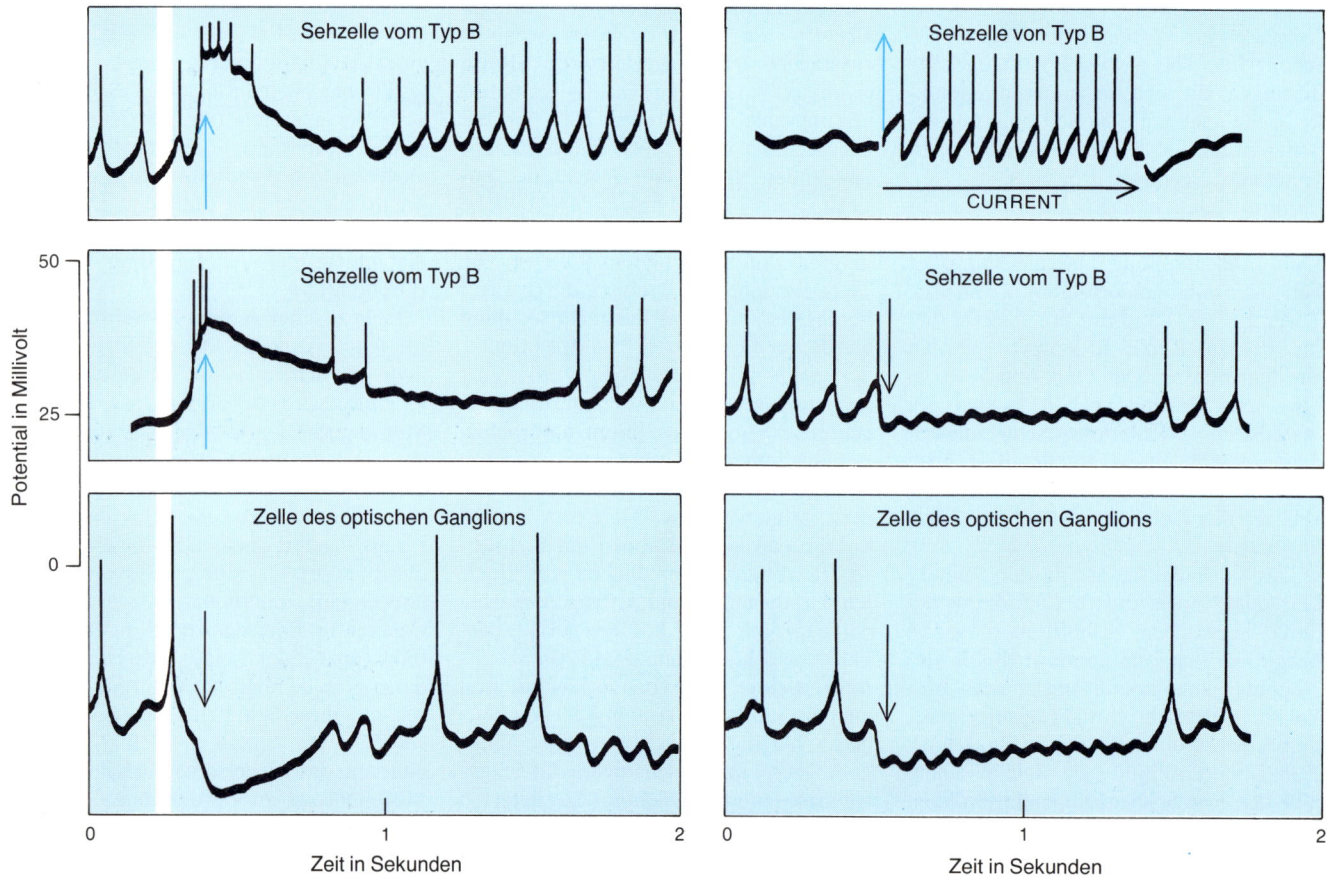

**Bild 7: Intrazelluläre Ableitungen zeigen, wie sich ein Lichtreiz (links) und ein Stromreiz (rechts) auf zwei Sehzellen vom Typ B auswirken, die ihrerseits eine Zelle im optischen Ganglion hemmen. Ein kurzer Lichtblitz (weißer Streifen) depolarisiert die Membran beider B-Zellen (farbige Pfeile). Die davon ausgelösten Nervenimpulse (Spikes) erzeugen in** der Ganglienzelle hemmende postsynaptische Potentiale. Die Zelle wird dadurch überpolarisiert (schwarzer Pfeil), so daß die Frequenz der Nervenimpulse abnimmt. Wird eine der beiden B-Zellen elektrisch gereizt (horizontaler Pfeil), also die Wirkung von Licht simuliert, so löst das Impulse aus, die neben der anderen B-Zelle auch die Ganglienzelle hemmen.

### Die B-Zellen des Auges

Unsere neuroanatomischen Untersuchungen ergaben — auf das wesentliche gebracht — einen Schaltkreis aus Nervenzellen, dessen Aktivität je nach einwirkendem Reizmuster modifiziert wird. Die Möglichkeit dazu ist in der „Verdrahtung" der visuellen und vestibulären Bahnen mit inbegriffen. Bietet man Licht- und Drehreize in der Trainingsphase zusammen, dann reagiert das System insgesamt so, daß von den fünf Sehzellen eines jeden Auges die drei zum sogenannten B-Typ zählenden mehr als gewöhnlich erregt werden und auch leichter erregbar bleiben (Bild 12). Das bedeutet, daß die B-Zellen nach dem Training von Licht stärker und anhaltender erregt werden.

Dieser Effekt kommt nicht direkt zustande, sondern ergibt sich aus der gesamten Antwort des Systems auf die gekoppelten Licht- und Drehreize. Normalerweise „feuern" die Haarzellen, die auf die hier durchgeführte Drehung am stärksten ansprechen, sogar im Ruhezustand. Diese sogenannte tonische Aktivität wirkt sich über eine Querverbindung hemmend auf die Zellen vom Typ B aus (Bild 11). Werden die Haarzellen allein gereizt, so feuern sie vermehrt und hemmen die B-Zellen noch stärker. Hört der Reiz, also die Drehung, jedoch auf, dann sinkt die Aktivität der Haarzellen noch unter den Ruhewert, und die Hemmung der B-Zellen wird aufgehoben.

Wenn Drehung und Licht zusammen auftreten, hat das zusätzliche Auswirkungen. Sobald die B-Zellen Licht in eine elektrische Erregung umsetzen, verringern die dabei fließenden Ströme den elektrischen Widerstand der Membran und leiten die hemmenden Signale der Haarzellen gewissermaßen ab. Sie setzen damit die durch Drehreize induzierte Hemmung herab. Außerdem laufen an den B-Zellen erregende Signale ein, und zwar von Sehzellen zweiter Ordnung, den E-Zellen des optischen Ganglions (Ganglien sind Anhäufungen von Nervenzellen). Die Frequenz dieser erregenden Signale erhöht sich, unmittelbar nachdem Dreh- und Lichtreiz gekoppelt wurden. Im Laufe der Trainingsphase summieren sich die erregenden Einflüsse, und die B-Zellen werden tonisch erregbarer: Sie reagieren auf Licht zunehmend stärker und länger.

Nun hemmen aber aktivierte B-Zellen, wie Yasumasa Goh in unserem Labor zeigen konnte, bemerkenswerterweise eine Kette von Nervenzellen, die mit der „mittleren" (medialen) der beiden zum Typ A zählenden Sehzellen beginnt und Motoneurone zum Feuern bringt (Bild 10). Durch diese Impulse werden jene Muskelkontraktionen ausgelöst,

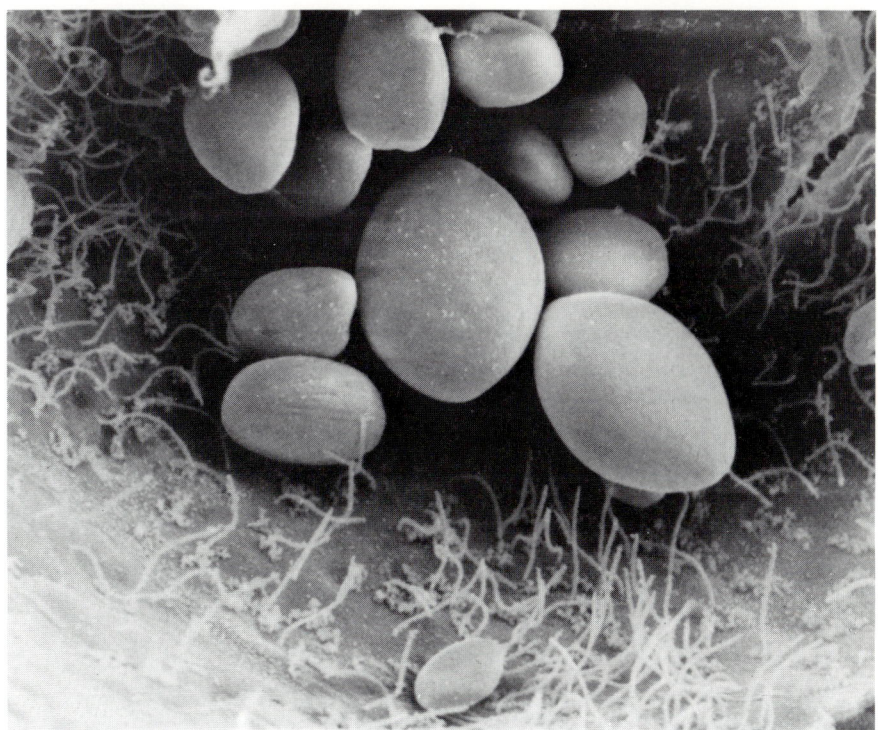

**Bild 8: Ein Blick in die etwa 2000fach vergrößerte Statocyste läßt die Cilien der Haarzellen sowie einige Statokonien erkennen. Die „Ohrsteinchen" sind auf dieser rasterelektronen-** **mikroskopischen Aufnahme auseinandergefallen, weil sie nicht mehr durch die Bewegung der Cilien zusammengehalten werden. Die Aufnahme wurde von Eliahu Heldmann gemacht.**

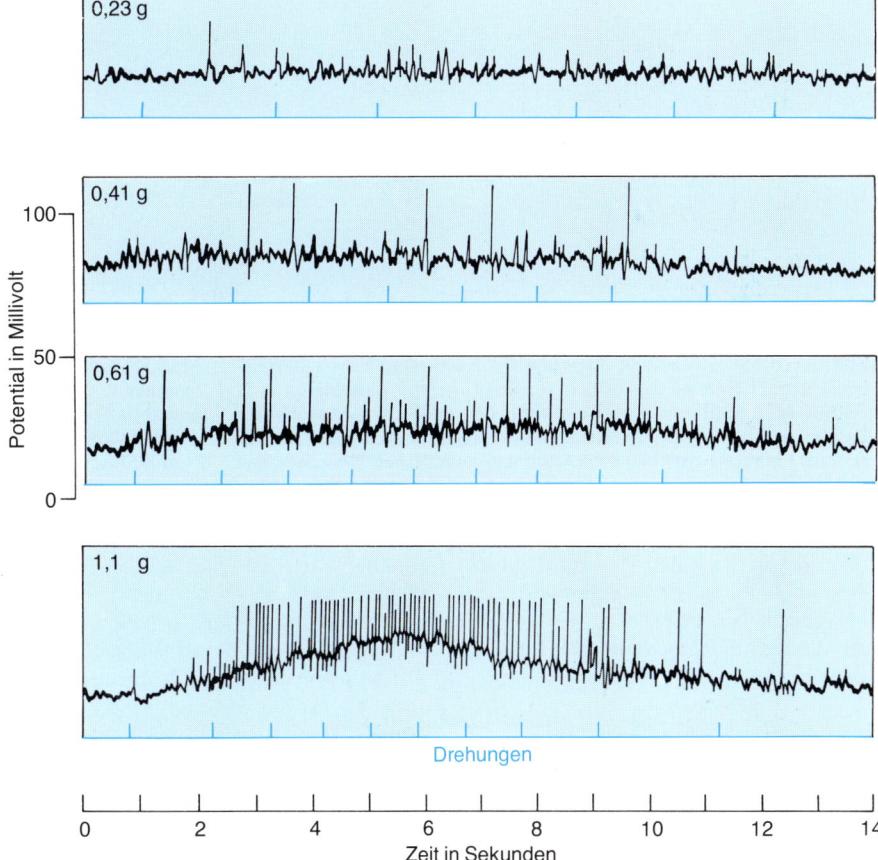

**Bild 9: Wie eine Haarzelle auf Drehbewegungen anspricht, zeigen diese Ableitungen aus einem isolierten Nervensystem von *Hermissenda*. Mit zunehmender Drehgeschwindigkeit wächst die Zentrifugalkraft (angegeben durch ein Viel-** **faches der Fallbeschleunigung g) und drückt die Statokonien gegen die Cilien. So wird das Membranpotential stärker positiv, und die Zelle „feuert". Ihr Axon hatte man zuvor abgetrennt, um synaptische Effekte auszuschließen.**

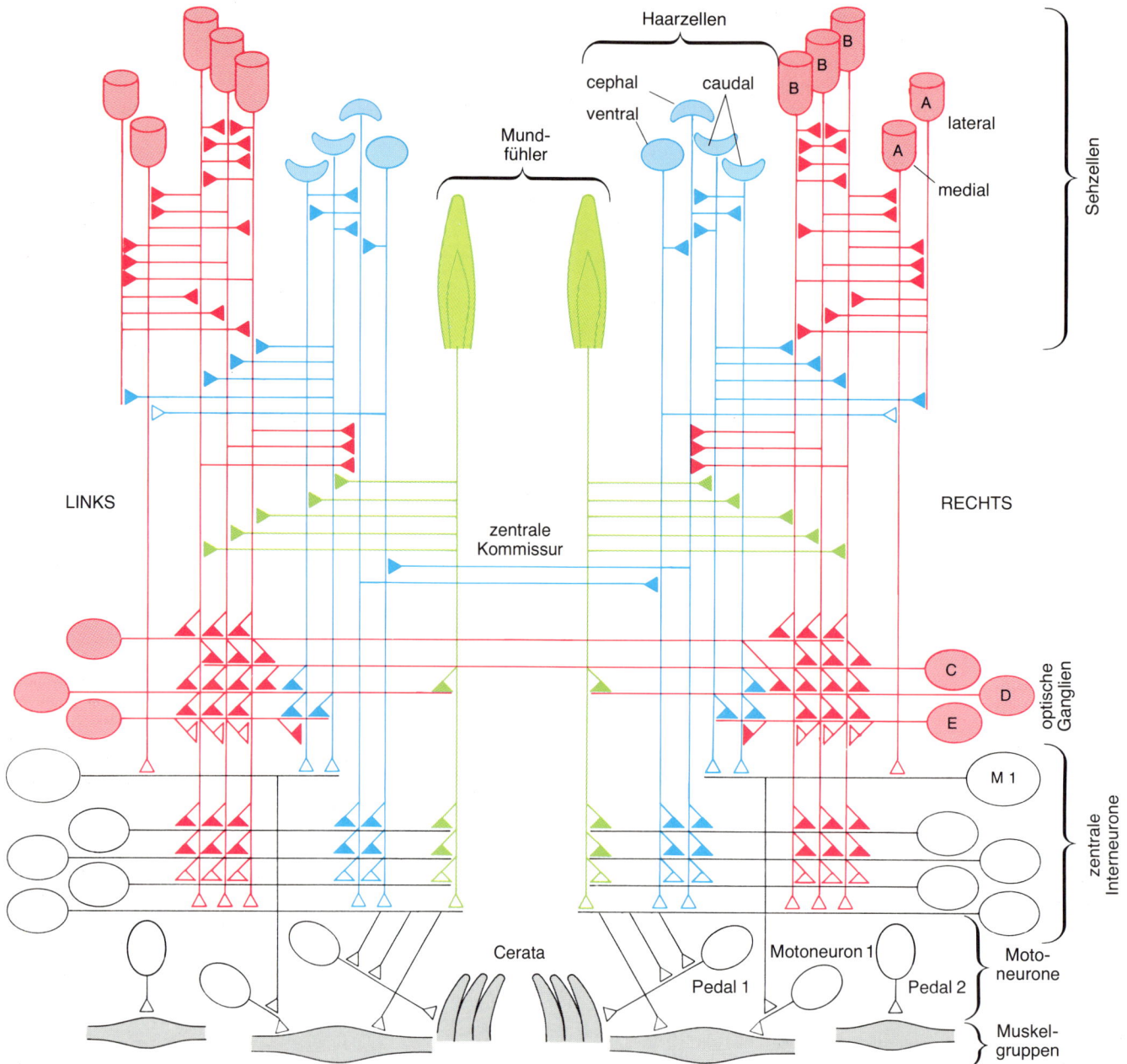

Haarzellen
cephal    caudal
ventral
Mund-
fühler
B
B
B
A    lateral
A
medial
Sehzellen
LINKS
zentrale
Kommissur
RECHTS
C
D
E
optische Ganglien
M 1
zentrale Interneurone
Cerata
Motoneuron 1
Pedal 1
Pedal 2
Moto-neurone
Muskel-gruppen

**Bild 10:** Dieser schematische Schaltplan des Nervensystems von *Hermis-senda* umfaßt typische Zellen der visuellen (rot) und vestibulären Nervenbahnen (blau), sowie einige Axone der taktil-chemosensorischen Bahnen (grün), die von den Mundfühlern ausgehen. Außerdem schließt er Verdrahtungen zwischen Interneuronen, motorischen Neuronen und Muskeln (schwarz) ein. Erregende Synapsen sind durch offene Dreiecke, hemmende durch ausgefüllte Dreiecke gekennzeichnet. Jeder dieser synaptischen Wechselwirkungen wurde verläßlich nachgewiesen, indem man wiederholt die prä- und postsynaptischen Potentiale der Zellen ableitete. Nun ließen sich auch lernbedingte zelluläre Veränderungen aufspüren.

mittels derer sich das Tier auf das Licht zubewegt. Wenn die B-Zellen also stärker und länger ansprechen, so verstärkt das die Hemmung, was die zum Licht gerichtete Bewegung verlangsamt.

**Die kausalen Zusammenhänge**

Eine Reihe von experimentellen Befunden zeigte uns, daß die Modifikation in der Reaktion der B-Zellen nicht nur mit dem Lernverhalten korreliert ist, sondern zumindest teilweise auch das Verhalten selbst auslösen kann. Die entsprechenden Experimente hierzu wurden „blind"

durchgeführt, das heißt, die untersuchende Person wußte nicht, wie bestimmte Versuchstiere trainiert worden waren. In einem dieser Versuche registrierten wir die Aktivität der Motoneurone, die für die Wendung zum Licht hin sorgen. Tatsächlich waren die Motoneurone konditionierter Tiere weniger aktiv, wenn die Tiere dem Licht ausgesetzt wurden (dann nämlich sollte sich der hemmende, von den B-Zellen ausgehende Einfluß verstärken).

In einem weiteren Experiment während der „Behaltens"-Phase haben wir bei konditionierten Tieren und solchen aus den Kontrollgruppen das Axon der

B-Zellen dicht am Zellkörper durchtrennt. Damit waren die Zellen physisch und elektrisch vom restlichen Nervensystem isoliert. Wir bestimmten dann, wie stark sie sich durch Licht oder einen künstlichen positiven Stromreiz erregen ließen. Mehreren verschiedenen Maßzahlen nach war die Erregbarkeit der B-Zellen bei den konditionierten Tieren gestiegen (Bild 13). Das heißt nichts anderes, als daß die von der Konditionierung induzierte Erregbarkeit dem Zellkörper zuzuschreiben ist (und auch dort gespeichert wird); sie spiegelt nicht einfach passiv irgendwelche Änderungen anderswo im System wider.

78

Farley und ich konnten weitere kausale Zusammenhänge nachweisen. Dazu hatten wir die neuralen Schaltkreise der Schnecke künstlich manipuliert, indem wir kleine elektrische Ströme in einzelne Zellen der beiden konvergierenden Nervenbahnen injizierten. Damit wurden in den Zellen die gleichen Signale ausgelöst, wie sie auch auf natürliche Reize hin zu beobachten sind.

In einem dieser Versuche präparierten wir das Nervensystem aus dem Schneckenkörper heraus und reizten eine Haarzelle elektrisch sowie eine Sehzelle zweiter Ordnung im optischen Ganglion. Wiederholte Stromreize, gekoppelt mit Lichtreizen, ließen die Erregbarkeit der B-Zellen steigen. Vom Licht entkoppelt hatten die gleichen Stromreize jedoch keine solche Wirkung (mit dieser Konstellation wurde das Training einer unserer Kontrollen simuliert).

In einem weiteren Experiment konnten wir die gleiche Verhaltensänderung wie beim Konditionieren hervorrufen, indem wir einfach eine einzelne, am lebenden Tier freigelegte B-Zelle wiederholt einem Lichtreiz gekoppelt mit einem Stromreiz aussetzten. Der elektrische Strom war dabei so bemessen, daß er die Hemmwirkung simulierte, die durch Drehung gereizte Haarzellen auf die Zellen vom Typ B haben. Tatsächlich erhöhte sich daraufhin die Erregbarkeit der B-Zellen. An den folgenden Tagen, nachdem die Tiere sich erholt hatten, bewegten sie sich − genau wie konditionierte Tiere − langsamer auf eine Lichtquelle zu. Kontrolltiere, die dem Stromreiz ohne gleichzeitigen Lichtreiz ausgesetzt worden waren, zeigten keine solche Verhaltensänderung.

Die ursächliche Rolle der erhöhten Erregbarkeit in den B-Zellen wurde schließlich nochmals erwiesen, als ein vorausgesagtes Verhalten tatsächlich eintrat. Die Verbindungen zwischen den visuellen und vestibulären Sinneszellen sind so ausgelegt, daß dann, wenn das Tier mit dem Kopf zum Zentrum des Drehtisches zeigt, die „schwanzwärts" gelegenen (caudalen) Haarzellen gereizt werden. Die Konditionierung bewirkt dann, wie zuvor beschrieben, daß die B-Zellen leichter erregbar werden (Bild 14).

Trainiert man jedoch die Tiere mit dem Kopf in entgegengesetzter Richtung, dann werden die kopfwärts gelegenen (cephalen) Haarzellen gereizt, was nun die B-Zellen stärker hemmt. In diesem Falle, so überlegten wir uns, müßte sich die phototaktische, auf das Licht hin gerichtete Reaktion verstärken. Wir machten die Probe aufs Exempel und wurden voll bestätigt: Die B-Zellen wurden weniger erregbar, und die Tiere bewegten sich schneller auf das Licht zu.

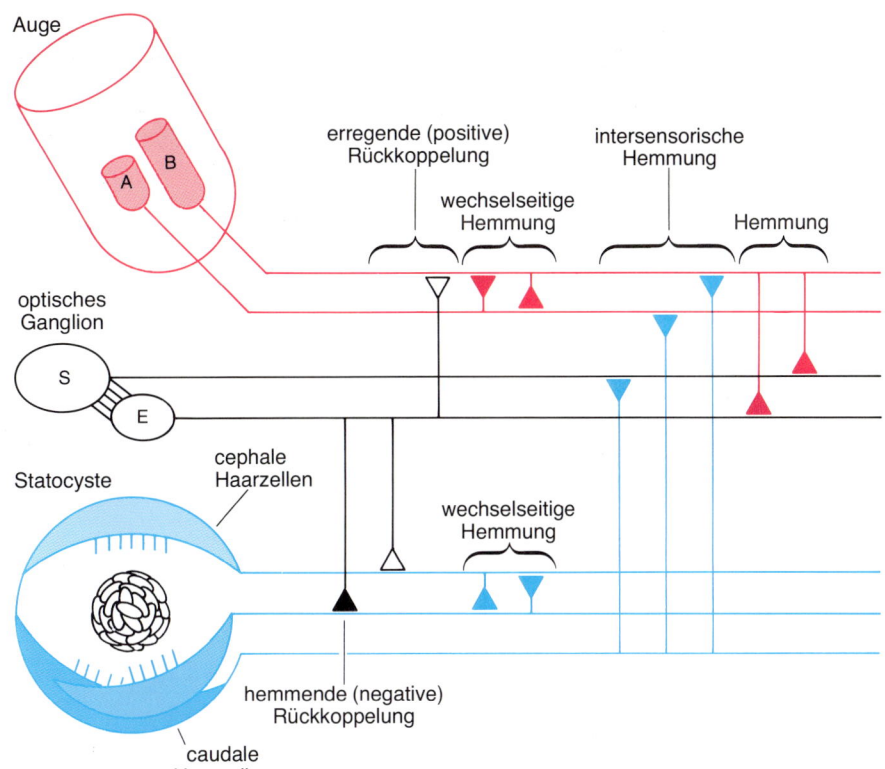

**Bild 11:** Die visuellen und vestibulären Bahnen sind auf vielfältige Weise miteinander verschaltet. Das Diagramm zeigt dies an einigen stellvertretend herausgegriffenen Seh- und Haarzellen, sowie an einer „stummen" Ganglienzelle (S), die über eine elektrisch mit ihr gekoppelte Zelle (E) Signale aussendet. Die sogenannten caudalen Haarzellen sind ständig, das heißt tonisch aktiv und suchen die B-Zellen des Auges zu hemmen. Nach gekoppelten Licht- und Drehreizen vermindert sich diese Hemmung. Der erregende Einfluß der E-Zellen erhöht sich.

Ungerichtetes Hinundherschütteln − wie in turbulenter See − erregt letztlich die Zellen vom Typ B, weil die caudalen Haarzellen direktere und wirksamere synaptische Verbindungen zu den Sehzellen besitzen als die cephalen Zellen.

### Veränderungen der Membran

Unsere neuroanatomischen Untersuchungen erbrachten den ersten Beweis bei Tieren überhaupt, daß eine dauerhafte assoziative Lernleistung direkt auf eine veränderte Erregbarkeit bestimmter identifizierbarer Nervenzellen zurückgeht. Nun ist die Erregbarkeit eine Eigenschaft der Nervenzellmembran, und so war natürlich die nächstliegende Frage, was mit der Membran der B-Zellen eigentlich während der Konditionierung geschieht.

Bevor ich unsere Ergebnisse bespreche, muß ich kurz erläutern, wie gewisse Änderungen in der Zellmembran elektrische Signale erzeugen. Im Ruhezustand ist ein Neuron, sein Zellkörper samt allen Fortsätzen, polarisiert, denn die Innenseite der Zelle ist gegenüber der Außenseite negativ, um etwa 70 Millivolt. Diese Potentialdifferenz wird durch verschiedene Ionen aufrechterhalten, die innen und außen in unterschiedlicher Konzentration vorliegen. Die Zellmembran reguliert über ihre selektive Durchlässigkeit (Permeabilität) die Konzentration. Sie ist regelrecht mit verschließbaren Protein-Kanälen bespickt, und zwar mit jeweils für jede Ionensorte verschiedenen Kanälen.

Das Membranpotential wird hauptsächlich von den positiv geladenen Kalium- und Natrium-Ionen bestimmt. In Ruhe sind innerhalb der Zelle die Kalium-Ionen, außerhalb der Zelle hingegen die Natrium-Ionen in viel höherer Konzentration vorhanden. Normalerweise ist die Membran für Kalium weitaus durchlässiger als für Natrium. So wandern mehr Kalium-Ionen heraus als Natrium-Ionen herein − mit dem Ergebnis, daß eine ruhende Zelle innen (gegenüber außen) negativ ist.

Die Ionen-Kanäle der Membran öffnen sich, sofern der passende Auslöser kommt. Das kann ein natürlicher Reiz sein (bei Sinneszellen), ein chemischer Überträgerstoff, also ein Neurotransmitter (bei Synapsen), oder eine Verschiebung im Membranpotential. Demgemäß spricht man auch von reiz-, transmitter- oder spannungsabhängigen Kanälen. Wenn sich die Natrium-Kanäle öffnen, dann strömen Natrium-Ionen (und in

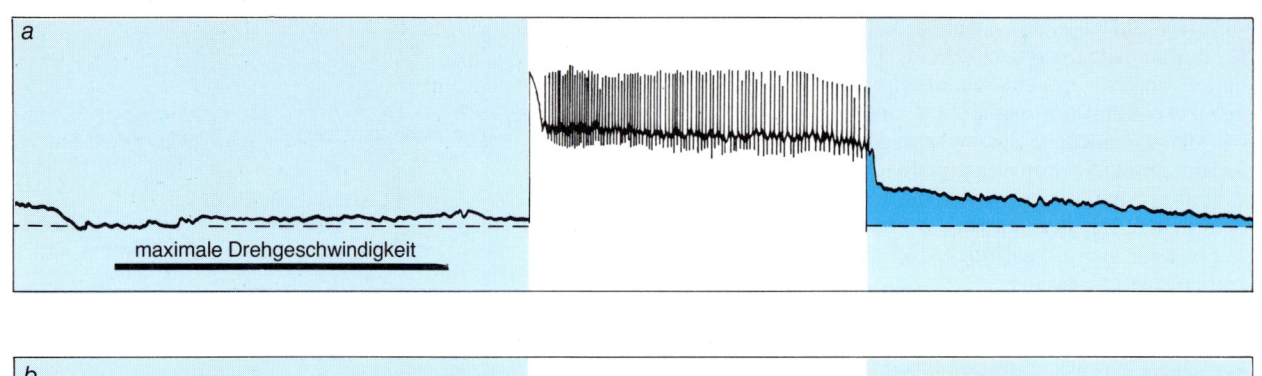

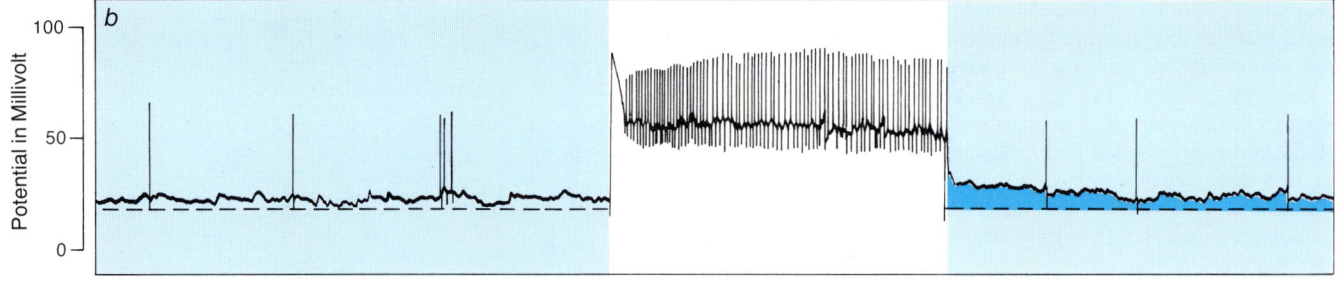

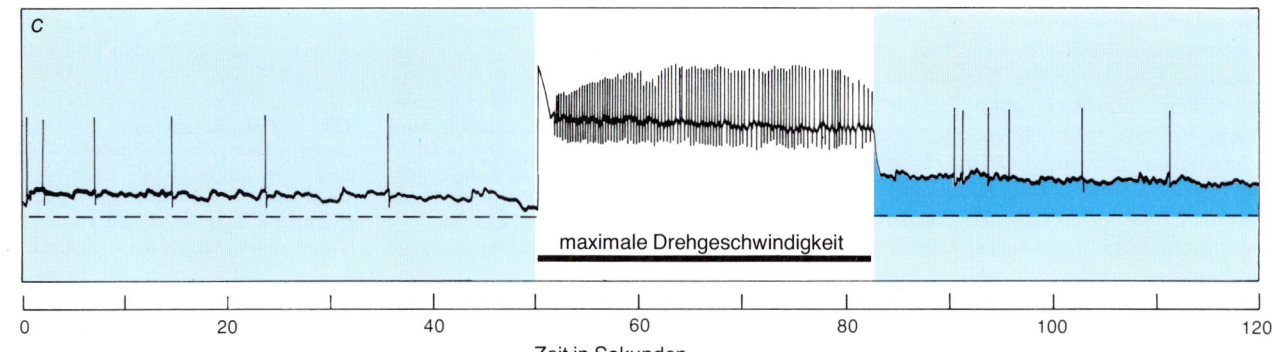

**Bild 12:** Die Reaktion einer B-Zelle auf alternierende Licht- und Drehreize (a), auf Licht allein (b) sowie auf gekoppelte Licht- und Drehreize (c). Nur die letzte von zwei aufeinanderfolgenden Beleuchtungsphasen (weiße Fläche) ist dargestellt; die erste endete 40 Sekunden vor diesen Aufzeichnungen. Die unterbrochene Linie markiert das ursprüngliche Ruhepotential der Zelle; die dunkelfarbige Fläche kennzeichnet die lang anhaltende Depolarisation, die der zweiten Belichtungsphase folgt. Bei gekoppelten Reizen währt die Depolarisation der Zellen am längsten (c).

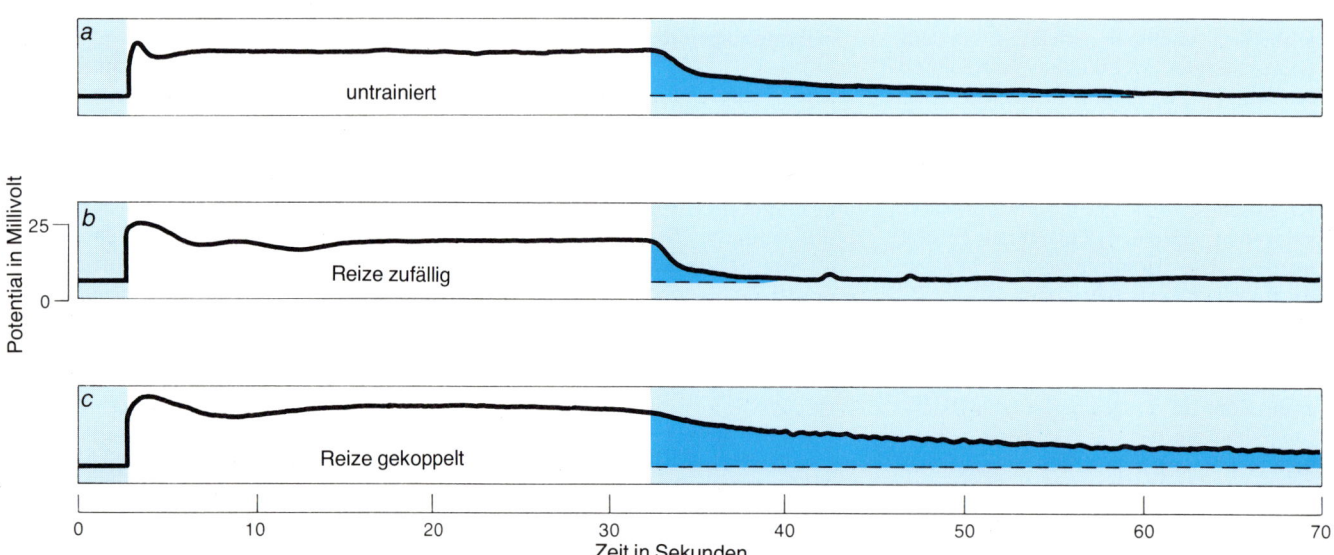

**Bild 13:** Die geänderte Erregbarkeit der B-Zellen wird nicht von außen, sondern vom Zellkörper selbst aufrechterhalten, wie diese Aufzeichnungen der Membranpotentiale zeigen. Den drei vorgestellten B-Zellen wurden vor der Messung die Axone durchtrennt, um den Einfluß aller anderen damit verknüpften Neurone auszuschalten. Die erste Zelle stammt von einem untrainierten Tier, die zweite von einem Tier, das statistisch verteilte Licht- und Drehreize empfangen hatte, und die dritte von einem Tier, das mit gekoppelten Licht- und Drehreizen konditioniert worden war. Auf einen Lichtreiz hin (helle Fläche) bleibt die Zelle des konditionierten Tieres am längsten depolarisiert (dunkelfarbige Fläche).

den B-Zellen auch positiv geladene Calcium-Ionen) nach innen und depolarisieren die Zelle (das heißt, sie machen das Innere stärker positiv). Sekundenbruchteile später veranlaßt diese Depolarisation die Kalium-Kanäle, sich zu öffnen. Durch die nun ausströmenden Kalium-Ionen kehrt das Potential zu seinem negativen Ruhewert zurück. (Eine Kalium-Natrium-Pumpe stellt dann die ursprüngliche Ionenverteilung wieder her.)

Diese Potentialänderungen können sich ein Stück weit entlang der Membran ausbreiten. Manchmal lösen sie dann eine wesentlich stärkere Depolarisation aus, die sich aktiv bis zum Ende des Axons fortpflanzt. Dies ist dann das Aktionspotential, der Nervenimpuls.

Wenn wir nun B-Zellen an Tagen nach der Konditionierung ohne Licht elektrisch depolarisierten, so strömten dort weniger Kalium-Ionen über die sogenannten A-Kanäle (und wahrscheinlich auch durch andere Kalium-Kanäle) heraus als bei Kontrollzellen (Bild 15). Der über andere Kanäle laufende Einstrom von Calcium-Ionen, wie er auf eine lichtinduzierte Erregung folgt, ist hingegen erhöht (Bild 16). Beide Änderungen bewirken, daß die B-Zellen auf einen Reiz (Licht oder Strom) mit einer stärkeren, anhaltenderen Depolarisation reagieren, das heißt, sie sind erregbarer geworden. (Es könnte sein, obwohl dies noch nicht belegt ist, daß der erhöhte Einstrom von Calcium einfach auf die erhöhte Erregbarkeit zurückgeht, die der verringerte Ausstrom von Kalium mit sich bringt.)

Außerdem habe ich zusammen mit John A. Connor von den Bell-Laboratorien festgestellt, daß die Calcium-Ionen dazu tendieren, sich während der Lernphase in den B-Zellen anzureichern. Eine länger anhaltende Erhöhung des intrazellulären Calcium-Spiegels verringert aber die Anzahl der offenen A-Kanäle für Kalium, was den Ausstrom von Kalium vermindert und die Membran erregbarer macht. Sie reagiert dann auf Licht mit einer ausgeprägteren Depolarisation; es öffnen sich mehr Calcium-Kanäle, so daß mehr dieser Ionen einströmen und den intrazellulären Calcium-Spiegel weiter anheben, was wiederum die Zahl der offenen Kalium-Kanäle weiter verringert und die Membran noch erregbarer macht. Es kommt also zu einer positiven Rückkoppelung (Bild 17).

Durch die Rückkoppelung verstärkt sich dieser Effekt während des Lernens. Wenn die gekoppelten Reize in genügend kurzen Abständen wiederholt werden, dann wächst in den B-Zellen die Restdepolarisation, die wiederum die Wechselwirkung zwischen Calcium- und Kalium-Kanälen zu verstärken scheint.

Es ist auch möglich, daß die Kanäle in synaptisch verbundenen Nervenzellen

komplementären Veränderungen unterliegen. Wir haben erste Hinweise dafür, daß die Membran der medialen zum Typ A zählenden Sehzelle (die durch die B-Zellen gehemmt wird) nach der Konditionierung weniger erregbar ist – sich also genau umgekehrt verhält wie die der B-Zellen.

## Zu guter Letzt – die biochemischen Mechanismen

Wenn der Calcium-Spiegel der B-Zellen während der Konditionierung steigt und dieser Anstieg mit Veränderungen im Ein- oder Ausstrom von Ionen einhergeht, dann beeinflußt das Calcium vielleicht – so dachten wir uns – den Zustand der Kanäle, indem es bestimmte biochemische Reaktionen auslöst oder beschleunigt. Calcium ist in viele regulatorische Mechanismen verwickelt; insbesondere aktiviert es Enzyme, die Phosphatgruppen an Proteine heften. Diese Phosphorylierung wiederum verändert häufig die Eigenschaften der Proteine. Es scheint uns durchaus denkbar, daß der erhöhte intrazelluläre Calcium-Spiegel Enzyme aktiviert, die jene Membranproteine phosphorylieren, die das Öffnen und Schließen der Calcium- und der A-Kanäle für Kalium steuern.

Eine Reihe von Beobachtungen stützte unsere Hypothese. So maß Joseph T. Neary, wie stark gewisse Proteine phosphoryliert werden, die offenbar gemeinsam mit den Kalium- und Calcium-Kanälen in der Membran vorkommen oder sogar die Wandung selbst zu bilden scheinen. Er benutzte dazu Phosphatgruppen, die mit einem radioaktiven Isotop markiert waren. Eines der geprüften Proteine hatte bei konditionierten Tieren mehr Phosphatgruppen eingebaut bekommen als bei Kontrolltieren.

Schon vorher hatte Paul Greengard von der medizinischen Fakultät der Yale University herausgefunden, daß bei mehreren Arten von Wirbeltieren die Phosphorylierung bestimmter Membranproteine durch Calcium vermittelt wird. Kürzlich gelang es Leonard K. Kaczmareck und Susan A. DeRiemer von der Yale University gemeinsam mit Greengard und uns, beide Befunde miteinander zu verknüpfen. Sie zeigten, daß bei *Hermissenda* die Phosphorylierung verschiedener im Nervensystem vorkommender Proteine – darunter auch des Proteins, das nach Neary durch Konditionierung verändert wird – von der Calcium-Konzentration abhängt.

Um die Rolle von Calcium zu prüfen, injizierten wir das Ion in die B-Zellen. Die Injektion drosselt anhaltend den Kalium-Ausstrom über die A-Kanäle – genau wie es die Konditionierung tut.

Schließlich folgten wir einem Vorschlag von Howard Rasmussen von der Yale University und injizierten den B-Zellen eine Calcium-abhängige Protein-Kinase – ein Enzym, das die durch Calcium induzierte Phosphorylierung katalysiert. Die Injektion verstärkte die Wirkung des Calciums auf die A-Kanäle. Sie simulierte den Konditionierungseffekt, denn es ließ sich die gleiche erhöhte Erregbarkeit beobachten, wie sie zustande kommt, wenn weniger Kalium-Ionen aus- und mehr Calcium-Ionen einströmen.

Unsere biochemischen Untersuchungen lassen also darauf schließen, daß sich der intrazelluläre Calcium-Spiegel während der Lernphase zunehmend erhöht. Das Ion aktiviert Calcium-abhängige Enzyme, die dann die Phosphorylierung jener Membranproteine fördern, die den Ein- und Ausstrom von Calcium- und Kalium-Ionen regulieren (Bild 17). Nach dem Training sinkt der Calcium-Spiegel auf sein normales Niveau; doch die Phosphorylierung der Proteine bleibt bestehen, solange das Erlernte behalten wird. Wie Rasmussen hervorhebt, kann die Calcium-abhängige Phosphorylierung ein recht irreversibler Prozeß sein.

Der hohe intrazelluläre Calcium-Spiegel während des Trainings könnte dank dieser Phosphorylierung die Protein-Kinasen auf lange Zeit aktivieren. Und die aktivierten Enzyme könnten dann für die dauerhaften, die erhöhte Erregbarkeit erhaltenden Veränderungen in der Membran verantwortlich sein.

Unsere Befunde zeigen erstmals für irgendein Nervensystem überhaupt, daß eine mehrere Tage dauernde Konditionierung den Ionenfluß über die Membran langfristig ändert – und zwar über eine biochemische Langzeitregulation. Die Veränderungen sind an Zellkörper und Axon, nicht aber an Synapsen zu beobachten. Möglicherweise stellt sich einmal heraus, daß tatsächlich auch synaptische Veränderungen an assoziativen Lernvorgängen beteiligt sind; bislang haben wir allerdings keine Hinweise darauf gefunden. Veränderungen in der Permeabilität nicht-synaptischer Membranen können jedenfalls das von uns untersuchte Lernverhalten bei *Hermissenda* ausreichend erklären.

## Lernen bei Wirbeltieren

Meeresorganismen sind ausgezeichnete Modellsysteme. Haben sie uns doch grundlegende Fakten darüber geliefert, wie ein Nervensystem funktioniert – und das in vieler Hinsicht. Durchweg hat sich herausgestellt, daß sich die dort gewonnenen Erkenntnisse auch bei höheren Tieren allgemein anwenden lassen. Wir haben jetzt damit begonnen zu prü-

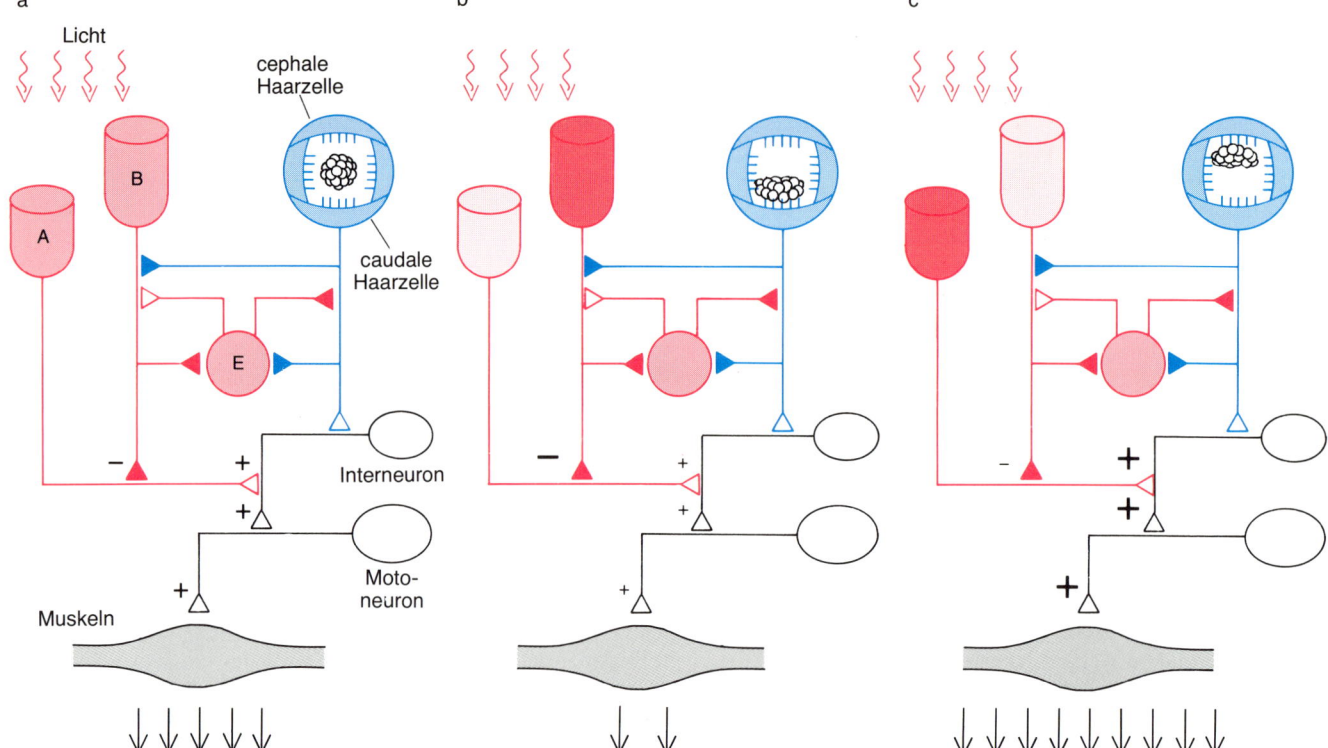

**Bild 14: Durch die Konditionierung verändert sich die Reaktion des Tieres auf Lichtreize. Der den neuralen Prozessen zugrundeliegende Schaltplan, die Verdrahtung, ist dabei unveränderlich. So hemmt bei untrainierten Tieren (a) die Sehzelle vom Typ B die mediale Sehzelle vom Typ A, die bei Licht über das Interneuron das Motoneuron und damit die Muskeln erregt. Solange die Haarzelle feuert (und das tut sie, wenn auch weniger häufig, bereits in Ruhe), wird die B-Zelle gehemmt (direkt oder auf dem Umweg über die E-Zelle). Nach einem Reiz „schweigt" die Haarzelle, die E-Zelle wird daraufhin aktiver und die B-Zelle folglich erregt. Die synaptischen Effekte verstärken sich bereits, wenn Licht- und Drehreiz**

**nur ein einziges Mal gekoppelt auftreten. Wird dieses Reizpaar wiederholt geboten und die Schnecke dabei so ausgerichtet, daß die caudalen Haarzellen ansprechen, dann erhöht sich auf längere Zeit die Erregbarkeit der B-Zellen. Während und nach einer Belichtung hemmen nun die B-Zellen die A-Zellen stärker und verlangsamen damit die zum Licht gerichtete Bewegung des Tieres (b). Man spricht von einer negativen Konditionierung. Eine positive Konditionierung (mit entgegengesetzt ausgerichteten Tieren) erregt die cephalen Haarzellen, und aufgrund der neuralen Verschaltungen (Bild 11) hat das dann genau entgegengesetzte Wirkung (c) − die Tiere bewegen sich beschleunigt auf das Licht zu.**

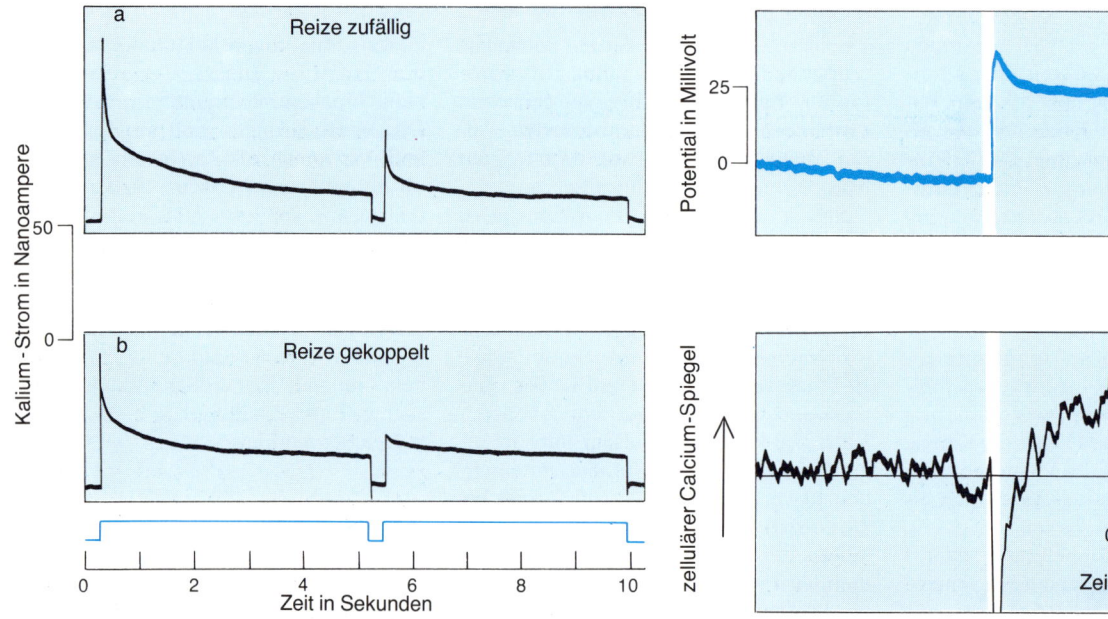

**Bild 15: Aus den B-Zellen eines konditionierten Tieres strömen an den Tagen nach dem Training weniger Kalium-Ionen aus. Das Membranpotential einer B-Zelle wurde künstlich um 50 Millivolt zu positiven Werten angehoben (farbige Kurve) und dann der dem Kalium-Ausstrom äquivalente elektrische Strom gemessen (schwarze Kurven). Bei einem Tier, das statistisch verteilten Licht- und Drehreizen ausgesetzt war (a), strömen mehr Kalium-Ionen aus als bei einem konditionierten Tier (b). Der Unterschied ist bei der zweiten Potentialänderung noch stärker ausgeprägt.**

**Bild 16: Auf einen Lichtreiz hin erhöht sich der Calcium-Spiegel einer B-Zelle. In die Zelle wurde ein Farbstoff injiziert, der mit Calcium einen Komplex bildet. Dieser Komplex absorbiert Licht einer bestimmten Wellenlänge, so daß die gemessene Absorption ein Maß für die Calcium-Konzentration im Inneren der Zelle liefert. Auf einen Lichtblitz hin (weißer Streifen) wird das Zellinnere stärker positiv (farbige Kurve). Der Calcium-Spiegel (schwarze Kurve) steigt und bleibt so lange erhöht, bis das Membranpotential der Sehzelle zu seinem Ruhewert zurückkehrt.**

fen, ob sich das, was wir bei *Hermissenda* über die biochemischen Grundlagen des assoziativen Lernens erfahren haben, auch auf das Wirbeltiergehirn übertragen läßt. So habe ich kürzlich mit Charles D. Woody von der medizinischen Fakultät der Universität von Kalifornien in Los Angeles und Bruce A. Haye die zuvor erwähnte Protein-Kinase an Katzen getestet. Wir haben dazu das Enzym (das in den B-Zellen die Wirkung der Konditionierung simulierte) bestimmten Neuronen des Katzengehirns injiziert, die bei Lernvorgängen aktiv waren. Die Erregbarkeit der Nervenzellmembran änderte sich daraufhin in ähnlicher Weise wie bei den B-Zellen.

Daß ein solch allgemeiner biochemischer Mechanismus im Laufe der Evolution beibehalten wurde, bedeutet allerdings nicht, daß seine Funktion die gleiche geblieben ist. Selbst wenn man nur das assoziative Lernen betrachtet, ist, wie ich bereits zu Anfang sagte, die Kluft zwischen einer Schnecke und einem Menschen riesengroß. So besteht allein schon in der Leistungsfähigkeit beider Nervensysteme, Sinneseindrücke zu analysieren und Reize miteinander zu assoziieren, ein enormer Unterschied. Denn niedere Tiere können nur eine kleine Auswahl an Reizen assoziieren lernen; wir Menschen hingegen können assoziieren, was immer wir wahrnehmen. Unser Bewußtsein ermöglicht es, willentlich zu vergessen oder zu unterdrücken; es stellt Wahrgenommenes in einen breiten emotionalen Kontext, in den weit gespannten Bogen positiver und negativer Gefühle, die Assoziationen Wert und Bedeutung verleihen.

Trotz alledem könnten sich die Biochemie und Biophysik des Lernens bei Schnecken und Menschen in vielem recht weitgehend gleichen. Vielleicht ist es die neurale Verschaltung, die den Unterschied ausmacht. Es sei daran erinnert, daß bei *Hermissenda* die Sehzellen von Typ B im Verlauf der Konditionierung erregbarer werden, weil sich auf einen Reiz hin weniger Kalium- und mehr Calcium-Kanäle öffnen – und das geschieht wiederum, weil die Calcium-Ionen ein Enzym aktiviert haben.

Die Sehzellen vom Typ A besitzen aber die gleiche Art von Kanälen und damit die gleiche potentielle Fähigkeit, ihre Erregbarkeit zu ändern. Erst die Verdrahtung der visuellen und vestibulären Nervenbahnen läßt die B-Zellen mehr erregende Signale empfangen und macht sie dadurch erregbarer – sofern die Schnecke beim Training mit dem Kopf zum Zentrum des Drehtisches zeigt. Dieselbe Verschaltung sorgt auch dafür, daß bei umgekehrter Anordnung nicht die B-Zellen, sondern die A-Zellen erregbarer werden. Was die eine Zell-

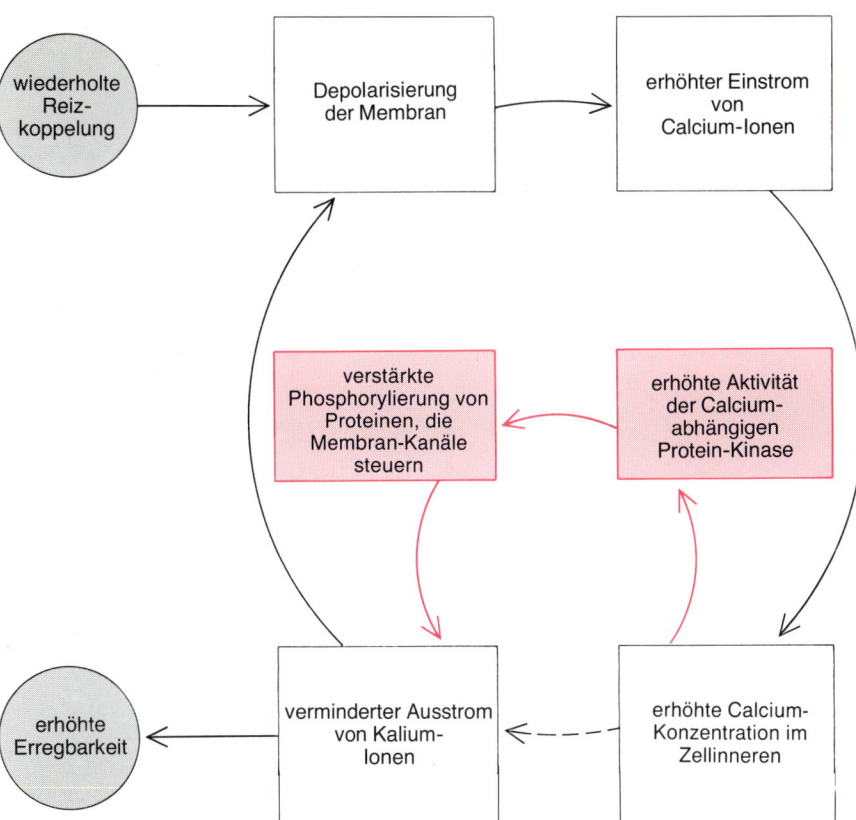

**Bild 17: Die erhöhte Erregbarkeit der B-Zellen kommt durch positive Rückkopplung zustande. Auf biophysikalischer Ebene (schwarze Kästchen) geschieht folgendes: Während der Konditionierung verstärkt sich die Depolarisation, und dadurch strömen mehr Calcium-Ionen in die Zelle. Der erhöhte Calcium-Spiegel reduziert den Ausstrom von Kalium-Ionen und** **depolarisiert damit die Membran noch stärker. Auf biochemischer Ebene (farbige Kästchen) sind zwei regulatorische Schritte eingezeichnet. Die hohe Calcium-Konzentration aktiviert eine Calcium-abhängige Protein-Kinase. Das Enzym phosphoryliert Proteine, welche das Öffnen und Schließen der Kanäle steuern, und reduziert dadurch den Ausstrom von Kalium.**

gruppe erregt und die andere hemmt, ist letztlich die Auswirkung einer bestimmten Kombination von Reizen – mit einer bestimmten zeitlichen Beziehung – in einer bestimmten genetisch festgelegten Verschaltung von Nervenzellen.

Nehmen wir einmal an, daß die Milliarden von Nervenzellen im Gehirn des Menschen die gleiche Möglichkeit haben wie die von *Hermissenda*, nämlich stärker oder schlechter erregbar zu werden. Das ist keineswegs unsinnig, denn ähnliche Kalium- und Calcium-Kanäle sind bei Wirbellosen und höheren Wirbeltieren beschrieben worden. Zu berücksichtigen ist auch, daß der relative Betrag an Erregung, den jedes Neuron in einer Subpopulation menschlicher Hirnzellen empfängt, von drei Dingen abhängen muß: von der vorgegebenen Verdrahtung sowie von der Art und Weise und von der zeitlichen Abfolge der Sinnesreize.

Genau wie sich die relative Erregbarkeit der Sehzellen bei einer lernenden *Hermissenda* ändert, so mag sich auch die relative Erregbarkeit der menschlichen Gehirnzellen – bedingt durch be-

wußte Erfahrungen – für lange Zeit verschieben. Die grundlegenden biophysikalischen und biochemischen Veränderungen, die für eine Speicherung des Erlernten sorgen, müssen bei uns nicht viel anders geartet sein als die nun bei *Hermissenda* aufgedeckten Mechanismen.

Was aber und wieviel ein Tier lernen kann, ist durch die Verschaltungen in seinem Nervensystem strukturell vorgegeben und begrenzt. Im menschlichen Gehirn sind es vielleicht die riesige Anzahl von Nervenzellen und die Komplexität der Verschaltungen, die gerade die Möglichkeit schaffen, feine Unterschiede zwischen Reizen zu registrieren, Reize miteinander zu assoziieren und Assoziationen miteinander zu assoziieren, das heißt, durch fortschreitende Abstraktion zu lernen. Der Unterschied zwischen dem, was Menschen und was Schnecken lernen können, mag wohl eher auf den so verschiedenen Schaltplänen beruhen und nicht auf einzigartigen menschlichen Nervenzellen mit irgendwelchen besonderen Membraneigenschaften oder irgendwelchen besonderen biochemischen Steuermechanismen.

# Gedächtnisspuren in Nervensystemen und künstliche neuronale Netze

Bei einfachen Lernvorgängen wie der klassischen,
Pawlowschen Konditionierung werden elektrische und molekulare Eigenschaften
von beteiligten Nervenzellen modifiziert. Die Kenntnisse von solchen Veränderungen sind
unabdingbar für die Konstruktion künstlicher neuronaler Netzwerke,
die Muster erkennen können.

Von Daniel L. Alkon

Nur wenige genau gesetzte Striche – und schon hat ein Karikaturist die Züge einer bekannten Persönlichkeit unverkennbar skizziert. Eine gute Karikatur enthält zwar wenige, dafür aber gerade die entscheidenden Merkmale, so daß der Betrachter, wenn er die Gesichtszüge in seinem Gehirn gespeichert hat, das restliche Muster ergänzt.

Man kann den Menschen mithin auch als eine Art mustererkennendes System betrachten, das sich im Laufe einer langen Evolution entwickelt hat. Die gespeicherten Muster nennen wir Gedächtnisinhalte.

Das Speichern von Mustern, also die Gedächtnisbildung, folgt einem recht einfachen Schema: Einzeleindrücke, Teilelemente also, werden im Gedächtnis miteinander verknüpft, sofern sie einigermaßen simultan eintreffen; solche zeitlich assoziierten Elemente bilden ein Muster, das festgehalten wird. So speichert man die charakteristischen Gesichtszüge eines Freundes nicht einzeln, sondern als Ganzes. Und eine Notenfolge speichert man als Melodie.

Andererseits ist es charakteristisch für unser Gedächtnis, daß nur Teile eines einmal eingeprägten Musters angeregt werden müssen, um es sogleich insgesamt hervortreten zu lassen. Ein vertrauter Zug in einem fremden Gesicht erinnert an das Gesicht eines Freundes. Wenige Töne können einen ganzen Satz aus einer Symphonie wachrufen.

Aber das Gedächtnis fügt nicht lediglich Teilstücke zusammen, die ohnehin eine Sinneseinheit bilden; es vermag außerdem zu einem vorhandenen Muster ganz andersgeartete Gedächtnisinhalte zu assoziieren: Ein bekanntes Gesicht kann in unserem Gedächtnis mit dem Klang des Namens und mit dem Parfüm dieser Person verbunden sein.

## Lokalisation von Gedächtnisspuren

Die Hirnforschung ist jetzt dabei aufzudecken, wie solche Verknüpfungen zustande kommen. Assoziative Gedächtnisbildung bedingt offensichtlich eine Abfolge von molekularen Veränderungen an ganz bestimmten Stellen eines neuronalen Verbundes. So kann beispielsweise die Erregbarkeit eines Zellverbandes sich stellenweise bedeutend erhöhen, wenn ein bestimmtes Protein in einer Nervenzelle nach deren Erregung an eine andere Stelle wandert und dort aktiv wird.

Diesem Protein, dem Enzym Proteinkinase C (PKC), scheint eine Schlüsselrolle bei den Gedächtnisprozessen zuzukommen. Es wandert bei zeitlich assoziierten Reizen aus dem Cytoplasma eines Neurons an dessen äußere Membran, lagert sich dort an und kann dann bestimmte Membranproteine, die für den Ionentransport durch die Barriere der Membran zuständig sind, aktivieren. Dadurch bekommt die Nervenzelle andere Eigenschaften: Sie setzt eingehende Signale leichter in Nervenimpulse um als vorher.

Man kann anhand von Nervenimpulsen messen, wo an den einzelnen Zellen und wo in einem Nervenverband solche Veränderungen stattgefunden haben, wo mithin Gedächtnisspuren niedergelegt sind. Man kann dies sogar sichtbar machen: Bild 1 gibt einen Eindruck davon, daß sich das Enzym PKC nach einem Lernakt tatsächlich an Zellmembranen in bestimmten Stellen im Gehirn anlagert.

Viele der molekularen Veränderungen bei der Gedächtnisbildung finden offenbar in den Dendriten statt: den Verästelungen des Zellkörpers, die ankommende Signale empfangen. Diese Dendritenbäume sind erstaunlich komplex aufgebaut; durch die vielen Verzweigungen haben sie eine enorme Oberfläche.

Mit 100 000 bis 200 000 Fasern anderer Neuronen kann der Dendritenbaum einer einzigen Nervenzelle Kontakte knüpfen. Wahrscheinlich erregt ein bestimmter Sinneseindruck nur einen Bruchteil der zahlreichen Kontaktstellen an einem Dendritenbaum. Deshalb können in einem Gehirn beliebig viele verschiedene Muster gespeichert werden, ohne daß die Kapazitätsgrenze des Systems erreicht wäre.

Unser Team wie auch andere Forschungsgruppen haben inzwischen Gesetzmäßigkeiten aufgedeckt, nach denen sich ein computergestütztes Gedächtnis entwerfen ließe. Wir haben solche sogenannten neuronalen Netzwerke tatsächlich schon in Anlehnung an die bislang bekannten biologischen Prozesse entworfen; sie können bereits recht gut Muster erkennen. Umgekehrt liefern die mathematischen Algorithmen für die dafür benötigten Computerprogramme neue Einsichten in biologische Vorgänge.

## Lernen durch Konditionierung

Unsere Studienobjekte sind eine Meeresnacktschnecke, *Hermissenda crassicornis*, und das Kaninchen. Wir haben an ihnen eine vergleichsweise einfache Form der assoziativen Gedächtnisbildung analysiert, die klassische Konditionierung nach dem russischen Physiologen Iwan Pawlow (1849 bis 1936; Nobelpreis 1904). Dabei lernt ein Organismus, zwei verschiedene Reize in Zusammenhang zu bringen wie Pawlows Hund den Geruch seines Futters und einen Klingelton: Nach einiger Zeit der Konditionierung floß ihm der Speichel, sobald er nur die Glocke hörte; dies war der Nachweis, daß er tatsächlich beide Ereignisse assoziierte.

Dieses konditionierte Lernen ist im Tierreich weit verbreitet. So unterschiedlich die einzelnen Organismen, ihre Verhaltensweisen und die assoziierbaren Reize auch sein mögen — die

Regeln, nach denen diese Form des Lernens abläuft, sind doch überall verblüffend ähnlich. Mithin dürfte sich auch die Arbeitsweise der neuronalen Maschinerie in vieler Weise ähneln. In der Tat mehren sich die Anhaltspunkte, daß Mechanismen der assoziativen Gedächtnisbildung im Laufe der Evolution bewahrt worden sind.

*Hermissenda* beispielsweise kann lernen, einen Lichtblitz mit einem sie drehenden Ruck, den man durch Wasserdruck künstlich erzeugt, zu assoziieren, womit die Turbulenz von Meerwasser nachgeahmt werden soll. In der natürlichen Umgebung reagiert die Schnecke auf stärkere Strömung, indem sie ihren Fußmuskel ausstreckt und sich damit am Grund verankert — ein Schutzmechanismus, um nicht fortgetrieben zu werden; während der Konditionierung lernt sie, auf einen Lichtreiz genauso zu reagieren (siehe den Beitrag „Eine Schnecke als Lernmodell" von Daniel L. Alkon in diesem Band).

Kaninchen lernen, wie übrigens auch der Mensch und wohl alle Säugetiere, die Assoziation zwischen einem auf ihre Augen gerichteten Luftstoß und einem Klingelzeichen. Auf den Luftstoß hin schließen sie die Nickhaut; und nach einiger Zeit der Konditionierung geschieht das auch, wenn sie nur die Klingel hören (Bild 2).

Solche erworbenen Verhaltensweisen sind Beispiele für eine bedingte — konditionierte — Reaktion: Die ursprüngliche Reaktion, die sonst eigentlich nur auf einen bestimmten, natürlichen Reiz hin — den unbedingten Reiz (Futtergeruch, Wasserstrudel, Luftzug) — erfolgt, wird nun auf einen ganz anderen Reiz übertragen: eben den bedingten Reiz (Glockenton, Lichtblitz, Klingelton). Das kann ein Tier nur, wenn es lernt, daß zwischen beiden Reizen eine zeitliche Beziehung besteht. Die Schnecke muß behalten, daß bei einer Turbulenz stets Licht aufleuchtet, so wie das Kaninchen sich erinnern muß,

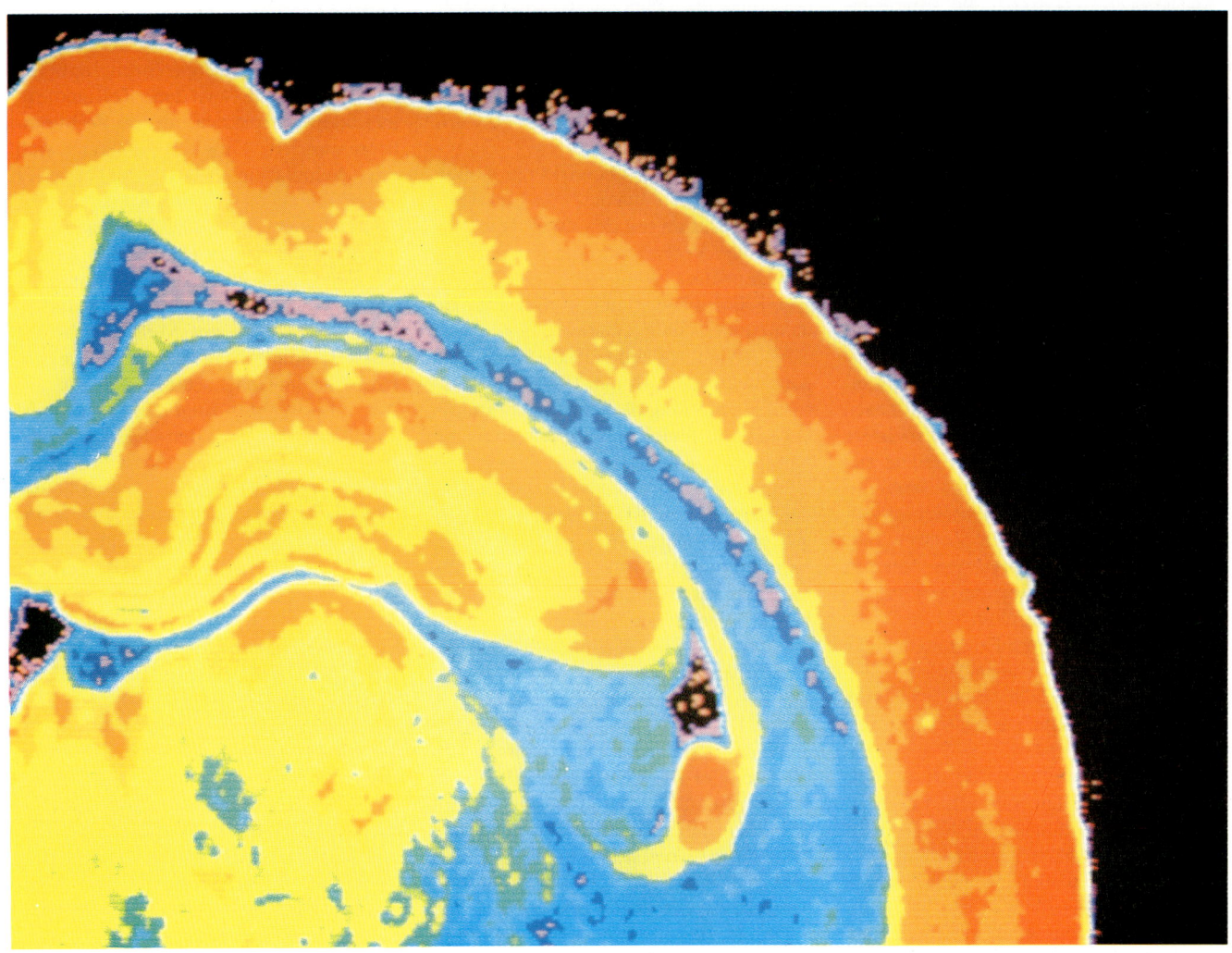

**Bild 1:** Dieser Schnitt durch ein Kaninchengehirn wurde mit einem Radioisotop markiert, um die Menge des Enzyms Proteinkinase C (PKC) in oder an Membranen von Nervenzellen zu ermitteln. Rote bis gelbe Bereiche geben hohe PKC-Konzentrationen an, blaue bis violette niedrige. Durch den Vergleich von Gehirnen konditionierter und nichtkonditionierter Tiere ließen sich mögliche molekulare und physiologische Mechanismen von Lernen und Gedächtnis aufdecken. Die Abbildung hat James L. Olds zur Verfügung gestellt, der dem Arbeitskreis des Autors am Nationalen Institut der USA für Neurologische und Kommunikative Störungen und Schlaganfälle in Bethesda (Maryland) angehört.

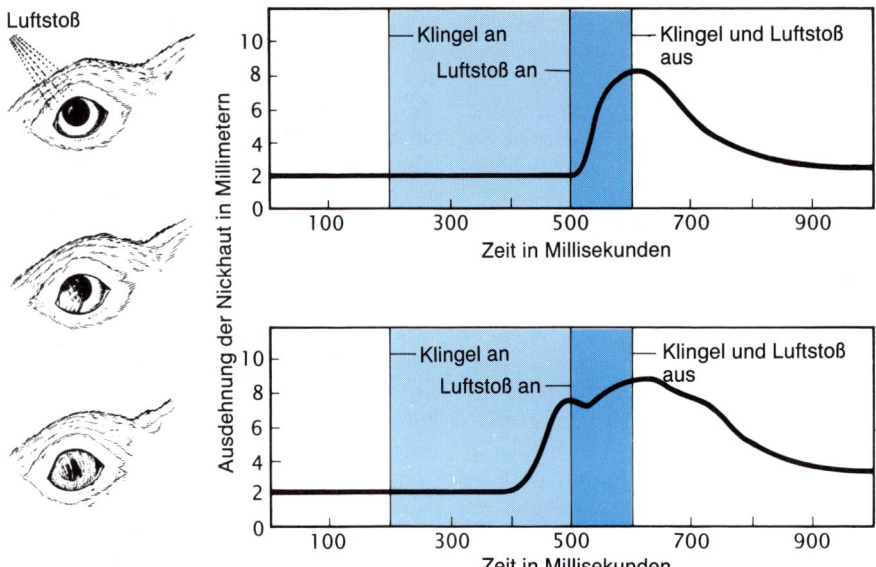

**Bild 2: Klassische (assoziative) Konditionierung beim Kaninchen.** Im vorliegenden Fall lernt das Tier, einen Ton mit einem Luftstoß, der auf sein Auge gerichtet ist, in Zusammenhang zu bringen. Die normale Reaktion – Zuziehen der Nickhaut (links) – wird vom unbedingten Reiz (Luftstoß) auf den bedingten (Klingelzeichen) übertragen. Die Diagramme zeigen, daß die Nickhautreaktion vor der Konditionierung nur auf den Luftstoß hin erfolgt (oben rechts); nach etwa siebzigmaligem Klingeln aber hat das Tier den Zusammenhang gelernt und reagiert schon auf das Klingelzeichen (unten rechts). Die Daten zu dieser Abbildung hat Bernard G. Schreurs aus der Arbeitsgruppe des Autors zur Verfügung gestellt.

daß immer gleichzeitig mit dem Luftstoß eine Klingel zu hören ist.

Um diesen Lern- und Gedächtnisvorgängen auf die Spur zu kommen, haben meine Kollegen und ich die Neuronenverbände und die zellulären Veränderungen untersucht, auf denen die Verhaltensänderungen beruhen. Bei den Kaninchen haben wir uns auf einen bestimmten Zelltyp im Hippocampus, einer Region im Vorderhirn, konzentriert, und zwar auf einen CA1 genannten Typ der Pyramidenzellen. In diesen Zellen treffen, über jeweils mehrere neuronale Verschaltungen, Signale aus dem Auge und dem Ohr zusammen. Gleichzeitig bestehen auch Nervenverbindungen zu wichtigen Zentren, die allgemein an Lernvorgängen beteiligt sind – es sind dies Gebiete, deren Aktivität die Aufmerksamkeit eines Tieres steuert und ohne deren Erregung Lernen nicht stattzufinden scheint (Bild 3).

Bei den Meeresschnecken boten sich für unsere Experimente Lichtsinneszellen vom sogenannten Typ *B* an, quasi neuronale Zellen an vorderster Front. Man kennt bei den Schnecken die einzelnen Verschaltungen im Sinnes- und Nervensystem inzwischen recht gut, da überhaupt nur wenige Neurone vorhanden sind. Zudem sind diese Tiere für Schnecken sehr groß, und sie haben besonders große, gut zu untersuchende Neurone. Die Typ-B-Zellen sind eng mit dem Gleichgewichtsorgan verschaltet und geben, über wenige Instanzen, Signale an den Fußmuskel weiter.

## Veränderte Erregbarkeit von Neuronen

Bei beiden Tieren bewirkt die Konditionierung – die wiederholte gleichzeitige Stimulation mit den zwei Reizen – bleibende Veränderungen in den von uns geprüften Neuronen: Der Strom von Kalium-Ionen durch Membrankanäle ist dauerhaft reduziert.

Im Ruhezustand der Zelle ist es Aufgabe der Kalium-Ionen ($K^+$), die elektrische Spannung der Zellmembran, die auf einer ungleichen Verteilung von Ionen und Ladungen beruht, unterhalb des Schwellenpotentials zu halten, ab dem sogenannte Aktionspotentiale ausgelöst und fortgeleitet werden. Bei vermindertem Kaliumstrom, wie wir ihn nach der Konditionierung beobachtet haben, entstehen Aktionspotentiale leichter; die CA1-Zellen wie auch die Typ-B-Lichtsinneszellen sind dann tatsächlich signifikant leichter erregbar.

Bei Kontrolltieren, die den Reizen entweder gar nicht oder aber in abwechselnder oder zufallsverteilter Folge ausgesetzt werden, tritt das Phänomen nicht auf. Nicht die Reize an sich reduzieren also den Ionenstrom; sie tun dies erst, wenn sie sich zeitlich aufeinander beziehen (Bild 4 oben).

Durch den verminderten Kaliumstrom werden elektrische Signale gewissermaßen stärker gewichtet, und zwar nicht nur minuten-, sondern möglicherweise tagelang. Solche dauerhaften Änderungen waren bisher für voll ausdifferenzierte Nervenzellen nicht bekannt; ihre Entdeckung zeigt, daß Veränderungen von Membrankanälen an der Speicherung von Reiz-Assoziationen beteiligt sein können.

An den wenigen, vergleichsweise gut erforschten Neuronen im Schneckengehirn ließ sich belegen, daß der veränderte Kaliumstrom maßgebliche Ursache für das Speichern und Wiedererinnern des per Konditionierung erlernten Zusammenhangs ist. Eine solche kausale Folgerung hat man für das Kaninchen, bei dem die physiologischen Verhältnisse viel unübersichtlicher sind, noch nicht gewagt. Immerhin konnten meine Mitarbeiter John F. Disterhoft und Douglas A. Coulter zeigen, daß sich an den CA1-Zellen der Ionenstrom lernabhängig ändert (Bild 6 links).

## Aktivierung von Proteinkinase C

Bei den CA1-Pyramidenzellen des Kaninchens wie auch bei den Typ-*B*-Lichtsinneszellen der Schnecke scheinen die Veränderungen im Ionenstrom ihrerseits davon herzurühren, daß die Proteinkinase C aus dem Zellinneren, aus dem Cytoplasma, an die Zellmembran wandert. Dies tut sie, wenn sich bei Assoziation zeitlich gekoppelter Sinnesreize sowohl die Konzentration von Calcium-Ionen ($Ca^{++}$) als auch die von Diacylglycerin (DAG) im Zellinnern erhöht (beides sind sogenannte sekundäre Botenstoffe, da sie nicht direkt die Vorgänge an der Membran beeinflussen, sondern in der Zelle weitere Prozesse in Gang setzen; Bild 5). An der Zellmembran angelangt, reduziert das Enzym dann den Kaliumstrom. Diese Verlagerung und Aktivierung der calcium-sensitiven PKC läßt sich künstlich mit Phorbolester auslösen. Wie andere Wissenschaftler gezeigt haben, wandert das Enzym daraufhin bei den CA1-Pyramidenzellen von Kaninchen zur Zellmembran und veranlaßt – genau wie eine Konditionierung – einen Rückgang des Calciumstroms. Eine Konditionierung erhöht überdies bei Kaninchen, wie mein Mitarbeiter Barry Banks gezeigt hat, deutlich die PKC-Aktivität an der Membran, während sie die im Cytoplasma verringert (Bild 6 rechts).

Im assoziativen Speicher unserer Schnecke findet vergleichbaren Messungen zufolge ebenfalls eine langanhaltende Verlagerung von PKC statt. Setzt man die fraglichen Sinneszellen Phorbolester aus und injiziert zugleich Calcium-Ionen, so erreicht man das gleiche wie die biophysikalischen Folgereaktionen beim Konditionieren: Der

Fluß an Kalium-Ionen nimmt daraufhin ab (Bild 4 unten).

Auch bei den Schnecken ist wichtig, wo in der Zelle sich das Enzym PKC befindet: Ist es im Cytoplasma, erhöht sich der Kaliumstrom, und die Zelle ist weniger leicht erregbar; liegt es an der Zellmembran, wird der Kaliumstrom geringer und dadurch die Erregbarkeit der Zelle stärker. Reagenzien, die die Verlagerung von PKC unterbinden, verhindern gleichzeitig, daß der Kaliumstrom abnimmt.

Von *Hermissenda* hat man auch bereits biochemische Befunde dazu, wie die PKC andere Proteine steuert: Sie belädt sie mit Phosphatresten. So ist eines dieser Substrate − ein Protein mit einer relativen Molekülmasse von rund 20 Kilodalton − nach Konditionierung nachweislich stärker phosphoryliert, desgleichen nach Behandlung mit Phorbolester.

Mein Kollege Thomas J. Nelson und ich haben nun Indizien dafür, daß es sich bei diesem Enzym um ein sogenanntes GTP-bindendes Protein handelt, welches an der Regulation von Ionenkanälen in der Zellmembran beteiligt sein könnte (GTP steht für Guanosintriphosphat, das bestimmte Membranproteine aktivieren kann). Injiziert man es nämlich in die Typ-*B*-Zellen, vermindert sich der Kaliumstrom − ganz ähnlich wie nach einer Konditionierung. Vielleicht hat dieses Protein beim Lernen ähnliche Funktionen, wie man

sie für die sogenannten G-Proteine bei Entwicklungsprozessen und der Krebsentstehung annimmt; auch diese Proteine verändern Membranfunktionen.

## Zusammenspiel zweier Enzyme

Noch ein zweites Enzym scheint bei der Drosselung des Kaliumstroms nach Konditionierung mitzuwirken, wie Beobachtungen an unseren beiden Versuchstierarten vermuten lassen. Es ist die CAM-Kinase II; auch sie wird durch Calcium aktiviert und phosphoryliert dann, wie PKC, bei *Hermissenda* das eben erwähnte Zielprotein.

Banks sowie Robert J. DeLorenzo und seine Kollegen am Medical College von Virginia fanden heraus, daß die Aktivität der CAM-Kinase II im Gebiet der CA1-Zellen zwar an den Tagen nach einer Konditionierung, aber nicht nach Kontrollversuchen erhöht ist. Das Enzym findet sich vor allem an den postsynaptischen Membranen (den Stellen, wo Signale von anderen Nervenzellen aufgenommen werden) überall auf dem Dendritenbaum von CA1-Zellen.

Vielleicht bewirkt die gemeinsame Aktivierung beider Kinasen eine länger andauernde Drosselung des Kaliumstroms als diejenige nur einer von ihnen. Auch bei ganz anderen wichtigen physiologischen Regèlsystemen, wie der Aggregation von Blutplättchen

(Thrombocyten) bei der Blutgerinnung, der Insulin-Sekretion in der Bauchspeicheldrüse und der Muskelfaser-Kontraktion kann eine Kooperation beider Enzyme angenommen werden. Zudem ist bekannt, daß die PKC-Verlagerung in verschiedenen physiologischen Zusammenhängen die Reaktivität auf elektrische, chemische und hormonelle Signale verlängert und verstärkt. Eine so universelle Wirkung von PKC läßt vermuten, daß ein entscheidender Mechanismus, Regelsysteme über Zellmembranen für längere Zeit einzustellen, während der Evolution konserviert worden ist.

Der Weg über die Proteinkinase C ist anscheinend für eine Gedächtnisbildung besonders günstig, denn dieses Enzym kann offenbar auch langfristig und letztlich dauerhaft Vorgänge in den Neuronen verändern, etwa indem es in die Protein-Biosynthese eingreift. Jedenfalls wird, wenn sich in *Hermissenda*-Neuronen die PKC in Gegenwart von Phorbolester anders verteilt, dadurch die Synthese einer Reihe neuronaler Proteine entscheidend verändert. Und das wiederum hat weitreichende Konsequenzen auf die durch Calcium-Ionen geförderte Drosselung des Kaliumstroms.

Es ist uns gelungen, einen Zusammenhang zwischen dem Lernverhalten von *Hermissenda* und dem Proteinstoffwechsel der vermutlich an der Gedächtnisbildung beteiligten Neurone nachzuweisen. Werden Gedächtnisinhalte ge-

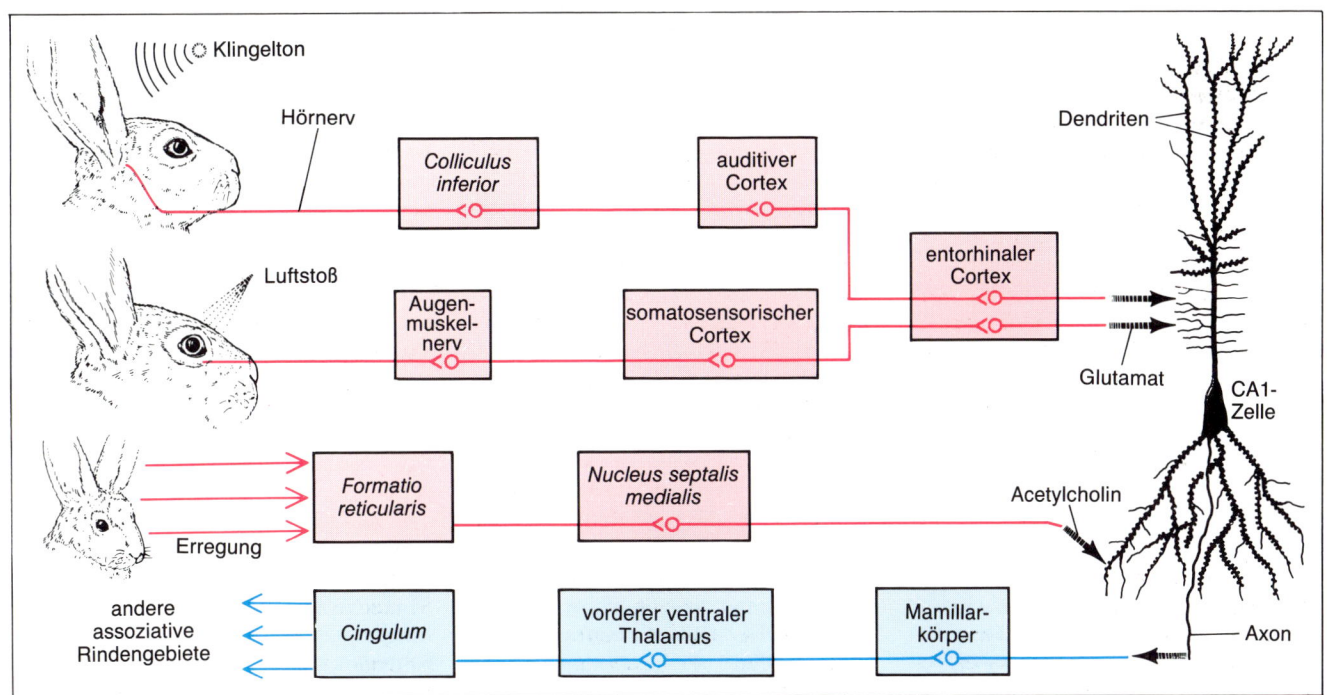

**Bild 3: Nervenbahnen, die hier an der untersuchten Konditionierung beteiligt sind, konvergieren auf CA1-Pyramidenzellen im Hippocampus des Kaninchens. Impulse vom Auge und vom Ohr werden auf die CA1-Zelle mittels des Neurotransmitters Glutamat übertragen. Der allgemei-** ne Aufmerksamkeitsstatus des Tieres, der sich auf sein Lernvermögen auswirkt, wird der CA1-Zelle durch den Neurotransmitter Acetylcholin mitgeteilt. Die CA1-Zelle übermittelt Signale an andere Gebiete der Hirnrinde. Diese Abbildung hat James L. Olds mit dem Autor erstellt.

speichert, erhöht sich die Menge einiger Proteine; eines davon ist das 20 Kilodalton schwere Zielprotein der PKC. Nelson fand heraus, daß die Gedächtnisstärke bei der Schnecke auch mit der Syntheserate einer Reihe von Boten-RNA-Molekülen eng korreliert ist. Eine davon scheint tatsächlich das 20-Kilodalton-Protein zu codieren.

## Strukturelle Änderungen der neuronalen Architektur

Die veränderte Proteinbiosynthese geht bei der Schnecke mit morphologischen Veränderungen an den Ausläufern der Typ-*B*-Zellen einher (Bild 8). Man kann dies sichtbar machen, indem man mit einer Mikroelektrode Farbstoffe in den Zellkörper spritzt. Fünf Tage nach Konditionierung beziehungsweise Kontrollexperiment erscheinen die Dendriten der trainierten Tiere auf ein viel kleineres Areal konzentriert zu sein als die Kontrolltiere. Wir nennen dieses Phänomen Fokussierung. Diese Konzentration der Dendritenbäume steht unzweifelhaft in Relation mit der Reduktion des Kalium-Ionenstroms.

Mit folgender Hypothese ließe sich das erklären: Die an dem Lernvorgang beteiligten Dendriten bleiben erhalten oder nehmen an Zahl zu, während jene mit anderen Aufgaben reduziert werden oder sogar gänzlich verschwinden.

Gegenwärtig prüfen wir diese Hypothese, indem wir Zellen mit bekannten synaptischen Verbindungen verschiedene Farbstoffe injizieren und dann die Anzahl synaptischer Kontakte der Typ-*B*-Zellen mit anderen Zellen zählen, die verschiedene Reaktionen vermitteln.

Aus anderen Zusammenhängen ist bekannt, daß Tiere, die man in einer stimulierenden Umgebung aufzieht oder hält, in der Regel reichere neuronale Verzweigungen aufweisen als Tiere aus reizarmer Umwelt. Allerdings unterscheidet sich bei *Hermissenda* die Fokussierung der Dendriten beim assoziativen Speichern vielleicht prinzipiell von Strukturveränderungen, wie sie nach anderen, nicht-assoziativen Einflüssen von Außenreizen auftreten. Die von uns beobachteten Modifikationen können daher nicht einfach als Folge zufällig auftretender sensorischer Reize entstanden sein, sondern müssen auf der zeitlichen Verknüpfung von Stimuli beruhen. Die Fokussierung bei den Typ-*B*-Zellen von *Hermissenda* läßt also vermuten, daß sie nicht auf das bloße verstärkte Einwirken von Außenreizen zurückzuführen ist, sondern nur bei einer Reiz-Assoziation auftritt. Nach diesem Befund wäre ein solches Reizmuster nicht nur in Form elektrischer Signale und molekularer Aktivität repräsentiert und gespeichert, sondern zudem auch materiell in dem Verzweigungsmuster der Dendriten und in ihren Verschaltungen längerfristig abgelegt.

Analog beobachtet man auch während der Entwicklung von Individuen, daß Synapsen entkoppelt oder abgeschwächt werden, wenn Nervenzellen um den Kontakt zu einem Zielneuron konkurrieren. Jean-Pierre Changeux vom Institut Pasteur in Paris und Gerald M. Edelman von der New Yorker Rockefeller-Universität haben in Fortschreibung dieses Entwicklungsmodells postuliert, daß auch bei Lernprozessen eine solche Auslese auf neuronaler Ebene herrsche. Die Befunde an den Typ-*B*-Zellen von *Hermissenda* sprechen nun durchaus für diese These.

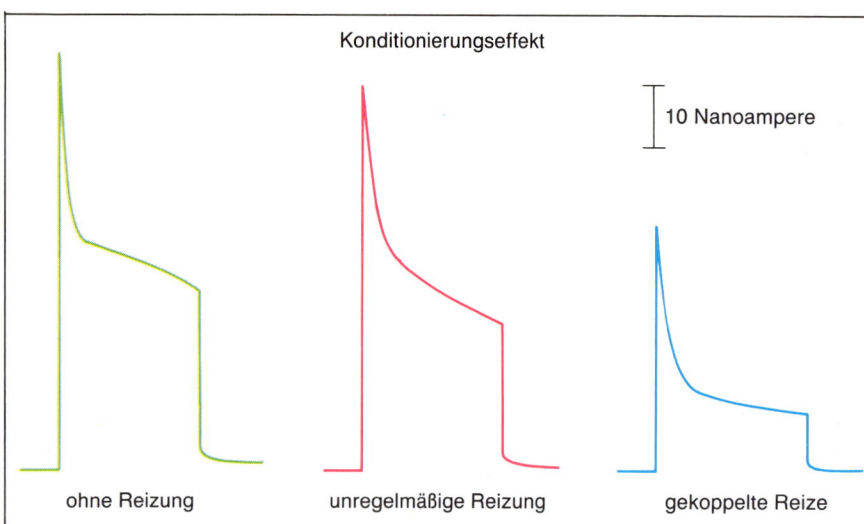

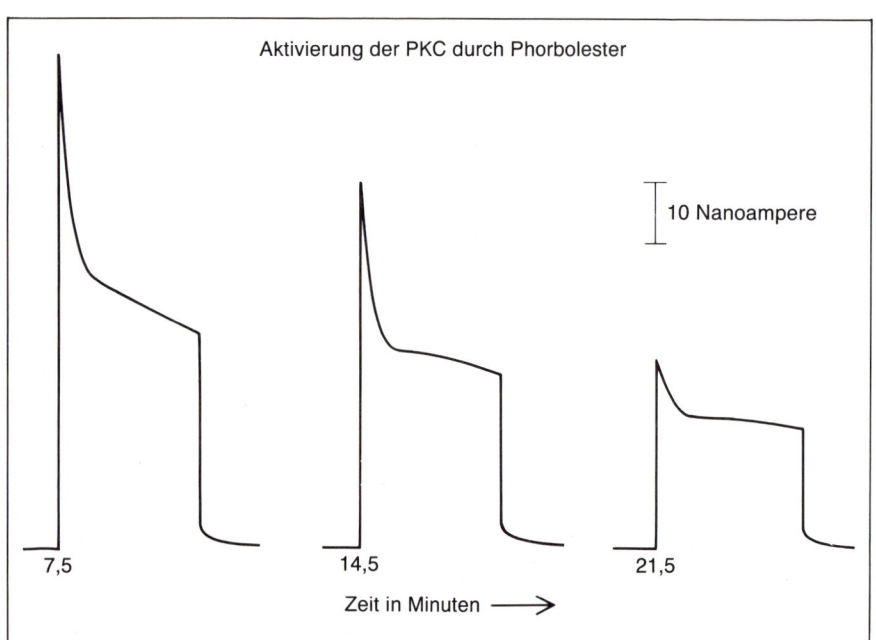

Bild 4: In den Typ-*B*-Lichtsinneszellen von konditionierten Meeresschnecken ist der Durchfluß von Kalium-Ionen durch die Zellmembran reduziert (oben); sie haben gelernt, einen Lichtblitz mit einer sie verwirbelnden Bewegung wie in einem Wasserstrudel in Verbindung zu bringen; die Tiere reagieren darauf mit Strecken des Fußmuskels (in ihrer natürlichen Umgebung suchen sie auf diese Weise Halt am Grund). Der Effekt der Konditionierung (oben) läßt sich an dem unterschiedlichen Kaliumstrom bei Abwesenheit eines Reizes (links), Darbietung der beiden Reize in willkürlicher Folge (Mitte) und zeitlich gekoppelter Darbietung (rechts) erkennen. Der Konditionierungseffekt kann nachgeahmt werden, indem man PKC, ein Enzym in den Nervenzellen, das vermutlich die Aktivität der Ionenkanäle in der Zellmembran beeinflußt, mit Phorbolester aktiviert (unten). Phorbolester bewirkt, daß PKC-Moleküle zur Membran wandern. Tatsächlich nimmt mit zunehmender Einwirkzeit des Aktivierungsmittels der Kaliumstrom ab wie nach Darbietung beider Reize zur gleichen Zeit. Man kann daraus schließen, daß die PKC den Fluß an Kalium-Ionen wie vermutet steuert. Ähnliche Effekte sind an den CA1-Zellen von Kaninchen zu finden.

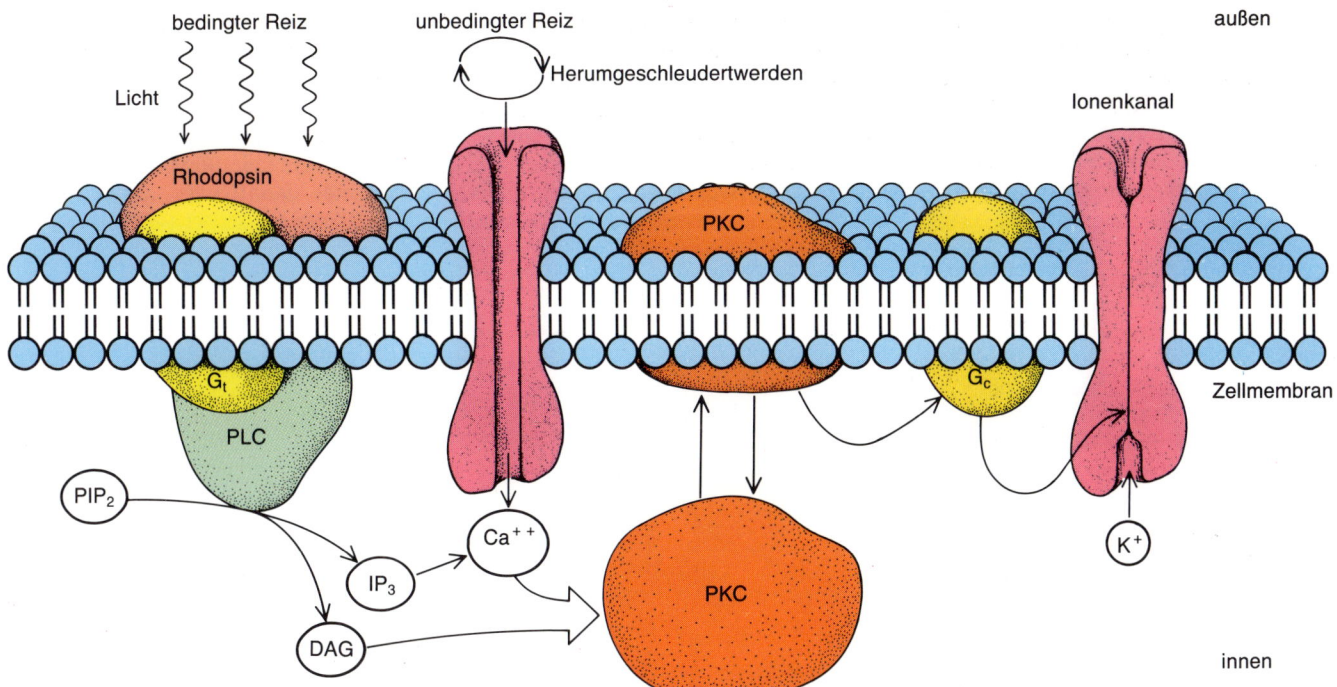

**Bild 5:** Dieses Modell vereint angenommene und bereits nachgewiesene Wechselwirkungen zwischen verschiedenen molekularen Bausteinen an der Zellmembran in den Typ-*B*-Lichtsinneszellen der Meeresschnecke *Hermissenda crassicornis* während der Konditionierung, welche die Translokation des Enzyms PKC fördern. Gleichzeitige Reizung durch Licht und Rotation setzt in der schematisch dargestellten Membran eine Kette von Ereignissen in Gang, an deren Ende die Wanderung der PKC aus dem Cytoplasma zur Zellmembran steht. Daraufhin verringert sich der Kaliumionenstrom durch die Membrankanäle. Der Autor vermutet, daß ein G-Protein in der Zellmembran die Reduzierung des Kaliumstroms vermittelt. Es bedeuten PKC: Proteinkinase C; PLC: Phospholipase C; $G_t$ und $G_c$: G-Protein in unterschiedlichen Aktivierungszuständen; $PIP_2$: Phosphatidylinosit-diphosphat; $IP_3$: Inosit-triphosphat; DAG: Diacylglycerin; $Ca^{++}$: Calcium-Ionen; $K^+$: Kalium-Ionen.

### Spezifität von Gedächtnisinhalten

Schritt für Schritt sind wir der assoziativen Gedächtnisbildung nähergekommen: von Umweltreizen über elektrische Signale in neuronalen Systemen zu Ionenströmen durch Zellmembranen, dann zu deren molekularen Regulationsmechanismen bis hin zu Veränderungen der Proteinsynthese und schließlich zu strukturellen Veränderungen der neuronalen Architektur. Dabei wurden die dynamischen Eigenschaften der am Gedächtnisprozeß beteiligten Zellen deutlich. Sie sind als ausdifferenzierte Neurone zwar nicht mehr teilungsfähig, können sich dafür aber kraß verändern. Bei *Hermissenda* brauchen manche Vorgänge nur Sekunden, andere Tage oder noch länger, und diese unterschiedlichen zeitlichen Domänen, wie ich sie nenne, betreffen jeweils andere Bereiche, also räumliche Domänen, der Zellen.

Letzteres scheint auch für die Hippocampus-Neuronen des Kaninchens zu gelten. Wir konnten die Prozesse mit einer Molekülsonde verfolgen, die erstmals von Solomon H. Snyder, Paul F. Worley und ihren Kollegen an der Johns-Hopkins-Universität in Baltimore (Maryland) angewandt worden war: Sie machten die Verteilung von PKC in Hirnstrukturen mit radioaktiv markiertem Phorbolester sichtbar. Wird die Konzentration des Phorbolesters niedrig genug gehalten, dann verursacht er keine Translokation von PKC, sondern hebt lediglich Neuronen und -verbände hervor, an deren Zellmembranen das Enzym gehäuft vorkommt (Bild 1).

Kürzlich wies James L. Olds aus unserem Labor nach, daß einen Tag nach dem Konditionierungstraining bei CA1-Neuronen die maximale Menge an membrangebundener PKC im Bereich der Zellkörper selbst zu finden ist und nur in geringem Maße im Bereich der Dendriten (Bild 4 unten). Drei Tage nach der Konditionierung verteilte sich die PKC aber ganz anders: Die Dendriten waren deutlich intensiver markiert als die Zellkörper. In dem Maße, wie sich der Zeitbereich der Speicherung von Gedächtnisinhalten von einem Tag auf drei Tage erweitert, verlagert sich wohl die räumliche Domäne des membranständigen Enzyms vom Zellkörper zu den Dendriten.

Gerade diese räumliche Verlagerung des Geschehens beim Speichern von Gedächtnisinhalten könnte eine allgemeinere Frage lösen helfen. Richard F. Thompson von der Universität von Südkalifornien in Los Angeles und Theodore W. Berger von der Universität Pittsburgh (Pennsylvania) haben wie auch wir festgestellt, daß beim Kaninchen am Speichern einzelner Assoziationen jeweils viele Zellen beteiligt sind. Intuitiv vermutet man das Gegenteil. Wie ist es möglich, daß schon durch ein einziges Konditionierungsereignis derart viele CA1-Zellen umgebaut werden, diese aber dennoch weiterhin dazu fähig bleiben, zusätzlich sehr viel mehr Assoziationen zu speichern?

Möglicherweise beeinflussen Signale, die von einem eng umgrenzten Bereich im Dendritenbaum von CA1-Neuronen aufgenommen werden, in deren Zellkörpern Vorgänge wie Kaliumionenströme, PKC-Verteilung und Proteinsynthese. Die aktivierten Zellkörper ihrerseits könnten dann den Transport wichtiger Moleküle in alle Hauptäste des Dendritenbaums steigern. Diese Moleküle sollten sich dann nur an solchen Stellen festsetzen und ihre Wirkung entfalten, an denen die auslösenden Signale eingegangen waren (Bild 7 rechts).

Mit einem solchen Modell ließe sich erklären, wieso kurz nach einer Konditionierung zunächst so viele CA1-Zellkörper — 50 bis 60 Prozent — mit biophysikalischen und biochemischen Veränderungen reagieren. Wird die Assoziation schließlich aber in den Dendriten, und zwar in einem ganz bestimmten begrenzten Bereich, endgültig abge-

89

speichert (und genau das legt die PKC-Verteilung bei Kaninchen drei Tage nach der Konditionierung nahe), dann wäre die Spezifität des Gedächtnisinhalts gewährleistet, ohne daß die CA1-Neuronen als Ganzes bereits die Grenze ihrer Speicherkapazität erreicht hätten.

## Gedächtnismodelle

Unser Arbeitsmodell ist nur bedingt vereinbar mit Vorstellungen, die man sich bisher über die Natur von Gedächtnisprozessen gemacht hat. Vor vier Jahrzehnten hatte beispielsweise einer der Pioniere der Gedächtnisforschung, Donald O. Hebb von der McGill-Universität in Montreal, das folgende, nach ihm benannte Gedächtnismodell vorgeschlagen: Gedächtnisspeicherung in Form von Veränderungen an Synapsen erfolgt nur dann, wenn der an einer

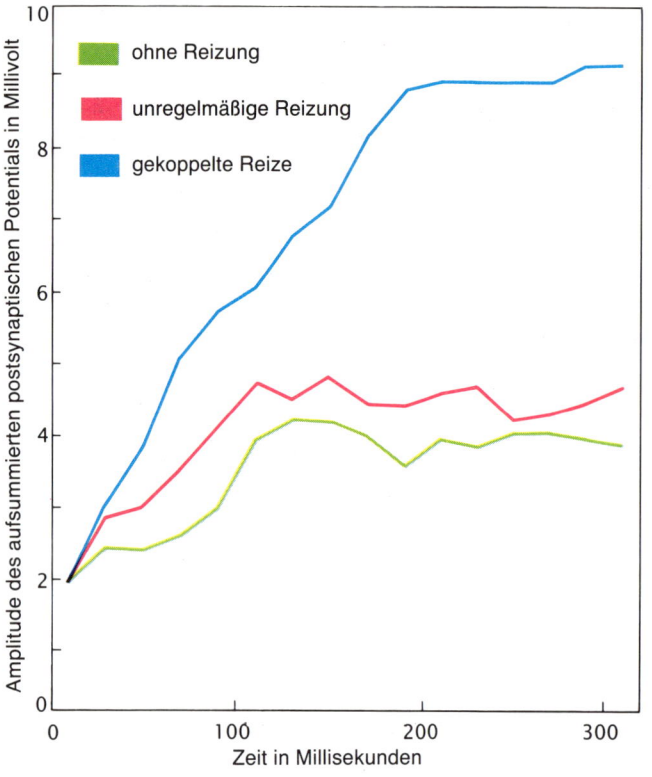

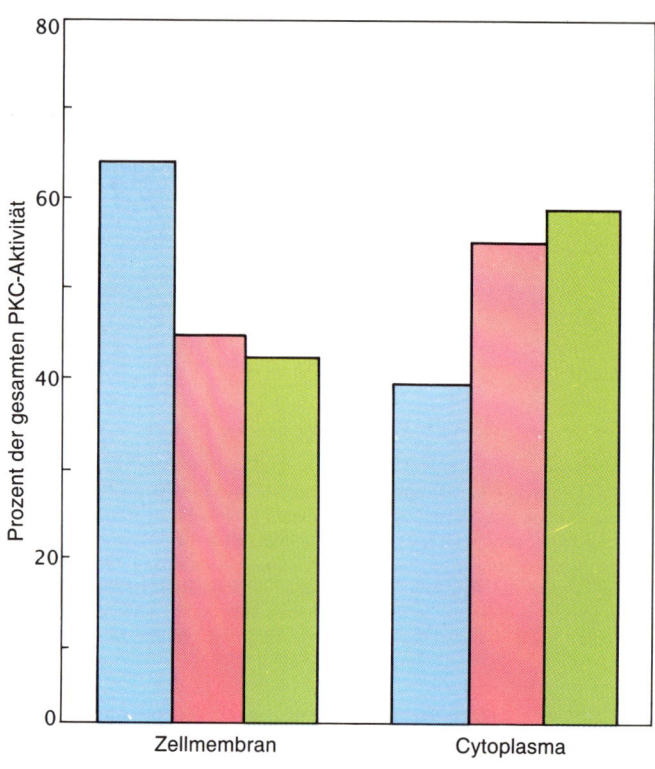

**Bild 6:** Die CA1-Neuronen im Hippocampus konditionierter und nicht-konditionierter Kaninchen unterscheiden sich in ihrer elektrischen Aktivität und in ihrem molekularen Profil. Links ist die Amplitude der sich summierenden postsynaptischen Potentiale für die verschiedenen Testgruppen dargestellt. Die Zellen konditionierter Tiere reagieren signifikant stärker. Auch die Verteilung des Enzyms PKC auf Cytoplasma und Zellmembran der CA1-Neuronen ist unterschiedlich (rechts). Gemessen wurde der Anteil anhand der Aktivität des Enzyms. Bei nichtkonditionierten Tieren liegt mehr PKC im Cytoplasma als im Bereich der Zellmembran, bei konditionierten Tieren verhält es sich umgekehrt.

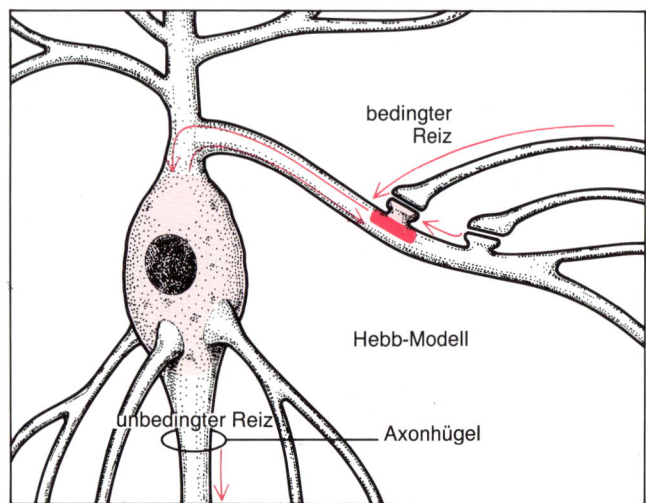

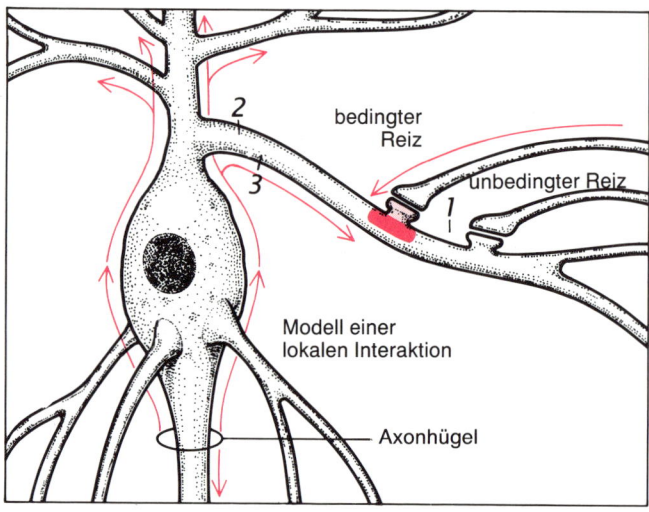

**Bild 7:** Zwei Modelle, wie Gedächtnisspuren sich in einer Nervenzelle manifestieren. Links das bekannte Hebbsche Modell, rechts das Modell des Autors. Hebb nahm an, daß lernbedingte Veränderungen entstehen, wenn auf eine Nervenzelle, die gerade aufgrund eines anderen Eingangs, eventuell auch eines unbedingten Reizes aktiviert ist oder feuert (das heißt, am Axonhügel ein Aktionspotential erzeugt, das dann an andere Zellen weitergeleitet wird), ein Signal (der bedingte Reiz) auftrifft. Dadurch ist die gesamte Zelle in einem anderen Zustand, und dies sollte auf die gerade angeregten synaptischen Bereiche der Dendriten auf irgendeine Weise zurückwirken. Demgegenüber betont der Autor die lokale Interaktion zwischen benachbarten Synapsen, die den unbedingten beziehungsweise den bedingten Reiz in entsprechender zeitlicher Kopplung empfangen (1). Von dort wird die Information an den Zellkörper geleitet (2), der über irgendwelche Faktoren auf die ursprünglich gereizten Synapsen zurückwirkt und sie quasi fester verdrahtet (3). Die restlichen Äste der Nervenzelle bleiben an diesen Abläufen vollkommen unbeteiligt.

Synapse ankommende Reiz zur gleichen Zeit dort eintrifft, zu der das postsynaptische Neuron aktiv ist oder sogar Nervensignale weiterleitet — aber letzteres ist nicht Bedingung. Diese Aktivität der postsynaptischen Zelle kann ihre Ursache darin haben, daß sie durch den an der Synapse ankommenden Reiz dort aktiviert oder sogar zur Abgabe von Nervenimpulsen angeregt wird, es können aber auch andere Quellen sein, die diese Erregung der postsynaptischen Zelle bewirken. Unter der Voraussetzung, daß dieses Modell überhaupt auf eine Konditionierung übertragbar ist, würde man folgendes annehmen: Ein assoziativer Zusammenhang zwischen einem unbedingten und einem bedingten — konditionierenden — Reiz würde immer dann hergestellt und abgespeichert, wenn eine Nervenzelle, die gerade aufgrund des unbedingten Stimulus aktiviert ist oder feuert, zugleich auch Eingangssignale von einer vorgeschalteten Zelle erhält, die auf den zu konditionierenden Reiz anspricht. Vereinfacht gesagt: Einspeicherung setzt voraus, daß zwei über Synapsen verknüpfte Nervenzellen gleichzeitig aktiviert sind oder im Gleichtakt feuern. Hebbs Modell nimmt an, daß das gesamte nachgeschaltete Neuron an jedem einzelnen Speichervorgang beteiligt ist; seine Aktivität sollte auf irgendeine Weise auf die meisten oder sogar alle Bereiche seiner Dendriten zurückwirken; und diejenigen Synapsen, an denen dann zeitgleich eine prä- und eine postsynaptische Aktivität vorhanden ist, verändern ihre Eigenschaften (Bild 7 links).

Nach dem aber, was wir an *Hermissenda* beobachten und aus unseren Befunden vom Hippocampus des Kaninchens schließen, muß nicht unbedingt die gesamte Zelle beteiligt sein. Wahrscheinlich gibt es vielmehr intensive lokale Wechselwirkungen zwischen einzelnen postsynaptischen Stellen auf den Dendritenästen (die postsynaptische Stelle ist die Empfängerseite einer Synapse). Und für das Niederlegen von Gedächtnisspuren scheint es entscheidend zu sein, daß sich elektrische und möglicherweise auch chemische Signale von einer postsynaptischen Stelle zur anderen ausbreiten — ohne daß das Neuron aktiviert wäre (Bild 7 rechts).

Vom physiologischen Standpunkt aus ist die Vorstellung lokal begrenzter Reaktionen sinnvoller: Denn schließlich kann jedes Neuron dann, wenn die kritischen Wechselwirkungen örtlich begrenzt am Dendritenbaum stattfinden, vieltausendfach Gedächtnisinhalte speichern. Charles D. Woody von der Universität von Kalifornien in Los Angeles hat übrigens an Katzen ebenfalls Hin-

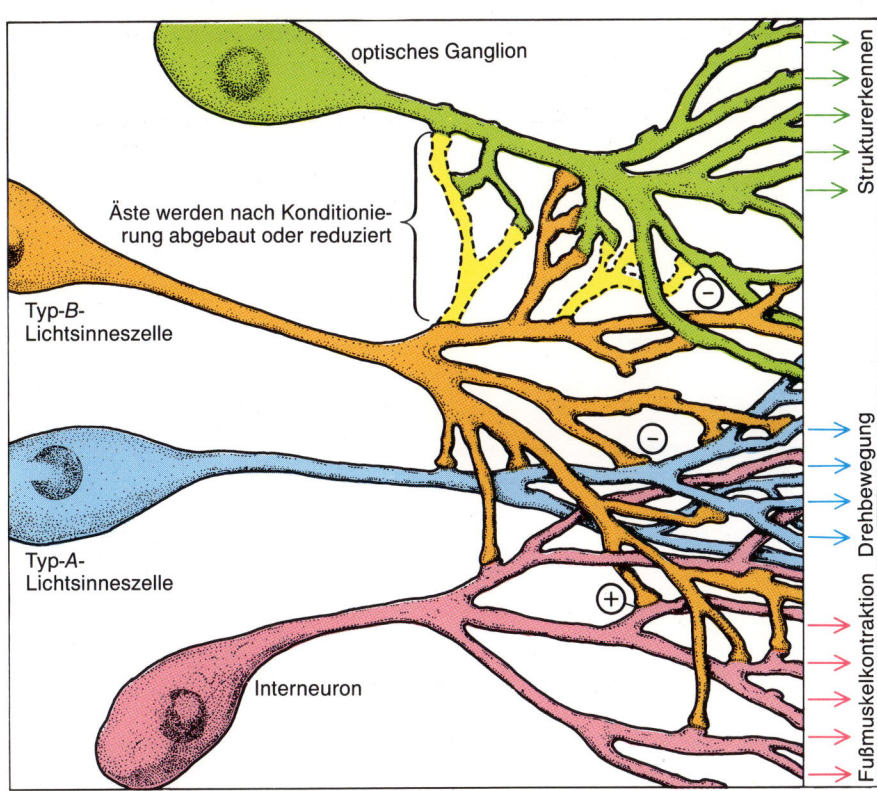

Bild 8: Ein Schema von den Typ-*B*-Lichtsinneszellen der Meeresschnecke *Hermissenda* mit ihren Kontakten zu anderen Zellen. Infolge Konditionierung erscheint der Dendritenbaum fokussiert, also dichter gepackt, wohl weil die nicht beteiligten Äste reduziert worden sind. Dadurch schränkt sich auch das mögliche Antwortverhalten einer Zelle ein. Der Autor und seine Kollegen haben dieses Phänomen bei konditionierten Tieren auch tatsächlich beobachtet.

weise auf lokal begrenzte postsynaptische Veränderungen gefunden.

Lokale Interaktionen spielen neueren Befunden nach auch eine Rolle bei der Langzeitpotenzierung (kurz LTP nach englisch *long term potentiation*). Im Hippocampus wird durch kurzzeitige starke oder durch wiederholte Erregung eine über Stunden anhaltende Schwellenerniedrigung für neue Erregungen hervorgerufen, also eine elektrisch induzierte lange andauernde Veränderung der neuronalen Aktivität — dieser Vorgang dient als Modell für die am Lernen beteiligten neuronalen Vorgänge. Wenn die Langzeitpotenzierung durch Assoziation zweier Reize entsteht, nennt man sie assoziativ. Wird sie durch einen einzigen starken Reiz bewirkt, dann ist sie nicht-assoziativ; dazu rechnet man eine Reihe von Erscheinungen, bei der sich die Reaktionsstärke auf einen bestimmten Reiz mit der Wiederholung erhöht oder erniedrigt (Sensitivierung oder Gewöhnung).

Bei der assoziativen LTP findet eine Reihe von Neurophysiologen ähnliche lokale postsynaptische Interaktionen, die nach der elektrischen Reizung für ein bis zwei Stunden auftreten. Es sind unter anderem Holger Wigstrom und Bengt Gustafsson von der Universität Göteborg, Per O. Andersen von der Universität Oslo, Thomas H. Brown von der Yale-Universität in New Haven (Connecticut), Roger Nicoll von der Universität von Kalifornien in San Francisco und Gary Lynch von der Universität von Kalifornien in Irvine und ihre Kollegen. Präsynaptische Änderungen sind damit allerdings nicht ausgeschlossen.

Bei einer nicht-assoziativen LTP finden offenbar zum einen präsynaptische Veränderungen statt, wie Timothy V. P. Bliss und seine Mitarbeiter am Nationalen Institut für Medizinische Forschung in London und Aryeh Routtenberg von der Northwestern University in Evanston (Illinois) gezeigt haben; zum anderen gibt es aber auch postsynaptische, wofür unter anderem die Befunde von Wigstrom, Gustafsson, Lynch und Andersen an verschiedenen Säugern stehen. Andere Wissenschaftler, besonders Eric R. Kandel und seine Mitarbeiter vom Medizinischen College der Columbia-Universität in New York, betonen aufgrund von Untersuchungen an einer anderen Meeresschnecke, *Aplysia*, mit Nachdruck, daß die Speicherung nicht-assoziativer Gedächtnisinhalte präsynaptisch lokalisiert sei.

Viele der Fragen werden sich sicherlich beantworten lassen, wenn molekulare PKC-Sonden eine bessere zelluläre

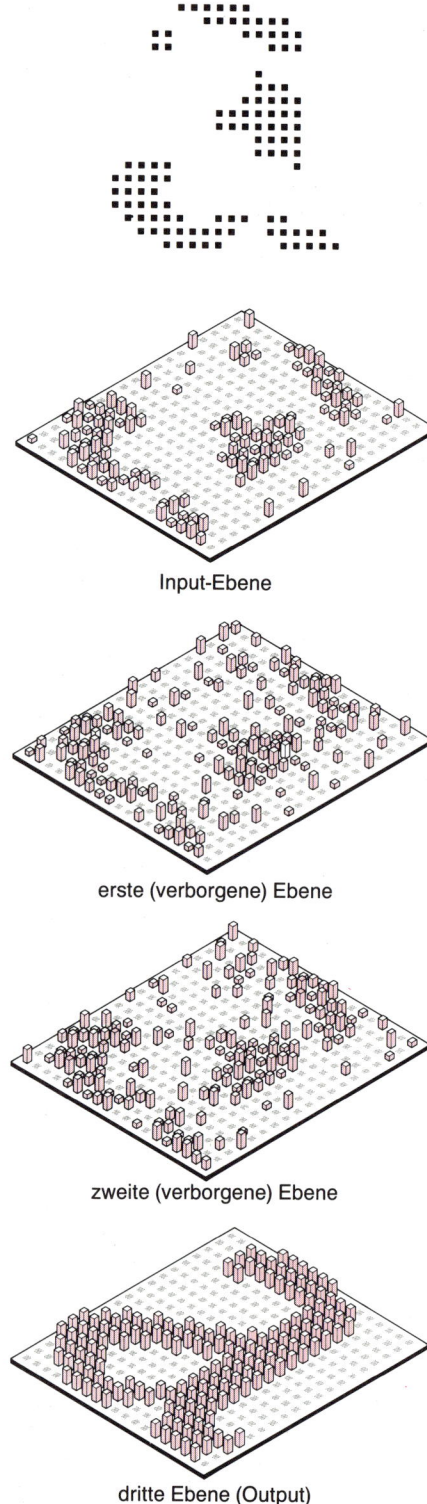

Input-Ebene

erste (verborgene) Ebene

zweite (verborgene) Ebene

dritte Ebene (Output)

**Bild 9:** Das vom Autor entworfene künstliche mustererkennende System operiert nach Regeln, die auch in biologischen Systemen gelten. Zu erkennen wäre hier ein rudimentäres „a" (oben). Die an der Mustererkennung beteiligten Elemente einer Schicht werden stärker gewichtet als die anderen – ihre Erregbarkeit steigt. Das synaptische Gewicht drückt sich in der Höhe der Elemente innerhalb einer Schicht aus. Die Signale eines Elements werden konvergierend auf ein Element der nächsten Schicht übertragen. Durch Verstärkung werden solche Neuronen gekoppelt, die auch bei unvollständiger Mustervorgabe darauf ansprechen sollten. Thomas P. Vogl vom Umweltforschungsinstitut des US-Bundesstaates Michigan hat an dieser Darstellung mitgewirkt.

und subzelluläre Auflösung erreichen. Dann wird man vermutlich auch durch Lernprozesse induzierte minimale lokale Abweichungen in der PKC-Verteilung erkennen können.

## Das Lernprogramm

Bei der theoretischen Modellierung jener Eigenschaften neuraler Systeme, aufgrund derer sie Informationen aufnehmen, in ein spezifisches Muster umsetzen und speichern, dürften präzise mathematische Beschreibungen der biologischen Befunde weiterhelfen. Zudem werden diese Modelle bereits in computergestützte neuronale Netzwerke integriert. Schon jetzt inspirieren die von uns und anderen Wissenschaftlern nachgewiesenen biologischen Phänomene die Konstruktion solcher künstlichen Modelle für Gedächtnisprozesse.

Meine Kollegen Thomas P. Vogl und Kim L. Blackwell vom Umweltforschungsinstitut des US-Bundesstaates Michigan und ich sahen dafür die einander ähnlichen Gedächtnismechanismen unserer beiden Versuchstierarten als geeignet an (Bild 10). Interessant in dieser Hinsicht ist etwa die Beobachtung, daß die Speicherung von Gedächtnisinhalten dann beginnt, wenn Trainingsreize elektrische Signale in derart präzisen zeitlichen Beziehungen zueinander auslösen, daß diese Signale dann in ganz bestimmten Regionen des Nervensystems, etwa den Typ-*B*-Lichtsinneszellen, zusammentreffen und lokal interagieren.

Dies weist auf das erste Prinzip hin, das in den Entwurf eines theoretischen, assoziativ lernenden Netzwerks eingehen müßte: Die Gewichtung der synaptischen Vorgänge, also der Signalübertragung zwischen Elementen des künstlichen Systems, sollte je nach der zeitlichen Beziehung und Häufung von Eingangssignalen lokal modifiziert werden. In einem solchen neuronalen Netzwerk würde der synaptische Input nicht abhängig davon gewichtet werden, ob die gemeinsame Zielzelle selbst Signale als Output weitergibt. Ein Eingang würde also nur über die Funktion seines Zeitmusters zu denen anderer Eingänge am selben Element verstärkt.

Ein weiteres Prinzip ergab sich durch Überlegungen, was das menschliche Gedächtnis eigentlich leistet. Sobald jemand ein Muster einspeichert, etwa ein Gesicht, einen Namen oder eine Melodie, dann paßt er dessen Repräsentation im Gedächtnis an die gleichzeitig in seiner Außenwelt wahrgenommenen Muster an: Er stellt einen Abgleich her. Ein theoretisches Gedächtnissystem sollte über die gleiche Fähigkeit verfü-

gen. Es sollte also nicht nur ein Muster irgendwie abspeichern, um es später abrufen zu können, sondern zugleich über einen Modus verfügen, es in Echtzeit auch zu repräsentieren, gerade so, wie Hirnareale Erlebnisse sogleich – in Echtzeit – repräsentieren.

Eine Analogie zur Pawlowschen Konditionierung kann uns helfen, die Funktionen zu definieren, denen die Echtzeit-Repräsentation im Unterschied zum Abrufen gehorcht. Unbedingte Reize wie Futtergeruch, Verwirbeltwerden oder Luftzug bringen sofort – in Echtzeit – eine neuronale Reaktion und eine stereotype Verhaltensantwort hervor; beide lassen sich vielfach reproduzieren. Nichts wird davon im Gedächtnis gespeichert - die Eingangsinformation fließt lediglich über genetisch determinierte, sozusagen fest verdrahtete Kanäle, und heraus kommt immer dasselbe Verhalten.

Bedingte Reize hingegen – ein Glockenklang, ein Lichtblitz oder ein Klingelzeichen – lösen zwar ebenfalls sogleich neuronale Antworten aus, aber diesmal laufen die elektrischen und die Verhaltenreaktionen nicht stereotyp ab. Wegen seiner zeitlichen Assoziation zum unbedingten Reiz generiert der bedingte Reiz vielmehr nun ihm vorher nicht eigene Antwortmuster. Die Eingangsinformation aus dem bedingten Reiz nimmt im System diesmal einen nicht fest verdrahteten (also nicht genetisch festgelegten), sondern während eines Lernaktes neu gebahnten Weg. Ich spreche in diesem Zusammenhang auch von „kollateralen" Bahnen; ihre Leistungsfähigkeit wird durch Lernerfahrung bestimmt.

Die Unterscheidung zwischen vorgegebenen Durchflußstrecken und erfahrungsabhängigen kollateralen Bahnen bringt uns zu einem weiteren Prinzip, das beim Entwurf modellhafter oder künstlicher Gedächtnissysteme zu berücksichtigen ist. Denn Durchflußstrecken sollen Echtzeit-Repräsentationen von Mustern gestatten, kollaterale Bahnen jedoch außerdem solche Repräsentationen ermöglichen, die das System später wieder suchen und aufrufen, an die es sich sozusagen erinnern kann. Interaktionen zwischen den Elementen einer Durchflußstrecke sollten mithin konstant und immer hoch gewichtet werden, damit der Informationsfluß effizient ist. Dagegen dürfen Interaktionen zwischen den Elementen der kollateralen Bahnen anfangs nur minimal gewichtet werden (damit gerade kein unablässig effektiver Informationsfluß stattfindet); diese Gewichtung muß aber entsprechend der zeitlichen Verknüpfung späterer Eingangssignale modifizierbar sein.

Bild 10: Das einfache Nervensystem dieser großen Meeresschnecke, *Hermissenda*, war Vorbild für künstliche neuronale Netze, die mit wenig Rechenaufwand Muster wiedererkennen.

Weitere Merkmale unseres theoretischen Entwurfs stammen aus früheren, anderen Beobachtungen an Nervenverbänden. So erhalten einzelne Zellen in nachgeschalteten Aggregationen oder Schichten normalerweise Eingangssignale von einer großen Anzahl von Nervenzellen aus vorgeschalteten Schichten – ein Phänomen, das Konvergenz genannt wird. Das theoretische Netzwerk sollte ebenfalls geschichtet sein, und die Informationen der Elemente einer Schicht sollten konvergierend auf die Elemente der nächsthöheren Schicht übertragen werden.

Und schließlich haben die Untersuchungen an der Meeresschnecke *Hermissenda* und am Pfeilschwanzkrebs *Limulus* klargemacht, daß sich Kontraste zwischen Eingangssignalen verstärken, indem sich die Übertragungskanäle gegenseitig hemmen – ein als (laterale) Inhibition bekannt gewordenes Phänomen. Bei visuellen Reizen werden so zum Beispiel Hell-Dunkel-Kontraste überhöht, Ecken und Kanten treten schärfer hervor. Das Prinzip der gegenseitigen Inhibition von Nervenzellen in bestimmtem Abstand zueinander sollte ebenfalls in das künstliche Netzwerk eingebaut sein.

### Ein künstliches Lernsystem

Aufgrund all dieser und weiterer Merkmale biologischer Systeme haben meine Kollegen und ich ein Programm geschrieben, das wir DYSTAL (nach

dynamisches stabiles assoziatives Lernen) nennen. Wir haben dessen Fähigkeit getestet, Muster zu lernen, also sie zu speichern und später wiederzuerkennen. Unser System kann zum Beispiel Buchstaben und Buchstabenfolgen aufnehmen und selbst dann identifizieren, wenn sie ihm später nur schemenhaft unvollständig präsentiert werden (Bild 9), so ähnlich, wie man anhand der sparsamen Striche einer Karikatur im Geist die Züge eines bekannten Gesichtes vervollständigt.

Das Netzwerk hat die Muster wirklich gelernt, denn die Beziehung zwischen Eingang und Ausgang ist in keiner Weise vorprogrammiert. Im Gegensatz dazu eignen sich viele Netzwerke, die nicht auf einer biologischen Architektur basieren, Muster dadurch an, daß sie Fehlinterpretationen durch Vergleich mit einem vorgegebenen Standard minimieren. Das Gesamtsystem erwirbt somit keine neue Information.

Um ein Muster zu lernen, braucht DYSTAL etwa so viele Präsentationen wie unsere Versuchstiere. Demgegenüber muß man manchen anderen Netzwerken ein Muster sehr viel öfter, gewöhnlich tausend- oder gar zehntausendfach, darbieten.

Vielleicht ist das wichtigste Charakteristikum, durch das DYSTAL sich von allen anderen Programmen abhebt, seine Fähigkeit, eine wachsende Anzahl von Elementen zu fassen, ohne zugleich jede Rechnerkapazität zu überfordern. Bei vielen künstlichen Netzwerken ist jedes Element mit jedem an-

deren verschaltet. Deshalb wächst mit der Zahl von Elementen die Zahl der Interaktionen exponentiell an. Deshalb können viele der gegenwärtig verfügbaren Computer die Rechenleistung für Programme mit mehr als hundert Elementen nicht erbringen. Selbst wenn die Zahl der Verschaltungen trotz zunehmender Anzahl an Elementen konstant bliebe, würde ihre benötigte Rechenzeit keineswegs nur linear mit der Anzahl der Elemente steigen. Das liegt daran, wie diese Netze Gleichgewichtszustände erreichen.

Nichtbiologische künstliche Netzwerke nähern sich dem Gleichgewichtszustand schrittweise in immer wiederholten – iterativen – Rechengängen an und bewerten jedesmal jede einzelne Verschaltung. Das System pendelt sich quasi ein. Es befindet sich erst dann in einem eingeschwungenen Zustand, wenn der Beitrag eines jeden Elementes einem festen internen Standard angeglichen ist. Es liegt in der Natur solcher Prozesse, daß sie mit wachsender Zahl der Elemente überproportional mehr Iterationen pro Element benötigen.

Die Wichtung der Verbindungen muß dagegen bei DYSTAL nicht mit einem festgelegten Standard abgeglichen werden. Das System erreicht vielmehr ein dynamisches Gleichgewicht dann, wenn die Summe von Gewichtsveränderungen in beide Richtungen bezogen auf eine ganze Gruppe von Musterrepräsentationen gleich bleibt. Gleichgewichtsbedingung ist also, daß netto keine Gewichtsänderung mehr stattfindet. So wie bei dauerhafter Gedächtnisspeicherung auch, können Änderungen der Gewichtungen dann irreversibel werden, wenn sie einen bestimmten Schwellenwert überschreiten. Dadurch ist der Rechenaufwand bei DYSTAL geringer als bei Netzen, die nicht nach biologischen Prinzipien funktionieren.

Es ist gelungen, die Gesamtheit der Gewichtsveränderungen, welche den eingangsseitigen Mustern zugeordnet ist, durch entsprechende Gleichungen mathematisch zu beschreiben. Dadurch eröffnen sich Möglichkeiten, die weit über das hinausgehen, was viele Netzwerke mit vorgegebenem Wichtungsstandard bisher zu leisten imstande waren. Damit lassen sich erstmals die Musterrepräsentationen, mittels derer künstliche Netze Gedächtnisinhalte speichern, berechnen. Das sollte eines Tages einen Vergleich der internen Repräsentationen künstlicher und biologischer Netzwerke möglich machen. Durch solche Vergleiche könnte sowohl unser Verständnis biologischer Systeme wie auch die Weiterentwicklung künstlicher neuronaler Netzwerke enorm vorankommen.

# Die Anatomie des Gedächtnisses

Untersuchungen an Gehirnstrukturen, die an der Gedächtnisleistung
beteiligt sind, zeigen, welche Ebenen zusammenwirken, wenn Information gespeichert,
abgerufen oder mit anderen Erfahrungen verknüpft wird.

### Von Mortimer Mishkin und Timothy Appenzeller

Innerhalb des kleinen Raumes, den das menschliche Gehirn einnimmt, gibt es ein Speichersystem, das leistungsfähig genug ist, die Abbildung eines Gesichtes nach einer einzigen Begegnung festzuhalten, und geräumig genug, die Erfahrungen eines ganzen Lebens aufzubewahren. Es ist zugleich so vielseitig, daß die Erinnerung an eine Szene eine ganze Kette untereinander verknüpfter Bilder, Töne, Gerüche, Geschmacks- und Berührungswahrnehmungen und Gefühle ins Gedächtnis rufen kann.

Wie arbeitet dieses Speichersystem? Es ist bereits schwierig zu definieren, was ein Gedächtnis ist. Selbstbeobachtung deutet darauf hin, daß schon zwischen der Erinnerung an ein Gesicht oder ein Gedicht und der Erinnerung an eine Fertigkeit wie Maschineschreiben ein Unterschied besteht. Des weiteren ist das körperliche Substrat des Gedächtnisses, das System von annähernd 100 Milliarden Nervenzellen (Neuronen) im Gehirn und ihren verfilzten

Verbindungen untereinander, außerordentlich kompliziert. Dennoch können meine Kollegen und ich (Mishkin) nun langsam — wenn auch auf eine vorläufige und schematische Weise beschreiben — wie sich das Gehirn erinnert.

### Anatomie des Gedächtnisses

Unser Bild vom Gedächtnis, soweit wir es uns bisher erschlossen haben, ist vor allem anatomisch ausgerichtet. Während der letzten 20 Jahre haben wir Gehirnstrukturen und Verarbeitungsstufen, also größere Zellgruppen, ermittelt, die am Gedächtnis beteiligt sind. Wir haben im Detail Verbindungen zwischen ihnen verfolgt und versucht zu bestimmen, wie sie zusammenwirken, wenn eine Erinnerung gespeichert, abgerufen oder mit anderen Erfahrungen verknüpft wird.

Andere Wissenschaftler analysieren das Gedächtnis in kleinerem Maßstab: Bei einigen der einfachsten Tiere und in

isoliertem Nervengewebe höherer Tiere haben sie Änderungen der elektrischen und chemischen Eigenschaften einzelner Nervenzellen als Ergebnis primitiver Formen von Lernen ermittelt. Die Kompliziertheit unseres Objektes, des Gedächtnisses im menschlichen Gehirn, oder — als beste Näherung — im Gehirn von Altweltaffen, erfordert jedoch einen ersten Zugang, der die Grobarchitektur hervorhebt. Mit Sicherheit besteht Erinnerung letzten Endes aus einer Folge molekularer Ereignisse (Bild 8); wir erfassen hingegen den Gehirnbezirk, in dem diese Ereignisse stattfinden.

Viele der Untersuchungen, die zu dem gegenwärtigen Bild vom Gedächtnis beitrugen, wurden durch Fallstudien von Patienten angeregt, bei denen bestimmte Gehirnareale durch Krankheiten, Verletzungen oder Operationen so geschädigt waren, daß sie einen Teil ihrer Fähigkeit zu lernen oder zu erinnern verloren hatten. Der wahrscheinlich berühmteste Fall ist unter der Bezeichnung H. M. bekannt, den Initialen eines

**Bild 1: Mit unterschiedlich aussehenden Gegenständen wird das Gedächtnis von Affen überprüft. Der Autor (Mishkin) und seine Mitarbeiter haben sich bemüht, die Strukturen und Bahnen im Gehirn zu bestimmen, durch die ein Affe einen Gegenstand wiederzuerkennen vermag, nachdem er ihn vorher nur einmal kurz gesehen hat. Da die Objekte ganz unterschiedlich sind, muß der Affe in jedem Versuch umlernen.**

Patienten, der unter erheblichem Gedächtnisverlust (Amnesie) litt. Durch die Untersuchungen von Brenda Milner am Montreal Neurological Institute und ihre Kollegen an anderen Instituten hat H. M. eine Fülle von Erkenntnissen über das Muster von Störungen geliefert, das mit einer bestimmten Art von Hirnschaden verbunden ist.

Die experimentelle Forschung, die meistens an Makaken (einer Gruppe von Altweltaffen, den Pavianen eng verwandt) durchgeführt wird, hat anatomische, physiologische und Verhaltensuntersuchungen miteinander kombiniert (Bilder 1, 2 und 4). Bestimmte Markierungsstoffe (Tracer), die entlang der Axone transportiert werden (dies sind die dünnen Fortsätze, über die Nervenzellen Signale senden), haben die neuronalen Verschaltungen offengelegt, mittels derer bestimmte Gehirnstrukturen eine Rolle bei der Gedächtnisleistung spielen könnten. Über Messungen der elektrischen Erregung von Nervenzellen oder ihrer Aufnahme von radioaktiv markierter Glucose konnte man zudem solche Gehirnteile unterscheiden, die bei Lernaufgaben aktiv sind (Bilder 5, 6 und 7). Bei einer letzten Klasse von Experimenten sollte die funktionelle Bedeutung von Strukturen, die bereits durch andere Methoden identifiziert worden waren, bestimmt werden; dazu wurden operative Eingriffe oder medikamentöse Behandlungen mit psychologischen Tests verbunden: Im Gehirn eines Versuchstieres werden bestimmte Abschnitte zerstört oder durch Drogen blockiert, oder es werden die Verbindungen zwischen ihnen unterbrochen; dann führt man Verhaltenstests durch, um die verschiedenen Komponenten des Gedächtnisses voneinander zu trennen und zu bestimmen, welche von ihnen gestört ist.

Unser Weg zum Verständnis des menschlichen Gedächtnisses ist dagegen indirekt — mit entsprechenden unvermeidlichen Nachteilen. Der Makake besitzt ein Gehirn, das nur etwa ein Viertel so groß ist wie dasjenige des Schimpansen. Dieser nächste Verwandte des *Homo sapiens* wiederum hat ein Gehirn, das nur ein Viertel so groß ist wie das menschliche. Je größer aber das Gehirn wurde, desto komplizierter wurde es auch.

Alle Strukturen, die wir beim Makaken untersuchen, haben zwar ihre Entsprechungen im menschlichen Gehirn, aber die Funktionen können sich im Lauf der Stammesgeschichte sehr wohl auseinanderentwickelt haben. Vor allem die Sprache, diese einzigartige Fähigkeit des Menschen, und die geistigen Sonderentwicklungen in ihrem Gefolge setzen dem vergleichenden Ansatz eine

Grenze. Dennoch haben Affen und Menschen wahrscheinlich grundlegende neuronale Systeme gemeinsam; und unsere Ergebnisse stimmen mit dem überein, was direkt über menschliche Gedächtnisverluste bekannt ist.

### Das Sehsystem

Am häufigsten stammen Gedächtnisinhalte aus Sinneseindrücken. Bevor man freilich danach fragt, wie das Gehirn ein Sinneserlebnis als Erinnerung speichert, wüßte man zunächst gerne, auf welche Weise das Gehirn sensorische Informationen verarbeitet. Tatsächlich bildete die Untersuchung des neuronalen Verarbeitungsweges, der für das Sehen — die visuelle Wahrnehmung — verantwortlich ist (also der sogenannten Sehbahn), den Ausgangspunkt unserer Forschungen.

Das Sehsystem der Großhirnrinde (Cortex) beginnt mit dem striaten (gestreiften) oder primären visuellen Cortex, einem Areal an der hinteren Oberfläche des Gehirns, das von der Netzhaut über den optischen Nerv und eine in der Tiefe des Gehirns liegende Zwischenstation (seitlicher Kniehöcker oder *Corpus geniculatum laterale* genannt) Informationen über die Gesichtswelt erhält (Bild 3; siehe auch „Die funktionelle Architektur der Netzhaut", Spektrum der Wissenschaft, Februar 1987). Der striate Cortex erfaßt eine systematisch angeordnete Karte des Gesichtsfeldes: Jeder kleine Teil davon erregt eine bestimmte Gruppe von Nervenzellen.

Das Sehsystem endet jedoch nicht dort. Seit den fünfziger Jahren ist bekannt, daß auch der Schläfenlappen (*Lobus temporalis*), der hinter dem Ohr und der Schläfe liegende Abschnitt je-

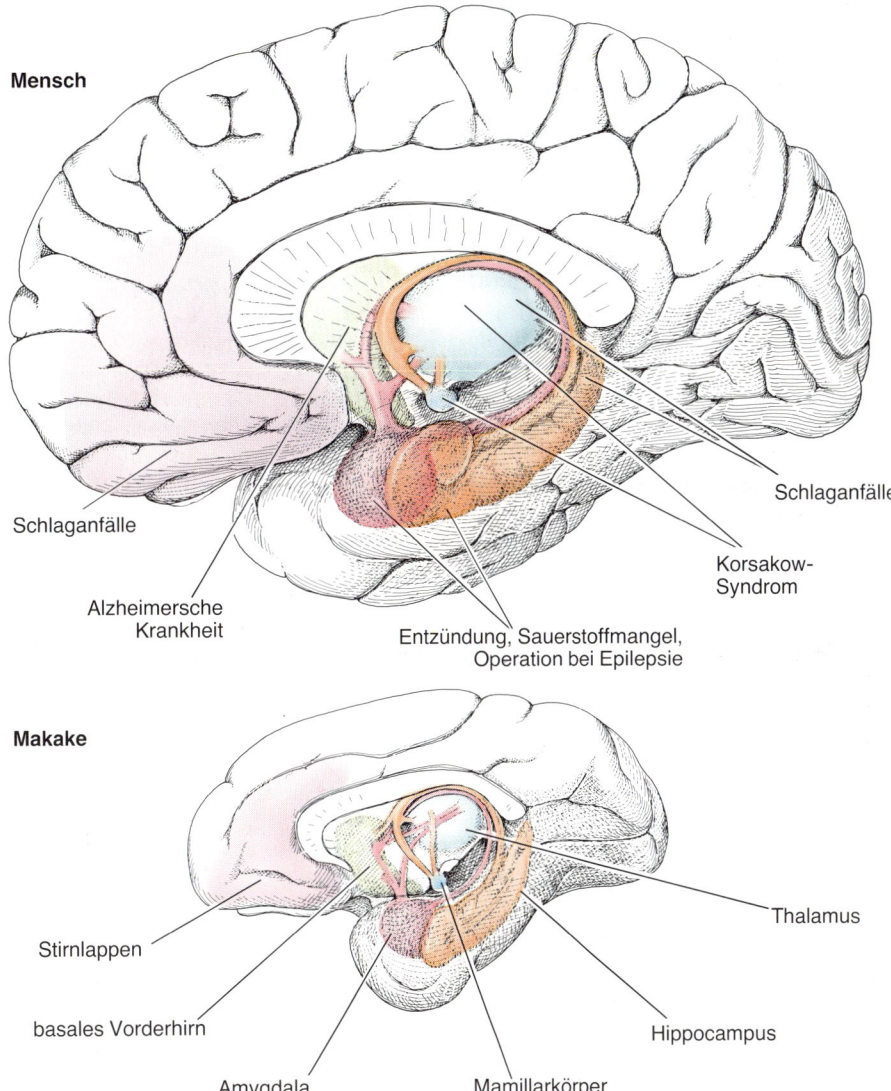

**Mensch**

Schlaganfälle

Schlaganfälle

Korsakow-Syndrom

Alzheimersche Krankheit

Entzündung, Sauerstoffmangel, Operation bei Epilepsie

**Makake**

Stirnlappen

Thalamus

basales Vorderhirn

Hippocampus

Amygdala

Mamillarkörper

**Bild 2: Ein Schnitt durch das menschliche Gehirn zeigt Areale, deren Schädigung durch Krankheiten und andere Ereignisse Gedächtnisverlust verursachen kann (oben). Die ent-** sprechenden Strukturen im Gehirn eines Makaken sind auf gleiche Weise farbig in Originalgröße dargestellt (unten). Das menschliche Gehirn ist etwa um ein Drittel verkleinert.

der Großhirnhälfte (Hemisphäre), beim Sehen eine Rolle spielt.

Wie andere Wissenschaftler und ich in den sechziger Jahren herausfanden, bilden die Sehfelder des Schläfenlappens tatsächlich die Fortsetzung der im striaten Cortex beginnenden Verarbeitungsbahn. Sie verlängert sich über Rindengewebe (die äußeren Schichten des Gehirns) in die nach unten gerichtete Oberfläche des Schläfenlappens (*Gyrus temporalis inferior*) hinein. Neuroanatomische Untersuchungen haben gezeigt, daß entlang dieser Bahn etliche unterschiedliche Rindenabschnitte in verschiedenen Folgen miteinander verbunden sind.

Wissenschaftler verschiedener Laboratorien untersuchten den Beitrag einzelner Abschnitte zur Sehwahrnehmung, indem sie bei Affen die Sehbahn operativ beschädigten und die Tiere danach mit visuellen Aufgaben testeten. Zu dem gleichen Zweck nahmen sie die elektrische Erregung jedes Abschnittes bei Tieren auf, die verschiedenen Gesichtsreizen ausgesetzt waren. In einem entscheidenden Experiment registrierten Charles G. Gross von der Princeton-Universität und seine Kollegen die Antworten von Nervenzellen in der unteren Schläfenlappenrinde auf Reize die den Affen dargeboten wurden.

Einzelne Nervenzellen im striaten Cortex (am Beginn der Sehbahn) feuern als Antwort auf einen kurzen Lichtbalken mit bestimmter Lage und Orientierung im Gesichtsfeld gewöhnlich mit hoher Rate (eine Erscheinung, die in den fünfziger Jahren von David H. Hubel und Torsten N. Wiesel entdeckt worden war). Dagegen beantworten Nervenzellen der unteren Schläfenlappenrinde, deren Signale von Gross und seinen Mitarbeitern aufgenommen wurden, kompliziertere Formen innerhalb eines Gebietes von durchschnittlich 20 bis 30 Grad nach jeder Seite. Spezielle Nervenzellen antworteten sogar immer auf eine jeweils bestimmte Form, unabhängig davon, an welcher Stelle im Gesichtsfeld sie erschien. Die Befunde ließen vermuten, daß jede Nervenzelle der unteren Schläfenlappenrinde Daten von ausgedehnten Teilen der Gesichtswelt und häufig auch über die gesamte Anordnung der Eigenschaften empfängt, die einen Gesichtsreiz ausmachen.

Diese und andere Ergebnisse ließen uns die Theorie aufstellen, daß die visuelle Information entlang der neuronalen Bahn Stück für Stück verarbeitet wird. Die Nervenzellen der Bahn haben gleichsam der Gesichtswelt zugewandte Fenster, die für die aufeinanderfolgenden Stufen immer größer werden, sowohl in ihrer räumlichen Ausdehnung als auch in der Kompliziertheit der In-

formation, die sie eindringen lassen. Die Zellen beantworten zunehmend mehr physikalische Eigenschaften eines Gegenstandes, zu denen Größe, Form, Farbe und Oberflächenstruktur gehören, bis sie schließlich auf den letzten Stufen der unteren Schläfenlappenrinde eine vollständige Abbildung (Repräsentation) des Gegenstandes erstellen.

## Vom Erlebnis zur Erinnerung

Entlang der Sehbahn fügt das Gehirn also Sinnesdaten zu einem Wahrnehmungserlebnis zusammen. Daten der anderen Sinne scheinen weitgehend ähnlich verarbeitet zu werden; in unserem Labor am amerikanischen National Institute of Mental Health haben David P. Friedman, Elisabeth A. Murray, Timothy P. Pons und Richard J. Schneider vor kurzem eine ausgedehnte Verarbeitungsbahn für Berührungswahrnehmungen ausfindig gemacht. Im ersten Abschnitt beantworten individuelle Nervenzellen einzelne Punkte auf der Körperoberfläche, während Nervenzellen der letzten Stufe auf großflächige Reize und vielleicht sogar auf das gesamte Berührungserlebnis antworten.

Was muß noch geschehen, damit solche zusammengefügten Wahrnehmungen als Gedächtnisinhalt gespeichert werden? Zur Beantwortung dieser Frage wird noch viel geforscht, aber die hierfür entscheidenden Bahnen sind nun zu erkennen. Sie sind in zwei Strukturen verankert, die auf der nach innen gerichteten Oberfläche des jeweiligen Seitenlappens beider Gehirnhemisphären liegen: dem Hippocampus, der nach dem griechischen Wort für Seepferdchen benannt ist, weil er so ähnlich aussieht, und der Amygdala (*Corpus amygdaloideum*, Mandelkörper), benannt nach der griechischen Bezeichnung für Mandel.

Untersuchungen an menschlichen Patienten hatten bereits deutliche Hinweise dafür geliefert, daß der Hippocampus eine entscheidende Rolle für das Gedächtnis spielt. Seit den fünfziger Jahren wendet man die operative Entfernung eines Teils des Schläfenlappens als äußerste Maßnahme zur Behandlung von Patienten an, die unter schweren und sich in diesem Gehirnabschnitt konzentrierenden epileptischen Anfällen leiden. In der Frühzeit dieser Behandlungsform hatte der Eingriff bei einigen Patienten schwere Gedächtnisstörungen zur Folge; die Behinderung von H. M. entstand auf diese Weise.

Zwei Merkmale des Erinnerungsverlustes waren bemerkenswert: Erstens war die Amnesie umfassend und erstreckte sich auf Erinnerungen an Er-

lebnisse aller Sinnesarten, und zweitens war sie ihrem Wesen nach zeitlich vorwärts gerichtet (anterograd), indem sogar dann, wenn Patienten Erinnerungen behielten, die einige Zeit vor der Operation gespeichert worden waren, keine neuen Gedächtnisinhalte gebildet werden konnten. In jedem Fall eines solchen Gedächtnisverlustes hatte die Operation den Hippocampus geschädigt.

Dennoch hat es sich als unmöglich erwiesen, bei Tieren das Gedächtnis vergleichbar umfassend zu tilgen, wenn man ihnen lediglich den Hippocampus entfernte. Durch eine Reihe von Experimenten, die sich statt dessen auf die Amygdala konzentrierten, fanden wir heraus, daß sie für das Gedächtnis mindestens ebenso bedeutsam ist wie der Hippocampus. Dadurch, daß wir beide Strukturen auf einmal in beiden Hirnhemisphären von Versuchsaffen schädigten, gelangten wir zu einem Tiermodell umfassender anterograder Amnesie.

## Zerstörung von Amygdala und Hippocampus

Dazu wurden wir zunächst angeregt, weil wir verstehen wollten, warum gerade durch die operative Schädigung der unteren Schläfenlappenrinde bei Affen eine bestimmte Art visuellen Lernens ausfällt, bei der Gegenstände oder Muster, die stets zusammen mit Futter als Belohnung dargeboten werden, aus anderen ausgewählt werden sollen, für die es keine Belohnung gibt. Wir glaubten, diese Schwierigkeit resultiere aus einer gestörten Sehwahrnehmung, welche die Schädigung der obersten Verarbeitungsstufe des Sehsystems widerspiegele. Es konnte aber auch gut sein, daß diese Störung die Unfähigkeit zeigte, den Reiz mit der Belohnung zu verknüpfen.

Wir wollten zunächst diese Möglichkeit ausschließen und dabei absichern, daß die Schwierigkeiten von Affen mit Verletzungen (Läsionen) des unteren Schläfenlappens visueller Natur waren; darum mußten wir zeigen, daß irgendeine andere, bei den Versuchsaffen ungeschädigte Struktur dafür verantwortlich ist, einem visuellen Reiz einen Belohnungswert zuzuschreiben. Mit Barry Jones, zu dieser Zeit an der McMaster-Universität in Ontario, suchte ich nach Strukturen, mit denen das Sehsystem anatomisch verbunden ist. Wir prüften dann, wie es sich auf die Fähigkeit von Affen auswirkt, einen mit einer Belohnung verbundenen Gegenstand auszuwählen, wenn solche Strukturen operativ zerstört werden. Darunter waren auch die Amygdala und der Hippocampus, die beide umfangreiche Verbindungen (im Fall des Hippocampus sind es indirekte) mit der Schläfenlappenrinde besitzen.

Die schwachen Leistungen der Tiere nach beidseitiger Entfernung der Amygdala ließen vermuten, daß diese Struktur weitgehend dafür verantwortlich ist, einem vom Sehsystem verarbeiteten Reiz eine positive Assoziation – die Erwartung eines Leckerbissens – hinzuzufügen. Bevor wir tiefer in die Untersuchung der Wechselwirkung von Sehsystem und Amygdala einstiegen, suchten Brenda J. Spiegler (zu der Zeit an der Universität von Maryland in College Park) und ich nach einem Weg, das Ausmaß der Störung zu steigern. Wir dehnten die Operation so weit aus, daß sowohl die Amygdala als auch der Hippocampus einbezogen waren, dessen Entfernung alleine keine Auswirkung gehabt hatte.

Tiere, denen lediglich die Amygdala entfernt worden war, lernten die Verknüpfung (Assoziation) von Reiz und Belohnung zwar nur mehr langsam, waren aber doch dazu imstande. Deswegen waren wir alarmiert, als wir herausfanden, daß es nach der kombinierten Entfernung von Amygdala und Hippocampus mit der Fähigkeit des Affen, die Aufgabe zu erfüllen, dann völlig vorbei war.

Nach dieser dramatischen Zunahme von Ausfallerscheinungen waren wir gespannt, ob wir jetzt ein Defizit wahrnehmen würden, das über die Unfähigkeit hinausginge, einen bekannten Gegenstand mit einer Belohnung zu verknüpfen. Konnten diese Affen den andressierten Gegenstand nicht auswählen, weil sie von einem Versuch bis zum nächsten sich an den Gegenstand selbst nicht mehr zu erinnern vermochten? Hatten wir eine visuelle Amnesie hervorgerufen, als wir Hippocampus und Amygdala gemeinsam zerstörten?

Zufälligerweise hatten Jean Delacour von der Sorbonne in Paris und ich kurz zuvor einen Test entwickelt, mit dem die Leistung des visuellen Gedächtnisses besonders empfindlich gegen die Fähigkeit abzugrenzen ist, einen Gegenstand mit einer Belohnung zu verbinden. In diesem Gedächtnistest (Test auf zeitversetztes Erkennen von Nichtübereinstimmung, englisch: *delayed nonmatching-to-sample*) wird dem Tier ein bestimmter Gegenstand vorgesetzt, unter dem es eine Erdnuß oder eine Bananenscheibe als Belohnung findet. Als nächstes wird das Tier mit zwei Gegenständen konfrontiert, von denen der eine der oben gesehene und der andere unbekannt ist. Das Futter ist jetzt unter dem neuen Gegenstand verborgen; der

Affe wird infolgedessen dafür belohnt, den bekannten Gegenstand wiederzuerkennen und zugunsten des neuen zu meiden. In jeder Versuchsfolge wird ein völlig neues Gegenstandspaar verwendet.

Üblicherweise lernen Affen sehr rasch. Mit einem modifizierten Verfahren, das David Gaffan an der Universität Oxford entwickelt hat, kann das visuelle Gedächtnis eines Tieres abgeschätzt werden, indem man den Zeitabstand zwischen der ersten Darbietung und der Wahl erhöht oder dem Tier nicht nur einen Gegenstand, sondern eine Serie davon zu merken gibt, auf die wiederum eine Serie von Wahlen folgt. Da das Futter immer mit einem neuen Gegenstand verknüpft wird, wirkt sich die Fähigkeit, einen bestimmten Gegenstand mit einer Belohnung zu verbinden, nicht auf die Leistung aus. Die Belohnung dient lediglich als Anreiz; der Test mißt den Teil des Gedächtnisses, der für die Wiedererkennung (Rekognition) zuständig ist. Normale Affen erzielen dabei nahezu höchstmögliche Trefferraten.

Wir hatten diesen leistungsfähigen Test bereits an Affen angewandt, deren Schläfenlappenrinde entfernt worden war, und dabei entdeckt, daß der Test denselben Ausfall in der Wahrnehmung

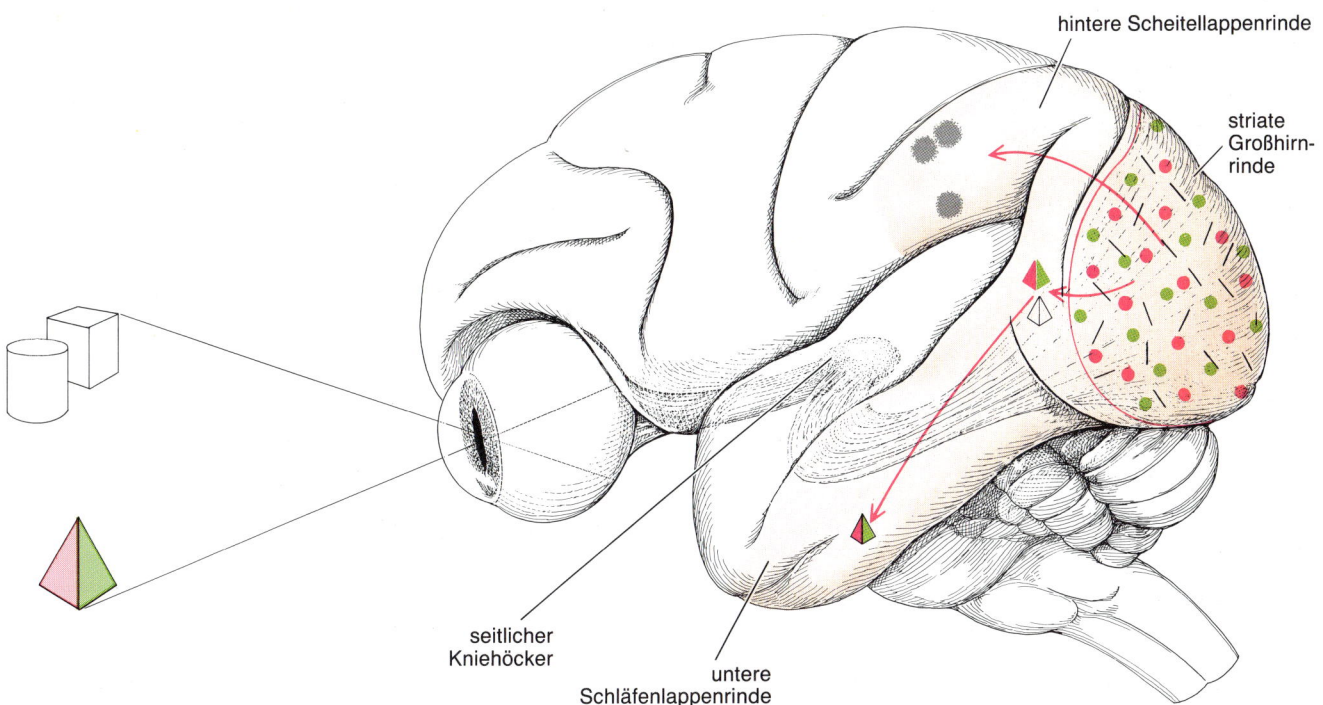

hintere Scheitellappenrinde

striate Großhirnrinde

seitlicher Kniehöcker

untere Schläfenlappenrinde

**Bild 3:** Das Sehsystem verarbeitet Informationen Stück für Stück auf zwei neuronalen Bahnen in der Großhirnrinde, der äußeren Schicht des Gehirns. Die Information (die von der Netzhaut über den seitlichen Kniehöcker eintrifft) wird zunächst am Ausgangspunkt der Bahnen, in der striaten Großhirnrinde verarbeitet. Dort antworten einzelne Nervenzellen auf einfache örtlich begrenzte Elemente im Gesichtsfeld wie Kanten und farbige Punkte. Auf der unteren Bahn (die in Wirklichkeit aus einer ganzen Anzahl auseinander- und wieder zusammenlaufender Kanäle besteht) analysieren Nervenzellen gröbere Eigenschaften eines Objektes wie seine Gesamtform oder Farbe. Am anderen Ende dieser objektbezogenen Bahn, in der unteren Schläfenlappenrinde, sind einzelne Nervenzellen für eine Vielzahl von Eigenschaften und einen weiten Ausschnitt des Gesichtsfeldes empfindlich, was darauf schließen läßt, daß hier die völlig verarbeitete Information über ein Objekt zusammenkommt. Auf der oberen Bahn, die noch nicht in diesen Einzelheiten untersucht worden ist, werden die räumlichen Beziehungen einer Szene analysiert. Zum Beispiel würde die Wahrnehmung der Position eines Gegenstandes im Verhältnis zu anderen Orientierungspunkten im Gesichtsfeld auf dem letzten Abschnitt dieser raumbezogenen Bahn Gestalt annehmen, der in der hinteren Scheitellappenrinde liegt.

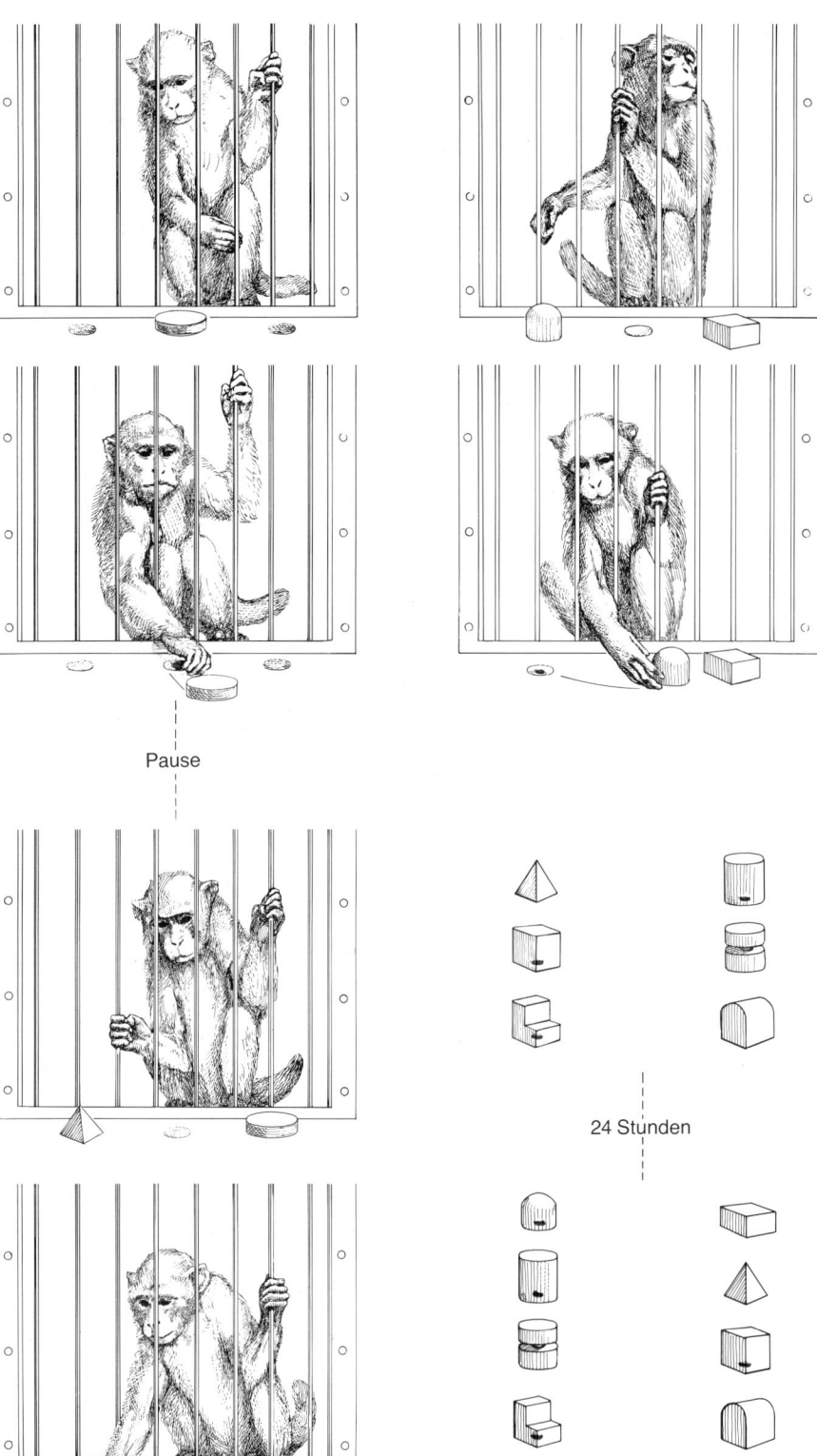

Pause

24 Stunden

**Bild 4:** Mit zwei Lerntests können grundlegend unterschiedliche Fähigkeiten gemessen werden. In dem Test auf zeitversetztes Erkennen von Nichtübereinstimmung (links) wird einem Affen ein unbekannter Gegenstand vorgesetzt, den er hochhebt, um eine Belohnung zu finden. Nach einer gewissen Zeit sieht das Tier denselben Gegenstand zusammen mit einem neuen. Der Affe muß den vorher gesehenen Gegenstand wiedererkennen und statt seiner den neuen ziehen, um belohnt zu werden. Sobald ein Affe die Übung beherrscht, kann die Aufgabe erschwert werden, indem man zum Beispiel die Zeitspanne verlängert, um die Fähigkeit des Tieres zu messen, sich an einen vor-

her nur einmal gesehenen Gegenstand zu erinnern. In einem zweiten Test, der als Test zur Gegenstandsunterscheidung (rechts) bekannt ist, wird eine Folge von 20 Gegenstandspaaren verwendet. Einer der beiden Gegenstände jedes Paares verbirgt eine Belohnung. Dieselbe Folge wird einem Affen immer wieder in Abständen von 24 Stunden gezeigt, bis er lernt, durchweg den andressierten Gegenstand in jedem Paar auszuwählen. Der Autor und seine Mitarbeiter haben gezeigt, daß Gehirnstrukturen geschädigt werden können, die für den Erfolg eines Affen in der ersten Aufgabe entscheidend sind, ohne daß seine Fähigkeit beeinträchtigt wird, die zweite Aufgabe zu erlernen.

oder Bestimmung bekannter Gegenstände erfaßte, den wir auch schon in vorausgegangenen Untersuchungen beobachtet hatten. Jetzt prüften wir Tiere mit intaktem Sehsystem, denen aber Hippocampus und Amygdala beidseitig entfernt worden waren.

Wenn der zeitliche Abstand zwischen Darbieten des ersten Gegenstandes und Wahl sehr kurz war, vermochten die Tiere die Aufgabe zu erfüllen. Dies wies darauf hin, daß ihre Sehwahrnehmung keinen Schaden erlitten hatte. Verlängerten wir jedoch den Zeitabstand auf ein oder zwei Minuten, so fiel ihre Trefferrate fast auf das Zufallsniveau. Demnach hatten wir wohl einen echten Gedächtnisausfall erzeugt.

Überdies beschränkte sich die Amnesie durch die kombinierte Zerstörung von Hippocampus und Amygdala nicht auf Gesichtsreize; sie schien umfassend zu sein. In unserem Labor entdeckte Murray bei den Versuchsaffen in einem Nichtübereinstimmungstest eine ganz ähnliche Störung der Fähigkeit zu taktilem, also durch Betasten hervorgerufenem Wiedererkennen.

Bei Menschen hatte man vermutet, daß solche umfassenden Amnesien allein von einer Schädigung des Hippocampus herrührten. Und wirklich zeigte unlängst eine Untersuchung nach dem Tod eines Patienten mit Gedächtnisausfall – durchgeführt von Larry R. Squire an der Universität von Kalifornien in San Diego – lediglich Läsionen des Hippocampus. Zahlreiche andere Patienten mit Gedächtnisausfall haben jedoch ausgedehntere Läsionen, und die Schädigung der Amygdala hat wohl zu ihrer Behinderung beigetragen. Tatsächlich ließ eine vor längerer Zeit angestellte Untersuchung solcher Patienten vermuten, daß die Schwere ihres Gedächtnisverlustes vom Maß der gemeinsamen Schädigung von Amygdala und Hippocampus abhänge.

Als wir zusammen mit Richard C. Saunders den Beitrag jeder Struktur zum Gedächtnis des Affen weiterprüften, fanden wir gerade eine solche abgestufte Wirkung. Amygdala und Hippocampus scheinen in gleichem Maße zum visuellen Wiedererkennungsgedächtnis beizutragen; das Entfernen einer der beiden Strukturen allein wirkt sich kaum darauf aus, weil vermutlich jede die jeweils andere ersetzen kann. Entfernt man eine der Strukturen aus beiden Hemisphären und die andere nur aus einer Hemisphäre, so ruft das eine viel größere Störung hervor. Werden schließlich sowohl Amygdala als auch Hippocampus beidseitig entfernt, liegt die Trefferrate beim Test auf zeitversetztes Erkennen von Nichtübereinstimmung kaum über der Zufallsrate.

Schädigungen der Amygdala und des Hippocampus, zwei Hauptbestandteilen des limbischen Systems, sind nicht die einzigen Arten neuropathologischer Erscheinungen, die sich in umfassender Amnesie auswirken können. Bei anderen Amnesiepatienten ist der Ort der Schädigung das Zwischenhirn (Diencephalon), eine Gruppe von Gehirnkernen, die mehr oder weniger in der Mitte des Gehirns liegt und in zwei Strukturen angeordnet ist, dem Thalamus und dem Hypothalamus.

Beim Korsakow-Syndrom, einer umfassenden Amnesie bei chronischem Alkoholismus, sind nahe der Mittellinie des Gehirns gelegene Teile des Zwischenhirns entartet; Schädigungen des Zwischenhirns durch Schlaganfälle, Verletzungen, Infektionen und Tumore können dasselbe Amnesiesyndrom verursachen. Diese klinischen Belege für die Beteiligung von Zwischenhirnkernen am Gedächtnis werden durch den anatomischen Befund gestützt, daß das Zwischenhirn Fasern vom Hippocampus und von der Amygdala empfängt.

Um zu überprüfen, ob das Zwischenhirn und die limbischen Strukturen möglicherweise in einer Art von Gedächtnisschaltkreisen wechselseitig aufeinander wirken, wandten wir wiederum unsere experimentelle Kombination von Operationen und Verhaltensversuchen an. John P. Aggleton von der Universität Durham und ich zerstörten die Zwischenhirngebiete, in die der Hippocampus und die Amygdala ihre Fasern senden, zunächst alle gemeinsam und anschließend jeweils getrennt. Als wir die Fähigkeit zur visuellen Wiedererkennung überprüften, zeigte sich dasselbe Muster von Gedächtnisausfall, das sich ergeben hatte, wenn Hippocampus und Amygdala selbst entfernt worden waren. Wurden die Zielgebiete beider Strukturen im Zwischenhirn gemeinsam geschädigt, war das Wiedererkennungsgedächtnis des Affen schwer gestört; wenn lediglich eines der beiden Zielgebiete geschädigt wurde, war die Wirkung gering. Wir hatten, so schien es, zwei voneinander getrennte Gedächtnisschaltkreise bestimmt, von denen jeder für das visuelle Wiedererkennen ausreicht.

Daß das Zwischenhirn und die limbischen Strukturen eher Teile gemeinsamer Schaltkreise sind, als daß sie voneinander völlig unabhängige Beiträge zum Gedächtnis leisten, bestätigten weitere Untersuchungen: Jocelyne H. Bachevalier und John K. Parkinson gelang es in unserem Labor, dieselben Gedächtnisstörungen wie bei einer Schädigung der Strukturen selbst zu erzeugen, indem sie die Verbindungen zwischen ihnen durchtrennten.

Frühere neuroanatomische Befunde ließen uns vermuten, daß wir die Schaltkreise noch nicht bis zu ihrem Endpunkt verfolgt hatten. Kerne im Thalamus, die mit den limbischen Strukturen in Verbindung stehen, entsenden ihrerseits Fasern in den ventromedialen präfrontalen Cortex: ein Gebiet der Großhirnrinde, das unter die Stirnseite des Gehirns gefaltet ist. Auch für dieses Gebiet fand Jocelyne Bachevalier heraus, daß durch operative Läsionen das Wiedererkennungsgedächtnis weitgehend verlorenging.

Somit ist der letzte Abschnitt des Sehsystems — für die anderen sensorischen Systeme gilt das gleiche — mit zwei parallelen Gedächtnisschaltkreisen verbunden, die zumindest die limbischen Strukturen des Schläfenlappens, zur Mitte hin gelegene Teile des Zwischenhirns sowie den ventromedialen präfrontalen Cortex einschließen. Wie wirken diese Strukturen bei der Funktion des Gedächtnisses zusammen?

Die Frage wird dadurch noch komplizierter, daß Gedächtnisinhalte höchstwahrscheinlich nicht ausschließlich oder noch nicht einmal zum größten Teil in den Schaltkreisen selbst gespeichert werden. Die klinische Beobachtung, daß beim Menschen trotz Schädigungen des limbischen Systems alte Erinnerungen unversehrt und zugänglich bleiben, bedeutet, daß sie auch schon auf einem früheren Abschnitt der von uns aufgezeichneten neuronalen Bahnen abgespeichert werden müssen. In der Tat sind die wahrscheinlichsten Speicherplätze des Gedächtnisses dieselben Gebiete der Großhirnrinde, in denen Sinneseindrücke Gestalt annehmen.

Die Gedächtnisschaltkreise unterhalb der Großhirnrinde müssen also an einer Art Rückkopplung mit der Rinde beteiligt sein. Nachdem ein verarbeiteter Sinnesreiz die Amygdala und den Hippocampus erregt hat, müssen die Gedächtnisschaltkreise auf die Sinnesgebiete der Großhirnrinde (die sensorischen Areale) zurückwirken. Diese Rückkopplung verstärkt vermutlich die neuronale Repräsentation des Sinnesereignisses, das gerade stattgefunden hat, und speichert sie vielleicht auf diese Weise.

Die neuronale Repräsentation selbst besteht wahrscheinlich in einer gewissen Anordnung vieler Nervenzellen, die in bestimmter Weise miteinander verbunden sind. Durch Rückkopplung von den Gedächtnisschaltkreisen könnten Synapsen (Kontaktstellen) zwischen den Nervenzellen dieser Anordnung so verändert werden, daß das Verbindungsmuster konserviert und die Wahrnehmung in einen dauerhaften Gedächtnisinhalt umgeformt würde. Späteres

Wiedererkennen fände demnach dadurch statt, daß die Nervenzell-Anordnung durch dasselbe Sinnesereignis erneut erregt würde, durch das sie vorher ausgebildet worden war.

### Die Rolle von Acetylcholin

Wie jede Struktur der Gedächtnisschaltkreise im einzelnen zu der Rückkopplung beitragen könnte, ist nicht bekannt. Es gibt jedoch bereits Hinweise auf die Natur dieser Schaltkreise insgesamt.

Ein Anhaltspunkt ergibt sich aus wiederum einer anderen Struktur, die wir in unsere Erforschung des Wiedererkennungsgedächtnisses einbezogen haben. Es handelt es dabei um das cholinerge System des basalen Vorderhirns, einer Gruppe von Nervenzellen, die für die Großhirnrinde und das limbische System der wichtigste Lieferant von Acetylcholin ist — einem der chemischen Botenstoffe (Neurotransmitter), die Signale über die Synapsen hinweg transportieren.

Acetylcholin scheint für das Gedächtnis unerläßlich zu sein. Zum einen weiß man, daß bei der Alzheimerschen Krankheit, die unter anderem durch Gedächtnisverlust gekennzeichnet ist, Acetylcholinmangel auftritt. Des weiteren fand Thomas G. Aigner in unserem Labor heraus, daß Affen in dem Test für das visuelle Wiedererkennungsgedächtnis besser als normalerweise abschneiden, wenn ihnen Physostigmin verabreicht wird, ein Arzneimittel, das die Wirkung von Acetylcholin steigert; ihre Leistung wird dagegen beeinträchtigt, wenn sie Scopolamin erhalten, einen Stoff, der die Wirkung des Neurotransmitters blockiert.

In Zusammenarbeit mit einer Forschergruppe an der Medizinischen Fakultät der Johns-Hopkins-Universität in Baltimore (Maryland) unter der Leitung von Donald L. Price und Mahlon R. DeLong wiesen Aigner und ich außerdem kürzlich nach, daß Schädigungen des basalen Vorderhirns bei Affen das Wiedererkennungsgedächtnis störten. Allerdings ist die Auswirkung, soweit man bisher feststellen konnte, nicht so schwer oder so langanhaltend wie bei einer Schädigung der anderen von uns untersuchten Strukturen.

Mit Sicherheit ist die Verschaltung, mit der die anderen Strukturen das basale Vorderhirn in die Gedächtnisbildung einbeziehen könnten, vorhanden. Zum Beispiel entsenden der Hippocampus und die Amygdala umfangreiche Faserverbindungen zum basalen Vorderhirn, das seinerseits acetylcholinhaltige Fasern nicht nur zu den limbischen Strukturen, sondern auch zur Großhirnrinde zurückschickt.

Nach einem einleuchtenden Modell der Gedächtnisbildung würde die Erregung der Gedächtnisschaltkreise unterhalb der Großhirnrinde durch einen Sinnesreiz bewirken, daß Acetylcholin aus dem basalen Vorderhirn in das Sinnesareal der Großhirnrinde freigesetzt wird. Dieses Acetylcholin (und höchstwahrscheinlich auch andere Neurotransmitter, deren Ausschüttung ebenso ausgelöst wird) würde eine Folge zellulärer Schritte einleiten. Das Ergebnis wäre schließlich, daß sich Synapsen in den Sinnesarealen verändern, dadurch sich neuronale Verbindungen verstärken und die Sinneswahrnehmung in eine physische Gedächtnisspur umgewandelt würde.

Eine neuere biochemische Untersuchung läßt vermuten, daß ein möglicher Mechanismus von synaptischer Veränderung in dem Gebiet stattfindet, das wir als einen Ort der Gedächtnisspeicherung für wahrscheinlich halten: in den letzten Stufen des Sehsystems. Aryeh Routtenberg von der Northwestern University in Evanston (Illinois) hatte vermutet, das Anlagern einer Phosphatgruppe an ein als $F1$ bekanntes Gehirnprotein durch das Enzym Proteinkinase $C$ liege den synaptischen Veränderungen zugrunde, die nach wiederholter elektrischer Reizung bestimmter Nervenzellen zu sehen sind. Um die Aktivität des Phosphorylierungsmechanismus im Sehsystem des Affen zu messen, gaben Routtenberg und sein Mitarbeiter Robert B. Nelson radioaktiven Phosphor zu Gewebe hinzu, das meine Arbeitsgruppe aus Sehgebieten der Großhirnrinde herauspräpariert hatte. Am meisten von dem Markierungsstoff wurde in jenem Gewebe in $F1$ eingebaut, das von den letzten Stufen des Sehsystems stammte. Dieser Befund kann darauf hindeuten, daß dort das Gewebe für synaptische Veränderungen besonders eingerichtet ist, durch die Gedächtnisinhalte gespeichert werden könnten.

## Die verschiedenen Formen von Gedächtnis

Die Architektur des Gehirns, soweit wir sie bis hierher beschrieben haben, wurde durch ihren Beitrag zu einer bestimmten Form von Gedächtnis, dem Wiedererkennungsgedächtnis (Rekognitionsgedächtnis), erschlossen — eben jene außergewöhnliche Fähigkeit, durch die ein Affe einen speziellen Gegenstand, den er vorher nur einmal gesehen oder betastet hat, viele Minuten später wiedererkennen und zugunsten

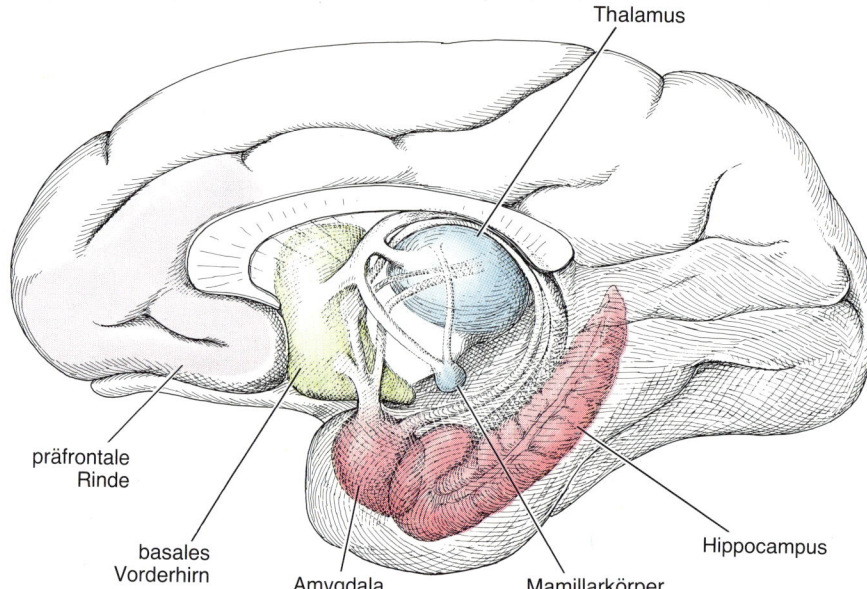

Thalamus

präfrontale Rinde

basales Vorderhirn

Amygdala

Mamillarkörper

Hippocampus

**Bild 5: Das Gedächtnissystem wurde zum größten Teil dadurch nachgezeichnet, daß man Affen nach einem chirurgischen Eingriff in bestimmte Strukturen oder Bahnen im Gehirn einem Test unterzog, der das visuelle Wiedererkennungsgedächtnis (linke Folge von Bild 4) mißt. Die Darstellung oben bezeichnet Strukturen, die sich als entscheidend herausstellten. Das Diagramm in der Mitte zeigt die mittleren** **Trefferraten, die Affen in dem Test nach operativer Schädigung ganz bestimmter Teile des Systems erzielten; zum Vergleich ist auch die nahezu fehlerfreie Leistung normaler Affen eingezeichnet. Das Schema unten (das sich auf eine Vielzahl von Belegen gründet, zu denen auch neuroanatomische Untersuchungen der Verschaltung zwischen den Strukturen gehören) veranschaulicht, wie die Strukturen bei**

eines neuen meiden kann. Selbstverständlich gibt es kompliziertere Gedächtnisformen, von denen man einige ebenfalls bei Affen testen kann. Dabei haben wir interessante Spezialisierungen der neuronalen Bahnen gefunden.

Beim Wahrnehmen eines Gegenstandes zum Beispiel merkt man sich nicht nur seine kennzeichnenden Merkmale, sondern auch seine Position im Verhältnis zu anderen Gegenständen oder Orientierungspunkten. Sich an eine Plastik zu erinnern, scheint intuitiv eine andere Aufgabe zu sein, als sich ihren Standort in einer Galerie ins Gedächtnis zu rufen. Genauso unterschiedlich ist diese Aufgabe in neuroanatomischer Hinsicht.

Fangen wir mit dem räumlichen Sehen an: Die Fähigkeit, räumliche Beziehungen zu erkennen, hängt von einem Zweig des Sehsystems ab, der sich von dem für die Wahrnehmung der kennzeichnenden Eigenschaften zuständigen Zweig unterscheidet. Als 1973 Walter Pohl in unserem Labor arbeitete, bestätigte er frühere Vermutungen, daß Gewebe des im Scheitelbereich gelegenen Lappens der Großhirnrinde, des parietalen Cortex, für das Sehen eine Rolle spielt. Er zeigte, daß dessen Entfernung eine Sehstörung zur Folge hat — aber eine völlig andere Störung als nach der Schädigung der unteren Schläfenlappenrinde. Im Unterschied zu Affen mit Läsion des unteren

Schläfenlappens konnten Tiere mit Scheitellappenschädigung zwar immer noch unterschiedliche Gegenstände auseinanderhalten, aber keine räumlichen Beziehungen mehr wahrnehmen.

Pohls Belege stammten aus einem Test, in dem Affen zwei verdeckte Futterspender angeboten wurden. Zwischen den Spendern befand sich ein zylindrischer Gegenstand, der zwar immer näher bei dem einen Futterspender stand, ansonsten aber von Versuch zu Versuch verrückt wurde. Die Affen wurden dafür belohnt, daß sie denjenigen Futterspender aufdeckten, der dem Zylinder näher war; er enthielt eine Erdnuß, während der andere leer war. Für Tiere mit Läsion des unteren Schläfenlappens ist dies eine verhältnismäßig leichte Aufgabe. Dagegen hatten Tiere, deren hinterer (posteriorer) Scheitellappen geschädigt ist, große Schwierigkeiten, den beköderten Futterspender auszuwählen.

Andere Forschungsarbeiten bestätigten, daß die hintere Scheitellappenrinde zum Sehsystem gehört. Dazu trug auch eine Stoffwechseluntersuchung bei, die Kathleen A. Macko, Charlene D. Jarvis und ich zusammen mit einer Gruppe unter der Leitung von Charles Kennedy und Louis Sokoloff, ebenfalls vom National Institute of Mental Health, durchgeführt haben: Wir injizierten ein radioaktives Gegenstück von Glucose und untersuchten dessen Aufnahme in das

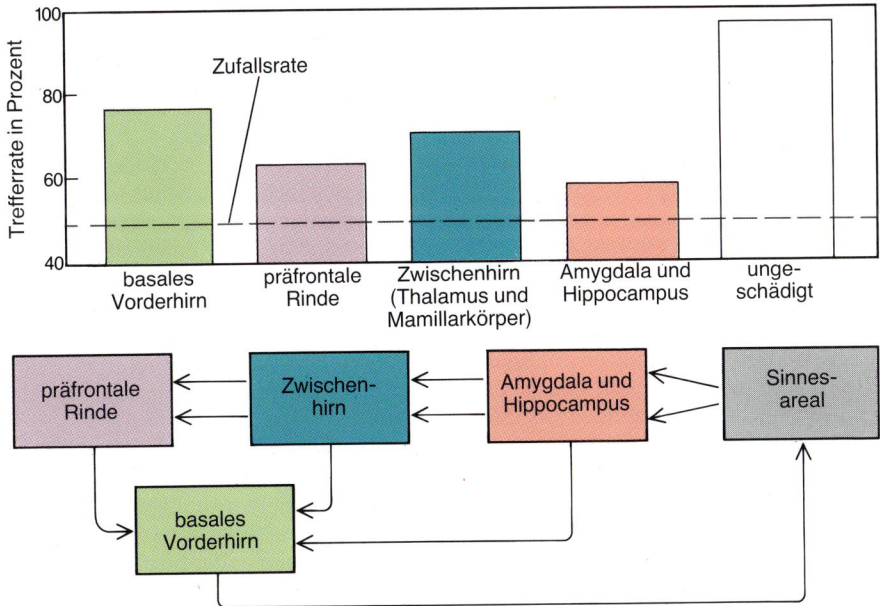

der Bildung eines Gedächtnisinhaltes aufeinander einwirken könnten. Eine Wahrnehmung, die auf dem letzten Abschnitt eines Sinnessystems der Großhirnrinde zustande kommt, erregt zwei parallele Schaltkreise: Der eine hat seinen Ursprung in der Amygdala, der andere im Hippocampus; beide Schaltkreise umfassen Teile des Zwischenhirns und der präfrontalen Großhirnrinde. Amygdala wie Hippocampus entsenden ihrerseits Signale zum basalen Vorderhirn. Über seine zahlreichen Verbindungen zur Großhirnrinde könnte das basale Vorderhirn den Kreis wieder schließen. Der Kreislauf schlägt sich möglicherweise in Veränderungen der Nervenzellen in dem Sinnesareal nieder, wodurch vielleicht die Wahrnehmung dort als Gedächtnisinhalt gespeichert wird. Der Mensch hat ein ähnliches System.

Gewebe bei visuellen Vorgängen. Die Ergebnisse wiesen darauf hin, daß nicht nur die untere Schläfenlappenrinde, sondern auch Gewebe des hinteren Scheitellappens beteiligt war.

Überdies fand Leslie G. Ungerleider kürzlich in unserem Labor heraus, daß eine andere anatomische Bahn — zusätzlich zu der uns bekannten, die für die Verarbeitung der visuellen Merkmale eines Gegenstandes bestimmt ist — von der striaten Großhirnrinde (jener ersten Stufe des Sehsystems am Hinterende des Gehirns) ausgeht. Anstatt ihren Verlauf nach vorne in die untere Schläfenlappenrinde hinein zu nehmen, zieht diese zweite Bahn aufwärts über eine Reihe von Stufen bis zu einem letzten Abschnitt in der hinteren Scheitellappenrinde. Räumliche Beziehungen werden höchstwahrscheinlich entlang dieser Bahn analysiert; von deren letzter Stufe aus erregen verarbeitete Raumwahrnehmungen vermutlich das Gedächtnissystem unterhalb der Großhirnrinde.

Beim räumlichen Lernen könnten den zwei oben umrissenen Gedächtnisschaltkreisen unterschiedliche Rollen zukommen. Obwohl der Hippocampus und die Amygdala einander ersetzen können, wenn das Wiedererkennen eines Gegenstandes gelernt werden soll, scheint die erstere Struktur vor allem für das Lernen räumlicher Beziehungen bedeutsam zu sein. Angeregt durch die Arbeiten anderer Wissenschaftler, deren Ergebnisse auf die Bedeutung des Hippocampus für das räumliche Lernen bei Nagetieren hingedeutet hatten, erforschte Parkinson dessen Rolle nun bei Affen.

Er dressierte gesunde Affen auf einen Test, der ihr Gedächtnis für die Position von Gegenständen mißt. In jedem Versuch wurden den Tieren zwei völlig neue Gegenstände an ganz bestimmten Orten auf der Testplatte gezeigt; als nächstes sahen sie einen der ursprünglichen Gegenstände an seiner Ausgangsposition und eine genaue Kopie entweder an der Stelle, an welcher der zweite Gegenstand gewesen war, oder an einem weiteren dritten Ort auf der Platte. Die Tiere wurden belohnt, wenn sie den ursprünglichen Gegenstand an seiner ersten Position auswählten.

Tiere, deren Amygdala beidseitig wegoperiert worden war, lernten die Aufgabe rasch von neuem und erfüllten sie genau. War jedoch der Hippocampus beidseitig entfernt, waren Affen zu dieser Leistung völlig außerstande. Mary Lou Smith vom Montreal Neurological Institute, die mit Milner zusammenarbeitete, berichtete vor kurzem über einen vergleichbaren Befund bei menschlichen Amnesiepatienten: über einen direkten Zusammenhang zwischen dem Ausmaß einer Schädigung des Hippocampus und dem Grad, bei dem die Fähigkeit, sich an die Position von Gegenständen zu erinnern, beeinträchtigt ist.

Auch die Amygdala hat ihre Spezialaufgaben. Viele ihrer besonderen Beiträge zum Gedächtnis wurden schon durch ihre außergewöhnliche Neuroanatomie angedeutet, die lange bekannt war, bevor ihre Rolle für das Gedächtnis gesichert wurde.

Die Amygdala — oder, um genauer zu sein, der aus mehreren Kernen bestehende Amygdala-Komplex — stellt eine Art Kreuzung im Gehirn dar. Viele Wissenschaftler, so auch Blair H. Turner von der Medizinischen Fakultät der Howard-Universität in der US-Bundeshauptstadt Washington und ich haben gezeigt, daß die Amygdala direkte und umfangreiche Verbindungen zu allen Sinnessystemen in der Großhirnrinde aufweist. Sie steht auch mit dem Thalamus über eine Bahn in Kontakt, die ein Bestandteil im System des Gedächtnisses ist. Schließlich entsenden dieselben Teile der Amygdala, auf die Sinneseingänge zusammenlaufen, Fasern tiefer in das Gehirn hinein zum Hypothalamus, von dem angenommen wird, daß in ihm gefühlsmäßige Reaktionen entstehen.

Da so viele und so unterschiedliche Verbindungen zu Sinnesarealen in der Amygdala zusammenlaufen, waren Murray und ich darauf gespannt, ob sie vielleicht für die Verknüpfung von Gedächtnisinhalten verantwortlich sei, die in verschiedenen Sinnen gebildet werden. Bevor wir uns dieser Frage zuwandten, hatten wir Lernen immer in der Form untersucht, wie es durch Wiedererkennen zum Ausdruck kommt, das heißt als Reaktion auf einen wiederholten visuellen, taktilen oder auf räumliche Beziehungen ausgerichteten Originalreiz. Ziemlich häufig wird jedoch eine Erinnerung durch einen Reiz geweckt, der einem anderen Sinnesbereich (einer anderen Modalität) als der ursprüngliche Reiz angehört. Vernimmt man eine vertraute Stimme am Telephon, wird eine visuelle Erinnerung an das Gesicht des Anrufers hervorgerufen; beim Anblick einer violetten Pflaume assoziiert man ihren Geschmack. Für einen solchen Abruf von Gedächtnisinhalten über die Grenzen zwischen den einzelnen Sinnen hinweg (den sogenannten intermodalen Recall) schien es notwendig zu sein, daß irgendein Austausch zwischen den Rindengebieten stattfindet, in denen Gedächtnisinhalte der jeweiligen Sinne gespeichert werden. Könnte die Amygdala diesen Austausch vermitteln?

Um dies zu überprüfen, kombinierten Murray und ich visuelle und taktile Varianten des Tests für das Wiedererkennungsgedächtnis. Wir brachten Affen bei, den Test auf zeitversetztes Erkennen der Nichtübereinstimmung mit Objekten durchzuführen, die aus einer Menge von 40 sowohl visuell wie taktil unterschiedlichen Gegenständen ausgewählt wurden. Die Tiere leisteten die Aufgaben sehend ebenso wie im Dunkeln, wenn sie sich auf ihren Tastsinn verlassen mußten.

Die Affen erfüllten beide Aufgaben nach beidseitiger Entfernung der Amygdala nahezu genauso gut wie vor der Operation. Ihr visuelles und taktiles Wiedererkennungsgedächtnis war zum größten Teil unversehrt geblieben, was in Übereinstimmung mit unserem früheren Befund steht, daß sich Hippocampus und Amygdala in ihrer Bedeutung für das Wiedererkennungsgedächtnis wechselseitig ersetzen können.

Nachdem die Affen jetzt mit den visuellen und taktilen Eigenschaften der 40 Gegenstände gründlich vertraut waren, veränderten wir den Test grundlegend. In jedem Versuch untersuchte der Affe einen Gegenstand zunächst im Dunkeln durch Berührung; dann aber wurde ihm derselbe Gegenstand zusammen mit einem anderen bei Licht vorgelegt, und er mußte sich lediglich durch den Anblick zwischen ihnen entscheiden. Um den Gegenstand wiederzuerkennen, den das Tier ein paar Sekunden vorher befühlt hatte, mußte es visuelle und taktile Gedächtnisinhalte miteinander verknüpfen. Tiere einer Kontrollgruppe, deren Hippocampus entfernt worden war, erfüllten die Aufgabe gut und wählten zu etwa 90 Prozent den richtigen Gegenstand aus. Tiere dagegen, deren Amygdala fehlte, lagen nur geringfügig über der Zufallsrate.

Der Beweis dafür, daß die Amygdala die Verknüpfung durch verschiedene Sinne gebildeter Gedächtnisinhalte vermittelt, kann vielleicht Licht auf ein altes Rätsel der Neuropsychologie werfen. Vor fast 50 Jahren wurden Heinrich Klüver und P. C. Bucy auf das seltsame Verhalten von Affen aufmerksam, deren Schläfenlappen entfernt worden waren. Oft untersuchten die Tiere einen ungenießbaren Gegenstand wahllos und immer wieder durch Berühren, Schmecken und Riechen, als ob er ihnen stets von neuem unbekannt wäre. Später sah man, daß Entfernen der Amygdala allein dieselbe bizarre Folge hatte.

Aufgrund unseres Ergebnisses meinen wir, daß dieses Verhalten auch von der Unfähigkeit der Affen herrührt, verschiedene Formen der Erinnerung miteinander zu verbinden. Sie sehen einen bekannten Gegenstand, können sich aber nicht an seinen Geruch erinnern; nachdem sie ihn gerochen haben, fehlt ihnen immer noch die Erinnerung an seinen Geschmack.

## Vermischung von Gedächtnis und Emotionen

Noch ein anderes ungewöhnliches Merkmal bemerkten Klüver und Bucy bei Affen ohne Schläfenlappen, ein Merkmal, das später ebenfalls dem Fehlen der Amygdala zugeschrieben wurde: Die Tiere verloren ihre Scheu vor Menschen und sogar ihre Abneigung gegenüber normalerweise so unangenehmen Empfindungen wie gekniffen zu werden; es war, als ob ein Bindeglied zwischen bekannten Reizen und den mit ihnen verknüpften Gefühlen durchtrennt worden sei. Aufgrund ihrer Verbindungen sowohl mit den Sinnesarealen in der Großhirnrinde als auch mit den Auslösern gefühlsmäßiger Reaktionen in der Tiefe des Gehirns ist die Amygdala gut als ein solches Bindeglied geeignet.

Die Möglichkeit, daß Sinneserlebnisse ihre Gefühlsbedeutung über die Amygdala beziehen, wird durch eine Beobachtung gestützt, die wir schon früh bei unserer Untersuchung des Gedächtnisses machten: Affen ohne Amygdala lernen nur langsam, einen Gegenstand mit einer Belohnung zu verknüpfen. Es fällt ihnen schwer, sich an die positiven Verknüpfungen zu erinnern, welche zu dem bekannten Gegenstand gehören.

Eventuell ermöglicht es die Amygdala zum einen, daß Sinnesereignisse gefühlsmäßige Verknüpfungen entwickeln, zum anderen, daß Gefühle die Wahrnehmung und die Speicherung von Gedächtnisinhalten mitgestalten. Auf welche Weise greift das Gehirn aus der von den Sinnen gelieferten Flut von Eindrücken die bedeutsamen Reize heraus?

Falls Gefühle die Sinnesverarbeitung in der Großhirnrinde beeinflussen, könnten sie den notwendigen Filter liefern, indem sie ihrer Tendenz nach die Aufmerksamkeit — und damit das Lernen — auf Reize mit gefühlsmäßiger Bedeutung einschränken. Die Amygdala ist mit ihrem Vermögen, zwischen Sinnen und Gefühlen zu vermitteln, eine der Strukturen, die dieser selektiven Aufmerksamkeit zugrunde liegen könnten.

Es gibt eine Verschaltung, die der Amygdala diese Filteraufgabe erteilen

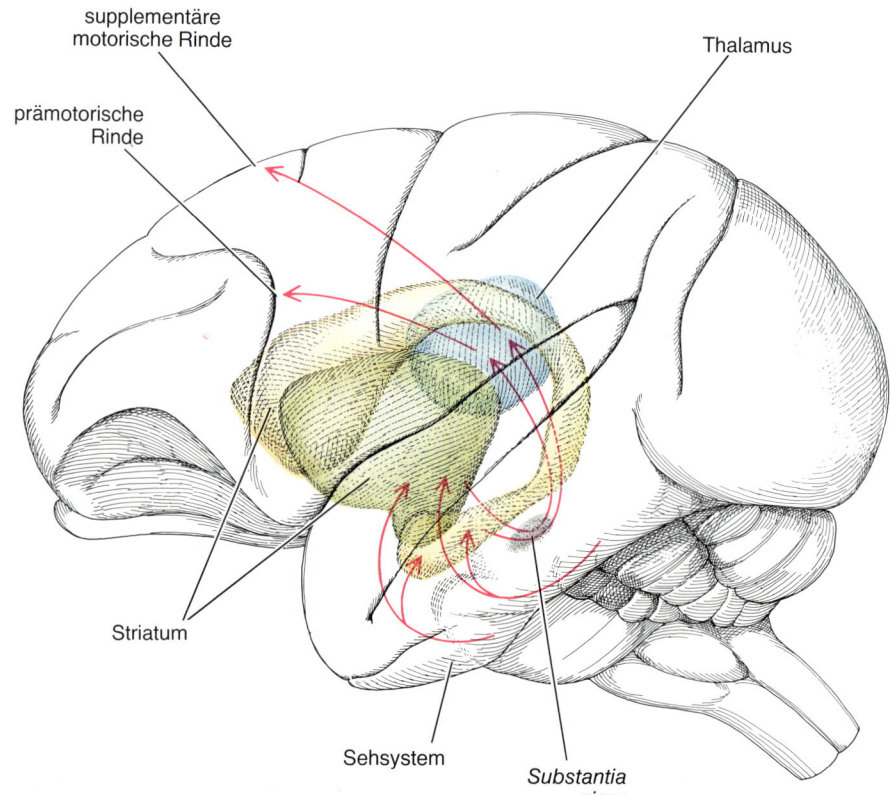

Bild 6: Gewohnheitsbildung, also die Entwicklung automatischer Verknüpfungen zwischen einem Reiz und einer Reaktion, ist vielleicht auf die Mitwirkung des Striatums angewiesen. Es empfängt umfangreiche Verbindungen von Sinnessystemen in der Großhirnrinde (hier durch einen Ast des Sehsystems verkörpert) und entsendet Fasern zu Gehirnstrukturen, die mit der prämotorischen und der supplementären motorischen Großhirnrinde in Kontakt stehen. Damit gibt es einen relativ direkten neuroanatomischen Weg, über den ein in einem Sinnesareal registrierter Reiz eine motorische Reaktion bewirken könnte. Tatsächlich hat sich herausgestellt, daß Schädigung des Striatums oder der Verbindungen zwischen Großhirnrinde und Striatum Affen in einem entsprechenden visuellen Test behindert.

könnte. Verschiedene Forschungsgruppen haben nachgewiesen, daß die Sinnessysteme der Großhirnrinde nicht nur Fasern zur Amygdala entsenden, sondern von ihr auch Fortsätze dorthin gehen, die – zumindest im Sehsystem – auf den obersten Verarbeitungsstufen am dichtesten sind. In einer gemeinsamen Untersuchung mit Candace B. Pert und anderen in ihrem Labor am National Institute of Mental Health fanden meine Mitarbeiter und ich einen Hinweis auf die Natur einiger dieser Faserverbindungen. Die Amygdala ist reich an Nervenzellen, die opiumartige Neurotransmitter (endogene Opiate) herstellen, von denen man annimmt, daß sie in anderen Teilen des Nervensystems die Übertragung von Nervensignalen steuern. Wir fanden heraus, daß die Bahnen der Großhirnrinde, auf denen die sensorische Verarbeitung stattfindet, ein Gefälle für Opiat-Rezeptoren aufweisen, für jene Moleküle auf der Zelloberfläche, an die sich Opiate zum Einwirken auf eine Nervenzelle binden. Am häufigsten treten diese Rezeptoren auf den letzten Abschnitten auf, in denen vollständige Sinneseindrücke Gestalt annehmen.

Zusammengenommen weisen die Belege auf die Möglichkeit hin, daß opiathaltige Fasern von der Amygdala zu den Sinnessystemen laufen, wo sie vielleicht eine Wächteraufgabe leisten, indem sie als Antwort auf Gefühlszustände, die im Hypothalamus erzeugt werden, Opiate freisetzen. Auf diese Weise könnte die Amygdala den Gefühlen ermöglichen, Einfluß auf das zu nehmen, was wahrgenommen und gelernt wird. Die Wechselwirkung zwischen Amygdala und Großhirnrinde könnte erklären, warum bei Affen wie bei Menschen gefühlsbeladene Ereignisse vergleichsweise starke Eindrücke hinterlassen.

## Gedächtnis und Gewohnheit

Wir hatten also zwei grobe Schaltkreise nachgezeichnet, einen mit der Amygdala, den anderen mit dem Hippocampus als Ursprung. Sie sind für viele Arten kognitiven Lernens verantwortlich – also für die Fähigkeit, einen bekannten Gegenstand wiederzuerkennen, seine im Moment nicht wahrnehmbaren sensorischen Eigenschaften aus dem Gedächtnis abzurufen, sich seiner vorherigen Position zu erinnern und ihm eine gefühlsmäßige Bedeutung zuzuteilen. Damit standen wir vor einem Rätsel; denn Menschen, die unter einem so vollständigen Gedächtnisverlust leiden, daß sie eine andere Person nach ein paar Minuten schon nicht mehr wie-

dererkennen, sind immer noch zu lernen imstande.

Vor Jahren berichtete Milner, daß sich H. M. die Fertigkeit des Spiegelzeichnens aneignete (Zeichnen, indem man seine Hand im Spiegel beobachtet) und mit fast normaler Geschwindigkeit bewältigte, selbst wenn er sich danach nicht mehr daran erinnern konnte, jemals dieses Kunststück vollbracht zu haben. Auch Affen mit zerstörten limbischen Strukturen können noch lernen. Im Test auf zeitversetztes Erkennen von Nichtübereinstimmung, in dem sie einen nur einmal gesehenen Gegenstand wiedererkennen müssen, sind solche Tiere hilflos.

Barbara L. Malamut kam in unserem Labor jedoch noch zu einem anderen Befund: Zeigt man denselben Affen immer wieder einmal pro Tag dieselbe lange Folge verschiedener Gegenstandspaare, wobei jeweils ein Objekt mit einer Belohnung versehen ist, so lernen sie mit der Zeit, jedesmal eben den Gegenstand mit der Belohnung auszuwählen. Noch bedeutsamer ist, daß ihre Geschicklichkeit etwa genauso schnell zunimmt wie bei normalen Affen.

Einem menschlichen Beobachter erscheint, wenn überhaupt, die zweite Aufgabe als schwerer. Wie sind diese scheinbar widersprüchlichen Ergebnisse miteinander in Einklang zu bringen?

Wie viele andere Forscher auf dem Gebiet von Gedächtnismechanismen habe auch ich immer den Standpunkt vertreten, es gebe ein zweites, von den limbischen Schaltkreisen unabhängiges Lernsystem: eines, für das die Wiederholung von Reiz und Reaktion das kritische Element darstellt – genau das, was beim zeitversetzten Erkennen von Nichtübereinstimmung fehlt. Den Befunden bei menschlichen Amnesiepatienten entsprechend haben Herbert L. Petrie von der Towson State University in Baltimore und ich die Hypothese vorgeschlagen, das zweite System ermögliche eine Art Lernen, das sich von den Gedächtnisinhalten unterscheidet, die über die limbischen Schaltkreise gespeichert werden.

Diese Art von Lernen nennen wir Gewohnheit. Sie ist insofern nichtkognitiv, als sie sich nicht auf Wissen oder wenigstens Erinnerungen (im Sinne von eigenständigen geistigen Einheiten)

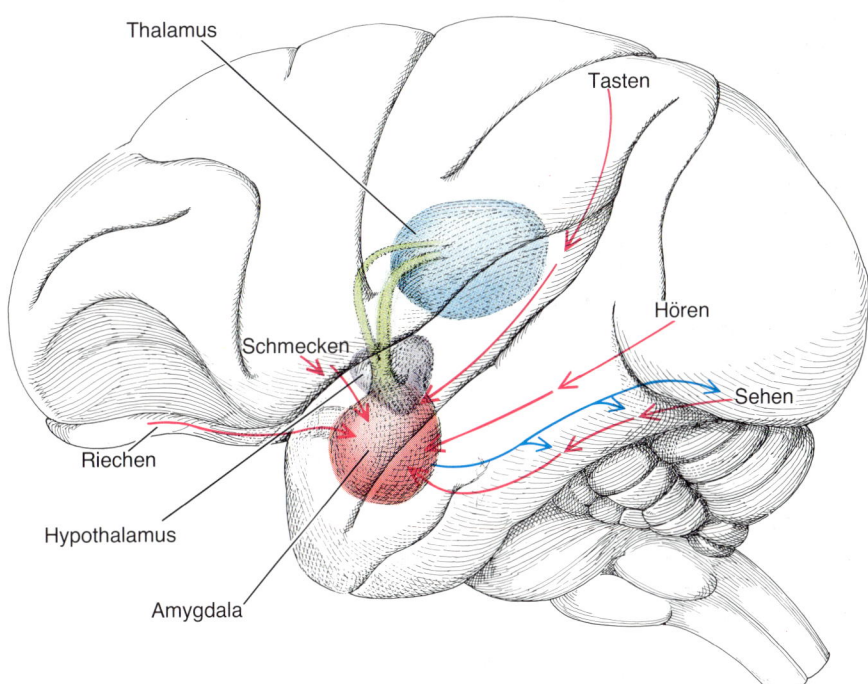

Bild 7: Mehrfache Verschaltungen der Amygdala liegen der Vielfalt an Rollen zugrunde, die sie, wie man vermutet, für das Gedächtnis einnimmt. Zunächst erreichen die Amygdala Fasern, die den letzten Abschnitten von Sinnessystemen der Großhirnrinde entspringen (rote Pfeile). Damit erregen Sinneseindrücke den einen Schaltkreis des Gedächtnissystems, der von Verbindungen zwischen der Amygdala und dem Thalamus (einer Struktur des Zwischenhirns) abhängt (grün). Kontakte zwischen der Amygdala und dem Hypothalamus, in dem wahrscheinlich Gefühlsreaktionen ihren Ursprung haben, scheinen es zu ermögli-

chen, daß ein Erlebnis gefühlsmäßige Verknüpfungen erhält (rot). Solche Kontakte können auch zulassen, daß Gefühle das Lernen beeinflussen, indem sie umgekehrt gerichtete Verbindungen von der Amygdala zu Sinnesbahnen erregen (blau, nur für das Sehsystem gezeigt). Da es Fasern gibt, die von der Amygdala zu den verschiedenen Sinnesarealen zurücklaufen, kann man sich erklären, weshalb ein einzelner Reiz unterschiedliche Erinnerungen in einem Menschen wecken kann – wie wenn etwa der Geruch einer vertrauten Speise eine Vorstellung ihres Aussehens, ihrer Konsistenz und ihres Geschmacks hervorruft.

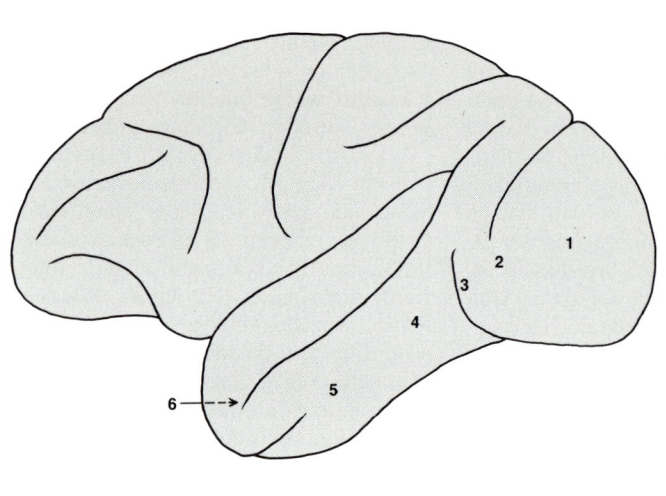

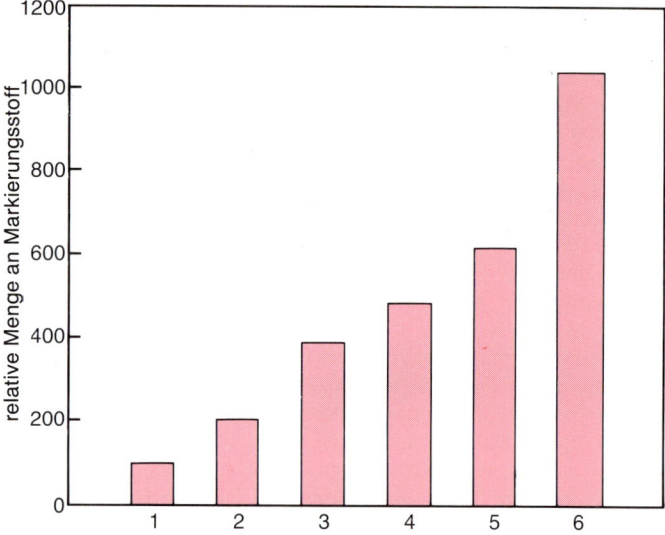

Bild 8: Die stärksten Hinweise auf einen molekularen Mechanismus, der vielleicht beim Lernen eine Rolle spielt, sind auf den letzten Abschnitten der Sehbahn von Affen zu finden. Das Schema, nach einer Untersuchung unter der Leitung von Aryeh Routtenberg von der Northwestern University in Evanston (Illinois), zeigt die relativen Mengen von radioaktivem Phosphor – einem Markierungsstoff, der in diesem Fall in ein als $F1$ bekanntes Gehirnprotein eingebaut wird – in Gewebe aus verschiedenen Abschnitten der Sehbahn. Routtenberg hat die Erklärung vorgeschlagen, daß die Phosphorylierung von $F1$ durch das Enzym Proteinkinase $C$ den Veränderungen zugrunde liegt, die an den Synapsen einiger Nervenzellen nach wiederholter Reizung auftreten. Solche Veränderungen stellen vielleicht eine Informationsspeicherung durch das Gehirn dar. So könnten die letzten Stationen der Sehbahn eine besondere Fähigkeit zur Informationsspeicherung mittels synaptischer Veränderungen besitzen.

stützt, sondern auf automatische Verknüpfungen zwischen einem Reiz und einer Reaktion. Bei dem eben beschriebenen Test der Unterscheidung von Gegenständen begegnet der Affe Tag für Tag demselben Reizpaar; möglicherweise entwickelt er eine Gewohnheit dafür, sich für den Gegenstand zu entscheiden, dessen Auswahl immer wieder durch eine besondere Belohnung bestärkt wird.

Der Test auf zeitversetztes Erkennen von Nichtübereinstimmung kann andererseits durch Gewohnheitsbildung nicht erfüllt werden. Der zu erinnernde Reiz wird nur einmal dargeboten, und der Affe hat dann nicht auf denselben mit einer Belohnung verbundenen Reiz zu reagieren, sondern auf einen neuen. Er muß, um ihn zu vermeiden, im kognitiven Sinne wissen, welcher Gegenstand der ursprüngliche ist.

Gewohnheiten nach unserer Definition erinnern an die automatischen Reiz-Reaktions-Verknüpfungen, von denen behavioristische Psychologen vor langer Zeit behaupteten, sie wären die Grundlage allen Lernens. Die behavioristische Sichtweise schließt Ausdrücke wie Geist, Wissen und sogar Gedächtnis in der üblichen Bedeutung des Wortes aus. Sie steht im Widerspruch zur kognitiven Psychologie, die gerade solche Begriffe gebraucht, um große Teile des Verhaltens zu erklären. Die Möglichkeit, daß Lernen auf zwei ganz unterschiedlichen Systemen aufgebaut ist (das eine die Quelle nichtkognitiver Gewohnheiten und das andere die Grundlage des kognitiven Gedächtnisses) bietet einen Weg, die behavioristischen und die kognitiven Schulen miteinander zu versöhnen. Wenn tatsächlich für beide Arten von Lernen neuronale Mechanismen existieren, könnte sich Verhalten aus einer Mischung von automatischen Reizantworten einerseits und durch Wissen und Erwartung geleiteten Handlungen andererseits zusammensetzen.

Ein neuronales Substrat für die Gewohnheitsbildung ist womöglich das Striatum, ein Komplex von Strukturen im Vorderhirn. Es empfängt Faserverbindungen aus vielen Gebieten der Großhirnrinde einschließlich der Sinnessysteme und entsendet Fasern in diejenigen Gehirnteile, welche die Bewegungen steuern. Es ist also neuroanatomisch dazu geeignet, die verhältnismäßig direkten Verbindungen zwischen Reiz und Handlung bereitzustellen, wie sie unsere Vorstellung von Gewohnheit einschließt. Tatsächlich haben andere Wissenschaftler herausgefunden, daß Affen mit geschädigtem Striatum nicht gut die Gewohnheiten ausbilden können, die im Test zur Objektunterscheidung überprüft werden.

Paul D. MacLean vom National Institute of Mental Health hat darauf hingewiesen, daß das Striatum ein stammesgeschichtlich alter Teil des Gehirns ist – bei weitem älter als die Großhirnrinde und das limbische System. Es wäre zu erwarten, daß Gewohnheitsbildung durch ursprüngliche Strukturen geleistet wird: Sogar primitive Tiere können automatische Reaktionen auf Reize erlernen. Auch in der Individualentwicklung scheinen Gewohnheiten etwas Ursprüngliches zu sein.

Vor kurzem fand Bachevalier heraus, daß junge Affen in unserem Test auf Gewohnheitsbildung ungefähr so gut wie ausgewachsene abschneiden, und trotzdem sind sie im Gedächtnistest schlecht: Nach Erwachsenenmaßstäben haben sie eine Amnesie.

Zur Zeit überprüfen wir die Möglichkeit, daß das neuronale Substrat für Gewohnheiten in jungen Affen völlig ausgebildet ist, während das Gedächtnissystem erst langsam heranreift. Falls derselbe Entwicklungsunterschied beim Menschen besteht, könnte man so erklären, warum sich nur wenige Leute an ihre frühe Kindheit erinnern.

Was die Wechselwirkung von Gedächtnis und Gewohnheit im ausgereiften Gehirn angeht, fangen wir gerade an, unsere Fragen zu formulieren. Es scheint naheliegend, daß sich die meisten Arten des Lernens auf beide Systeme stützen; aber man kann sich leicht vorstellen, daß das kognitive Gedächtnis und die nichtkognitive Gewohnheit leicht in Widerspruch zueinander geraten.

Auf welche Weise gelangt das Gehirn zwischen Gewohnheitsbildung und kognitivem Lernen zu einer Entscheidung? Stehen Teile des Gedächtnissystems mit dem Striatum in Verbindung und beeinflussen dadurch die Gewohnheitsbildung? Auf unserer Suche nach dem Sitz von Gedächtnis und Gewohnheit im Gehirn haben wir bisher lediglich eine Landkarte für Gebiete künftiger Forschung erstellt.

# Komplexe Wahrnehmungsleistungen bei Tauben

Brieftauben leisten trotz ihres relativ kleinen Gehirns
Erstaunliches beim Unterscheiden flächiger Muster oder komplexer Bilder. In einigem sind
sie darin sogar dem Menschen überlegen.

Von Juan D. Delius

Wenn man ein und denselben Gegenstand wiederholt zu Gesicht bekommt, bildet er sich in der Regel − je nach Entfernung, Orientierung und herrschender Beleuchtung − sehr unterschiedlich auf der Netzhaut der Augen ab. Selbst wenn die Netzhautbilder identisch sein sollten, ist es die Information, die über die Sehnerven zum Gehirn weitergeleitet wird, nicht zwangsläufig auch, da die Netzhaut durch vorhergehende mehr oder minder starke Reizung verschieden adaptiert sein kann. Die Informationen können aber auch einfach deshalb voneinander abweichen, weil das optische Bild zufällig auf nun andere Gebiete der Netzhaut fällt, die es auch anders umwandeln.

Trotzdem vermag unser visuelles System meistens, diese diversen Muster neuraler Information als zu ein und demselben Gegenstand gehörig zu erkennen. Immerhin nutzen wir diese Fähigkeit unseres Sehsinnes ständig, um die unzähligen verschiedenen Gegenstände, die uns im täglichen Leben umgeben, zu identifizieren.

Unter dem Fachbegriff Wahrnehmungsinvarianz der Objekterkennung haben Psychologen die Vorgänge, aus denen sich diese Fähigkeit ergibt, in der Vergangenheit vielfältig untersucht. Subjektiv ist man zwar geneigt, diese Invarianzleistungen als beiläufig abzutun. Doch insbesondere Ingenieure, die Sehsysteme für Roboter entwickeln, wissen, daß sie es keineswegs sind: Es bedarf dazu eines erheblichen Aufwandes an Informationsverarbeitung.

## Allgemeine Anforderungen an Sehsysteme

Gerade dieser technische Vergleich ist informativ. Weil man Roboter für immer kompliziertere Aufgaben einsetzen möchte, würde ihnen ein künstlicher und dabei ähnlich leistungsfähiger Sehsinn wie der menschliche sehr zugute kommen. Nun ist es zwar einfach, Roboter mit der technischen Entsprechung von Augen − nämlich Fernsehkameras − auszustatten; aber die Schwierigkeiten fangen dann erst an.

Das Fernsehbild muß nämlich interpretiert und jeder einzelne Gegenstand − trotz seiner verschiedenartigen Abbilder − eindeutig erkannt werden. Dies hat sich als ein erhebliches Problem für die Computer, die „Gehirne" der Roboter, herausgestellt. Es ist gar nicht leicht, dafür zufriedenstellende Programme zu entwickeln; sie erfordern gewaltige Rechnerkapazitäten, sind viel zu langsam und funktionieren letztendlich meist doch nur unzureichend.

Die Mustererkennungs-Fähigkeiten künstlicher Sehsysteme sind also immer noch reichlich primitiv im Vergleich zum menschlichen Sehvermögen. Das hat sicherlich damit zu tun, daß die Kapazität des menschlichen Gehirns zur Informationsverarbeitung doch noch um einige Größenordnungen höher ist als die der gegenwärtig besten Computer und daß es in seiner funktionellen Struktur, seinem Programm sozusagen, dank strenger Selektion in den Abermillionen von Jahren biologischer Evolu-

Bild 1: Brieftauben lassen sich leicht in einer Skinner-Box auf Muster dressieren − einer nach ihrem Erfinder, dem amerikanischen Psychologen Burrhus F. Skinner, benannten Apparatur zur Untersuchung der Lernfähigkeit von Tieren. Auf dem Photo ist eine Taube vor drei Pickscheiben mit den darauf projizierten Formen zu sehen, am unteren Rand der Futternapf (Aufnahme: Günter Keim). Dressur und Tests laufen vollautomatisch ab. Die Tiere sind unter solchen Bedingungen zu erstaunlichen Leistungen fähig. So können sie etwa eine einmal erlernte Unterscheidung zwischen symmetrischen und asymmetrischen Mustern generalisieren, daß heißt, das Erlernte auf ihnen unbekannte Muster übertragen. Und sie können sogar Gleichheit oder Ungleichheit gegenüber einem vorgegebenen Muster erkennen − auch wenn die Vergleichsbilder in der Größe abweichen oder verdreht sind. Die Zeichnung zeigt die Wahl-nach-Muster-Dressur einer Taube: Das Tier soll lernen, von zwei Vergleichsformen jeweils jene zu wählen, die mit einer Vorlage, dem Musterreiz, identisch ist. Ein automatischer Diaprojektor bildet alle drei Formen auf der Rückseite dreier durchscheinender Pickscheiben ab, die als Schalter dienen (Mitte). Zunächst wird nur die mittlere Scheibe mit dem Musterreiz freigegeben (links unten). Nach mehrmaligem Gegenpicken öffnen sich die Verschlüsse hinter den beiden seitlichen Scheiben, so daß die Taube nun auch die beiden Vergleichsreize zu sehen bekommt. Wählt sie den richtigen − hier das Dreieck −, so erhält sie automatisch Futter als Belohnung. Nach einer kurzen Pause folgt der nächste Durchgang. Pickt sie jedoch gegen das falsche, das ungleiche Muster, so verdunkelt sich die Kammer zur „Strafe" (rechts unten). Nach gewöhnlich 40 solchen Durchgängen − mit einer ganzen Serie von Mustern − ist die tägliche Sitzung beendet. Erst nach etlichen Sitzungen gelingt es der Taube, die meisten Durchgänge fehlerfrei zu absolvieren. Der Computer steuert den Ablauf und registriert richtige wie falsche Antworten sowie die dazugehörige Reaktionszeit.

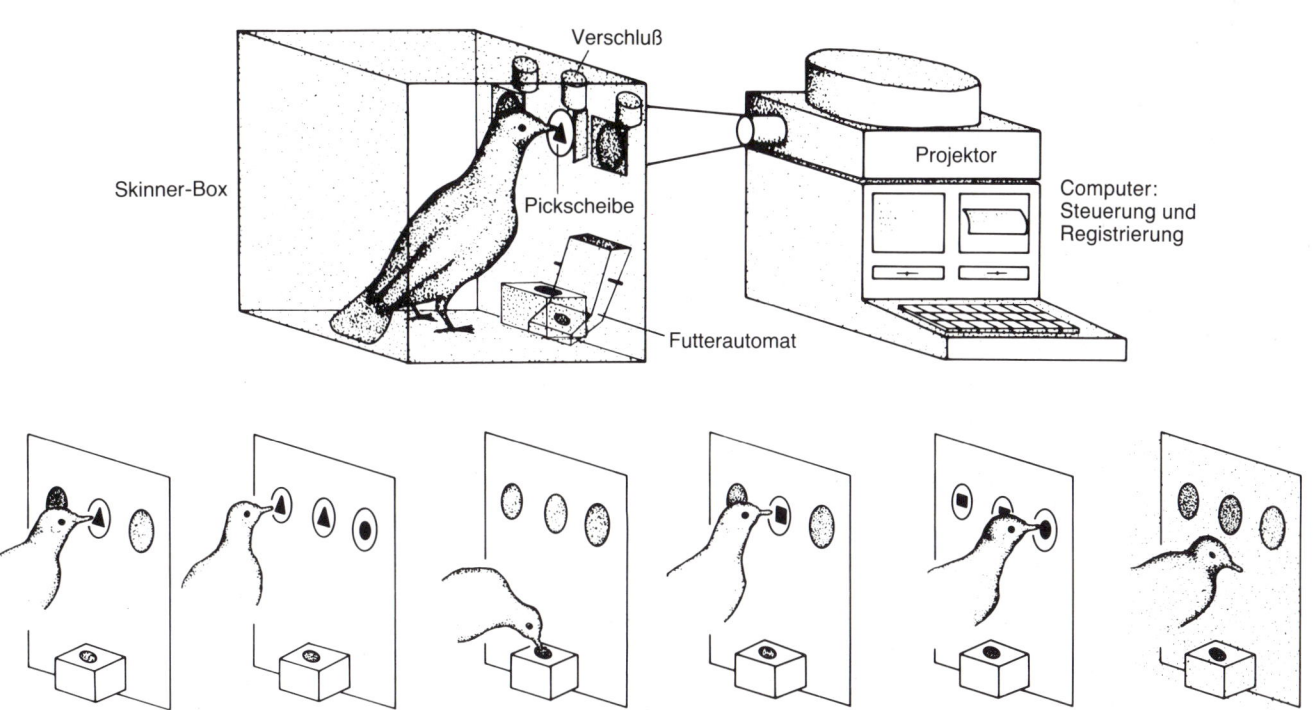

Skinner-Box

Verschluß

Pickscheibe

Futterautomat

Projektor

Computer:
Steuerung und
Registrierung

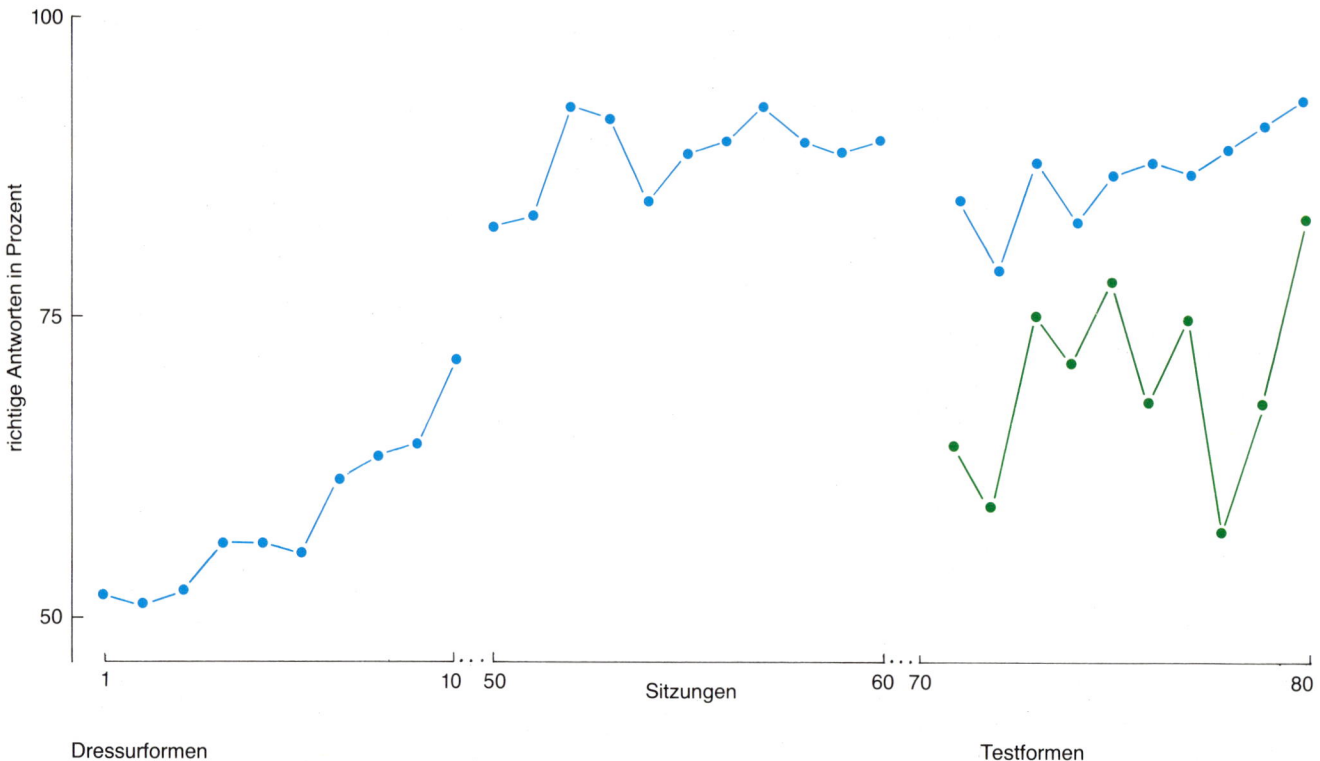

**Dressurformen**

**Testformen**

**Bild 2:** Ein erlerntes Gleichheits- oder Ungleichheitsprinzip können Tauben auch auf neue Muster übertragen. Sie lernten zunächst, die jeweils ungleiche Form zu wählen (blaue Kurve). Benutzt wurden dazu 20 verschiedene Formen (links unten) in 160 unterschiedlichen Dreierkombinationen; eine Auswahl davon ist rechts dargestellt. Danach wurden die Tiere in eingestreuten Testdurchgängen mit fünf neuen Mustern konfrontiert (Mitte unten); zwei der 40 verwendeten Kombinationen sind rechts zu sehen (grau). Ihre Pickantworten darauf wur-

tion eine überragende Leistung erreicht hat.

Für die meisten Vogelarten spielt der Sehsinn bei der Steuerung des Verhaltens eine zumindest ebenso wichtige Rolle wie beim Menschen. Schon bei zufälliger Beobachtung hat man oft den Eindruck, daß die Sehleistungen der meisten Vögel die eigenen sogar übertreffen.

Für einige visuelle Grundfunktionen haben genaue wissenschaftliche Untersuchungen diese Vermutungen auch bestätigt. Tauben zum Beispiel haben erwiesenermaßen ein besseres Farbensehen als wir, denn es stützt sich statt auf nur drei auf mindestens vier Grundfarben. Auch können sie − anders als wir − noch nahes Ultraviolett wahrnehmen und die Polarisationsebene des Lichtes erkennen.

Vögel haben aber bekanntlich ein verhältnismäßig kleines Gehirn und somit eine entsprechend geringe Informationsverarbeitungs-Kapazität. Daher ist zu erwarten, daß sie einige kompliziertere Wahrnehmungsleistungen, die dem Menschen eigen sind, nicht bewältigen können.

Uns hat nun interessiert, wie Tauben mit dem Problem fertigwerden, daß die Netzhaut-Abbildungen nicht eindeutig mit den tatsächlichen Gegenständen in der Umwelt korrespondieren. Um die experimentelle Technik möglichst einfach zu gestalten, haben wir zweidimensionale Figuren anstelle von wirklichen dreidimensionalen Gegenständen geboten. Diese flachen, schwarzweißen Formen wurden als Dias projiziert, so daß ihre Eigenschaften leicht zu kontrollieren und zu verändern waren.

### Wahl nach Muster

Bei Menschen genügen meist geeignete mündliche Anweisungen, etwas pekuniärer Anreiz und einige Übungsläufe, um sie als Versuchspersonen zur Mitarbeit an Wahrnehmungsexperimenten zu bewegen. Bei Tieren ist die Verfahrensweise naturgemäß umständlicher.

Glücklicherweise sind Tauben populäre Versuchstiere für Lernversuche. So verfügt man inzwischen über ein großes Repertoire an Methoden, sie so zu dressieren, daß sie die gewünschten Aufgaben ausführen.

Da wir herausfinden wollten, ob sie ein visuelles Muster als gleich einem anderen erkennen können, schien eine sogenannte Wahl-nach-Muster-Dressur vielversprechend. Dieses Verfahren hat der berühmte amerikanische Psychologe Karl S. Lashley (1890 bis 1958) in den frühen dreißiger Jahren entwickelt und der jüngst verstorbene William Cummings an der Columbia-Universität in New York in den sechziger Jahren Tauben angepaßt. Dabei müssen die Tiere lernen, von zwei verschiedenen Vergleichsformen jene auszuwählen, die einer vorher gezeigten Vorlage, dem Musterreiz, identisch ist.

Dazu wird eine Versuchskammer, eine sogenannte Skinner-Box, mit drei Pickscheiben benutzt, die als „Leinwand" und Schalter fungieren (Bild 1). Ein automatischer Diaprojektor bildet die Formen auf der Rückseite der durchscheinenden Scheiben ab. Dort ist je eine elektromagnetisch verschließbare Blende angebracht. Zunächst wird nur die mittlere Scheibe freigegeben, auf der die Taube den Musterreiz zu se-

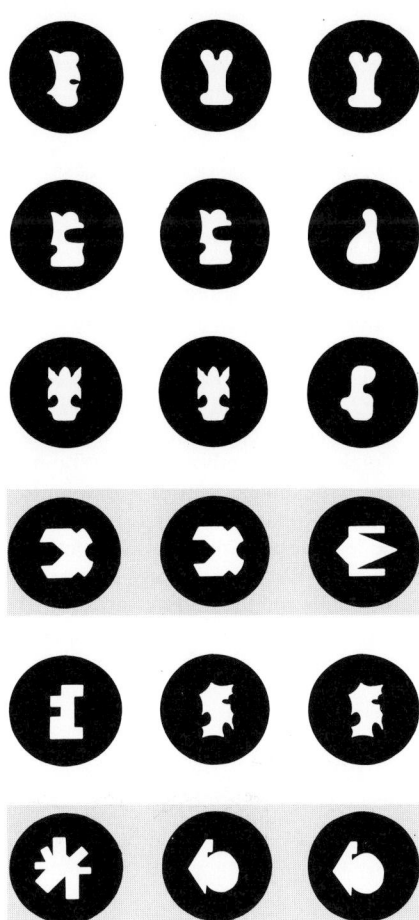

den weder belohnt noch bestraft. Dennoch wählten die Tauben überwiegend das jeweils ungleiche Muster (grüne Kurve), konnten also das Prinzip „Ungleichheit" verallgemeinern.

hen bekommt. Um sicher zu sein, daß sie ihn wirklich beachtet hat, läßt man sie zunächst mehrmals gegen diese Scheibe picken.

Erst dann öffnen sich automatisch die Blenden hinter den beiden seitlichen Pickscheiben, so daß die beiden Vergleichsreize sichtbar werden. Eines dieser Bilder ist der Vorlage gleich, das andere nicht. Wenn die Taube auf das gleiche Muster pickt, bekommt sie Futter; und da sie etwas hungrig in das Experiment geht, ist das eine Belohnung. Wenn sie hingegen das falsche, also ungleiche Muster wählt, verdunkelt sich die Kammer; und da diese Tiere nicht im Dunkeln sitzen mögen, kommt das einer milden Bestrafung gleich.

Der nächste Durchgang beginnt wieder mit der Projektion einer neuen Vorlage und läuft dann entsprechend weiter. Die gesamte Sitzung besteht gewöhnlich aus rund 40 solchen Durchgängen und wird täglich wiederholt.

Selbstverständlich wird darauf geachtet, daß die belohnten Muster in unregelmäßiger Reihenfolge, aber insgesamt genauso häufig rechts wie links erscheinen. Ein Computer steuert den

Ablauf des Versuchs und hält fest, ob die Taube eine richtige oder falsche Pickantwort gegeben hat und wie lang ihre Reaktionszeit war. Diese Zeit zwischen dem Erscheinen der zwei Vergleichsreize und dem Picken auf einen der beiden gilt als Schätzwert dafür, wie lange die Taube braucht, um sich zwischen ihnen zu entscheiden.

Obwohl Tauben bei ausreichendem Training mit einem Satz verschiedener Formen diese Wahl-nach-Muster-Aufgabe fast perfekt meistern, hat es in der Vergangenheit Zweifel gegeben, ob sie dabei wirklich Muster- und Vergleichsreiz als gleich erkennen. Möglich wäre immerhin, daß sie die richtigen Antworten für jede der verschiedenen Dreierkombinationen auswendig lernen.

Celia Lombardi und Carlos Fachinelli von der Universidad del Aconcagua in Mendoza (Argentinien) haben diese Frage in unserem Labor an der Ruhr-Universität Bochum untersucht. Sie dressierten Tauben, bis sie das Gegenteil der Wahl-nach-Muster-Aufgabe, nämlich die Wahl ungleicher Muster, gut beherrschten. Benutzt wurde dazu ein Satz von 160 unterschiedlichen Dreierkombinationen aus 20 verschiedenen Formen (Bild 2).

Als die Tiere gelernt hatten, in mehr als 90 Prozent der Durchgänge die richtigen — also ungleichen — Muster zu wählen, konfrontierten die beiden Forscher sie in eingestreuten Durchgängen mit 40 Kombinationen von fünf völlig neuen Mustern, ohne sie jemals für die Pickantworten auf diese Kombinationen zu belohnen oder zu bestrafen. Obwohl es den Tauben offensichtlich nicht möglich war, die richtigen Antworten auf diese Teststreize auswendig zu lernen, wählten sie durchschnittlich in 70 Prozent der Fälle richtig, also bedeutend öfter, als bei Zufallsentscheidungen (50 Prozent) zu erwarten gewesen wäre.

Die Tauben wandten demnach, wenn auch nicht perfekt, ein verallgemeinertes Ungleichheitsprinzip an, das sie offenbar vorher aus den Trainingsreizen gelernt hatten. Da Ungleichheit das Gegenteil von Gleichheit ist, müssen sie selbstverständlich auch diese Relation begriffen haben.

## Rotationsinvarianz der Mustererkennung

Da wir uns mithin auf die Fähigkeit der Tauben verlassen konnten, Formen nach der abstrakten Maßgabe Gleichheit/Ungleichheit zu unterscheiden, gingen wir einen Schritt weiter: Wir untersuchten, wie weit sie Formen mit dem Musterreiz zu vergleichen vermochten, wenn diese um einen bestimmten Winkelbetrag verdreht waren. Gleiche beziehungsweise ungleiche Formen unabhängig von der Ausrichtung zu erkennen, setzt einen neuronalen Prozeß voraus, der eine solche Rotationsinvarianz gewährleistet.

Wir begannen wieder mit Konstellationen, bei denen die Muster- und Vergleichsreize immer gleich orientiert waren. Auf diese Dressur folgten die eigentlichen Tests mit Kombinationen, bei denen wir die Orientierung zwischen Muster- und Vergleichsreizen systematisch variierten, und zwar von 0 bis 180 Grad in Schritten von jeweils 45 Grad.

Die Leistung der Tauben war hervorragend: Zu ungefähr 90 Prozent trafen sie die richtige Wahl, und ihre durchschnittlichen Reaktionszeiten lagen unter einer Sekunde — unabhängig von dem Drehwinkel zwischen Muster- und Vergleichsreizen (Bild 3). Diese Ergebnisse sind denen von Menschen bei der gleichen Aufgabe sehr ähnlich; auch unsere Erkennungsleistung ist kaum davon abhängig, wie die zu vergleichenden Formen orientiert sind, solange Musterreiz und davon abweichende Vergleichsformen sich ausreichend unterscheiden.

Unter gewissen Umständen wird jedoch die menschliche Leistung durch Rotation der Vergleichsreize stark beeinträchtigt, wie Roger Shepard und Jacqueline Metzler von der University of California in San Diego 1971 entdeckt haben.

Bei ihren Tests galt es zu entscheiden, ob jeweils zwei perspektivische Zeichnungen denselben dreidimensionalen Gegenstand darstellten oder nicht. War nun der ungleiche Reiz das Spiegelbild der Musterform, dann brauchten die Versuchspersonen dafür um so länger, je größer der Drehwinkel zwischen den Bildern war.

Diesen Effekt haben inzwischen Lynn Cooper, die jetzt an der Universität Pittsburgh wirkt, und andere Psychologen genauer untersucht. Sie beobachteten das gleiche Phänomen, wenn sie einfachere zweidimensionale spiegelbildliche Formen benutzten. Die Forscher baten die Versuchspersonen auch, ihr Vorgehen bei der Entscheidung, ob eine Form gleich oder das Spiegelbild des Musterreizes war, zu beschreiben. Die meisten berichteten, daß sie das Bild des Musterreizes in ihrer Vorstellung so lange verdrehten, bis es wie der Vergleichsreiz ausgerichtet war; erst dann entschieden sie, ob die beiden Formen übereinstimmten. Je größer die Winkeldifferenz ist, desto länger braucht man offenbar für die Ausführung dieser mentalen Drehung, die alle Eigenschaften eines kognitiven

Prozesses — also des Denkens — aufweist.

Obwohl Psychologen im allgemeinen solche Selbstbeobachtungen sehr kritisch beurteilen, stützen in diesem Fall die Ergebnisse vieler Experimente die Ansicht, daß die meisten Versuchspersonen tatsächlich so vorgehen, also eine sequentielle Bearbeitung vornehmen. Überflüssig zu sagen, daß es natürlich einige Wissenschaftler gibt, die davon nicht überzeugt sind.

Versuchspersonen erbringen sehr unterschiedliche Leistungen bei der Aufgabe, mentale Rotationen auszuführen. Trägt man die Reaktionszeit in Abhängigkeit von der Winkelabweichung auf, so ergibt die Steigung der Kurve ein Maß dafür, wie rasch jemand das innere Bild eines Musters drehen kann. Diese Rotationsgeschwindigkeit korreliert mit der Leistung der betreffenden Person beim räumlich-visuellen Aufgabenteil von Intelligenztests, nicht jedoch mit der Leistung beim verbalen Teil.

Im Durchschnitt schneiden Frauen bei solchen Rotationsaufgaben — und generell bei der Lösung räumlich-visueller Probleme — schlechter als Männer ab, obwohl sie insgesamt gleich hohe Intelligenzquotienten haben. Dieser Unterschied der Geschlechter könnte mit den Sexualhormonen zusammenhängen; denn Menschen mit gewissen Geschlechtschromosomen-Anomalien, die zugleich anomale Hormonspiegel bedingen, haben häufig deutlich von ihren Geschlechtsgenossen abweichende räumlich-visuelle Fähigkeiten.

Wie würde nun die Taube mit ihrem kleinen Gehirn das Erkennen von gedrehten Spiegelbildern meistern — eine Aufgabe, die offensichtlich die menschliche Intelligenz herausfordert? Dies hat an unserem Labor Valerie Hollard, ein Gast von der Universität Auckland in Neuseeland, untersucht. Sie benutzte die gleichen Wahl-nach-Muster-Methoden wie oben beschrieben, gebrauchte aber durchweg Spiegelbilder der Musterformen als ungleiche Vergleichsreize (Bild 3 rechts). Während der Dressurphase bekamen die Tauben Muster- und Vergleichsreize immer gleich zueinander ausgerichtet geboten. Bei den folgenden Tests drehte Valerie Hollard die Vergleichsreize — in Schritten von 45 Grad bis zu 180 Grad — im Uhrzeigersinn weiter, während die Musterreize in ihrer alten Position blieben.

Erstaunlicherweise wirkte sich das Ausmaß der Winkelabweichung zwischen Muster- und Vergleichsreiz so gut wie gar nicht auf die Leistung der Tauben aus, weder auf die Fehlerzahl noch auf die Reaktionszeit. Die Vögel hatten also — anders als Menschen — wenig Schwierigkeiten, die richtige

Form auszusuchen, gleichgültig ob diese genauso wie die Vorlage orientiert war oder nicht. Es spielte auch keine Rolle, ob sie die in den Tests verwendeten Formen bereits vom Training her kannten oder zum ersten Mal sahen (Bild 3 links).

Das gleiche Ergebnis erbrachte eine weitere Versuchsreihe, bei der die Vergleichsreize immer in Standardorientierung, die Musterreize aber um 0 bis 180 Grad verdreht geboten wurden. Tauben können offenbar bei der Lösung dieser Aufgabe eine Art paralleler Informationsverarbeitung anwenden, wohingegen Menschen auf eine sequentielle Verarbeitung angewiesen sind. Diese Begriffe stammen aus der Computertechnik und unterscheiden, ob ein Rechenproblem durch den gleichzeitigen Einsatz vieler Prozessoren gelöst wird oder durch wiederholten Einsatz eines einzigen Prozessors. Ersteres, also par-

allele Verarbeitung, kann zumindest bei einigen Aufgaben zu bedeutend schnelleren Lösungen führen, ist aber technisch sehr aufwendig.

## Gründe für den Unterschied zwischen Taube und Mensch

Warum jedoch sollten Tauben bei der rotationsinvarianten Erkennung von Spiegelbildern bessere Leistungen erzielen als sogar hochintelligente Menschen? Wie wir mit Schülern und Studenten bestätigen konnten, die genau die gleichen Aufgaben wie die Tauben zu lösen bekamen, gibt es nur dann bei mentalen Rotationen arttypische Unterschiede, wenn Spiegelbildmuster im Spiel sind. Werden beliebige nicht-spiegelbildliche ungleiche Formen benutzt, sind die Leistungen von Versuchspersonen mindestens ebenso gut wie die der

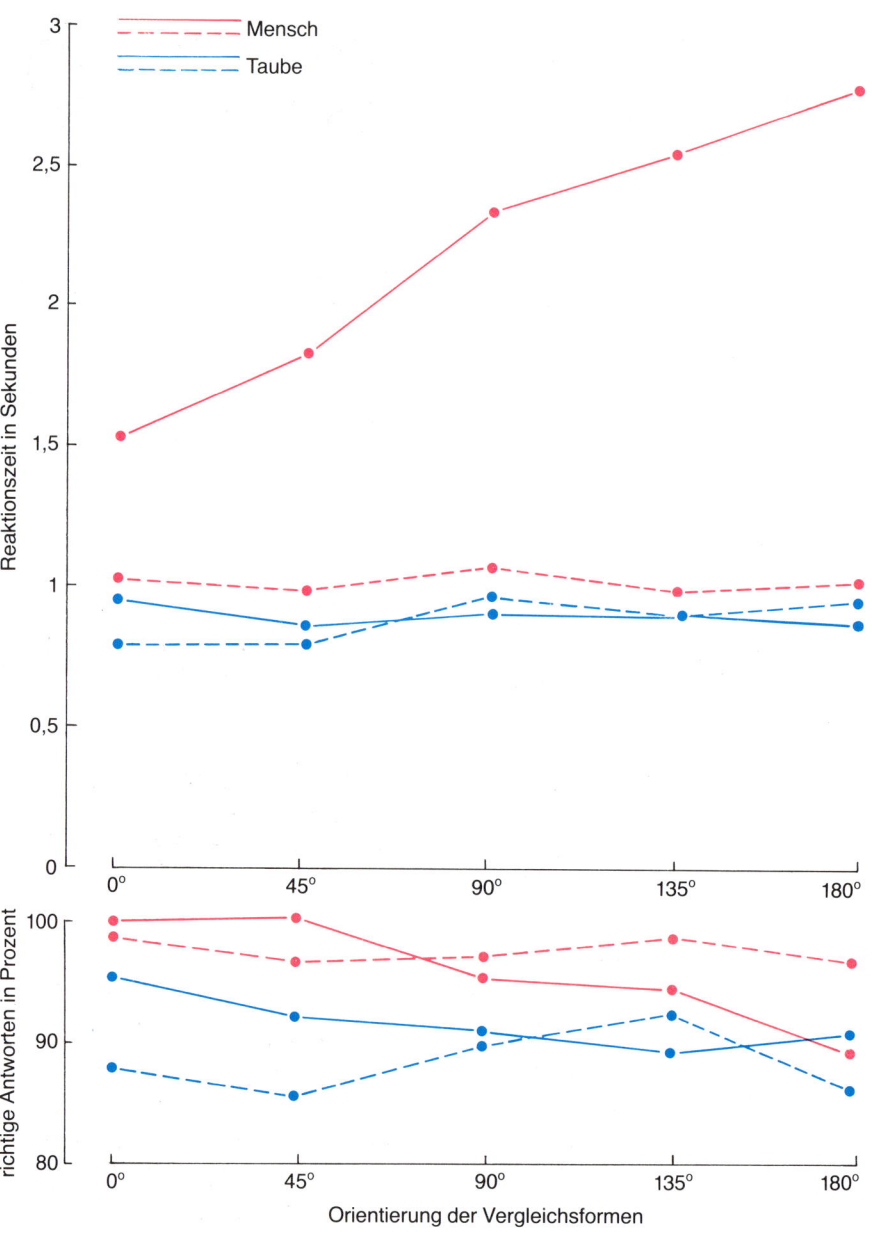

Tauben; die jeweilige Orientierung der zu vergleichenden Muster wirkt sich dann nicht aus (Bild 3).

Viele Befunde zeigen, daß spiegelbildliche Formen für Menschen besonders schwer zu unterscheiden sind, auch dann, wenn sie gleich orientiert sind. So haben zum Beispiel Kinder beim Lesenlernen oft Schwierigkeiten, die Buchstaben b, d, p und q auseinander zu halten. Schuhverkäuferinnen müssen sich mitunter erst vergewissern, ob ein einzelner Schuh ein rechter oder linker ist. Und selbst erfahrene Biochemiker bringen leicht Atommodelle spiegelbildlicher Molekülpaare (Enantiomere) durcheinander.

Dies legt die Vermutung nahe, daß das menschliche Zentralnervensystem die sequentielle mentale Rotationsprozedur nur dann benutzt, wenn die zu unterscheidenden Formen besonders schwer auseinanderzuhalten sind. Er-

gebnisse, die eine mentale Rotation implizieren, hat man tatsächlich auch in Versuchen mit nicht-spiegelbildlichen Formenpaaren erhalten – aber nur dann, wenn dafür besonders schwer zu unterscheidende Formen ausgewählt wurden.

Womöglich unterscheiden Tauben sich lediglich darin von Menschen, daß sie spiegelbildliche Musterpaare ebenso leicht auseinanderhalten wie andere beliebig unterschiedliche Musterpaare auch. Sie müßten also keine zeitraubende mentale Rotation solcher Bilder vornehmen. Um dies zu prüfen, haben Annette Lohmann und ich Tauben dressiert, beide Arten von Musterpaaren zu unterscheiden. Das lernten die Versuchstiere bei beliebig verschiedenen Paaren schneller und besser als bei spiegelbildlichen.

Tauben haben also ebenfalls Schwierigkeiten mit der Unterscheidung von

spiegelbildlichen Mustern. Wir können jedoch nicht daraus folgern, daß dies ihnen genauso schwer fällt wie uns Menschen. Vielleicht würden Tauben nur eine Leistung ähnlich wie bei mentaler Rotation erbringen, wenn man Formen aussucht, die für sie besonders schwer unterscheidbar sind; dies ist aber bislang noch nicht experimentell geprüft worden.

Im Flug und bei der Futtersuche blikken die Tauben hauptsächlich auf die Horizontalebene. Die Objekte unter ihnen bekommen sie also meist in allen möglichen Ausrichtungen zu sehen. Es könnte daher sein, daß Tauben in Anpassung an diesen Umstand Formen im Gedächtnis speichern, ohne deren Orientierung zu berücksichtigen. Das würde ihr Rotationsinvarianz-Vermögen funktionell erklären.

Tauben müßten dann freilich Schwierigkeiten mit der Unterscheidung von zwei verschiedenen Orientierungen des gleichen Musters haben. Zusammen mit Jacky Emmerton machte ich dazu Dressurversuche. In der Tat lernten die Tauben nicht leicht, zwischen einem aufrechten und einem gekippten Kreuz (+ und ×) zu unterscheiden; wesentlich besser lernten sie zum Beispiel die Unterscheidung zwischen einem gekippten Kreuz und einem Winkel (× und ‹). Dies scheint die Hypothese zu bestätigen, daß sie sich nicht gut an die Orientierung von Mustern erinnern können.

Wir Menschen beachten vornehmlich die Vertikale, weil wir selbst und auch viele Gegenstände, die wir betrachten, der Schwerkraft wegen hauptsächlich diese Ausrichtung haben. Im großen und ganzen können wir uns daher leicht an die Orientierung visueller Reize erinnern; aber im Gegensatz zu Tauben fällt es uns oft relativ schwer, bestimmte Formen zu erkennen, wenn diese in ungewöhnlichen Orientierungen erscheinen.

Einige Untersuchungen allerdings zeigen, daß auch Tauben unter bestimmten Bedingungen minimale Differenzen in der Ausrichtung visueller Reize erkennen lernen. Die vorgeschlagene Erklärung für ihre außerordentliche Begabung zur Rotationsinvarianz kann also bestenfalls nur *ein* Ansatz sein.

Wir haben uns auch gefragt, ob die Überlegenheit der Tauben vielleicht darauf zurückzuführen ist, daß ihr zentrales visuelles System anders strukturiert ist als das des Menschen. Vögel verarbeiten visuelle Informationen vornehmlich im optischen Tectum, also im Sehdach des Mittelhirns (Bild 7), Säugetiere dagegen überwiegend in der Sehrinde des Großhirns. Zusammen

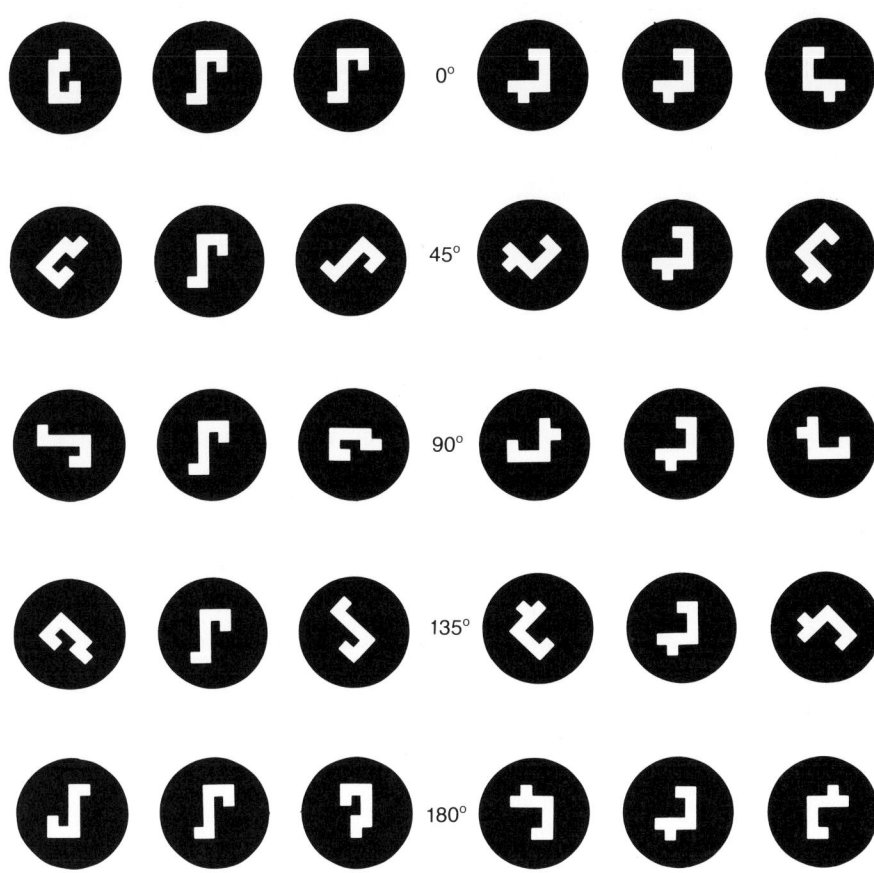

verdrehte Vergleichsformen, eine mit beliebiger – nicht-spiegelbildlicher – Gestalt

verdrehte Vergleichsformen, eine mit spiegelbildlicher Gestalt

**Bild 3: Leistungen von Tauben und Menschen bei Wahl-nach-Muster, wenn die Vergleichsformen gegenüber der Vorlage verdreht sind (oben). Maß für die Leistung ist der Prozentsatz richtiger Antworten (links unten) im Vergleich zur mittleren Reaktionszeit (darüber). Solange die ungleichen Vergleichsformen eine beliebige – nicht-spiegelbildliche – Gestalt aufweisen, haben weder Tauben noch Menschen viel Mühe zu unterscheiden, welche der** verdrehten Formen mit der mittleren identisch ist (gestrichelte Kurven). Anders dagegen bei spiegelbildlichen Formen (durchgezogene Kurven): Dann brauchen Menschen in der Regel um so länger, je größer die Winkeldifferenz ist. Tauben aber benötigen immer etwa gleich lange: Sie wenden offenbar eine Art paralleler und daher schnellerer Informationsverarbeitung an, während Menschen hier auf eine sequentielle Verarbeitung angewiesen sind.

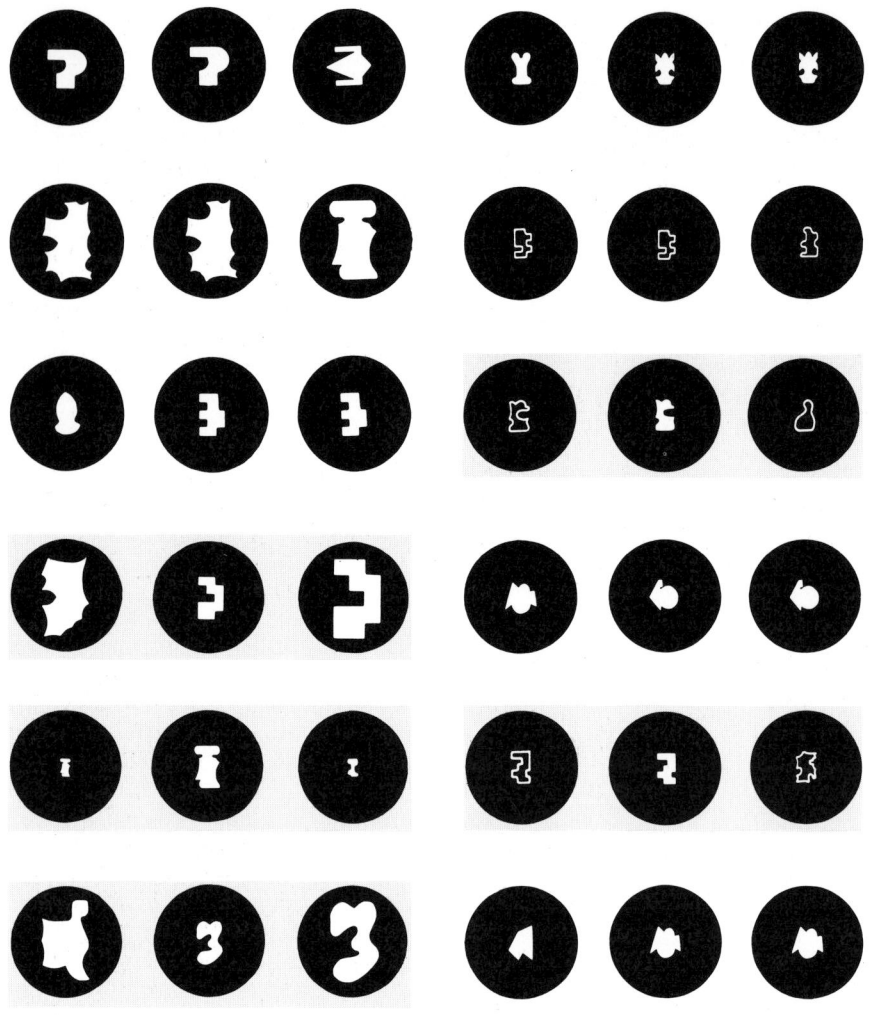

**Bild 4:** Tauben erkennen auch dann noch ein Muster als gleich gegenüber einem anderen, wenn die Größe variiert (links) oder die Form nur als Umrißzeichnung dargestellt ist (rechts). Beide Aufgaben lösen sie gut; sie bringen nur dann schlechte Leistungen, wenn die Formen zu groß werden – vielleicht, weil sie zögern, gegen so große Objekte zu picken. Eine Auswahl der Trainings- und Testkombinationen ist hier dargestellt. Die Pickantworten auf die grau unterlegten Testkombinationen wurden wieder weder bestraft noch belohnt.

mit Valerie Hollard habe ich deshalb die Rotationsinvarianz-Leistungen von Tauben untersucht, denen der kleine Bereich des Endhirns, welcher der – wesentlich ausgeprägteren – Sehrinde der Säuger entspricht, chirurgisch entfernt worden war. Der Ausfall dieser Region beeinträchtigte die Leistungen jedoch nur minimal; die für die Rotationsinvarianz notwendige Informationsverarbeitung findet also nicht in diesem Teil des visuellen Systems der Tauben statt.

Ganz anders verhält es sich mit unfallbedingten Zerstörungen der Sehrinde bei Menschen: Sie sind dann fast blind und der Rotationsinvarianz völlig unfähig. Nun sind bei Tauben ähnliche Ausfälle bekannt, wenn ihr Sehdach zerstört wird. Beim jetzigen Stand der Erkenntnisse müssen wir uns also vorstellen, daß die Rotationsinvarianz der Mustererkennung bei diesen beiden Arten von verschiedenen Gehirnstrukturen

geleistet wird und daß zumindest in mancher Hinsicht das Sehdach der Taube der menschlichen Sehrinde überlegen ist.

Wie steht es aber mit der Invarianz anderer Formeigenschaften als der Orientierung? Mit Celia Lombardi haben wir jüngst begonnen, systematisch dieser Frage nachzugehen. Bis jetzt haben wir festgestellt, daß Tauben gut die Identität gleicher Formen verschiedener Größe erkennen, solange die Bildvorlagen nicht zu große Dimensionen haben (Bild 4 links).

Dies ist so erstaunlich nicht, da Formerkennung unabhängig von der Größe eine Fähigkeit ist, die dauernd beansprucht wird. Gegenstände bilden sich je nach Entfernung verschieden groß auf der Netzhaut ab, aber ein Erkennen muß sinnvollerweise davon weitgehend unberührt bleiben. Trotzdem scheinen Menschen, wie Claus Bundesen und Axel Larsen an der Uni-

versität Kopenhagen gezeigt haben, zumindest in einigen Situationen einen mentalen „Zooming"-Prozeß zu benötigen, um sich über die Äquivalenz von Formen verschiedener Größe klarwerden zu können. Dieses schrittweise Zoomen ist wieder zeitaufwendig.

Solange gewisse Bedingungen eingehalten werden, haben Tauben auch keine Schwierigkeiten, ausgefüllte zweidimensionale Formen in der Umrißzeichnung wiederzuerkennen (Bild 4 rechts). Obwohl uns keine eingehende Untersuchung über Menschen bekannt ist, die eben dies nachwiese, tun sich offenbar Menschen damit ebenfalls leicht; dafür spricht schon die weitverbreitete Benutzung von einfachen Zeichnungen zur Darstellung von Gegenständen.

Interessant ist allerdings die Frage, warum wohl beide Arten so mühelos gezeichnete Umrisse für volle Formen nehmen, obwohl in der Natur diese Invarianzleistung sehr selten gefordert wird. Den Grund vermuten wir darin, daß während der Informationsverarbeitung zur Mustererkennung in beiden Sehsystemen ein Stadium durchschritten wird, bei dem die einer Umrißzeichnung entsprechende Information herausgezogen wird. Beim menschlichen Sehsystem ist das wahrscheinlich so, wie der leider jung verstorbene David Marr am Labor für Künstliche Intelligenz des Massachusetts Institute of Technology (MIT) sehr überzeugend begründet hat.

## Beherrschung von Wahrnehmungskonzepten

Ein Objekt kann, besonders wenn es ein Lebewesen ist, auch durch Veränderung seiner eigenen Form verschiedene Netzhautbilder beim Beobachter hervorrufen. Trotzdem ordnen Menschen in der Regel die verschiedenen Formen diesem einen Objekt zu. Sie selbst werden wohl zum Beispiel Ihre Katze oder Ihren Hund immer leicht erkennen, trotz der vielfältigen Formen, die das Tier beim Schlafen, Recken, Putzen, Laufen, Rennen, Springen und so weiter annehmen kann.

Diese Fähigkeit steht an der Grenze zwischen den Invarianzphänomenen, mit denen wir uns bisher beschäftigt haben, und der sogenannten Konzeptualisierung von Gegenständen. Für die meisten höheren Tiere einschließlich des Menschen ist die zuverlässige Erkennung von Objekten mit veränderlicher Form unabdingbar im Daseinskampf, da solche Objekte Geschlechtspartner, Nachkommen, Eltern, Freund oder Feind und ähnliches mehr sein können.

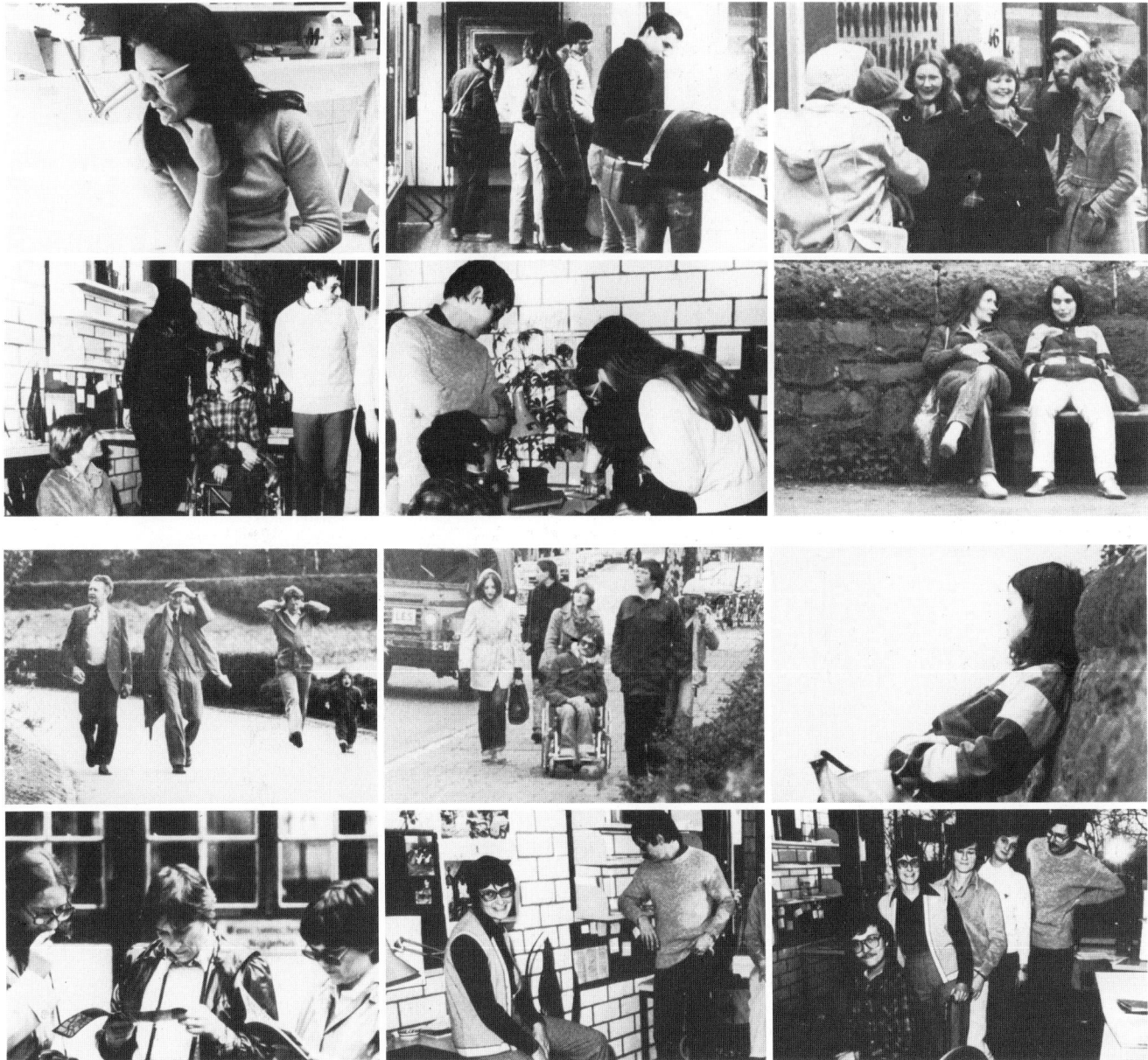

**Bild 5:** Tauben können Bilder mit einer bestimmten Person von solchen mit anderen Personen unterscheiden, selbst wenn Profil, Gesichtsausdruck, Make-up, Haltung oder Kleidung beträchtlich variieren. Diese individuelle Erkennung gelingt ihnen auch auf zuvor nie gesehenen Aufnahmen, wie Richard Herrnstein und seine Studenten an der Harvard-Universität nachgewiesen haben. Sie führten ihren Tauben Farbdias mit ähnlichen Motiven wie hier vor. Die zu suchende Person − die junge Frau links oben − ist nur auf den sechs oberen Aufnahmen zu sehen.

Richard Herrnstein und seine Studenten haben an der Harvard-Universität in einer hervorragenden Serie von Versuchen die Fähigkeiten von Tauben auf diesem Gebiet untersucht. Sie benutzten ein recht einfaches Dressurverfahren zum Unterscheidungslernen − ähnlich dem, das ich noch ausführlicher beschreiben werde.

Demnach können Tauben beispielsweise lernen, auf ihnen vorgeführten Farbdias eine bestimmte junge Frau von einer Anzahl anderer Personen zu unterscheiden. Sie vermochten sogar diese Frau auf neu aufgenommenen, ihnen noch unbekannten Dias zielsicher herauszufinden − und dies, obwohl Profil, Gesichtsausdruck, Make-up, Haltung, Kleidung und andere Eigenschaften sowohl der zu suchenden als auch der anderen Personen zum Teil drastisch von Bild zu Bild variierten (Bild 5). Wenn die Tauben gelegentlich bei neuen Dias Fehler machten, fanden menschliche Betrachter es meistens ebenfalls schwierig, die abgebildete Person zu identifizieren.

Wahrscheinlich gebrauchen Tauben normalerweise diese Fähigkeit zur individuellen Erkennung im Umgang mit ihren gewohnten Sozialpartnern. Verhaltensforscher haben beispielsweise festgestellt, daß Tauben in der Regel eine lebenslange Paarbindung eingehen und dann ihren Partner anscheinend unabhängig von dessen momentanem Aussehen mit großer Sicherheit identifizieren können.

Für die Erkennung individueller Artgenossen fehlen bei Tauben allerdings noch harte Beweise. Bei einer anderen Vogelart jedoch, dem Wellensittich, hat dies Fritz Trillmich am Max-Planck-Institut für Verhaltensphysiologie in Seewiesen in einer Reihe eleganter Versuche nachgewiesen, indem er lebende Individuen als zu unterscheidende Objekte präsentierte.

Menschen können bekanntlich verschiedene Objekte unter einem Oberbegriff einordnen und auf solche dann oft auch mit ähnlichem Verhalten reagieren. Der Leser denke zum Beispiel an Nahrungsmittel, Werkzeuge, Fahrzeu-

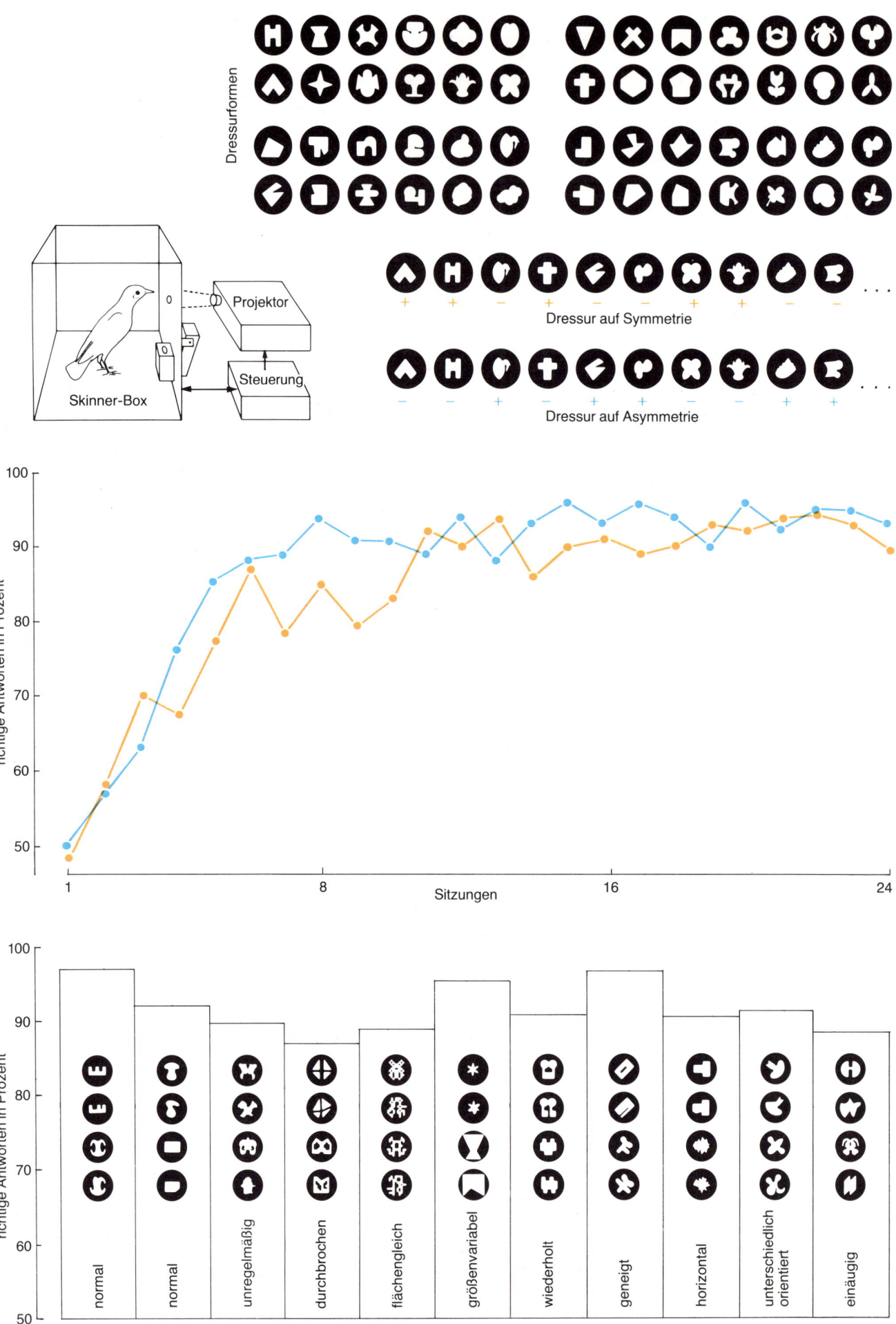

Dressurformen

Dressur auf Symmetrie

Dressur auf Asymmetrie

Projektor

Steuerung

Skinner-Box

richtige Antworten in Prozent

Sitzungen

richtige Antworten in Prozent

normal

normal

unregelmäßig

durchbrochen

flächengleich

größenvariabel

wiederholt

geneigt

horizontal

unterschiedlich
orientiert

einäugig

Generalisationstests

114

ge, Gebäude und dergleichen – alles Kategorien, die eine große Anzahl unterschiedlichst gestalteter Objekte einschließen. Vergleichbare Objektklassen müßten auch für Tauben relevant sein können: Körner, Felder, Nistplätze, Bäume, Feinde und so fort.

Tatsächlich ist gezeigt worden, daß Tauben in Versuchssituationen Wahrnehmungskonzepte für solche Kategorien bilden können. Herrnstein und seine Mitarbeiter wiesen beispielsweise nach, daß Tauben zwischen Dias unterscheiden lernen können, die einerseits Personen und andererseits eine Vielfalt anderer Objekte zeigen, und daß sie zudem diese Unterscheidung zu verallgemeinern vermögen. Dies zeigte sich an weiteren Dia-Serien von Personen und Szenen, die sich von den vorigen teilweise sehr stark unterschieden.

Tauben lernen auch Photos von Fischen und von anderen Unterwassergegenständen auseinanderzuhalten, obwohl ihnen in den Experimenten Bilder von Fischen unterschiedlichster Art und ganz verschiedener Gestalt vorgelegt wurden. Das ist besonders bemerkenswert, weil Tauben – auch als Art – kaum jemals etwas mit Fischen zu tun haben. Sie sind wohl einfach fähig, sehr flexible Konzepte über alle möglichen Gruppen von Objekten zu bilden. Diese Objekte haben vermutlich einige visuelle Charakteristika miteinander gemein, wenn auch wahrscheinlich irgendein bestimmtes Kennzeichen nicht bei allen vorhanden sein muß.

Jean Poole und Denis Lander von der Dalhousie-Universität in Halifax (Kanada) zeigten in einem naturgemäßeren Versuch, daß Tauben möglicherweise besonders geschickt darin sind, Tauben von anderen Vögeln im Sinne der Konzeptualisierung zu unterscheiden. Es gelingt ihnen nämlich selbst dann, wenn sie Bilder mit besonders merkwürdigen Zuchttaubenrassen geboten bekommen.

Bild 6: Tauben können auch das Prinzip „symmetrisch" oder „asymmetrisch" bei zweidimensionalen Formen erlernen. Dressiert wurden die Tiere wieder in einer Skinner-Box. Sie erhielten die oben abgebildeten Dressurformen einzeln in zufälliger Reihenfolge auf die bei diesen Versuchen einzige Pickscheibe projiziert. Eine Gruppe wurde beim Picken auf die bilateral symmetrischen Muster belohnt, die andere Gruppe beim Picken auf die asymmetrischen. Beides erlernen die Tauben, wie die Kurven zeigen, relativ schnell. Es gelang ihnen auch ohne weiteres, das Erlernte zu generalisieren: Eingestreute neue Muster, die in gewissen Eigenschaften von den vertrauten Dressurformen abwichen (unten), wurden dennoch als symmetrisch oder asymmetrisch erkannt. Auch wenn die Tiere ein Auge für die Dauer des Versuches abgedeckt bekamen, entschieden sie sich überwiegend richtig (rechts unten).

In diesem Fall ist anzunehmen, daß die Tauben schon das Konzept besaßen, bevor die Dressur begann, und nur lernten, es in der Versuchssituation anzuwenden.

### Erkennung von Symmetrie

Wo aber sind dann die Grenzen der Konzeptualisierungs-Fähigkeiten von Tauben? Vielleicht können sie visuelle Reize, die zu weniger natürlichen Klassen gehören, nicht ohne weiteres kategorisieren?

Für Menschen etwa hat die bilaterale Symmetrie von Mustern eine besondere Reizqualität, auch wenn das Warum noch nicht recht klar ist. Wir wissen das aus der Kunstbetrachtung, aber auch aus umfangreichen experimentellen Forschungen, deren Ergebnisse vor einigen Jahren in einer vorzüglichen Übersicht von Michael Corballis und Ivan Beale von der Universität Auckland in Neuseeland zusammengestellt worden sind. Symmetrien sind allerdings eine Kategorie, die ein so hohes Abstrahierungsvermögen verlangt, wie es oft nur dem menschlichen Geist zuerkannt wird. Und tatsächlich schienen einige frühere Untersuchungen anzudeuten, daß zumindest Tauben mit dem Erkennen von Symmetrie überfordert sind.

Wie meine Mitarbeiterinnen Gabriele Habers und Brigitte Nowak war ich aber von den Befunden nicht ganz überzeugt. Wir haben uns deshalb dieser Frage nochmals zugewandt.

Unser experimentelles Verfahren ähnelte dem, das Herrnstein für seine erwähnten Versuche benutzt hatte. Die Tauben lernten zunächst, ungefähr 50 verschiedene weiße Formen auf schwarzem Untergrund nach Symmetrie oder Asymmetrie zu unterscheiden. Sie bekamen diese Reize einzeln jeweils eine halbe Minute lang in zufälliger Reihenfolge auf die einzige Pickscheibe einer Skinner-Box projiziert (Bild 6 oben).

Für eine Gruppe von Tauben waren die symmetrischen, für die andere die asymmetrischen Reize als positiv definiert: Picken auf einen positiven Reiz hin wurde hin und wieder mit kurzem Zugang zu Futter belohnt. Bei falscher Reaktion projizierten wir lediglich den negativen Reiz eine längere Zeit; pickte also eine Taube beharrlich auf diesen Reiz, blieb er dauernd auf der Scheibe stehen.

Die Tauben lernten schnell, diese negativen Reize zu meiden, und reagierten so gut wie gar nicht mehr darauf. Sie richteten vielmehr bald ungefähr 90 Prozent ihrer Pickantworten auf die po-

sitiven Stimuli (Bild 6 Mitte). Dies bedeutete allerdings nicht, daß sie damit bereits gelernt gehabt hätten, Symmetrie von Asymmetrie als solcher zu unterscheiden. Es konnte immerhin sein, daß sie nur gelernt hatten, jeden der rund 50 Reize einzeln zu erkennen und sich zu erinnern, welche davon mit Futtergaben verbunden waren und welche nicht.

Zwischen die Präsentation der Dressurformen streuten wir deshalb Prüfdurchgänge mit völlig neuen symmetrischen und asymmetrischen Mustern ein. Eines der beiden Testmuster war stets symmetrisch, das andere asymmetrisch. Jede Taube bekam sie nur je einmal 30 Sekunden lang geboten. Antworten darauf wurden weder belohnt noch bestraft und getrennt gezählt. Wir führten mehrere Serien von Tests durch, eine jede mit zwölf bis dreißig solcher neuen Reize (Bild 6 unten).

In einer ersten Serie waren diese den Trainingsreizen geometrisch ähnlich und ebenso orientiert. In anderen Serien waren die Testmuster zwar auch ähnlich, doch ihre Symmetrieachsen unterschiedlich ausgerichtet. Ferner verwendeten wir tintenklecksartige und durchbrochene Muster sowie kreuzstichartige mit gleicher Fläche (sie bestanden jeweils aus derselben Anzahl kleiner quadratischer Felder). Weitere Testmuster unterschieden sich deutlich in der Größe. Wieder andere Testmuster-Paare entstanden, indem wir das eine Halbelement einer symmetrischen Form nicht spiegelbildlich, sondern genau identisch daneben stellten, so daß sich eine ähnliche, aber asymmetrische Form ergab („wiederholte" Form). Schließlich deckten wir einigen Tauben für die Dauer der Versuchssitzung ein Auge ab.

Ergebnis: In jeder einzelnen dieser Testserien richteten die Tauben stets mehr als 80 Prozent der Pickantworten auf die positiven Testreize, also auf jene neuen Muster, die bezüglich Symmetrie oder Asymmetrie mit den im Training belohnten übereinstimmten (Bild 6 unten). Daraus ist zu schließen, daß es Tauben nach einer geeigneten Dressur gelingt, die Symmetrie beziehungsweise Asymmetrie von visuellen Mustern in einer flexiblen, verallgemeinernden Weise zu erkennen.

Wir bezweifeln allerdings, daß wir unseren Tauben das Konzept Symmetrie beigebracht haben; vielmehr glauben wir, daß wir sie darauf dressierten, eine schon vorhandene Kompetenz in der Versuchssituation anzuwenden. In einem Experiment, bei dem die Tauben nur eine Vorliebe für symmetrische oder asymmetrische Reize – ohne vorhergehendes Unterscheidungstraining – „ausdrücken" sollten, wählten sie

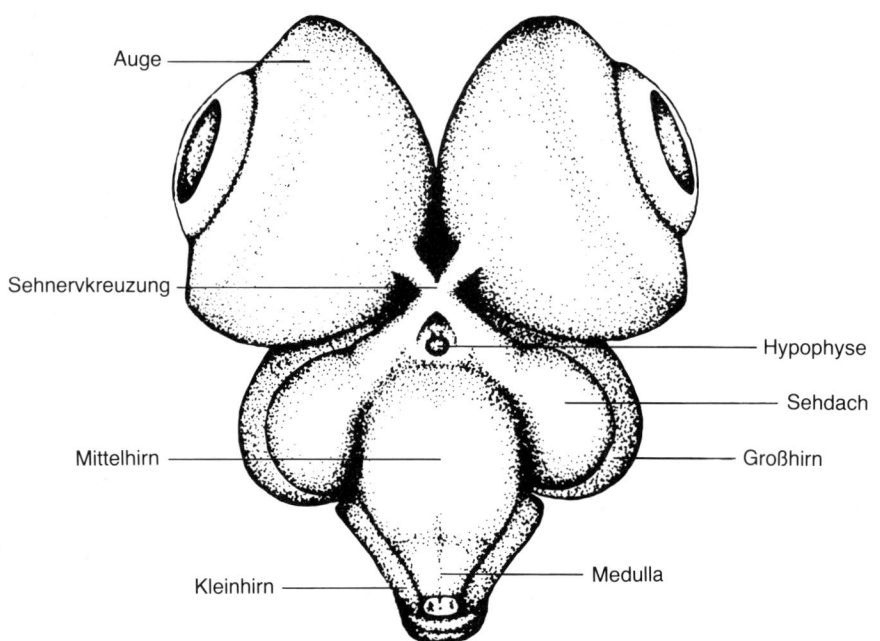

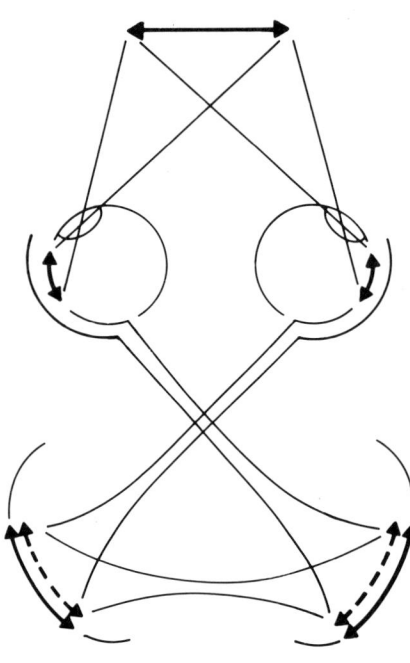

Auge

Sehnervkreuzung

Mittelhirn

Kleinhirn

Hypophyse

Sehdach

Großhirn

Medulla

**Bild 7: Blick von unten auf das Gehirn der Taube (links). Auffällig sind die riesigen Augen. Das Gehirn selbst hat ein Volumen von nur 2 Kubikzentimetern. Zum Vergleich: Das menschliche Gehirnvolumen beträgt 1200 Kubikzentimeter und mehr. Die naturgegebene Symmetrie des visuellen Systems könnte zur** Symmetrieerkennung beitragen (links). Bei der Taube ist jede Netzhaut über die Nervenfasern des jeweiligen Sehnervs auf dem Sehdach der gegenüberliegenden Hirnhälfte „abgebildet". Ein Muster hat daher eine direkte Repräsentation auf dem Sehdach (durchgezogener Pfeil unten). Beide Sehdächer sind über die Sehdach- kommissur, eine spezielle Nervenbahn, miteinander verbunden. Bei einer Punkt-zu-Punkt-Verbindung könnte ein Sehdach das Muster auch zur gegenüberliegenden Seite projizieren und dort der direkten Repräsentation überlagern. Symmetrische Muster würden dann im Gehirn in Form einer direkten und einer indirekten Re-

nämlich asymmetrische Muster häufiger als zufällig. Das legt nahe, daß sie wahrscheinlich spontan zwischen den beiden Musterarten unterscheiden können. Zudem verstanden die Tiere in der geschilderten Unterscheidungsdressur die Aufgabe so schnell, daß man den Eindruck hatte, sie wendeten schon vorhandene Kenntnisse an.

Wir vermuten, daß die für Symmetrieerkennung maßgeblichen Wahrnehmungsmechanismen sich weitgehend unabhängig von einer Erfahrung mit symmetrischen und asymmetrischen Mustern entwickeln – und zwar sehr früh während der Jugend der Tauben. Ähnliches mag auch für den Menschen zutreffen, da, wie Marc Bornstein und seine Studenten von der Princeton-Universität herausfanden, viermonatige Babies schon sicher zwischen symmetrischen und asymmetrischen Formen unterscheiden können. Dies würde bedeuten, daß wir es mit einem mehr oder weniger angeborenen Konzept zu tun haben.

Ob es angemessen ist, in solch einem Falle noch von „Konzept" zu sprechen, bleibe dahingestellt. Aber einen treffenderen Begriff scheint es nicht zu geben – es sei denn, man greift auf eine so ehrwürdige Kategorie wie „unsere Erkenntnisart von Gegenständen, insofern diese a priori möglich sein soll" des Königsberger Philosophen Immanuel Kant (1724 bis 1804) zurück.

## Neuronale Grundlagen der Symmetrieerkennung

Wenn es zutrifft, daß die Fähigkeit zur Symmetrieerkennung angeboren ist, könnte man vielleicht einen einfachen neuronalen Mechanismus dafür erwarten. So hat man als Hypothese vorgeschlagen, symmetrische Muster würden an der ihnen innewohnenden Redundanz erkannt.

Bilateral symmetrische Formen bestehen aus zwei spiegelbildlichen Halbelementen, die – wie erwähnt – Menschen und auch Tauben besonders ähnlich vorkommen. Da aber unsere asymmetrischen Muster aus zwei identischen, aber versetzten Halbelementen (wie wir sie in einer der Testserien verwendet haben) mindestens genauso redundant sind wie die entsprechenden symmetrischen Formen, hätten die Tauben verwirrt sein müssen. Doch genau wie Menschen hatten sie keinerlei Schwierigkeiten, diese beiden Arten von Mustern auseinanderzuhalten, so daß sich die zugegebenermaßen recht naive Redundanzhypothese nicht halten läßt.

Eine reizvolle Vorstellung ist, daß die naturgegebene Symmetrie des visuellen Systems selbst irgendwie die Symmetrieerkennung vermitteln könnte. Bei der Taube ist jede Netzhaut über die Nervenfasern des zugehörigen Sehnerven auf dem Sehdach der gegenüberlie-

genden Hirnhälfte „abgebildet". Denkbar ist, daß beide Sehdächer über eine besondere Nervenbahn, die Sehdachkommissur, in ähnlicher Weise Punkt für Punkt miteinander verbunden sind. Bei einer solchen Anordnung könnten sich symmetrische Muster in Form einer direkten und einer indirekten Repräsentation im Gehirn überlagern, vorausgesetzt, ihre Symmetrieachsen stimmten mit der des Kopfes überein (Bild 7 Mitte). Bei asymmetrischen Reizen hingegen könnte eine solche Überlagerung nicht zustande kommen.

Für den Menschen, bei dem eine entsprechende, aber wegen der Halbkreuzung der Sehnerven komplexere Projektionsanordnung bestehen mag, ist tatsächlich die Symmetrieerkennung leichter, wenn die Symmetrieachse der Muster mit der des visuellen Systems übereinstimmt. Die gute Leistung der Tauben bei den Testserien mit verschieden orientierten Formen läßt aber vermuten, daß dies für sie nicht zutrifft. Durch genaue Beobachtung vergewisserten wir uns auch, daß die Tiere abweichende Orientierungen nicht etwa durch passende Kopfdrehungen kompensierten. Daß die Symmetrieerkennung der Vögel nicht auf der im ganzen symmetrischen Anlage ihres visuellen Systems beruhen kann, hatte auch schlagend eine unserer Testserien bewiesen: Das vorübergehende Abdecken eines Auges, das die Symmetrie des

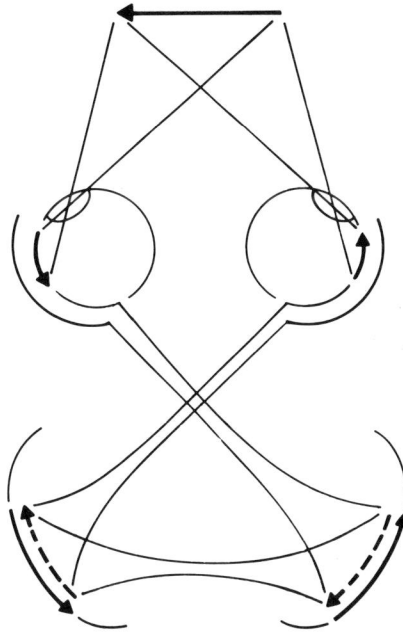

präsentation zur Deckung kommen (Mitte), andere Muster hingegen nicht (rechts). Voraussetzung ist allerdings, daß die Symmetrieachse des Musters mit der des Kopfes übereinstimmt. Da aber einäugiges Sehen die Symmetrieerkennung kaum beeinträchtigt, mußte eine andere Erklärung gefunden werden.

Sehsystems aufhob, beeinträchtigte ihre Unterscheidungsleistung nur wenig.

Die Unempfindlichkeit der Tauben gegen verschiedene Orientierungen könnte aber auf ihre von uns ermittelten exzellenten Rotationsinvarianz-Fähigkeiten zurückzuführen sein. Wir haben als Alternative zur eben vorgestellten Hypothese einen neuartigen Mechanismus der Symmetrieerkennung vorgeschlagen. Ihm liegt beträchtliches psychologisches und physiologisches Beweismaterial zugrunde, wonach das menschliche Sehsystem eine Art lokaler, zweidimensionaler Fourier-Analyse des retinalen Bildes vornimmt. Das mag auch für Tauben zutreffen, wie Dora Jassik-Gerschenfeld und ihre Studenten an der Pierre et Marie Curie-Universität, Paris, mit elektrophysiologischen Untersuchungen festgestellt haben.

Der Leser wird sich vielleicht erinnern, daß man laut dem französischen Mathematiker Jean-Baptiste Joseph Fourier (1768 bis 1830) jeden fortlaufenden Wellenzug als eine Überlagerung von Sinuswellen mit spezifischen Wellenlängen, Amplituden und Phasenbeziehungen beschreiben kann. Schwarzweiße visuelle Muster und — was uns hier besonders interessiert — ihre Netzhaut-Abbildungen ergeben, wenn man die Lichtintensität Punkt für Punkt über ihrer Fläche aufträgt, ein gebirgsartiges Relief, dessen Wellen sich wiederum in Sinuswellen zerlegen

lassen. Wenn man ein bilateral symmetrisches Helligkeitsmuster unter diesem Aspekt betrachtet, so zeigt sich, daß alle quer zur Symmetrieachse verlaufenden Sinuswellen an eben dieser Achse entweder ihre Amplitudenmaxima oder ihre Amplitudenminima haben; sie sind somit dort entweder genau gleich- oder genau gegenphasig (Bild 8 oben). Die Fourier-Analyse eines nicht-symmetrischen Musters liefert hingegen nirgendwo diese durchgängigen Beziehungen (Bild 8 unten).

Für Menschen ergeben sich tatsächlich bei Überlagerung von Rastern mit sinusförmigen Lichtintensitätsprofilen, die eben diese Phasenbeziehungen aufweisen, besonders stabile Wahrnehmungseindrücke, die natürlich symmetrisch sind.

Die räumliche Fourier-Transformation von visuellen Mustern bewerkstelligen die Nervenzellnetze der Sehrinde (beziehungsweise bei Vögeln jene des Sehdaches). Diese Netzwerke werden in einem frühen Entwicklungsstadium und zweifellos unter genetischer Kontrolle angelegt. Wenn aber die Symmetrieerkennung eine Konsequenz der Filtereigenschaften dieser Netzwerke ist, erhebt sich natürlich die Frage, welche Selektionsdrücke im Laufe der Evolution eben die genetischen Instruktionen begünstigt haben könnten, die solche Leistungen sicherstellen.

Wir vermögen uns keinen Vorteil vorzustellen, weder für den Urmenschen noch für die Vorfahren der Taube, der direkt aus der Symmetrieerkennung hätte erwachsen können. Wir glauben daher eher, daß neuronale Symmetriefilter als Nebenprodukt aus der Notwendigkeit heraus entstanden sind, vielschichtige neuronale Netzwerke zu entwickeln, welche die flächenhafte visuelle Information, die von der Netzhaut kommt, gleichmäßig zu verarbeiten imstande sind. Solche Netze können kaum einen anderen als einen mehrfachsymmetrischen, honigwabenartigen Aufbau haben.

Die Symmetrieerkennung hat nach unseren Vorstellungen also weniger mit der Symmetrie des Sehsystems im ganzen als mit der mikroskopischen Symmetrie von visuellen Nervenzellverbänden zu tun. Das bringt den Umstand, daß Symmetrie etwas für die Wahrnehmung Auffälliges ist, in die Nachbarschaft von etlichen wohlbekannten optischen Sinnestäuschungen. Auch diese sind oft scheinbar nutzlose Nebeneffekte neuronaler Mechanismen, die anderweitig nützliche Funktionen erfüllen.

Allerdings ist es möglich, daß einige Tiere sekundär einen Nutzen aus der Symmetrieerkennung gezogen haben. Mein Kollege Eberhard Curio von der

Ruhr-Universität Bochum hat zum Beispiel die Hypothese entwickelt, daß Kohlmeisen, für die er mit seinen Studenten ebenfalls die Fähigkeit zur Symmetrieerkennung nachgewiesen hat, diese möglicherweise zum Auffinden getarnter Futterinsekten — speziell von Nachtfaltern — benutzen. Indem sie besonders auf symmetrische Regelmäßigkeiten achten, könnten sie die mit ausgebreiteten Flügeln ruhenden Insekten von dem unregelmäßigen Untergrund der Baumrinden unterscheiden.

### Schlußbetrachtungen zur Intelligenz von Tauben

Brieftauben sind wahrscheinlich — abgesehen vom Menschen — die gängigsten Versuchsobjekte der experi-

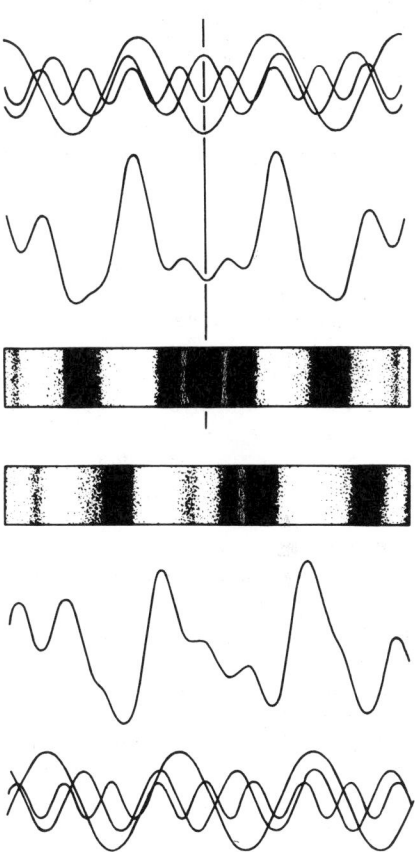

Bild 8: Eine alternative Hypothese, Symmetrieerkennung auf der Basis einer Fourier-Analyse, wurde vom Autor vorgeschlagen. Die über zwei verschiedenen Hell-Dunkel-Mustern (Mitte) gemessene Lichtintensität ergibt eine jeweils unregelmäßige Kurve, die sich mittels einer Fourier-Analyse in verschiedene Sinuswellen zerlegen läßt (oben und unten). Bei einem bilateral symmetrischen Muster haben dann alle rechtwinklig zur eingezeichneten Symmetrieachse verlaufenden Sinuswellen an eben dieser Achse ein Minimum oder ein Maximum ihrer Amplitude (obere Hälfte). Dies könnte besonders stabile Wahrnehmungseindrücke ergeben. Bei einem zur Achse unsymmetrischen Muster fehlen solche durchgängigen Phasenbeziehungen völlig (untere Hälfte).

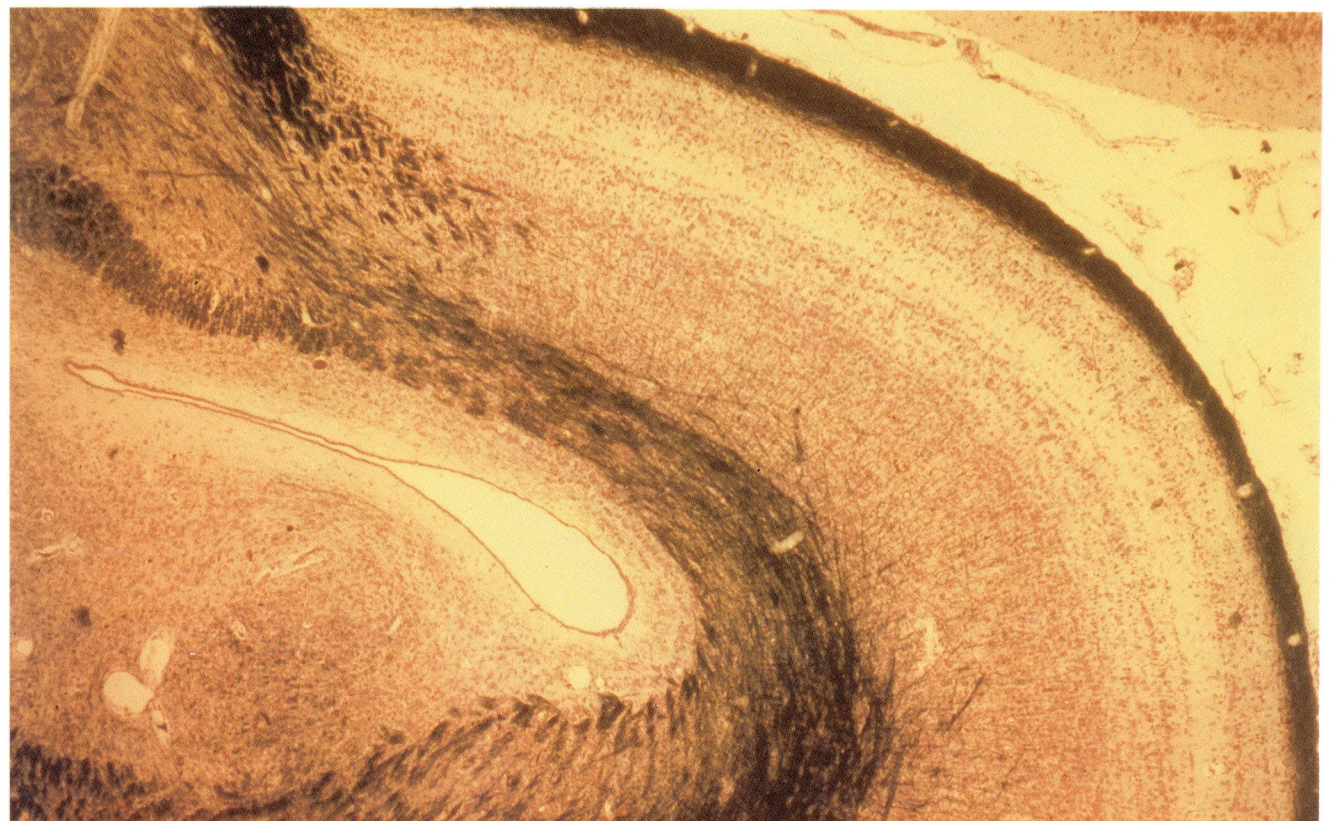

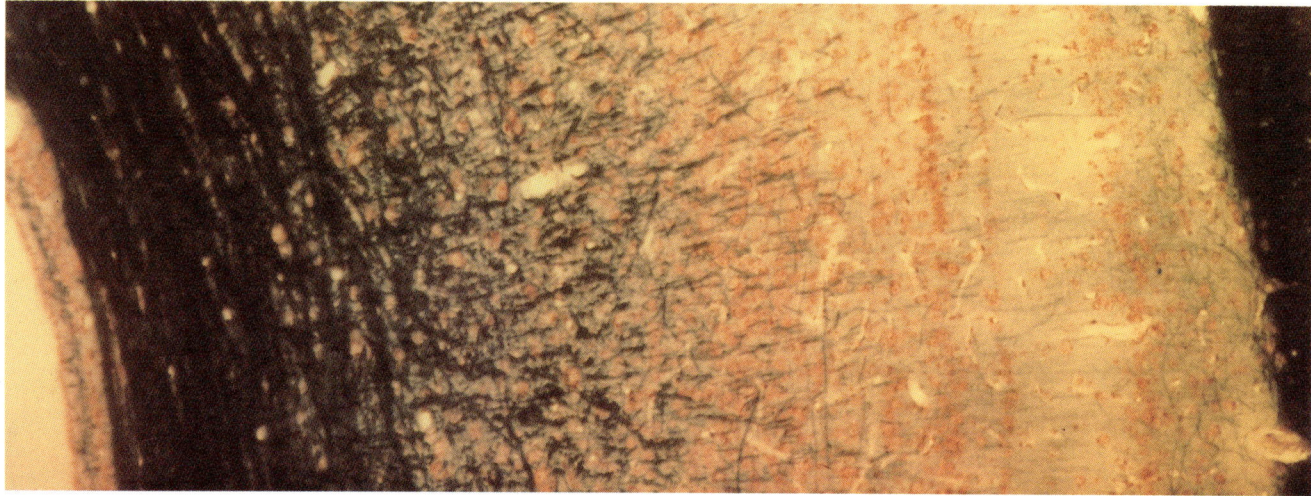

Bild 9: Die räumliche Fourier-Transformation von visuellen Mustern können bei Tauben die Nervenzellnetze der Sehdächer bewerkstelligen. Das Sehdach der Tauben ist eine der komplexesten und höchstorganisierten Gehirnstrukturen, die man kennt. Die gefärbten Hirnschnitte – oben in 50facher Vergrößerung, unten ein 140fach vergrößerter Aus-schnitt – zeigen die dichte und geordnete Packung von Fasern und Zellkörpern. Die informationsverarbeitenden Prozesse, die den beschriebenen Wahrnehmungsleistungen der Tauben zugrunde liegen, finden vermutlich überwiegend hier im Sehdach, dem Tectum opticum, statt. Die lichtmikroskopischen Aufnahmen stammen von Onur Güntürkün.

mentellen Psychologen in den letzten zwanzig bis dreißig Jahren gewesen. Warum sind dann aber ihre bemerkenswerten Fähigkeiten zur Informationsverarbeitung erst in der letzten Zeit erkannt worden?

In der Vergangenheit hat eine anthropozentrische Haltung, die letztlich wohl noch in der mittelalterlichen Theologie wurzelt, eine aufgeschlossene Anerkennung der Intelligenz von Tieren verhindert. Sie hat, unterstützt von einer bequemen geistigen Trägheit, die Erwartung gefördert, daß die Natur einfach sein müsse, und Tieren kaum mehr als die kognitiven Fähigkeiten einfacher mechanischer Spielzeuge zugestanden. Ein Ansatz, der weniger von theoretischen Vorgaben behindert als von aufgeschlossener Neugier geprägt wird, beginnt sich auf diesem Forschungsgebiet durchzusetzen.

Mit dieser Einstellung wird man zweifellos noch anspruchsvollere Informationsverarbeitungs-Leistungen bei Vögeln wie Tauben oder auch anderen Tieren ans Licht bringen. Aber schon jetzt ist klar, daß das Zentralnervensystem von Vögeln der beste hochintegrierte, ultraminiaturisierte Echtzeit-Bordcomputer ist, der je hergestellt wurde – und das mit dem urtümlichen, so schwerfällig anmutenden Zufallstrefferverfahren der Evolution.

Als Mensch mit „Spatzengehirn" bezeichnet zu werden, ist also eigentlich gar keine Beleidigung mehr, sondern – wenn es vom Kenner kommt – ein außerordentliches Kompliment.

# Sprachwahrnehmung beim Säugling

Der Mensch wird mit Mechanismen geboren,
die ihn früh befähigen, in einem Lautstrom bedeutungsunterscheidende Einheiten
wahrzunehmen. Dieses Vermögen reduziert sich im Laufe der
Sprachentwicklung, ist aber reaktivierbar.

## Von Peter D. Eimas

Wie kommt es, daß ein Kind so schnell und scheinbar fast mühelos sprechen und verstehen lernt? Der Spracherwerb setzt bereits einige Zeit vor dem ersten Geburtstag ein. Und es ist bemerkenswert, wie geschickt die meisten Kinder mit Sprache umgehen können, wenn sie das dritte Lebensjahr erreicht haben. Anders als beim Lesen oder Rechnen kann ein Kind allmählich die Sprache beherrschen, ohne sie formell lernen zu müssen; ein großer Teil des Lernprozesses vollzieht sich sogar in einem ziemlich beschränkten sprachlichen Umfeld, das nicht ausreicht, die Regeln einer kompetenten Sprachverwendung präzise zu bestimmen.

Daß ein Kind so rasch immer geschickter mit Sprache umgehen kann, ließe sich möglicherweise mit der Annahme erklären, daß Sprache nicht so komplex ist wie allgemein vermutet; und es ließe sich folgern, daß so einfache psychologische Prinzipien wie die Konditionierung und Generalisierung für die Geschwindigkeit beim Lernen verantwortlich sind. Die Untersuchungen der letzten Jahrzehnte über die Natur der Sprache und die Vorgänge bei ihrer Produktion und Wahrnehmung haben jedoch erbracht, daß ihr nicht etwa Einfachheit zugrundeliegt, sondern vielmehr zunehmende Komplexität.

Eine andere Erklärung ergibt sich jedoch aus einigen Experimenten, die meine Kollegen und ich an der Brown-University in Providence sowie weitere Forscher an anderen Institutionen durchführten. Sie leitet sich aus einer Ansicht ab, die vor allem der Linguist Noam Chomsky propagiert hat: Die Sprachverwendung fuße auf angeborenen Kenntnissen und Fähigkeiten. Als wir die Sprachwahrnehmung von Kleinkindern untersuchten, konnten wir dies bestätigen. Sie kommen mit zahlreichen Wahrnehmungsmechanismen zur Welt, die der menschlichen Sprache gut angepaßt sind und Neugeborene auf die Begegnung mit der sprachlichen Realität vorbereiten.

Die Suche nach den angeborenen Mechanismen der Sprachwahrnehmung entwickelte sich aus Studien zur Beziehung zwischen dem akustischen Sprachsignal und den Phonemen, den Wahrnehmungseinheiten, welche den Konsonanten und Vokalen einer Sprache entsprechen. Phoneme sind die kleinsten Einheiten der Sprache, welche die Bedeutung beeinflussen können: Nur ein einziger phonemischer Unterschied trennt beispielsweise die Wörter *Latte* und *Matte*, in ihrer Bedeutung aber sind sie völlig verschieden.

Mitarbeiter der Haskins-Laboratorien in New Haven (Connecticut), des Massachusetts Institute of Technology, des schwedischen Königlichen Instituts für Technologie und weiterer Forschungsstätten haben gezeigt, daß sich das Sprachsignal aus akustischen Einheiten zusammensetzt: kurzen Abschnitten, die durch momentane Pausen oder Intensitätsspitzen begrenzt sind (Bild 2). Diese Abschnitte unterscheiden sich in ihrer Dauer und in der Frequenz, den zeitlichen Verhältnissen und der Intensität ihrer „Formanten" (das sind bandförmige Bereiche im Schallspektrum von hoher akustischer Energie), ferner durch geräuschähnliche akustische Komponenten, die man „Aspiration" (Behauchung) und „Frikation" (Reibung) nennt. Die Variation dieser akustischen Parameter liefert die Information, die für die Phonemwahrnehmung entscheidend ist.

### Der Lautstrom

Die einzelnen akustischen Abschnitte und die Phoneme, die wir wahrnehmen, entsprechen einander allerdings nicht eindeutig. Ein einziger akustischer Abschnitt kann einen Konsonanten und einen Vokal umfassen, und umgekehrt können zwei verschiedene akustische Segmente an einem einzigen Konsonanten teilhaben. Ferner gibt es keine direkte Beziehung zwischen der Frequenz und den zeitlichen Eigenschaften eines Abschnitts einerseits und den wahrgenommenen Phonemen andererseits. Ein Hörer kann eine ganze Spannweite von Reizen (Stimuli), die sich in einer Anzahl von akustischen Zügen wesentlich unterscheiden, als individuelle oder zufällige Realisierungen ein und desselben Phonems wahrnehmen. Und verändert sich umgekehrt eine akustische Eigenschaft geringfügig, kann es manchmal vorkommen, daß man ein anderes Phonem wahrnimmt.

Betrachten Sie die akustische Information, die ausreicht, um den Unterschied zwischen dem stimmhaften Verschlußlaut am Anfang des Wortes *Bier* und dem stimmlosen Verschlußlaut am Anfang des Wortes *Pier* zu signalisieren. Bei beiden Konsonanten unterbricht der Sprechende den Luftstrom durch das Ansatzrohr (mit diesem aus dem Instrumentenbau entnommenen Begriff bezeichnet man den anatomischen Bereich der Lautbildung, vom Kehlkopf bis zur Mund- und Nasenöffnung). Bei *Bier* beginnen die Stimmlippen jedoch fast gleichzeitig mit der Freigabe des Luftstromes zu vibrieren, während die Vibration bei *Pier* etwas verzögert wird. Den Zeitraum zwischen der Freigabe des

120

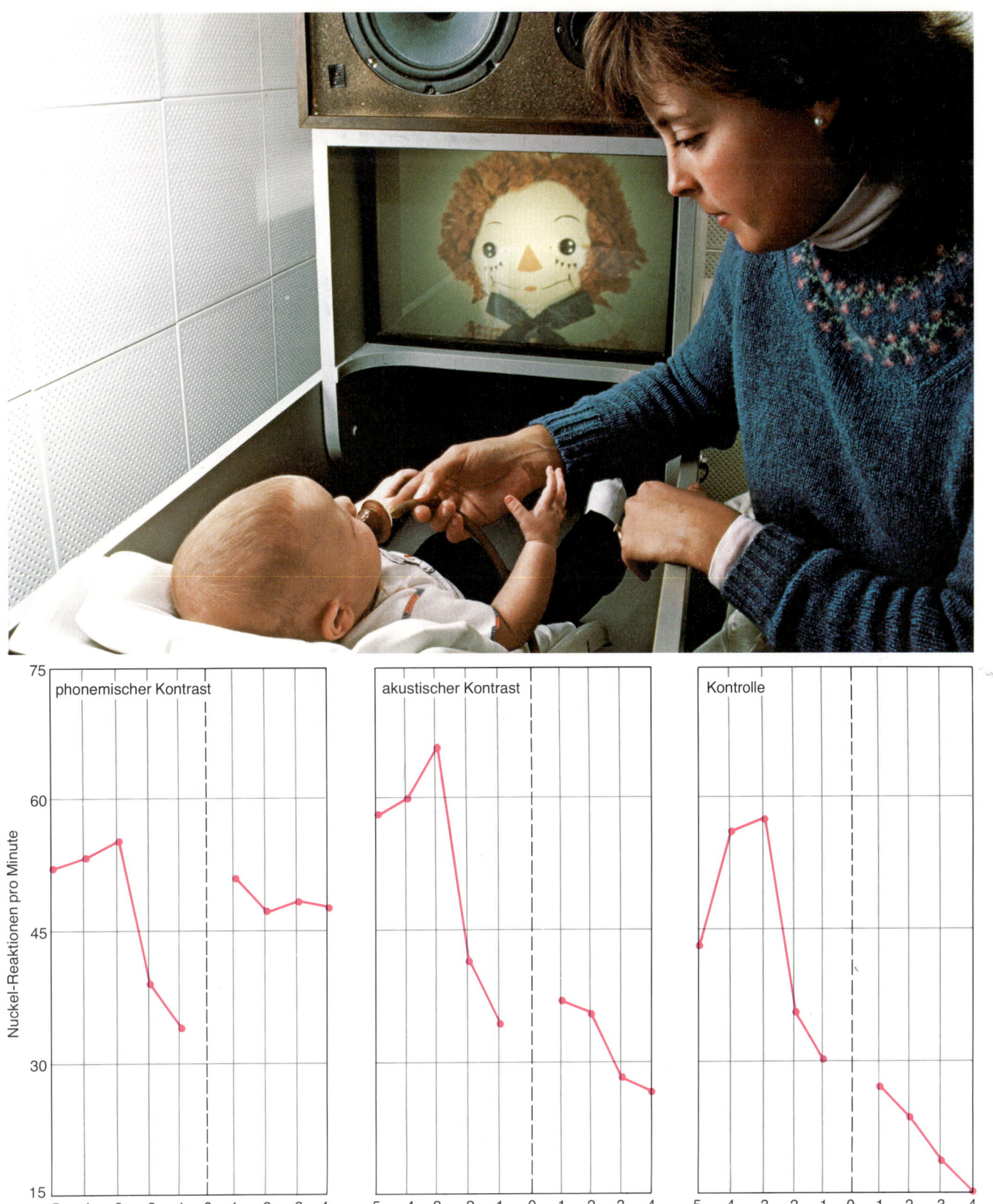

**Bild 1:** Wie Säuglinge auf eine Reihe von Sprachlauten reagieren, ist an einer „Nuckelrate" abzulesen, die sich aus der sogenannten Nuckel-Amplituden-Messung ergab. In der oben gezeigten Versuchsanlage des Autors wurden einer auf dem Bildschirm zu sehenden Stoffpuppe Silben einer künstlichen Sprache in den Mund gelegt. Sie wurden über Lautsprecher abgespielt, wobei ein viermonatiges Baby an einem Schnuller nuckelte, der an Aufzeichnungsgeräte angeschlossen war. Die graphischen Aufzeichnungen der mittleren Nuckelrate (unten) sind unter verschiedenen experimentellen Bedingungen mit einer Reihe von Kindern aufgenommen. Wurde eine Silbe mit einem bestimmten Anfangskonsonanten wiederholt, nuckelte der Säugling heftiger — wie die Darstellung zeigt; das Nuckeln ließ jedoch nach, wenn sich das Baby an den Reiz gewöhnt hatte. In einigen Fällen veränderte sich der Laut zu einem Zeitpunkt, den die gestrichelte Linie anzeigt. In einer Gruppe (unten links) war der neue Laut ein anderer Konsonant; die Nuckelrate stieg nun steil an; die Kinder hatten also den Unterschied bemerkt. In einer zweiten Gruppe (unten Mitte) unterschied sich der Stimulus zwar akustisch von dem vorhergehenden Laut, war jedoch lediglich eine Variante desselben Konsonanten; hier veränderte sich die Nuckelrate kaum. Bei einer Kontrollgruppe von Babys blieb der Reiz gleich (unten rechts); dabei sank die Nuckelrate weiter ab.

121

Luftstroms und dem Einsatz der Stimmlippen-Vibration, der Stimmgebung, nennt man Stimmeinsatz-Zeit (*voice-onset time*). Sie birgt die nötige Information, mit der ein Hörer *Bier* von *Pier* unterscheiden kann. Jedoch sind den beiden Phonemen keine festen Stimmeinsatz-Zeiten zugeordnet. Vielmehr nimmt der Hörer typischerweise einen ganzen Bereich von Werten als Formen ein und desselben Phonems wahr, die vom jeweiligen Sprecher, der Sprechweise oder der lautlichen Umgebung abhängen, in der das Phonem auftritt.

Die akustischen Bestimmungsgrößen der anderen Phoneme sind ähnlich veränderlich. Zum Beispiel unterscheiden sich viele Phoneme durch ihren Artikulationsort, das heißt durch die Stelle, an der das Ansatzrohr bei der Lautbildung verengt wird – wie die Anfangslaute *Pier* und *Tier* belegen. Zu den akustischen Merkmalen, die dem Artikulationsort entsprechen und durch die der Hörer solche Phoneme unterscheiden kann, gehören die Einsatzfrequenzen des zweiten und dritten Formanten, das heißt die Frequenzen, mit denen die zweit- beziehungsweise dritt-tiefsten Formanten beginnen. Wiederum entspricht einem Phonem kein einzelner Wert dieser akustischen Bestimmungsgrößen: Ein ganzer Bereich von Einsatzfrequenzen kann ein und denselben Artikulationsort signalisieren. Doch trotz der Unterschiede in den akustischen Signalen, die jedem Phonem entsprechen, können wir leicht entscheiden, ob ein Sprecher *Pier* oder *Tier* gesagt hat. Wir können tatsächlich von der Variation im akustischen Signal absehen und die Phonemqualität in ihrer bedeutungsunterscheidenden Funktion (kategorial) beurteilen.

### Die kategoriale Sprachwahrnehmung

Experimente konnten bestätigen, daß wir uns bei der Sprachwahrnehmung normalerweise eher dieser diskreten phonemischen Kategorien bewußt sind als der kontinuierlichen Variation akustischer Parameter. Wir nehmen Sprache kategorial wahr (Bild 3). Leigh Lisker und Arthur S. Abramson von den Haskins-Laboratorien unternahmen Versuche mit Erwachsenen, denen computer-erzeugte Sprachlaute vorgespielt wurden, die einem Bereich von verschiedenen Stimmeinsatz-Zeiten entsprachen. Trotz der zahlreichen Varianten der Stimmeinsatz-Zeit hörten die Versuchspersonen fast alle Stimuli entweder als stimmhafte Phoneme, wie den Anfangskonsonanten in BAH, oder als stimmlose Phoneme, wie den Konsonanten am Anfang von PAH. Die Grenze – die Stimmeinsatz-Zeit, bei der die Versuchspersonen PAH statt BAH zu hören begannen – lag bei etwa 30 Millisekunden nach der Freigabe des Luftstromes.

Um den kategorialen Charakter der Sprachwahrnehmung zu bestätigen, wurden die Versuchspersonen gebeten, Paare von Stimuli zu unterscheiden, die in der Stimmeinsatz-Zeit voneinander abwichen. Verzögerte sich bei beiden Lauten der Stimmeinsatz um weniger als 30 Millisekunden, wurden sie im allgemeinen als zwei gleiche Artikulationsmöglichkeiten von BAH wahrgenommen;

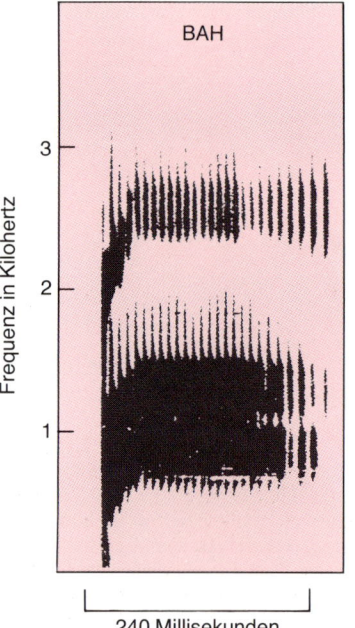

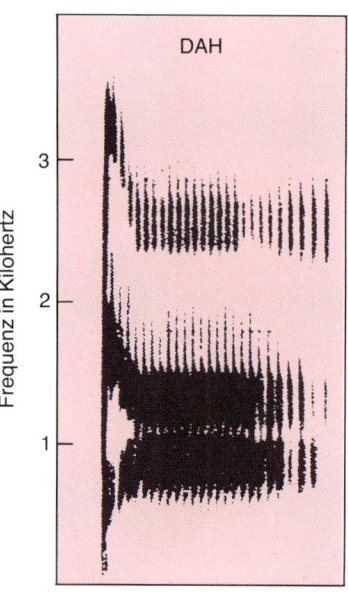

240 Millisekunden

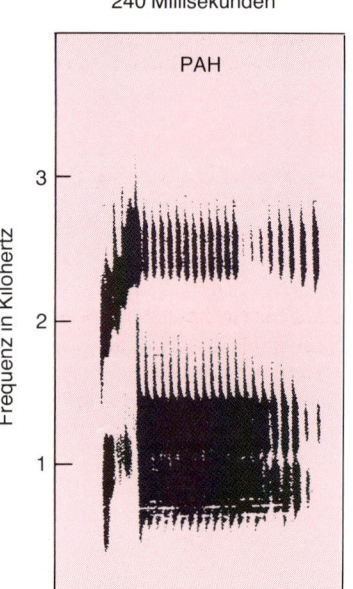

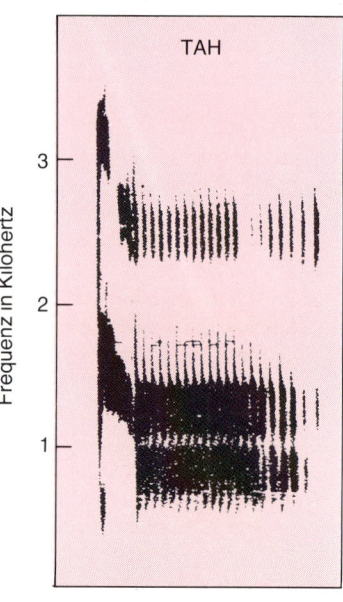

**Bild 2: Spektrogramme von Silben mit verschiedenen Verschlußkonsonanten am Anfang zeigen die Unterschiede, die den akustischen Eigenschaften zugrundeliegen. Die vier akustischen Signale unterscheiden sich in der Frequenz und im zeitlichen Verlauf der sogenannten Formanten, das sind die bandförmigen Bereiche von hoher akustischer Energie. Die Konsonanten, die sich waagerecht paarweise gegenüberstehen, weichen in der Einsatzfrequenz voneinander ab, der Frequenz also, mit der die Formanten beginnen; diese deutet auf die Stelle im Ansatzrohr hin, an der die Engebildung (der Verschluß) auftritt. Die Frequenz des höchsten Formanten im Laut BAH beginnt bei etwa zwei Kilohertz und steigt dann an, während diejenige des dritten Formanten von DAH bei etwa drei** Kilohertz beginnt und dann abfällt. Die übereinanderstehenden Konsonanten-Paare unterscheiden sich in der Stimmeinsatz-Zeit (*voice-onset time*), einem Maß für die Verzögerung, die zwischen der Freigabe der Luft und dem Beginn der Stimmlippen-Vibration auftritt. In den Spektrogrammen für BAH und DAH zeigt sich eine Stimmeinsatz-Zeit von Null, da Periodizität gleich zu Beginn aller drei Formanten vorhanden ist; dies ist eine senkrechte Riefelung, welche sich auf die Vibration der Stimmlippen zurückführen läßt. Bei den Spektrogrammen von PAH und TAH tritt hingegen eine Lücke auf, bevor der niedrigste Formant erscheint und die Periodizität in den zwei höheren Formanten beginnt; dies weist darauf hin, daß sich der Stimmeinsatz länger verzögert.

betrug die Verzögerung für beide mehr als 30 Millisekunden, hörten die Versuchspersonen eher zwei PAHs, die trotz ihrer akustischen Differenzen voneinander nicht zu unterscheiden waren. Nur wenn die Reize auf beiden Seiten der 30-Millisekunden-Grenze lagen, konnten die Versuchspersonen sie sicher unterscheiden. Catherine G. Wolf kam seinerzeit an der Brown-University zu ähnlichen Resultaten für die kategoriale Wahrnehmung bei schulpflichtigen Kindern.

Wieviel ist angeboren bei diesem Mechanismus der kategorialen Wahrnehmung, der uns Sprache trotz mangelnder Präzision im Sprachsignal so zuverlässig wahrnehmen läßt? Da Menschen, die unterschiedliche Sprachen sprechen, oft auf leicht abweichende phonemische Distinktionen eingestellt sind, muß die sprachliche Umwelt die Sprachwahrnehmung erheblich beeinflussen. Muttersprachler des Japanischen nehmen den Unterschied zwischen den Phonemen /r/ und /l/ nicht wahr, der im Deutschen zu den Standardkategorien zählt. Wer als Muttersprache Deutsch spricht, bemerkt umgekehrt einen fundamentalen Kontrast in der Stimmgebung nicht, der besondere Phoneme im Thai unterscheidet. Jedoch findet man bestimmte phonemische Distinktionen weltweit in allen Sprachen.

Meine Kollegen und ich hielten es für möglich, daß die kategoriale Wahrnehmung von Sprache wesentlich auf biologische Faktoren zurückgeht, die später durch sprachliche Entwicklungen modifiziert werden. Um herauszufinden, ob dies tatsächlich zutraf, experimentierten wir mit Kleinkindern, die noch nicht sprechen und zugleich nur minimal von der Sprache der Eltern beeinflußt sein konnten.

### Der nuckelnde Säugling

Im Jahre 1971 untersuchten Einar R. Siqueland, Peter W. Jusczyk, James Vigorito und ich, wie Kinder im Alter von einem und vier Monaten die Stimmeinsatz-Zeit wahrnehmen. Wir setzten sie drei verschiedenen Lautpaaren aus. Die Stimmeinsatz-Zeiten des einen Paares betrugen 20 und 40 Millisekunden; sie fielen somit auf die entgegengesetzten Seiten der kategorialen Grenze, wie sie von erwachsenen Sprechern des Englischen und anderer Sprachen empfunden wird. Für die Erwachsenen hörten sich die Stimuli wie die Silben BAH und PAH an. Bei den beiden anderen Paaren mit den Stimmeinsatz-Zeiten von 0 und 20 Millisekunden beziehungsweise 60 und 80 Millisekunden fielen beide Reize jeweils auf dieselbe Seite der Stimmge-

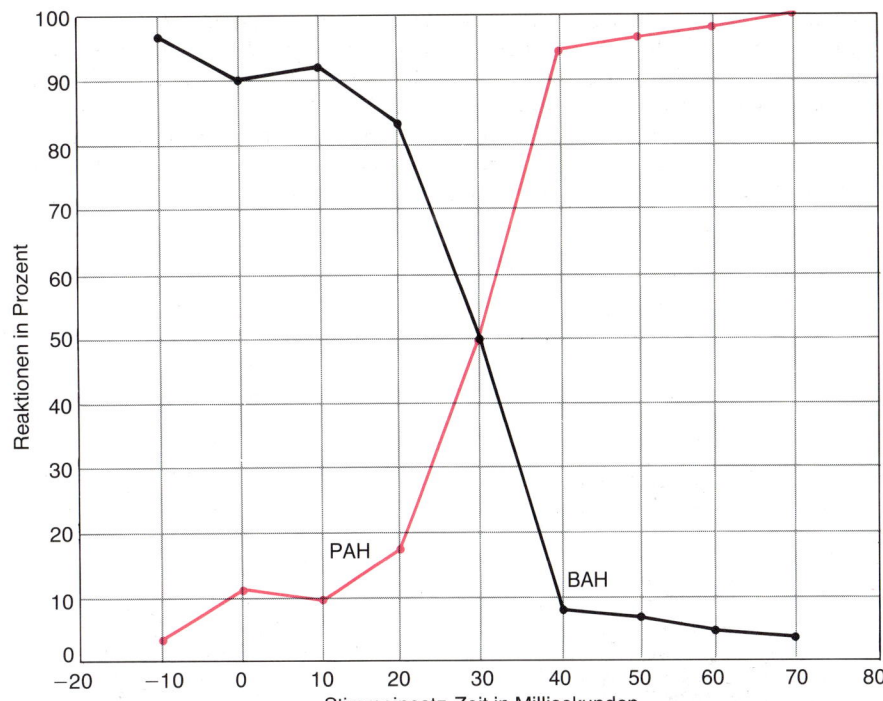

Bild 3: Die kategoriale Wahrnehmung läßt sich aus den Kurven ablesen, die zeigen, in welchem Verhältnis die Reaktionen von Kindern zueinander stehen; sie sollten einen künstlich erzeugten Sprachlaut mit einer bestimmten Stimmeinsatz-Zeit als einen stimmhaften (BAH) oder stimmlosen (PAH) Konsonanten identifizieren. Statt einer linearen Veränderung in den Prozentanteilen zeigen die Kurven, daß die Kinder bei einer Stimmeinsatz-Zeit von weniger als 30 Millisekunden den Stimulus fast immer als BAH identifizieren; überstieg die Stimmeinsatz-Zeit 30 Millisekunden, so hörten sie den Laut eher als PAH. Die Tendenz veränderte sich bei 30 Millisekunden abrupt. Diese Untersuchung von Catherine G. Wolf läßt vermuten, daß Sprachwahrnehmung eher durch Wahrnehmungs-Kategorien als durch kontinuierliche Abstufungen in den akustischen Eigenschaften des Sprachsignals bestimmt ist.

bungs-Grenze; sie klangen ebenfalls wie BAH beziehungsweise wie PAH.

Nur wenige Monate alte Kinder können ihre Wahrnehmungen nicht unmittelbar mitteilen. Um ihre Reiz-Reaktionen zu ermitteln, bedienten wir uns eines Verfahrens, das man als Nuckel-Amplituden-Messung bezeichnen kann. Jedes Kind nuckelte an einem Schnuller, der an einen Drucküberträger angeschlossen war. Wir justierten die Empfindlichkeit der Anlage für jedes Kind separat, so daß in jedem Fall eine Grundrate von 20 bis 40 Nuckel-Einheiten pro Minute aufgenommen wurde (Bild 1).

Während des Experiments wurde jedesmal, wenn der Apparat ein Nuckeln registrierte, ein Laut eines Stimuluspaares vorgespielt. Wenn ein Kind einen neuen Reiz wahrnimmt, steigt seine Nuckelrate immer für einige Minuten und sinkt dann wieder auf die Grundrate ab, wohl weil das Baby zunehmend damit vertraut wird. Kaum hatten sich unsere Versuchspersonen an den ersten Laut gewöhnt, kaum war die Nuckelrate auf eine vorher festgelegte Frequenz herabgesunken, gingen wir zu dem anderen Laut des Stimuluspaares über. Wenn ein Kind, das mit einem Reiz vertraut ist, auf einen anderen trifft, den es nicht mit

dem ersten identifiziert, steigt seine Nuckelrate normalerweise an.

Die Ergebnisse zeigten, daß Kleinkinder wie Erwachsene, die eine Sprache beherrschen, Unterschiede in der Stimmeinsatz-Zeit kategorial wahrnehmen. Lagen beide Laute, denen ein Kind im Experiment ausgesetzt war, auf derselben Seite der 30-Millisekunden-Grenze, so stieg die Nuckelrate nicht an, wenn von einem Laut auf einen anderen gewechselt wurde. Die Kinder schienen nicht zu bemerken, daß sich die Stimmeinsatz-Zeit veränderte. Fielen die Stimuli hingegen auf verschiedene Seiten der Grenzen, stieg die Nuckelrate bei dem Wechsel stark an; die Säuglinge hatten somit eine Veränderung wahrgenommen.

Weitere Wissenschaftler außer mir haben noch andere Wahrnehmungsgrenzen in den Reaktionen von Kleinkindern auf die akustische Information in Sprachlauten entdeckt. Wie Erwachsene, so reagieren auch Kleinkinder kategorial auf Veränderungen in der Anfangsfrequenz des zweiten und dritten Formanten, das akustische Merkmal für den Artikulationsort eines Konsonanten. Das gleiche Bild ergibt sich aus den Reaktionen auf die akustischen Eigenschaften, welche die Distinktion zwischen nasalen Konsonanten und Verschlußlauten signalisieren (zum Beispiel zwischen den Anfangskonsonanten von MAH und PAH), und zwischen Verschlußlauten und Halbvokalen (wie dem Anfangslaut von WAH, in englischer Aussprache etwa UAH).

Die bei Kleinkindern nachgewiesene Form der Wahrnehmung ist kaum auf einen Lernprozeß zurückzuführen. Welche Ereignisse während der ersten paar Lebenswochen könnten ein Kind so trainieren, daß es Abstufungen von akustischen Eigenschaften Phonemen zuordnet? Eine plausiblere Ansicht besteht darin, daß die Kategorisierung sich auf angeborene Mechanismen stützt, die auf die Eigenschaften der Sprache abgestimmt sind. Diese Mechanismen stellen die Vorläufer der phonemischen Kategorien bereit, die später das Kind dazu befähigen werden, ohne nachzudenken das veränderliche Sprachsignal in eine Reihe von Phonemen und weiter in Wörter und Bedeutungen zu überführen.

## Sprachwahrnehmung universal?

Wenn diese Wahrnehmungsmechanismen tatsächlich zu den biologischen Gegebenheiten des Menschen gehören, sollten sie universal sein. Dieselben Wahrnehmungsmuster sollten bei Kindern mit beliebigem sprachlichen Hintergrund auftreten.

Im Jahre 1975 berichteten Robert E. Lasky, Ann Syrdal-Lasky und Robert E. Klein, seinerzeit am Institut für Ernährung in Panama, von ihren Untersuchungen zur Wahrnehmung der Stimmeinsatz-Zeit bei guatemaltekischen Kindern, die in eine spanischsprechende Umwelt geboren wurden. Diese Gruppe wandte andere experimentelle Methoden an als wir bei unserer Studie von 1971: Als Maßstab diente ihr nicht die Veränderung der Nuckelrate, sondern die Herzschlagfrequenz bei den Kindern, wenn sie auf Sprachsignale reagierten. Die Wissenschaftler testeten ferner, wie empfindlich die Kinder gegenüber einer Stimmqualität waren, die wir nicht berücksichtigt hatten; sie tritt nämlich bei Verschlußlauten am Silbenanfang im Thai wie in mehreren weiteren Sprachen auf, nicht aber im Englischen oder Deutschen. Bei diesen Verschlußlauten mit vorgezogener Stimmgebung beginnen die Stimmlippen bereits bis zu 100 Millisekunden vor der Freigabe des Luftstromes in einer Art einleitendem Summen zu vibrieren. (Die Terminologie ist hier übrigens nicht einheitlich; häufig bezeichnet man nur die Laute mit vorgezogener Stimmgebung als stimmhaft, die Laute mit einem zur Verschlußöffnung

etwa simultanen Stimmtoneinsatz als „stimmlos unaspiriert" und die Laute mit stärker verzögertem Stimmtoneinsatz als „stimmlos aspiriert".)

Lasky und seine Mitarbeiter setzten die Kinder drei Stimulus-Paaren aus. Bei dem ersten Paar fielen die Stimmeinsatz-Zeiten auf 20 und 60 Millisekunden nach der Öffnung des Konsonanten-Verschlusses; die beiden Laute lagen also auf entgegengesetzten Seiten der Stimmgebungs-Grenze, wie sie von Sprechern des Englischen, Deutschen und anderer Sprachen, nicht aber von Spanisch-Sprechenden empfunden wird. Die Stimuli des zweiten Paares besaßen Stimmeinsatz-Zeiten von 60 und 20 Millisekunden vor der Verschlußöffnung und fielen auf entgegengesetzte Seiten der Grenze zwischen Konsonanten mit vorgezogener Stimmgebung und einfachen stimmhaften Konsonanten im Thai. Bei den Lauten des letzten Paares setzte der eine Stimmton 20 Millisekunden vor und der andere 20 Millisekunden nach der Verschlußöffnung ein. Für Spanisch-Sprechende liegt die Grenze zwischen stimmhaften und stimmlosen Konsonanten zwischen diesen beiden Werten, anders als bei Sprechern vieler anderer Sprachen.

Die Aufzeichnungen der Herzfrequenz hielten fest, daß jedesmal, wenn ein Baby sich an den ersten Laut eines Stimuluspaares gewöhnt hatte, sich die Frequenz erhöhte, wenn es den zweiten Laut hörte. Es zeigte sich, daß die Kleinkinder auf den Kontrast zwischen Konsonanten mit vorgezogener Stimmgebung und normal stimmhaften Konsonanten bei einer Grenze zwischen 60 und 20 Millisekunden vor der Verschlußöffnung reagierten; dasselbe gilt für den Gegensatz zwischen normal stimmhaften und stimmlosen Konsonanten mit der Grenze zwischen 20 und 60 Millisekunden nach der Öffnung. Bei den typischen Stimmgebungs-Kontrasten des Spanischen hingegen veränderte sich die Herzfrequenz nicht.

Im Jahre 1976 wies Lynn A. Streeter, seinerzeit an den Bell-Laboratorien, darauf hin, daß Kinder in einer Kikuyusprechenden Kultur in Kenia weitgehend dasselbe Wahrnehmungsmuster besitzen wie die guatemaltekischen Babys. Kürzlich lieferten Richard N. Aslin, David B. Pisoni, Beth L. Hennessy und Alan J. Percey von der Indiana-Universität dazu weitere Ergebnisse. Ihr Beitrag beschäftigt sich mit der Frage, wie sensitiv Kinder in englischsprachigen Gemeinschaften für Stimmeinsatz-Zeiten sind. Sie zeigten, daß diese Kinder auf den Kontrast zwischen Konsonanten mit vorgezogenem Stimmton und normal stimmhaften Konsonanten ebenso reagieren wie auf den Gegensatz zwischen normal

stimmhaften und stimmlosen Konsonanten. Anscheinend ist Kindern weltweit eine Sensitivität für diese drei Stimmgebungs-Kategorien angeboren – ob diese nun in der Sprache ihrer Eltern eine Rolle spielen oder nicht.

## Weitere Forschungen

Die Wahrnehmung von Sprache ist ein überaus komplexer Vorgang, den die bisher beschriebenen Studien zur kategorialen Wahrnehmung nur in den Grundzügen freigelegt haben. Dies veranschaulicht die akustische Information, die dem Hörer hilft, Unterschiede in der Stimmgebung auszumachen.

Bislang haben wir die wesentliche Information als ein einziges Zeitkontinuum zwischen der Öffnung des Konsonantenverschlusses und dem Beginn der Stimmgebung dargestellt. In der alltäglichen Sprache hängt die Wahrnehmung der Stimmgebungs-Distinktionen jedoch davon ab, wie zeitliche Faktoren und Schallfrequenz zusammenspielen. Diese akustischen Eigenschaften beeinflussen einander in einer Art von perzeptueller Tauschbeziehung: Verändert sich ein Wert einer Eigenschaft, wandelt sich auch der Wert einer anderen, die für eine Wahrnehmungsgrenze relevant ist (Bild 4).

Dies mag ein Beispiel veranschaulichen. Wegen der funktionalen Eigenschaften der Artikulationsmechanismen steigt die Frequenz des ersten (tiefsten) Formanten an, wenn die Stimmeinsatz-Zeit zunimmt. Unser Wahrnehmungssystem scheint auf diese Beziehung abgestimmt zu sein: Ein Frequenzwandel kann eine Veränderung der Stimmeinsatz-Zeit ersetzen. Wenn der erste Formant bei einer höheren Frequenz beginnt, hat dies denselben Effekt, als ob die Stimmeinsatz-Zeit gelängt worden wäre. Es wurde für Erwachsene nachgewiesen, daß bei höheren Einsatzfrequenzen die Grenze zwischen stimmhaften und stimmlosen Konsonanten im Kontinuum der Stimmeinsatz-Zeiten vorverlegt wird.

Dieselben differenzierten Eigenschaften weisen auch die Wahrnehmungssysteme von Kleinkindern auf. Im Jahre 1983 zeigten Joanne L. Miller von der Northeastern University in Boston und ich, daß eine bei Erwachsenen festgestellte bestimmte perzeptuelle Tauschbeziehung auch bei den Reaktionen von Kleinkindern vorkommt. Wir fanden heraus, daß die Stimmeinsatz-Zeit, zu der drei oder vier Monate alte Babys einen Wechsel von dem stimmhaften Anfangskonsonanten der Silbe DAH zu dem stimmlosen der Silbe TAH registrieren, mit der Einsatzfrequenz des ersten Formanten variiert.

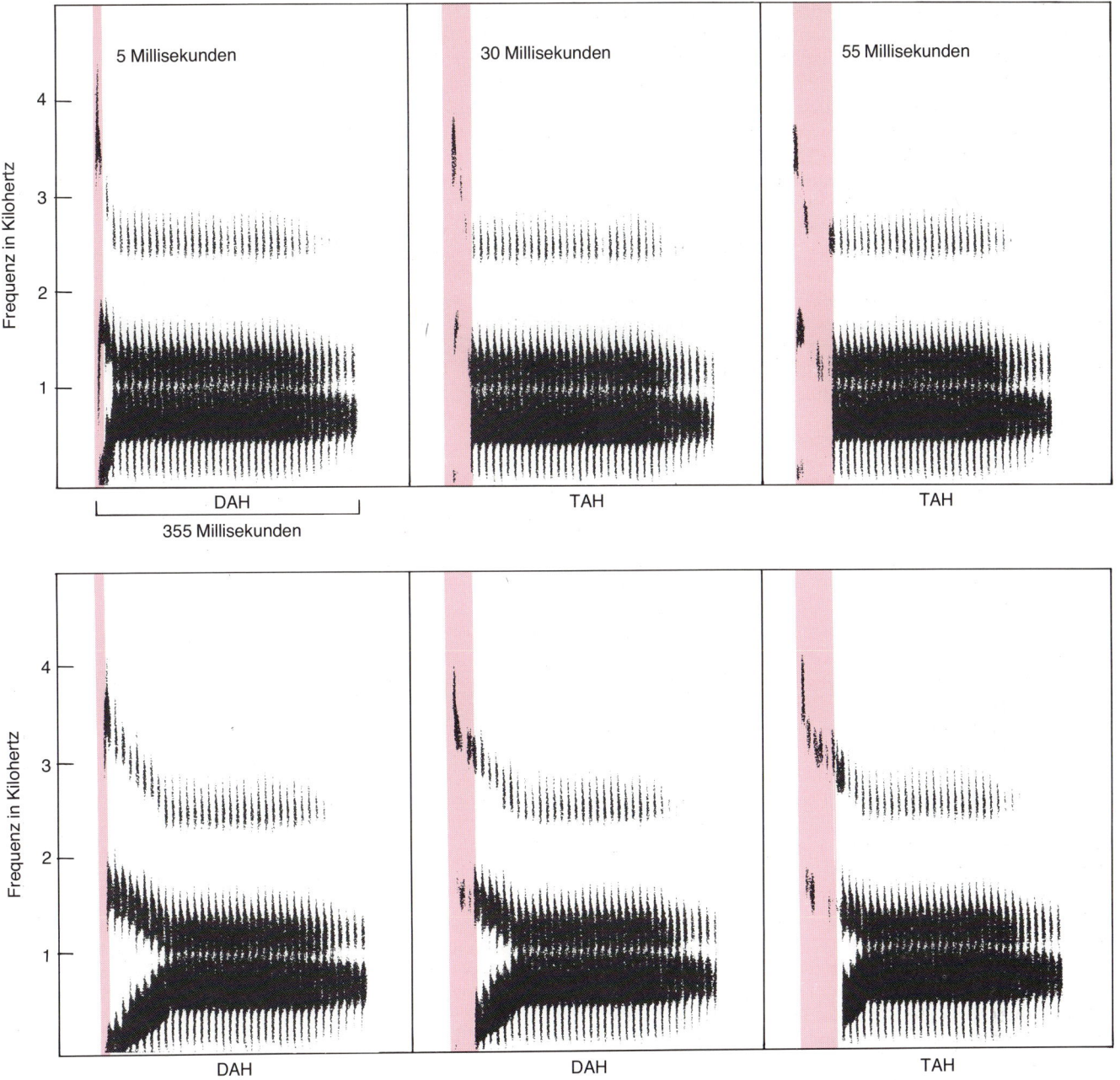

**Bild 4:** Eine Wahrnehmungsgrenze kann sich verlagern, wenn zwei akustische Eigenschaften unabhängig voneinander verändert werden. Die Anfangskonsonanten der sechs spektrographisch gezeigten Silben unterscheiden sich in der Stimmeinsatz-Zeit und in der Einsatzfrequenz des tiefsten Formanten; für einen Erwachsenen hören sie sich wie DAH und TAH an. Bei einer hohen Einsatzfrequenz (obere Reihe, sichtbar im zweiten und dritten Spektrogramm) bemerkten Kinder den Unterschied von DAH und TAH mit der Stimmeinsatz-Zeit von 5 und 30 Millisekunden; war die Einsatzfrequenz tief (zweites und drittes Spektrogramm in der unteren Reihe), so war eine Stimmeinsatz-Zeit zwischen 30 und 55 Millisekunden erforderlich. Solche Wechselbeziehungen zwischen zwei akustischen Variablen nennt der Autor „perzeptuelle Tauschbeziehungen".

### Einfluß des Kontextes

Weiterhin wird der Wahrnehmungsvorgang durch die folgende Tatsache komplizierter: Die kategorialen Grenzen, die Erwachsene identifizieren, verschieben sich nicht nur, weil verschiedene akustische Merkmale zusammenspielen, sondern auch, weil sich der akustische Kontext verändert. In dieser Hinsicht verfügen Kleinkinder ebenfalls bereits über die ersten Ansätze zu reiferen Wahrnehmungsmustern. Joanne Miller und ich haben gezeigt, daß Kinder wie Erwachsene den Verschlußkonsonanten von BAH und den Halbvokal von WAH, je nach Dauer des folgenden Vokals, unterschiedlich wahrnehmen. Die akustische Grundlage dieser Unterscheidung liegt in der Länge der Formantenübergänge; das ist die notwendige Zeit, in der die Hauptfrequenzen der Formanten die für den folgenden Vokal charakteristischen Werte erreichen. Im Falle von BAH sind die Formantenübergänge schnell; bei WAH sind sie langsamer. Je größer die Vokaldauer, desto langsamer müssen jedoch die Formantenübergänge sein, damit die Kinder eine Veränderung des Stimulus von BAH zu WAH registrieren.

Es wurden noch weitere, recht komplexe Einflüsse des Kontextes auf die kindliche Sprachkategorisierung nachgewiesen. Jusczyk und seine Kollegen von der Universität von Oregon stießen auf eine Verschiebung der Formanten-Einsatzfrequenzen, zu denen Kinder einen Unterschied zwischen Phonemen mit voneinander abweichendem Artikulationsort wahrnehmen. Der Grenzwert veränderte sich abhängig davon, ob ein zusätzlicher Bereich von geräuschähnlicher akustischer Energie vorlag, der einen Reibelaut oder Frikativ wie /s/ statt eines Verschlußlauts andeutet.

Der komplexe Mechanismus der kategorialen Wahrnehmung befähigt ein Individuum, die Phoneme, trotz großer Variationen in wesentlichen akustischen Parametern, sicher zu erkennen. Es gibt andere Arten von Variabilität, die das Sprachsignal noch unbestimmter machen. Die Länge der Silben verändert sich, zusammen mit anderen zeitlichen Eigenschaften der Sprache, mit der Sprechgeschwindigkeit und mit bestimmten Betonungsmustern; auch treten, abhängig von Geschlecht, Alter und Gefühlslage des Redners, große Variationen in der Grundfrequenz der Stimme und in den Zwischenräumen der Resonanzfrequenzen auf. Es muß Mechanismen geben, die uns dazu befähigen, durch diese Variationen hindurch dasselbe Phonem zu hören, wann immer es vorkommt.

Dieses Phänomen der Wahrnehmungskonstanz läßt sich nicht unmittelbar bei Säuglingen erforschen. Aber die Studien zu der Fähigkeit von Kleinkindern, Äquivalenzklassen zu bilden — Gruppen von Stimuli, die dieselben Reaktionen hervorrufen, obwohl sie offensichtlich objektiv verschieden sind —, legen es nahe, daß Kleinkinder zumindest eine Vorform der Wahrnehmungskonstanz besitzen.

## PAP und PIEP

Patricia K. Kuhl und ihre Kollegen von der University of Washington haben die Bildung von Äquivalenzklassen für die Sprachlaute bei sechs Monate alten Kindern untersucht. In der Anfangsphase jedes Experiments wurde mit den Kindern geübt, den Kopf immer dann um 90 Grad zu einem Lautsprecher zu drehen, wenn ein Hintergrundgeräusch durch mehrere gegensätzliche Reize unterbrochen wurde. Das Bild eines farbigen, sich bewegenden Spielzeugs, das gleichzeitig mit der kontrastierenden Reihe über dem Lautsprecher auftauchte, belohnte dann die erfolgreichen Reaktionen (Bild 5).

In einem Experiment dienten identische Vorkommnisse des Vokals /a/, wie in PAP, als Hintergrund-Stimulus; identische Versionen von /i/, wie in PIEP, stellten den Kontrast dar. Sobald das Training erfolgreich durchgeführt war, variierte Kuhl die Reize. Die Vokale selbst, /a/ und /i/, blieben dieselben, aber die Kinder hörten nun beide Vokale von verschiedenen Stimmen und unterschiedlich intoniert. Als Kontrolle dienten Reihen ohne kontrastierende Laut-

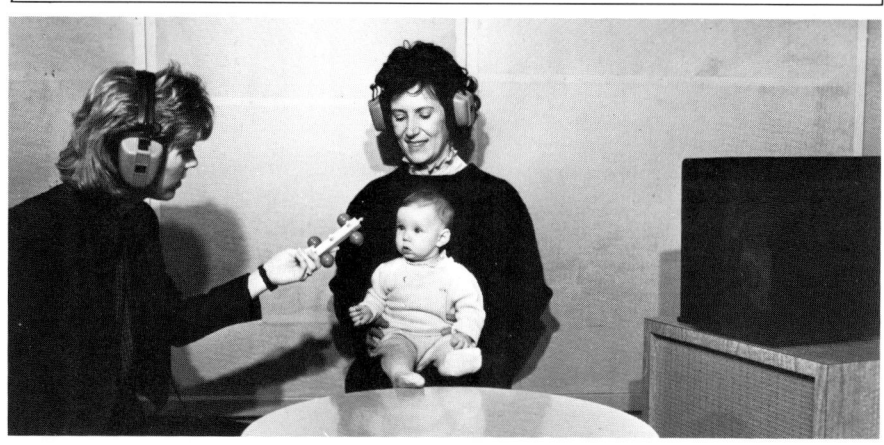

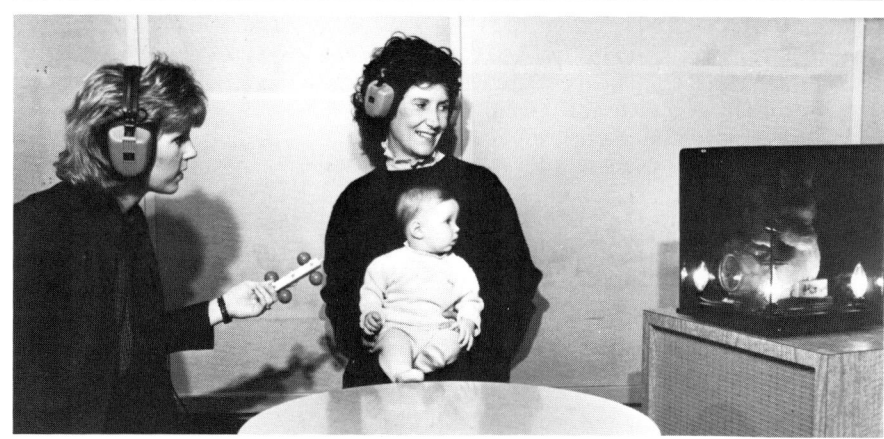

**Bild 5: Patricia K. Kuhl und ihre Kollegen von der University of Washington entwickelten ein Experiment, in dem untersucht werden sollte, inwieweit das Kind fähig ist, verschiedene Phoneme und akustische Realisierungen ein und desselben Phonems voneinander zu unterscheiden. Hier überhörte das Baby, das gerade vom Anblick eines Spielzeugs gefesselt war, die Variationen beim Sprechen und Betonen des wiederholten Vokales /a/, wie in PAP (oben). Wurde stattdessen in dieser Folge der Vokal /i/ gebracht, wie in PIEP, wandte sich das Kind von dem Spielzeug ab und zum Lautsprecher hin, vermutlich, weil es den linguistisch wichtigen Kontrast bemerkt hatte. Reagierte das Kind richtig, durfte es zur Belohnung einen beweglichen Stoffhasen ansehen, der bei diesem Versuch über dem Lautsprecher aufleuchtete.**

reize, in denen jeder Laut eine Variante von /a/ darstellte.

Uns beeindruckte, wie es den Kindern gelang, unterschiedliche Phoneme zu identifizieren und bei den Kontrollversuchen akustische Variationen innerhalb einer Kategorie zu überhören. Bezieht man die unangebrachten Kopfbewegungen und überhörten Kontraste mit ein, reagierten die Kinder in etwa 80 Prozent aller Fälle richtig: Sieben von acht Kindern erzielten bessere Ergebnisse, als wenn sich ihre Reaktionen nach dem Zufall gerichtet hätten.

Als Patricia Kuhl und ihre Kollegen die Versuche mit den akustisch ähnlicheren Vokalen /a/ und /o/ (offenes o wie in *offen*) wiederholten, konnten die Kinder noch immer äquivalente Laute kategorial wahrnehmen, wenn auch weniger zuverlässig: Richtige Antworten machten

67 Prozent aus, und nur vier von acht Kindern erzielten bessere Werte, als wenn diese sich zufällig ergeben hätten.

Wenn der Hintergrund wie auch die kontrastierenden Reihen zufällig ausgewählte Varianten von /a/ und /i/ enthielten, konnten die Kinder, obwohl sie für richtige Reaktionen belohnt wurden, die Elemente der beiden Reihen nicht voneinander unterscheiden. Es war ihnen nicht beizubringen, eine zufällige Gruppierung von Lauten zu erkennen, die keine gemeinsame sprachliche Eigenschaft aufwiesen. Sie konnten nur dann korrekt reagieren und zeigen, daß sie verschiedene Stimuli in Äquivalenzklassen einteilten, wenn die Hintergrund- und die Kontrastreihen verschiedenen sprachlichen Kategorien angehörten.

Dieses Ergebnis bekräftigt, daß ein Kind besonders aufnahmefähig für die akustischen, für das Sprachverständnis wichtigen lautsprachlichen Unterschiede ist – und dies lange, bevor es Sprechen und Gesprochenes verstehen kann. Es liefert zugleich ein weiteres Argument für die Annahme, daß es angeborene Mechanismen speziell für die Sprachwahrnehmung gibt.

### Einengung der Wahrnehmung

Die großen Unterschiede in den Lautsystemen der menschlichen Sprachen machen deutlich, daß diese Veranlagung des Kindes durch Umweltfaktoren beeinflußt wird. Was geschieht, wenn die von den Eltern und Spielgefährten des Kindes geschaffene sprachliche Umwelt mit den angeborenen Wahrnehmungsmechanismen zusammenwirkt?

Es scheint, daß der Wahrnehmungshorizont eines Kindes sich immer mehr einschränkt, wenn es seine Muttersprache lernt. Das Kind bewahrt zwar die Fähigkeiten zum Spracherwerb, die auf das muttersprachliche Phoneminventar ausgerichtet sind und schärft sie sogar noch. Es verliert aber das Vermögen, bedeutungsunterscheidende Einheiten zu bemerken, die in der Muttersprache nicht auftreten.

Untersuchungen zur Wahrnehmung der Stimmeinsatz-Zeit bestätigen, daß die Fähigkeit, fremdsprachliche Phoneme zu identifizieren, teilweise nachläßt, wenn das Kind sich entwickelt. Während Kinder mit unterschiedlichem sprachlichen Hintergrund auf die Kontraste zwischen Anfangskonsonanten mit vorzeitiger Stimmgebung, simultaner Stimmgebung und verzögerter Stimmgebung reagieren, bemerken die erwachsenen Sprecher mancher Sprachen (darunter des Englischen und des Deutschen) nur die Unterschiede zwischen stimmhaften Lauten (mit vorzeitiger oder simultaner Stimmgebung) und stimmlosen Lauten (mit verzögerter Stimmgebung).

Erwachsene Muttersprachler des Japanischen sind praktisch unfähig, ohne spezielles Training den Unterschied zwischen den Lauten /r/ und /l/ wahrzunehmen; ich fand jedoch heraus, daß dieser Unterschied zu denen gehört, für die amerikanische Kleinkinder – dies gilt vermutlich auch für die japanischen – von Natur aus sensitiv sind.

In ähnlicher Weise haben Forschungen von Janet F. Werker von der Dalhousie-University in Neuschottland und Richard C. Tees von der University of British Columbia gezeigt, daß sechs bis acht Monate alte Kinder mit einem englischsprachigen Hintergrund ohne weiteres phonemische Unterschiede des Hindi und des Salisch, einer nordamerikanischen Indianersprache, wahrnehmen

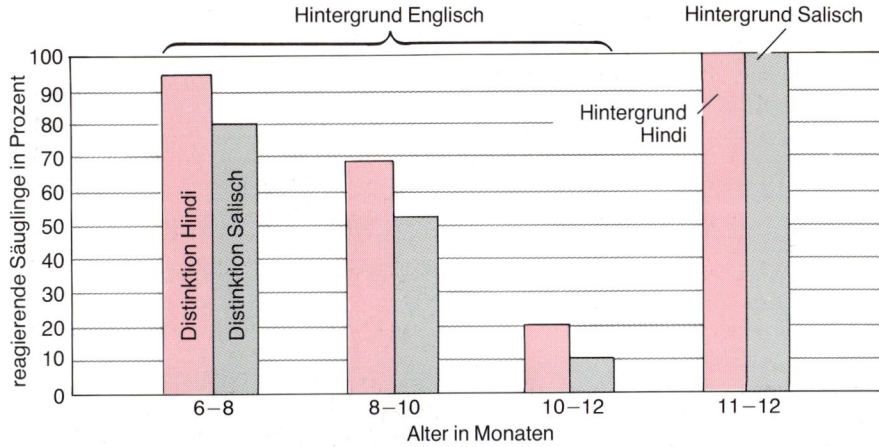

Bild 6: Die Fähigkeit, sprachliche Distinktionen wahrzunehmen, die dem Englischen fremd sind, bildet sich zurück, wenn sie nicht genutzt wird; dies zeigen die Reaktionen von Kindern mit englischsprachigem Hintergrund. Janet F. Werker von der Dalhousie-University und Richard C. Tees von der University of British Columbia testeten Kinder verschiedener Altersgruppen; sie stellten fest, daß der Anteil derjenigen, die auf konsonantische Unterschiede in Hindi und Salisch (einer nordamerikanischen Indianersprache) reagierten, mit dem Alter schnell absank. Einjährige Hindi- und Salisch-Kinder hingegen bleiben weiterhin fähig, die bedeutungsunterscheidenden sprachlichen Einheiten ihrer jeweiligen Muttersprachen zu erkennen.

können (Bild 6). Als die Forscher diese Kinder im Alter von zwölf Monaten wieder testeten, konnten die Babys nicht mehr die Unterschiede fassen, für die sie vorher sensitiv waren – genau wie englischsprachige Erwachsene.

Uns ist wohlbekannt, daß die Fähigkeit wahrzunehmen in einer eingeschränkten Umgebung nachläßt. Zieht man Katzen mit Augengläsern auf, durch die das eine Auge nur noch eine Reihe von horizontalen und das andere eine Reihe von senkrechten Streifen sehen kann, sind entsprechende Bereiche des Sehfeldes der Großhirnrinde nicht mehr sensitiv für anders verlaufende Streifen. Solche Verluste scheinen irreparabel zu sein, wie vielgestaltig auch immer die spätere Umwelt der Tiere sein mag.

Dagegen können Menschen zumindest einen Teil ihrer ursprünglichen Fähigkeiten zur lautsprachlichen Identifikation wiedererlangen. Wenn beispielsweise die für phonemische Distinktionen des Hindi oder Salisch wesentliche akustische Information in Geräusche eingebettet wird, die normalerweise nicht als Sprache wahrgenommen werden, können Englisch-Sprechende Unterschiede bemerken, für die sie normalerweise nicht sensitiv sind.

Offenbar werden auch in dem beschränkten muttersprachlichen Umfeld die nicht benötigten Wahrnehmungsmechanismen nicht vollständig lahmgelegt. Wir lernen zwar, vornehmlich auf diejenigen akustischen Unterschiede zu hören, die eine bedeutungsunterscheidende Funktion in unserer eigenen Sprache besitzen. Bei geeigneten Aufgaben oder Anweisungen können wir jedoch auch nicht-vertraute akustische Unterschiede bemerken, auch wenn uns bewußt ist, daß sie nicht zu unserem Phoneminventar gehören.

Überdies kann man bei ausreichender Erfahrung fremdsprachliche Distinktionen auf der phonemischen Ebene allmählich wahrnehmen. Sind Muttersprachler des Japanischen hinreichend mit gesprochenem Englisch vertraut, können sie fast ebenso genau wie englische Muttersprachler zwischen dem Phonem /l/ und /r/ kategorial unterscheiden. Die Tatsache, daß kindliche Wahrnehmungsmechanismen auch noch nach langem Brachliegen beim Erwachsenen funktionieren, widerspricht den Hypothesen, daß die frühe sprachliche Erfahrung einige der Sprachwahrnehmungsmechanismen für immer verändere.

Die von anderen Wissenschaftlern und mir untersuchten angeborenen Wahrnehmungsmechanismen zeigen sich am eindrucksvollsten, wenn ein Kind anfängt, die Sprache seiner Eltern zu erlernen. Heute weiß man, daß ein Säugling viele Voraussetzungen für sein späteres Vermögen, Sprache wahrzunehmen und zu verstehen, mit auf die Welt gebracht hat. Man kann vermuten, daß diese angeborene Wahrnehmungsfähigkeit, ähnlich der spezifischen Anatomie des Stimmapparats und der Sprachzentren im Gehirn, sich eigens für die Wahrnehmung und das Verstehen von Sprache entwickelt hat. Sie ist die Antwort der Evolution auf die Notwendigkeit, daß jedes Kind die Sprache und Kultur seiner Eltern so früh wie möglich annehmen muß. Daß diese Mechanismen wirksam sind, zeigt sich an der Geschwindigkeit, mit der ein Kind sich seiner Sprachgemeinschaft anschließt.

# Raum, Zeit und Tastsinn

Tastreize auf der Haut können − je nach Intervall − von ihrem Auslösungsort fortspringen und an einer anderen Stelle empfunden werden. Aus den Gesetzmäßigkeiten läßt sich auf die Arbeitsweise des Zentralnervensystems schließen.

## Von Frank A. Geldard und Carl E. Sherrick

Es gibt ein Gesellschaftsspiel, bei dem ein Teilnehmer − im psychologischen Experiment wäre es eine Versuchsperson − bei geschlossenen Augen von jemandem sanft mit einem Bleistift am Arm berührt wird. Der Betreffende, der die angetippte Stelle angeben muß, deutet fast immer geringfügig daneben. Die Experimente, die wir seit mehr als einem Jahrzehnt in unserem Labor an der Princeton-Universität (New Jersey) durchführen, variieren im Grunde dieses Spiel unter kontrollierten Bedingungen.

Als wir unsere Arbeit begannen, wußten wir, daß die Sinne des Menschen sich unterschiedlich gut an Raum und Zeit angepaßt haben und durchaus nicht gleichermaßen geschickt mit diesen beiden grundlegenden Dimensionen der physikalischen Welt umgehen können. So hat beispielsweise der Gesichtssinn viele Probleme des Raumes gemeistert, recht mäßig jedoch die der Zeit. Man denke beispielsweise daran, wie bei einem Film, der mit einer Geschwindigkeit von 24 Einzelbildern pro Sekunde auf die Leinwand projiziert wird, der Betrachter fließende, kontinuierliche Bewegungen wahrnimmt.

Das Gehör wiederum verarbeitet überaus empfindlich zeitliche Vorgänge, informiert über den Raum hingegen nur indirekt und oft fehlerhaft. Ein Schallreiz, der irgendwo in der Medianebene entspringt − sie teilt den Körper längs in zwei gleiche Hälften −, wird fast ebenso wahrscheinlich als von vorne wie von hinten kommend geortet. Geruchs- und Geschmackssinn gar tragen normalerweise kaum zu räumlichen und zeitlichen Unterscheidungen bei, weil sie relativ langsam auf chemische Reize reagieren.

Wie steht es nun mit dem Tastsinn? Er spielt für Raum und Zeit eine erhebliche, wenn auch nicht entscheidende Rolle. Auf der Haut heben sich räumliche Distanzen klarer hervor als beim Hören und zeitliche Intervalle genauer als beim Sehen. Hingegen ist dieser Sinn bei der Raumvorstellung dem Auge, beim Bestimmen des Zeitintervalls zwischen zwei Reizen dem Ohr unterlegen. So nimmt der Tastsinn − die einzige Sinnesmodalität, die über den ganzen Körper verteilt ist − eine mittlere Position in der Hierarchie der Sinne ein.

In gewissermaßen den Vorgängen auf der Netzhaut des Auges entsprechender Weise kann die Haut darüber Aufschluß geben, wo sie berührt wurde, wie weit unterscheidbare Reize auseinanderliegen, wie der berührende Gegenstand geformt ist und ob sich etwas auf ihr bewegt. Alle diese Fähigkeiten sind jedoch auch von Täuschungen begleitet.

### Vom Spiel zum Experiment

Wir wollten mit unseren Experimenten den Tastsinn mitsamt seinen charakteristischen Fehlleistungen (Bild 2) besser kennenlernen und veränderten dazu im wesentlichen einige Faktoren des Gesellschaftsspiels, darunter die Anzahl und die Zeitfolge der Berührreize. Die Versuche zeigten, daß ein Druckreiz gegenüber einem zweiten ganz unterschiedlich falsch lokalisiert wurde, wenn man die Zeitfolge der Stimuli leicht veränderte. Dieses sowie weitere Ergebnisse erhellen die Organisation des Nervensystems und helfen ein Phänomen zu fassen, das wir Saltation (Empfindungssprung) nennen, das aber noch angemessen erklärt werden muß.

Das grundlegende Experiment beruht auf drei definierten Druckreizen, die auf der Haut einer Versuchsperson von beweglichen piezoelektrischen Kontaktsonden mittels elektrischer Impulse ausgelöst werden (Bild 1). Die drei Reize werden mit $P_1$, $P_2$ und $P_3$ bezeichnet. Der erste Reiz $P_1$ geht dem folgenden um fast eine ganze Sekunde voraus. Er signalisiert nicht nur die beiden weiteren Reize, sondern dient auch als Bezugspunkt, an dem jede Verschiebung des Empfindungsortes für den zweiten Reiz erfaßt werden kann. Der zweite und dritte Reiz − $P_2$ und $P_3$ − folgen rasch aufeinander. Dabei wird der zweite am Ort des ersten vom Druckgeber für $P_1$, sodann $P_3$ − in einigem Abstand − von einer anderen Hautkontaktsonde appliziert; es wird also an zwei Stellen gereizt.

Zu den zeitlichen Bedingungen der drei Stimuli gehört, daß die lange Pause zwischen $P_1$ und $P_2$ stets unverändert bleibt, die kurze zwischen $P_2$ und $P_3$ hingegen variabel ist.

Trifft man die Versuchsanordnung so, daß der Unterarm eines Probanden von zwei etwa 10 Zentimeter voneinander entfernten Druckgebern in einem Zeitabstand von etwa 200 Millisekunden oder mehr zwischen $P_2$ und $P_3$ gereizt wird, dann entspricht das Ergebnis den Erwartungen: Die Versuchsperson fühlt zwei aufeinanderfolgende Reize ($P_1$ und $P_2$) an derselben Stelle und etwas weiter entfernt einen dritten ($P_3$).

### Reiz: Schein und Sein

Normalerweise fällt bei Druckreizen der empfundene Reizort nicht unbedingt mit dem tatsächlichen zusammen. Doch solche Aberrationen halten sich durchweg innerhalb eines typischen Fehlerintervalls.

Verringert man jedoch den Zeitraum zwischen $P_2$ und $P_3$ auf weniger als etwa 200 Millisekunden, so geschieht etwas Unerwartetes: Die Versuchsperson nimmt $P_2$ nicht mehr an seiner

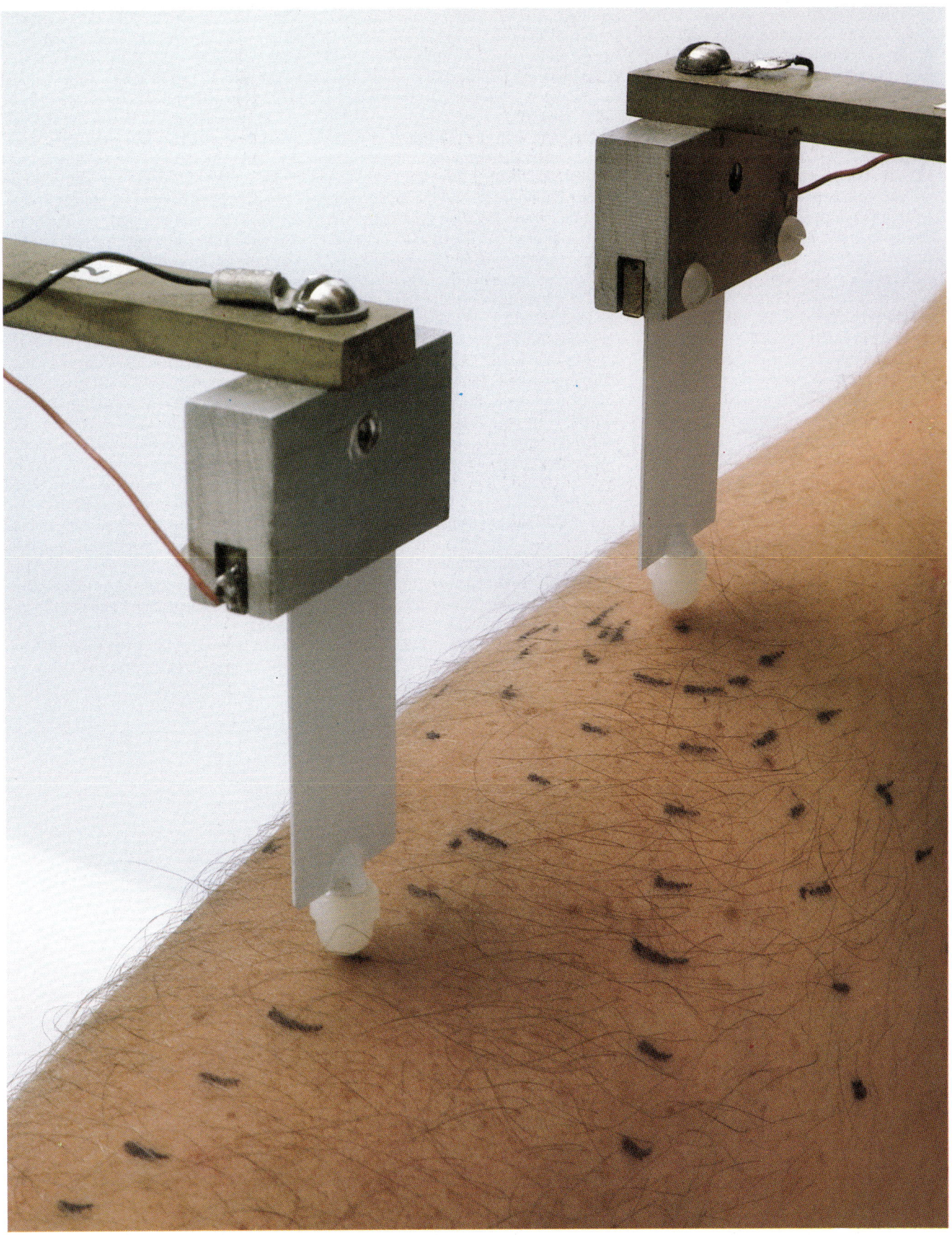

Bild 1: Die piezoelektrischen Kontaktsonden, die von den Verfassern zum Erzeugen von Druckreizen auf der Haut entwickelt worden sind, senken sich vorübergehend, wenn sie einen elektrischen Impuls erhalten. Ihre kugelige Spitze ruht auf der Haut und übt einen bestimmten statischen Druck aus. Er ist regulierbar, indem man ein Gewicht am anderen Ende des metallenen Hebelarms verschiebt, an dem der Druckgeber befestigt ist. Diesem statischen Hintergrund – dem Dauerdruck – kann man dann mittels einer programmierbaren elektrischen Pulsfolge ein bestimmtes Muster von leichten Druckreizen – gewissermaßen ein jeweils leichtes Antippen – überlagern. Bei dem grundlegenden Experiment setzt die eine Kontaktsonde einen Signal- und Bezugsreiz ($P_1$) und 0,8 Sekunden später einen zweiten Reiz ($P_2$). Die andere Sonde gibt dann, etwas entfernt, den dritten und letzten Reiz ($P_3$). Der zeitliche und räumliche Abstand zwischen $P_2$ und $P_3$ kann leicht verändert werden. Die Markierungen, die man hier auf dem Unterarm der Versuchsperson sieht, geben die Position der Reizgeber bei aufeinanderfolgenden Messungen an.

„wirklichkeitsgetreuen" Position wahr – sei es nun die tatsächliche oder die für $P_1$ empfundene. Vielmehr glaubt der Proband nun, $P_2$ sei irgendwo zwischen den Positionen von $P_1$ und $P_3$ ausgelöst worden. Der dritte Reiz scheint also den zweiten zu sich herangezogen zu haben.

Diese scheinbare Verschiebung hängt von der Zeitspanne zwischen $P_2$ und $P_3$ ab. Deutlicher zeigt sich das, wenn eine Versuchsperson angewiesen wird, selber die Zeitfolge $P_2/P_3$ allmählich zu variieren – beginnend bei dem Intervall, bei dem sie $P_2$ noch positionsgerecht wahrnehmen kann, bis hin zu einer so raschen Folge, daß $P_2$ örtlich mit $P_3$ zusammenzufallen scheint. Dann kann sie dem Versuchsleiter angeben, wann $P_2$ vermeintlich bestimmte einfache Bruchteile der Strecke zwischen $P_1$ und $P_3$ zurückgelegt hat. Wird beispielsweise das Zeitintervall $P_2/P_3$ von 200 auf etwa 100 Millisekunden verkürzt, dann scheint $P_2$ die Hälfte der Strecke gewandert zu sein, bei weiterer Verkürzung auf 75 Millisekunden drei Viertel; und bei ungefähr 25 Millisekunden scheint $P_2$ bei $P_3$ angekommen zu sein.

Offensichtlich ist dieses Phänomen in hohem Maße zeitabhängig. Wenn die Ergebnisse mehrerer Versuchspersonen gemittelt werden, dann zeigt das Diagramm eine annähernd lineare Abhängigkeit zwischen der wahrgenommenen Positionsveränderung des zweiten Reizes und dem Zeitintervall zwischen $P_2$ und $P_3$ (Bild 3).

Man kann sich die taktilen Reize wie drei auf einer Schnur aufgereihte Perlen denken. Die beiden äußeren Perlen – $P_1$ und $P_3$ entsprechend – haben eine gleichbleibende Position und legen die Bezugspunkte fest. Die von $P_2$ ausgelöste Empfindung wird entweder an einem dieser Punkte oder irgendwo dazwischen wahrgenommen, je nach zeitlichem Abstand zu $P_3$. Da bei Verkürzung des Intervalls von mehr als 200 auf weniger als 25 Millisekunden die wahrgenommene Position von $P_2$ von ihrer zu erwartenden bei $P_1$ zu jener von $P_3$ zu springen scheint, wurde dieser Effekt Saltation (nach lateinisch *saltare*, springen) genannt.

### Das saltatorische Areal

In dem beschriebenen Experiment war ein Abstand von etwa 10 Zentimetern zwischen den beiden Druckgebern am Unterarm festgelegt. Geschieht dasselbe, wenn die Differenz beispielsweise 20 Zentimeter beträgt? Nach unseren Versuchen nicht. Es zeigt sich, daß Saltation in einem relativ begrenzten Feld auftritt, das je nach Körperbereich unterschiedlich groß und auch unterschiedlich geformt ist (Bild 4).

Die Abmessungen dieses Areals sind leicht bestimmbar. Der erste Druckgeber, der die Reize $P_1$ und $P_2$ auslöst, bleibt unbewegt, während man den für $P_3$ in gleichbleibenden kleinen Schritten im Umkreis um den Reizort $P_1/P_2$ radial nach außen bewegt. An jeder neuen Position testet der Experimentator beliebige Zeitintervalle zwischen $P_2$ und $P_3$ aus, um zu sehen, ob $P_2$ als verschoben empfunden wird. Die Versuchsserie endet, wenn ein Punkt auf der Haut erreicht ist, an dem bei keinem Zeitintervall mehr Saltation stattfindet. Wiederholt man diesen Vorgang entlang mehrerer Radien und verbindet die Grenzpunkte, an denen Saltation gerade noch auftritt, so erhält man das saltatorische Areal der Hautpartie.

Auf diese Weise hat man Karten der saltatorischen Areale verschiedener Körperteile erstellt: für Innen- und Außenseite des Unterarms, für Brust, Vorder- und. Hinterseite des Oberschenkels, für die Handfläche und den Zeigefinger.

Man hat versucht, auch andere Hautflächen so zu erforschen, ist dabei je-

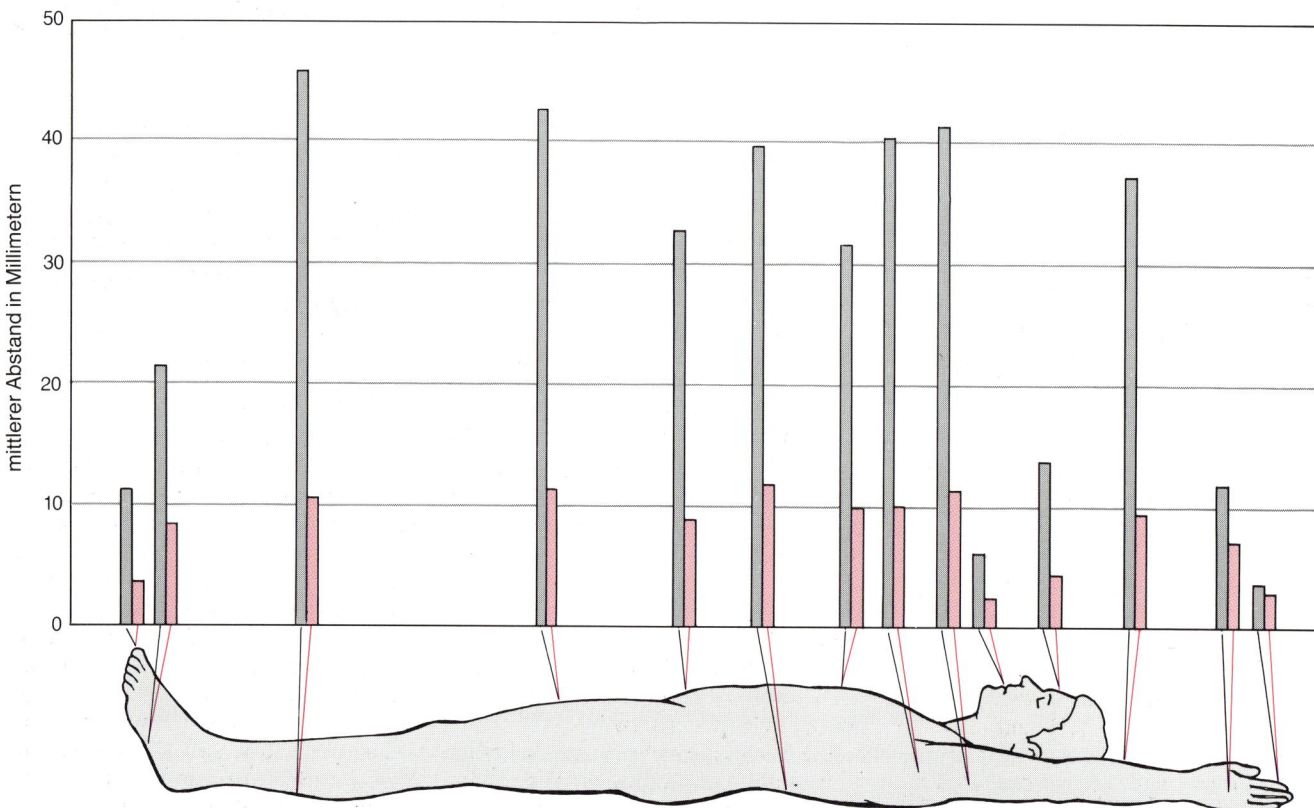

**Bild 2: Den mittleren normalen Ortungsfehler für taktile Reize kann man auf zwei Arten darstellen: erstens als den Mittelwert der Minimaldistanz, bei der zwei gleichzeitig applizierte Druckreize noch als getrennt empfunden werden (graue Balken), zweitens als den Mittelwert** des Abstands zwischen der wahrgenommenen und der tatsächlichen Position eines Einzelreizes (farbige Balken). Wie man sieht, arbeitet der Tastsinn von einem Körperteil zum anderen ganz unterschiedlich genau: Sein Auflösungsvermögen ist an Fingerspitzen und Lippen am höchsten.

doch auf Schwierigkeiten gestoßen. Es genügt nicht, einfach die Kontaktsonden in Position zu bringen und dann die Meßwerte abzulesen. Vielmehr muß auch der statische Druck der Geräte strikt konstant gehalten werden, wobei die durch Atmung und pulsierendes Blut bedingten Bewegungen des Körpers die Krafteinwirkung oft erheblich verändern. Besondere Vorkehrungen müssen auch wegen der unterschiedlichen Formen und Hautstrukturierungen der Körperoberfläche getroffen werden.

Dennoch lassen sich einige allgemeine Schlüsse aus den verfügbaren Daten ziehen. Insbesondere überrascht die Form einiger saltatorischer Areale. So sind die Bereiche auf den Gliedmaßen im großen und ganzen oval (etwa doppelt so lang wie breit) und verlaufen parallel zu deren Längsachse. Auf der Handfläche und auf dem Zeigefinger sind die Areale rundlich (Bild 4).

Ganz anders auf der Brust: Hier ist das saltatorische Areal scharf von der Mittellinie des Körpers begrenzt, desgleichen auf der Stirn sowie im Zentrum von Rücken und Bauch (Bild 5). Für alle diese Fälle gilt ein wichtiges Grundprinzip: Saltation überspringt niemals die Medianebene des Körpers. Dies sagt etwas über die zugehörigen neuralen Vorgänge aus, da sich bei diesem Phänomen offenkundig die grundlegende Zweiteilung des Zentralnervensystems in eine linke und eine rechte Hälfte auswirkt.

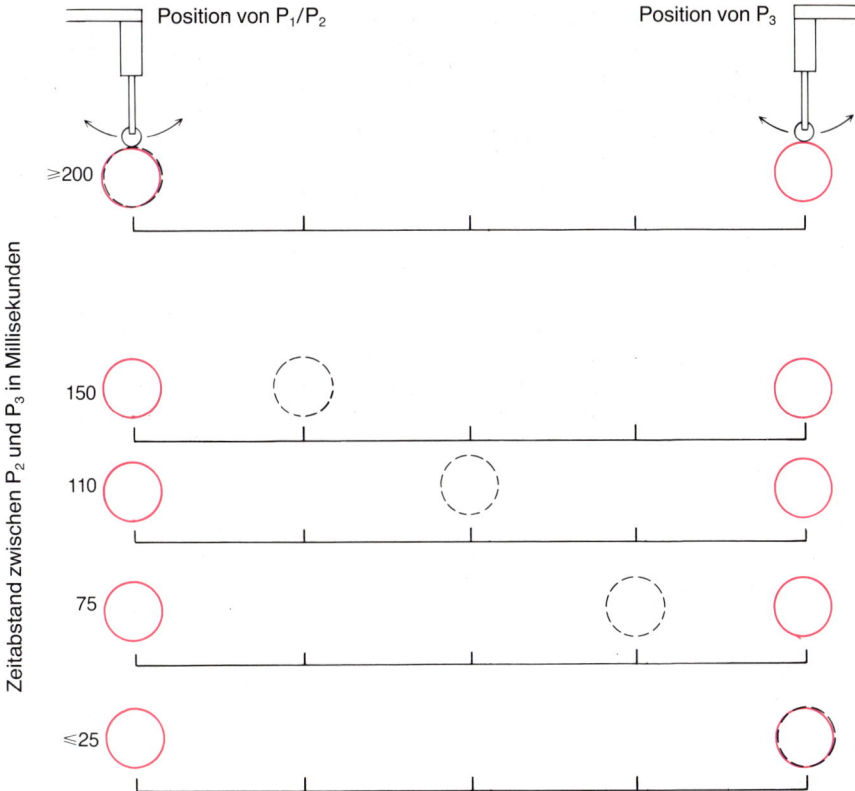

Bild 3: Dieses Diagramm zeigt die wahrgenommene Position des $P_2$-Reizes (gestrichelte Kreise), bezogen auf diejenigen von $P_1$ und $P_3$ (farbige Kreise): Sie ist annähernd eine lineare Funktion des Zeitabstandes zwischen $P_2$ und $P_3$, wenn dieser zwischen etwa 200 und 25 Millisekunden variiert. Die scheinbare Verlagerung von $P_2$ ist ein Phänomen, das man als Saltation oder Empfindungssprung bezeichnet: Obwohl der Reiz $P_2$ an derselben Position ausgelöst wird wie $P_1$, kann der Empfindungsort von $P_2$ noch weit außerhalb des mittleren normalen Fehlerradius (Bild 2) um die Position von $P_1$ liegen. Wählt man bestimmte Zeitabstände zwischen den Stimuli $P_2$ und $P_3$, dann scheint plötzlich der $P_2$-Reiz von seiner Ausgangsposition näher an den Reizpunkt $P_3$ zu springen, bevor er vom Probanden wahrgenommen wird.

## Reizentstehung: zentral – dezentral?

Bisher haben wir den einfachsten Fall des springenden Wahrnehmungspunktes behandelt: zwei versetzte Druckreize auf der Haut, nicht zu weit voneinander entfernt, denen ein Signal- und Bezugsreiz vorausgeht. Was geschieht, wenn $P_2$ aus mehreren Reizen besteht anstelle eines einzigen?

Vorausgesetzt, diese Serie zieht sich nicht zu lange hin und wird insgesamt an der Position von $P_1$ appliziert, so sind zwei Reaktionen zu beobachten: Bei dem ursprünglichen Experiment konnte – je nach Zeitintervall $P_2/P_3$ – der Empfindungsort des Einzelreizes $P_2$ irgendwo auf der Strecke zwischen den Empfindungsorten von $P_1$ und $P_3$ liegen; es ist daher verständlich, daß zum einen mehrfache $P_2$-Reize auf einer Linie zwischen $P_1$ und $P_3$ aneinandergereiht wahrgenommen werden (Bild 6). Tatsächlich haben wir bei dem abgeänderten Experiment ja auch ein ganzes Spektrum von Zeitintervallen $P_2/P_3$ verwendet. Dagegen verwirrt die zweite Beobachtung, daß nämlich bei ein- und

demselben Hautbereich das saltatorische Areal bei Mehrfachreizen von $P_2$ immer größer ist als bei einem einzelnen $P_2$-Reiz.

In verschiedenen Versuchsreihen wurde nun die Anzahl der $P_2$-Reize zwischen zwei und zwölf variiert, wobei die Stimuli immer 25 Millisekunden auseinanderlagen. (Wir arbeiteten mit denselben freiwilligen Versuchspersonen wie bei der Kartierung der saltatorischen Areale mit $P_2$-Einzelreizen.) Die Kontaktsonde für $P_3$ wurde von Versuch zu Versuch immer weiter von der ersten entfernt und zugleich die Anzahl der $P_2$-Reize pro Sekunde nach Zufallskriterien ausgewählt. Die Ergebnisse zeigten, daß hierbei die Zahl der $P_2$-Reize pro Serie entscheidend ist: Je mehr $P_2$-Stimuli, desto weiter darf sich der zweite Druckgeber entfernen, ohne daß $P_2$ zu springen aufhört.

Dieses Kennzeichen der Saltation stellt außer den bereits erwähnten die medizinische Psychologie vor Rätsel, über deren Lösungen man nur mutmaßen kann. Allerdings lassen sich einige bescheidene Teilantworten geben. Dazu gehört, daß saltatorische Areale nicht

über die Mittellinie des Körpers hinausgehen, was mit der Symmetrie des Zentralnervensystems übereinstimmt. Läßt sich nachweisen, daß der Effekt diesem Steuerungs- und Regulationsorgan zuzuschreiben ist und nicht etwa schon in der Haut entsteht?

Um diese Frage zu untersuchen, haben wir einen länglichen Hautstreifen am Unterarm mit Procain oberflächlich anästhetisiert, so daß die Versuchsperson dort gegen Berührung oder gar Nadelstiche taub war. An einem Ende des Streifens lösten wir direkt außerhalb $P_1$ und eine Serie von sechs $P_2$-Reizen aus, am anderen Ende folgte ein einziger $P_3$-Reiz. Wären Mechanismen in der Haut für den Saltations-Effekt verantwortlich, so hätte die Berührung nur am jeweiligen Auslösungsort empfunden werden dürfen. Wäre dieser Effekt jedoch vom Zentralnervensystem verursacht, gäbe es keinen Grund, daß die $P_2$-Reize nicht an ihrer „normalen" Position wahrzunehmen seien, nämlich zwischen $P_1$ und $P_3$ auf dem betäubten Hautstreifen.

Der Befund war eindeutig: Bei allen geeigneten Intervallen der $P_2$-Serie wanderten deutlich wahrgenommene Scheinreize direkt durch das betäubte Gebiet. Saltation „entspringt" also offensichtlich zentral, wahrscheinlich im Gehirn, und nicht am Reizort.

### Analogien zu anderen Sinnesorganen

Wenn Saltation nun ein zerebrales Phänomen ist, so ist es naheliegend, auf Entsprechungen zu anderen Sinnen zu schließen. Tatsächlich gibt es beim Sehsystem ein vergleichbares Phänomen.

Wenn zwei kleine Lichtpunkte, fünf Winkelgrade in der Senkrechten voneinander entfernt, gleichzeitig oder in schneller Folge aufleuchten und das Auge einen Punkt 15 bis 40 Grad seit-

wärts davon fixiert, sieht man ein scheinbares Licht zwischen den beiden Lichtpunkten. Dies geschieht selbst noch dann, wenn die wirklichen Lichtpunkte genau ober- und unterhalb des blinden Flecks liegen, der Austrittsstelle des Sehnervs an der Netzhaut, die keine Lichtrezeptoren enthält: Der Phantompunkt erscheint also dort, wo das Auge blind ist. Es ließ sich auch feststellen, daß bei einem roten und einem grünen echten Punkt das Phantomlicht gelb erscheint.

Man kann Saltation auch beim räumlichen Hören demonstrieren. Die Versuchsanordnung: Drei Klicklaute — entsprechend den Druckreizen $P_1$, $P_2$ und $P_3$ — werden von zwei Lautsprechern in etwa ein Meter Entfernung an derselben Seite des Kopfes an noch un-

terscheidbaren Positionen abgespielt. Ertönt der $P_2$-Klick — nach dem Signal-Klick $P_1$ — aus einem Lautsprecher und der $P_3$-Klick 40 Millisekunden später aus dem anderen, dann meint man, $P_2$ aus einer Position zwischen den tatsächlichen Standorten der Lautsprecher zu hören. Wie bei den taktilen Reizen bewegt sich $P_2$ scheinbar zwischen den Lautsprechern hin und her, je nach zeitlichem Abstand zwischen $P_2$ und $P_3$.

Der aus Ungarn stammende Biophysiker Georg von Békésy beschrieb ein ähnliches Phänomen, dem er die wahrgenommene Fehlplazierung von Orchesterinstrumenten in Konzertsälen zuschreibt, in denen störende Echos auftreten: Wenn ein Ton das Ohr auf direktem Wege erreicht und sein Echo auf einem weniger direkten Weg einige Millisekunden später, so sind die Bedingungen für auditive Saltation und damit für eine scheinbar falsche Positionsbestimmung ohne weiteres erfüllt.

Angesichts der experimentellen Befunde können wir über die neurophysiologischen Grundlagen der Saltation nachdenken, indem wir sie von einer anderen wohlbekannten Sinnestäuschung abgrenzen, dem sogenannten Phi-Phänomen.

Diese Scheinbewegung (siehe auch „Das Wahrnehmen von Scheinbewegung", Spektrum der Wissenschaft, August 1986) hat man zuerst bei Untersuchungen zur visuellen Wahrnehmung beobachtet. Sie kann ausgelöst werden, indem man rasch hintereinander zwei räumlich getrennte Reize — beim Sehen sind es kurz aufleuchtende Lichtpunkte, beim Tastsinn ist es das Antippen der Haut — etwas voneinander entfernt darbietet. Unter geeigneten Bedingungen nimmt die Versuchsperson einen einzigen Reiz wahr, der sich gleichförmig durch das Gesichtsfeld oder über die Haut bewegt.

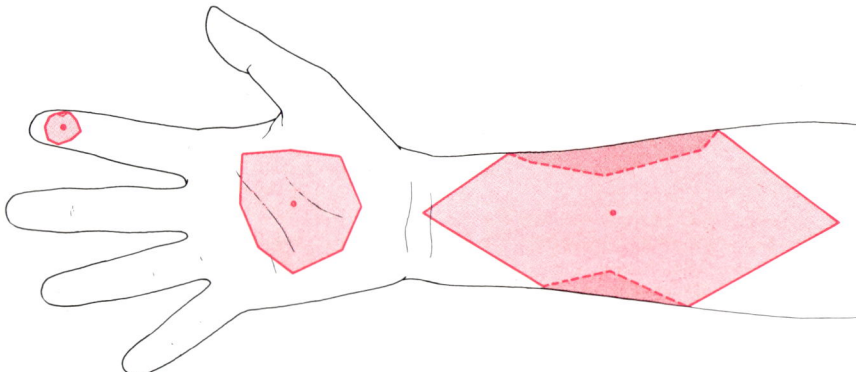

**Bild 4: Saltatorische Areale (farbige Flächen) an der Innenseite des Unterarms, auf der Handfläche und an der Spitze des Zeigefingers. Innerhalb dieser Hautregion kann der Druckgeber für $P_3$ von der stationären Kon-** taktsonde für $P_1$/$P_2$ (farbiger Punkt) aus verschoben werden und immer noch Saltation auslösen. Die gestrichelten Linien zeigen den Verlauf des saltatorischen Areals auf der hier abgewandten Seite von Unterarm und Finger.

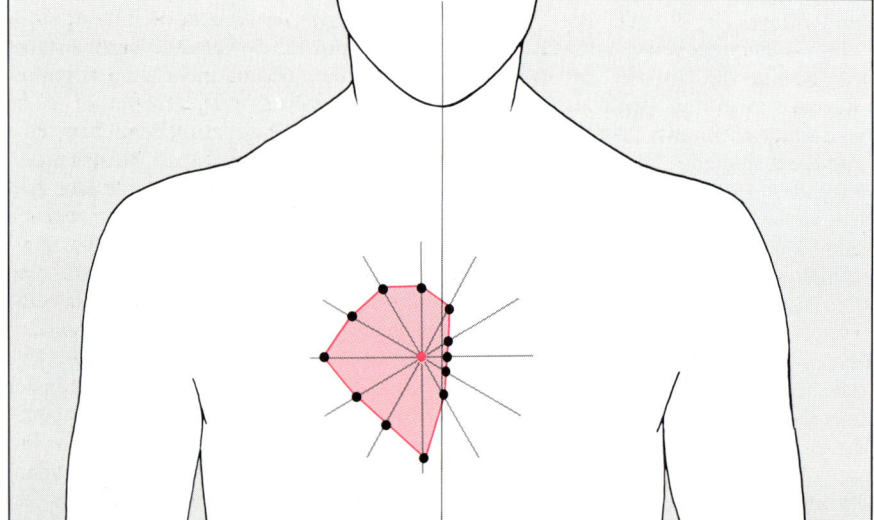

**Bild 5: Die Symmetrieachse des Körpers (senkrechte Linie) legt eine Grenze fest, die der scheinbar wandernde Reiz $P_2$ nicht überspringt. Das abgebildete saltatorische Areal (farbiges Feld) auf der Brust, das man erhält, wenn der Reizort $P_1$/$P_2$ (farbiger Punkt) 1 Zentimeter von der Symmetrieachse entfernt liegt, hört entsprechend an der Mittelachse jäh auf.** Der Saltations-Effekt gibt damit Aufschluß über den zugrundeliegenden Zusammenhang mit dem Zentralnervensystem, das gemäß rechter und linker Körperhälfte unterteilt ist. Entsprechend den sternförmig ausstrahlenden grauen Linien wurde der Druckgeber für $P_3$ radial zu $P_1$/$P_2$ bewegt, um die Grenzpunkte des Areals (schwarze Punkte) zu bestimmen.

#### Phi minus Saltation

Da das Phi-Phänomen sich besonders zuverlässig bei einer zeitlichen Folge von 100 Millisekunden oder weniger einstellt, also noch gut innerhalb des Spektrums für Saltation, könnte man beide Phänomene fälschlich für reine Varianten halten. Bei sorgfältiger Beobachtung zeigt sich jedoch, daß ein wesentlicher qualitativer Unterschied besteht: Beim Sehsystem wie beim Tastsinn ist es charakteristisch für das Phi-Phänomen, daß kontinuierliche Bewegung wahrgenommen wird; davon unterscheidet sich der Saltations-Effekt, bei dem ein oder mehrere Reize an unterschiedlichen, benachbarten Positionen auf der Haut empfunden werden, eine Bewegung allerdings nicht gefühlt, sondern nur abgeleitet werden kann.

Noch bedeutsamer ist der räumliche Bereich, in dem die beiden taktilen Empfindungen auftreten. Setzt man die beiden Reize in geeignetem Zeitabstand auf die verschiedenen Stirnhälften, so zeigt sich das Phi-Phänomen häufig, allerdings nicht der Empfindungssprung, da er nie die Mittellinie des Körpers überwindet. Es scheint klar, daß die für Phi verantwortlichen neuronalen Mechanismen nicht auch für Saltation zuständig sind.

Die neuere Forschung hat zwar viele Fragen zum Zentralnervensystem geklärt. Da sich jedoch kaum mehr mit Bestimmtheit über die neuronalen Bedingungen der Saltation sagen läßt, als wir hier berichtet haben, müssen wir uns einstweilen auf Hypothesen beschränken.

Durch Untersuchungen am somatosensorischen Feld der Großhirnrinde bei Affen — dort treffen auch die Signale der Tastsinneszellen im Gehirn ein — ließ sich die Existenz rezeptiver Felder nachweisen. Werden diese tastempfindlichen Hautbezirke berührt, so entlädt sich ein entsprechendes lokalisierbares Neuron im Rindenfeld. Untersucht man das Verhältnis zwischen Arealgröße und Lage auf dem Körper, so überrascht die Ähnlichkeit zur relativen Größe der saltatorischen Areale. Die rezeptiven Felder sind auf dem Rumpf und den rumpfnahen Abschnitten der Gliedmaßen ausgedehnt, jedoch klein auf der Hand und den Fingern. Als man früher solche Areale am Brustkorb von Katzen untersuchte, war auch hier die scharfe Grenze an der Mittellinie ein herausragendes Merkmal. Außer der Teilung in eine linke und rechte Hälfte scheinen sich also auch feinere Details im räumlichen Aufbau des Zentralnervensystems im Saltations-Effekt niederzuschlagen.

Wie geschildert, scheint sich das saltatorische Areal zu vergrößern, wenn $P_2$ aus einer Serie von Reizen und nicht einem Einzelreiz besteht. Das geht vielleicht auf die kumulierende Wirkung (Summation) wiederholter Reize zurück, bei der eine Nervenerregung sich in benachbarte rezeptive Felder fortpflanzt und damit das aktivierte Gebiet in der Gehirnrinde vergrößert.

## Rückwirkung

Der räumlichen Kartierung vergleichbare Untersuchungen zur zeitlichen Organisation der Rinde stehen noch aus. Studiert man jedoch die sogenannte Rückwärts-Maskierung von Reizmustern, die beim Sehen, Hören

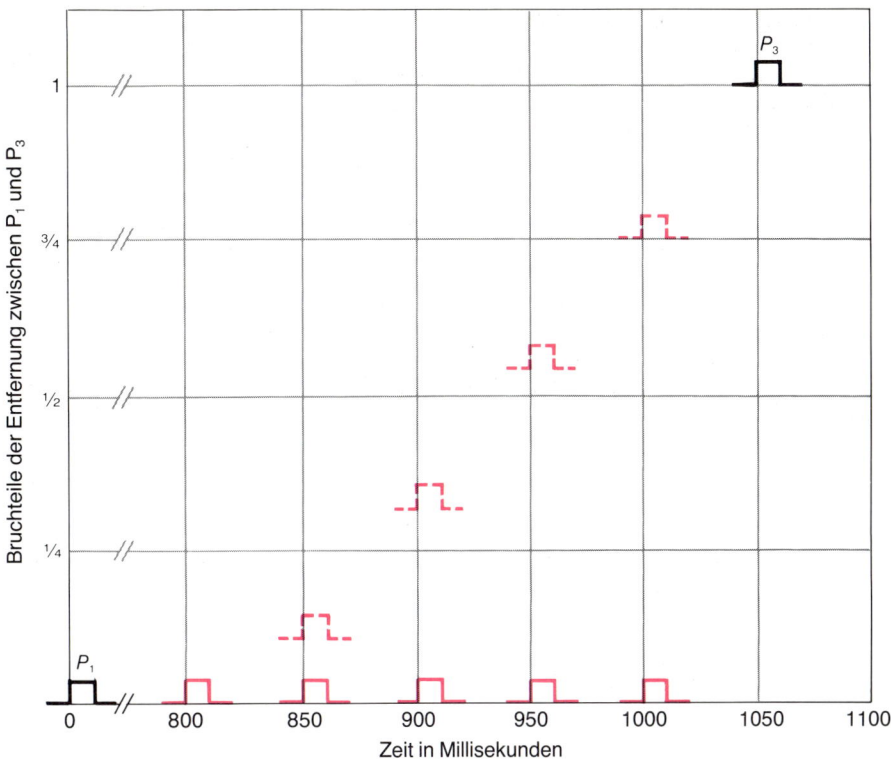

Bild 6: Mehrfache $P_2$-Reize (farbig), die einander in gleichen Zeitabständen folgen (beginnend, wie beim Einzelreiz $P_2$, 800 Millisekunden nach $P_1$), werden an Positionen wahrgenommen (gestrichelte farbige Linien), die zwischen den Reizorten von $P_1$ und $P_3$ gleichmäßig verteilt sind. Der Empfindungsort für jeden einzelnen Reiz der Serie spiegelt den Zeitabstand zu $P_3$ wider: Je dichter er zeitlich bei $P_3$ liegt, desto näher wird er schließlich auch räumlich bei $P_3$ wahrgenommen. Versuche mit Mehrfachreizen von $P_2$ offenbaren ein noch rätselhafteres Phänomen: Hier ist das entsprechende Areal immer größer als bei Einzelreizen. Überdies wächst die Fläche um so stärker, je mehr Reize eine $P_2$-Serie enthält.

und Fühlen auftritt, so zeigt sich eine enge Verwandtschaft zur Saltation. Man beobachtet sie, wenn zwei Reizmuster, beispielsweise Sprachlaute oder Buchstaben, rasch aufeinanderfolgen. Dann wirkt das nachfolgende Muster überraschenderweise auf das vorausgehende zurück: Es unterdrückt oder überspielt es nicht einfach, sondern scheint es meist aufzunehmen.

Die Tatsache, daß $P_3$ den von $P_2$ ausgelösten Phantomreiz anzuziehen scheint, könnte man auf eine entsprechende Abwandlung eines ersten Nervensignals durch ein nachfolgendes zurückführen. Da die später ausgelösten neuronalen Erregungsmuster die zuvor evozierten beeinträchtigen — vorausgesetzt es wird innerhalb einer kurzen Zeitspanne und eines saltatorischen Areals gereizt —, überwiegt normalerweise im Bewußtsein das spätere Reizmuster: Ihm folgt relative Stille oder zumindest kein modifizierender Reiz.

Tatsächlich zeigt sich bei näherer Betrachtung, daß der Reiz $P_2$ unter dem Einfluß von $P_3$ nicht nur seine scheinbare Position ändert, sondern auch undeutlich, vielleicht auch etwas schwächer und kleinflächiger wird. Je geringer der Zeitabstand zu $P_3$, desto ausgeprägter

ist diese Wirkung. Neuronal dominiert jedoch das lokale: Dem Beobachter fällt vor allem auf, daß die räumliche Identität verlorengeht, wenn sich der zeitliche Rahmen verengt und die Gegenwart die Vergangenheit überlagert.

In der elektrischen Aktivität der Hirnrinde spiegelt sich die Erregung zahlreicher Nervenzellen wider, da sich rezeptive Felder weitgehend überlappen. Solange zwei taktile Reize innerhalb einander überlappender Felder liegen und so dieselben kortikalen Neurone feuern lassen, wirkt auch ihre zeitliche Nähe rückwärtshemmend. Werden die Tastreize in verschiedenen Feldern registriert, so kann diese Kombination von Raum und Zeit im Gehirn nur geringe oder gar keine Verwirrung stiften. Man kann daraus schließen, daß die Grenze des saltatorischen Areals auch mit derjenigen eines gemeinsamen rezeptiven Feldes zusammenfällt.

Alle diese Überlegungen, die wohlgemerkt völlig spekulativ sind, sollen vorerst dabei helfen, Orte und Prozesse für lohnende Untersuchungen zu bestimmen. Es ist nun Sache der Wissenschaftler, die auch unter der Haut forschen, die Tragfähigkeit unserer Hypothesen zu überprüfen.

# Merkmale und Gegenstände in der visuellen Verarbeitung

Sehen wir einen Gegenstand, vollziehen sich unbewußt mehrere Verarbeitungsschritte. Auf der ersten Wahrnehmungsstufe wird er in Merkmale zerlegt, dann erst werden sie zu einem geschlossenen Objekt zusammengesetzt.

Von Anne Treisman

Angenommen, Sie werden durch einen wundersamen Umstand in eine fremde Stadt versetzt, so würden Sie zunächst meinen, vertraute Gegenstände wahrzunehmen, die sich in einem sinnvollen Rahmen zusammenfügen. Sie würden Gebäude, Menschen, Automobile und Bäume sehen. Es wäre Ihnen jedoch nicht bewußt, daß Sie Farben, Kanten, Bewegungen und Abstände ermitteln und diese zu mehrdimensionalen Einheiten zusammensetzen, für die Sie Begriffe und Bezeichnungen aus dem Gedächtnis abrufen könnten. Kurz gesagt scheinen sinnvolle Einheiten ihren Bestandteilen und Eigenschaften in der Wahrnehmung übergeordnet zu sein, wie dies die Gestaltpsychologen bereits vor vielen Jahren hervorgehoben haben.

Es erweist sich allerdings, daß diese anscheinend mühelose Leistung, die Sie während des Wachzustands täglich unzählige Male wiederholen, sehr schwer zu verstehen oder auf einem Computer zu simulieren ist. Dies ist sogar wesentlich komplizierter als das Verstehen und Simulieren von Aufgaben, welche die meisten Menschen wirklich anspruchsvoll finden, wie das Schachspielen oder das Lösen logischer Probleme. Die Wahrnehmung sinnvoller Einheiten in der visuellen Welt hängt anscheinend von komplexen Operationen ab, die nicht bewußt zugänglich sind und sich nur indirekt nachweisen lassen.

## Ebenen der Verarbeitung

Dennoch kann man allmählich einige einfache Ergebnisse über visuelle Informationsverarbeitung verallgemeinern. Dazu gehört die Möglichkeit, zwischen zwei Ebenen dieses Prozesses zu unterscheiden: Bestimmte Komponenten der visuellen Verarbeitung scheinen gleichzeitig (das heißt, für das gesamte Gesichtsfeld auf einmal) und automatisch (das heißt, ohne daß die Aufmerksamkeit auf irgendeinen einzelnen Teil des Gesichtsfeldes konzentriert ist) vollzogen zu werden; andere scheinen gerichtete Aufmerksamkeit zu erfordern und werden nacheinander durchgeführt, als schwenke ein geistiger Scheinwerfer von einer Position zur anderen.

Im Jahre 1967 schlug Ulric Neisser — damals an der University of Pennsylvania in Philadelphia — das Konzept einer voraufmerksamen (*preattentive*) Ebene visueller Verarbeitung vor. Demnach trennt man zunächst verschiedene Bereiche einer Szene nach Figuren und Hintergrund, so daß man anschließend unter Aufbieten von Aufmerksamkeit einzelne Gegenstände identifizieren kann.

Später meinte David C. Marr, der über Computersimulation des Sehens am Massachusetts Institute of Technology forschte, es sei eine Art Erstentwurf anzunehmen. Demnach wird auf einer ersten Verarbeitungsstufe ein Lichtmuster, das ein Feld von Rezeptoren im Auge erreicht, in eine verschlüsselte Beschreibung von Linien, Punkten oder Kanten und deren Positionen, Orientierungen und Farben umgewandelt. Die Repräsentation, die Abbildung von Flächen und Körpern im Gehirn, und schließlich die Identifikation von Objekten könnten dann erst nach dieser anfänglichen Codierung beginnen.

Kurz gesagt, setzt sich ein Modell mit zwei oder mehr Stufen unter Psychologen, Physiologen und Informatikern, die sich mit künstlicher Intelligenz beschäftigen, immer mehr durch. Die erste Stufe könnte man als jene beschreiben, auf der Merkmale aus Lichtmustern herausgezogen (extrahiert) werden; auf späteren Stufen werden die Gegenstände und ihre Umgebungen identifiziert.

Der Ausdruck „Merkmale und Gegenstände" beschreibt deshalb als dreigliedrige Bezeichnung die sich entwickelnde Hypothese von den anfänglichen, den untersten Stufen des Sehens.

### Die Analyse

Meiner Meinung nach sprechen viele Gründe dafür, daß beim Sehen tatsächlich spezialisierte Analysatoren Reize in Bestandteile und Eigenschaften zerlegen und daß zusätzliche Operationen benötigt werden, welche sie zu korrekten Einheiten erneut zusammensetzen;

Bild 1: Vorhandenes Wissen als Anleitung für visuelle Verarbeitung wird überprüft, indem man Versuchspersonen bittet, einen vertrauten Gegenstand auf einer Photographie mit einer alltäglichen Szene (oben) oder auf einer Collage von durcheinandergewürfelten Teilen des Photos (unten) zu suchen. In dieser Aufgabe soll lediglich das Fahrrad gefunden werden. Gewöhnlich braucht man dafür bei dem neukombinierten Bild länger. Daraus folgt, daß Wissen über die Welt (in diesem Fall Erwartungen über typische Positionen von Fahrrädern in einer städtischen Umgebung) die Wahrnehmung beschleunigt und die Fehlerquote senkt. Bestimmte anfängliche Aspekte der Informationsverarbeitung, welche der visuellen Wahrnehmung zugrunde liegen, scheinen trotzdem automatisch abzulaufen: ohne den Einfluß von Vorwissen. Die Abbildung wurde nach Experimenten von Irving Biederman von der State University of New York in Buffalo gestaltet.

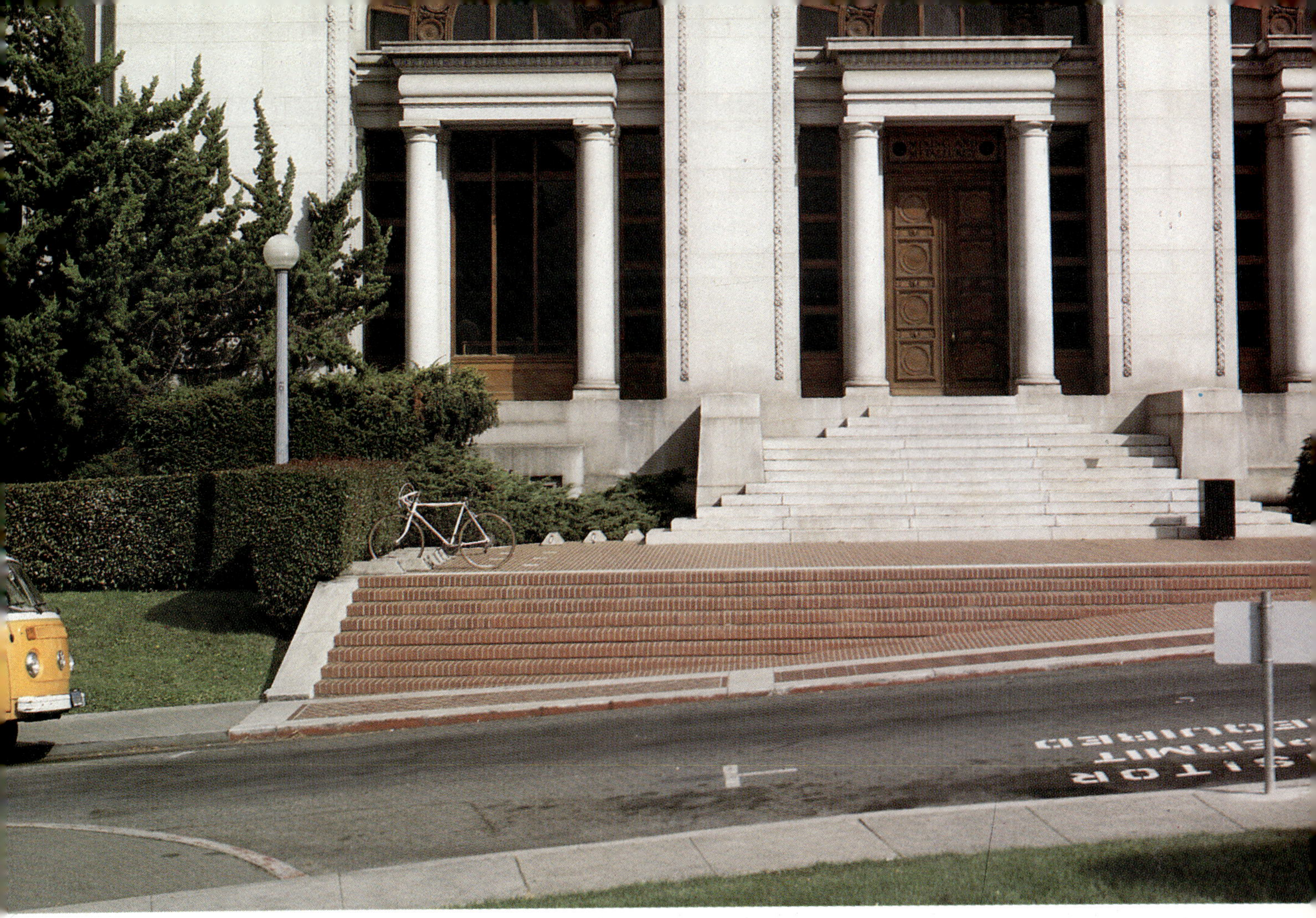

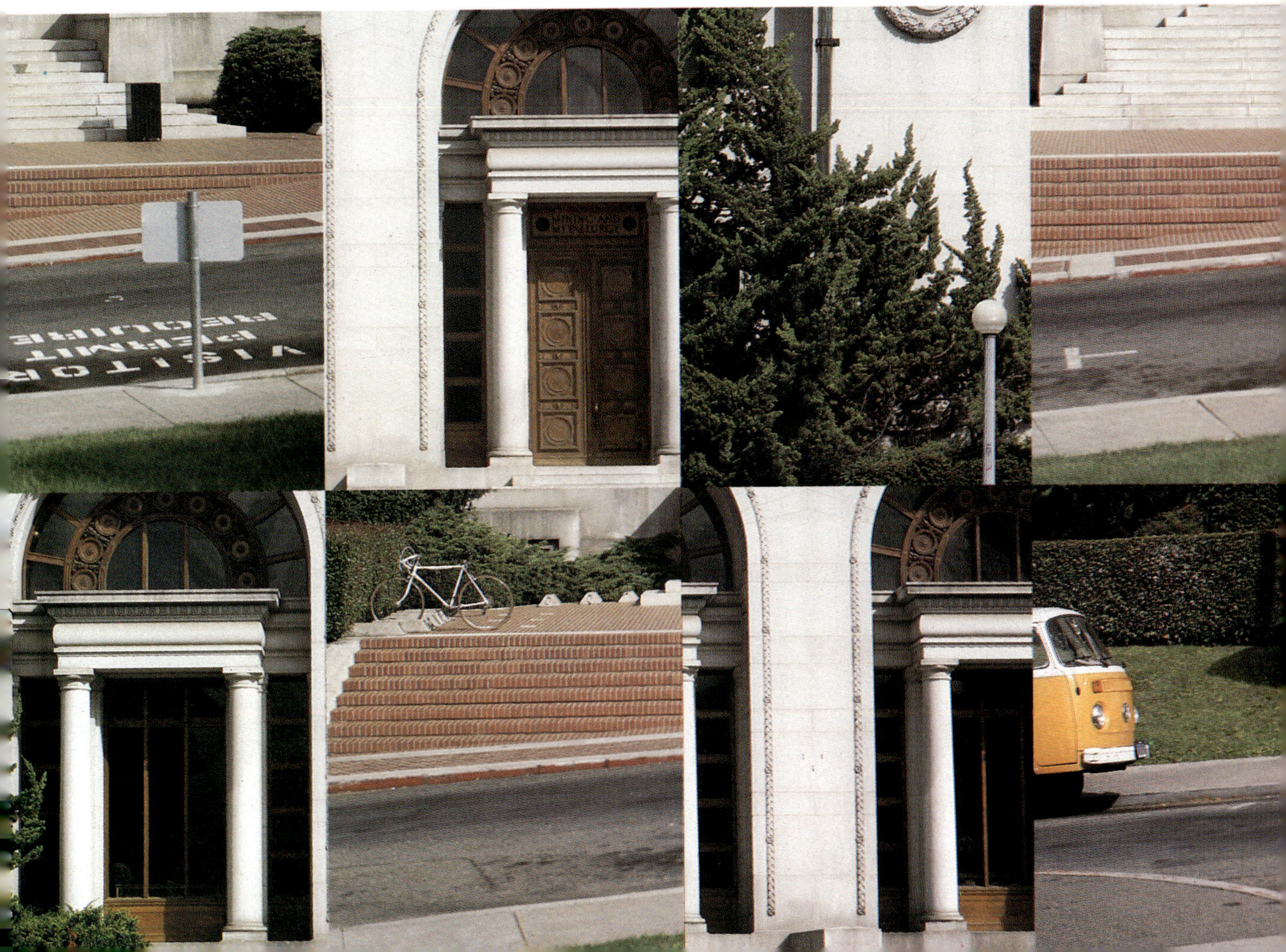

dies ist zum Teil physiologisch und anatomisch beweisbar.

Versucht man, den Weg von Sinnesdaten im Gehirn zu verfolgen, so ist das für unseren Gegenstand besonders aufschlußreich. Man kann vermuten, daß sie in verschiedenen, hochspezialisierten Arealen der Großhirnrinde verarbeitet werden. Ein Gebiet ist hauptsächlich für die Orientierung von Linien und Kanten zuständig, ein anderes für Farbe, ein drittes für Bewegungsrichtungen. Die Daten erreichen erst, nachdem sie dort verarbeitet sind, die Areale, die anscheinend zwischen komplexen natürlichen Gegenständen unterscheiden.

Einige weitere Belege ergeben sich aus dem Verhalten. So scheint sich visuelle Adaptation (die Tendenz des visuellen Systems, auf einen anhaltenden Reiz schließlich nicht mehr zu antworten) für verschiedene Eigenschaften einer Bildszene getrennt zu vollziehen. Wenn Sie zum Beispiel für ein paar Minuten zunächst auf einen Wasserfall und dann auf das Flußufer schauen, so meinen Sie, es verschiebe sich in die entgegengesetzte Richtung. Es scheint so, als hätten sich die visuellen Detektoren selektiv an eine bestimmte Bewegungsrichtung adaptiert, unabhängig von dem Objekt, das sich bewegt. Das Ufer sieht völlig anders aus als das Wasser, man kann an ihm jedoch trotzdem die Folgen der Gewöhnung ablesen.

Wie läßt sich der voraufmerksame Anteil visueller Verarbeitung weiterhin experimentell überprüfen? Eine Methode bietet sich dadurch an, daß in der realen Welt Bestandteile ein und desselben Gegenstandes gewöhnlich einiges gemeinsam haben: Sie haben etwa dieselbe Farbe und Oberflächenstruktur (Textur), ihre Grenzlinien zeigen sich als durchgängige Linien oder Kurven, sie bewegen sich gemeinsam, sie sind ungefähr gleich weit vom Auge entfernt. Folglich kann der Experimentator Versuchspersonen bitten, in verschiedenen visuellen Darbietungen die Grenzlinien zwischen Bildbereichen zu bestimmen, und auf diese Weise herausfinden, welche Eigenschaften eine Grenzlinie als solche sofort hervortreten, sie aus einer Szene geradezu ins Auge springen lassen (Bild 2). Es sind wahrscheinlich diejenigen, welche das visuelle System normalerweise bei seiner anfänglichen Aufgabe verwendet, Figur und Hintergrund zu trennen.

## Die Synthese

Es stellt sich bei solchen Untersuchungen heraus, daß Grenzlinien zwischen Elementen hervortreten, die sich in einfachen Eigenschaften unterscheiden, wie Farbe, Helligkeit und Orientierung der Linien. Dies gilt jedoch nicht für Grenzlinien zwischen Elementen, die sich in der Art der Anordnung oder Kombination von Eigenschaften unterscheiden.

Zum Beispiel hebt sich ein Feld mit geraden T-Zeichen klar von einem mit schräg gestellten T-Zeichen ab, nicht jedoch gegenüber einem Feld aus Haken, Zeichen also, die aus den gleichen Komponenten bestehen, nämlich einer horizontalen und einer vertikalen Linie. Aus demselben Grunde unterscheidet sich eine Mischung von blauen V und roten O nicht von einer Kombination aus roten V und blauen O.

Anscheinend wird also die anfängliche strukturelle (syntaktische) Analyse des visuellen Feldes durch getrennte Eigenschaften und nicht durch spezifisch kombinierte herbeigeführt. Das heißt, erst kommt die Analyse von Eigenschaften und Bestandteilen, dann die Synthese. Und werden beide Komponenten identifiziert, bevor sie mit Gegenständen verknüpft werden, müssen sie irgendeine unabhängige psychologische Existenz besitzen.

Aus diesem Grunde läßt sich ein wieder nachprüfbarer Sachverhalt vorhersagen: Es ist sehr wahrscheinlich, daß bisweilen Fehler bei der Synthese auftreten.

Versuchspersonen müßten also manchmal scheinbare Verbindungen von Bestandteilen oder Eigenschaften sehen, die aus unterschiedlichen Bereichen des Gesichtsfeldes stammen.

Dazu kommt es unter bestimmten Bedingungen sogar regelmäßig. In einem Experiment ließen meine Kollegen und ich drei farbige Buchstaben (angenommen, ein blaues X, ein grünes T und ein rotes O) lediglich 200 Millisekunden lang aufleuchten und lenkten die Aufmerksamkeit unserer Versuchspersonen ab, indem wir sie baten, zunächst eine Zahl zu nennen — gezeigt auf jeder Seite des Bildes — und erst anschließend die farbigen Buchstaben. Jeweils in etwa einem von drei Versuchen nannten die Teilnehmer falsche Kombinationen — etwa ein rotes X, ein grünes O oder ein blaues T.

Diese falschen Verknüpfungen kamen wesentlich häufiger vor als die Nennung einer nicht gegebenen Farbe oder Form. Man kann daher annehmen, daß die Versuchspersonen hier Eigenschaften tatsächlich vertauscht und nicht einen einzelnen Gegenstand einfach falsch wahrgenommen hatten. Viele dieser Trugbilder scheinen so täuschend echt zu sein, daß die Versuchspersonen das Bild noch einmal sehen wollten, um sich von ihrem Irrtum zu überzeugen.

## Die Merkmale

Wir wollten die Bedingungen näher untersuchen, die über das Auftreten solcher trügerischen Verknüpfungen entscheiden. Beispielsweise haben wir uns gefragt, ob sich Gegenstände ähneln müßten, damit ihre Eigenschaften vertauscht werden können.

Dies scheint nicht der Fall zu sein: Versuchspersonen verwechselten die Farben von einem kleinen, rot umrandeten Dreieck und einem großen, ausgefüllten blauen Kreis genauso leicht, wie sie die Farben von zwei kleinen unausgefüllten Dreiecken verwechselten. Es sieht so aus, als würde die rote Farbe des Dreiecks durch einen abstrakten Code für Rot repräsentiert und nicht durch eine Art Entsprechung des Dreiecks, in der auch die Größe und die Form des Gegenstandes codiert sind.

Wir fragten uns ebenfalls, ob es schwieriger wäre, täuschende Verknüpfungen hervorzurufen, indem man einen Teil aus einer einfachen geschlossenen Form wie einem Dreieck herauslöst, statt eine einzelne Linie zu verschieben. Wieder mußte die Frage verneint werden. Unsere Versuchspersonen meinten, Dollar-Zeichen ($) in einem Bild mit S-Buchstaben und Linien zu sehen (Bild 3). Diesen Eindruck hatten sie aber auch bei einer Darstellung mit denselben Buchstaben und Dreiecken, bei der die für das Trugbild erforderliche Linie in jedem Dreieck enthalten war. Bewußt betrachten wir ein Dreieck als geschlossene Einheit. Trotzdem scheinen die es konstituierenden Linien auf der voraufmerksamen Ebene unabhängig voneinander ermittelt zu werden.

Natürlich könnte das Dreieck ein zusätzliches Merkmal besitzen, daß nämlich die enthaltenen Linien eine Fläche einschließen, und diese könnte voraufmerksam ermittelt werden (Bild 4). Trifft das zu, könnte die Wahrnehmung eines Dreiecks voraussetzen, daß sowohl die richtig orientierten drei Einzellinien als auch die Geschlossenheit ermittelt werden. Dann dürften Versuchspersonen keine Schein-Dreiecke sehen, wenn ihnen nur die einzelnen Linien der Dreiecke passend orientiert angeboten werden. Möglicherweise würden sie einen weiteren Reiz, eine andere geschlossene Form (vielleicht einen Kreis) benötigen, um illusionäre Dreiecke zusammenzusetzen. Tatsächlich fanden wir heraus, daß es sich so verhält.

Einen anderen Weg, mit der anfänglichen voraufmerksamen Ebene der Sehwahrnehmung zu experimentieren, bieten visuelle Suchaufgaben. Das heißt, wir bitten Versuchspersonen, einen Zielgegenstand inmitten von ablenken-

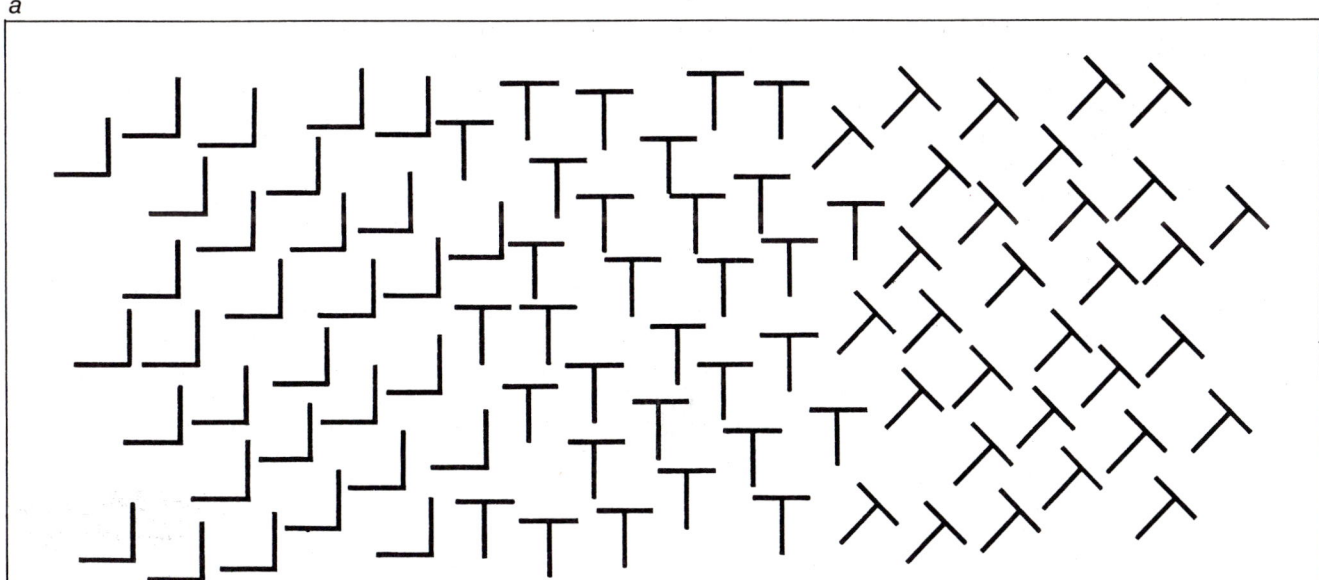

a

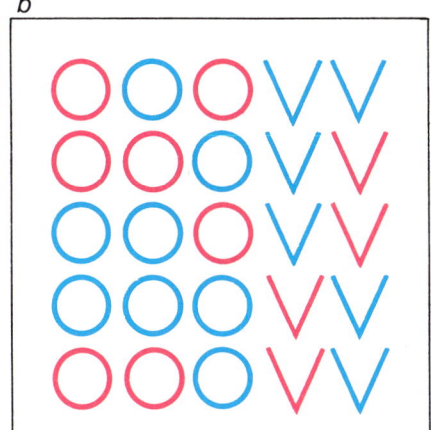

b

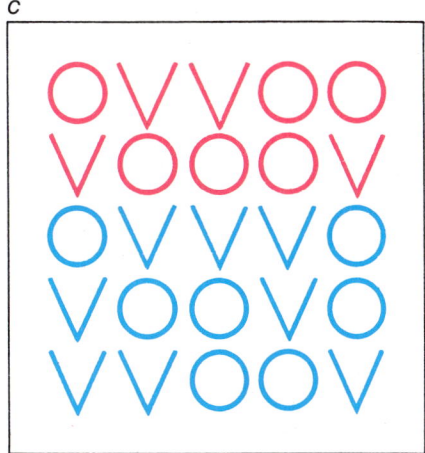

c

d

**Bild 2:** Grenzlinien, die aus einer Darstellung geradezu ins Auge stechen, bringen wahrscheinlich jene einfachen Eigenschaften oder Merkmale der visuellen Welt zum Vorschein, die auf der Anfangsstufe visueller Verarbeitung herausgegriffen werden. So fällt eine Grenzlinie zwischen geraden T und schräg gekippten T auf, im Gegensatz zur Grenzlinie zwischen T und Haken (*a*). Daraus ist zu schließen, daß Orientierungen von Linien wichtige Merkmale auf der ersten Stufe visueller Verarbeitung sind, besondere Anordnungen von Linienverknüpfungen aber nicht. Eine Grenzlinie zwischen O und V springt ungeachtet der Farbgebung hervor (*b*). Folglich sind einfache Eigenschaften der Form (wie Linienkrümmung) wichtig. Eine weitere Grenzlinie zwischen roten und blauen Formen fällt ebenfalls auf (*c*), also ist auch Farbe wichtig. Eine Grenzlinie zwischen Verknüpfungen von Form und Farbe, in diesem Fall roten V und blauen O gegenüber roten O und blauen V (*d*) springt hingegen nicht sofort ins Auge. Offensichtlich ist anfängliches Sehen nur für einzelne Merkmale zuständig, nicht aber für Verknüpfungen von ihnen.

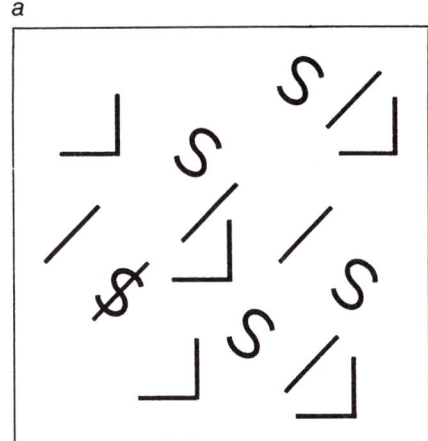

a

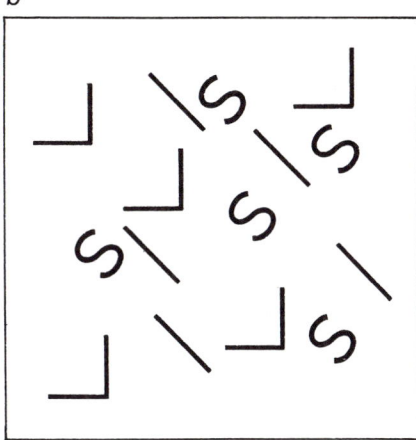

b

c

**Bild 3:** Trügerische Dollar-Zeichen sind ein Beispiel für falsche Merkmalsverknüpfungen. Versuchspersonen wurden gebeten, solche Zeichen inmitten von S-Buchstaben und Linienstücken zu suchen (*a*). Sie gaben oft an, welche zu sehen, auch wenn die kurz aufleuchtenden Bilder keine enthielten (*b*). Dies geschah etwa genauso oft, wenn das Linienstück, das zur Vervollständigung eines Zeichens benötigt wurde, in ein Dreieck eingeschlossen war (*c*). Das Experiment läßt vermuten, daß erste visuelle Verarbeitung die Anwesenheit von Merkmalen lageunabhängig ermittelt.

137

den Gegenständen — Distraktoren — herauszufinden (Bilder 1 und 5). Verläuft die voraufmerksame Verarbeitung automatisch und über das gesamte Gesichtsfeld, so müßte ein Ziel, das sich in seiner vorbewußten Repräsentation im Gehirn von der Umgebung absetzt, geradezu ins Auge springen: Die sprichwörtliche Nadel im Heuhaufen ist schwer zu finden, weil sie ähnlich lang, dick und ausgerichtet ist wie das Heu; wesentlich einfacher verhält es sich hier beim roten Klatschmohn, dessen besondere Farbe und Form automatisch ermittelt werden.

Unterscheidet sich — so unsere Beobachtung — ein Ziel von den Distraktoren in einer einfachen Eigenschaft wie Orientierung, Farbe oder Linienkrümmung, so wird es etwa genauso schnell in einem Feld von 30 wie in einem mit nur drei Gegenständen herausgefunden (Bild 6). Solche Ziele stechen ins Auge, so daß die Zeit zur Entdeckung unabhängig von der Zahl der ablenkenden Faktoren ist. Dies gilt sogar auch dann, wenn Versuchspersonen nicht erfahren, wie das Ziel speziell beschaffen sein wird. Die Teilnehmer brauchen dann insgesamt ein bißchen länger, aber die Zahl der Distraktoren wirkt sich nach wie vor nur geringfügig oder gar nicht aus.

Ist andererseits nun ein Ziel nur durch miteinander verknüpfte Eigenschaften (zum Beispiel ein rotes O zwischen verschiedenen roten N und grünen O) gekennzeichnet oder nur durch speziell kombinierte Bestandteile definiert (zum Beispiel ein R zwischen verschiedenen P und Q, die beide zusammen alle Bestandteile des R enthalten), so nimmt die Zeit zum Suchen und zum Entscheiden über seine An- oder Abwesenheit proportional zur Anzahl der Distraktoren zu. Anscheinend müssen die Versuchspersonen unter diesen Umständen jeden einzelnen Gegenstand des Bildes nacheinander fixieren, um die Verknüpfung der Eigenschaften oder Bestandteile des Gegenstandes zu bestimmen. In einem positiven Versuch — ein Ziel ist vorhanden — endet die Suche, wenn das Ziel gefunden ist; im Durchschnitt geschieht dies, wenn die Hälfte der Distraktoren überprüft ist. In einem negativen Versuch — kein Ziel ist vorhanden — müssen alle Distraktoren geprüft werden. Werden den Bildern weitere ablenkende Komponenten hinzugefügt, verlängert sich die Suchzeit in positiven Versuchen deshalb um die Hälfte der Verlängerung der Suchzeit in negativen Versuchen.

Daß es einen solchen Unterschied macht, ob man nach einfachen Merkmalen oder nach Verknüpfungen von ihnen sucht, könnte sich auch auf industrielle Abläufe auswirken. Zum Beispiel benötigen Qualitätskontrolleure wohl mehr Zeit zum Prüfen fertiger Produkte, wenn die möglichen Herstellungsfehler auf falsch kombinierten Eigenschaften und nicht auf dem auffallenden Wechsel einer einzelnen Qualität beruhen. Dementsprechend sollte auch etwa jedes der Symbole, die für die Bestimmungsorte von Fluggepäck stehen, durch einen einzigen Code charakterisiert sein.

## Austausch von Ziel und Distraktoren

In einer weiteren Serie mit visuellen Suchaufgaben prüften wir, wie sich ein Vertauschen von Ziel und Distraktoren auswirkt. Wir baten also die Versuchspersonen, ein Ziel zu finden, das ein Merkmal aller Distraktoren nicht besaß.

Kombinierten wir zum Beispiel die Buchstaben O und Q in Bildern, so unterschieden sich Ziel und Distraktoren darin, daß es sich in dem einen Fall um einen einfachen, im anderen um einen Kreis mit einem Strich handelte. Die Suchzeiten wichen erheblich ab, je nachdem, ob es sich um das Q oder das strichlose O handelte. Bei Q hing die Suchzeit nicht von der Anzahl der Distraktoren ab, da offenkundig das Gesuchte ins Auge stach. Bei O hingegen wuchs die Suchzeit entsprechend der Anzahl der Distraktoren. Offensichtlich wurden die Gegenstände auf dem Bild nacheinander abgesucht.

Das Ergebnis widerspricht den Erwartungen. In jedem Falle handelt es sich um dieselbe Unterscheidung zwischen denselben Reizen: O und Q. Das Ergebnis stimmt jedoch mit dem Gedanken überein, daß ein zusammengefaßtes Nervensignal am Anfang der visuellen Verarbeitung die Anwesenheit, aber nicht die Abwesenheit eines Unterscheidungsmerkmals übermittelt. Also werden beim Sehen zunächst einfache

*a*

*b*

*c*

*d*

**Bild 4: Mit scheinbaren Dreiecken läßt sich testen, welche Merkmale zur Verfügung stehen müssen, damit die Wahrnehmung von Dreiecken unterstützt wird. Versuchspersonen glaubten selten, ein Dreieck zu sehen, wenn ihnen kurz Bilder mit den Linienstücken, die ein Dreieck ausmachen, gezeigt wurden (*a*). Sie sahen Dreiecke wesentlich öfter, wenn die Bilder** auch geschlossene Reize enthielten, also Formen, die eine Fläche einschließen, in diesem Fall Kreise (*b*). Offensichtlich ist Geschlossenheit ein Merkmal, das in anfänglicher visueller Verarbeitung analysiert wird. Dieser Schluß wurde durch Bilder gestützt, denen die Diagonale zu einem Dreieck fehlte (*c, d*). In diesen Bildern sahen Versuchspersonen selten Dreiecke.

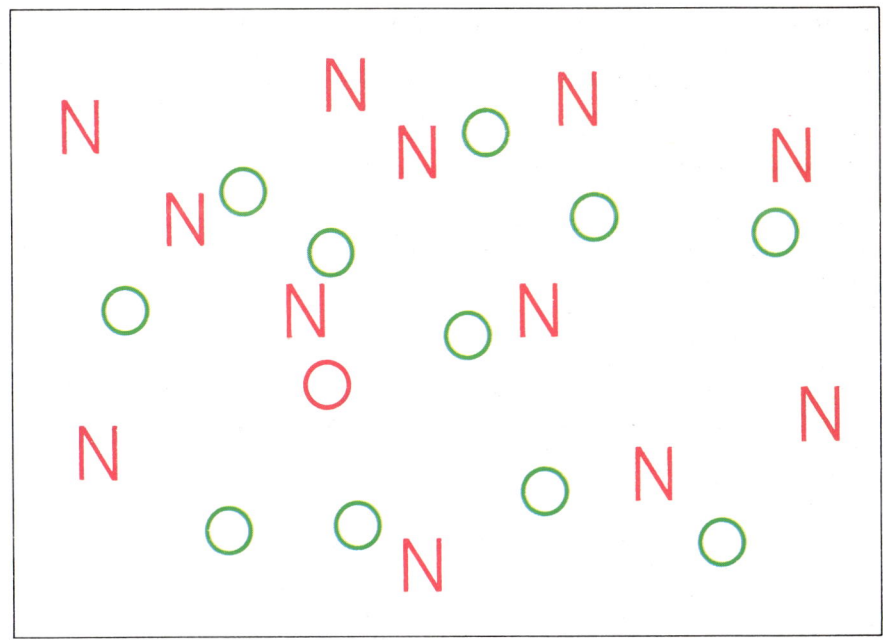

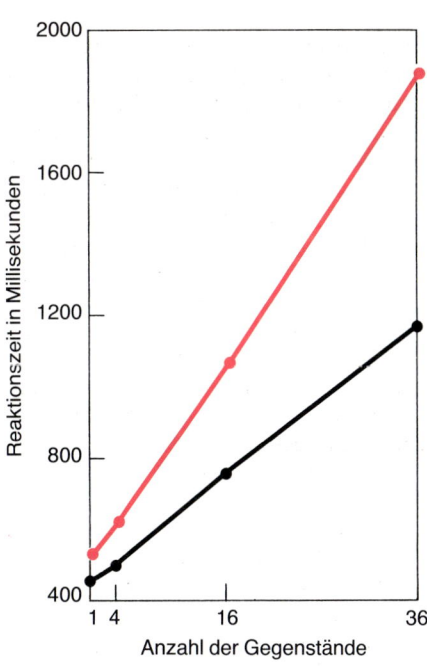

Bild 5: Es erweist sich, daß ein Bild nach einem Zielgegenstand, der durch eine Verknüpfung von Merkmalen definiert ist, um so länger abgesucht wird, je mehr Distraktoren (ablenkende Gegenstände) es enthält. Hier ist das Ziel ein rotes O; die Distraktoren sind grüne O und rote N. Das Ziel unterscheidet sich daher von den Distraktoren in seiner Verknüpfung von Form und Farbe. In Versuchen ohne Ziel wuchs die mittlere Suchzeit mit jedem Distraktor, der dem Bild hinzugefügt wurde, um rund 40 Millisekunden (rechts, farbige Kurve). War dagegen ein Ziel vorhanden (so daß die Versuchspersonen im Durchschnitt die Hälfte der Gegenstände absuchen mußten), so stieg die Suchzeit nur um etwa die Hälfte an (schwarze Kurve). Daraus ist zu schließen: Bei einem Ziel mit kombinierten Eigenschaften müssen die Testpersonen alle abgebildeten Gegenstände nacheinander absuchen. Hat ein Ziel eine besondere Farbe oder Form, beeinflußt die Anzahl der Distraktoren die Suchzeit nicht.

Eigenschaften extrahiert, und jeder Typ von ihnen löst Aktivität in Gruppen spezialisierter Detektoren − ermittelnder Nervenzellen − aus. Ein Ziel mit einer besonderen Eigenschaft wird inmitten von Distraktoren einfach herausgegriffen, indem die Aktivität der zuständigen Detektoren überprüft wird.

Umgekehrt aktiviert ein Ziel, dem eine Eigenschaft der Distraktoren fehlt, nur geringfügig weniger als ein Bild, das ausschließlich aus Distraktoren besteht.

Wir schlagen deshalb als Erklärung vor, daß auf einer untersten Stufe des Sehens sozusagen Merkmalskarten gebildet werden (Bild 9). Sie sind, auch wenn es sich anbietet, nicht notwendigerweise mit den spezialisierten visuellen Arealen gleichzusetzen, von denen Physiologen Karten erstellt haben.

### Merkmalsklassen

Wir haben visuelle Suchaufgaben dazu genutzt, eine große Auswahl relevanter Merkmale zu testen, von denen wir dachten, sie könnten aus Bildern hervorspringen und sich so als ursprünglich zu erkennen geben: Grundelemente auf der ersten Stufe visueller Wahrnehmung. Die betreffenden Merkmale ließen sich in eine Anzahl von Klassen unterteilen: quantitative Eigenschaften wie Länge oder Anzahl; Eigenschaften einzelner Linien wie Orientierung oder Krümmung; Eigenschaften der Anordnung von Linien; topologische und relationale Eigenschaften wie die Verbindung zwischen Linien, die Anwesenheit freier Linienenden oder das Verhältnis von Höhe zu Breite einer Form.

Bei den relevanten quantitativen Merkmalen fanden meine Kollegen und ich heraus, daß einige Ziele um so mehr hervorsprangen, je stärker die Abweichung war. Besonders die extremeren waren leichter zu ermitteln − die längeren Linien, die dunkleren Grautöne, die Linienpaare, wenn die Distraktoren einzelne Linien waren. Das legt nahe, daß das Sehsystem positiv auf ein höheres Maß bei diesen quantitativen Eigenschaften antwortet und daß ein niedrigeres Maß als nicht vorhanden registriert wird. Zum Beispiel könnte die Nervenaktivität, die Linienlänge signalisiert, mit zunehmender Länge bis zu irgendeinem Maximum ansteigen. Auf diese Weise wird ein längeres Ziel gegenüber einem niedrigeren Niveau von Hintergrundaktivität ermittelt, das kurze Distraktoren erzeugen.

Im Gegensatz dazu wird wahrscheinlich ein kürzeres Ziel mit entsprechend niedrigerer Neuronenentladungsrate in der größeren Aktivität untergehen, welche die längeren Distraktoren hervorrufen. Psychophysiker wissen seit mehr als einem Jahrhundert, daß die Fähigkeit, Intensitätsunterschiede zu erkennen, mit abnehmender Hintergrundintensität immer besser wird.

Wir vermuten, daß eben dieses Phänomen, bekannt als Webersches Gesetz, unsere Ergebnisse bei den quantitativen Merkmalen erklären könnte. Begründet hatte diese Art experimenteller Psychologie der Leipziger Anatom und Physiologe Ernst Heinrich Weber (1795 bis 1878); sein ebenfalls in Leipzig wirkender Schüler Gustav Theodor Fechner (1801 bis 1887), Physiker und Philosoph, gab Webers Befunden die mathematische Form.

### Die erste Stufe des Sehens

Bei unseren Versuchen zu zwei einfachen Eigenschaften von Linien, nämlich Orientierung und Krümmung, wurden wir überrascht. In beiden Fällen trat jeweils ein Ziel hervor, eine schräge Linie unter vertikalen Distraktoren und eine gekrümmte Linie unter geraden Linien − nicht jedoch das umgekehrte Ziel, eine senkrechte Linie unter schrägen Distraktoren und eine gerade Linie unter Kurven.

Diese Befunde legen nahe, daß anfängliches Sehen Schrägheit und Krümmung codiert, aber nicht Vertikalität oder Geradheit. Das heißt, den vertikalen und den geraden Zielen scheint ein Merkmal zu fehlen, das die hier benutz-

ten Distraktoren besitzen; es war geradezu, als ob die Ziele Nullwerte der jeweiligen Dimensionen darstellten. Trifft
die Interpretation zu, so müssen auf der
ersten Stufe visueller Wahrnehmung
Schrägheit und Krümmung Verhältnis-
werte darstellen, Abweichungen von einer Bezugsgröße oder Norm, die selbst
nicht positiv angezeigt wird.

Ein ähnlicher Schluß ergab sich für
die Qualität der Geschlossenheit. Wir
baten Versuchspersonen, nach vollständigen Kreisen inmitten von Kreisen mit
Lücken und nach Kreisen mit Lücken
unter vollständigen Kreisen zu suchen.

Wieder stießen wir auf eine auffallende
Asymmetrie; diesmal war zu vermuten,
daß sich die Lücke auf einer unbewuß-
ten Stufe ermitteln läßt, nicht aber Geschlossenheit − oder genauer, daß Geschlossenheit nur dann voraufmerksam
erfaßt wird, wenn die Distraktoren sehr
große Lücken haben, wenn es sich also
um sehr offene Formen wie Halbkreise
handelt. Demnach ist Geschlossenheit
zwar auf einer niedrigen Ebene erfaß-
bar, jedoch nur dann, wenn die Distraktoren sie nicht auch bis zu einem gewissen Maß aufweisen. Andererseits werden beliebig große Lücken (oder die Li-

nienenden, die Lücken erzeugen) stets
gleich leicht gefunden, solange sie bei
peripherem Sehen − das heißt in den
Außenbereichen des Gesichtfeldes −
für eine Versuchsperson überhaupt
wahrnehmbar groß sind.

Schließlich fanden wir keinen Anhaltspunkt dafür, daß irgendeine Eigenschaft der Linienanordnung auf der
Ebene der Voraufmerksamkeit wahrnehmbar ist. Wir überprüften Kreuzun-
gen, Abzweigungen, zusammenlaufende Linien und Parallelen. In jedem Fall
fanden wir, daß die Suchzeit mit wachsender Distraktorenzahl länger wurde.

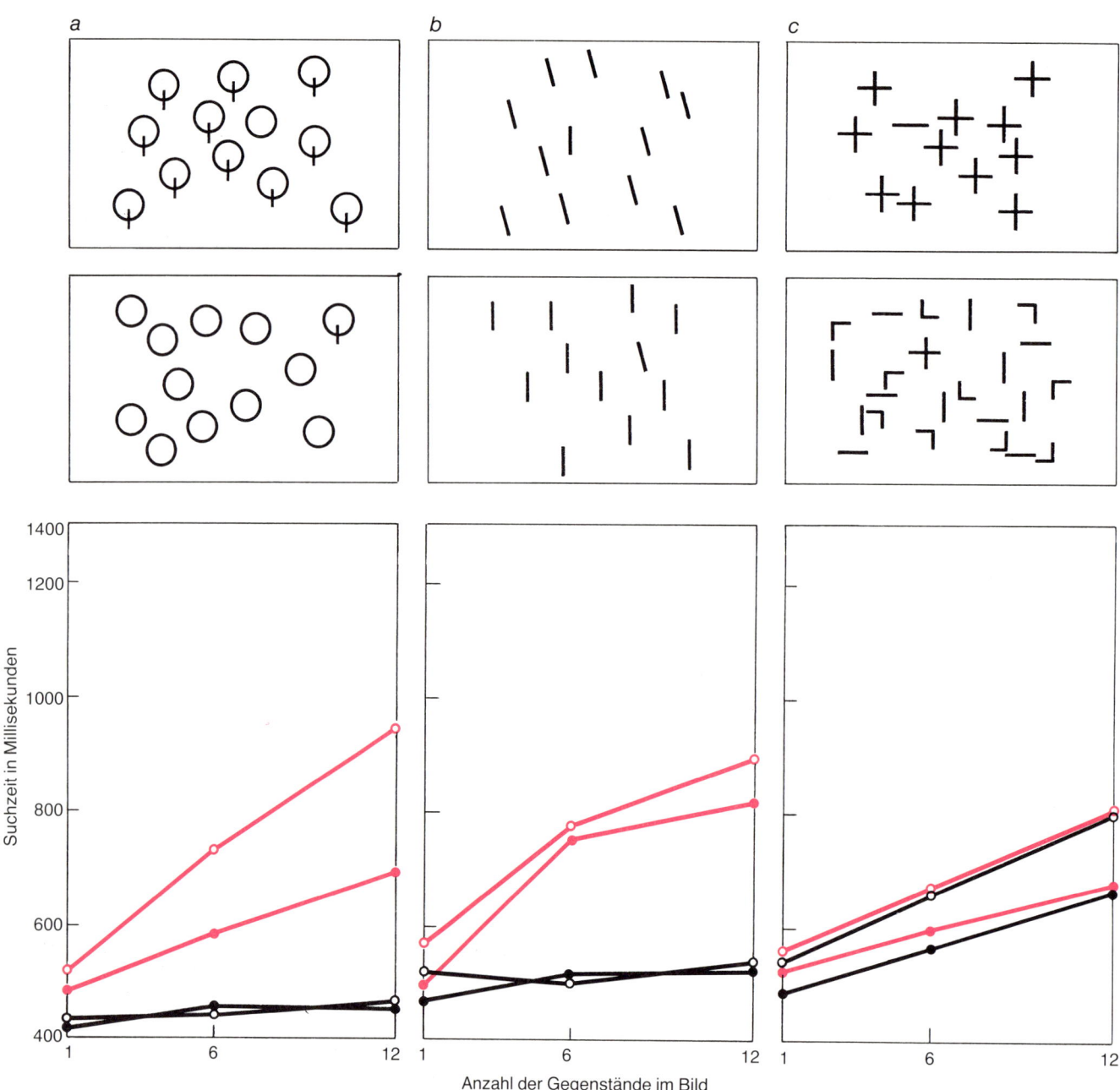

**Bild 6:** Präsenz oder Abwesenheit eines Merkmals kann sich außergewöhnlich unterschiedlich auf die Suchzeit für ein Ziel inmitten von
Distraktoren auswirken. In einem Experiment (*a*) war das Ziel ein Kreis
(oben), im anderen war es ein Kreis mit einem senkrechten Linienstück
(unten). Es erwies sich, daß die Suchzeit für den gekreuzten Kreis weitgehend unabhängig von der Anzahl der Gegenstände auf dem Bild war,
wohl, weil das Merkmal hervorstach (schwarze Kurve; die Kurven mit
offenen Punkten repräsentieren jeweils Versuche, in denen das Bild nur
Distraktoren enthielt). Die Suchzeit für den einfachen Kreis (farbige
Kurve) stieg beim Hinzufügen von Distraktoren steil an, vermutlich
weil das Bild Stück für Stück abgesucht wurde. In einem zweiten Experiment (*b*) sollten die Versuchspersonen nach einer senkrechten Linie
oder einer schrägen Linie suchen. Die schräge Linie konnte sehr viel
schneller gefunden werden (schwarze gegenüber farbiger Kurve), offen-

Die Ziele treten nur dann deutlich hervor, wenn die Versuchsperson sie fixiert, und tauchen nicht automatisch auf, wenn das ganze Bild betrachtet wird.

Offenkundig wird also auf einer unteren Ebene der visuellen Verarbeitung lediglich eine kleine Zahl von Merkmalen herausgehoben. Dazu gehören Farbe, Größe, Kontrast, Schräge, Krümmung und Linienenden. Die Untersuchungen anderer Wissenschaftler zeigen, daß ebenso Bewegung und Unterschiede in der stereoskopischen — das heißt durch das Zusammenwirken beider Augen ermittelten — Tiefe auf der

ersten Ebene automatisch extrahiert werden.

Generell scheinen die Grundelemente visueller Wahrnehmung einfache Eigenschaften zu sein, die lokale Elemente wie Punkte oder Linien kennzeichnen, aber nicht die Beziehungen zwischen ihnen. Geschlossenheit scheint die komplexeste Eigenschaft zu sein, die voraufmerksam hervorspringt. Schließlich legen unsere Ergebnisse nahe, daß verschiedene vorbewußte Qualitäten als Werte der Abweichung von einem Null- oder Vergleichswert codiert werden.

## Die höheren Stufen des Sehens

Nach den niedersten Stufen des Sehens konzentriere ich mich nun auf die höheren. Vor allem geht es um den Nachweis, daß gerichtete Aufmerksamkeit erforderlich ist, um die Merkmale an einer gegebenen Position in einer Bildszene zusammenzufügen und geordnete Repräsentationen von Gegenständen und ihren Beziehungen zueinander herzustellen.

Eine Beweislinie, die das vermuten läßt, ergibt sich aus Experimenten, in denen wir Versuchspersonen baten, ein

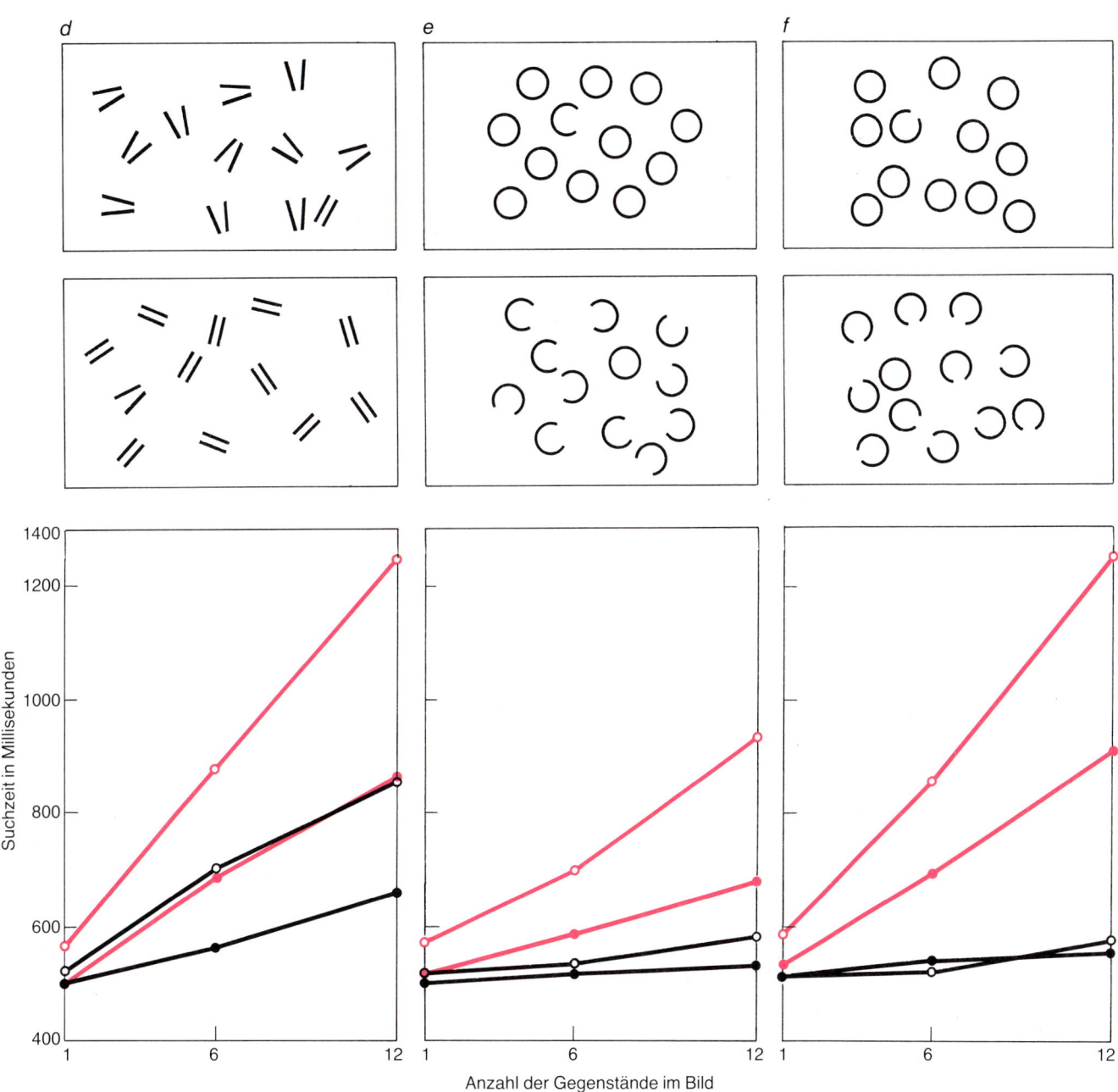

Anzahl der Gegenstände im Bild

sichtlich, weil nur sie ins Auge stach. In einem dritten Experiment (c) wurden ein herausgelöstes Linienstück (farbige Kurve) oder gekreuzte Linien in der Form eines Plus-Zeichens (schwarze Kurve) geprüft. Offensichtlich hob sich keines der beiden Ziele hervor. Dies geschah ebenfalls in einem vierten Experiment (d), in dem parallele (farbige Kurve) oder zusammenlaufende Linien (schwarze Kurve) geprüft wurden. In einem fünften Experiment (e) wurde mit vollständigen Kreisen (farbige

Kurve) oder geöffneten Kreisen (schwarze Kurve) Geschlossenheit überprüft. Bei einem sechsten Experiment (f), in dem wieder Geschlossenheit überprüft wurde, handelte es sich um vollständige Kreise (farbige Kurve) oder Kreise mit schmaleren Lücken (schwarze Kurve). Die Größe der Lücke schien unerheblich zu sein: Der unvollständige Kreis sprang hervor. Andererseits war ein vollständiger Kreis immer schwerer zu finden, wenn die Lücken in den Distraktoren immer schmaler wurden.

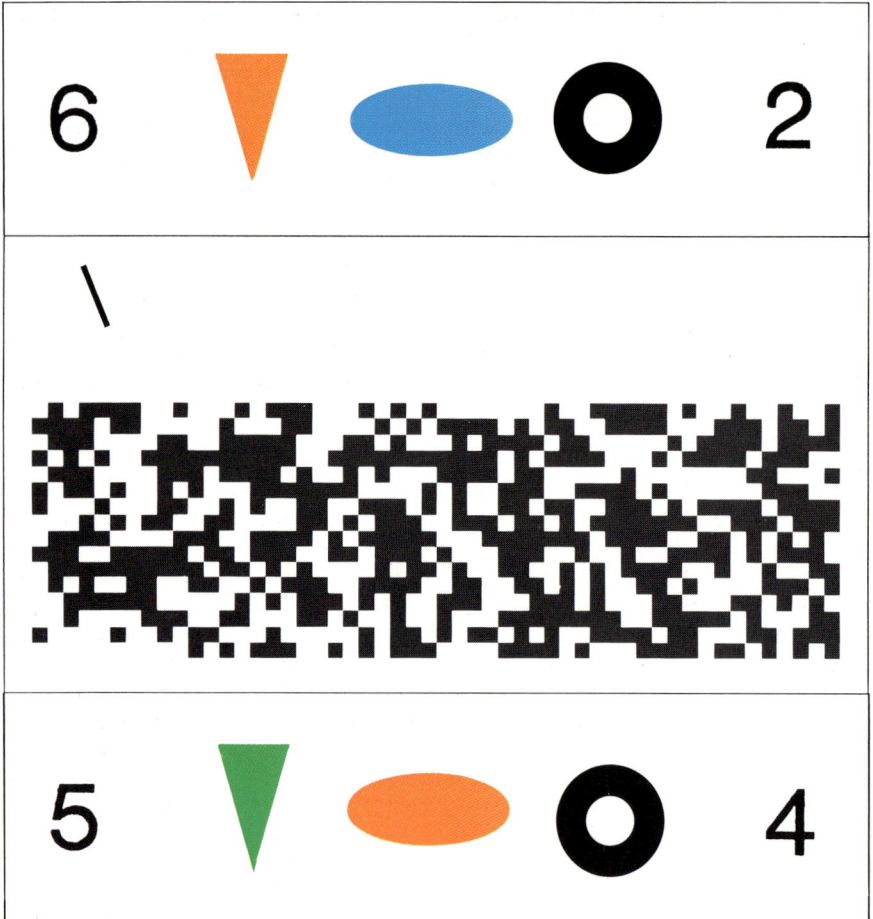

**Bild 7:** Wie sich Erwartungen auf die Wahrnehmung von Merkmalsverknüpfungen auswirken, stellt sich als komplex heraus. Versuchspersonen wurden drei farbige Formen gezeigt, die auf jeder Seite durch eine Zahl als Distraktor flankiert wurden (oben). Dem Bild folgten eine Schwarz-Weiß-Maske und ein Schrägstrich (Mitte), der die vorherige Position derjenigen Form angab, welche die Versuchspersonen nennen sollte. Die Teilnehmer ordneten häufig Farben den falschen Formen zu, wenn sie willkürliche Paarungen von Farben und Formen erwarteten (ein orangefarbenes Dreieck, eine blaue Ellipse und einen schwarzen Ring). Erwartungsgemäß machten die Teilnehmer weniger Fehler, wenn sie Bilder von vertrauten Gegenständen erwarteten (eine Möhre, einen See und einen Reifen). Einige Bilder (unten) zeigten ungewöhnliche Kombinationen, wenn die Versuchspersonen glaubten, natürliche zu sehen zu bekommen. Dennoch war es nicht wahrscheinlicher, daß die Versuchspersonen irrtümlich beispielsweise eine orangefarbene Möhre angaben, wenn Orange an einer anderen Stelle des Bildes vorkam, als wenn die Farbe überhaupt fehlte. Diese letzteren Versuche lassen darauf schließen, daß trügerische Verknüpfungen auf einer Verarbeitungsstufe gebildet werden, die von vorhandenem Wissen nicht betroffen ist.

Ziel in einem Bild zu identifizieren und seine Position zu bestimmen. In einem Typ von Bild unterschied sich das Ziel von den Distraktoren nur durch ein einfaches Merkmal. Zum Beispiel war das Ziel ein rotes H inmitten roter O und blauer X oder ein orangefarbenes X unter roten O und blauen X. In anderen Bildern unterschied sich das Ziel nur darin, wie seine Merkmale verknüpft waren. Zum Beispiel handelte es sich um ein blaues O oder ein rotes X zwischen roten O und blauen X.

Uns interessierten besonders die Fälle, in denen eine Versuchsperson das Ziel zwar korrekt identifizierte, es aber falsch lokalisierte. Entsprechend unseren Erwartungen kam es durchaus vor, daß die Versuchsperson ein einfaches Ziel — das sich etwa lediglich durch seine Farbe unterschied — identifizierte, seine Position jedoch falsch angab. Bei Verknüpfungszielen war es anders: Um sie korrekt zu identifizieren, mußten die Versuchspersonen die Position genau angeben können. Tatsächlich scheint es generell erforderlich, die Aufmerksamkeit auf eine Stelle zu richten, damit die dort enthaltenen Merkmale kombiniert werden können.

Selbstverständlich schließt in einer natürlichen Szene unser Vorwissen viele Merkmalsverknüpfungen aus. Blauen Bananen oder pelzigen Eiern dürften Sie kaum begegnen. Vorbewußte visuelle Verarbeitung könnte aufwärts gerichtet (*bottom up*) genannt werden insofern, als sie automatisch — ohne irgendeinen Rückgriff auf solches Wissen — geschieht. Genau gesagt aktiviert sie keine abwärts (*top down*) gerichteten Vorgänge. Man könnte die Hypothese aufstellen, daß im täglichen Leben Verknüpfungs-Täuschungen verhindert werden, wenn sie abwärts gerichteten Erwartungen widersprechen.

Es gibt viele Beweise dafür, daß wir unsere Kenntnisse von der Welt dazu benutzen, unsere Wahrnehmung zu beschleunigen und zu schärfen. Irving Biederman von der State University of New York in Buffalo bat zum Beispiel Versuchspersonen, einen Zielgegenstand wie ein Fahrrad in der Photographie einer natürlichen Szene oder aber in einer Collage, in der verschiedene Bereiche desselben Photos wahllos vertauscht worden waren, zu finden (Bild 1). Das gelang den Versuchspersonen besser, wenn das Fahrrad in der natürlichen Umgebung — in seinem Kontext — stand.

Um die Rolle des vorhandenen Wissens beim Verknüpfen von Eigenschaften zu prüfen, untersuchten Deborah Butler und ich weitere Scheinverknüpfungen. Wir zeigten Versuchspersonen eine Reihe von drei farbigen Gegenständen, die auf beiden Seiten von einer Ziffer flankiert wurde (Bild 7). Etwa 200 Millisekunden später erschien dann ein Zeiger, zusammen mit einem zufallsverteilten Schachbrettmuster, um jedes von dem ersten Bild stammende Nachbild zu löschen. Wir baten die Versuchspersonen, sich auf die zwei Ziffern zu konzentrieren und sie zu benennen; dann sollten sie sagen, welchen Gegenstand der Zeiger bezeichnet hatte. Dies lief zu schnell ab, als daß die Versuchspersonen sich auf alle drei Gegenstände hätten konzentrieren können.

Der entscheidende Aspekt des Experiments lag in den Bezeichnungen, die wir den Gegenständen gaben. Einer Gruppe von Versuchspersonen sagten wir, daß das Bild aus einer orangefarbenen Möhre, einem blauen See und einem schwarzen Reifen bestehen würde. Hin und wieder (in einem von vier Fällen) wurden Gegenstände in der falschen Farbe gezeigt, um sicherzustellen, daß die Versuchspersonen nicht einfach die Farbe nennen konnten, von der sie im voraus die Zuordnung zu einer gegebenen Form wußten. Einer anderen Gruppe von Testpersonen wurde dasselbe Bild als ein orangefarbenes Dreieck, eine blaue Ellipse und ein schwarzer Ring beschrieben.

Die Ergebnisse waren aufschlußreich. Bei der Gruppe, der willkürliche Paarungen von Farben und Formen vorgeführt worden waren, gab es viele trügerische Verknüpfungen: In 29 Prozent ihrer Antworten handelte es sich um illusionäre Neukombinationen von Farben oder Formen des Bildes, während 13 Prozent Angaben von Farben und Formen waren, die auf dem Bild gar nicht vorkamen. Dagegen sah die Gruppe, die vertraute Gegenstände erwartete, eher wenige trügerische Verknüpfungen: Sie kombinierten die Farben und Formen nur um 5 Prozent häufiger falsch, als sie nicht präsentierte Farben und Formen angaben.

Gelegentlich zeigten wir einer dritten Gruppe von Versuchspersonen falsche Kombinationen, wenn sie bei den meisten Gegenständen mit ihren natürlichen Farben rechneten. Zu unserer Überraschung täuschten sich unsere Versuchspersonen nicht, um so ihren Erwartungen zu entsprechen. Zum Beispiel war es nicht wahrscheinlicher, daß ihnen das Dreieck (die Möhre) dann orangefarben erschien, wenn ein anderes Bilddetail dieselbe Farbe hatte, als wenn die Farbe Orange gar nicht auftauchte.

### Vorwissen und Erfahrung

Daraus scheinen sich zwei Folgerungen zu ergeben: Vorhandenes Wissen und Erwartungen helfen in der Tat, Aufmerksamkeit zum Verknüpfen von Merkmalen wirksam einzusetzen. Beide Faktoren scheinen jedoch keine trügerischen Vertauschungen von Merkmalen hervorzurufen, um anormale Gegenstände wieder normal zu machen. Somit scheinen täuschende Zuordnun-

gen auf einer Stufe der visuellen Verarbeitung zu entstehen, die dem inhaltlichen (semantischen) Zugriff auf Wissen über vertraute Gegenstände vorausgeht. Die Verknüpfungen scheinen voraufmerksam von den Sinnesdaten aufwärts erzeugt und nicht von abwärts gerichteten Einschränkungen beeinflußt zu werden.

Wie nimmt man Gegenstände wahr, wenn man sich erst einmal auf sie konzentriert und aus den Details der Bildszene die korrekten ausgewählt hat? Wie erzeugt und bewahrt man vor allem ein Objekt als wahrgenommene Einheit, insbesondere wenn es sich bewegt und verändert?

Stellen Sie sich einen Vogel auf einem Zweig aus einem gegebenen Winkel und bei einer bestimmten Beleuchtung vor. Beobachten Sie nun, wie sich sowohl seine Form als auch seine Größe und Farbe verändern, während er sich putzt, seine Flügel ausbreitet und davonfliegt. Trotz der starken Veränderungen zeigt sich Wahrnehmungskonstanz: Der Vogel bleibt ein und dasselbe Objekt.

Daniel Kahneman von der Universität von Kalifornien in Berkeley und ich haben die Hypothese vorgeschlagen, daß die Gegenstandswahrnehmung nicht allein durch Wiedererkennen oder Abstimmen mit einer gespeicherten Bezeichnung oder Beschreibung ermöglicht wird. Vielmehr wird auch eine befristete Repräsentation erstellt, die für die augenblickliche Erscheinung des Gegenstandes spezifisch ist und stets

auf den neuesten Stand gebracht wird, während der Gegenstand sich verändert. Es wird gleichsam eine Akte hergestellt, in welche die gesamte Wahrnehmungsinformation über einen bestimmten Gegenstand aufgenommen wird – durchaus analog zur Akte der Polizei über ein bestimmtes Verbrechen, in der sie das zunehmende Datenmaterial über das Geschehen sammelt. Die Beständigkeit der Wahrnehmung würde dann davon abhängen, daß die augenblickliche Manifestationsform eines Gegenstandes derselben Akte zugeordnet wird wie die früheren. Dies ist möglich, wenn der Gegenstand an einem Ort verharrt oder seine Position in solchen Grenzen verändert, daß das Wahrnehmungssystem die richtige Akte anzusteuern vermag.

Um diese Vorstellung zu überprüfen, entwickelten wir zusammen mit Brian Gibbs einen Test, bei dem Buchstaben zu benennen waren (Bild 8). Zwei Buchstaben leuchteten kurz in der jeweiligen Mitte zweier Rahmen auf; die leeren Rahmen wanderten dann an neue Orte, worauf einer der beiden Buchstaben abermals oder ein anderer in einem der beiden Rahmen erschien. Wir gestalteten die Darbietung so, daß die zeitlichen und die räumlichen Abstände zwischen dem ersten und dem letzten Buchstaben innerhalb des einen Rahmens immer gleich waren; lediglich die Rahmen bewegten sich jeweils anders. Die Versuchspersonen sollten den letzten Buchstaben möglichst schnell nennen.

Wir wußten, daß die vorausgegangene Darbietung eines Buchstabens normalerweise die notwendige Zeit zum Identifizieren desselben Buchstabens bei einer darauffolgenden Präsentation verkürzt. Dieser Effekt ist als *Priming* (Vorbereiten) bekannt. Uns interessierte die Frage, ob *Priming* nur unter bestimmten Umständen vorkommt. Unserer Meinung nach mußten zwei Buchstaben demselben Gegenstand zugeordnet werden, wenn der letzte Buchstabe mit dem vorbereitenden Buchstaben identisch war und in demselben Rahmen wie dieser erschien.

In diesem Fall konnten wir die Wahrnehmungsaufgabe als das einfache Wieder-Sehen des ursprünglichen Gegenstandes in verschobener Position erachten. Wenn andererseits ein neuer Buchstabe in demselben Rahmen erscheint, muß wahrscheinlich – so mutmaßten wir – die Gegenstandsakte aktualisiert werden, wodurch sich möglicherweise die Zeit verlängert, in der die Versuchspersonen sich den Buchstaben bewußt machen und ihn nennen können.

Tatsächlich erwies sich das *Priming* als gegenstandsspezifisch: Unsere Ver-

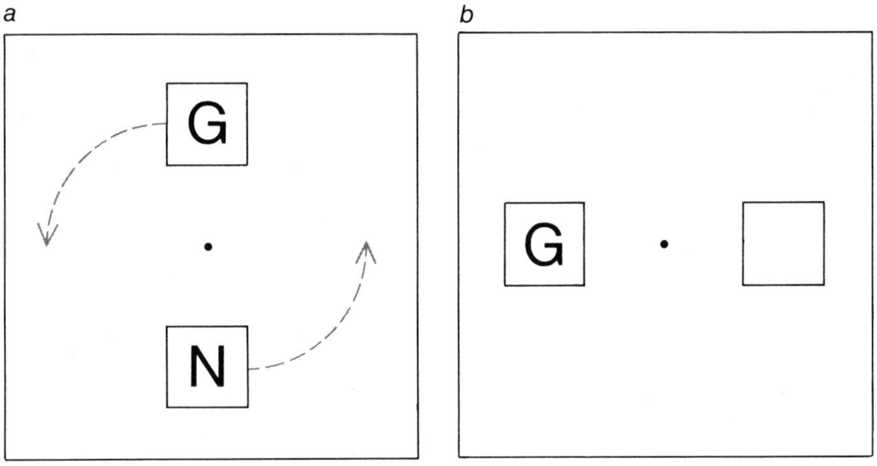

Bild 8: Die Bewegung von Rahmen zeigt, wie sich Sinnesinformation zu dem zusammenfügt, was man als Akte über jeden Wahrnehmungsgegenstand ansehen kann. In jedem Versuch erschienen zwei Rahmen; dann leuchteten darin kurz zwei Buchstaben auf (*a*). Die Rahmen bewegten sich an einen neuen Ort, und ein Buchstabe erschien in einem von beiden (*b*). Die Probanden sollten den letzten Buchstaben so schnell wie möglich nennen. Entsprach er einem der ersten und erschien er in demselben

Rahmen, wurde er schneller benannt, als wenn der letzte Buchstabe einem der ersten Buchstaben entsprach, jedoch in dem anderen Rahmen erschien, oder sich von dem ersten Buchstaben in demselben Rahmen oder beiden ersten Buchstaben unterschied. Das heißt zugleich, daß es länger dauert, eine Akte über einen Gegenstand neu anzulegen oder auf den neuesten Stand zu bringen, als denselben Gegenstand einfach ein zweites Mal wahrzunehmen. Der Test stammt von der Autorin und Brian Gibbs.

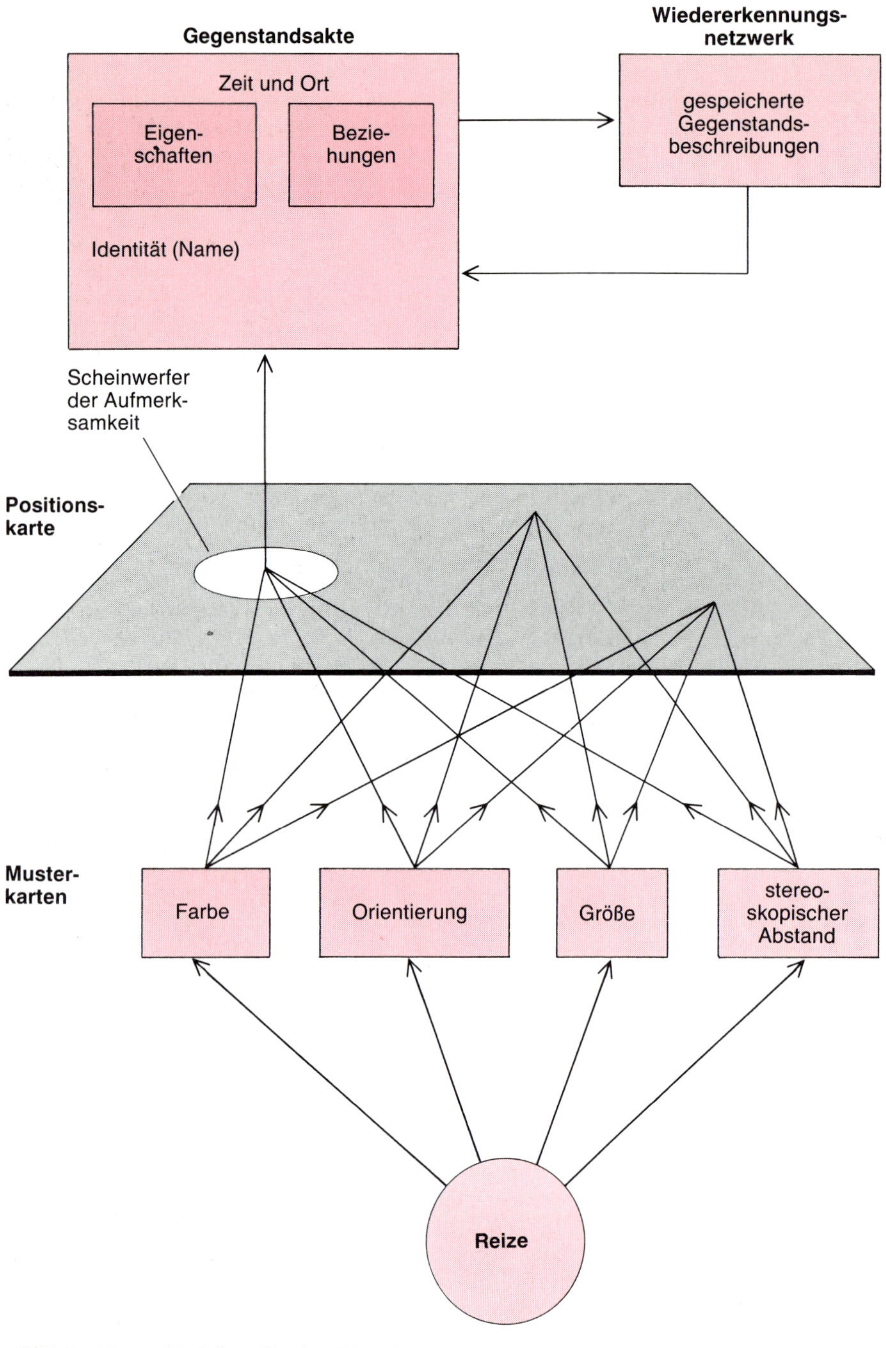

## Das Modell visueller Verarbeitung

Aus dem Gesamtschema, das ich für die visuelle Verarbeitung vorschlage, kann ein Modell gebildet werden (Bild 9). Das visuelle System beginnt damit, eine bestimmte Anzahl von einfachen und zweckmäßigen Eigenschaften in Form einer Art Kartenstapel zu verschlüsseln. Im Gehirn bewahren solche Karten gewöhnlich die räumlichen Beziehungen der visuellen Welt selbst. Trotzdem ist möglicherweise die enthaltene räumliche Information für die nachfolgenden Stufen visueller Verarbeitung nicht verfügbar. Statt dessen wird wohl die Anwesenheit jedes Merkmals ohne eine Angabe über seine Position mitgeteilt.

Auf den nachfolgenden Stufen wird gerichtete Aufmerksamkeit eingesetzt. Insbesondere nehme ich an, daß sie mit einer Originalkarte von Positionen operiert, in der die Anwesenheit von Intensitäts- oder Farbsprüngen ohne Angabe über ihre Art gespeichert ist. Die Aufmerksamkeit verwendet diese Originalkarte und wählt dabei gleichzeitig über Verbindungen zu den gesonderten Merkmalskarten alle die Details aus, die gegenwärtig an einer gewählten Position vorliegen. Diese werden in eine befristete Repräsentation des Gegenstandes − die Akte − aufgenommen.

Schließlich fordert das Modell, daß die in jeder Gegenstandsakte zusammengefaßte Information über die Eigenschaften und strukturellen Beziehungen mit gespeicherten Beschreibungen in einer Art Wiedererkennungsnetzwerk verglichen wird. Es gibt die entscheidenden Merkmale von Katzen, Bäumen, Eiern mit Speck, der eigenen Großmutter und all der anderen vertrauten Wahrnehmungsgegenstände an und erlaubt dadurch den Zugriff auf ihre Namen, ihr wahrscheinliches Verhalten und ihre gegenwärtige Bedeutung.

Ich nehme an, daß bewußte Aufmerksamkeit auf die Informationen angewiesen ist, welche die Akten über die Gegenstände enthalten. Sie ist also auf Repräsentationen angewiesen, die Information über bestimmte Gegenstände sowohl aus der Analyse von Wahrnehmungsmerkmalen als auch aus dem Netzwerk sammeln und die Information laufend aktualisieren.

Wenn ein bedeutsamer Sprung im Ort oder in der Zeit auftaucht, wird die ursprüngliche Akte über einen Gegenstand möglicherweise aufgelöst: Sie hört auf, eine Quelle für das Wahrnehmungserlebnis zu sein. Der Gegenstand selbst verschwindet und wird durch ein neues Objekt mit seiner eigenen neuen befristeten Akte ersetzt. Nun kann eine neue Wahrnehmungsgeschichte beginnen.

**Bild 9:** Dieses Modell stellt eine Hypothese über die anfänglichen Stufen der visuellen Wahrnehmung dar; es ergibt sich aus den Experimenten der Autorin. Sie schlägt darin vor, daß Sehen auf der untersten Stufe einige einfache und zweckmäßige Eigenschaften einer Szene in Form zahlreicher Merkmalskarten codiert, die möglicherweise die räumlichen Beziehungen der visuellen Welt bewahren, aber nachfolgenden Verarbeitungsstufen selbst keine räumliche Information zur Verfügung stellen. Statt dessen wählt dann gerichtete Aufmerksamkeit mittels einer Originalkarte der Positionen die Merkmale aus, die an bestimmten Orten vorhanden sind, und fügt sie zusammen. Auf späteren Stufen dient schließlich die zusammengefügte Information dazu, Akten über Wahrnehmungsgegenstände anzulegen und auf den neuesten Stand zu bringen. Der Reihe nach werden die Akteninhalte mit Beschreibungen verglichen, die in einem Wiedererkennungsnetzwerk gespeichert sind. Das Netzwerk vereinigt Merkmale, Verhalten, Namen und Bedeutung vertrauter Gegenstände.

suchspersonen nannten den letzten Buchstaben rund 30 Millisekunden schneller, wenn derselbe Buchstabe vorher in demselben Rahmen erschienen war; jedoch waren die Versuchsteilnehmer nachweislich langsamer, wenn derselbe Buchstabe vorher in dem anderen Rahmen erschienen war. Das Ergebnis entspricht der Hypothese, daß die späteren Stufen visueller Wahrnehmung Informationen von den ersten, merkmalsempfindlichen Stufen in befristete gegenstandsspezifische Repräsentationen einfügen.

# Formwahrnehmung aus Schattierung

Visuelle Informationen, die allein aus Abstufungen und steten Übergängen von Hell zu Dunkel bestehen, zwingen dem Sehsystem schon den Eindruck dreidimensionaler Objekte und räumlicher Tiefe auf. Das Gehirn macht dabei aber vereinfachende Annahmen, so die, daß es immer nur eine Lichtquelle gibt.

Von Vilayanur S. Ramachandran

Unsere Seherfahrung der Welt basiert auf zweidimensionalen Bildern — jenen ebenen, unterschiedlich hellen und farbigen Mustern, die auf eine Schicht Sinneszellen in der Netzhaut des Auges (der Retina) abgebildet werden. Wir können dennoch Körperlichkeit und räumliche Tiefe wahrnehmen, weil eine Menge Tiefeninformation im Netzhautbild vorliegt: Schattierung, Perspektive, teilweise Verdeckung eines Objekts durch ein anderes und unterschiedliche retinale Bilder beim Sehen mit beiden Augen (stereoptische Disparität). Irgendwie vermag es das Gehirn, daraus die dreidimensionale Form der Gegenstände zu rekonstruieren.

Von den vielen beteiligten Mechanismen des Sehsystems ist die Fähigkeit, Schattierung zu nutzen, wahrscheinlich die ursprünglichste. Für diese Annahme spricht unter anderem, daß sich bei vielen Tieren eine helle Unterseite entwickelt hat, vermutlich, weil sie dadurch für ihre Verfolger weniger gut sichtbar sind.

Diese Gegenschattierung hebt die durch Sonneneinstrahlung entstehenden Schatteneffekte auf und hat zumindest zweierlei Nutzen: Sie vermindert den Kontrast gegenüber dem Hintergrund und flacht die wahrgenommene Form des Tieres ab. Daß Gegenschattierung bei vielen Tierarten vorkommt, darunter zum Beispiel bei zahlreichen Fischen, läßt vermuten, daß Schattierung eine ganz wesentliche Informationsquelle für die dreidimensionale Form darstellt.

Maler haben natürlich schon lange Licht und Schattierung genutzt, um eindringliche Tiefenillusionen zu vermitteln. Die Psychologen haben sich jedoch noch nicht sonderlich darum bemüht zu erforschen, wie Auge und Gehirn tatsächlich Schattierungsinformation nutzen. Meine Kollegen und ich haben deshalb mit einer Reihe von Experimenten begonnen, welche die Bedeutung dieser Mechanismen klären sollen.

## Die Testobjekte

Zunächst erzeugten wir auf einem Computer Bilder von einfachen Objekten, in denen einzig feine Hell-Dunkel-Übergänge Tiefeneindruck vermitteln. Wir sorgten des weiteren dafür, daß die Bilder keine komplexen Objekte oder Muster enthielten, weil wir die Gehirnmechanismen, die Schattierungsinformation verarbeiten, von denjenigen trennen wollten, die auf einem höheren Verarbeitungsniveau möglicherweise ebenfalls zur Tiefenwahrnehmung unter völlig realen Umweltbedingungen beitragen.

Bei unseren Experimenten benutzten wir als Grundform schattierte Kreise, die dem Betrachter eine Tiefenillusion geradezu aufzwingen (Bild 2a). Die Formen scheinen entweder wie kugelige Erhebungen aus der Fläche vorzuspringen oder wie Mulden in sie eingetieft zu sein, ähnlich wie Ei und Hohlform des Eierkartons. Sie sind insofern zweideutig, als das Gehirn nicht weiß,

in welcher Richtung die Lichtquelle liegt. Mit einiger Anstrengung kann man sie im Geiste so bewegen, daß aus Erhebungen Mulden werden und umgekehrt.

Es ist interessant, daß sich immer alle Objekte des Bildes gleichzeitig umkehren, wenn man mental ein Objekt wendet. Daraus ergibt sich eine wichtige Frage: Beruht die Neigung, alle diese Objekte als zugleich konvex beziehungsweise konkav zu sehen, auf einer Tendenz, allen dieselbe Tiefe zuzuordnen, oder beruht sie auf der stillschweigenden Annahme, daß es nur eine Lichtquelle gibt? Um dies herauszufinden, erzeugten wir ein Bild, auf dem die Objekte der einen Reihe die Spiegelbilder der anderen sind (Bild 2b). Betrachten nun die Versuchspersonen eine Reihe von Objekten als konvex, so erscheint ihnen die andere immer als konkav.

## Die Beleuchtung

Wir haben aus diesem einfachen Experiment zweierlei gefolgert. Zunächst kann die Ableitung von Form aus Schattierung keinesfalls das Ergebnis einer ausschließlich lokalen Operation sein; vielmehr muß ein globaler Prozeß vorliegen, der entweder das gesamte visuelle Feld umfaßt oder doch einen großen Ausschnitt. Des weiteren scheint das Sehsystem tatsächlich davon auszugehen, daß nur eine einzige Lichtquelle das gesamte Bild beleuchtet. Dies mag daran liegen, daß sich unser Gehirn in einem Sonnensystem mit einem einzigen Zentralgestirn entwickelt hat.

Dieses Prinzip manifestiert sich auch in einer komplexen Form, die wie ein gewellter, seitlich beleuchteter Strang Zahnpasta aussieht (Bild 2c). Sie erscheint fast immer als konvex, vielleicht aufgrund von Feinheiten wie etwa sich überdeckenden Abschnitten oder der Tendenz, solche Formen generell als konvex zu betrachten. Es ist bemerkenswert, daß der Tiefeneindruck der beiden aufliegenden Scheiben nicht mehr zweideutig ist: Die obere erscheint deutlich als ausgebuchtet, die untere als vertieft. Offensichtlich zeigen bestimmte Eigenschaften eines Objektes unserem Gehirn die Richtung der Lichtquelle an, und der Rest wird mental so behandelt, daß er ihr räumlich zugeordnet ist.

Das Sehsystem setzt aber nicht nur eine einzige Lichtquelle voraus, sondern neigt auch dazu, sie natürlicherweise oben anzunehmen. Wir können

dieses Phänomen anschaulich mit einer Gruppe schattierter Kreise und deren einfach auf den Kopf gestellter Version demonstrieren (Bild 3). Alle Versuchspersonen sehen die Gruppe a als Kugeln, die Gruppe b als Einbuchtungen an. Dreht man nun die Seite auf den Kopf, so kehrt sich die Tiefenwirkung um: Die Objekte der Gruppe b scheinen jetzt konvex und die der Gruppe a konkav zu sein.

Sie können zu Ihrem Vergnügen die Illustration ausschneiden und auf einer drehbaren Unterlage befestigen. Wie schnell kann man sie bewegen, bis Sie schließlich keine Tiefenumkehr mehr wahrnehmen?

Diese Beobachtungen deuten darauf hin, daß das Gehirn eine Sonneneinstrahlung von oben annimmt. Wie jedoch unterscheidet es oben und unten? Kommt es dabei auf die relative Orientierung des Objekts zur Netzhaut oder auf die zur äußeren Umgebung an? Um diese Unterscheidung voll zu verstehen,

versuchen Sie folgendes Experiment: Legen Sie sich auf eine Couch und lassen Sie den Kopf über die Kante hängen, so daß Sie die Welt verkehrt herum betrachten (Sie können auch vornübergebeugt durch die Beine nach hinten sehen). Fordern Sie nun jemanden auf, sich hinter Sie zu stellen und Bild 3 in normaler Orientierung vor Ihre Augen zu halten. Die Objekte der Gruppe a sehen dann konkav aus und die der Gruppe b konvex − das heißt, Sie erzielen denselben Effekt wie beim Drehen des Bildes. Dies wiederum bedeutet, daß die Orientierung relativ zur Retina entscheidend ist. Das wahre Wissen über oben und unten beeinflußt Ihre Tiefenwahrnehmung nicht.

### Die Umrisse

Schattierung allein läßt kaum den Eindruck von Räumlichkeit entstehen. Um wirklich einen überzeugenden

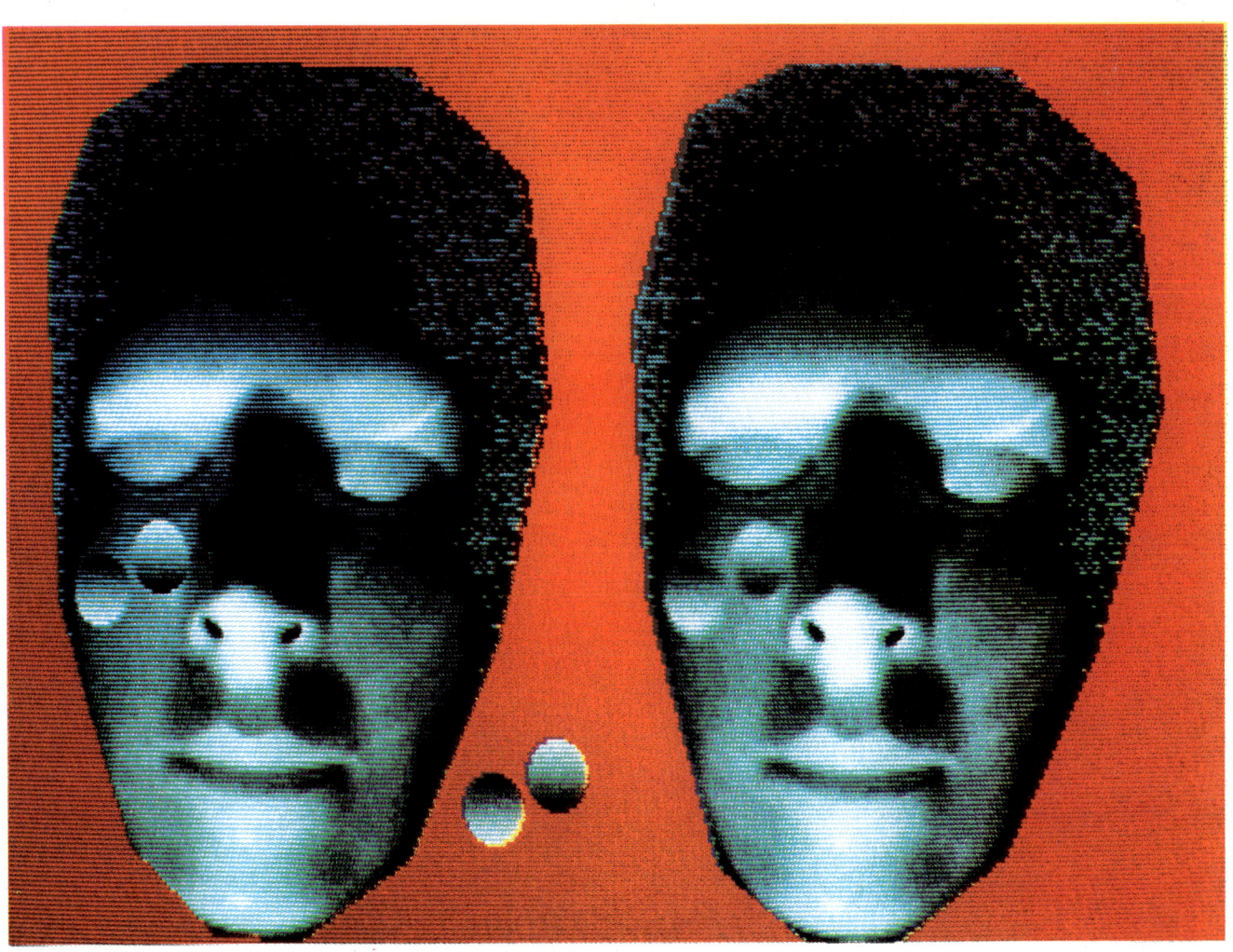

**Bild 1:** Wird das Innere hohler Masken von oben beleuchtet, meint man, vorgewölbte Gesichter zu sehen, die von unten beleuchtet sind. Beim Deuten von Hell-Dunkel-Variationen geht das Gehirn normalerweise von einem Lichteinfall von oben aus. Hier geschieht dies jedoch nicht, so daß die Bilder als normale, konvexe Objekte interpretiert werden können. Man beachte, daß die zwei Scheiben zwischen den beiden Masken nach wie vor von oben beleuchtet zu sein scheinen: Wenn man die Scheiben auf die Wange versetzt (links), sehen sie in ihrer Tiefe zweideutig aus. Läßt man sie mit der Wange verschwimmen (rechts), hat man den Eindruck, beide seien wie der Rest des Gesichtes von unten beleuchtet.

Tiefeneindruck zu vermitteln, muß die schattierte Oberfläche klar umrissen sein (ein bemerkenswertes Gegenbeispiel sind allerdings die absichtlich konturlosen Schraffurzeichnungen des bekannten französischen Neoimpressionisten Georges Seurat). Tatsächlich zeigen viele unserer Testbilder nur annäherungsweise den weichen, mit einer Cosinus-Funktion zu beschreibenden Helligkeitsübergang wirklicher Schattierungen. Allein die kreisförmige Begrenzung der schattierten Zone sorgt dafür, daß sich uns der Eindruck einer kugelförmigen Oberfläche aufdrängt. Daraus ergibt sich eine weitere Frage: Welche Funktion hat der Umriß (nicht zu verwechseln mit der Kontur, also einer gezeichneten flächenbegrenzenden Linie) für die Formwahrnehmung mittels Schattierung?

Um diese Frage zu beantworten, entwarfen wir ein Paar von Objekten, die gleich schattiert sind, aber unterschiedliche Umrißformen haben (Bild 4). Beide Bilder haben indes den gleichen Helligkeitsgradienten: Eine Photozelle, quer über jedes Bild bewegt, würde in der Verteilung der Helligkeitswerte identische Variationen registrieren. Trotzdem wirken die beiden Bilder ganz unterschiedlich. Bei dem oberen könnte es sich um drei nebeneinanderliegende, halb aus der Oberfläche ragende Röhren handeln, während das untere je nach Interpretation des Lichtfalls auf ein liegendes oder stehendes Stück Wellblech schließen läßt. Die jeweilige Illusion scheint vollständig von den Formen der oberen und unteren Flächenkanten abzuhängen.

Aus diesen Demonstrationen ist folgendes zu schließen: Ist die schattierungsbedingte Information zweideutig, so kann die umrißbedingte für das gesamte Bild Eindeutigkeit herstellen. Erstaunlicherweise wandert der Ort der angenommenen Lichtquelle so, wie es die wahrgenommene Oberfläche erfordert. Bei der Form in Bild 4 oben scheint das Licht senkrecht auf die Seite zu fallen, während es bei der unteren entweder weit von links oder von rechts zu kommen scheint. Es ist bemerkenswert, daß die Änderung von Umrissen derart drastische Wahrnehmungseffekte hervorruft.

Unsere nächste Demonstration zeigt, daß sogar scheinbare Umrisse wirksam sind. Ein typisches Beispiel bieten vier dunkelgraue, mondsichelförmige Kreisabschnitte; wenn sie so angeordnet sind, daß die inneren Bögen auf einem Kreis liegen, sieht man diesen Kreis als geschlossene Fläche, welche die dunkelgrauen Flächen teilweise überdeckt. Tatsächlich scheint eine feine Linie die konkaven Ränder der kleinen Scheiben zu verbinden — eine bekannte optische Täuschung (Bild 5a).

Was passiert, wenn wir den gleichmäßig grauen Hintergrund dieses Bildes durch einen ersetzen, dessen Helligkeit von oben nach unten stetig abnimmt? Das neue Testobjekt (Bild 5b) sieht zunächst flach aus. Betrachtet man es jedoch länger, so beginnt die durch optische Täuschung wahrgenommene zentrale Scheibe sich dem Betrachter entgegenzuwölben und sich sogar so weit vom Hintergrund zu lösen, daß sie wie eine schwebende Kugel aussieht.

Es ist äußerst seltsam, daß dies mit einer scheinbaren Kontur sogar besser

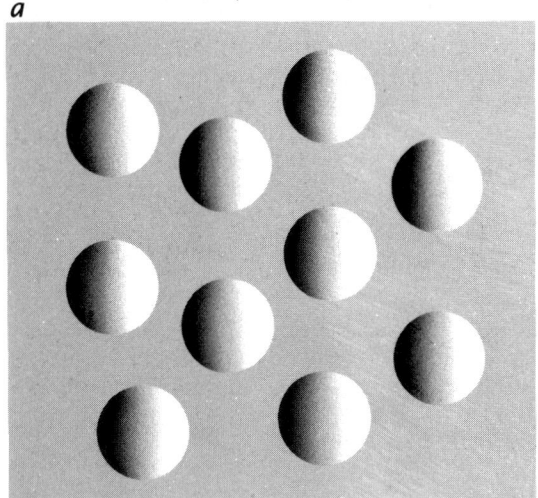

Bild 2: Ob dies kugelige Erhebungen oder Vertiefungen sind, hängt von der vorgestellten Position der Lichtquelle ab. Man kann die Tiefe der Objekte in *a* umkehren, indem man sich die Lichtquelle von einer Seite zur anderen versetzt denkt. In einer zweiten Anordnung (*b*) ist jede Reihe in sich zweideutig. Sobald man jedoch eine Reihe als konvex betrachtet, erscheint die andere immer als konkav, und umgekehrt; es ist nahezu unmöglich, beide gleichzeitig konvex oder konkav zu sehen. Die große Form in *c* suggeriert eine weiße, von rechts beleuchtete, geschlängelte Masse. Die beiden Scheiben auf ihr scheinen zu der Beleuchtungsannahme zu passen: Die obere sieht vorgewölbt aus, die untere eingetieft. Das letzte Experiment hat der Autor zusammen mit Dorothy Kleffner und Steven J. Cobb entwickelt.

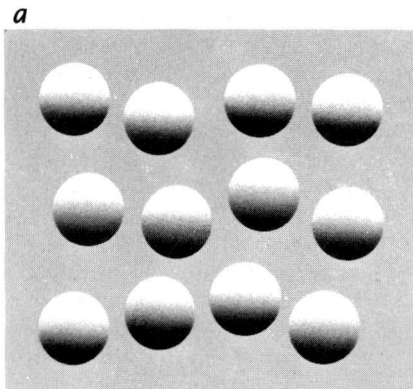
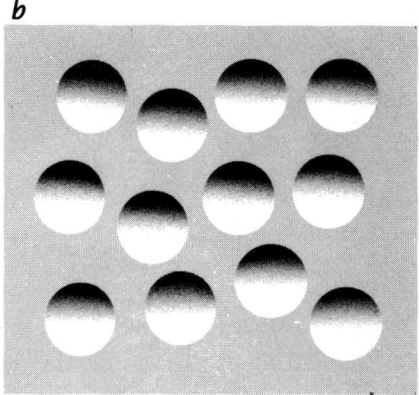

Bild 3: Nach unserer Erfahrung kommt Licht von oben. Die Objekte der Gruppe *a* scheinen daher konvex, diejenigen der Gruppe *b* konkav zu sein. Betrachtet man die Heftseite falsch herum, kehrt sich die Tiefenebene um. Dreht man seinen Kopf so, daß sich die Welt umkehrt, sieht man, daß die Orientierung des Musters relativ zur Netzhaut entscheidend ist.

funktioniert als mit einer wirklichen (Bild 5c). Die Ursache hierfür ist nicht vollständig klar; die Wirkung läßt jedoch vermuten, daß das Gehirn Überschneidung eher als Zeichen für ein dreidimensionales Objekt wertet als eine gegebene Kontur allein. Schließlich könnte die Kontur genausogut eine Schlinge aus dünnem Draht oder eine durchsichtige Seifenblase bedeuten.

Eine solche Beobachtung zeigt ebenfalls, daß reale wie vorgetäuschte Kanten und die Form, die aus Schattierung resultiert, unmittelbar und intensiv wechselwirken. Würde das visuelle System allein die Grauwerte einer Schattierung detailliert bestimmen, um die Orientierung einer Oberfläche zu erkennen (wie dies von einigen Modellen der künstlichen Intelligenz für automatisches Sehen als ausreichend angenommen wird), würde man keine Kugel in Bild 5 *b* wahrnehmen, denn die Schattierung ändert sich, wenn man die scheinbare Grenzlinie in der Waagerechten überschreitet, nicht im geringsten. Trotzdem sieht man eine Kugel, weil Schattierung und Scheinkontur diese Interpretation wechselseitig verstärken.

Das Sehsystem kann überdies Objekte durch unterschiedliche Oberflächenreflexion abgrenzen, das heißt durch den wieder abgestrahlten Lichtanteil. Eine Photozelle, die eine Objektgrenze überquert, wird normalerweise einen plötzlichen Wechsel der Helligkeit registrieren. Was aber würde passieren, wenn die Grenze durch Änderung der Farbe und nicht der Helligkeit charakterisiert wäre?

Wir ersetzten bei der schon bekannten schattierten scheinbaren Kugel den gleichmäßig grauen Hintergrund durch einen farbigen, der eine ähnliche Helligkeitsverteilung wie die Kugel hatte (Bild 5d und e). Das Ergebnis ist eindrucksvoll: Die Illusion von Tiefe verflüchtigt sich, und die Kugel erscheint platt, obwohl ihr Umriß aufgrund des Farbunterschieds klar erkennbar bleibt. Wir schlossen daraus, daß das Prinzip von Form aus Schattierung nichts mit farblich definierten Kanten zu tun hat — unter anderem wohl deshalb, weil unsere entwicklungsgeschichtlichen Vorfahren, die den Lemuren — vornehmlich in Madagaskar beheimateten Halbaffen — glichen, nachtaktiv und farbenblind waren. In ihrer Zwielichtwelt war der Helligkeitskontrast der einzige Schlüssel zur Tiefenwahrnehmung.

Bisher wäre mithin klar, daß unser Gehirn Information über die Form von Objekten aus dem Zusammenspiel von Umrissen und Schattierung gewinnt. Was nun macht das Gehirn mit einmal erkannten Formen?

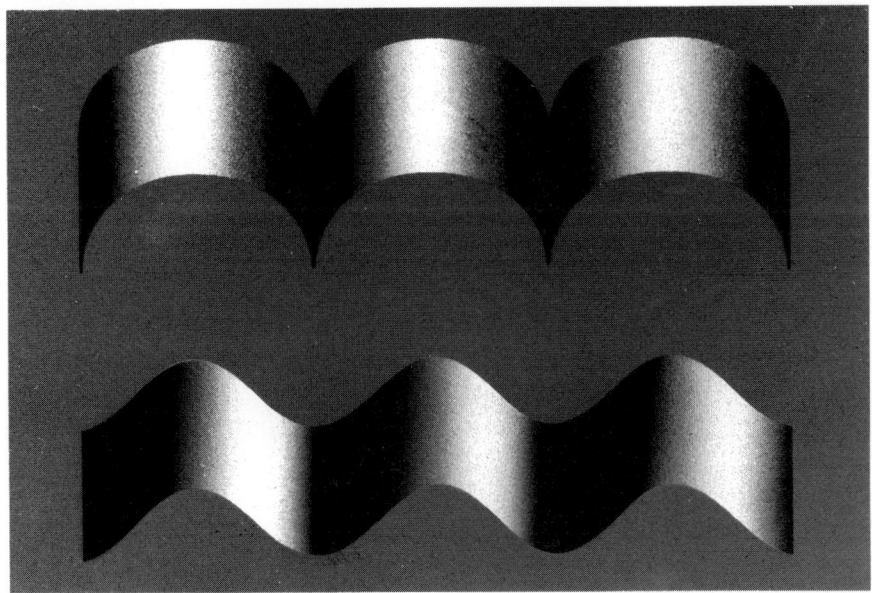

**Bild 4: Umrißformen beeinflussen die Interpretation schattierter Oberflächen. Beide Bilder zeichnen sich durch dasselbe Schattierungsmuster aus. Die obere Form jedoch erweckt den** Eindruck dreier senkrecht zur Seitenoberfläche beleuchteter Halbzylinder, die untere hingegen den einer Wellblechfläche, die entweder weit von links oder rechts beleuchtet wird.

### Wahrnehmung von Figur und Hintergrund

Eine bedeutende Wahrnehmungsleistung ist das Vermögen, Figur und Hintergrund voneinander zu trennen. Selbst im größten Durcheinander entscheidet unser visuelles System leicht, welche Bildteile zusammengehören und die jeweiligen Objekte bilden. Noch in einer auf schärfste Kontraste reduzierten Photographie kann man einen Dalmatinerhund vor einem gescheckten Hintergrund ausmachen (Bild 6a). Ebenso ist man imstande, mental eine Reihe gleichgerichteter Linien aus einem Feld anders orientierter Linien gleichsam herauszulösen (Bild 6b). Hingegen ist es unmöglich, in einer Buchstabenmenge normale und spiegelverkehrte klar auseinanderzuhalten (Bild 6c).

Die Regeln, nach denen die Wahrnehmung solche Gruppen bildet, haben systematisch erstmals Anne M. Treisman an der Universität von Kalifornien in Berkeley, Bela Julesz in den AT & T-Bell-Laboratorien und Jakob Beck an der Universität von Oregon in Eugene untersucht. Sie entdeckten eine Reihe wesentlicher Prinzipien, darunter, daß ein wichtiger erster Schritt der visuellen Wahrnehmung im Herauslösen bestimmter Elementareigenschaften besteht, die Julesz als Textons bezeichnet; als Beispiele seien orientierte Kanten, Farbe und Bewegungsrichtung genannt. Sobald das Sehsystem die jeweiligen elementaren Eigenschaften isoliert hat, fügt es ähnliche zu Objekten zusammen. Beck nimmt sogar an, daß definitionsgemäß nur Elementareigenschaften sich dermaßen gruppieren lassen. Vermutlich gehören die Buchstaben eines Alphabets für das visuelle System nicht dazu.

Was liegt jedoch bei dreidimensionalen Objekten vor? Etliche andere Muster aus unserem Testprogramm belegen, daß sogar Formen, die ausschließlich aus Schattierung entstehen, als Grundelemente der visuellen Wahrnehmung dienen können.

In einer Anordnung von scheinbaren Erhöhungen und Vertiefungen beispielsweise können die zufällig verstreuten konvexen Formen im Geiste zu einer gesonderten Tiefenebene zusammengefaßt werden, die sich eindeutig von dem durch konkave Objekte gebildeten Hintergrund abhebt (Bild 7a).

Betrachtet man dieses Bild, meint man, das visuelle System durchlaufe mehrere Verarbeitungsschritte. Im ersten braucht es einige Sekunden, um die dreidimensionalen Formen zu ermitteln. Sobald die konvexen Formen erschienen sind, ist man überzeugt, beliebig lange an ihnen festhalten zu können, um sie mit gleichartigen Elementen des Bildes zusammenzubringen. Danach werden sie schließlich klar von unbedeutenden Elementen des Hintergrundes abgehoben.

Das Herauslösen und Zusammenbringen von Textons, gewöhnlich als eine einschrittige Operation beschrieben, scheint mithin tatsächlich eine Reihe unterschiedlicher Wahrnehmungsfähigkeiten zu beinhalten, die bei der Be-

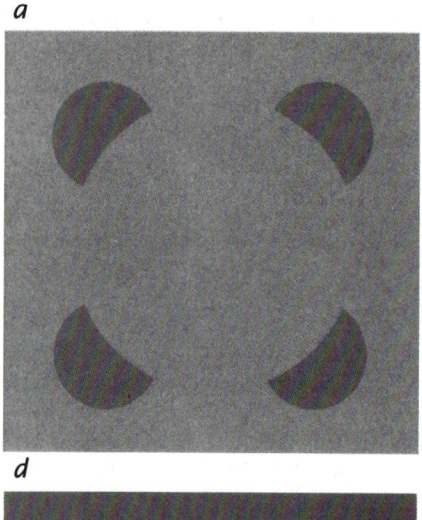

*a*

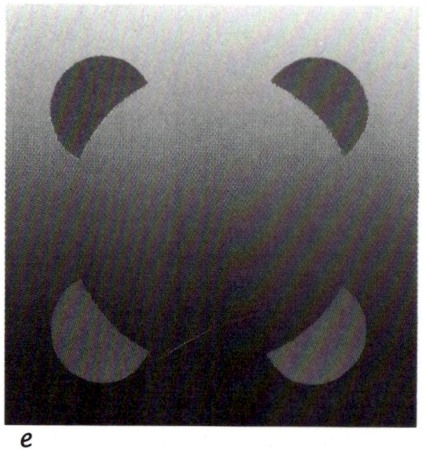

*b*

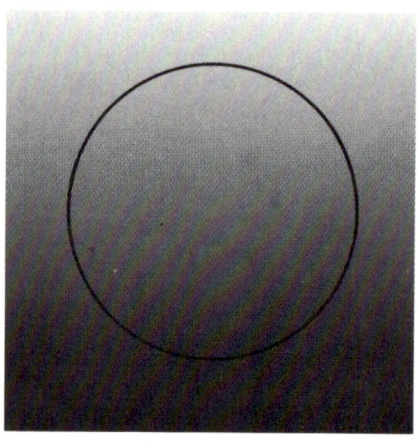

*c*

*d*

*e*

Bild 5: Ein scheinbarer Kreis wird dadurch erzeugt, daß vier dunkelgraue Scheiben mit bogenförmiger Basis kreisförmig angeordnet werden (*a*). Ein schattierter Hintergrund läßt dann eine illusionäre Kugel entstehen (*b*). Eine wirkliche Kontur hingegen hat bei weitem nicht diese Wirkung (*c*). Ein kreisförmiger Umriß, der durch Nuancierungen der Helligkeit entsteht, läßt eine Kugel plastisch hervortreten (*d*). Ein farbiger Hintergrund konturiert ebenfalls (*e*); da jedoch Hintergrund und Kreis gleich abschattiert sind, verschwindet für den Betrachter die Illusion von Tiefe.

stimmung von Objekt und Hintergrund zusammenwirken.

Wir haben uns gefragt, ob das bei diesem Bild zu beobachtende Gruppieren von Wahrnehmungsinhalten auf einer noch elementareren Eigenschaft als der dreidimensionalen Form beruht. Da beispielsweise die konvexen Formen sich von den konkaven in ihrem Hell-Dunkel-Kontrast unterscheiden (konvexe sind dort hell, wo konkave dunkel sind), könnte man annehmen, daß sich das Sehsystem in die Hell-Dunkel-Polarität einklinkt. Um diese Möglichkeit auszuschließen, haben wir ein Bild erzeugt, in dem die Objekte zwar dieselbe Polarität wie zuvor haben, jedoch überhaupt keine Information über Tiefe enthalten (Bild 7*b*). Es ist tatsächlich unmöglich, sie entsprechend zu gruppieren. Dies gilt sogar dann, wenn man dazu jedes Objekt einzeln betrachtet. Die Gruppenbildung muß also auf der dreidimensionalen Form und nicht auf der Hell-Dunkel-Polarität beruhen.

Wie bereits betont, ist die Tiefenillusion bei Oberlicht wesentlich stärker als bei Seitenbeleuchtung. Ebenso erhöht Oberlicht die Fähigkeit, Bildinhalte zu gruppieren und auseinanderzuhalten. Das läßt sich nachweisen, indem man einfach die Gruppe *a* in Bild 7 um 90 Grad dreht: Der Tiefeneindruck wird

abgeschwächt und das Vermögen unserer Wahrnehmung, Bildinhalte zu trennen, stark herabgesetzt. Dies spricht für die Vorstellung, daß Gruppenbildung auf dreidimensionaler Form beruhen müsse und überdies Formen höherer Ordnung darstellen kann, zum Beispiel ein Dreieck aus mehreren unserer Grundmuster (Bild 7*c*).

Es könnte interessant sein, derartige Reizkonfigurationen zu benutzen, um herauszufinden, ob Kinder und hirngeschädigte Patienten Form durch Schattierung erkennen. Würde beispielsweise ein Kleinkind auf scheinbare Kugeln reagieren, die durch ihre Anordnung ein Gesicht vortäuschen?

## Die Rolle von Symmetrie

Die visuelle Wahrnehmung verfügt außerdem über die bemerkenswerte Fähigkeit, Symmetrie zu entdecken. Damit bewältigt man auch einigermaßen komplizierte Formen wie Pflanzen, Gesichter und sogar die Tintenkleckse eines Rorschach-Testes.

Wie aber entdeckt das visuelle System Symmetrie? Vergleicht es alle einzelnen Charakteristika einer Seite mit denjenigen der anderen, um herauszubringen, ob das Objekt symmetrisch

ist? Oder gruppiert es Details zu bedeutungsvolleren Formen und sucht dann darin nach symmetrischen Entsprechungen? Unsere nächste Demonstration ist ein Versuch, diese Fragen zu beantworten.

Wir haben zwei Anordnungen schattierter Kreisscheiben (Bild 8) miteinander verglichen. Die Versuchspersonen nahmen die linke gewöhnlich als Kugeln und Vertiefungen wahr, die symmetrisch der horizontalen Mittelachse zugeordnet sind; vergleicht man sie jedoch Punkt für Punkt, zeigt sich, daß die untere Hälfte kein Spiegelbild der oberen ist. Tatsächlich ist das rechte Bild in Bezug auf die horizontale Mittelachse vollständig symmetrisch. Dies zeigt, daß Wahrnehmung von Symmetrie auf dreidimensionaler Form basiert und nicht einfach auf der Verteilung von hellen und dunklen Flächen im Bild. Man kann dies überprüfen, wenn man die Illustration um 90 Grad dreht, um den starken Tiefeneindruck auszuschalten. Nun sieht man, daß die rechte Anordnung stärker symmetrisch ist als die linke.

Unsere Beobachtungen legen nahe, daß Schattierungsinformation ziemlich früh während des visuellen Verarbeitungsprozesses aufgenommen wird. Es könnte sogar neuronale Verarbeitungskanäle geben, die sich ausschließlich damit beschäftigen.

Vor kurzem haben Terrence J. Sejnowski und Sidney R. Lekhy von der Johns-Hopkins-Universität in Baltimore (Maryland) anhand von Computersimulationen gezeigt, daß solche Zellen möglicherweise existieren. Am Anfang stand ein neuronales Netzwerk aus drei Schichten horizontal angeordneter Zellen: jener der Eingangselemente, einer verborgenen Schicht Verarbeitungselemente und schließlich einer Schicht Ausgangselemente. Die Zellen der Eingangsschicht bekamen rezeptive Felder wie bei der Katzennetzhaut zugeordnet: ein Zentrum mit einem ringförmigen Umfeld. Ein Lernalgorithmus paßte die Stärke der Signale beim Übergang von einer Zellschicht zur nächsten an. Als er 40 000mal durchlaufen war, konnte das Netzwerk schattierte Formen mit den richtigen Krümmungsachsen im dreidimensionalen Raum verknüpfen.

Ein weiteres Ergebnis war gänzlich überraschend: Die Forscher untersuchten die Antworteigenschaften der Zellen in der verborgenen Schicht und fanden, daß sie von Balken unterschiedlicher Länge, Breite und Orientierung aktiviert wurden. Sie waren somit den Kantendetektorzellen frappierend ähnlich, die man in der Sehrinde von Katzen und Affen findet.

Sosehr diese Computersimulation auch verblüffen mag, ihre biologische Bedeutung ist noch nicht klar, denn die Forscher schlossen absichtlich Konturen und andere Informationen mit bekannter Schlüsselfunktion beim menschlichen Sehen aus. Man muß deshalb abwarten, ob die Ähnlichkeit zwischen den verborgenen Elementen und Kantendetektoren der Großhirnrinde zufällig ist oder ob solche Detektorzel-

len tatsächlich dazu dienen, dreidimensionale Form aus der Schattierung abzuleiten.

## Das Bewegungssehen

Bis hierher habe ich mich nur mit starren Motiven beschäftigt. Was aber ist, wenn die Objekte bewegt sind?

In der Wildnis kann man einigermaßen sicher sein, daß alles, was sich bewegt, entweder Beute oder Räuber ist. Das visuelle System scheint daher eine ganze Reihe von Mechanismen für das Erkennen von Bewegung entwickelt zu haben. Offenkundig gibt es für das Bewegungssehen eine Gruppe spezialisierter Nervenzellen im Gehirn. Ist man mit ihrer Hilfe imstande, auch die aus Schattierung resultierende Information zu nutzen? Um dies herauszufinden, bezogen wir eine als Scheinbewegung bekannte Form optischer Täuschung in unsere Untersuchung ein (siehe auch „Das Wahrnehmen von Scheinbewegung", Spektrum der Wissenschaft, August 1986).

Ein einfaches Beispiel von Scheinbewegung läßt sich dadurch erzeugen, daß man zwei räumlich getrennte Lichtflekke in raschem Wechsel aufleuchten läßt. Statt die beiden Lichtpunkte an- und ausgehen zu sehen, bemerkt man meist einen Fleck, der hin- und herspringt. Um nun die Rolle von Schattierungsinformation bei der Bewegungswahrnehmung des Menschen zu untersuchen, zeigten wir in raschem Wechsel ein Bild, das ein schattiertes konvexes Objekt über einem konkaven zeigt, und eines, in dem diese Objekte gerade vertauscht sind. Elf unvorbereitete Versuchspersonen gaben an, eine Kugel zu sehen, die zwischen zwei Löchern im

Hintergrund herauf- und herunterspringt.

Daraus ist zu schließen, daß das Gehirn zuerst die dreidimensionale Form bestimmen muß, bevor es Scheinbewegung wahrnehmen kann. Tatsächlich benötigen die Versuchspersonen oft Dutzende von Sekunden, bis sie einen Tiefeneindruck gewinnen, und sehen währenddessen keinerlei Scheinbewegung. Dies schließt weitgehend aus, daß das Erwecken eines Bewegungseindrucks auf einer anderen, primitiveren Eigenschaft des Bildes beruht. Um diesen Gedanken etwas deutlicher zu demonstrieren, haben wir die gesamte Darstellung um 90 Grad gedreht; dadurch schwächte sich der Tiefeneindruck beträchtlich ab, und die Illusion von Bewegung verschwand nahezu vollständig.

Offenkundig formt das Sehsystem also aus der Schattierungsinformation ein dreidimensionales Objekt und nimmt dann Bewegung anhand des dreidimensionalen Bildes wahr, statt einfach das primitive zweidimensionale Bild zu verwenden. Bestimmte Zellen der Sehrinde von Affen werden von der Bewegungstäuschung aktiviert, wie sie oben für die einfache Anordnung wechselnd aufleuchtender Lichtflecke beschrieben ist. Es wäre von Interesse herauszufinden, ob diese Zellen auf Bewegung von Objekten reagieren, deren Form aufgrund ihrer Schattierung wahrgenommen wird.

## Irritationen

Zweifellos benötigt die visuelle Wahrnehmung eine Reihe biologischer Prozesse, bis eine dreidimensionale Repräsentation der äußeren Umgebung er-

a

b
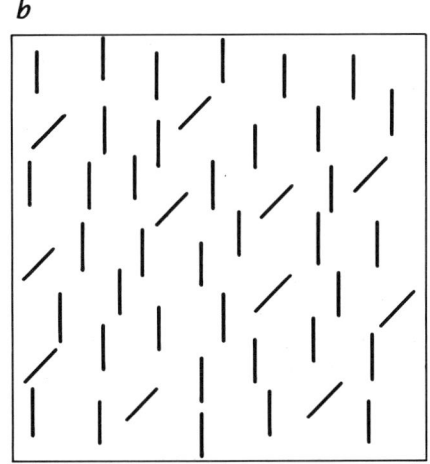

c

| D | Ↄ | Y | ⅃ | J | W | S | M |
|---|---|---|---|---|---|---|---|
| X | O | ⅃ | W | Ǝ | Я | Y | ᗡ |
| M | ᕬ | C | b | W | T | H | V |
| R | ⅃ | W | Ↄ | Z | ⅃ | W | C |
| Ↄ | A | W | ⅃ | ᗡ | M | A | Ↄ |

**Bild 6: Da elementare Merkmale auf der Wahrnehmungsebene gruppiert werden, kann man die Form des Dalmatinerhundes aus dem gescheckten Hintergrund dieser auf Schwarzweiß-Kontraste reduzierten Photographie herauslösen (a). Die schrägen Linien lassen sich zusammenfassen und in einer Ebene gesondert von den vertikalen Linien sehen (b). Spiegelverkehrte Buchstaben jedoch sind visuell nicht zu isolieren (c).**

*a*

*b*

*c*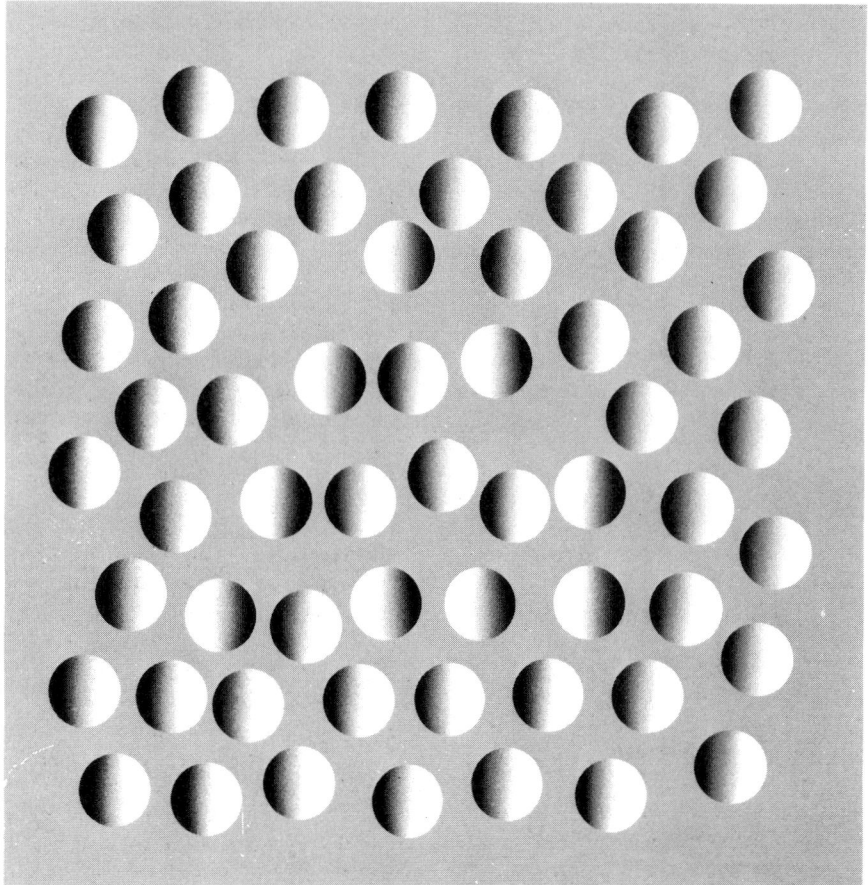

**Bild 7: Das visuelle System kann konvexe und konkave Formen voneinander trennen und einander zuordnen (a). In einer Anordnung, die dieselben Helligkeitspolaritäten enthält wie die vorhergehende, aber keinerlei Tiefeninformation (b), ist es unmöglich, gleichartige Objekte zu isolieren. Bei einer von der Seite beleuchteten Anordnung (c) wird die Gruppierung auf der Wahrnehmungsebene erleichtert, wenn man das Bild um 90 Grad dreht: Die konvexen Objekte erheben sich aus dem Bild und formen ein Dreieck. Schattierung kann eine Schlüsselinformation über solche komplexen Formen für die weitere visuelle Verarbeitung liefern.**

reicht ist. Dafür scheint das Sehsystem eine Anzahl vereinfachender Annahmen vorzunehmen, wie etwa diejenige einer einzigen Lichtquelle. Was aber geschieht, wenn das Sehsystem versucht, eine Gesamtszene aus vielen verstreuten Bruchstücken zusammenzufügen? Patrick Cavanagh, Diane Rogers-Ramachandran und ich haben vor kurzem erst versucht, diese Frage zu beantworten.

Wir erzeugten einfache Felder zufallsverteilter V-förmiger Winkel, die man einzeln bei räumlicher Interpretation als zwei aufeinandertreffende Würfelflächen betrachten kann (Bild 9). Feld *a* kann man als Anordnung parallel ausgerichteter, von einer einzigen Lichtquelle beleuchteter Würfel betrachten; die schwarzen Parallelogramme sieht man dann als die im Schatten liegenden Würfelflächen. Jedoch ebenso häufig erscheint die Anordnung als eine Anzahl weißer Tafeln ähnlich Grabsteinen, die einen schwarzen Schatten werfen. Man braucht nur mental die Richtung der Lichtquelle zu ändern, um entweder Würfel oder schlagschattenwerfende weiße Tafeln zu sehen. Deutet man freilich irgendeinen der Bildgegenstände als Würfel, so erscheinen plötzlich alle anderen ebenso als Würfel — es ist unmöglich, gleichzeitig einige als Würfel und einige als Tafeln zu sehen, da dies gegen die genannte Regel von der einen Lichtquelle verstößt. Bemerkenswert ist die Tendenz, fehlende Oberflächen einzusetzen, sobald die Figuren als Würfel gesehen werden, daß man also Scheinoberflächen wahrnimmt. Diese verschwinden dann, sobald die Figuren zu Tafeln mit Schlagschatten werden.

Als nächstes drehten wir etwa die Hälfte der Winkel in allen möglichen zufälligen Kombinationen um. Diese neuen Bilder illustrieren das subtile Wechselspiel zwischen äußeren Bedingungen und Organisationsprinzipien, wenn das Gehirn versucht, sinnvolle Formen aus verstreuten Fragmenten zu bilden. Im Feld *b* zum Beispiel erscheinen gewöhnlich alle Teile als parallele Würfel, obwohl sich dies nicht mit dem Prinzip einer einzigen Lichtquelle vereinbaren läßt. Offensichtlich wird dieses Prinzip, wenn es nicht erfüllbar ist, durch eine Regel ersetzt, wonach ähnlich orientierte Formen parallele Oberflächen sind. Um Widersprüche ganz auszuschließen, geht das Gehirn einfach von Oberflächen unterschiedlicher Farbe aus.

Im Feld *c* erscheinen Grabsteine und Würfel miteinander vermischt, weil dadurch das Sehsystem dem Prinzip der einzigen Lichtquelle folgen kann. Es ist unmöglich, in diesem Bild nur Würfel

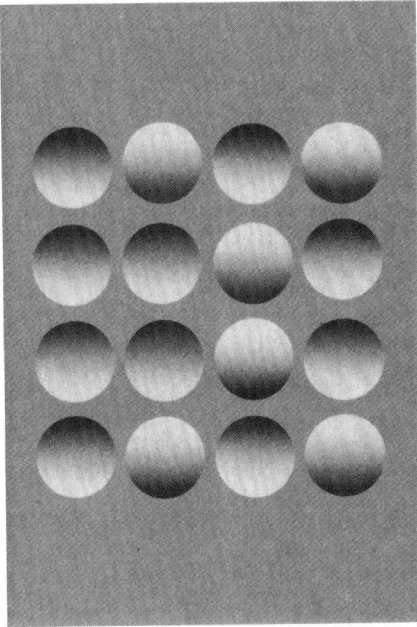 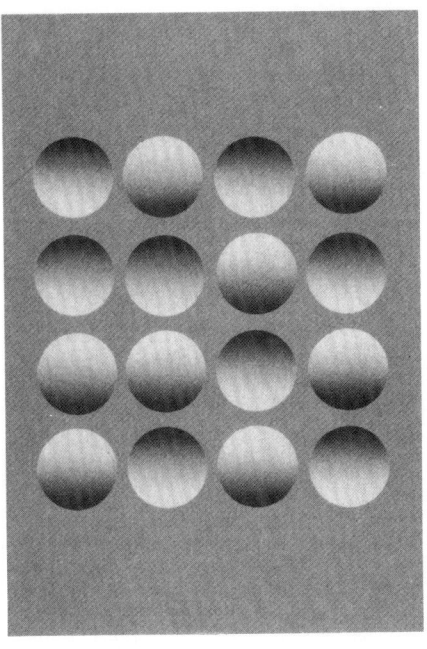

**Bild 8:** Symmetrie nimmt man erst wahr, wenn das Gehirn Form aus Schattierung herausgelöst hat. In der linken Anordnung scheinen die Formen symmetrisch zur horizontalen Mittel- achse angeordnet. Vergleicht man aber Punkt für Punkt der wirklichen Fläche, so erweist sich, daß nur die rechte Anordnung vollständig symmetrisch zur horizontalen Mittelachse ist.

oder nur Grabsteine zu sehen, weil eine solche Interpretation sowohl gegen die Regel der Orientierung wie das Prinzip der einzigen Lichtquelle verstoßen würde. Manchmal passiert es einem auch, daß man alle Elemente auf diesem Bild in einer zusammenhängenden Fläche vereinigt, die wie eine plastische Metalloberfläche aussieht, in die hier und da Stufen eingemeißelt sind. Während eine Ameise, die auf dem Bild herumkriecht, höchstens einen regellosen Wechsel von Hell und Dunkel wahrnehmen würde, erfaßt das menschliche Auge das gesamte Bild, verknüpft parallele Flächen und formt so räumliche Ordnung und Einheit.

Im Feld *d* schließlich erscheinen die Gegenstände weder als parallel, noch erfüllen sie die Bedingung einer einzigen Lichtquelle. Deswegen ist man geneigt, das Bild als eine zufällige Ansammlung platt liegender und in entgegengesetzte Richtungen weisender Winkel zu sehen. Auch wenn es möglich ist, die eine oder andere Figur bisweilen als Würfel oder Grabstein zu sehen, bleibt es dennoch schwierig, alle als ein ganzheitliches dreidimensionales Gebilde zu interpretieren.

## Vorstellung und Wahrnehmung

In der realen Welt beeinflußt die visuelle Vorstellung − das komplexe Wissen über das Gesehene − tiefgreifend die Wahrnehmung von Form aus Schattierung. Das Wechselspiel zwischen Bildvorstellung und Wahrnehmung ist freilich einer der am schwersten zu fassenden und rätselhaftesten Gegenstände der Psychologie.

Um dies zu illustrieren, haben wir ein Feld mit schattierten Kreisen erzeugt, das bei oberflächlicher Betrachtung wie abwechselnde Reihen von Kugeln und Vertiefungen aussieht (Bild 10 *a*). Dieses Bild erlaubt jedoch eine grundlegend andere Interpretation: Man kann eine graue Fläche mit 16 Löchern darin sehen, durch die man zwei dahinterliegende verschwommene dunkle Streifen erkennt. Dieser Wechsel in der Wahrnehmung bewirkt, daß die schattierten Kreise vollständig ihre Kugel- beziehungsweise Napfform verlieren.

Die Tendenz, Streifen statt Kugeln und Vertiefungen wahrzunehmen, läßt sich mit stereoskopischen Mitteln verstärken. Man kann Kugeln in Bild 10 *b* sehen. Wenn man die schattierten Kreise jedoch mit einem Stereoskop zur Deckung bringt, erkennt man einen Rahmen mit einem runden Fenster klar vor einem schattierten Hintergrund. Es ist dann sogar unmöglich, die runde

*a*    *b*

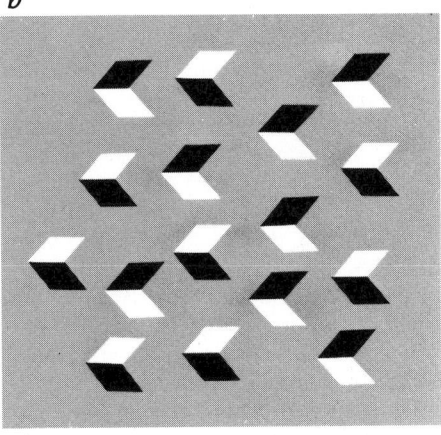

*c* 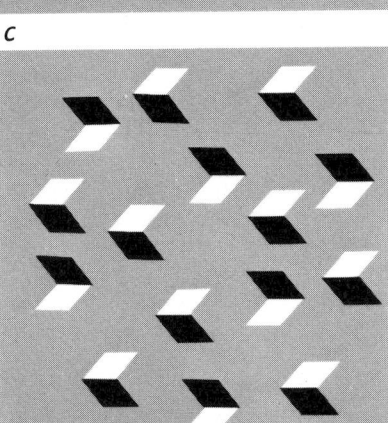   *d*

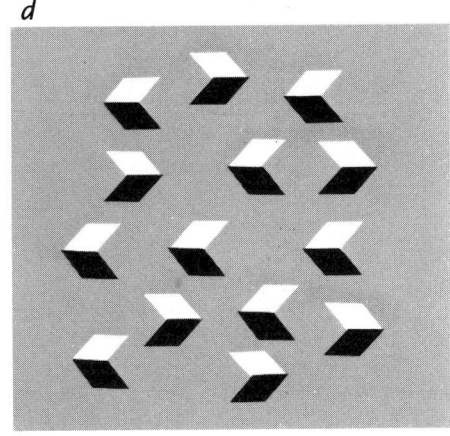

**Bild 9:** Die Winkel in Gruppe *a* sehen aus wie illusionäre Würfel oder schlagschattenwerfende weiße Tafeln, die alle unter demselben Winkel beleuchtet sind − je nachdem, wo man sich die Lichtquelle denkt. In der Gruppe *b* scheint eine Art Orientierungsregel den Grundsatz außer Kraft zu setzen, daß nur eine einzige Lichtquelle vorhanden sein dürfte, und man sieht das Bild als eine Anzahl Würfel, deren Oberflächen unterschiedliche Reflexionsgrade haben beziehungsweise deren Flächen auf verschiedene Weise weiß, grau und schwarz gefärbt sind. Gruppe *c* sieht durchgehend wie eine Mischung aus Würfeln und Tafeln aus, weil diese Interpretation der Regel gleichgerichteten Lichteinfalls entspricht. Gruppe *d* ist zweideutig, und es ist schwierig, eine einheitliche Interpretation des Gesamtbildes herzustellen.

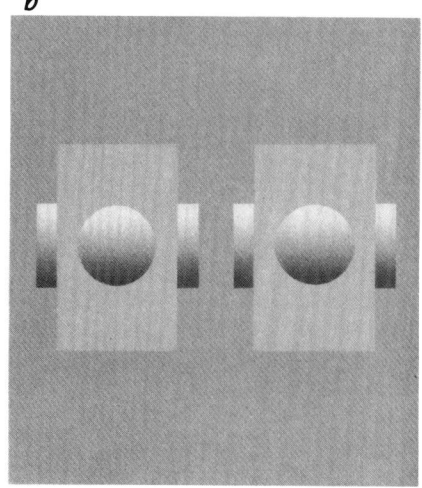

Bild 10: Visuelle Bildvorstellungen oder komplexes Wissen über die gesehenen Objekte in der realen Welt beeinflussen die Wahrnehmung von Form durch Schattierung grundlegend. Die Reihen von Erhebungen und Vertiefungen (*a*) lassen sich ebenso als zwei weiter hinten liegende verschwommene Streifen sehen, die man durch 16 Löcher in einer sonst völlig undurchsichtigen, gleichmäßig grauen Fläche betrachtet. Die Kugeln und Näpfe sieht man dann nicht mehr. Jede der beiden schattierten Kreisflächen (*b*) kann als konvexe Erhebung gesehen werden; sobald man sie jedoch durch ein Stereoskop betrachtet und fusioniert, verschwinden die Kugeln, und man sieht statt dessen eine rechteckige Fläche, in die ein kreisförmiges Fenster geschnitten ist, vor einem schattierten Hintergrund schweben.

Form als Kugel und nicht als Loch zu deuten. Dies zeigt, daß Formwahrnehmung mittels Schattierung durch die Verarbeitung stereoskopischer Information stark beeinflußt wird.

Die Auslegung von Form durch Schattierung hängt ganz erheblich mit dem Wissen des Sehsystems über Gegenstände zusammen, wie das Eröffnungsbild eindrucksvoll zeigt (Bild 1). Es sind computerverarbeitete Photographien des hohlen Inneren von Gesichtsmasken; da sie von oben beleuchtet sind, würde man erwarten, daß sie ausgehöhlt wirken. Das visuelle System jedoch sträubt sich sehr gegen die Existenz hohler Formen und interpretiert die Bilder als normale, allerdings von unten beleuchtete Gesichter. Das heißt, es übergeht die Möglichkeit einer Oberbeleuchtung, um dafür die angebotene Form als normales Gesicht interpretieren zu können.

Beachten wir nun einmal die beiden kleinen schattierten Scheiben zwischen den Kinnladen der beiden Gesichter. Obwohl die Lichtquelle für die Gesichter unten angenommen wird, sieht man die rechte Scheibe meist als konvex, die linke als konkav an — als ob beide von oben beleuchtete Kugelformen wären. Dies geschieht vielleicht, weil das Gehirn diese Objekte nicht als Bestandteil der Gesichter ansieht und daher beim Deuten der Schattierung den einfacheren Erfahrungswert nutzt, daß Licht von oben kommt.

Versetzt man nun jedoch die Scheiben auf die Wange eines der Gesichter (links), wird der Tiefeneindruck zweideutig: die rechte Scheibe kann als konkav, die linke als konvex erscheinen. Läßt man endlich die Kontur der Scheiben mit der Wange verschwimmen (rechts), scheinen sie immer von unten beleuchtet, wie der Rest des Gesichtes. Folgerichtig täuscht die rechte Scheibe ein Grübchen, die linke eine Beule oder eine Geschwulst vor.

Unsere Untersuchungen haben eine Reihe von Regeln aufgedeckt, die bei den ersten Verarbeitungsschritten des Wahrnehmens von Form aus Schattierung genutzt werden. Wir haben gezeigt, daß es möglich ist, den Informationsfluß von den frühen Stufen der Formwahrnehmung bis zur höchsten zu verfolgen, auf der das Wissen über Lichtquellen und die Beschaffenheit komplexer dreidimensionaler Objekte in diese Wahrnehmung mit eingeht.

Die neuronalen Mechanismen, welche diesem Vorgang beim Menschen zugrunde liegen, sind noch immer nicht geklärt. Jedoch können psychologische Experimente die Natur dieser Prozesse und ihren Ablauf im Gehirn klären helfen. Mit neuen mathematischen Modellen lassen sich auch plausible Mechanismen finden, welche die Suche erleichtern. Mit allen diesen Entwicklungen stößt die Erforschung der visuellen Wahrnehmung in ein völlig neues Gebiet vor, in dem man vielleicht eines Tages jene zellulären Mechanismen im Gehirn entdeckt, die uns eine dreidimensionale Welt mit den Augen wahrnehmen lassen.

# Kunst, Schein und Wahrnehmung

Das menschliche Gehirn verarbeitet Information über Form, Farbe
und Raum in drei voneinander unabhängigen Kanälen und nicht innerhalb eines einzigen
hierarchischen Systems. Damit lassen sich viele visuelle Effekte erklären und planen.

Von Margaret S. Livingstone

Sehen ist ein weitaus komplizierterer Vorgang, als die meisten denken. Unser Alltag, geprägt von Bild-Medien, verleitet leicht dazu, das Phänomen Sehen lediglich als Variante des Photographierens aufzufassen.

Kameras können jedoch nur wiedergeben, was sie aufnehmen, nicht aber es interpretieren oder identifizieren. Selbst ein hochentwickeltes Videosystem oder eine computergesteuerte Kamera kann nicht die Leistung des menschlichen Sehsystems erreichen, das eine unbegrenzte Zahl verschiedener Bilder versteht. Dies wird durch die Fähigkeit des Gehirns ermöglicht, ungeheure Mengen an Information gleichzeitig zu verarbeiten.

Neueste Arbeiten − darunter einige von meinem Kollegen David H. Hubel und mir − zeigen, daß visuelle Signale nicht innerhalb eines einzigen hierarchischen Systems im Gehirn verarbeitet werden, sondern gleichzeitig in mindestens drei voneinander unabhängigen Systemen (Bild 9); dabei erfüllt jedes spezifische, deutlich voneinander abgrenzbare Aufgaben. Das eine System scheint Information über die Formwahrnehmung zu verarbeiten, ein zweites ist zuständig für Farbe, das dritte schließlich für Bewegung, Lokalisation und räumliche Organisation. Es ist nun wahrscheinlich, daß einige der von Künstlern und Designern genutzten visuellen Effekte nur deshalb zustande kommen können, weil die visuelle Information auf diese besondere Weise vom Gehirn analysiert wird.

Die Vorstellung, daß das Sehsystem Daten über verschiedene, getrennte Kanäle verarbeitet, ist keineswegs neu. Sie geht vermutlich bis in die Mitte des letzten Jahrhunderts zurück, als Wissenschaftler erstmals entdeckten, daß der Sehnerv sich in mehrere Untereinheiten verzweigt. Es mag seltsam anmuten, sich Sehen als einen mehrsträngigen und nicht singulären Prozeß vorzustellen, daß also Wahrnehmungen von Form und Farbe eines Gegenstandes, seiner Lage und seiner Bewegung in verschiedenen Teilen des Gehirns verarbeitet werden. Anatomische, physiologische und psychologische Arbeiten legen jedoch nahe, daß dies geschieht (Bild 2).

Die Tatsache, daß Form, Farbe, Position und Bewegung eines Gegenstandes als Einheit erscheinen, obwohl jede Komponente getrennt analysiert wird, könnte man mit der Erfahrung als Zuhörer im Gespräch vergleichen: Man hört die Stimme des Sprechenden und sieht seine Mundbewegungen, ohne sich bewußt zu sein, daß man die Phänomene unabhängig voneinander verarbeitet.

## Die Architektur des Sehsystems

Der Sehprozeß beginnt damit, daß Licht durch die Augenlinse auf die Netzhaut (Retina) fällt, die als dünne Schicht hochspezialisierten neuronalen Gewebes den Augenhintergrund auskleidet. Dort trifft das Licht auf verschiedene Photorezeptoren − Stäbchen und Zapfen − und wird in elektrische Impulse umgewandelt (siehe auch „Die funktionelle Architektur der Netzhaut" von Richard H. Masland, Spektrum der Wissenschaft, Februar 1987).

Die Stäbchen sind gegenüber Licht empfindlicher als die Zapfen und antworten auf sehr schwache Lichtreize. Bei den Zapfen, die erst Licht höherer Intensitäten verarbeiten, unterscheidet man drei Typen, die verschiedene Pigmente (lichtabsorbierende Moleküle) enthalten. Diese Zapfenpigmente absorbieren Licht über einen weiten Bereich des sichtbaren Spektrums; allerdings hat jeder Zapfentyp bei einem anderen Spektralbereich seine höchste Empfindlichkeit: der eine bei kurzen Wellenlängen (daher Blau-Rezeptor), der zweite bei mittleren (Grün-Rezeptor) und der dritte bei noch längeren Wellenlängen (Rot-Rezeptor).

Die Farbselektivität der von diesen drei Zapfentypen erzeugten Signale wird auf den weiteren Stufen der Farbanalyse verstärkt, und zwar durch gegenseitigen Vergleich, was praktisch durch Subtraktion geschieht. Da nämlich die Stärke eines Zapfensignals über einen weiten Spektralbereich proportional der Lichtintensität ist, sagt sie zunächst nur wenig über die Farbe des empfangenen Lichts aus. Aber ein Vergleich der Signale, die von zwei verschiedenen Zapfentypen kommen, ergibt sehr wohl eine deutliche Farbinformation.

Werden beispielsweise starke Signale von Rot-Rezeptoren gegen schwächere der anderen verrechnet, nimmt man Rot wahr. Gleichstarke Signale von Rot- und Grünrezeptoren und schwache von Blau-Rezeptoren wiederum werden zu einem gelben Farbeindruck umgesetzt. Diesen Vergleich der Wellenlängen leisten spezielle Neuronen, deren Feuerrate durch Eingangserregungen von einem bestimmten Zapfentyp drastisch erhöht und durch jene von einem anderen Zapfentyp herabgesetzt wird.

Was dabei herauskommt, entspricht praktisch einer Subtraktion der beiden Signale.

Ist die Lichtintensität zu schwach, um noch von den Zapfen wahrgenommen zu werden – dies ist etwa nachts der Fall –, sprechen nur die empfindlicheren Stäbchen an. Da es jedoch nur einen Stäbchentyp gibt, können keine verschiedenen Wellenlängen miteinander verrechnet werden, so daß man mit zunehmender Dämmerung völlig farbenblind wird.

Bevor die elektrischen Signale der Photorezeptoren, welche die erste Netzhautschicht bilden, vom Auge ins Gehirn übergehen, werden sie in einer zweiten Schicht von retinalen Neuronen verarbeitet und dann auf die dritte und letzte Schicht retinaler Zellen, die Ganglienzellen, übertragen. Diese Schicht bildet die erste wichtige Unterabteilung der Sehbahn. Sie besteht aus einer Mischpopulation von zwei Zelltypen, die in der Größe (sie sind entweder groß oder klein) und in der Art der Informationsverarbeitung voneinander abweichen. Die großen Zellen unterscheiden die von verschiedenen Farbrezeptoren einlaufenden Signale nicht, sondern addieren sie einfach auf. Da sie keine Farbspezifität zeigen, können sie als farbenblind angesehen werden. Die kleinen Ganglienzellen dagegen treffen eben diese Unterscheidung und subtrahieren praktisch die unterschiedlichen Informationen. Mithin können sie Informationen über verschiedene Farben weitergeben.

So wird beispielsweise eine Ganglienzelle für „Rot minus Grün" nur auf rotes Licht antworten, obwohl sie auch Information von den anderen Farbrezeptoren erhält. Im Endeffekt sind daher die Ausgangssignale dieser kleinen Ganglienzellen farbspezifischer als ihre Eingangssignale.

Die Ganglienzellen geben ihre Signale über den Sehnerv zu den seitlichen Kniekörpern im Zwischenhirn weiter, zwei erdnußgroßen Ansammlungen von Nervenzellen, die jeweils tief in jeder Hirnhälfte liegen. Ebenso wie die Ganglienzellschicht der Netzhaut bestehen auch die seitlichen Kniekörper aus zwei Neuronentypen, die sich in Größe und Art der Informationsverarbeitung unterscheiden. Sie sind hier jedoch nicht vermischt, sondern bilden räumlich getrennte Untereinheiten. Die parvo-zellulär genannte Population der kleinen Zellen des Kniekörpers erhält ihre Eingangssignale von den kleinen Ganglienzellen, während die Population der großen Zellen (also die magno-zelluläre) ihre Eingangssignale von den großen Ganglienzellen erhält.

### Eigenschaften der Kanäle

Die Arbeiten verschiedener Forschungsinstitute lassen den Schluß zu, daß die beiden Kanäle – das Parvo- und das Magno-System – sich nicht

**Bild 1: Der Holzschnitt „Turm zu Babel" von Maurits Cornelis Escher (1898 bis 1972)** zeigt in diesen Kolorierungen deutlich die Wirkung von Helligkeitskontrasten auf die Tiefenwahrnehmung. Farben unterschiedlicher Helligkeitsstufen, hier blau und schwarz (links), vermitteln einen deutlich dreidimensionalen Eindruck. Wird dagegen der schwarze Farbton gegen eine Grünschattierung vertauscht, die fast genauso hell wie der des blauen Farbtons ist (rechts), verschwindet die dreidimensionale Wirkung und die graphischen Elemente werden schwer erkennbar. Man kann sich selbst von der Gleichheit beider Bilder überzeugen, wenn man sie durch ein Stück blaugefärbtes Glas oder durch Plastik betrachtet.

nur in ihrer Farbspezifität, sondern auch in ihrer Kontrastempfindlichkeit und in ihrem zeitlichen und räumlichen Auflösungsvermögen unterscheiden. Das Magno-System ist gegenüber Helligkeitsunterschieden empfindlicher, spricht schneller an und hat eine geringere „Sehschärfe" als das Parvo-System. Diese auffälligen Unterschiede legen nahe, daß die beiden Kanäle ganz verschiedenen Aufgaben dienen. Um sie wirklich zu verstehen, muß man sie allerdings im Zusammenhang mit höheren Verarbeitungsebenen des visuellen Systems betrachten.

Vom seitlichen Kniekörper gelangen die Nervensignale zuerst zum sogenannten visuellen Feld 1 (V1), dem primären Sehfeld der Sehrinde (Bild 2). Es besteht aus einer stark gefalteten Neuronenschicht — so groß wie eine Kreditkarte, jedoch dreimal so dick — und liegt am hintersten Ende des Gehirns. Der Weg der elektrischen Impulse kann bis zur mittleren Schicht des Sehfeldes V1 genau verfolgt werden. Dort bleibt die Aufteilung der visuellen Information noch weiter bestehen: Die Signale des Magno-Systems werden in die obere Hälfte dieser Schicht eingeschleust, diejenigen des Parvo-Systems in die untere Hälfte.

Die nächste Verarbeitungsstufe nach dieser ausgeprägten funktionellen Trennung ist erst kürzlich entdeckt worden. Da man eine Trennung verschiedener visueller Funktionen in Gehirngebieten jenseits von V1 entdeckt hatte, mußte die Information sogar in noch höheren Verarbeitungszentren des Gehirns in verschiedenen Kanälen verarbeitet werden. Semir Zeki vom University College in London fand zum Beispiel bei Affen ein visuelles Feld im mittleren Schläfenlappen, das einen hohen Prozentsatz Nervenzellen enthält, die auf Bewegung oder stereoskopische Tiefe empfindlich reagieren. Er entdeckte überdies ein weiteres visuelles Feld, V4 genannt, das selektiv bei der Farbwahrnehmung beteiligt zu sein scheint. Die Beziehung nun zwischen der funktionellen Separierung dieser höheren visuellen Felder und den Untereinheiten des seitlichen Kniekörpers war bis vor kurzem unbekannt. Untersuchungen von Hubel und mir an diesen mittleren Verarbeitungsstufen konnten dieses Puzzle ergänzen.

Ein entscheidender Beitrag kam 1978 von Margaret Wong-Riley von der Universität von Kalifornien in San Francisco. Sie hatte herausgefunden, daß die Anfärbung des mitochondrialen Enzyms Cytochromoxidase in den oberen Schichten des Sehfeldes V1 ein feines Muster dunkler und heller Regionen ergibt (Bild 2).

Die dunklen Bereiche stellten sich schließlich als leicht unregelmäßige, eierförmige Gebilde heraus, die einen Durchmesser von ungefähr 0,2 Millimetern haben und halbregulär mosaikartig angeordnet sind. Wir bezeichneten die eierförmigen Strukturen wegen ihrer Form als *blobs* (englisch für Tropfen) und die helleren, sie umgebenden Flächen als *interblobs*.

Nachdem diese Untereinheiten identifiziert waren, konnten wir mit der Untersuchung ihrer Verbindungen und Antwortcharakteristika beginnen. Die zwei Kanäle, die bereits in den ersten Verarbeitungsstufen erkennbar waren, schienen sich auf diesem Niveau in drei Subsysteme umzuorganisieren: Die Interblobs erhalten ihre Eingangssignale

vom Parvo-System, die Schicht 4B vom Magno-System und die Blobs wohl von beiden (Bild 2 links).

### Die Antwort auf Reize

Wir prüften zunächst die Antwort von Nervenzellen auf Sehreize in jedem dieser drei Subsysteme von V1, um die jeweils optimalen Reizparameter herauszufinden. Dazu untersuchten wir, wie selektiv die Neuronen auf Form, Position, Entfernung, Bewegung, Farbe, Helligkeit und Größe reagierten. Die Neuronen der drei Subsysteme unterschieden sich dabei erheblich.

Die Blobs enthalten Zellen, die hochselektiv auf Farbe oder Helligkeit rea-

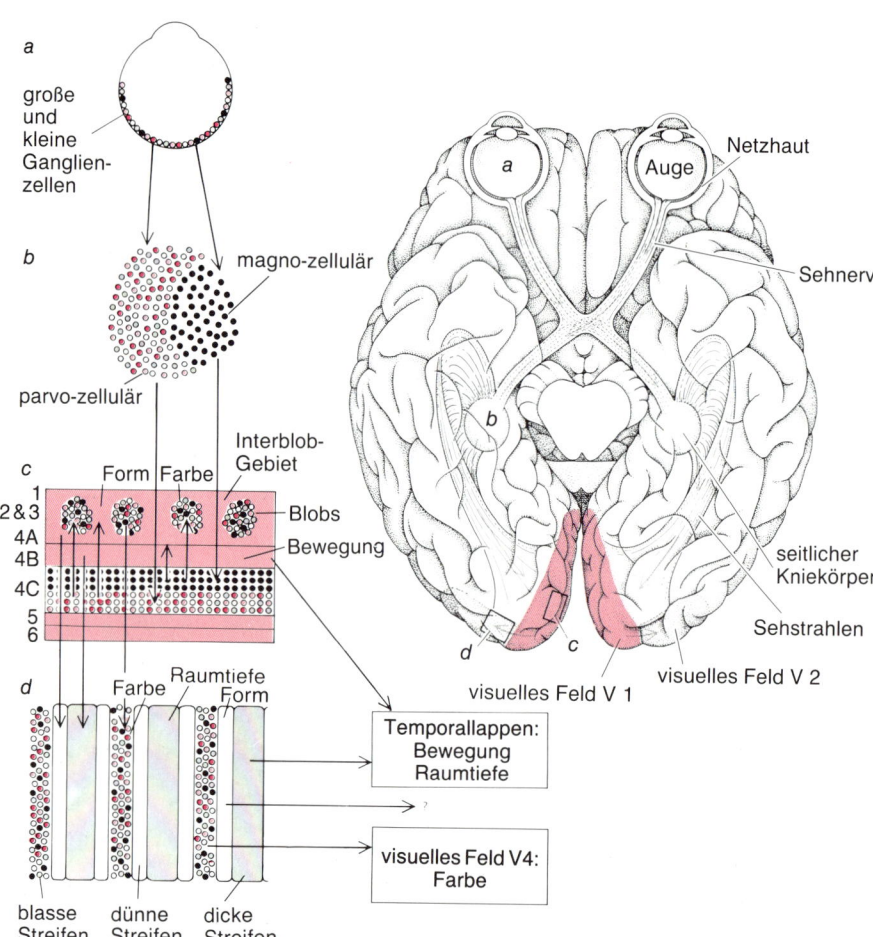

Bild 2: Das visuelle System des Menschen besteht aus drei deutlich voneinander getrennten Kanälen. Licht, das ins Augeninnere dringt, trifft dort auf die Netzhaut (Retina, *a*) wo es in elektrische Impulse umgewandelt wird, die über den Sehnerv ins Gehirn weitergeleitet werden. Die erste Trennung der Informationsverarbeitung findet im seitlichen Kniekörper statt (*b*), wo die kleinen Zellen des sogenannten Parvo-Systems Farbkontrast und die großen Zellen des sogenannten Magno-Systems Helligkeitskontrast übertragen. Vom Magno-System gelangt die Information in die Schicht 4B des visuellen Feldes V1, des primären Sehfeldes der Hirnrinde (*c*), und von dort zum System blasser Streifen in

der dicken Streifen im visuellen Feld V2 (*d*). Dort werden die eingehenden Nervenimpulse analysiert und erzeugen schließlich einen Bewegungs- und Tiefeneindruck. Vom Parvo-System laufen die Signale zu den sogenannten Interblobs, welche die eiförmigen Gebilde von V1 umschließen, und von dort zum System blasser Streifen in V2, das mit der Formwahrnehmung zu tun hat. Sowohl Parvo- als auch Magno-System liefern die Eingangssignale für die Blobs, die eiförmigen Gebilde in V1, und spielen bei Farb- und Helligkeitswahrnehmung eine Rolle. Von dort gelangt die Information in das dünne Streifensystem in V2 und schließlich in das visuelle Feld V4.

gieren. Sie sprechen aber überhaupt nicht auf Form oder Bewegung an.

Zellen der Interblob-Bereiche sind selektiv für die Orientierung eines Reizes, nicht aber für Farbe oder Bewegung. Eine solche Zelle antwortet beispielsweise auf einen senkrecht orientierten balkenförmigen Reiz, unabhängig davon, wie er sich bewegt oder ob er schwarz, weiß oder farbig ist — das einzige Kriterium ist die senkrechte Orientierung; dieselbe Zelle reagiert nicht mehr auf gleichartige, aber anders gerichtete Reize.

Zellen der Schicht 4B sind ebenfalls unspezifisch für Farbe, aber selektiv für die Orientierung und die Bewegung des Reizes. Eine Zelle dieses Systems wird demnach beispielsweise entweder auf waagrecht orientierte Reize antworten, die sich nach oben bewegen, oder auf senkrecht orientierte, die sich horizontal bewegen, nicht aber auf beide.

Als nächstes wandten wir uns einem Feld zu, das unmittelbar benachbart zu V1 liegt und seine Eingangssignale von den drei Subsystemen in V1 erhält; man bezeichnet es entsprechend als V2 (sekundäres Sehfeld). Wir benutzten dieselbe Methode zur Anfärbung der mitochondrialen Cytochromoxidase wie in V1 und fanden auch hier eine Unterteilung in drei Subsysteme. In V2 allerdings sind diese durch drei Arten abwechselnder Streifenmuster gekennzeichnet, die wir nach der Art der Anfärbung als blasse, dicke und dünne Streifen bezeichneten.

Wir untersuchten wiederum die Antwortcharakteristika der Zellen der verschiedenen Streifensysteme bei unterschiedlichen visuellen Reizen und erhielten folgende Ergebnisse: Die farbselektiven Blobs von V1 liefern die Eingangssignale für das dünne Streifensystem in V2, das damit die Verarbeitung der Farbinformation weiterführt; die orientierungsspezifischen Interblobs liefern die Eingangssignale für das blasse Streifensystem, das bei der Formanalyse beteiligt zu sein scheint; und das Magno-System schließlich liefert die Eingangssignale für das dicke Streifensystem, das beim stereoskopischen Tiefensehen eine wichtige Rolle spielt.

Zeki und sein Kollege Stuart Shipp sowie John Maunsell und David C. Van Essen vom California Institute of Technology (Caltech) fanden eine Reihe von Hinweisen dafür, daß auch in noch höheren Verarbeitungsstufen der Großhirnrinde die drei Kanäle getrennt bleiben. Sie entdeckten, daß das dicke Streifensystem ein Projektionsfeld im mittleren Schläfen- oder Temporallappen (MT) hat, eine Region, die mit Bewegung und Stereopsie zu tun hat, also der Fähigkeit, die Tiefe anhand der Un-

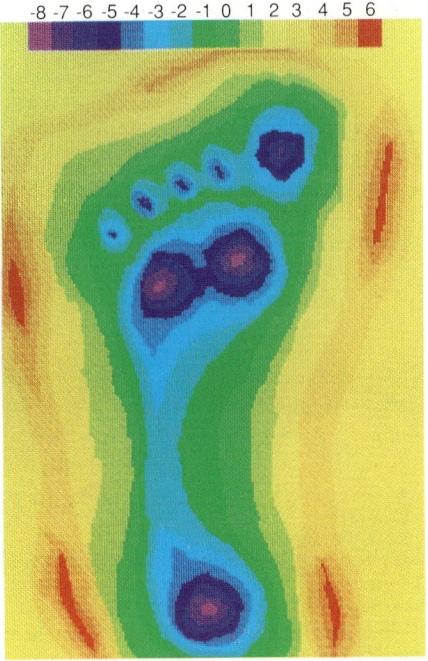 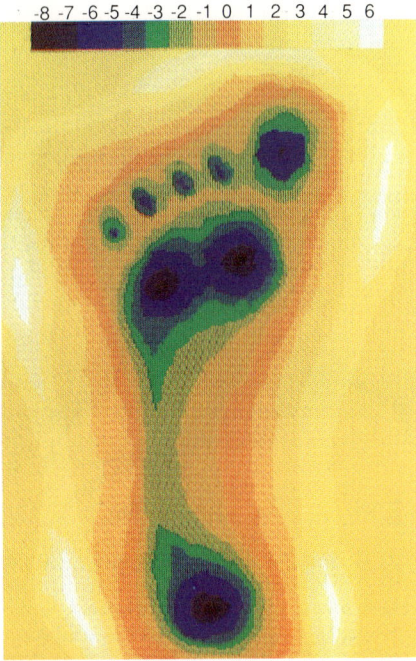

Bild 3: Karten mit Höhenlinien werden oft farbig gestaltet, so daß bestimmte Bereiche der Karte leichter mit der angegebenen Meßskala verglichen werden können. Die meisten derartigen Karten benutzen die Farbskala des sichtbaren Spektrums, wobei Rot hohe und Violett niedrige Werte bedeutet (links). Nachteilig ist bei dieser Skala, daß die Form eines Gegenstandes oder Details nicht mehr unmittelbar zu erkennen ist. Man kann dieses Problem umgehen, indem man eine Farbskala benutzt, welche die Höhenwerte in Helligkeitswerten verschlüsselt (rechts). Erstellt man auf dieser Basis eine Höhenlinienkarte, kann man auf den ersten Blick sowohl die Höhenwerte als auch die Gesamtform des Gegenstandes erkennen.

terschiede zwischen den Bildern beider Augen zu berechnen. Das dünne Streifensystem wiederum entsendet Fasern zum visuellen Feld V4, das beim Farbensehen eine wichtige Rolle spielt. Über Verbindungen des blassen Streifensystems zu anderen Hirngebieten liegen dagegen bisher noch keine gesicherten Ergebnisse vor.

Ein weiterer Beweis dafür, daß die Wahrnehmung von Farbe, Bewegung und Form in getrennten Kanälen übertragen wird, stammt von der klinischen Neurologie. Wenn bei einem Schlaganfall Hirngewebe lokal zerstört wird, können hoch-selektive Formen von Sehuntüchtigkeit die Folge sein, wie etwa der Verlust der Fähigkeit, Gesichter zu erkennen, oder der Verlust des Farbensehens, ohne daß die Formwahrnehmung gleichzeitig beeinträchtigt wäre.

Rinden-Farbblindheit ist ein seltenes Syndrom, das nach Zerstörung des Hirngebietes auftritt, welches dem visuellen Feld V4 entsprechen dürfte. Da das Blob-System nicht nur Information über Farbe, sondern auch über Helligkeit vermittelt, müßte bei Patienten mit geschädigtem Farbsystem das Unterscheidungsvermögen von Grauschattierungen ebenso gestört sein wie die Farbwahrnehmung. In der Tat beklagte solch eine Patientin, daß ihr Farben ausgewaschen vorkämen und frisch gefallener Schnee grau und dreckig erschiene.

Aufgrund dieser physiologischen und anatomischen Befunde kann man die wahrscheinlichen Aufgaben der drei Unterabteilungen des visuellen Systems beschreiben.

## Die Aufgaben der Subsysteme

Die Schiene Parvo-System/Interblob/ blasse Streifen überträgt Informationen mit hoher Auflösung über Konturen, wo gegensätzliche Farben zusammenstoßen (Bild 3). Obwohl die Neuronen der frühen Verarbeitungsstufen dieses Systems farbselektiv sind, antworten jene der höheren Stufen nur auf Begrenzungen, die durch Farbkontraste gebildet werden. Sie leiten jedoch keine Information darüber weiter, welche Farben dort zusammenstoßen. Da vieles über die Form eines Gegenstandes durch seine Konturen repräsentiert werden kann, vermuten wir, daß dieses System ebenfalls bei der Formwahrnehmung eine Rolle spielt. Das träge Ansprechen und die hohe Auflösung dieses Systems sind wahrscheinlich für die Fähigkeit von Bedeutung, ruhende Objekte in aller Genauigkeit zu erkennen.

Die Schiene Blob/dünne Streifen/V4 verarbeitet Informationen über Farbe

Bild 4: Schatten können von beliebiger Farbe sein. Sie müssen nur dunkler als die übrigen Flächen sein, um einen Tiefeneindruck zu vermitteln. Dies wird hier an einer Reproduktion eines Selbstportraits von Henri Matisse deutlich. Die grünliche Schattierung des Gesichts ist zwar ungewöhnlich (links), erzeugt aber einen normalen Tiefeneindruck. Die Schwarzweiß-Photographie des Gemäldes (rechts) hebt die dunkleren Schattierungen klar hervor.

Bild 5: Ein starker Tiefeneindruck kann durch Schattierung hervorgerufen werden, wie an dem Computerbild deutlich wird (links). Erzeugt man dagegen diesen Effekt durch Farbkontraste und nicht durch Helligkeitskontraste (rechts), wird der dreidimensionale Eindruck abgeschwächt, und das Bild ist fast nicht mehr zu erkennen. Dies ist ein Argument dafür, daß Tiefenwahrnehmungen von dem farbenblinden Magno-System verarbeitet werden.

und Grauschattierungen, nicht aber über Bewegung, Formunterschiede oder Tiefe. Dieses System besitzt ein sehr viel geringeres räumliches Auflösungsvermögen als das Interblob-System und kann daher die Farbe, nicht jedoch die genauen Einzelheiten eines Gegenstandes erkennen.

Die Schiene Magno-System/4B/dicke Streifen/MT überträgt Informationen über Bewegung und stereoskopische Tiefe. Die Neuronen dieses Systems sprechen sehr schnell an, aber ihre Feuerrate fällt rasch ab, selbst wenn der Reiz noch aufrechterhalten wird. So ist dieses System wohl besonders für die Wahrnehmung von Bewegungsreizen, nicht aber für die Detailanalyse ruhender Objekte geeignet. Überdies scheint es farbenblind zu sein: Konturen, die nur aufgrund eines Farbkontrastes zu erkennen sind, nimmt es nämlich nicht wahr.

Die Zellen des Parvo-Systems können zwischen Rot und Grün unabhängig von der relativen Helligkeit jeder dieser beiden Farbtöne unterscheiden. Die Zellen des farbenblinden Magno-Systems wiederum funktionieren wie eine Schwarzweiß-Kamera: Sie übermitteln Information über die Helligkeit einer Oberfläche, nicht aber über ihre Farbe.

Nun gibt es für jedes Farbpaar ein bestimmtes Helligkeitsverhältnis, bei dem auf einer Schwarzweiß-Photographie zwei Farben — beispielsweise Rot und Grün — mit der gleichen Grauschattierung erscheinen. Es wird also jegliche Kontur zwischen ihnen verschwinden. Ganz ähnlich erscheinen dem Magno-System bei einem bestimmten relativen Helligkeitsunterschied von Rot zu Grün diese Farben als identisch. Man bezeichnet das Rot und das Grün dann als äquilumineszent. Die Grenze zwischen zwei äquilumineszenten Farben hat zwar einen Farb-, jedoch keinen Helligkeitskontrast. Das genaue Helligkeitsverhältnis, bei dem das Magno-System eine Konturlinie zwischen zwei verschiedenen Farben nicht mehr wahrnehmen kann, variiert von Person zu Person, ebenso wie sich verschiedene Schwarzweiß-Filme in ihrer Empfindlichkeit für bestimmte Farben unterscheiden können.

## Unterschiede der Wahrnehmung

Die Tatsache, daß sich das visuelle System aus drei funktionell verschiedenen Untereinheiten zusammensetzt, veranlaßte Hubel und mich zu überlegen, daß sich diese Unterschiede auch in der menschlichen Wahrnehmung widerspiegeln müßten.

Wir beschlossen, zunächst die vier Eigenschaften zu untersuchen, die das Magno- und das Parvo-System auf ihren untersten Verarbeitungsstufen unterscheiden: Farbe, Kontrastempfindlichkeit, Sehschärfe und Schnelligkeit. Auf diese Weise wollten wir beispielsweise herausfinden, ob Bewegungs- und Tiefenwahrnehmung auch farb- oder kontrastempfindlich sind und ob sie eine hohe oder niedrige örtliche und zeitliche Auflösung zeigen. Die psychologische Fachliteratur von mehr als hundert Jahren Forschung bot Lösungen, die erstaunlich mit der funktionellen Trennung übereinstimmten, welche die anatomischen und physiologischen Befunde nahelegten.

Eine unserer Fragen hatten bereits Patrick Cavanagh, Christopher Tyler und Olga E. Favreau von der Universität von Montreal geklärt, indem sie gezeigt hatten, daß Bewegungswahrnehmung farbenblind ist. Sie hatten folgendes herausgefunden: Erzeugt man auf einem Fernsehschirm sich bewegende rote und grüne Streifenmuster und stellt sie so ein, daß sie äquilumineszent sind, dann wird entweder die wahrgenommene Geschwindigkeit der Streifen erheblich reduziert, oder die Streifen scheinen sogar stillzustehen. Weitere Untersuchungen zeigten, daß die Bewegungswahrnehmung niedrige Ortsauflösung und hohe Kontrastempfindlichkeit hat sowie rasch anspricht. All diese Beobachtungen bestätigen die Vermutung, daß Bewegungswahrnehmung hauptsächlich eine Aufgabe des Magno- und nicht des Parvo-Systems ist.

Cary Lu und Derek H. Fender vom Caltech überprüften in einer Reihe ähnlicher Versuche die Farbempfindlichkeit der Stereopsie. Da die beiden Augen in einem bestimmten Abstand voneinander liegen, ruft eine dreidimensionale Szene geringfügig differierende Bilder auf den beiden Netzhäuten hervor. Das visuelle System deutet diese Unterschiede als Entfernung. Lu und Fender entdeckten nun, daß man Tiefe in einem stereoskopischen Bild dann nicht wahrnehmen kann, wenn die stereoskopischen Reize äquilumineszent sind (Bilder 1 und 5). Das läßt vermuten, daß die Stereopsie ebenso wie die Bewegungswahrnehmung farbenblind ist. Auch weitere Merkmale der Stereopsie scheinen mit den unterschiedlichen Eigenschaften des Magno-Systems übereinzustimmen.

Dieses Ergebnis legte den Schluß nahe, daß beide Aufgaben wahrscheinlich fast ausschließlich vom Magno-System geleistet werden. Wir fragten uns nun, ob auch andere Aspekte des Sehens ganz ähnliche Kombinationen charakteristischer Eigenschaften zeigen würden.

Die Stereopsie ist wahrscheinlich wegen ihrer leichten Quantifizierbarkeit der am häufigsten untersuchte Tiefenfaktor, wenn auch nicht der einzige und allein entscheidende für die Wahrnehmung — wie man sich selbst leicht überzeugen kann, wenn man ein Auge schließt. Betrachtet man eine Photographie oder ein Gemälde und erlebt dabei einen Tiefeneindruck, muß man dafür notwendigerweise die Information der Stereopsie ignorieren, dernach das Bild in Wirklichkeit flach ist. Das ist der Grund dafür, daß — wie schon Leonardo da Vinci erkannt hatte — der Betrachter eines Bildes den Tiefeneindruck sogar erhöhen kann, wenn er ein Auge schließt.

Als nächstes wollten wir herausfinden, ob andere, nicht stereoskopische Tiefenfaktoren ebenfalls farbenblind wahrgenommen werden. Dazu gehören Perspektive, relative Größe eines Gegenstandes, Relativbewegung (jener Effekt, daß beim Drehen des Kopfes sich die Abbildungen näherer Gegenstände weiter über die Netzhaut als die von entfernteren bewegen) sowie Schattierung und Texturmerkmale. Da all diese Faktoren sich in der Wahrnehmung als farbenblind erwiesen, schlossen wir, daß der Großteil der Information für

tiefenwahrnehmung vom Magno-System übertragen wird.

Schattierungen liefern sehr wichtige Anhaltspunkte für die Wahrnehmung von Tiefe und Form (Bild 4), weshalb man auch Buckel einer Skipiste an einem bewölkten Tag nur sehr schwer erkennen kann. Unter den meisten natürlichen Lichtverhältnissen unterscheiden sich Schatten hinsichtlich ihrer Helligkeit stärker als hinsichtlich ihrer Farbe. Daher muß der Teil des visuellen Systems, der Formen anhand ihrer Schattierung erkennt, nicht notwendigerweise farbenblind sein, sondern bedarf einfach keiner Farbinformation. Cavanagh und sein Kollege Yvan LeClerc zeigten in einer Reihe von Experimenten, daß die Farbe eines Schattens völlig bedeutungslos ist: Die einzige Bedingung für einen Tiefeneindruck liegt darin, daß der Schatten dunkler als der übrige Teil der Oberfläche sein muß (Bild 5).

Wir fragten uns nun, warum das Magno-System sowohl auf Bewegung als auch auf die vielen Anhaltspunkte reagieren sollte, die zur Abschätzung von

Entfernungen und räumlichen Beziehungen benutzt werden. Warum sollte diese spezielle Auswahl von Faktoren von nur einem einzigen System bearbeitet werden?

## Lösung durch die Gestaltpsychologie?

Eine mögliche Antwort liefert eine um die Jahrhundertwende entstandene Richtung der Psychologie, die Gestaltpsychologie. Die meisten Bilder enthalten eine Fülle elementarer visueller Merkmale: Kanten in vielerlei Orientierungen sowie in sich homogene Oberflächen, Farben und Texturen. Die Wahrnehmung erfordert nun, daß diese verschiedenen Elemente so verarbeitet werden, daß die zu einem Gegenstand gehörenden auch entsprechend zusammengefaßt werden.

Die Gestaltpsychologen vermuteten, daß dies möglich ist, weil das Gehirn offenbar verschiedene visuelle Merkmale benutzt, um Teile eines Bildes zusammenzufassen sowie um Bilder ver-

Bild 6: Op-Art Bilder machen meist einen unruhigen Eindruck, als würden sich die Farben hin- und herbewegen — ein Effekt, der mit der Helligkeitsverteilung zusammenhängt. Man kann dies am Beispiel des Gemäldes „Broadway Boogie Woogie" von Piet Mondrian gut erkennen, bei dem die gelben Streifen durch einen sehr geringen Helligkeitskontrast gegenüber dem matten, schmutzig weißen Hintergrund gekennzeichnet sind. Der Bewegungseindruck wird durch die hier verminderte Fähigkeit des Gehirns hervorgerufen, den gelben Streifen eine fixe Position zuzuweisen, wodurch sie hin- und herzuspringen scheinen.

**Bild 7:** Das Phänomen der Farbverschmelzung tritt auf, wenn Muster oder Strukturen zu fein für das niedrig auflösende Farbsystem sind. Pointillistische Gemälde – hier eines von George Seurat (links) – rufen diesen Eindruck hervor, wenn die einzelnen Farbpunkte groß genug für das Formsystem, aber noch zu fein für das Farbsystem sind. Wird jedoch ein Ausschnitt des Gemäldes entsprechend vergrößert (rechts), können die Farbpunkte von beiden Systemen wahrgenommen werden, und der Effekt der Farbverschmelzung verschwindet.

schiedener Objekte voneinander beziehungsweise vom Hintergrund zu trennen. Zu diesen Merkmalen gehören Richtung und Geschwindigkeit (Bildelemente, die sich zusammen bewegen, gehören wahrscheinlich auch zu demselben Gegenstand), Kollinearität (ein Haus mit einem davor stehenden Telephonmasten wird nicht als zweigeteilt wahrgenommen), Tiefe (zwei Konturen können aneinander stoßen, erscheinen aber nur zum gleichen Gegenstand gehörig, wenn sie sich im gleichen Abstand vom Betrachter befinden) sowie Helligkeit und Textur (verschiedene Teile desselben Objekts besitzen gewöhnlich dieselbe Oberflächenbeschaffenheit). Da diese Beziehungs- und Unterscheidungsfunktionen sämtlich bei Äquilumineszenz versagen, muß das Magno-System für die Fähigkeit verantwortlich sein, Teile einer Szene sinnvoll zu verbinden, Figur und Hintergrund zu unterscheiden und die exakte räumliche Beziehung zwischen Objekten wahrzunehmen. Wir vermuteten, daß das Magno-System die visuellen Merkmale der Gegenstände so kombiniert, daß es dadurch zur Wahrnehmung eines Gesamtbildes befähigt wird. Dabei wird das Parvo-System für die Wahrnehmung feiner Details freigehalten.

### Die Planung visueller Effekte

Welche Konsequenzen hat diese Vorstellung für Kunst und Design? Obwohl die neurobiologischen Erklärungen für viele der von mir beschriebenen Phänomene noch neu sind, scheinen viele Künstler und Designer die zugrunde liegenden Prinzipien aufgrund ihrer Erfahrung bereits zu kennen. Das hier beschriebene Verständnis der Verarbeitungsmechanismen visueller Information im Gehirn dürfte es Künstlern und Designern jetzt erleichtern, speziell erwünschte Effekte noch gezielter einzusetzen.

Manche der besonderen Op-Art Effekte beispielsweise entstehen wahrscheinlich durch Farbkombinationen, die auf das Parvo-System stark, auf das Magno-System dagegen nur schwach aktivierend wirken (Bild 6). Ein Gegenstand, der dieselbe Helligkeit wie der Hintergrund besitzt, erzeugt einen vibrierenden und flimmernden Eindruck. Da unter diesen Bedingungen das Parvo-System zwar die Form, das Magno-System aber nicht deren Kontur sieht, kann es weder Bewegung noch Position des Gegenstandes signalisieren. So entsteht der Effekt, daß sich die Gegenstände auf der Leinwand unruhig zu bewegen scheinen.

**Bild 8:** Die häufig zu beobachtende unpräzise Kolorierung mit Wasserfarben, wie in dieser Reproduktion von Pablo Picassos „Mutter mit Kind", stört nicht die richtige Zuordnung von Farbe und Gegenständen. Vielmehr scheint die Farbe die Umrißlinien der Gegenstände viel präziser auszufüllen, als es tatsächlich der Fall ist. Dieser Effekt liegt in der drei- bis viermal schlechteren räumlichen Auflösung des Farbsystems gegenüber der des Formsystems begründet. Am wirkungsvollsten gelingt diese Technik bei Wasser- und Pastellfarben, weil diese blaß sind und daher zum Hintergrund keinen ausgeprägten Kontrast bilden können.

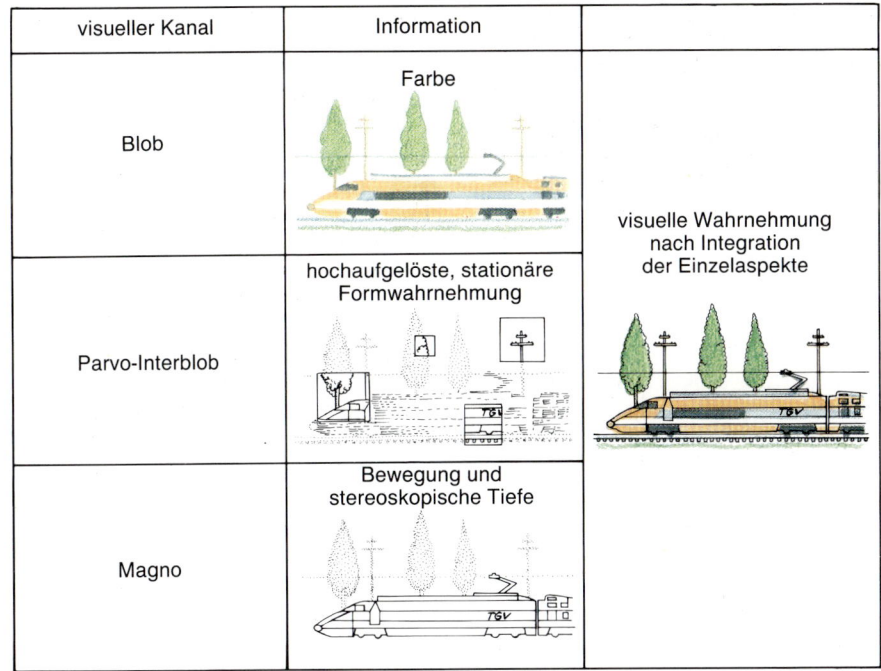

| visueller Kanal | Information | |
|---|---|---|
| Blob | Farbe | visuelle Wahrnehmung nach Integration der Einzelaspekte |
| Parvo-Interblob | hochaufgelöste, stationäre Formwahrnehmung | |
| Magno | Bewegung und stereoskopische Tiefe | |

**Bild 9:** Der Sehvorgang läuft also in einem dreigeteilten Verarbeitungssystem ab. Farbinformation wird durch den Blob-Kanal übertragen, stationäre Formerkennung durch den Parvo-Interblob-Kanal und Bewegung und Tiefe durch den Magno-Kanal. Nach Integration der Einzelaspekte sieht man eine einheitlich erscheinende, dreidimensionale Welt.

In der Werbung werden oft Schlüsselworte gebraucht, deren Farben äquilumineszent zum Hintergrund sind. Obwohl der Text unter diesen Bedingungen viel schwieriger zu lesen ist, liegt die Farbwahl wohl darin begründet, daß der Betrachter auf die Schrift aufmerksam wird, die durch die Äquilumineszenz sonderbar flimmernd erscheint. Gleichgültig, ob dieser Effekt nun zufällig, erfahrungsgemäß oder bewußt eingesetzt wird — seine Wirkung besteht darin, daß der Leser mehr Zeit zur Entzifferung benötigt.

Ähnliche Effekte finden sich auch in der Modebranche. Der Gesamteindruck eines Kleidungsstücks läßt sich durch das Stoffmuster und durch den Schnitt beeinflussen, vorausgesetzt, das Muster besitzt einen bestimmten Helligkeitskontrast; je stärker er ist, um so größer die Wirkung. Dagegen werden sich Muster und Schnitt nicht gegenseitig beeinflussen, wenn die Farben gleich hell sind. Querstreifen beispielsweise lassen eine Person dann nicht kleiner oder breiter aussehen, wenn sie gleich hell oder sehr schmal sind. Die Kombination von giftgrünem Hemd und königsblauer Hose ergibt zwar eine grelle, unruhig wirkende waagrechte Begrenzung, die aber nicht viel zum Gesamteindruck der Kleidung beiträgt oder den Blick auf sich zieht. Werden jedoch dieselben Hosen mit einem Hemd ähnlicher Farbe, allerdings anderer Nuancierung kombiniert — beispielsweise in himmel- oder marineblau —, dann wird

der Blick auf die Begrenzungslinie gelenkt, so daß der Gesamteindruck eine stärker horizontale Komponente erhält.

Das farbselektive Blob-System hat eine viel geringere Ortsauflösung als das Interblob-System. Dies erklärt ein bereits über hundert Jahre altes Phänomen: Zwei Farben können je nach ihrer Anordnung völlig gegensätzliche Effekte aufeinander ausüben. Werden zwei Farben einander gegenübergestellt, dann wirken sie normalerweise antagonistisch aufeinander, so daß sie noch gegensätzlicher erscheinen; das heißt, jede tendiert zur Komplementärfarbe der anderen. Werden dagegen die beiden Farben in einem feinen Muster ineinander verschachtelt, tritt der entgegengesetzte Effekt ein: Sie sehen dann einander ähnlicher, sie verschmelzen oder wirken verwaschen. Wir vermuten, daß eine Farbverschmelzung dann stattfindet, wenn das Muster für das Auflösungsvermögen des Farbsystems zu fein ist.

Einen ähnlichen Effekt kann man bei Photos in Illustrierten beobachten, wo die mikroskopisch kleinen Rasterpunkte des Bildes für uns verschmelzen, da weder unser Form- noch das Farbsystem des Betrachters diese kleinen Punkte unterscheiden kann. Dieses Phänomen wird nur dann sichtbar, wenn die Muster, ähnlich wie Pinselstriche eines impressionistischen Gemäldes oder Punkte eines pointillistischen Bildes, zu klein sind, um vom Farbsystem aufgelöst zu werden, aber

groß genug für das Formsystem (Bild 7). Dann kann der Betrachter zwar die einzelnen Pinselstriche oder Punkte sehen — die Farben allerdings verschmelzen. Demnach gibt es nur einen recht begrenzten Größenbereich, in dem man Muster unterscheiden, aber trotzdem keine einzelnen Farbpunkte auflösen kann. Dieser Bereich wird durch den Unterschied im Auflösungsvermögen von Farb- und Formsystem bestimmt. Ein ähnliches Farbverschmelzungs-Phänomen, bei dem das Muster erkennbar bleibt, kann man oft bei Stoffen wie Tweed oder Nadelstreifen beobachten.

Auch das Fernsehen profitiert von diesem niedrigen Auflösungsvermögen des Farbsystems, indem es den Farbanteil eines Bildes mit niedrigerer Auflösung als den Schwarzweiß-Anteil sendet und dadurch die Gesamtheit der zu übertragenden Information erheblich reduziert. Die geringere räumliche Auflösung des Farbsystems erklärt auch, warum viele Künstler, die mit Wasser- oder Pastellfarben arbeiten, Umrisse nur sehr ungenau ausmalen und damit dennoch dieselbe Wirkung erzielen, als wäre die Farbe hochpräzise auf der vorgegebenen Fläche aufgetragen (Bild 8).

Es kann für Künstler, Werbefachleute und Designer nützlich sein, die Aufgabenteilung im visuellen System zu kennen. Dies gilt aber auch für die Planung von Überwachungssystemen, bei der Konzeption von Methoden, schlechte, kontrastarme oder verschwommene Bilder klarer zu machen und bei der Weiterentwicklung von Videosystemen für die Automation oder die automatisierte Navigation. Die Empfindlichkeit des Magno-Systems für Farbkontrast, Bewegung und Stereopsie legt nahe, schwer erkennbare Gegenstände besser sichtbar zu machen, indem man entweder sie oder den Betrachter bewegt oder zwei stereoskopische Abbildungen der Szene gleichzeitig betrachtet. Ein derartiger Ansatz könnte beispielsweise Radiologen helfen, Röntgenbilder trotz ihrer typischen Unschärfe und ihrer hohen Kontrastarmut genauer und zuverlässiger zu interpretieren.

Bis vor kurzem konnten nur wenige Aspekte der Wahrnehmungspsychologie und Ästhetik mit der Art und Weise der Informationsverarbeitung im Gehirn in Verbindung gebracht werden. Heute ändert sich diese Situation, und die Erforschung des Sehens befindet sich in einer aufregenden Phase ihrer Geschichte. Kunst, Psychologie und Neurobiologie beginnen, neueste Forschungsergebnisse auszutauschen und dürften sich in Zukunft zu sich wechselseitig bereichernden Disziplinen entwickeln.

# Assoziatives Gedächtnis und Gehirntheorie

Worin bestehen Gedanken? Was geht im Gehirn vor, wenn man sich etwas
merkt oder an etwas erinnert? Welches ist der Sitz des „Ich"? Ein Modell der Gehirnrinde
als Assoziativspeicher vermag überraschend einleuchtende Antworten
auf solche jedermann bewegenden Fragen zu geben.

Von Günther Palm

Das Gehirn ist zweifellos das rätselhafteste und erstaunlichste aller menschlichen Organe. Äußerlich eine gleichförmige, unscheinbare Ansammlung von Nerven- und Stützzellen, übertrifft es selbst bei einfachen Rechenleistungen vielfach die schnellsten Computer. Seine Fähigkeiten auf dem Gebiet der Intelligenz und Kreativität stehen ohnehin weit über allem, was Elektronenrechner vermutlich je vermögen werden. Diese Fähigkeiten, die dem Leser beispielsweise ermöglichen, den vorliegenden Artikel zu verstehen, gelten allgemein als Kernelement dessen, was den Menschen als Person ausmacht.

Entsprechend geht von der Gehirnforschung eine große Faszination, aber auch ein gewisses Unbehagen aus. Die materielle Grundlage des Denkens zu erforschen scheint ebenso verlockend wie vermessen zugleich. Dennoch kann man es niemandem verwehren, seinen Geist auf die Erforschung seiner selbst zu wenden. Und wer hätte nicht schon darüber nachgesonnen, worin eigentlich Gedanken bestehen oder was im Gehirn vorgeht, wenn man sich etwas merkt oder sich an etwas erinnert?

Der bekannteste und ehrgeizigste Versuch, spezifisch menschliche geistige Leistungen nachzuahmen, wird im Rahmen der Forschungen zur sogenannten Künstlichen Intelligenz (KI) unternommen. Dieser Versuch war zwar bereits in mancherlei Hinsicht erfolgreich. So gibt es heute für eine Reihe von Problemen, deren Lösung nach allgemeinem Verständnis Intelligenz erfordert, zum Teil erstaunlich leistungsfähige Computerprogramme. Dennoch wurde eines der erklärten Ziele der Künstlichen Intelligenz vorerst nicht erreicht: aus der Logik „intelligenter" Programme Aufschlüsse über die Arbeitsweise des Gehirns zu erhalten.

## Gehirn und Computer: zwei grundverschiedene Welten

Für einen grundlegenden Unterschied zwischen KI-Programmen und den Abläufen im Gehirn spricht beispielsweise, daß solche Programme für viele Aufgaben, die Menschen spielend bewältigen, unverhältnismäßig viel Zeit benötigen — und das, obwohl die Einzeloperationen im Computer mindestens tausendmal schneller ablaufen als im Gehirn. Dies muß offenbar daran liegen, daß im Gehirn ungeheuer viele Operationen gleichzeitig durchgeführt werden, während in dem zentralen Rechenwerk eines Großrechners gewöhnlich nur eine Operation pro Zeiteinheit stattfinden kann. Es gibt daher heute in der Computerwissenschaft erste Versuche, gewisse häufig vorkommende Aufgaben durch parallele Durchführung der dazu benötigten Operationen zu beschleunigen.

Ein in der Praxis wichtiges Beispiel für Aufgaben, mit denen sich Menschen leicht-, Computer aber schwertun, ist die Mustervervollständigung (Bild 1). Dabei soll der Rechner aus einer Reihe von abgespeicherten, mehr oder weniger abstrakten Zeichenfolgen diejenige herausfinden, die mit einer neu vorgelegten, eventuell unvollständigen Folge am besten übereinstimmt. Wie mühelos — ja oft, ohne es überhaupt zu bemerken — ein Mensch diese Aufgabe bewältigt, zeigt sich beispielsweise dann, wenn man einen Bekannten sieht und ihn sofort mit Namen anspricht.

Aber auch der Aufbau des menschlichen Gehirns deutet darauf hin, daß es sich in seiner Funktionsweise von heutigen Computern unterscheidet. Die Gehirnrinde enthält grob geschätzt etwa zehn Milliarden Nervenzellen mit — soweit dies experimentell geprüft worden ist — ziemlich einfachen Eingangs-Ausgangs-Beziehungen: Jedes Neuron empfängt über eine in der Regel fünfstellige Zahl von Eingängen Signale von anderen Nervenzellen, verarbeitet sie und gibt selbst über einen Ausgang nur ein einziges Signal ab (Bild 2). Dieses wird seinerseits über mehrere zehntausend Synapsen (Schaltstellen zwischen Neuronen) an etwa ebensoviele Nervenzellen weitergeleitet.

Mehr als modernen Großrechnern, zwischen deren Bauteilen es nur wenige Verbindungen gibt, gleicht ein solches einförmiges System aus gleichartigen und gleichrangigen Elementen, die lokal miteinander in Wechselwirkung stehen, jenen Vielteilchensystemen, die in der Thermodynamik und der statistischen Mechanik untersucht werden — beispielsweise Gasansammlungen mit typischerweise $10^{20}$ und mehr Molekülen. Eine adäquate Beschreibung des makroskopischen Verhaltens solcher Systeme auf der Grundlage der mikroskopischen Vorgänge kann man mit Methoden der Synergetik und Bifurkationstheorie erlangen: zwei Gebieten der modernen Physik, die von Hermann Haken (Institut für Theoretische Physik der Universität Stuttgart) und anderen in letzter Zeit aufgegriffen und weiter formalisiert worden sind. Da sich ihre Grundideen prinzipiell auch auf das Gehirn anwenden lassen, seien sie hier näher erläutert.

### Parallelen aus Synergetik und statistischer Mechanik

Um solche Vielteilchensysteme handhabbar zu machen, muß man versuchen, aus einer großen Anzahl von Differentialgleichungen (die oft alle ganz ähnlich aussehen) wenige sogenannte Ordnungsparameter zu extrahieren, die im wesentlichen die Dynamik des ganzen Gleichungssystems bestimmen. Im günstigsten Fall sind dann nur noch drei oder vier Differentialgleichungen zu analysieren.

Dieses Schema funktioniert ganz gut, wenn man tatsächlich von einem vorgegebenen Gleichungssystem ausgeht und nach einer Vereinfachung der mathematischen Analyse sucht. In den empirischen Naturwissenschaften kann man es aber sicherlich nur als einen (relativ formalen) Schritt in einem zyklischen Theoriebildungsprozeß betrachten.

Man beginnt etwa mit bestimmten („mikroskopischen") Gleichungen für das Systemverhalten, die noch viele *ad hoc* gemachte Annahmen und näher zu bestimmende Parameter enthalten. Diese Gleichungen werden durch die mathematische Analyse vereinfacht und die Ergebnisse nach Möglichkeit mit dem vorhandenen qualitativen Wissen über das System verglichen. Gemäß den festgestellten Diskrepanzen verändert man dann die ursprünglichen Gleichun-

gen und beginnt den nächsten Theoriebildungszyklus.

In der statistischen Mechanik zum Beispiel bestand das Problem darin, plausible mikroskopische Gleichungen für die Dynamik der Moleküle aufzustellen und dann die makroskopischen Variablen wie Druck, Wärme und Temperatur in diesem Modell so zu definieren, daß sich die bekannten phänomenologischen Gesetze der Wärmelehre ergaben. Dahinter stand die Idee, daß Temperatur, Wärme und Druck sich als Mittelwerte bestimmter Funktionen der Impuls- und Ortskoordinaten einer großen Anzahl von Molekülen beschreiben lassen müßten. Ohne diese intuitive Vorstellung, also durch eine rein mathematische Analyse des Gleichungssystems für $10^{20}$ idealisierte Gasmoleküle, wäre Ludwig Boltzmann (1844 bis 1906) wahrscheinlich nie zu seiner Verbindung der statistischen Mechanik mit der Thermodynamik gelangt.

Dieses Beispiel macht eines deutlich: Wer einen vernünftigen Ansatz für die geeigneten mikroskopischen Gleichungen, sinnvolle Bereiche für die Parameter und die passende Art, die makroskopischen Variablen durch die mikroskopischen Größen auszudrücken, finden will, braucht fast immer Einsichten auf einem makroskopischen, phänomenologischen Niveau. Erst dann kann man mathematische Methoden — etwa aus der Synergetik — heranziehen, um diesen Ansatz zu bestätigen oder unter Umständen neue Ideen zu seiner Korrektur zu gewinnen.

### Das Gehirn als physikalisches System

Wenn man das Gehirn nun als ein physikalisches System betrachtet, kann man sicherlich ein Gleichungssystem für den Ablauf der neuronalen Aktivität aufstellen. Ein analoges Gleichungssystem beschreibt übrigens auch eine neuerdings untersuchte Klasse physikalischer Systeme: die sogenannten Spingläser. Das sind nichtkristalline magnetische Materialien, bei denen die Elementarmagnete (Spins) auf komplizierte Weise miteinander in Wechselwirkung stehen.

Wie sieht das Gleichungssystem für das Gehirn aus? Es hat offenbar einen gewaltigen Umfang; denn da man wenigstens eine Gleichung pro Neuron braucht, muß es mindestens 10 Milliarden Gleichungen umfassen. Was aber schlimmer ist: Es sind noch weitaus mehr Parameter festzulegen. Hauptsächlich handelt es sich dabei um die Anfangsverknüpfungen zwischen den Nervenzellen, was eine Zahl von etwa $10^{20}$

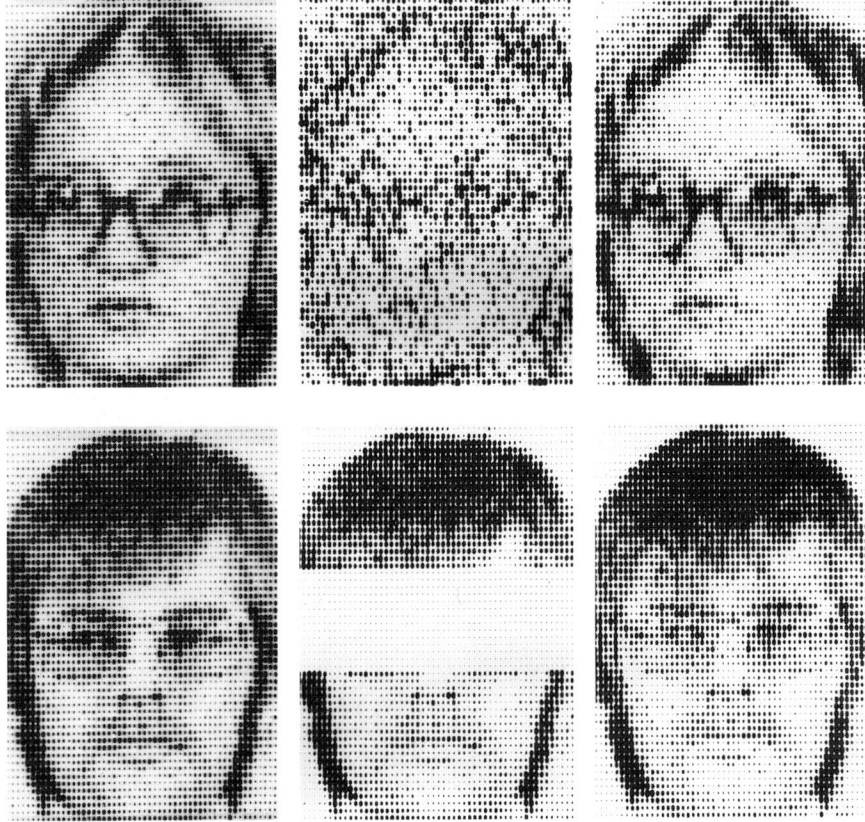

**Bild 1:** Die Mustervervollständigung ist eine Grundvoraussetzung vieler Intelligenzleistungen, mit der sich Menschen leicht-, herkömmliche Computer aber schwertun. Dabei geht es darum, aus bruchstückhaften Informationen das vollständige Muster aus einem Speicher zu rekonstruieren. Ebenso schnell und zuverlässig wie der Mensch mit seinem Gedächtnis bewältigen diese Aufgabe sogenannte assoziative Speicher, in denen nicht das Muster, sondern die Beziehungen zwischen seinen Elementen abgespeichert sind. Die abgebildete Simulation zeigt, wie ein solcher Speicher zwei unter einer Serie von (hier nicht wiedergegebenen) Gesichtern (links) anhand sehr beschränkter Vorlagen (Mitte) detailgetreu ergänzt (rechts). Die Simulation stammt von Teuvo Kohonen von der Technischen Universität Helsinki.

165

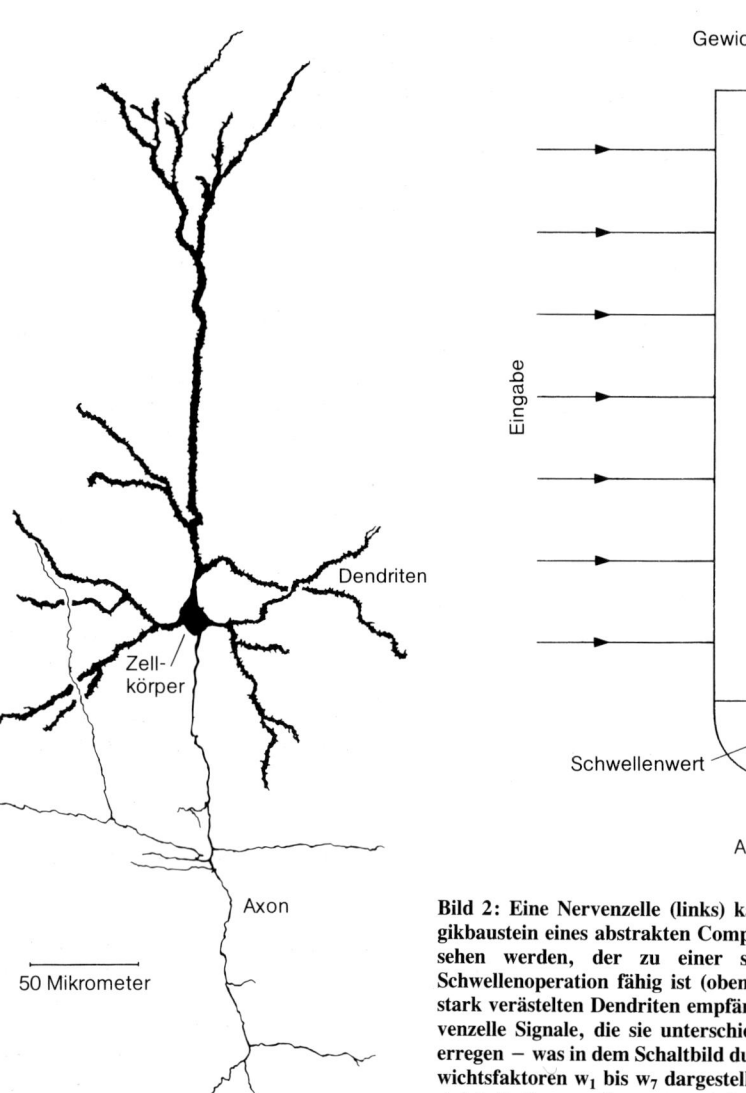

Gewichtsfaktoren

Eingabe

$w_1$
$w_2$
$w_3$
$w_4$
$w_5$
$w_6$
$w_7$

$\theta$

Schwellenwert

Ausgabe

Dendriten

Zell-körper

Axon

50 Mikrometer

**Bild 2:** Eine Nervenzelle (links) kann als Logikbaustein eines abstrakten Computers angesehen werden, der zu einer sogenannten Schwellenoperation fähig ist (oben). Über die stark verästelten Dendriten empfängt die Nervenzelle Signale, die sie unterschiedlich stark erregen — was in dem Schaltbild durch die Gewichtsfaktoren $w_1$ bis $w_7$ dargestellt ist. Übersteigt die Summe dieses erregenden Inputs einen bestimmten Schwellenwert, so gibt die Nervenzelle selbst über ihr sich verzweigendes Axon (die Nervenfaser) ein Signal weiter.

(ein Parameter für jedes Paar von Neuronen) ergibt.

Offenbar wäre es hoffnungslos, alle diese Parameter messen zu wollen. Wir brauchen also auch hier zusätzliche heuristische Ideen auf einem makroskopischen, das heißt hier wohl psychologischen Beschreibungsniveau, um eine bessere Intuition darüber zu bekommen, welches die richtigen mikroskopischen Annahmen sind und wie sich die Zahl der Parameter einschränken läßt.

In dieser Situation gibt es zwei Möglichkeiten. Ein strikt „wissenschaftlich" denkender Forscher wird seine Analyse auf diejenigen Aspekte menschlichen oder tierischen Verhaltens beschränken, die einfach genug sind, um sich eindeutig und klar beschreiben zu lassen. Für diesen Forschungsansatz gibt es in der Tat viele gute Beispiele im Bereich der Zoologie (insbesondere bei Wirbellosen).

Ein weniger orthodoxer Wissenschaftler aber wird gerade diese Aspek-

te nicht sonderlich interessant finden und sich viel mehr für die „höheren" menschlichen Fähigkeiten interessieren, wie Planen, Entscheiden, Klassifizieren, Denken. Diese Verhaltensweisen sind allerdings alles andere als klar umrissen. Wie kann man aus ihnen eine Intuition darüber gewinnen, welche makroskopischen Variablen zweckdienlich sind und wie sie sich mittels der mikroskopischen Veränderlichen, also der elektrischen Aktivitäten der Nervenzellen, definieren lassen?

Man sieht, was für ein Abgrund hier überbrückt werden muß: von der elektrischen Aktivität der Nervenzellen im Gehirn zum Denken. Zudem kann das Ziel der Analyse in diesem Fall nicht einfach die Reduktion aller menschlichen Fähigkeiten auf drei, vier Gleichungen für irgendwelche „Ordnungsparameter" sein. Zumindest würden es die meisten Menschen — Physiker inbegriffen — wohl sehr unbefriedigend finden, wenn man das menschliche Ver-

halten am Ende als ein kompliziertestenfalls chaotisches System, das heißt als so etwas wie einen Zufallszahlen-Generator, beschriebe. Aber müßte das Ergebnis einer physikalischen Analyse nicht in jedem Fall so aussehen?

Ein anderer Einwand gegen eine physikalische Analyse des Gehirns ließe sich etwas naiv so formulieren: „Wie können wir mit unserem Gehirn dieses selbst vollständig verstehen? Dazu reicht doch der Platz gar nicht aus!". Man denke an die Unmöglichkeit eines Kühlschrankes, der von außen so platzsparend und von innen so geräumig ist, daß er selbst in sich Platz hat.

Im Detail wird man sich sämtliche Abläufe im menschlichen Gehirn wohl kaum in einem solchen vorstellen können, aber wer will das schon? Selbst der Physiker, der die Vorgänge im Gehirn durch ein Gleichungssystem beschreibt, ist ja letztlich auf eine vergröbernde Darstellung durch entsprechend zu definierende makroskopische Variable aus. Man stelle sich einmal vor, jemand hätte tatsächlich ein naturgetreues, funktionierendes Modell eines Gehirns zusammengebaut. Dessen Verhaltensäußerungen ließen sich dann genausowenig nachvollziehen wie die eines echten Menschen. Selbst durch den getreulichen Nachbau würde man die inneren Abläufe also nicht wirklich verstehen oder nachvollziehen können.

Verstehen, wie etwas funktioniert, heißt eben nicht unbedingt, alle internen Abläufe im Detail simulieren oder gar vorhersagen zu können. Viele Leser werden zum Beispiel sicher sein, daß sie die Funktionsweise ihres Autos oder Fernsehers verstehen, aber kaum jemand dürfte sich im Detail vorstellen können, was während der normalen Funktion in einem solchen Gerät abläuft. Das ist auch gar nicht nötig; denn für den täglichen Gebrauch reicht es völlig, auf einer genügend abstrakten Ebene das Funktionsprinzip zu kennen.

Entsprechend kann man meiner Überzeugung nach auch die Funktionsweise des Gehirns in einem gewissen Sinne durchaus „verstehen". Doch muß dieses Verständnis sozusagen von einer „höheren" funktionellen Beschreibungsebene ausgehen. Es genügt dann, in Einzelfragen konkreter zu werden und schrittweise bis zu den unteren, eher strukturellen Beschreibungsebenen vorzudringen, auf denen schließlich von den elektrophysiologischen Abläufen in einzelnen Nervenzellen oder gar von den biochemischen Abläufen an einer Stelle der Zellmembran eines Neurons (etwa einer Synapse) die Rede ist.

Diese Vorgehensweise von oben nach unten (*top down*) entspricht nicht der üblichen Erklärungsweise in der Physik, die sich von unten nach oben („*bottom up*") emporbewegt. Trotzdem ist sie unzweifelhaft mit einer physikalischen Naturbeschreibung vereinbar. Es kommt bei dieser Art der Erklärung nur ein Gesichtspunkt hinzu, der dem Physiker relativ fremd, Ingenieuren und Biologen aber wohlvertraut ist: jener der Zweckmäßigkeit.

Der Ingenieur geht fast immer von einem vorgegebenen Zweck aus und versucht, mit seinen Hilfsmitteln eine dafür geeignete Maschine zu konstruieren. Entsprechend unterstellt auch der Biologe einem Organ innerhalb eines Organismus häufig einen Zweck und sucht dann nach Belegen für diese Vermutung.

## Simulationen von neuronalen Netzwerken

Im Falle des Gehirns ist der Zweck zweifellos die Vermittlung, Verarbeitung und Speicherung von sensorischer und motorischer Information. Wie oben erwähnt, sind die Nervenzellen im Gehirn über Tausende von Verbindungen zu riesigen neuronalen Netzwerken zusammengeschaltet (Bild 3). Über die Verbindungen kann sich die elektrische Aktivität (in Form schwacher, blitzartig auftretender Spannungsschwankungen von einheitlicher Größe im Millivoltbereich an der Zellmembran) von Neuron zu Neuron ausbreiten.

Jede Nervenzelle vermag jedoch nicht nur Informationen weiterzugeben, sondern sie auch zu verarbeiten. Wie weit diese Fähigkeit bei einzelnen Neuronen reicht ist noch nicht vollständig erforscht, aber es kann als sicher gelten, daß Nervenzellen wenigstens zu einer (nichtlinearen) Schwellenoperation

fähig sind: Sie reagieren erst dann, wenn die von anderen Neuronen eingehende Erregung insgesamt einen gewissen Wert übersteigt (Bild 2).

Seit den vierziger Jahren versucht man, mit mathematischen Modellen über die elektrische Erregungsausbreitung in neuronalen Netzwerken Fähigkeiten des Gehirns zu simulieren. Dabei haben Warren McCulloch und Walter Pitts von der Universität Chicago bereits 1943 in einer grundlegenden Arbeit zeigen können, daß das erwähnte Minimum an Informationsverarbeitung durch einzelne Neuronen im Prinzip ausreicht, um für jede beliebige Aufgabe ein neuronales Netzwerk konstruieren zu können, das sie bewältigt.

Bei diesem theoretischen Ergebnis stellt sich sofort die Frage nach der Ökonomie: Wie groß muß ein neuronales Netzwerk mindestens sein, um mit einer bestimmten Aufgabe fertig zu werden? Reichen die 10 Milliarden Nervenzellen in unserer Großhirnrinde aus, um nach den Vorstellungen von McCulloch und Pitts all unsere Intelligenzleistungen vollbringen zu können?

In den fünfziger Jahren begann man sich an vielen Orten mit der Computer-Simulation von Lernvorgängen in neuronalen Netzwerken zu beschäftigen. Dabei stand die Idee im Vordergrund, daß sich schon mit relativ wenigen Neuronen ziemlich leistungsfähige Lernmodelle erstellen lassen, wenn man annimmt, daß sich die Stärke der Verbindungen zwischen den Neuronen, also der Synapsen, während der Aktivitätsausbreitung im Netzwerk verändern kann. Tatsächlich ist inzwischen nachgewiesen, daß die Häufigkeit, mit der eine Synapse Nervenimpulse an die nachfolgende Zelle weiterleitet, ihre Übertragungsstärke beeinflußt.

Besonders oft wurde eine 1949 von Donald Hebb von der McGill-Universität in Montreal vorgeschlagene Regel zur Veränderung der Verbindungen simuliert. Danach wird eine Verbindung zwischen zwei Neuronen immer dann verstärkt, wenn beide Neurone etwa gleichzeitig aktiv sind. Synapsen, die sich nach einer solchen Regel verändern, nennt man heute Hebb-Synapsen. Da sich mit ihnen in gewisser Weise Informationen speichern lassen, können sie als Modell des Gedächtnisses dienen. Wie diese Speicherung im einzelnen aussieht, ist weiter unten näher erläutert.

Aber das Gedächtnis ist ja nicht die einzige Aufgabe, die das neuronale Netzwerk in unserem Gehirn zu bewältigen hat. Wie steht es mit den „höheren", „intelligenten" Leistungen? Als Beispiel hatte ich die Mustervervollständigung genannt. Ein Modell des assoziativen Gedächtnisses müßte die Mühelosigkeit erklären können, mit der wir diese Aufgabe tagtäglich bewältigen.

## Die Bedeutung neuronaler Aktivitätsmuster

Nun gibt es tatsächlich seit den sechziger Jahren Modelle von Informationsspeichern, die nach dem obigen Prinzip funktionieren und Muster äußerst schnell erkennen oder vervollständigen können. Zudem sind sie sehr leicht mit neuronalen Netzwerken realisierbar. Die entscheidende Idee dabei ist, daß nicht wie in herkömmlichen Computern die Muster selbst gespeichert werden, sondern die Korrelationen zwischen den Bestandteilen sämtlicher Muster.

Diesen Gedanken muß ich etwas erläutern. Der Begriff „Muster" wurde ja

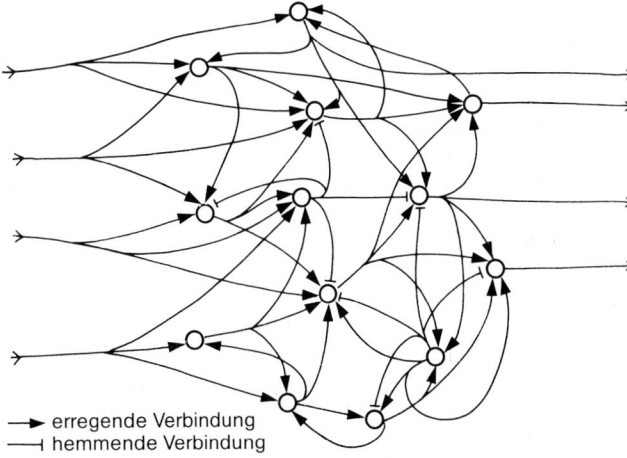

→ erregende Verbindung
⊣ hemmende Verbindung

**Bild 3: Die ungefähr zehn Milliarden Nervenzellen der Gehirnrinde sind jeweils über Zehntausende von Verbindungen untereinander zu einem hochkomplizierten Geflecht vernetzt. Dem von Valentin Braitenberg vom MPI für biologische Kybernetik in Tübingen angefertigten anatomi-** schen Bild, auf dem dieses verwirrende Netzwerk durch Silberfärbung sichtbar gemacht wurde, ist hier eine Schemazeichnung gegenübergestellt, die in abstrakter Form die wechselseitigen Verknüpfungen zwischen sehr wenigen Nervenzellen aufzeigt (Dendriten sind weggelassen).

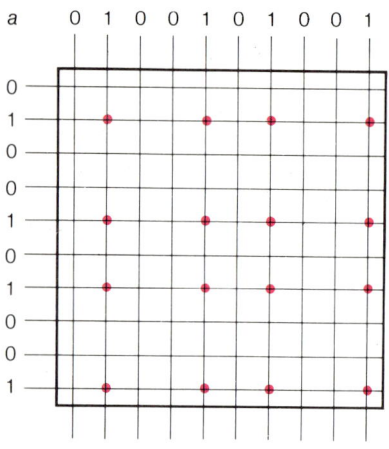

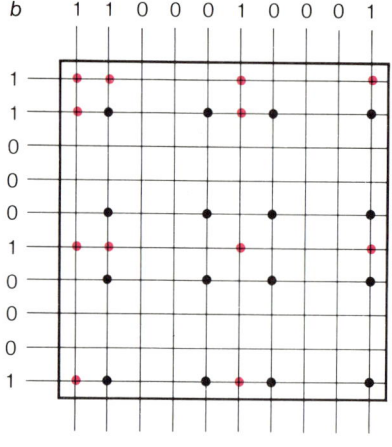

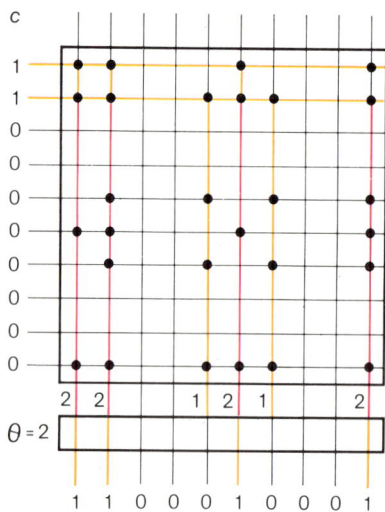

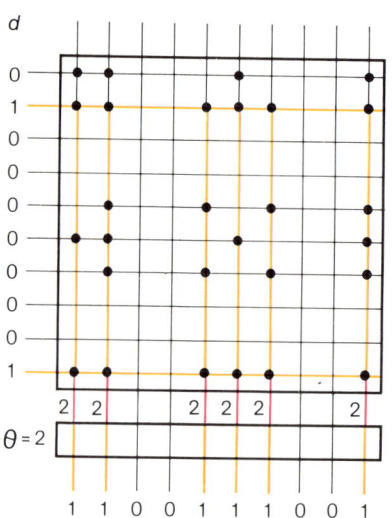

Bild 4: Speicherung und Abruf von Mustern in einem assoziativen Speicher sind hier schematisch illustriert. Der Speicher besteht dabei einfach aus einem Gitter von horizontalen und vertikalen Leitungen und ihren Verknüpfungspunkten. Zur Speicherung eines Musters (*a*) gibt man die ihm entsprechende Bitfolge sowohl auf die horizontalen als auch auf die vertikalen Leitungen: Dabei werden die Leitungen aktiviert (farbig), an denen die Bitfolge den Wert 1 hat. Die Speicherung selbst geschieht über die Verstärkung der Verknüpfungen zwischen gleichzeitig aktiven Leitungen (farbige Punkte). Derselbe Speicher kann mehrere Muster aufnehmen (*b*). Zum Auslesen eines Musters genügt es, einen Teil davon an den horizontalen Leitungen anzulegen (*c*). Dieses Teilmuster erzeugt über die aktivierten Verknüpfungen auch ein Signal in den vertikalen Leitungen. Durch eine Schwellendetektion, die nur maximale Erregung (dunkelfarbig gezeichnete Leitungen) durchläßt (Schwellenwert $\theta = 2$), wird das richtige Muster ergänzt. Enthält die Eingabe gleich viele Teile von beiden gespeicherten Mustern, ist auch die Ausgabe eine Überlagerung dieser Muster (*d*).

bisher extrem allgemein verwendet: Ein „Muster" könnte ein Bild sein, aber auch ein Wort, Klang, Sinneseindruck, Gegenstand oder eine Situation oder Szene. All diese Muster werden über unsere Sinnesorgane in neuronale Aktivität im Gehirn umgesetzt. Die Aktivität sämtlicher Neurone im Gehirn, also der neuronale Aktivitätszustand oder das neuronale Aktivitäts„muster" des Gehirns, muß demnach die Sinneseindrücke oder die Gesamtsituation, in der wir uns gerade befinden, widerspiegeln oder „abbilden". Das heißt natürlich nicht, daß das neuronale Aktivitätsmuster, das den Hund in der Außenwelt im Gehirn abbildet, auch aussieht wie ein Hund. Aber es sollte doch möglich sein, von den neuronalen Aktivitätsmu-stern auf die Sinneseindrücke rückzuschließen.

Eine nur leicht vergröberte Darstellung eines solchen neuronalen Aktivitätsmusters erhält man, wenn man sich für jedes einzelne Neuron notiert, ob es im Augenblick gerade aktiviert ist oder nicht. Man kann ein solches Muster dann als eine Folge aus Nullen (für inaktiv) und Einsen (für aktiviert) darstellen, deren Länge gleich der Anzahl sämtlicher Nervenzellen ist. In einem lebenden Gehirn wechseln diese Aktivitätsmuster natürlich ständig — und zwar sowohl auf Grund der inneren Dynamik im Netzwerk selbst als auch als Reaktion auf Reize von der Außenwelt, die über die Sinnesorgane vermittelt werden.

Manche Aktivitätsmuster kommen dabei sicherlich häufiger vor als andere; sie müßten den öfter auftauchenden Situationen entsprechen. Nun tritt genaugenommen wohl keine Situation je wieder genauso auf; aber ähnliche Situationen, die viel mit ihr gemeinsam haben, sollten schon vorkommen. Das führt auf einen faszinierenden Gedanken: Vielleicht stehen Begriffe eigentlich für nichts anderes als für das Gemeinsame, das unerwartet oft in vielen Situationen auftaucht. Solch ein Begriff sollte dann im Gehirn durch ein sich besonders häufig einstellendes und möglichst auch besonders stabiles neuronales Aktivitätsmuster dargestellt sein.

Diese Stabilisierung von oft realisierten Aktivitätsmustern könnte einfach dadurch zustande kommen, daß gemeinsam aktivierte Neurone ihre Verbindungen untereinander verstärken (Bilder 4 und 6). Solche stabilisierten neuronalen Aktivitätsmuster nannte Hebb „Assemblies" (nach dem englischen Wort für Gruppen oder Vereinigungen). Sie entstehen nach seiner Vorstellung dadurch, daß beim Lernen eines Musters die Verbindungen zwischen gleichzeitig aktivierten Neuronen gefestigt werden. Schlagwortartig könnte man sagen: Korrelationen in der Außenwelt werden zu Verbindungen zwischen Neuronen.

Solche Assemblies haben nun von sich aus die Fähigkeit, selbsttätig und automatisch die zugehörigen Muster zu vervollständigen (Bild 8). Wird nämlich ein genügend großer Teil einer Assembly aktiviert, so erfaßt die Erregung über das eingefahrene Netz von Verbindungen auch die anderen beteiligten Neurone: Die Assembly „zündet".

### Informationsspeicherung in neuronalen Netzwerken

Die Korrelationen zwischen den „Bestandteilen" neuronaler Aktivitätsmuster sind mathematisch wohldefinierte Zahlen. Man erhält sie in Form einer Korrelationsmatrix $C$, indem man die Aktivitäten sämtlicher Nervenzellen (eventuell gemittelt über einen bestimmten Zeitraum) paarweise miteinander multipliziert. Sind beispielsweise die Neurone 1 und 2 beide still (Aktivität null), so erhält das Matrixelement $c_{12}$ (und das $c_{21}$) den Wert null. Dasselbe gilt, wenn nur eines von beiden aktiv ist (da null mal eins auch null ergibt). Nur bei beiderseitiger Erregung erhält $c_{12}$ den Wert eins.

Durch einfache Addition der Korrelationsmatrizen für einzelne Assemblies erhält man eine Summenmatrix, in der die Korrelationen sämtlicher vorhandenen Aktivitätsmuster gespeichert sind. Umgekehrt braucht man, um ein Aktivitätsmuster zu löschen, nur dessen Korrelationsmatrix von der Summenmatrix zu subtrahieren.

Das Auslesen eines Aktivitätsmusters aus dem Speicher geschieht durch Matrixmultiplikation: Hat man ein bestimmtes Muster vorliegen und sucht unter den eingespeicherten Mustern das ihm ähnlichste, so bildet man einfach das Produkt aus diesem Aktivitätsmuster und der Summenmatrix. Da der resultierende Vektor im allgemeinen auch Elemente enthält, deren Wert größer als eins ist, muß anschließend noch eine sogenannte Schwellendetektion durchgeführt werden. Dabei legt man einen geeigneten Schwellenwert fest und setzt

alle Vektorelemente, die darunterliegen, gleich null und die anderen gleich eins (Bild 4).

Auf den ersten Blick scheint durchaus nicht klar, daß diese merkwürdige Art der Informationsspeicherung und -abfrage überhaupt funktioniert. Dies ist aber in einer Reihe von mathematischen Arbeiten und Computersimulationen seit den siebziger Jahren nachgewiesen worden. Bild 1 zeigt ein Beispiel einer solchen Simulation aus einer Arbeit von Teuvo Kohonen von der Technischen Universität Helsinki. Wegen der Eigenart dieses Speichersystems, Beziehungen wiederzugeben oder nach Art von Assoziationen Verbindungen herzustellen, bezeichnet man es allgemein als assoziativen Speicher.

## Erkenntnisse über assoziative Speicher

Da die Mustererkennung oder -vervollständigung für viele Intelligenzleistungen grundlegend ist, zählt sie auch zu den vorrangigen Forschungszielen auf dem Gebiet der Künstlichen Intelligenz. Daher sind assoziative Speicher durchaus auch von technischem Interesse, wenngleich die KI-Forschung sie bisher vernachlässigt hat.

Eine besonders einfache technische Realisierungsmöglichkeit für einen solchen Speicher ergibt sich, wenn das Anfragemuster gleichfalls nur Nullen und Einsen enthält. Dann reduziert sich die umständliche Matrixmultiplikation zu einer schlichten Addition: Man muß nur diejenigen Zeilen der Speichermatrix aufsuchen, in denen das Anfragemuster eine Eins enthält, und entlang jeder Spalte der Matrix die dort vorgefundenen Eintragungen aufsummieren (Bild 4). Hierfür braucht man adressierbare Speicherelemente (sogenannte RAMs von englisch *random access memories*) und viele Addierer (im Prinzip für jede Spalte einen).

Dabei ergibt sich freilich noch eine technische Schwierigkeit: Die Speichereinheiten, in denen die Elemente der Korrelationsmatrix gespeichert werden, sollten aus Platzgründen in der Praxis nicht zu groß sein. Bleiben sie etwa auf 1 Byte (8 Bits) beschränkt, so können die Matrixeinträge nur zwischen 0 und $2^8 - 1 = 255$ liegen. Dennoch wird die Speicherfähigkeit dadurch nicht nennenswert beeinträchtigt. So habe ich den Extremfall, wenn nur 1 Bit pro Speichereinheit zur Verfügung steht und die Werte der Korrelationsmatrix also nur 0 oder 1 betragen können, mathematisch gründlich analysiert. Selbst in diesem Fall läßt sich sehr effektiv Information speichern und sehr schnell und zuverlässig wieder auslesen (Bild 5).

Diese Untersuchungen ergaben unter anderem, daß sich ein assoziativer Speicher nur dann optimal nutzen läßt und den heute üblichen Computerspeichern und entsprechenden Suchverfahren überlegen ist, wenn man die Korrelationen von solchen „Aktivitätsmustern" speichert, in denen die Nullen und die Einsen ganz unterschiedliche Rollen spielen: Die Einsen müssen viel seltener sein als die Nullen, so daß jede Eins für sich allein viel mehr Information trägt als eine einzelne Null. Das erfordert ganz neue Kodierungsschemata, mit denen man die eigentlichen „Muster" in solche ungleichgewichtigen Null-Eins-Folgen umcodiert. (Normalerweise wird ja auch heute schon alles für den Computer in Form von Null-Eins-Folgen dargestellt, aber in sol-

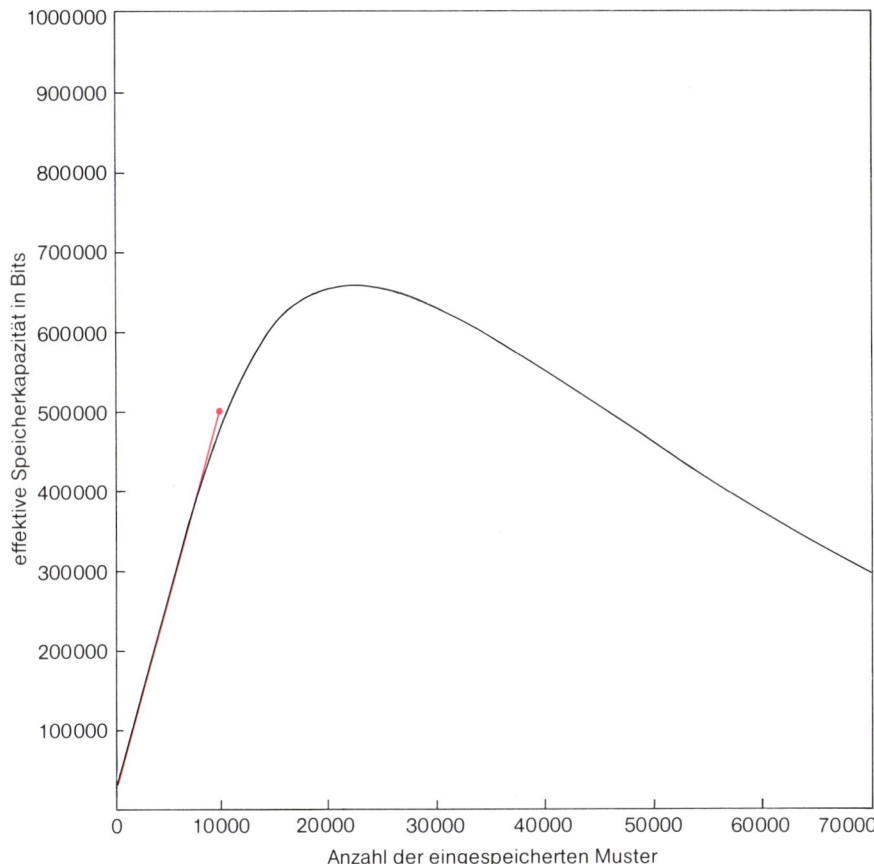

Bild 5: Die effektive Speicherkapazität von Assoziativspeichern (schwarze Kurve) läßt sich, wie hier für einen Speicher mit einer Kapazität von einer Milliarde Bits gezeigt, durchaus mit der von herkömmlichen Speichern (farbige Kurve) vergleichen. Konventionelle Speicher sind nach der Eingabe einer bestimmten Zahl von Mustern voll; daher bricht die entsprechende Kurve ab. In Assoziativspeicher lassen sich im Prinzip dagegen beliebig viele Muster eingeben; doch nehmen mit ihrer Zahl die Fehler beim Auslesen zu, so daß ab einem bestimmten Punkt die effektive Speicherkapazität sinkt. Die unterschiedliche Art der Speicherung bedingt, daß bei herkömmlichen Speichern die Muster kompakt kodiert sein sollten, damit möglichst viele davon Platz finden, während bei Assoziativspeichern Muster aus sehr

langen Bitfolgen mit vielen Nullen und nur ganz wenigen verstreuten Einsen vorzuziehen sind, da diese sich wenig überschneiden und somit kaum Fehler beim Auslesen auftreten. Um solche Fehler zu vermeiden, nutzt man auch die maximale Speicherkapazität nicht aus und speichert meist weniger Muster ein, als bei einem herkömmlichen Speicher möglich wären. Dennoch können in dem hier betrachteten Assoziativspeicher, der einem neuronalen Netzwerk aus 1000 Neuronen entspricht (einer 1000 ×1000-Verknüpfungsmatrix), weit mehr als 1000 Muster verläßlich gespeichert werden – etwa acht pro Neuron. Der eigentliche Vorteil des Assoziativspeichers liegt darin, daß sich das zu einem Eingabemuster gehörende Ausgabemuster wesentlich schneller auffinden läßt als bei einem der herkömmlichen Speicher.

chen, in denen etwa gleichviel Nullen und Einsen vorkommen.)

Es gibt ein relativ einfaches Schema, mit dem sich eine gewöhnliche Codierung aus gleichgewichtigen Null-Eins-Folgen in eine ungleichgewichtige Folge mit spärlichen Einsen umsetzen läßt. Dabei unterteilt man die ursprüngliche Folge in $k$ Abschnitte der Länge $x$. Jeden dieser Abschnitte interpretiert man als eine Binärzahl, also als eine Zahl zwischen 1 und $2^x$. Diese Zahl wird nun als Folge der Länge $2^x$ codiert, die nur eine einzige Eins an der Stelle enthält, die gleich dem Wert der Zahl ist. So erhält man schließlich eine sehr viel längere Null-Eins-Folge (statt $k \times x$ enthält sie $k \times 2^x$ Glieder) mit genau $k$ Einsen, einer pro Abschnitt.

In den letzten Jahren habe ich eine Reihe solcher „assoziativen Codierungen" entwickelt, in denen die Codewörter nur wenige Nicht-Nullen als eigentliche Informationsträger enthalten, und sie auf ihre Tauglichkeit geprüft. Wichtig ist, daß solche Codierungen von der Bedeutung her ähnliche Muster (in der Außenwelt) in ähnliche Null-Eins-Folgen abbilden, damit der assoziative Speicher gut funktioniert.

## Übertragung auf das Gehirn

Was das Gehirn angeht, so gelten diese Prinzipien der assoziativen Codierung offenbar auch für Gedankeninhalte. Elementare Begriffe bezeichnen immer relativ seltene Konstellationen: Autos sind viel seltener als Nicht-Autos, Tische viel seltener als Nicht-Tische und so weiter. Mit diesen Prinzipien deckt sich ferner der neurophysiologische Befund, daß die Neurone in den höheren Zentren des Gehirns (also etwa in der Gehirnrinde) die meiste Zeit überhaupt nicht feuern.

Allerdings übertrifft das Gehirn die heute technisch möglichen Assoziativspeicher in seiner Integrationsdichte immer noch bei weitem. Wollte man etwa einen assoziativen Speicher mit $10^{14}$ elementaren Speichereinheiten entsprechend den mindestens $10^{14}$ Synapsen in der Großhirnrinde des Menschen bauen, so bräuchte man nach heutigem Stand der Technik etwa 100 Kubikmeter hochintegrierte Elektronik.

Wie läßt sich das technische Schema des Assoziativspeichers auf das Gehirn, also in den Rahmen neuronaler Netzwerke, übertragen? Tatsächlich ist dies nicht sehr schwierig (Bild 6). Man stelle sich die Spalten der Korrelationsmatrix, in denen aufsummiert werden muß, als Dendriten und die Zeilen als Axone von Neuronen vor. Die Werte der Korrelationsmatrix wären dann die

Verbindungsstärken $c_{ij}$ der Synapsen von Neuron $i$ zu Neuron $j$. Die so erhaltenen neuronalen Netzwerke können genau dann die Funktion eines assoziativen Speichers erfüllen, wenn die Synapsen nach einer Hebbschen Regel veränderbar sind; denn die von den Synapsen an den Dendriten empfangenen Impulse addieren sich, und die Zelle gibt nur dann selbst einen Impuls weiter, wenn die Summe dieser Impulse einen Schwellenwert überschreitet.

Das entsprechende Schaltschema der Großhirnrinde sollte eine starke Rückkopplung enthalten, da die rund $10^{10}$ Nervenzellen in der Großhirnrinde durch etwa $10^{14}$ bis $10^{15}$ Synapsen untereinander verbunden sind und da auf Grund der globalen wie der lokalen Gehirnanatomie zahlreiche Erregungsschleifen zu erwarten sind. Tatsächlich weiß man aus anatomischen und physiologischen Untersuchungen, daß solche Rückkopplungen existieren und überwiegend durch erregende Synapsen hergestellt werden (daneben gibt es auch hemmende Synapsen in dem Sinn, daß bei ihnen eingehende Impulse die Bereitschaft der betreffenden Nerven-

zelle zur Aussendung eines eigenen Signals verringern).

Zunächst einmal sind solche Rückkopplungen natürlich ein Problem für die Stabilisierung der Gesamtaktivität, die sich in dem Netzwerk ausbreitet. Dieses Problem ist offenbar in unserem Gehirn gelöst (man sieht die katastrophalen Folgen, wenn die Stabilisierung – wie etwa beim epileptischen Anfall – einmal nicht gelingt), und es läßt sich auch in analogen technischen Modellen relativ leicht durch Regelung meistern.

Zugleich bietet die Rückkopplung aber auch interessante Möglichkeiten der Informationsverarbeitung (Bilder 7 und 8). So kann man, wenn eine Mustervervollständigung nicht auf Anhieb gelingt, dennoch dadurch ans Ziel kommen, daß man das erhaltene Ausgabemuster als neue Eingabe verwendet. Da dieses Muster dem gesuchten sehr wahrscheinlich mehr gleicht als das zuerst eingegebene, verspricht der zweite Schritt erfolgreicher zu sein als der erste. Außerdem läßt sich mittels Rückkopplung eine Sequenz in derselben Folge wieder abrufen, in der sie abgespeichert worden ist (Bild 9).

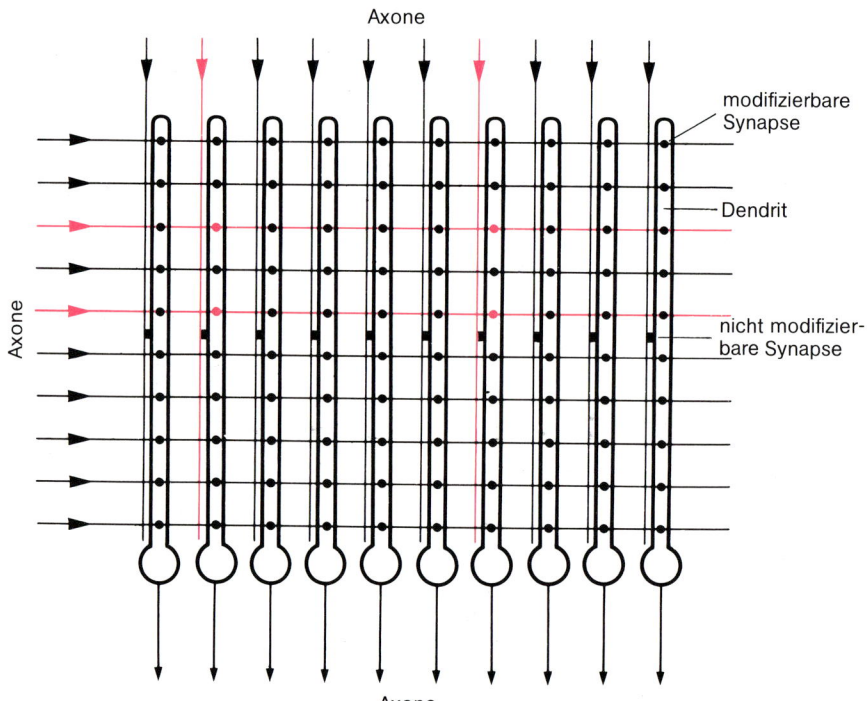

Bild 6: Neuronale Netzwerke lassen sich als Assoziativspeicher auffassen. In der schematischen Darstellung eines solchen Netzwerks entsprechen die Axone (dünne Linien) den horizontalen und die Dendriten den vertikalen Leitungen im Assoziativspeichermodell von Bild 4. Als Verbindungen fungieren die Synapsen: die Kontaktstellen zwischen Axonen und Dendriten. Dabei sind nur die farbig markierten Synapsen zwischen den horizontalen Axonen und den Dendriten modifizierbar: Ihre Übertragungsstärke nimmt zu, wenn von vertikalen und horizontalen Axonen gleichzeitig ein Si-

gnal am entsprechenden Dendriten ankommt. Die Synapsen zwischen den vertikalen Axonen und den Dendriten dienen dementsprechend lediglich dazu, beim Einspeichern das zu lernende Aktivitätsmuster auf die Dendriten zu bringen. Das gezeigte Netzwerk ist als Modell des Kleinhirns vorgeschlagen worden. In diesem Fall entsprechen die horizontalen Axone den „Parallelfasern", die vertikalen den „Kletterfasern" und die Dendriten den „Purkinje-Zellen". Die Modifizierbarkeit der farbig markierten Synapsen ist in diesem System inzwischen auch experimentell nachgewiesen worden.

Man kann sogar in demselben Netzwerk gleichzeitig Sequenzen und Einzelmuster speichern und dann durch Kontrolle eines globalen Parameters zwischen dem Abruf von Sequenzen und der Mustervervollständigung hin- und herschalten. Dies zeigt die in Bild 10 dargestellte Simulation von Gerd Willwacher an der Universität Freiburg. Der in diesem Beispiel benutzte Schaltparameter kann als diffuse globale Eingangserregung für das Netzwerk angesehen werden, die alle Neurone etwa im gleichen Maße betrifft und den allgemeinen Erregungszustand des Netzwerks reguliert.

Auch dazu gibt es eine verblüffende Parallele im Gehirn. Es handelt sich um das anatomisch wohlbekannte System der unspezifischen thalamischen Eingangsfasern zur Großhirnrinde, das von kleinen, also neuronal leicht regulierbaren Gebieten des Thalamus ausgeht und offenbar den Grunderregungspegel des Gehirns steuert. Diese Art der Regelung ist gut zu vergleichen mit der Stabilisierung der Aktivität in Kernreaktoren durch Neutronen einfangende Stäbe, die weiter in den Reaktor hineingeschoben oder herausgezogen werden, je nachdem, ob man die Aktivität erniedrigen oder erhöhen will.

## Lernen, Erinnern, Denken

Damit sind wir soweit, daß wir uns nunmehr ein einleuchtendes (wenn auch zugegebenermaßen noch recht spekulatives) Bild davon machen können, was im Gehirn abläuft, wenn wir uns etwas merken, uns an etwas erinnern oder von einem Gedanken zum anderen springen.

Wollen wir uns etwas einprägen, so halten wir das entsprechende Aktivitätsmuster für längere Zeit im Gehirn fest, indem wir uns den Sachverhalt wiederholt intensiv vergegenwärtigen. Dadurch verstärken sich nach der Hebbschen Regel die synaptischen Verbindungen zwischen den so aktivierten Neuronen.

Wenn wir uns an etwas zu erinnern suchen, möchten wir in der Regel aus ein paar bruchstückhaften Hinweisen den vollständigen Sachverhalt rekonstruieren. Dies ist der klassische Fall einer Mustervervollständigung. Sie geschieht, wie wir gesehen haben, ganz von selbst durch die Aktivierung weiterer Neurone über die Hebbschen Synapsen innerhalb der betreffenden Assembly: Die neuronale Gesamterregung stabilisiert sich in dem Muster, das der Erinnerung entspricht, die am besten zu den vorgegebenen Bruchstücken paßt.

Wenn wir uns Gedanken machen, wenn also verschiedene Gedanken ein-

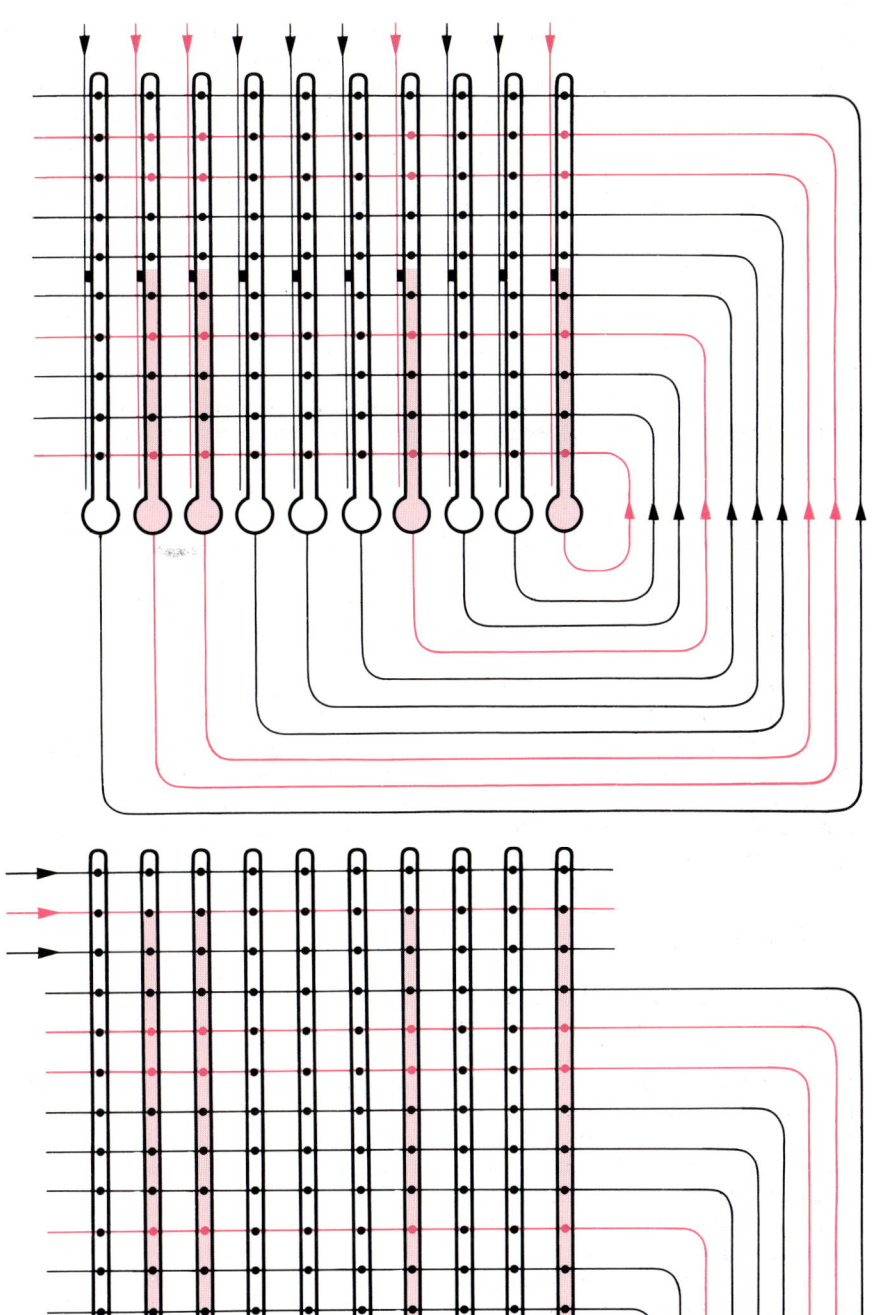

**Bild 7: Durch interne Rückkopplung erweitern sich die Möglichkeiten der Speicherung und Informationsverarbeitung in neuronalen Netzwerken. Im oberen Netzwerk sind die horizontalen Fasern nicht mehr direkt von außen ansteuerbar; vielmehr wiederholt sich in ihnen mit kurzer zeitlicher Verzögerung das Muster, das von den vertikalen Fasern an die Dendriten weitergegeben wurde. Beim unteren Netzwerk werden die Dendriten nicht direkt von vertikalen Fasern angesprochen, sondern über eine weitere Verbindungsmatrix zwischen Eingangsfasern und Dendriten. Dies ist anatomisch weniger auffällig als ein System von Kletterfasern, garantiert aber ebenfalls eine eindeutige Zuordnung zwischen Eingabemustern und internen neuronalen Aktivitätsmustern in den rückgekoppelten Zellen.**

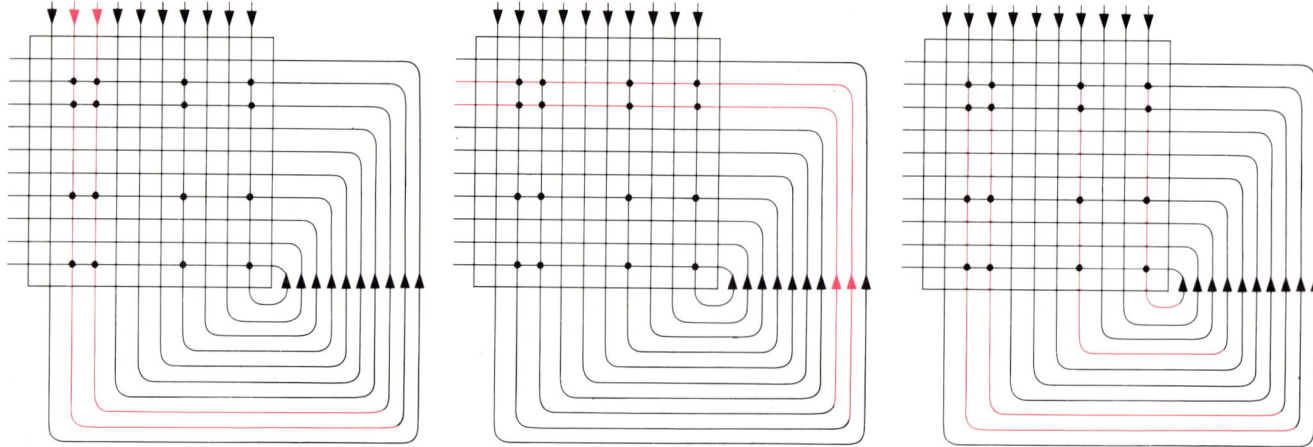

Bild 8: Mustervervollständigung in einem rückgekoppelten neuronalen Netzwerk (stark schematisiert gezeichnet). Das über die vertikalen Axone eingegebene Teilmuster (farbige Linien) passiert zunächst das Netzwerk (links), läuft dann auf den horizontalen Axonen zurück (Mitte) und aktiviert über die beim Einspeichern (siehe Bild 7) verstärkten Synapsen (schwarze Punkte) schließlich das vollständige Muster (rechts).

ander ablösen, so geschieht das im Gehirn über einen Mechanismus, der wohl zuerst an meiner eigenen früheren Forschungsstätte, dem Max-Planck-Institut für biologische Kybernetik in Tübingen, diskutiert wurde und für den Valentin Braitenberg, einer der Direktoren des Instituts, das schöne Wort „Gedankenpumpe" geprägt hat. Zu Beginn ist diejenige Assembly aktiv, die den ersten Gedanken bedeutet. In der Folge erniedrigen wir die diffuse Eingangserregung, bis die Assembly zusammenzubrechen beginnt. An diesem Punkt sorgt ein Regelmechanismus dafür, daß die globale Eingangserregung wieder zunimmt und das Gesamterregungsniveau sich stabilisiert. Dabei stellt sich ein neues Aktivitätsmuster ein, das in der Regel von dem vorherigen verschieden ist.

Natürlich könnte man umgekehrt auch die diffuse Eingangserregung erhöhen. Dann aktiviert die zu Beginn aktive Assembly weitere Neurone mit, die zu anderen Assemblies gehören. Auch dieses Anwachsen der Gesamtaktivität wird durch einen Regelmechanismus abgebremst. Wenn die Aktivität dann auf das gewöhnliche Niveau abgesunken ist, hat sich im allgemeinen gleichfalls eine neue Assembly eingestellt.

Die Einheit der Gesamtsituation ist dabei gegeben durch die Assembly, die in unserem zentralen assoziativen Speicher, also vermutlich in der Großhirnrinde, gerade aktiviert ist. Der Informationsgehalt einer solchen Assembly oder einer solchen Momentansituation müßte dann ungefähr den psychologischen Schätzungen für die Informationskapazität unseres zentralen Kurzzeitgedächtnisses entsprechen, während unser zentrales Langzeitgedächtnis in den Verbindungsstärken sämtlicher Hebb-Synapsen niedergelegt wäre und

somit alle potentiell aktivierbaren Assemblies enthielte, was seine viel größere Kapazität erklären würde.

Dieses Bild dürfte allerdings noch immer viel zu grob sein. So sollte sich die diffuse Eingangserregung, die bei all den geschilderten Steuerungsvorgängen eine wichtige Rolle spielt, etwas differenzierter regeln lassen. Wenn wir uns zum Beispiel stark auf ein Sinnesorgan konzentrieren, also etwa „ganz Auge" oder „ganz Ohr" sein wollen, so wäre es sinnvoll, die diffuse Eingangserregung gezielt nur für die visuellen beziehungsweise auditorischen Areale des Cortex zu erhöhen. Umgekehrt sollten sich diese Areale durch Senken der diffusen Eingangserregung auch nahezu „abschalten" lassen, wenn man sich beispielsweise konzentrieren will. Schließlich muß es möglich sein, zwei oder drei verschiedene Gedanken zu kombinieren. Das aber erfordert, daß man — vielleicht in einem Teil des Cortex — eine Teilassembly „halten" kann, während man gleichzeitig in einem anderen Teil eine Assembly „kommen läßt", um sie dann beide als Anfangserregung für den Assoziationsmechanismus der Gedankenpumpe zu benutzen.

Nach all dem sollten also in verschiedenen corticalen Arealen unterschiedliche Schwellenregelungen unabhängig voneinander möglich sein. Daß diese Areale kreuz und quer untereinander verbunden sind, läßt allerdings darauf schließen, daß auch die Gesamtaktivität irgendwie überwacht werden muß.

Bemerkenswerterweise harmonieren diese Überlegungen sehr gut mit der gängigen Vorstellung vom Thalamus als „Tor zum Cortex". Danach versorgen die verschiedenen Kerne des Thalamus einzelne corticale Areale sowohl mit diffuser globaler als auch mit spezi-

fischer sensorischer Eingangserregung. Umgekehrt paßt die Idee von der globalen Aktivitätsregulierung zu den beobachteten Rhythmen in der elektrischen Gesamtaktivität des Cortex, wie man sie im Elektroenzephalogramm (EEG) beobachtet.

### Wo steckt das „Ich"?

Allerdings läßt dieses Bild von der Gedankenpumpe und den wechselnden Assemblies bisher noch einen entscheidenden — vielleicht sogar den wichtigsten — Punkt offen. Es beschreibt einen assoziativen Gedächtnisspeicher, der sich sehr sinnvoll einsetzen läßt und der von außen durch die differenzierte Steuerung der diffusen Eingangserregung gut bedienbar ist. Es sagt aber nichts darüber aus, wer diesen Speicher bedient und also zum Beispiel entscheidet, ob jetzt etwas eingelernt oder ausgelesen, ob eine Assembly gehalten oder verändert oder ob etwa das visuelle Areal voraktiviert oder abgeschaltet werden soll und so weiter.

Zu diesem Komplex gehören noch viele andere Fragen. Nach welchen Regeln wird der Cortex mit Eingangssignalen versorgt? Wie wird die globale Aktivitätssteuerung koordiniert? Wann werden die corticalen Erregungsmuster (etwa im Motorcortex oder im Prä-Motorcortex) in Handlungen umgesetzt?

Diese Fragen sind nur schwer zu beantworten und führen noch weiter in das Reich der eher spekulativen Vermutungen. Immerhin ist klar, daß unser Gehirn nicht nur aus dem Cortex besteht, wenn auch diesem gemeinhin die höheren Leistungen zugeschrieben werden. Unter dem Cortex als dem stammesgeschichtlich jüngsten Gehirnteil liegen noch viele ältere und vermutlich primitivere Strukturen, die ähnlich auch schon bei Vögeln, Reptilien, Amphibien und Fischen vorhanden sind.

Die Vermutung liegt nun nahe, daß diese Strukturen ganz grundsätzliche Urmechanismen von Zu- und Abwendung, Lust und Schmerz sowie alle möglichen Servomechanismen enthalten, die etwa für das Reptilienleben notwendig oder von Vorteil sind. Da sie uns sozusagen als stammesgeschichtliches Erbe überkommen sind, könnten diese einfachen Mechanismen auch die Grundlage unseres Verhaltens bilden. Sie hätten lediglich mit dem riesigen assoziativen Speicher in unserer Großhirnrinde ein äußerst leistungsfähiges zusätzliches Hilfsinstrument erhalten. Letztlich wären sie es also, die den assoziativen Speicher steuern (was sicherlich algorithmisch nicht besonders schwierig ist) und dadurch ein praktisch

unüberschaubares Verhalten produzieren, in dem Lernen, Gedächtnis, abstraktes Denken, ja schließlich all die Elemente unserer Kultur auf einmal eine wichtige Rolle spielen.

Diese Überlegungen wird wohl kaum jemand gerne akzeptieren. Erstens wird unsere Eigenliebe empfindlich getroffen von der Vorstellung, daß in uns im Grunde nicht mehr steckt als ein Reptil mit einem geschickt aufgebauten Assoziativspeicher von allerdings gewaltiger Kapazität. Dies gilt um so mehr, als wir gerade im Bereich der Intelligenz und des Denkens das Besondere am Menschen zu sehen pflegen. Zweitens bleibt unsere metaphysische Neugierde, die Frage nach dem Sitz der Seele oder des „Ich", unbefriedigt. Doch eine Antwort darauf zu geben liegt ohnehin außerhalb des Bereichs der Naturwissenschaft, die alles, was von vornherein für nicht

sinnlich erfahrbar und auch nicht meßbar erklärt wird, erst einmal aus ihrem Weltbild streicht. Damit gehören Begriffe wie Seele oder Gott prinzipiell nicht zu den Dingen, über die sie Aussagen machen kann.

Im Zusammenhang mit der Frage nach dem Sitz des Bewußtseins gibt es die Denkfigur von dem kleinen Mann im Gehirn, der auf der Grundlage der gut vorverarbeiteten Informationen, die ihm die Nervenzellen liefern, die Entscheidungen fällt und in den motorischen Apparat die entsprechenden Impulse gibt. Die experimentelle Hirnforschung hat ihn zwar aus den erforschten Hirnarealen zurückdrängen, ihn aber nie ganz loswerden können. Ich habe diesen kleinen Mann jetzt durch ein kleines Krokodil ersetzt. Auch im Hirn des Krokodils kann man noch ein Mysterium suchen, es ist ja lebendig und

**Speicherung**

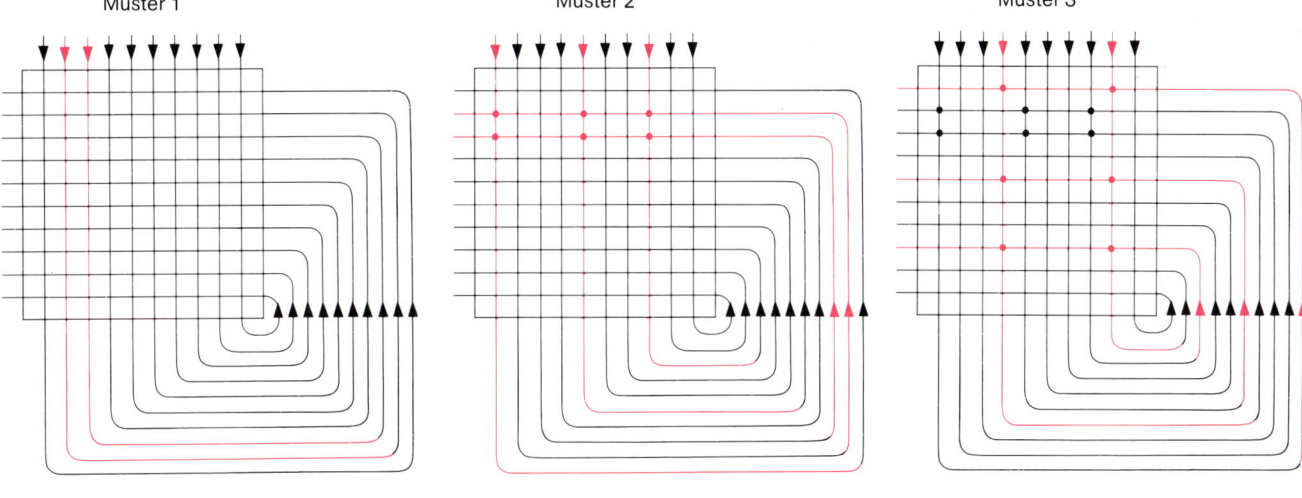

**Auslesen**

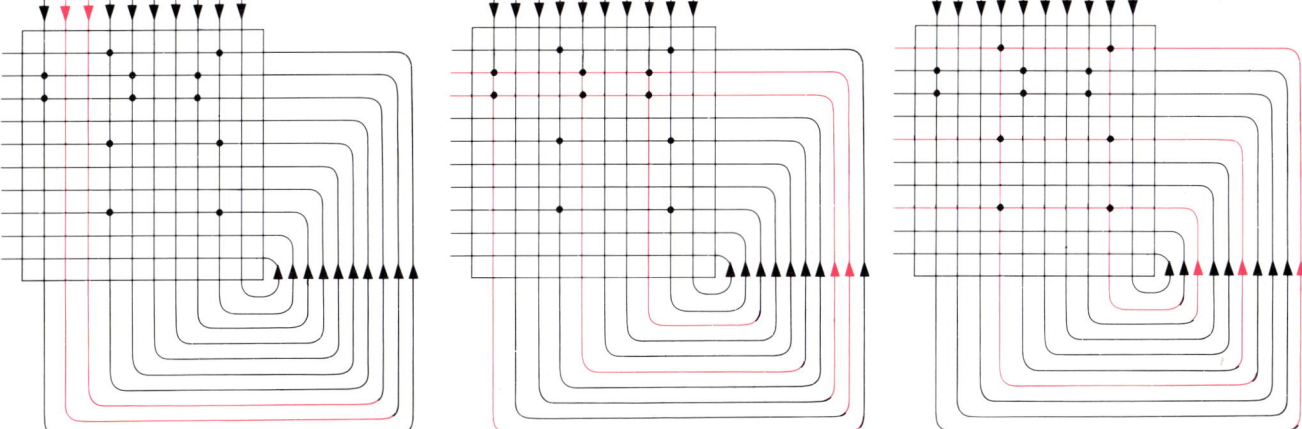

**Bild 9: Speicherung und Auslesen einer Musterfolge in einem rückgekoppelten neuronalen Netzwerk. Bei der Speicherung (oben) werden nacheinander über die vertikalen Axone die einzelnen Muster eingegeben. Dabei überlagert sich jedes Muster mit dem vorangegangenen, das** gerade über die horizontalen Axone zurückkommt, wobei die entsprechenden Synapsen verstärkt werden. Beim Auslesen (unten) aktiviert jedes Muster beim Zurücklaufen auf den horizontalen Axonen über die verstärkten Synapsen dann automatisch das jeweilige Folgemuster.

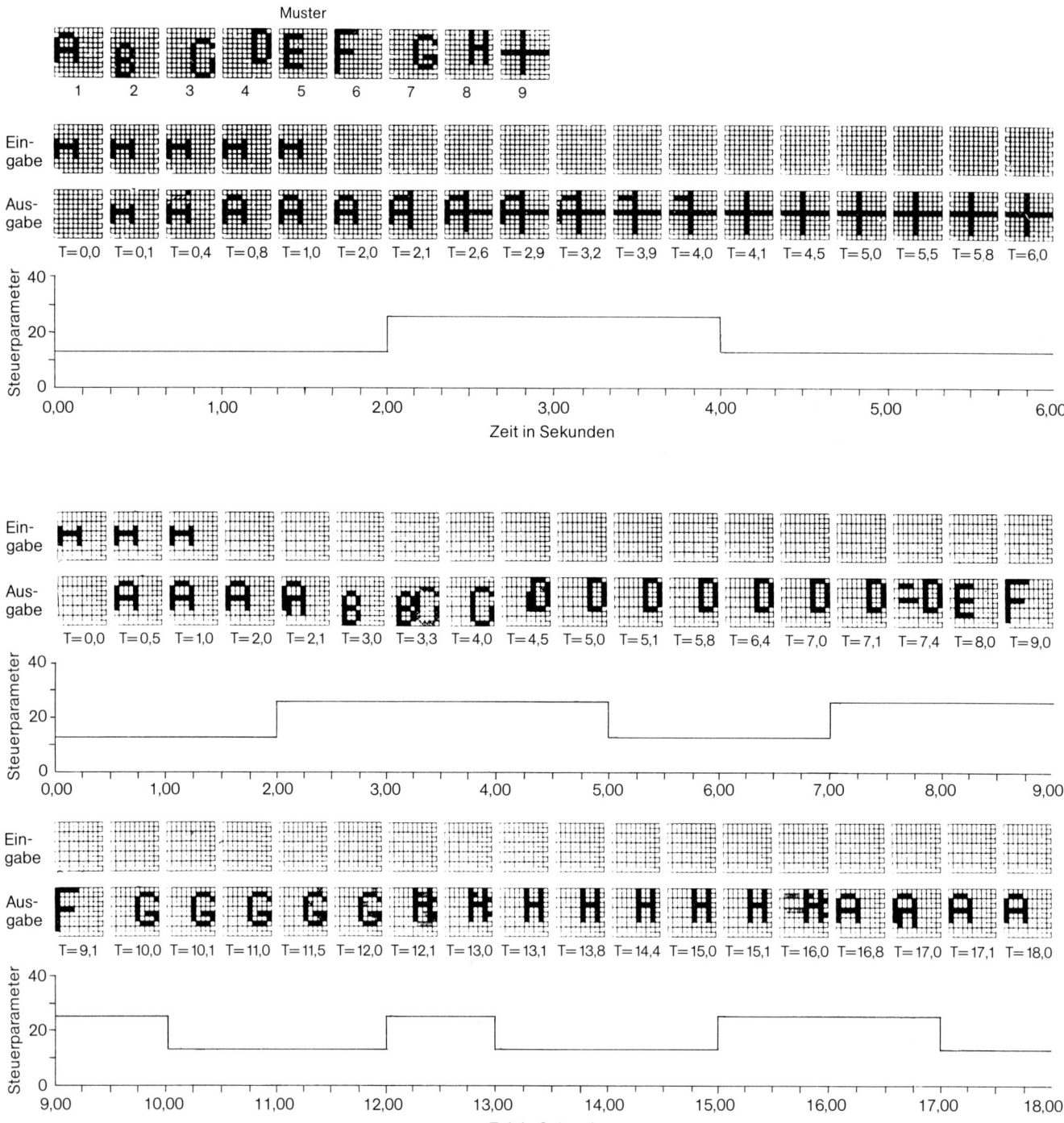

**Bild 10:** Mit einem Steuerparameter — beispielsweise der diffusen globalen Eingangserregung in ein Netzwerk — läßt sich, wie diese Simulation von Gerd Willwacher an der Universität Freiburg zeigt, zwischen der Mustervervollständigung und dem Abruf der jeweils nächsten Glieder in einer abgespeicherten Musterfolge hin- und herschalten. Jedes der neun oben abgebildeten Muster wurde sowohl mit sich selbst als auch mit dem nachfolgenden verknüpft. Bei niedrigem Wert für den Eingangsparameter stabilisiert sich im allgemeinen das gerade teilweise oder vollständig aktivierte Muster, während eine Erhöhung dieses Parameters den Übergang zum nächsten Muster bewirkt. Eine ähnliche Regulatorfunktion haben im Gehirn möglicherweise einige Kerngebiete des Thalamus, die die Gehirnrinde mit unspezifischer Erregung versorgen.

nicht tot; aber meiner Überzeugung nach ist die Reduktion der Komplexität das Entscheidende bei dieser Ersetzung. Die Steuermechanismen in dem „kleinen Krokodil" sind fraglos überschaubar und erforschbar; ich habe dafür sogar schon einmal ansatzweise einen Algorithmus aufgestellt.

Das Ich wird damit in den Bereich archaischer Instinkte gerückt, die uns die Endzwecke unseres Handelns körperhaft unmittelbar vorgeben und kaum rational zu durchleuchten sind. Dieser Bereich ist im übrigen sicherlich nicht nur im Gehirn zu suchen; für die Regelung unseres Wohlbefindens sind das Blutgefäßsystem und die Hormone mindestens genauso wichtig wie das Nervensystem. Die Großhirnrinde mit ihren kleinen grauen Zellen wird in dieser Sichtweise zu einem Organ wie andere auch: Sie ist für die Speicherung und Verarbeitung von Informationen zuständig wie etwa der Magen für die Verdauung.

Übrigens ist das Gehirn vom Mittelpunkt unseres Körpers relativ weit entfernt, andere Organe liegen ihm viel näher. So ist es vielleicht unsere Schaltzentrale, aber nicht unser Zentrum.

# Gedanken über das Gehirn

Über sich selbst nachdenkend hat das Gehirn einige wundervolle
Zusammenhänge entdeckt, aber neue Untersuchungsmethoden und neue Betrachtungsweisen
werden notwendig sein, um zu verstehen, wie das Gehirn arbeitet.

## Von F. H. C. Crick

Der Leser der in diesem Band vereinigten Aufsätze hat erfahren, wie das Gehirn auf vielen Ebenen (von den Molekülen in seinen Synapsen bis zu komplexen Strukturen, die ganze Verhaltensmuster steuern) mit zahlreichen Methoden (chemischen, anatomischen, physiologischen, embryologischen und psychologischen) und an verschiedenen Tierarten (vom einfachen Wirbellosen bis zum Menschen) untersucht wird. Aber er hat auch bemerkt, daß es trotz der beständigen Zunahme unserer Kenntnisse bis heute ein Rätsel geblieben ist, wie das menschliche Gehirn arbeitet. Die Herausgeber der Zeitschrift Scientific American haben mich um ein paar allgemeine Gedanken gebeten, obwohl (oder weil?) ich mich auf dem Gebiet der Neurobiologie als einen Außenseiter betrachten muß. Ich interessiere mich zwar seit mehr als dreißig Jahren für die Ergebnisse der neurobiologischen Forschung, versuche aber erst seit neuerem, mich ernsthaft damit zu beschäftigen.

Um Zugang zu einer neuen Disziplin zu finden, ist es nützlich, Sachverhalte, die erklärbar zu sein scheinen, von solchen zu trennen, deren Klärung selbst im Ansatz gegenwärtig unmöglich ist. Eine derartige Analyse brachte James Watson und mich seinerzeit dazu, nach der Struktur der Desoxyribonucleinsäure zu suchen, in der bei allen Pflanzen und Tieren die Erbinformation verschlüsselt ist.

Was das Nervensystem betrifft, so würde ich in die erste Kategorie Dinge wie die chemischen und elektrischen Eigenschaften der Nervenzellen und Synapsen, die Gewöhnung und Sensibilisierung einzelner Nervenzellen oder die Wirkungen von Drogen auf das Nervensystem einordnen. Fast die gesamte Neuroanatomie und Neuropharmakologie sowie ein großer Teil der Neurophysiologie gehören ebenfalls dazu, und sogar die Entwicklung des Gehirns scheint mir trotz unseres Unwissens über die Vorgänge im wachsenden Embryo kein prinzipielles Rätsel zu sein.

Auf der anderen Seite gibt es zahlreiche menschliche Fähigkeiten, die unser gegenwärtiges Verständnis übersteigen. Wir fühlen, daß da irgend etwas schwer zu erklären ist, aber es gelingt uns nicht, klar und exakt zu sagen, worin die Schwierigkeit besteht. Das läßt vermuten, daß wir über solche Dinge (beispielsweise über das Wahrnehmungsvermögen, das Verstehen, das Vorstellungsvermögen, den Willen oder unsere Emotionen) nicht in der richtigen Weise nachdenken. Allen angeführten Leistungen ist gemeinsam, daß sie Teil unserer subjektiven Erfahrung sind und daß sie vermutlich auf sehr komplexen Wechselwirkungen zwischen einer großen Zahl von Nervenzellen beruhen.

Um diese höheren Fähigkeiten des Nervensystems zu verstehen, ist es natürlich sinnvoll, soviel wie möglich über einfachere Leistungen in Erfahrung zu bringen, besonders über solche, die dem Experiment zugänglich sind. Das allein genügt jedoch nicht. Wir brauchen außerdem gute Theorien der Informationsverarbeitung in komplexen Systemen. Dabei spielt es — auf das Nervensystem bezogen — keine Rolle, ob die Informationen von den Sinnesorganen kommen, als Instruktionen zu den Muskeln gehen oder unter Nervenzellen ausgetauscht werden.

Unter den schwierig zu erklärenden Leistungen des Gehirns, die ich als Beispiele genannt habe, scheint mir das Wahrnehmungsvermögen, und hier insbesondere die visuelle Wahrnehmung, dem Experiment noch am ehesten zugänglich zu sein. Außerdem ist unser inneres Bild der äußeren Welt sowohl genau, als auch lebendig. Merkwürdigerweise entsteht dieses Bild in einer Weise, die wenig bewußte Anstrengung von uns verlangt. Sollen wir Tätigkeiten nennen, die einen großen geistigen Aufwand erfordern, so kommen wir gewöhnlich zum Schachspiel, zum Lösen mathematischer

**Bild 1: Das primäre Sehfeld des Nachtaffen zeigt die Tendenz der Großhirnrinde, sich topographisch zu organisieren, das heißt so, daß Sender und Empfänger einer Information einander Punkt für Punkt (wenngleich mit Verzerrungen) entsprechen. Das oben wiedergegebene sehr schematisierte Diagramm zeigt die Sehrinde, die das hintere Drittel der Großhirnrinde bildet, aufgefaltet, so daß man eine Aufsicht erhält. Die topographischen Beziehungen zwischen dem Gesichtsfeld des Tieres (links unten) und den verschiedenen Gebieten der Sehrinde wurden durch Versuche ermittelt, bei denen in die Sehrinde eingeführte Mikroelektroden die Reaktionen kleiner Nervenzellgruppen auf Lichtsignale in bestimmten Bereichen des Gesichtsfeldes registrierten. Die Zeichnung unten links zeigt die rechte Hälfte des Gesichtsfeldes. Die schwarzen Quadrate markieren den horizontalen Meridian, die offenen Kreise den senkrechten Meridian und die Dreiecke die äußere Grenze des Gesichtsfeldes. Die gleichen Symbole sind in die Karte des Sehfeldes eingetragen worden. Die Lage der Sehrinde im Gehirn des Affen ist unten rechts gezeigt. Die neun topographisch organisierten Gebiete der Sehrinde sind wie folgt bezeichnet: Primäres visuelles Feld (V1), sekundäres visuelles Feld (V2), dorsal-laterales aufsteigendes Feld (DL), mittleres temporales Feld (MT), dorso-intermediales Feld (DI), dorso-mediales Feld (DM), mediales Feld (M), ventral-posteriores Feld (VP) und ventral-anteriores Feld (VA). Das posterior-parietale (PP), das temporo-parietale (TP) und das infratemporale (IT) Feld sind anscheinend unorganisiert. Positive Zeichen stehen für den oberen Teil des Gesichtsfeldes, negative für den unteren.**

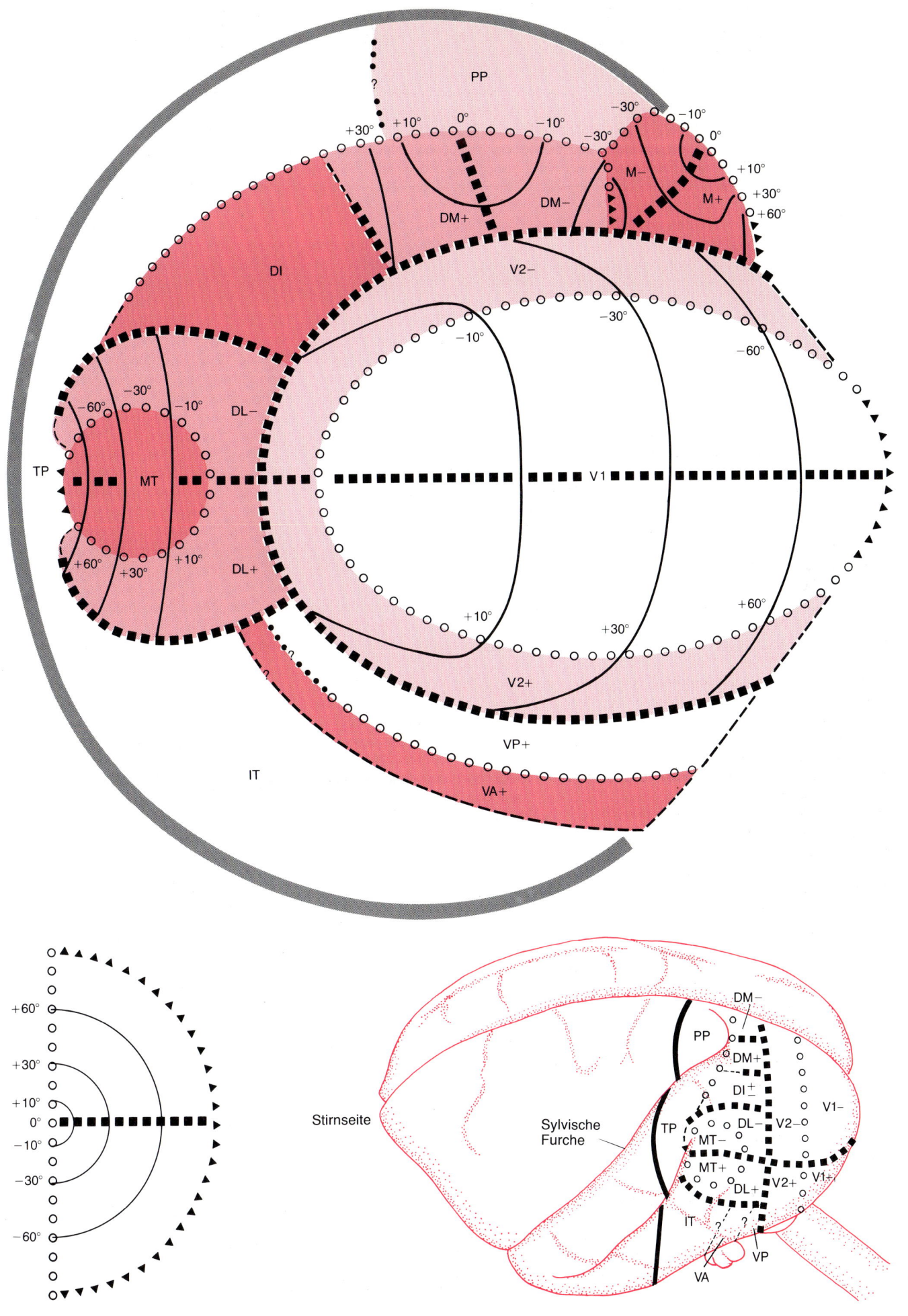

177

Gleichungen oder zum Lernen einer Fremdsprache. Wenigen Menschen ist klar, was für eine erstaunliche Sache es ist, sehen zu können. Wenn man bedenkt, wieviele „Berechnungen" erforderlich sind, damit man etwas so alltägliches erkennen kann wie eine Person, die eine Straße überquert, bleibt nur ein Gefühl des Erstaunens darüber, daß das Gehirn eine so umfangreiche Folge von Rechenoperationen scheinbar ohne Anstrengung und in so kurzer Zeit zu vollziehen vermag.

Computer haben uns ein Gefühl dafür vermittelt, wieviel mit rasch ausgeführten Rechenoperationen zu erreichen ist. Aber obwohl der Vergleich zwischen Computer und Gehirn in mancher Hinsicht hilfreich ist, führt er in die Irre. Ein Computer verarbeitet Informationen nacheinander und mit großer Geschwindigkeit. Das Gehirn ist erheblich langsamer, aber es setzt seine Informationen in Millionen von Kanälen gleichzeitig um. Die Teile eines modernen Computers funktionieren zuverlässig, aber entfernt man eines davon, so kann die ganze Maschine nutzlos werden. Im Vergleich damit sind die Nervenzellen des Gehirns unzuverlässiger, aber auch wenn mehrere von ihnen ausfallen, muß das noch nicht zu einer nennenswerten Störung führen. Ein Computer versteht nur Nachrichten, die in einem Ja-Nein-Code verschlüsselt sind. Das Gehirn scheint auch mit weniger präzisen Methoden Signale übermitteln zu können, und es kann vermutlich den Wirkungsgrad seiner Synapsen in komplexen und subtilen Schritten so verändern, daß es aus Erfahrungen lernt. Computer sind in der Lage, lange und schwierige mathematische Kalkulationen mit einer Genauigkeit und Geschwindigkeit auszuführen, denen der Mensch nichts Vergleichbares entgegenzusetzen hat. Aber der Mensch kann Muster erkennen, vor denen jeder Computer kapitulieren müßte.

Welche „Maschinerie" ermöglicht es dem Gehirn, seine Leistungen zu vollbringen? Die Zahl seiner Komponenten (der Nervenzellen) liegt wahrscheinlich in der Größenordnung von hundert Milliarden. Die Zahl der Kontaktstellen zwischen ihnen (der Synapsen) mag nach Trillionen zählen. Im Mittel besitzt jede Nervenzelle einige tausend Synapsen, und jede Nervenzelle ist selbst mit einer großen Zahl anderer Nervenzellen verbunden. Die Struktur dieses Netzwerkes ist keineswegs besonders durchsichtig. Die Dendriten, mit denen die Nervenzellen Signale empfangen, sind in verwirrender Weise verwoben, gewöhnlich ohne sich dabei zu berühren. Die Nervenfasern, mit denen die Zellen ihre Signale aussenden, spalten sich zu wiederholten Malen auf, und viele haben mehrere tausend Kontaktstellen. Ein vollständiger Schaltplan des Gehirns, könnte er erstellt werden, gäbe kaum irgendeine brauchbare Auskunft.

Wie kommt man bei der Untersuchung dieses undurchdringlichen Dschungels zu Fortschritten? Eine der traditionellen Methoden besteht darin, Hirnteile zu entfernen und die dadurch entstehenden Verhaltensänderungen zu registrieren. Das kann an Versuchstieren geschehen, aber die wenigsten Operationen verlaufen so, daß nicht auch andere Teile des Gehirns in Mitleidenschaft gezogen werden. Beim Menschen untersucht man Verhaltensstörungen, die durch Schlaganfälle, Tumoren oder Verletzungen hervorgerufen werden, aber an welcher Stelle des Gehirns der Schaden liegt, ist hier gewöhnlich noch schwerer festzustellen. Dennoch haben solche Studien eine Menge wertvoller Erkenntnisse geliefert. Sie besagen, daß verschiedene Hirnregionen mit verschiedenen Aufgaben betraut sind und daß das Gehirn mit Informationen zum Teil ganz anders umgeht, als man sich das vorstellen mag. Verarbeitungen, von denen zu erwarten wäre, daß sie an einem Ort stattfinden, wie das Erkennen von Buchstaben oder Zahlen, sind in Wirklichkeit dezentralisiert, und Prozesse, denen man verschiedene Regionen zuordnen würde, können gleichzeitig ausfallen, wenn eine Hirnregion beeinträchtigt ist. Beinahe jedem Vorgang, den wir durch die Beobachtung des Verhaltens eines Lebewesens untersuchen, liegt eine komplexe Wechselwirkung zwischen zahlreichen Hirnregionen zugrunde, wobei jede dieser Regionen ihre eigene Art der Informationsbearbeitung hat. Nur in Umrissen wissen wir, wie diese Gebiete gegeneinander abzugrenzen sind.

Hier liegt wohl auch der Grund dafür, daß die reine Psychologie nach den Maßstäben der „harten" Wissenschaften nicht sehr erfolgreich ist: Sie behandelt das Gehirn als „schwarzen Kasten". Der Experimentator beobachtet die Ein- und Ausgänge und versucht, aus den Ergebnissen auf die Strukturen und Vorgänge im „Kasten" zu schließen. Das ist nicht unbedingt ein schlechtes Verfahren. Viele Jahre lang war das genetische Material eines Lebewesens ein schwarzer Kasten, und man versuchte – durchaus mit Erfolg – seine Struktur und seine Funktionen anhand von Vererbungsmustern zu erkennen. Die Schwierigkeit der Methode des schwarzen Kastens besteht darin, daß man – sofern das Innere des Kastens nicht sehr einfach strukturiert ist – sehr bald ein Stadium erreicht, in dem unterschiedliche Theorien alle beobachteten Resultate gleich gut zu erklären vermögen. Versuche, zwischen den Theorien zu entscheiden, schlagen fehl,

weil neue Experimente nur neue Komplexitäten zu Tage fördern. Man hat dann keine andere Wahl, als sich in den Kasten hineinzutasten. Ansätze dazu bringen – auf das Gehirn bezogen – neue Experimentiertechniken, die von der Biochemie eingeführt worden sind: Die Anwendung von Aminosäuren, die mit radioaktiven Atomen markiert sind, und des Enzyms Meerrettich-Peroxidase zur Darstellung von Verbindungen zwischen den Nervenzellen sowie der radioaktiv markierten 2-Desoxyglucose zur Darstellung von Regionen, deren Nervenzellen besonders aktiv sind. Außerdem hat sich die Anwendung von Antikörpern zur Färbung bestimmter Nervenzellklassen als nützlich erwiesen.

Eine wichtige Funktion hat die Theorienbildung insofern, als sie auf Dinge aufmerksam machen kann, die zu untersuchen besonders nützlich wäre. Es hat gegenwärtig keinen Sinn, den genauen Schaltplan von einem Kubikmillimeter Hirngewebe zu erkunden. Dagegen wäre eine Methode von unschätzbarem Wert, die es erlaubte, in eine einzelne Nervenzelle eine Substanz zu injizieren, die alle anderen Nervenzellen – und nur diese – färbte, die mit der ersten verbunden sind. Gleiches gilt für eine Methode, mit der sich alle Nervenzellen eines Typs inaktivieren ließen, ohne daß andere davon nennenswert beeinträchtigt würden.

Woran hätte sich eine Theorie des Gehirns zu orientieren? Zum einen daran, wie das Gehirn die uns umgebende Welt wahrnimmt. Die Prozesse, die dabei eine Rolle spielen, sind keineswegs einfacher Natur. Man sollte beispielsweise erwarten, daß man einen größeren Farbfleck stets in der Farbe sieht, die der Wellenlänge des von ihm ausgehenden Lichtes entspricht. In Wirklichkeit beruht der Farbeindruck in den meisten Fällen auch auf den Reflexionseigenschaften des betrachteten Gegenstandes. Andererseits kann eine unterschiedliche Lichtverteilung auf Flächen verschiedener Farbe dazu führen, daß man den Eindruck gewinnt, die Flächen seien farblich gleich (siehe „Die Wahrnehmung der Farben schwarzer und weißer Flächen" in Spektrum der Wissenschaft, Mai 1979, Seiten 20 bis 28). Meine Frau, eine Malerin, die eine solche Demonstration in San Francisco sah, behauptete verblüfft, es müsse ein Trick im Spiel sein. Sie hatte sich nicht klargemacht, daß in einem gewissen Sinn alles, was sie sieht, ein Trick ist, den ihr das Gehirn spielt.

Eine Theorie des Gehirns muß auch die biochemischen, genetischen und embryologischen Verhältnisse berücksichtigen. Die Signale, die sich längs einer Nervenfaser fortpflanzen, sind im Vergleich zur Geschwindigkeit des Lichtes langsam. Zwar kennt das Nervensystem

Möglichkeiten zur Beschleunigung der Signalübermittlung, aber deren Wirkungen bleiben infolge der daran beteiligten Strukturen begrenzt. Die Enden einer Nervenfaser sind vom Zellkörper verhältnismäßig weit entfernt. Substanzen, die nur im Zellkörper synthetisiert werden können, brauchen Zeit, um die Enden der Nervenfaser zu erreichen, und auch das begrenzt die Geschwindigkeit biochemischer Veränderungen, die dort vor sich gehen können. Soweit wir wissen, scheint es höheren Organismen unmöglich zu sein, die Verschaltungen ihrer Nervensysteme mit absoluter Präzision anzulegen, besonders wenn eine sehr große Zahl von Zellen daran beteiligt ist. So ist es offenbar schwierig, die Verschaltung für räumliches (stereoskopisches) Sehen zuwegezubringen, ohne die Erfahrungen aus dem Kontakt mit der uns umgebenden Welt zu nutzen.

Weitere Orientierungspunkte für eine Theorie ergeben sich aus der Mathematik und aus der Kommunikationstheorie. Beispielsweise ist es bemerkenswert, daß es dem Gehirn gelingt, ein Muster anhand unzusammenhängender Teile zu rekonstruieren, die in regelmäßigen Abständen entnommen wurden. Ebenso verdient die Tatsache Beachtung, daß das Gehirn Informationen in dezentralisierter Weise so zu speichern vermag, daß man einen Teil der Speicherplätze entfernen kann, ohne einen Teil der Information zu zerstören, wenngleich sich dabei die Qualität eines gespeicherten Bildes etwas verschlechtert. Hier besteht eine Ähnlichkeit mit der Holographie.

Man wäre geneigt, einen vierten Aspekt zu nennen, an dem sich eine Theorie des Gehirns orientieren muß, wüßte man nicht aus Erfahrung um seine Unzuverlässigkeit: die Evolution. Natürlich sind alle Organismen und ihre Teile die Produkte eines langen Evolutionsprozesses. Aber es ist keineswegs immer klug zu behaupten, daß dieses oder jenes im Verlauf der Evolution hätte geschehen müssen oder nicht hätte geschehen können. Dennoch können die Ergebnisse vergleichender biologischer Untersuchungen nahelegen, daß eine bestimmte Struktur mit einer bestimmten Funktion in Zusammenhang steht.

Leider sind alle diese Randbedingungen weder einzeln noch zusammengenommen stark genug, um unter den möglichen Theorien über die Funktion des „schwarzen Kastens" Nervensystem eine als die wahrscheinlichste auszuzeichnen. Es ist nicht immer einfach, die für die Wahrnehmung entscheidenden Eigenschaften der uns umgebenden Welt zu erkennen. In der Embryologie gibt es auf viele wichtige Fragen keine Antwort, und die Informationstheorie ist vergleichsweise jung.

Zu den Vorstellungen, die in die Irre führen, gehört die des Homunkulus. Kürzlich versuchte ich einer Dame verständlich zu machen, wie wir etwas wahrnehmen. Sie vermochte nicht einzusehen, daß hier überhaupt ein Problem liegt. Schließlich fragte ich sie, wie sie selbst die Welt sähe. Sie antwortete, sie habe wohl irgendwo im Gehirn so etwas wie einen kleinen Fernseher. Als ich sie dann fragte, wer dessen Bild betrachte, erkannte sie das Problem. Natürlich glaubt kein Wissenschaftler an einen Homunkulus im Gehirn. Unglücklicherweise ist es aber einfacher, den Trugschluß des Homunkulus darzulegen, als zu vermeiden, daß man ihm erliegt, denn wir alle kennen eine Illusion des Homunkulus: das Ich. Vermutlich haben die Stärke und die Dauerhaftigkeit dieser Illusion ihre Ursache darin, daß es im Gehirn eine übergeordnete Kontrolle gibt. Nur: welcher Art diese Kontrolle ist, wissen wir bislang nicht.

Es gibt einen weiteren Trugschluß, vor dem zu warnen ist. Man könnte ihn den Trugschluß von der allwissenden Nervenzelle nennen. Man stelle sich eine Nervenzelle vor, die längs ihrer Nervenfaser ein Signal aussendet. Was „sagt" das Signal, wenn es in der Synapse die nächste Zelle erreicht? Seine Botschaft ist in der Frequenz aufeinanderfolgender Signale codiert. Aber wie ist der Code zu lesen? Man gerät gar leicht in die Gewohnheit, in ein Nervensignal mehr hineinzuinterpretieren, als es enthält. Als Beispiel diene eine Nervenzelle des visuellen Systems, die farbempfindlich ist. Wir wollen annehmen, sie sende Signale mit besonders großer Frequenz aus, wenn sie mit einem gelben Farbfleck konfrontiert wird. Wir neigen dazu zu glauben, daß uns die Zelle mitteilt, das Licht an einem Punkt sei gelb. Das trifft jedoch nicht zu. Die meisten Farbrezeptoren reagieren auf Licht in einem ziemlich breiten Wellenlängenbereich. Eine große Signalfrequenz kann daher sowohl von einem schwachen gelben als auch von einem starken roten Licht herrühren. Außerdem könnte sie von der Bewegung des Lichtflecks, von seiner Form oder von seiner Größe beeinflußt sein. Die von einer einzelnen Zelle weitergegebene Information ist also gewöhnlich mehrdeutig. Erst das Zusammenwirken vieler Nervenzellen macht sie eindeutig. Mit Farbrezeptoren einer Art können wir gar keine Farbe sondern nur verschiedene Grautöne sehen. Um Licht farbig zu empfinden, benötigen wir mindestens zwei Rezeptortypen mit unterschiedlichen Empfindlichkeiten für die verschiedenen Wellenlängen des Lichtes. Ähnliches gilt für andere Wahrnehmungen. Ein einzelner „Kantendetektor" sagt uns keineswegs, daß irgendwo tat-

sächlich eine Kante ist. Was er feststellt, ist eine „Kantigkeit", das heißt eine bestimmte Art der Ungleichförmigkeit des auf der Netzhaut entstehenden Bildes, die vielerlei Ursachen haben kann. Eines der Ziele der theoretischen Neurobiologie besteht darin, solche vagen Konzepte wie die „Kantigkeit" in mathematisch eindeutiger Form zu beschreiben.

Diese Betrachtungen zeigen, warum die von unseren Sinnesorganen aufgenommenen Informationen auf so vielen Ebenen des Nervensystems verarbeitet werden müssen: nur so können daraus Informationen werden, die für unser Verhalten nutzbringend sind.

Können wir uns eine ungefähre Vorstellung davon machen, wie die Information verarbeitet wird? Wir wollen dazu das visuelle System und insbesondere die Sehrinde betrachten. Die Karte der Stellen, an denen das primäre Sehfeld der Großhirnrinde auf Lichtreize an verschiedenen Stellen des Gesichtsfeldes reagiert (Bild 1), erscheint auf den ersten Blick als eine normale Repräsentation einer Hälfte des Gesichtsfeldes. Allerdings ist die Karte verzerrt, so daß ihr größter Teil der hochauflösenden Zentralregion der Netzhaut (der Fovea) und nur der kleinere Teil den Randgebieten entspricht. Bei genauerer Betrachtung zeigt sich, daß die Trennung der Reaktionsstellen für Signale vom linken Auge von denen für Signale vom rechten Auge ein Streifenmuster ergibt. Außerdem sind für jedes Auge drei Empfangsbereiche vorhanden: einer für die Y-Zellen der Netzhaut (die auf einen Reiz kurzzeitig reagieren) und zwei für die X-Zellen, die länger anhaltende Signale aussenden.

Die Hauptaufgabe des primären Sehfeldes der Großhirnrinde besteht darin, auf die Orientierung von Gegenständen im Gesichtsfeld zu reagieren. Die Nervenzellen des primären Sehfeldes sind in Säulen senkrecht zur Hirnoberfläche angeordnet. Die Zellen einer Säule reagieren nur auf eine Orientierung. Hat ein Gegenstand im Gesichtsfeld eine andere Richtung, so sprechen andere Zellen des Sehfeldes an.

Das primäre Sehfeld erhält Signale nicht nur über die Sehbahn, sondern auch aus anderen Hirnregionen, und es sendet seine Signale sowohl zum sekundären Sehfeld, das die weitere Verarbeitung der visuellen Information übernimmt, als auch in Bereiche, die unter der Großhirnrinde liegen, beispielsweise zu den seitlichen Kniekörpern, von denen es den größten Teil seiner Nachrichten erhält. Bemerkenswerterweise ist die Verbindung zwischen den Nervenzellen des primären Sehfeldes in seitlicher Richtung begrenzt. Sie sind fast nie mit Zellen verknüpft, die mehr als ein paar

Millimeter im Sehfeld entfernt liegen. Bild 1 zeigt die Karte des primären Sehfeldes des Nachtaffen. Man erkennt zwölf gegeneinander abgegrenzte Gebiete, von denen neun topographisch geordnete Repräsentationen des Gesichtsfeldes sind. Alle diese Gebiete lassen sich ziemlich unzweideutig definieren, aber anatomisch bestehen zwischen ihnen keine offenkundigen Grenzen. Betrachten wir das Hörzentrum oder das somatosensorische Rindenfeld, so ergibt sich ein ähnliches Bild. Das primäre Hörzentrum besitzt mindestens vier Gebiete, die in sich nach Frequenzen und vermutlich auch nach Amplituden gegliedert sind.

Gilt diese Unterteilung in abgegrenzte Bezirke auch für den Rest der Großhirnrinde, insbesondere für die Frontalregion und für das, was wir Assoziationsgebiete nennen? Im Augenblick weiß man nur, daß der größte Teil der Großhirnrinde des Affen so organisiert ist. Die Rinde des Kleinhirns scheint ähnlich gebaut zu sein. Auch hier bilden die von den ankommenden Signalen erregten Nervenzellen Muster, die topographische Repräsentationen der Signalquellen sind. Gleiches gilt für Hirnteile, die unter der Großhirnrinde liegen, beispielsweise für den Thalamus. Jedem Rindenfeld scheint ein eigenes Thalamusgebiet zu entsprechen.

Wir müssen also lernen, wie man die ungeheure Menge der Nervenzellen in kleinste sinnvolle Einheiten unterteilen kann, auch wenn diese Einheiten bis zu einem gewissen Grad mit benachbarten Einheiten in Wechselwirkung stehen. In vielen Fällen sind solche Einheiten flächenförmig angeordnet. Ihre Eingänge und Ausgänge sind nicht immer so klar zu erkennen wie in der Großhirnrinde.

Wenden wir uns den Verbindungen zu, die zwischen den Nervenzellen bestehen, so gibt es zwei Möglichkeiten: die exakte Verdrahtung und das assoziative Netz. Eine exakte Verdrahtung liegt häufig in kleinen Systemen von Nervenzellen vor, beispielsweise in den Nervensystemen einfacher Wirbelloser. Auch größere Ansammlungen von Nervenzellen können exakt verdrahtet sein, insbesondere dann, wenn sich das zelluläre Muster, wie im Fliegenauge, wiederholt. Die exakte Verdrahtung schließt Lernprozesse nicht aus, da die Wirkung einzelner Verbindungen durch die Erfahrung verstärkt oder geschwächt werden kann.

In den Hirnregionen höherer Tiere gibt es sehr viel mehr Zellen, und ihre Verdrahtung scheint weniger exakt zu sein. Eine Seite eines Affengehirns ist mit Sicherheit nicht genauso verschaltet wie die andere Seite. Dennoch sind die Verbindungen beispielsweise zwischen der Netzhaut und dem Sehzentrum kei-

neswegs zufälliger Natur. Assoziative Netze haben mehrere Eingangskanäle und mehrere Ausgangskanäle. Jeder Eingangskanal ist mit jedem Ausgangskanal verbunden, doch ist die Stärke der Verbindung variabel. Sie wird unter anderem von der Erfahrung bestimmt, gewöhnlich dahingehend, daß sich Verbindungen, die häufig aktiviert werden, in irgendeiner Weise verstärken.

Solche Netze können zur Feineinstellung von Systemen dienen, die zum Teil exakt verdrahtet sind, oder sie können helfen, komplexe Ausgangssignale zu erinnern, wenn ein Eingangssignal ankommt, das mit einem früher aufgetretenen Eingangssignal in Zusammenhang steht. Wenn man das Gesicht einer Person sieht, erinnert man sich gewöhnlich auch des Namens dieser Person, und das sogar dann, wenn man nur einen Teil des Gesichtes (etwa das Profil) zu sehen bekommt.

Auf einer frühen Ebene der Informationsverarbeitung stehen Signale von verschiedenen Sinnesorganen, beispielsweise von Auge und Ohr, noch nicht in Beziehung zueinander. Gehen die Signale aber von einer hierarchischen Ebene zur nächsten über, so wird die ursprüngliche topographische Repräsentation sowohl diffuser als auch abstrakter. Beispielsweise ist eine Reaktion dann auf eine Orientierung besser als auf einen Punkt, das heißt, die Bedeutung eines Signals wird in aufeinanderfolgenden Ebenen unter Einbeziehung anderer Signale mehr und mehr analysiert.

Natürlich erklärt sich die Leistungsfähigkeit des Gehirns aus weit mehr als dem, was ich bisher skizziert habe. Es muß Prozesse für die Aufmerksamkeit geben, die die Aktivitäten kleiner Hirnabschnitte steigern. Und es muß irgendwo ein übergeordnetes Kontrollsystem existieren.

Welches System oder welche Ebene ist dem Experiment am ehesten zugänglich? Wirbellose mit großen und exakt verdrahteten Nervenzellen bieten viele Vorteile, und es ist sicher, daß die Kentnisse, die man durch ihre Untersuchung gewinnt, zum Verständnis der Nervensysteme der höher entwickelten Tiere beitragen werden. Aber das Studium niederer Tiere kann nicht alle Fragen beantworten. Welches Tier kommt dann dem Menschen am nächsten, und welcher Hirnabschnitt ist am leichtesten zu untersuchen? Das visuelle System der Makaken scheint dem des Menschen sehr zu gleichen, das der Katze weniger, aber dafür haben Katzen experimentelle Vorteile.

Oft liegen den komplexen Systemen der Natur einfache Vorgänge zugrunde, die im Lauf der Evolution durch barocke Modifikationen und Zusätze verdeckt

worden sind. Dann kann es sehr schwierig sein, bis zur untergründigen Einfachheit vorzustoßen. Dürfen wir erwarten, daß mit zunehmendem Wissen in der Hirnforschung irgendeine Art von Durchbruch zu erreichen ist? Bisweilen wird vergessen, daß der Neurobiologie schon mehrere solcher Durchbrüche gelungen sind. Die Entdeckung, daß sich das Nervensignal als Aktionspotential mit annähernd gleichbleibender Amplitude und Geschwindigkeit längs einer Nervenfaser fortpflanzt, gehört dazu, und gleiches gilt für die Erkenntnis, daß die meisten Synapsen mit chemischer Übertragung arbeiten und hemmend oder erregend wirken können. Beide Entdeckungen betreffen Erscheinungen, die früh im Verlauf der tierischen Entwicklung entstanden sind.

Auch die wesentlichen Erkenntnisse der modernen Molekularbiologie betreffen Mechanismen, die sich vor unvorstellbar langer Zeit gebildet haben. Untersucht man, welche Forschungsarbeiten in der Molekularbiologie die raschesten Fortschritte gebracht haben, so erkennt man, daß es diejenigen waren, die sich mit eindimensionalen Anordnungen beschäftigten (beispielsweise mit der Bestimmung der Aufeinanderfolge der Bausteine in einem Eiweißmolekül), oder diejenigen, bei denen es möglich war, kleine Teile eines Systems abzutrennen (beispielsweise ein Enzym) und sie isoliert zu studieren. Systeme, in denen zahlreiche Wechselwirkungen bestehen, sind wesentlich schwieriger zu analysieren. So macht beispielsweise die Beantwortung der Frage, wie die Bausteinsequenz eines Eiweißmoleküls dessen dreidimensionale Faltung bestimmt, nur langsame Fortschritte. Da auch das Nervensystem ein System mit einer großen Zahl gleichzeitig auftretender Wechselwirkungen ist, wird der vor uns liegende Weg seiner Erforschung noch sehr lang sein.

Vielleicht gelingt uns in der Hirnforschung — analog zur Genetik — ein Durchbruch auf der Ebene der übergeordneten Kontrollsysteme. Um ein mögliches — wenn auch unwahrscheinliches — Beispiel zu erfinden: Es wäre ein Durchbruch, wenn man entdecken würde, daß die Verarbeitung im Gehirn in Phasen abläuft, gesteuert durch eine periodisch arbeitende Uhr — wie in einem Computer.

Neue Methoden bringen neue Resultate, und neue Resultate nähren neue Ideen, so daß wir uns von der Langsamkeit des Fortschritts nicht entmutigen lassen dürfen. Es gibt keine wissenschaftliche Arbeit, die für den Menschen wichtiger ist, als die Untersuchung seines Gehirns. Unsere gesamte Weltanschauung hängt daran.

# Cortex: hohe Ordnung oder größtmögliches Durcheinander?

Anatomische Betrachtungen des Cortex, der Hirnrinde also,
wecken den Verdacht, daß dort die Neuronen-Verschaltungen weitgehend zufällig sind —
mit Konsequenzen für die Funktionsweise des Gehirns.

## Von Valentin Braitenberg und Almut Schüz

Keiner weiß, wann man damit begonnen hat, mit dem Finger auf das Gehirn zu deuten: seitlich an die Schläfe, um Zweifel an der Vernunft eines Menschen anzumelden, vorne an die Stirn, um auf eine besonders gute eigene Idee hinzuweisen. Jedenfalls war schon in der Antike der Glaube, das Gehirn habe etwas mit dem Denken zu tun, weit verbreitet. Relativ neu ist dagegen die Vorstellung, daß die beim Menschen besonders reich entwickelte, den größten Teil des Gehirns bedeckende Großhirnrinde für die raffiniertesten — manche sagen: für die höchsten — Funktionen verantwortlich sei, mithin für jene Tätigkeiten wie Sprechen, Planen, Überlegen, die den Menschen gegenüber den Tieren auszeichnen. Was ist daran wahr?

Zweifellos beeinträchtigen örtliche Schädigungen der Großhirnrinde, wie sie manchmal bei Schädelverletzungen, viel öfter aber wegen arteriosklerotisch verengter Blutgefäße auftreten, gerade höhere psychische Funktionen. Da mag die Fähigkeit verlorengehen, grammatikalisch korrekte Sätze zu sprechen, bekannte Gesichter zu erkennen oder sich im Raume zu orientieren. Man darf aber nicht verschweigen, daß solche Störungen — oder ganz ähnliche — gelegentlich auch nach Verletzung anderer Bereiche als der Großhirnrinde auftreten können.

Und vor allen Dingen: Da die Großhirnrinde bei allen Säugetieren ganz ähnlich wie beim Menschen ausgebildet ist, bei manchen Tieren auch keineswegs absolut kleiner, sollte man vorsichtig sein, ihre Funktion mit den höheren psychischen Funktionen gleichzusetzen — es sei denn, man verstünde darunter eine Art von geistiger Leistung, die man gerne auch einer Ratte, einer Robbe oder einem Rind zubilligt.

In Wirklichkeit gibt es noch keine von allen Hirnforschern akzeptierte Vorstellung über die besondere Art von Informationsverarbeitung in der Großhirnrinde. Daß aber dort mit den Informationen anders umgegangen wird als in anderen Teilen des Gehirns, ist schon allein deswegen sicher, weil die Struktur der Großhirnrinde im Mikroskop ganz anders aussieht als die von anderen Teilen des Gehirns.

Wir werden versuchen, dem Leser das Material zu liefern, an dem er sich selbst ein Bild von der Rolle der Großhirnrinde machen kann. Natürlich werden wir kaum vermeiden können, ihn in Richtung auf unsere eigenen, in den letzten 15 Jahren am Max-Planck-Institut für biologische Kybernetik in Tübingen entwickelten Ideen zu beeinflussen.

### Bautyp Cortex

Die Großhirnrinde, anatomisch *Cortex cerebri* genannt, gehört zur grauen Substanz (Bild 1), in der die Zellkörper der Hirnneuronen liegen und die Signale verarbeitet werden. Die weiße Substanz enthält außer den überall im Nervensystem eingestreuten Hilfs- und Stützzellen (Gliazellen) bloß Kabel, übermittelt also lediglich Signale; ihre charakteristische Farbe hat sie übrigens von den hellen Hüllen der Kabel.

Zwar ist nicht alle graue Substanz Cortex, doch gibt es auch außerhalb der Großhirnrinde graue Substanz, die den allgemeinen Bautyp des Cortex zeigt. Nicht dazu gehören jene Stücke grauer Substanz, in denen alle Elemente — also Zellen und Faserverbindungen verschiedener Art — keinerlei sichtbare geometrische Ordnung zeigen (Bild 2 oben). Ein Schnitt durch einen solchen Bereich verrät unter dem Mikroskop nicht, in welcher Richtung dieser angelegt war.

Andere Stücke grauer Substanz haben dagegen eine deutlich flächenhafte Ordnung. Solche Gehirnteile — für sie ist die allgemeine Bezeichnung Cortex üblich — sind meist recht gleichmäßig dünn und flächenhaft ausgebreitet. (Die menschliche Großhirnrinde ist bei rund 1000 Quadratzentimetern Fläche nur etwa 2 Millimeter dick.) Ein derartiger Cortex mag an der Oberfläche liegen wie die Großhirnrinde, die Kleinhirnrinde und einige mehr, kann aber auch ganz zwischen anderen Gehirnteilen eingebettet sein, wie der untere Olivenkern im verlängerten Mark oder der Zahnkern (*Nucleus dentatus*) im Kleinhirn. Selbst dann ist aber sowohl der Eingang als auch der Ausgang über die ganze Fläche verteilt.

In den meisten Fällen ist ein Cortex deutlich geschichtet (Bild 2 Mitte und unten). Im Querschnitt sieht man dann ein streifiges Muster, das die Anordnung von Nervenzellen und Fasern widerspiegelt: So gibt es Schichten mit vorwiegend kleinen oder mit vielen großen Zellen, Schichten mit Fasern vorwiegend parallel oder senkrecht zur Fläche und zumeist auch eine abgrenzbare Schicht, in der die Signale den Cortex über aufsteigende — afferente — Fasern erreichen, und eine andere, von der die meisten absteigenden — efferenten — Fasern ausgehen, die Signale in andere Hirnteile weiterleiten.

Warum eine derartige Organisation des Nervengewebes, der allgemeine

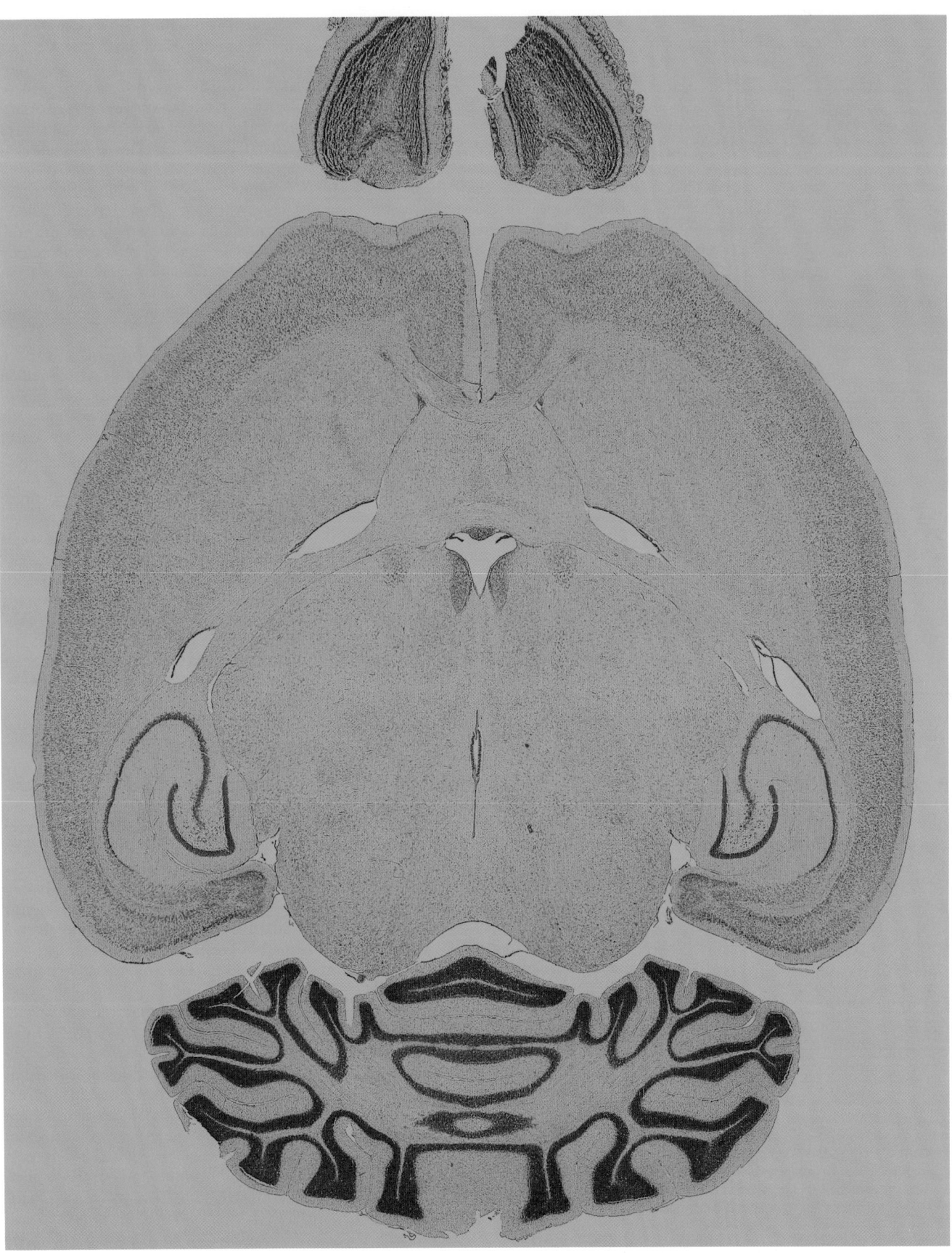

**Bild 1:** Dieser 17fach vergrößerte Horizontalschnitt durch das Gehirn einer weißen Maus läßt die Gliederung des Gehirns in groben Zügen erkennen. Selektiv angefärbt sind die Zellkörper mit einer nach dem deutschen Neurologen Franz Nissl benannten Methode. Zelldichte Gebiete bilden die sogenannte graue Substanz. Dazu zählt die Großhirnrinde, die als breites Band außen um das Großhirn zieht; um sie geht es in erster Linie in diesem Artikel. Hinten seitlich geht sie über in das schmale, gewundene und sehr zelldichte Band des Hippo-

campus, an dem ein im Querschnitt V-förmiges Band von Nervenzellen auffällt: die *Fascia dentata*. Gleich unter der Großhirnrinde liegt das relativ zellarme Fasersystem der weißen Substanz; darin eingebettet sind die lockeren Zellmassen des Streifenkörpers, des *Striatums*. Hinten am Großhirn schließt sich das Kleinhirn an, gut kenntlich an seiner sehr dichten, dunklen Zellschicht, die in baumartig verzweigte Windungen eingeht. Ganz vorn (oben) vor dem Großhirn liegen die beiden zellreichen Gebiete des Riechkolbens (*Bulbus olfactorius*).

183

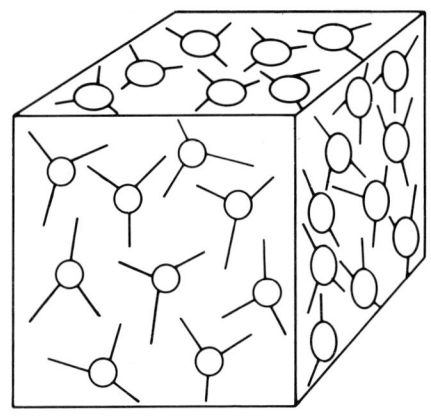

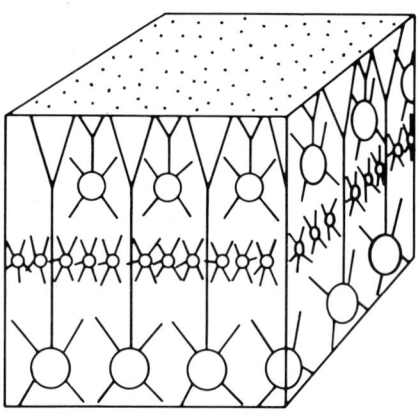

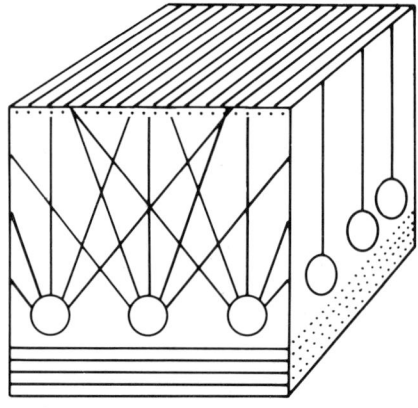

**Bild 2: Verschiedene Stücke grauer Substanz unterscheiden sich in der geometrischen Ordnung der Nervenelemente. An manchen Stellen sind die Fortsätze der Nervenzellen gleichmäßig in allen Raumrichtungen verteilt (oben). An anderen Stellen gibt es eine deutliche Vorzugsrichtung der Elemente quer zur Fläche sowie Schichten von Zellen oder Fasern, die in der Ebene angelegt sind (Mitte). Dieser Block stellt eine karikaturhafte Vereinfachung der Situation in der Großhirnrinde dar; die tatsächlichen Verhältnisse sind komplizierter. An wieder anderen Stellen zeigen sich zudem Vorzugsrichtungen in der Ebene, so daß auch ein Schnitt parallel zur Oberfläche ein streifiges Muster ergibt. Dies ist der Bautyp der Kleinhirnrinde (unten), wobei allerdings die Reihenfolge der Schichten aus graphischen Gründen verändert ist.**

Bautyp des Cortex also, an verschiedenen Stellen eines Gehirns immer wieder auftritt, selbst bei Gehirnen ganz verschiedener Bauart − so auch bei Insekten, Krebsen, Asseln und Tintenfischen, eigentlich bei allen Tieren mit relativ komplexem Gehirn −, kann verschiedene Gründe haben.

Man erwartet solche flächigen Faserfilze, wenn die Information, die darin verarbeitet wird, sich auf ein von vornherein flächiges Gebiet bezieht. So ist es kein Wunder, daß man bei Krabben, Tintenfischen und Säugern flächige Anordnungen von Nervenzellen im Zusammenhang mit den Augen sieht, weil die visuelle Information schon auf der Netzhaut (wie immer sie gebaut sein mag) als zweidimensionales Bild dargestellt ist und dann, der Ordnung halber sozusagen, wiederum auf ein zweidimensional angelegtes Stück Gehirn projiziert wird. Das hat natürlich den Vorteil, daß nahe beieinander liegende Dinge im Sehraum auch nahe beieinander im Gehirn abgebildet werden, was wiederum gewisse rechnerische Analysen der visuellen Information sehr erleichtert. Aus ganz ähnlichen Gründen ist wohl auch die Körperoberfläche mit ihren vielen in der Haut gelegenen Sinneszellen im Gehirn wieder flächig abgebildet.

Aber das ist nur eine der möglichen Erklärungen für das Überwiegen des Bautyps Cortex im Gehirn. Auf große Teile der Großhirn- und der Kleinhirnrinde, für die keine eindeutige Projektion eines Sinnesraums bekannt ist, trifft sie offenbar nicht zu.

So muß man sich also eine weitere Erklärung für die flächig als Cortex angelegten Stücke grauer Substanz zurechtlegen. Nimmt man an, daß jede Eingangsfaser eines Gehirnstücks auf eine ganz bestimmte Weise, durch eine überall ähnliche Verschaltung, Signale auf den Ausgang überträgt, so läßt sich das Stück Nervengewebe dazwischen als die elementare Masche des Nervennetzes betrachten. Denkt man sich nun viele solcher elementaren Maschen parallel zueinander angeordnet, so hat man wieder so etwas wie einen Cortex vor sich. In der Computersprache werden solche Anordnungen gern als Parallelrechner bezeichnet.

## Großhirnrinde: extreme Selbstverkabelung

Die einzelnen als Cortex angelegten Stücke grauer Substanz sind genauer besehen recht verschieden gebaut. Die Großhirnrinde unterscheidet sich dabei von den anderen Hirnrinden vor allem durch drei wichtige Merkmale.

Erstens sind ihre Verbindungen im Innern in allen Richtungen der Cortexfläche ungefähr die gleichen, also isotrop. Bei anderen Cortices ist das nicht so: In der Kleinhirnrinde etwa verlaufen ganz verschiedene Fasern in zwei aufeinander senkrechten Richtungen der corticalen Fläche.

Zweitens ist die Großhirnrinde ausgiebig mit sich selbst verkabelt; denn die Substanz darunter, das sogenannte Hemisphärenmark, besteht größtenteils aus Fasern, die an einer Stelle des Cortex entspringen und an einer anderen − nahen oder entfernten − Stelle wieder eintreten.

Es sieht beinahe so aus, als würde die große Menge dieser cortico-corticalen Verbindungen die Nachbarschaftsbeziehungen der Elemente in der Rinde zunichte machen: Ob zwei Stellen darin miteinander verknüpft sind, hängt nicht in erster Linie von ihrem Abstand ab.

In anderen Hirnregionen ist das nicht so. In der Kleinhirnrinde beispielsweise laufen die Fasern, die Signale innerhalb der Fläche austauschen, über feste, relativ kleine Abstände. Welche Beziehungen zwei Stellen zueinander haben, hängt daher hier stark von ihrem Abstand ab; Signale werden nur in engen Bereichen ausgetauscht. Ähnlich ist es beim Dach des Mittelhirns (*Tectum opticum*), dem größten Cortex im Gehirn der niederen Wirbeltiere (Fische und Amphibien), sowie in manchen cortexartigen Strukturen bei Insekten und Kopffüßern. Die Großhirnrinde mit ihrer gewaltigen Menge cortico-corticaler Fasern bildet demnach eine Ausnahme.

Als drittes ist die Zahl ihrer Zellen groß verglichen mit der Zahl der Elemente (Fasern), die Sinnesinformation an sie herantragen: je nach Tierart zehn- bis tausendmal größer. Im *Tectum opticum* hingegen gibt es ungefähr genauso viele Fasern für den (visuellen) Eingang wie Zellen, die zu seiner Analyse da sind. Die Großhirnrinde besteht also fast nur aus einer riesigen Zahl von Interneuronen: Nervenzellen, die weder direkt mit dem Eingang noch mit dem Ausgang verbunden sind und offenbar der internen Datenverarbeitung im Cortex dienen. (Das Verhältnis von inneren Elementen zu heranführenden Fasern ist übrigens in der Kleinhirnrinde ähnlich groß wie in der Großhirnrinde.)

Wir können also, noch ehe wir weiter ins Detail gehen, aus dieser groben Charakterisierung der Cortex-Anatomie einige allgemeine Aussagen zur Informationsverarbeitung im Cortex ableiten. Anders gesagt: Man braucht nur hinzuschauen, um einige wichtige Eigenschaften des Computers in der Großhirnrinde zu erkennen:

Erstens ist er sehr groß verglichen mit den Apparaten, aus denen er seine Daten bezieht, und mit denen, an die er sie weitergibt. Daraus wäre zu schließen, daß er vielleicht eher zum Speichern als zum Weitergeben von Information da ist.

Zweitens sind in ihm keine Vorzugsrichtungen in der Ebene zu erkennen; und sogar die besonderen Beziehungen zwischen seinen Elementen, die durch ihre Lage zueinander entstehen, werden durch die großen Fasersysteme, welche die corticalen Elemente kreuz und quer miteinander verbinden, wieder teilweise zunichte gemacht. Daraus wiederum wäre zu schließen, daß es hier weniger um die räumliche Konfiguration der neuronalen Aktivitätsmuster geht als um andere Arten von Beziehungen zwischen den Neuronen – vielleicht um das zeitliche Zusammenfallen oder um die Abfolge ihrer Aktivitäten.

Ein Drittes: Aus der auf den ersten Blick ziemlich einförmigen Schichtung der gesamten Großhirnrinde (wir werden uns später mit den Ausnahmen beschäftigen) geht schließlich hervor, daß die Grundoperation zwischen den Schichten im wesentlichen überall sehr ähnlich sein muß.

## Nur zwei Hauptbauelemente

Wenden wir uns jetzt der mikroskopischen Analyse der Großhirnrinde zu, in der Hoffnung, den Prinzipien der Informationsverarbeitung in ihrem Inneren näherzukommen. Dies ist ein Projekt, bei dem etliche Fachleute die Hände über dem Kopf zusammenschlagen: Viel zu komplex, sagen sie, sei die Verschaltung, viel zu groß die Vielfalt der Elemente und viel zu geheimnisvoll die Funktionspläne; ohne deren Kenntnis aber ließe sich die Struktur rein prinzipiell nicht enträtseln. Wir werden zeigen, daß die Vielfalt der Elemente gar nicht so groß und daß die Verschaltung in groben Zügen überall die gleiche und sogar ganz gut deutbar ist, wenn man nur eine grundsätzliche Annahme macht: daß die „Verdrahtung" der Elemente im Cortex im Rahmen eines konstanten, wenn auch örtlich variierenden Grundmusters von vornherein bloß statistisch angelegt, also nicht Punkt für Punkt vorherbestimmt ist. Das heißt freilich auch, daß die Hirnrinde vom Anatomen bloß statistisch beschrieben werden sollte, wenn er nicht Gefahr laufen will, an Dingen herumzurätseln, an denen gar nichts zu rätseln ist, weil sie eben bloß vom Zufall gestaltet worden sind.

Betrachten wir einmal eine Anzahl von corticalen Nervenzellen, wie sie

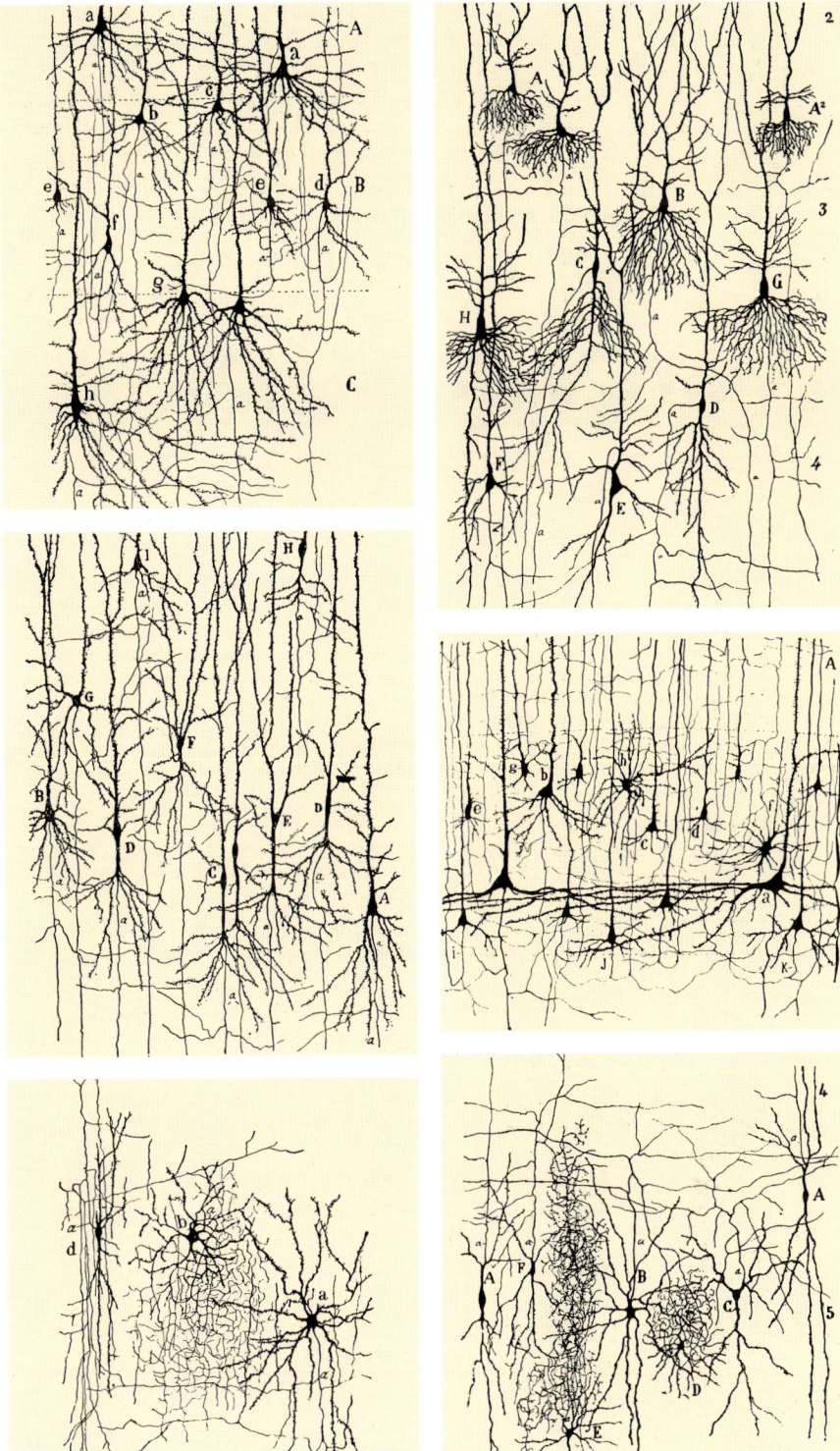

**Bild 3: Sechs Zeichnungen von Nervenzellen in sogenannten Golgi-Präparaten aus dem 1911 erschienenen monumentalen Werk des spanischen Histologen Santiago Ramón y Cajal. Die von dem italienischen Cytologen Camillo Golgi entwickelte Methode färbt nur einen kleinen Bruchteil der im Gewebe enthaltenen Neuronen, hebt sie aber so aus dem Gewirr anderer Zellen erst heraus. Es gibt zwei Haupttypen corticaler Neuronen: die Pyramidenzellen (oben und Mitte), kenntlich an den vielen feinen Dornen an ihren signalempfangenden Dendriten, und die Sternzellen (unten), von denen sich einige durch ihre besonders dicht verzweigten Axone, also fortleitenden Fasern, auffällig abheben. Bei einem dritten Typ, den Martinotti-Zellen (A, rechts unten) ist nicht**

klar, ob es sich bloß um eine Formvariante der Sternzellen handelt. Je nach Gebiet der Großhirnrinde können beide Zellarten ganz verschieden gestaltet sein. Neben den gewissermaßen normalen Pyramidenzellen (links oben) gibt es eine Variante mit sehr viel dichterer Dendritenverzweigung unter dem Zellkörper (rechts daneben), ferner eine, deren Dendriten sich unterhalb des Zellkörpers erst nach einem unverzweigten Stück verästeln (Mitte links), und noch eine andere, bei der die Dendriten vom Zellkörper weg vorzugsweise horizontal verlaufen (Mitte rechts). Solche Formvarianten hängen vermutlich mit verschiedenen Verbindungsmustern zusammen, die in verschiedenen Rindengebieten verschiedene Funktionen widerspiegeln.

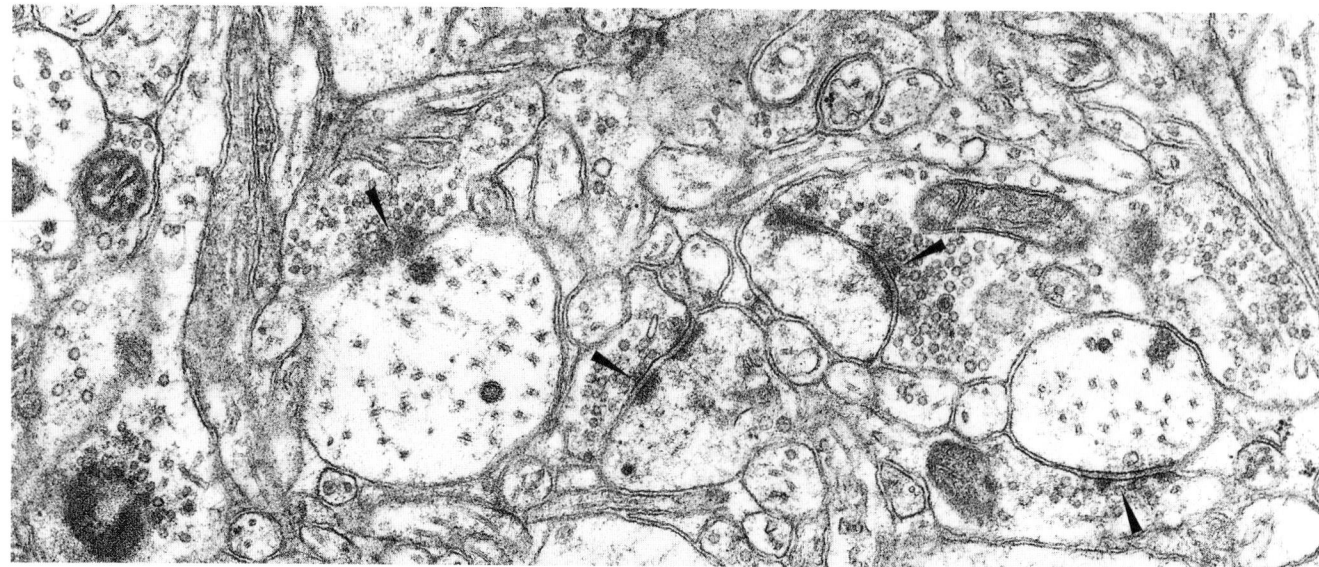

**Bild 4:** Die 68 000fach vergrößerte elekronenmikroskopische Aufnahme eines sehr dünnen Schnitts aus dem Cortex einer Maus sieht für Laien verwirrend aus. Dendriten und Axone von Neuronen sowie Fortsätze von Gliazellen (Stützzellen) sind teils längs, öfters schräg oder quer angeschnitten. Hier geht es nur um die Synapsen, die Schaltstellen zwischen den Neuronen. Ein paar davon sind mit einer Pfeilspitze markiert, die in Richtung der Signalübertragung weist. Man erkennt die Synapsen hauptsächlich an einer Ansammlung von Vesikeln auf ihrer vorgeschalteten – präsynaptischen – Seite. Beim Typ I, den mut-maßlich erregenden Synapsen (Pfeile in der Mitte), ist außerdem eine dunkel gefärbte Substanz innen an die Membran (dunkle Doppellinie) der postsynaptischen Zelle angelagert. Beim Typ II, den mutmaßlich hemmenden Synapsen, fehlt diese (rechts unten). Pyramidenzellen tragen auf ihrem Axon wie auch auf fast allen Dornen (helle „Blasen" gegenüber den beiden mittleren Pfeilen) ihrer Dendriten nur erregende Synapsen, auf ihrem Zellkörper aber nur hemmende. Sternzellen haben hingegen am Zellkörper und an ihren Dendriten (helle gepunktete Blase rechts unten) beide Typen, am Axon aber hemmende Synapsen.

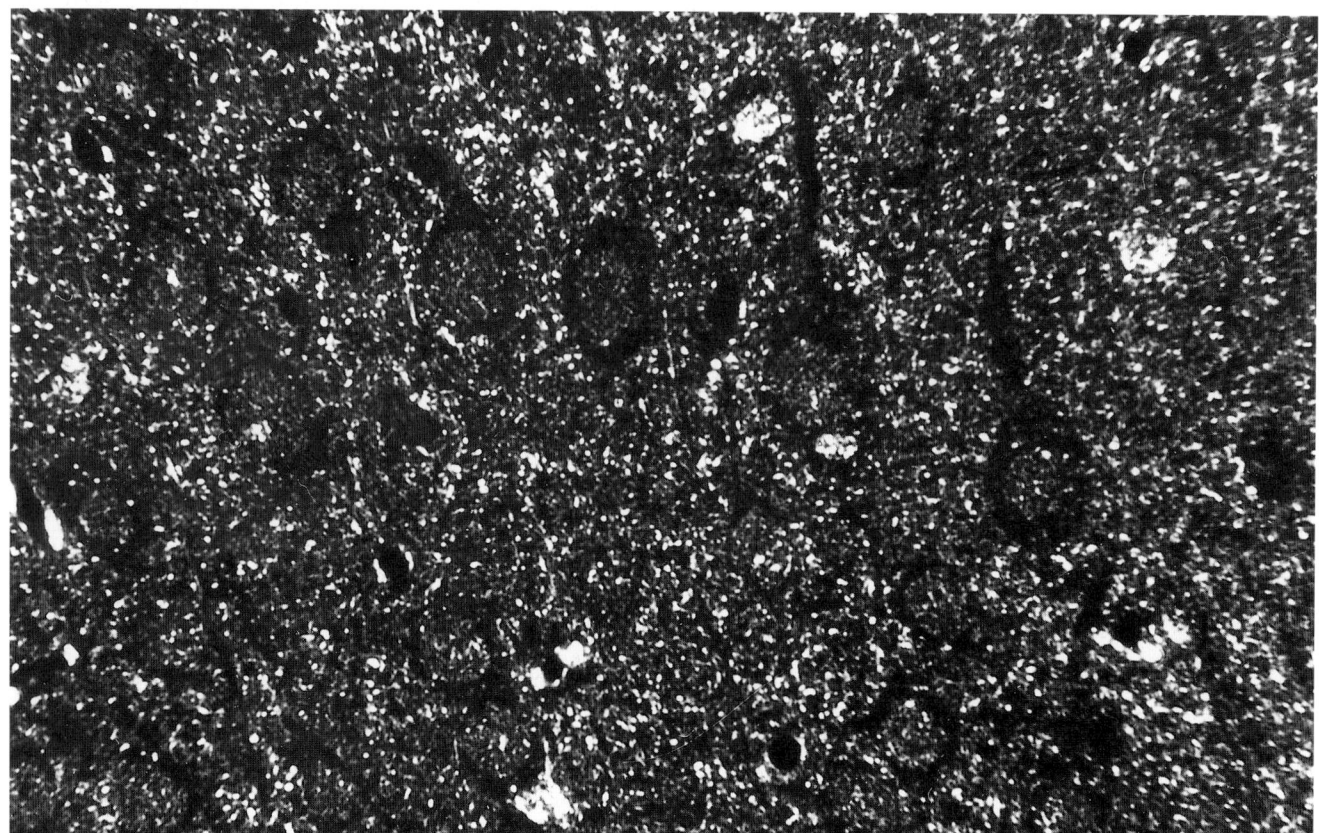

**Bild 5:** Die Art der Synapsen läßt sich nur im Elektronenmikroskop untersuchen, da ihre Größe unterhalb des Auflösungsvermögens des Lichtmikroskops liegt. Mit Hilfe eines Tricks gelingt es aber, sie selbst auch lichtmikroskopisch sichtbar zu machen, wie es hier bei einem wenige tausendstel Millimeter dicken Gewebeschnitt eines Mäusegehirns geschehen ist: Man benötigt dazu Phosphorwolframsäure, die sich spezifisch an Proteine der Synapsen anlagert und diese äußerst kontrastreich färbt. Bei Dunkelfeldbeleuchtung kann man sie dann – wie Staubkörnchen in einem Sonnenstrahl – sehen, obwohl ihre Grö-ße unterhalb der Auflösungsgrenze liegt. Die Aufnahme zeigt eindrucksvoll die Dichte der Synapsen im Cortex. Die meisten hellen Punkte entsprechen einzelnen Synapsen; wenn diese zu nahe beieinanderliegen, erscheinen sie wohl als einziger, aber hellerer Punkt. Auch die Zellkerne im Innern der Nervenzellkörper, die als dunkle ovale Gebiete (etwas oberhalb der Mitte) schräg nebeneinander im Bild liegen, enthalten Bestandteile, die im Dunkelfeld schwach leuchten. Große helle Flecken entsprechen den Kernen von Gliazellen oder von Zellen in den Wänden der Blutkapillaren. Die Vergrößerung ist 800fach.

der vorzügliche Beobachter und getreuliche Zeichner, der Spanier Santiago Ramón y Cajal (1852 bis 1934), in seiner monumentalen Histologie des Nervensystems 1911 dargestellt hat (Bild 3). Die von ihm angewendete Färbetechnik geht auf seinen italienischen Kollegen Camillo Golgi (1844 bis 1926) zurück (beide haben 1906 gemeinsam den Nobelpreis für Medizin und Physiologie bekommen); sie läßt einige wenige der im mikroskopischen Schnitt vorhandenen Nervenzellen dunkel-rotbraun auf hellem Grund erscheinen, löst sie sozusagen aus dem unentwirrbaren Faserfilz heraus und läßt alle ihre Verästelungen erkennen. Dabei kann man mit einiger Übung ganz leicht eine der am Zellkörper entspringenden Fasern, das Axon, von den anderen, den Dendriten, unterscheiden: Diese führen Signale an die Nervenzelle heran, das lange dünne Axon hingegen leitet sie zu anderen Nervenzellen weiter.

Anhand der Abbildung lassen sich ohne weiteres zwei Haupttypen von Nervenzellen im Cortex unterscheiden. Die Zellen vom ersten Typ, seit jeher Pyramidenzellen genannt (weil der Zellkörper, wenn nur er im mikroskopischen Präparat gefärbt ist, unten breit und oben zugespitzt erscheint), zeichnen sich vor allem durch ihre mit feinen Dornen übersäten Dendriten aus (Bild 3 oben und Mitte). Auch ihr Axon ist charakteristisch — es verläuft meist vom Zellkörper schnurgerade nach unten (unten auf den Bildern bedeutet nach alter Konvention: von der Oberfläche des Cortex weg, nicht unbedingt unten im Kopf!) und verzweigt sich zu einem lockeren, weitläufigen Baum. Dessen Zweige wiederum ziehen gewöhnlich recht geradlinig, wenn auch in verschiedenen Richtungen, durch das Gewebe. Die Zellen vom anderen Typ, die sogenannten Sternzellen, haben kaum Dornen auf den Dendriten und vor allem einen viel reicher und weniger geradlinig verzweigten Axonbaum, der sich auf ein engeres Gebiet beschränkt (Bild 3 unten).

Die Cajalsche Darstellung zeigt zugleich, daß die Zellen der beiden Haupttypen in verschiedenen Varianten auftreten. Manche davon kommen nur in bestimmten Gebieten der Gehirnrinde vor und sind für diese typisch. So findet man die allergrößten Pyramidenzellen — die Riesenpyramidenzellen — bloß in der sogenannten motorischen Rinde, dort, wo die bis ins Rückenmark gehenden Fasern entspringen. Pyramidenzellen mit sehr dichter Dendritenverzweigung treten nur in bestimmten Bereichen des Schläfenlappens auf, solche mit ganz besonders lockerer Verzweigung dagegen in einem anderen Bereich

dieses Hirnlappens. Bei den Sternzellen gibt es mindestens ebenso auffallende Formvarianten.

Warum wir trotz dieser vielen Spielarten an der Vorstellung von zwei Haupttypen festhalten, hat einen triftigen Grund: Moderne elektronenmikroskopische Untersuchungen — vor allem von Marc Colonnier an der Laval-Universität in Quebec, Simon LeVay vom Salk-Institut in La Jolla, Alan Peters an der Universität Boston, Peter Somogyi an der Universität Oxford und anderen — haben für Stern- und Pyramidenzellen jeweils ziemlich durchgehende Merkmale ergeben, speziell was die Verteilung von erregenden und hemmenden Schaltstellen (sprich Synapsen) auf Dendriten, Zellkörper und Axon anbelangt. Das muß genauer erklärt werden.

Elektronenmikroskopische Bilder des Nervengewebes sind für den Uneingeweihten zunächst verwirrend (Bild 4). Die sehr dünnen Schnitte (weniger als ein zehntausendstel Millimeter dick) zeigen eine Vielfalt von meist schrägen

Querschnitten durch die vielen eng aneinanderliegenden faserigen Elemente, die größtenteils den Filz der grauen Substanz ausmachen. An einigen Stellen, wo ein Stück Axon einem Stück Dendrit oder Nervenzellkörper benachbart ist, fallen allerdings besondere Strukturen an den Zellmembranen auf: Bläschen, besondere Anlagerungen und Verdichtungen. E. George Gray in London, einer der ersten Elektonenmikroskopiker des Gehirns, hat diese Strukturen bereits als Synapsen gedeutet und zwei Typen unterschieden. Im Laufe der Jahre hat sich die Vorstellung immer mehr bewährt, daß es sich dabei um erregende beziehungsweise hemmende Synapsen handelt.

Art und Verteilung dieser Schaltstellen, wie sie im Elektronenmikroskop sichtbar sind, bekräftigen nun die bereits hundert Jahre alte Vermutung, daß es zwei Haupttypen corticaler Neuronen gibt: einerseits die Pyramidenzellen und andererseits die Sternzellen. Alle Pyramidenzellen, gleich welcher Form, tragen an ihren Axonen nur Syn-

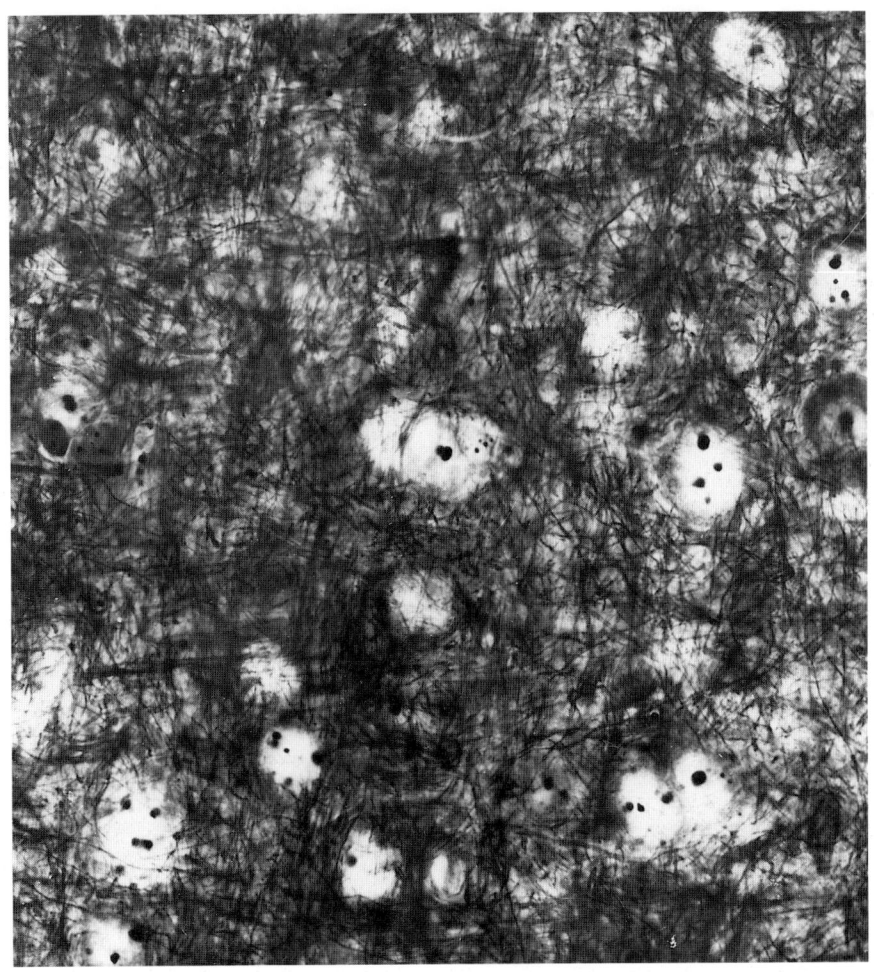

**Bild 6:** Wenn man mit Hilfe von Silbersalzen bloß die Axone im Mäuse-Cortex färbt, kann man die Dichte des Axonnetzes — einige Kilometer pro Kubikmillimeter — direkt abschätzen. Die Nervenzellkörper und Blutgefäße erscheinen bei dieser Methode dann als helle Aussparungen. Im Innern der Zellkerne sind die Kernkörperchen, die Nucleoli, als dunkle Punkte sichtbar. Die lichtmikroskopische Aufnahme ist ebenfalls 800fach vergrößert.

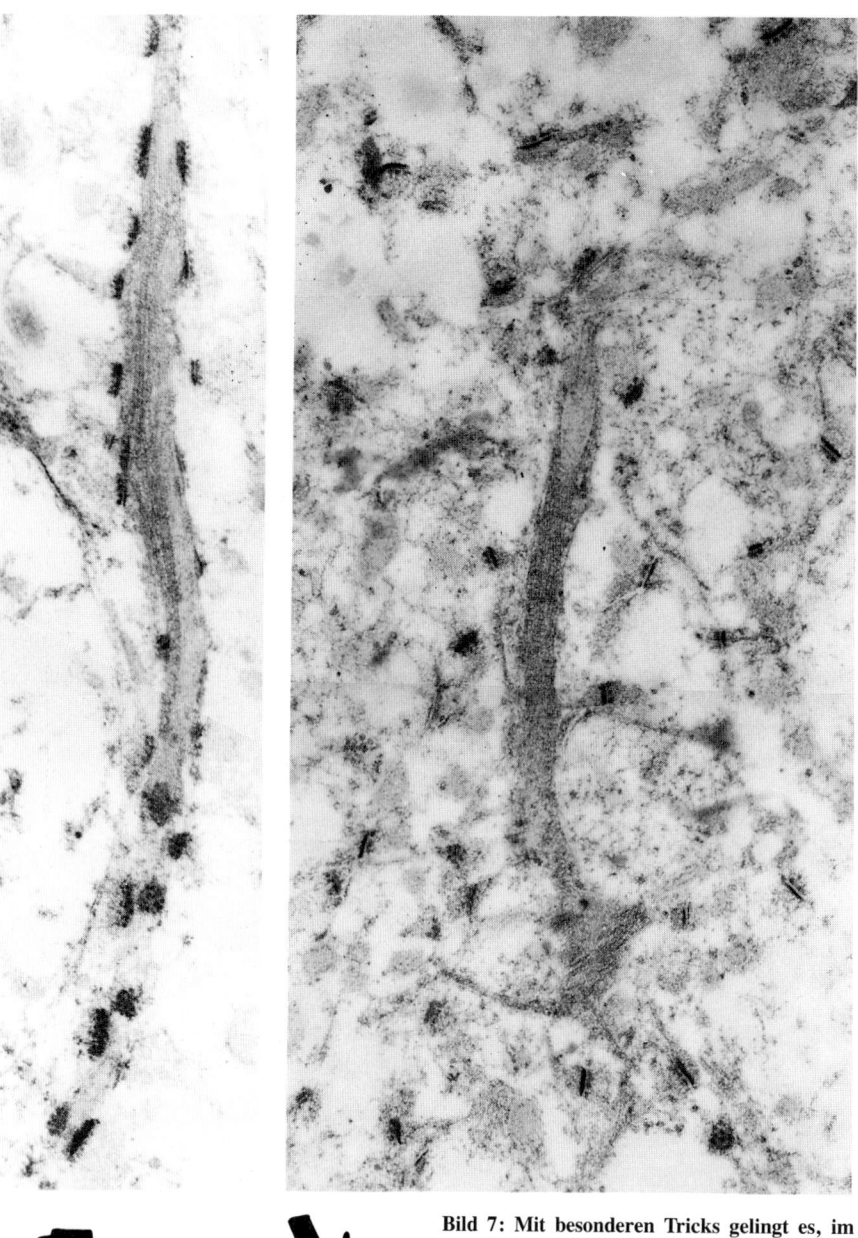

**Bild 7:** Mit besonderen Tricks gelingt es, im elektronenmikroskopischen Präparat (oben) einzelne Dendriten etwas dunkler erscheinen zu lassen; so kann man feststellen, wie viele von den mit Phosphorwolframsäure gefärbten Synapsen jeweils zu einem solchen Fortsatz gehören. Bei dem dornenlosen Sternzell-Dendriten (bandartige Struktur links) sitzen die Synapsen direkt auf der Oberfläche, bei dem Pyramidenzell-Dendriten (rechts) hingegen auf der Spitze der Dornen; ein solcher Dorn ist in seiner gesamten Länge im Schnitt getroffen (rechts am mittleren Bereich des bandartigen Dendriten). Quergeschnittene Synapsen erscheinen kommaförmig (linkes Photo oben), flach getroffene aber scheibenförmig (unten). Die Vergrößerung ist 15 700fach. Dendritische Dornen könnten formveränderlich, also plastisch sein und auf diese Weise die Wirksamkeit der an ihrem Kopf sitzenden Synapsen verstärken oder abschwächen. Bei neugeborenen Meerschweinchen, von denen das links unten als Silhouette gezeigte Dendriten-Stück stammt, haben nämlich die meisten Dornen einen dünnen Stiel, während bei erwachsenen Tieren (Dendriten-Stück rechts) die dickeren Dornen überwiegen. Wären Formveränderungen der Dornen durch Lernerfahrung bedingt, so hätte man hier einen Anhalt für einen möglichen Gedächtnismechanismus.

apsen vom Typ I, wirken also auf andere Neuronen erregend; an ihre dendritischen Dornen treten nur – oder fast nur – erregende Synapsen heran, an ihren Zellkörper aber dafür nur hemmende, also solche vom Typ II. Die Sternzellen hingegen gehen mit ihrem Axon hemmende Synapsen mit anderen Neuronen ein, während Zellkörper und Dendriten über hemmende wie auch erregende Synapsen Signale empfangen. Diesem sehr starken funktionellen Kriterium gegenüber sind natürlich die vielen Formvarianten (beispielsweise die früher als dornige Sternzellen, englisch *spiny stellate cells*, bezeichneten Pyramidenzellen) relativ unwichtig, so sehr sie auch die Verbindungsstruktur im corticalen Nervenfilz beeinflussen mögen.

Übrigens ist es sehr verlockend, eine dritte Sorte besonders gestalteter Neuronen im Cortex zu beschreiben, die sogenannten Martinotti-Zellen. Ihr Axon verläuft Richtung Oberfläche, also „nach oben" im Cortex, und verzweigt sich nicht ganz so dicht wie bei den Sternzellen, aber auch nicht so locker wie bei den Pyramidenzellen. Doch ist bisher nicht bekannt, wieweit diese Martinotti-Zellen in der Verteilung der Synapsen auf ihrer Oberfläche mehr dem einem oder dem anderen Hauptzelltyp gleichen oder gar von beiden abweichen. Daher schieben wir sie bis auf weiteres einfach beiseite.

### Statistische Auswertungen

Statt nun zu fragen, auf welche Weise diese verschiedenen Neuronentypen miteinander verschaltet sind und ob sich dabei vielleicht so etwas wie ein elektronischer Schaltkreis ergibt, der das Geheimnis der Informationsverarbeitung im Cortex birgt, wollen wir das Ganze zunächst statistisch betrachten. Es kann nicht schaden, wenn man herausfindet, wie viele Elemente von jeder Sorte im Gewebe vorhanden sind und wie sie sich mengenmäßig zueinander verhalten. Wir werden sehen, daß dabei die Idee eines Schaltkreises in immer weitere Ferne rückt.

Die Zahl der Synapsen läßt sich genau genug feststellen, wenn man die – nicht ganz einfache – Kunst beherrscht, aus Zählungen am elektronenmikroskopischen Bild auf die Anzahl pro Volumen umzurechnen. Die Schwierigkeiten ergeben sich daraus, daß die elektronenmikroskopischen Schnitte dünner als die Synapsen dick sind und diese zudem noch recht verschieden gestaltet sein können. Dies wirft nicht ganz einfach zu lösende rechnerische Probleme auf, die gelegentlich sogar ei-

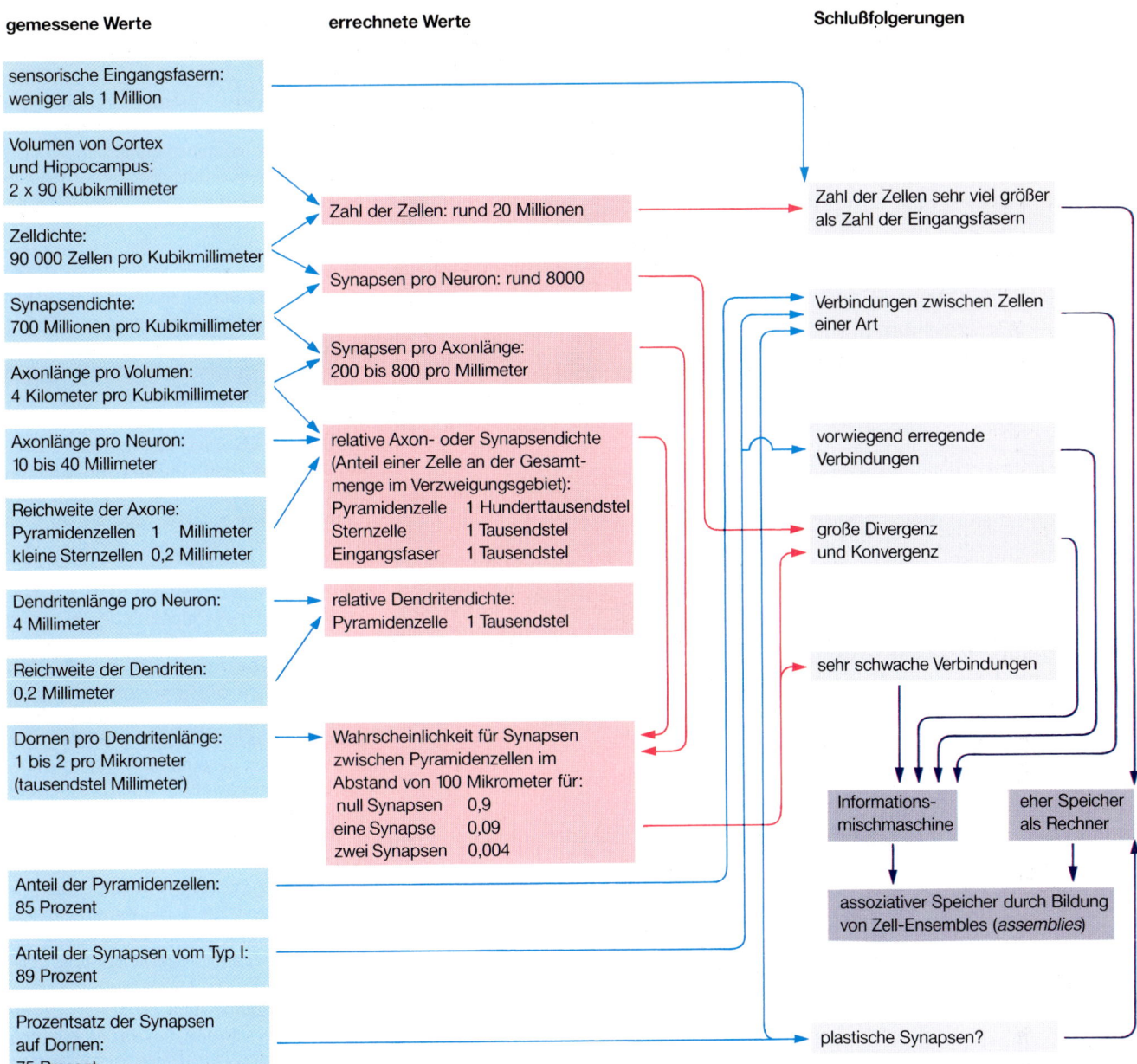

**gemessene Werte**  **errechnete Werte**  **Schlußfolgerungen**

sensorische Eingangsfasern:
weniger als 1 Million

Volumen von Cortex
und Hippocampus:
2 × 90 Kubikmillimeter

Zelldichte:
90 000 Zellen pro Kubikmillimeter

Zahl der Zellen: rund 20 Millionen

Zahl der Zellen sehr viel größer
als Zahl der Eingangsfasern

Synapsendichte:
700 Millionen pro Kubikmillimeter

Synapsen pro Neuron: rund 8000

Verbindungen zwischen Zellen
einer Art

Axonlänge pro Volumen:
4 Kilometer pro Kubikmillimeter

Synapsen pro Axonlänge:
200 bis 800 pro Millimeter

Axonlänge pro Neuron:
10 bis 40 Millimeter

relative Axon- oder Synapsendichte
(Anteil einer Zelle an der Gesamt-
menge im Verzweigungsgebiet):
Pyramidenzelle  1 Hunderttausendstel
Sternzelle  1 Tausendstel
Eingangsfaser  1 Tausendstel

vorwiegend erregende
Verbindungen

Reichweite der Axone:
Pyramidenzellen  1  Millimeter
kleine Sternzellen  0,2 Millimeter

große Divergenz
und Konvergenz

Dendritenlänge pro Neuron:
4 Millimeter

relative Dendritendichte:
Pyramidenzelle  1 Tausendstel

Reichweite der Dendriten:
0,2 Millimeter

sehr schwache Verbindungen

Dornen pro Dendritenlänge:
1 bis 2 pro Mikrometer
(tausendstel Millimeter)

Wahrscheinlichkeit für Synapsen
zwischen Pyramidenzellen im
Abstand von 100 Mikrometer für:
null Synapsen  0,9
eine Synapse  0,09
zwei Synapsen  0,004

Informations-
mischmaschine

eher Speicher
als Rechner

Anteil der Pyramidenzellen:
85 Prozent

Anteil der Synapsen vom Typ I:
89 Prozent

assoziativer Speicher durch Bildung
von Zell-Ensembles (*assemblies*)

Prozentsatz der Synapsen
auf Dornen:
75 Prozent

plastische Synapsen?

**Bild 8:** Aus Messungen und Zählungen der vorgestellten Zellbestandteile im Mäuse-Cortex ergeben sich zum Teil überraschende Aussagen. Das Schema zeigt eine Kurzfassung der Gedankengänge, aus denen die Autoren ihre Vorstellungen über den Cortex ableiten. Links sind die direkt gemessenen Werte angegeben, in der mittleren Spalte die daraus berechneten Werte und rechts die Folgerungen. So ist die errechnete Zahl der Synapsen mit rund 8000 pro Neuron sehr hoch (zweite Zeile Mitte; tatsächlich trägt ein Neuron 16000 „halbe" Synapsen), die Wahrscheinlichkeit aber gering, daß zwei benachbarte Pyramidenzellen mehr als eine davon gemeinsam haben (Mitte, unterer Block). Ihre Verbindung ist demnach sehr schwach; die Erregung wird dafür sehr vielen, auch entfernten Zellen des gleichen Haupttyps mitgeteilt (Pyramidenzellen stellen 85 Prozent aller Rindenneuronen), und die Divergenz der Signale von einer Zelle auf viele andere, ebenso wie die Konvergenz von vielen auf eine, ist hoch. Aufgrund solcher Schlüsse sehen die Autoren den Cortex als eine Art Informationsmischmaschine mit eher Speicher- als Rechnerfunktion an: Ein sogenanntes assoziatives Gedächtnis entsteht hier, indem sich Zellen, die häufiger im Gleich- als im Gegentakt arbeiten, durch Verstärken ihrer wohl plastischen Synapsen zu Zell-Ensembles zusammenkoppeln. Die „Verdrahtung" ist im Gehirn zunächst nur zu einem gewissen Maß vorgegeben.

nen Mathematiker wie unseren Kollegen Günther Palm interessiert haben.

Die Berechnungen ergeben immerhin, daß ein Kubikmillimeter Cortex bei der Maus fast eine Milliarde ($7 \times 10^8$) Synapsen enthält; im ganzen Cortex sind es etwa 200mal mehr (Bild 5). Beim Menschen kommt man auf eine ähnliche Dichte; die Gesamtzahl im Cortex erreicht hier eine Größenordnung von 100 Billionen ($10^{14}$).

Diese Zahlen werden erst im Zusammenhang mit anderen interessant. In einem Kubikmillimeter Mäuse-Cortex liegen knapp 100 000 ($9 \times 10^4$) Nervenzellkörper. Da nun an jeder Synapse ein Neuron vor- (prä-) und ein anderes nachgeschaltet (postsynaptisch) ist, errechnet sich daraus leicht, daß jedes corticale Neuron im Durchschnitt für 8000 Synapsen präsynaptisch sowie für ebenso viele postsynaptisch ist, insgesamt also auf Axonen und Dendriten 16000 Synapsen trägt.

Interessant ist auch, was sich aus der Länge der axonalen Fasern ableiten läßt. Man kommt — je nach Vorgehensweise — auf eine Gesamtlänge von ein bis vier Kilometer pro Kubikmillimeter, das heißt, ein Neuron hat im Durchschnitt ein Axon von stattlichen ein bis vier Zentimetern Länge, wenn man alle Verzweigungen zusammenrechnet.

Auf nur einen Millimeter Axon kommen demnach überraschenderweise 200 bis 800 Synapsen. Sie sind perlschnurartig daran aufgereiht und sitzen nicht nur an den Faserenden, wie man es von manchen anderen Neuronen des Ner-

189

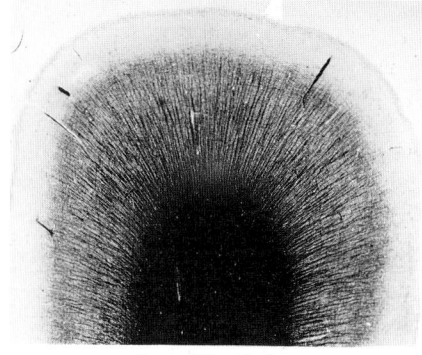
obere Stirnwindung

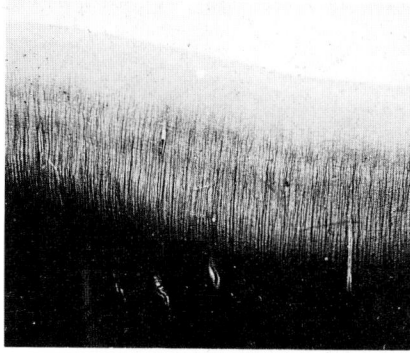
mittlere Stirnwindung

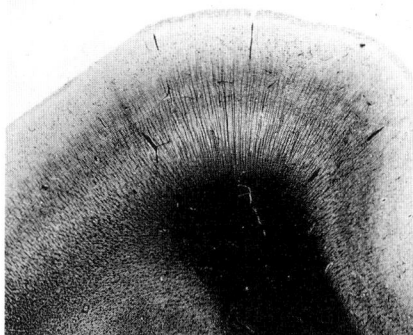
untere Stirnwindung

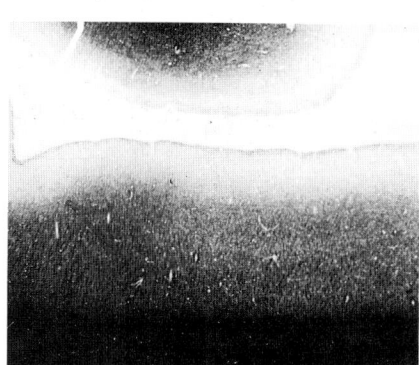
motorischer Cortex

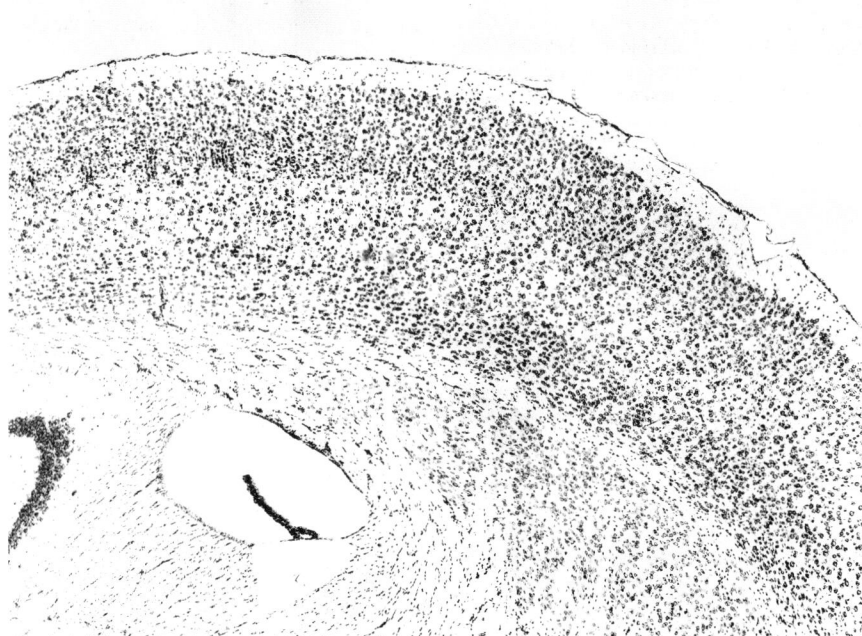

**Bild 9: Die Zellen, Dendriten und Axone verteilen sich nicht überall im Cortex in derselben Weise auf Schichten.** Daher sehen gefärbte Schnitte (oben und Mitte vom Menschen, unten von einer Maus) je nach Hirnregion ein wenig verschieden aus, haben eine andere Architektonik. Oft ist einer solchen Region auch eine spezielle Funktion zugeordnet. Beispielsweise fallen in einer bestimmten Region des Mäuse-Cortex bei entsprechender Anfärbung (Nissl-Färbung) klumpige Anhäufungen von Zellkörpern auf (linker Bereich im unteren Bild) — dort werden Informationen aus den Schnurrhaaren verarbeitet. Die Schichtung des Cortex ändert sich nach rechts zu geringfügig, aber doch deutlich erkennbar. Ganz auffällig ist die abweichende Architektur beim Vergleich von Markscheiden-Präparaten verschiedener Regionen der menschlichen Gehirnrinde. Man sieht besonders faserreiche Schichten, die sogenannten Baillargerschen Streifen: in der oberen Stirnwindung (links oben) nur den äußeren, in der mittleren (rechts oben) aber beide. In der unteren Stirnwindung (Mitte links), der sogenannten Brocaschen Sprachregion, sind die Streifen fast verschmolzen, und im motorischen (präzentralen) Feld gehen sie in einem einheitlich dichten Faserfilz ganz unter (Mitte rechts). Der menschliche Cortex ist 8fach vergrößert, der Mäuse-Cortex 43fach.

vensystems kennt und gelegentlich in Lehrbüchern abgebildet sieht.

Was die Dendriten betrifft, so läßt sich bei den Pyramidenzellen auch lichtmikroskopisch etwas über die Menge an Synapsen aussagen, und zwar durch Zählung der dendritischen Dornen. Da ein bis zwei Dornen auf einen Mikrometer Dendrit kommen, ergeben sich daraus bei einer Gesamtdendritenlänge von 4 Millimetern 7500 Dornen und damit ebensoviele Synapsen. Dies paßt gut zu dem bereits auf anderem Weg errechneten Wert.

Ganz allgemein läßt sich sagen, daß in der grauen Substanz Axone wie auch Dendriten weitaus länger sind als die Abstände zwischen den Neuronen. Dies zeigt bereits, daß sie stark mit anderen verfilzt sein müssen und es auch sind (Bild 6). Eine einzelne sehr locker verzweigte Pyramidenzelle steuert, wie sich errechnen läßt, tatsächlich nur jeweils ein Hunderttausendstel zur Gesamtlänge der Axonpopulation in ihrem Verzweigungsgebiet bei (dies ist die sogenannte relative Axondichte einer Pyramidenzelle). Sogar bei den am dichtesten verzweigten Zellen — den Sternzellen und den Zellen, die ihre Fasern in den Cortex entsenden — trägt die einzelne lediglich etwa ein Tausendstel dazu bei.

Was die Verteilung der Zelltypen angeht, so ist die überwiegende Mehrheit — etwa 85 Prozent — vom dornigen Typ, vertreten durch die Pyramidenzellen. Dies kann nicht überraschen, da ein ähnlich hoher Prozentsatz von Synapsen dem Typ I, dem vermutlich erregenden, angehört und Pyramidenzellen diese Art Synapsen auf ihren Axonen tragen. Daß die meisten Schaltstellen im Cortex auf dendritischen Dornen, also auf Dendriten von Pyramidenzellen sitzen, paßt ebenfalls gut ins Bild.

## Überraschende Schlüsse

Was kann man aus alledem folgern? Einige sehr überraschende Zusammenhänge (Bild 8).

Zuvörderst: Die überwiegende Mehrheit der Synapsen im Cortex sind solche, bei denen eine Pyramidenzelle über ihr Axon Erregung an eine andere Pyramidenzelle weitergibt. Das war die erste große Überraschung. Damit ist die Hoffnung hinfällig, das Geheimnis der corticalen Funktion läge in einer schlauen Verschaltung von einem Neuron mit einem oder mehreren Neuronen einer anderen Sorte, etwa wie in der Elektronik, wo man mit einem Kondensator und einer Spule beziehungsweise mit einem Widerstand, einem Kondensator und einem Transistor oder einer

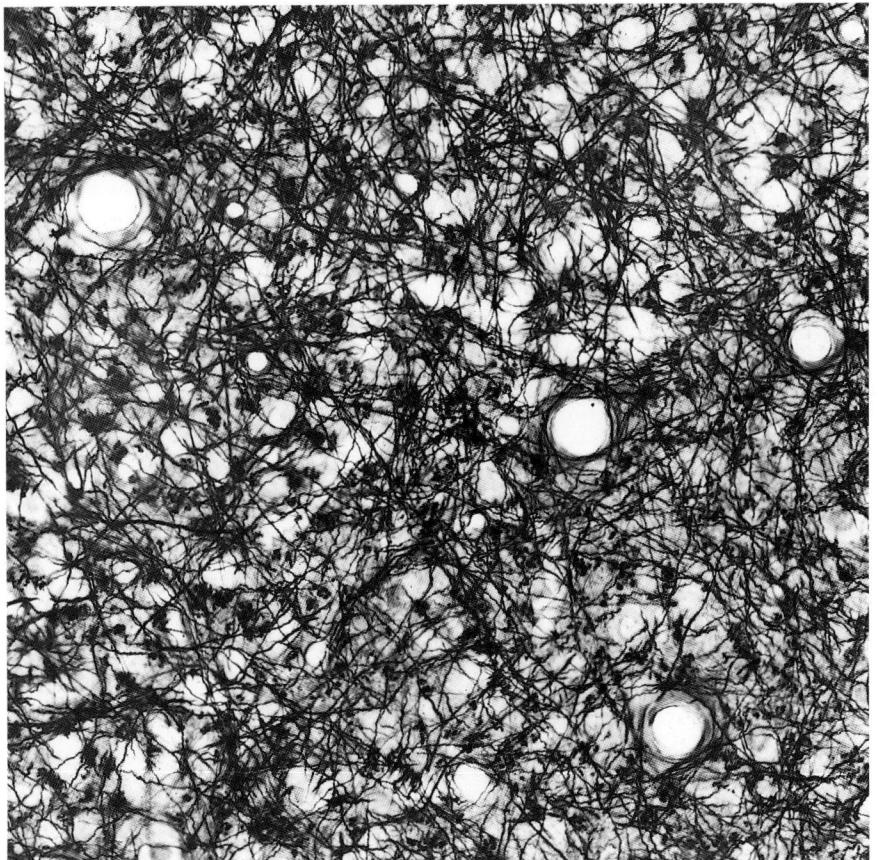

**Bild 10: Dieser Flachschnitt durch die primäre Sehrinde eines Makaken (hier durch die Schicht 4b) belegt die allgemeine Regel, daß die Fasern in der Cortex-Fläche weitgehend zufällig ausgerichtet sind. Man meint, hier und dort Vorzugsrichtungen zu sehen, was sich aber bei statistischer Analyse als unhaltbar erweist. Ein Erklärungsmodell für die speziellen Eigenschaften von Sehrinden-Neuronen sollte daher ohne eine besondere Orientierung der Faserverbindungen auskommen. Die runden Lücken sind quergeschnittene Blutgefäße.**

anderen Kombinationen dieser Elemente ganz wunderbare Geräte basteln kann. Im Cortex verbinden die meisten Synapsen Pyramidenzellen untereinander, also Elemente ein und derselben Sorte. Offenbar ist das Funktionsgeheimnis dort eher in der Einförmigkeit zu suchen.

Auch daß die große Mehrheit der Synapsen im Cortex — anders als in den übrigen Teilen des Gehirns — auf Dornen sitzt, war überraschend und verlangte nach einer Erklärung. Manche Anatomen meinen einfach, die Dornen dienten der Oberflächenvergrößerung, brächten also mehr Platz für Synapsen auf Dendriten. Dem widerspricht aber, daß man bei dornenlosen Sternzellen (Bild 7 links oben) eher mehr Schaltstellen pro Dendritenlänge zählt als bei den dornigen Pyramidenzellen. Man muß wohl annehmen, daß die auf Dornen sitzenden Synapsen eine bestimmte und offenbar für die Großhirnrinde wichtige Funktion haben.

Wir vermuten, daß sie ihre Stärke verändern können — je nach der vorangegangenen Aktivität der Neuronen, die sie verbinden (Bild 7 unten). Denkbar ist zum Beispiel , daß sich durch eine solch veränderliche Synapse die Kopplung zwischen zwei Neuronen verstärkt oder verringert, je nachdem, ob beide oft im Gleich- oder im Gegentakt arbeiten.

Eine solche Plastizität der Synapsen ist oft als Grundlage von Lernen und Gedächtnis vermutet worden. Wenn das stimmt, und einiges spricht dafür, kann man bei der sehr großen Zahl von synaptischen Dornen im Cortex getrost behaupten, er sei ein großer Gedächtnisspeicher: fast nur Gedächtnis.

Aus der Tatsache, daß die axonalen Zweige der Pyramidenzellen gerädlinig durch das Gewebe schießen, sowie aus der Verteilung der Dendriten einzelner Pyramidenzellen im Gewebe läßt sich über einfache geometrische Überlegungen schließen, daß jede Pyramidenzelle ihre Tausende von Synapsen auf Tausende anderer Pyramidenzellen verteilt. Ihr Axon scheint nur ausnahmsweise gleich mehrfachen Kontakt zu einer individuellen Pyramidenzelle zu haben. Das Prinzip ist daher, in der Regel eine ganz schwache Verbindung mit jeder einzelnen Partnerin einzugehen und dafür die Erregung auf möglichst viele verschiedene Zellen zu verteilen.

Das System der untereinander verbundenen Pyramidenzellen ist offenbar ein großer Mischapparat: Alle Signale werden so weit wie möglich verbreitet. Auch dies paßt gut zur Vorstellung eines Gedächtnisspeichers. Wenn festgehalten werden soll (durch Verstärkung der entsprechenden Synapsen), welche Neuronen oft gleichzeitig aktiv sind, so ist es wichtig, daß möglichst viele Neuronen voneinander „wissen", um möglichst vielen Kombinationen von Zellen die Gelegenheit zu geben, sich stärker miteinander zu verkoppeln. Auch bei den jetzt in die Phase der technischen Realisierung kommenden elektronischen assoziativen Speichern ist es ein Problem, die assoziative Matrix möglichst reich mit lernenden Elementen zu besetzen. Technisch ist die Herstellung von einem dichten, dreidimensionalen Filz aus reich verzweigten Fasern, wie er im Cortex vorliegt, noch ein ungelöstes Problem.

Aus der reichen Verzweigung der Verbindungen zwischen den Pyramidenzellen folgt, daß die meisten Wege im Cortex über wenige synaptische Schritte wieder auf das Ausgangsneuron zurückführen. Das bedeutet eine riesige Zahl von geschlossenen Neuronenkreisen im Cortex.

Einen einfachen, aber schlagenden Beleg dafür zu finden, blieb dem mathematischen Geist von Palm vorbehalten: Wenn jede Pyramidenzelle im Cortex der Maus Erregung an — vorsichtig gerechnet — 5000 andere Pyramidenzellen weitergibt, so wären das nach zwei synaptischen Schritten bereits 25 Millionen Zellen — und damit mehr als die schätzungsweise 10 bis 20 Millionen dort vorhandenen Neuronen, also unmöglich viele. Unter denen, die in zwei Schritten erreicht werden, müssen demnach viele sein, die schon einmal dran waren. Das heißt, daß von den allermeisten, vermutlich von allen Zellen eine große Zahl von synaptischen Wegen wieder auf sie selbst zurückführt. Diese kreisförmige Verschaltung ist für die Großhirnrinde typisch.

Besonders pikant ist, daß diese dichte, in sich geschlossene Verschaltung der Pyramidenzellen aus lauter erregenden Synapsen besteht. Eine so gewaltige Menge positiver Rückkopplungen ist eine höchst explosive Situation — und so wundert es nicht, daß die Gehirnrinde besonders anfällig für epileptische Phänomene ist, die ja vermutlich durch das gegenseitige unkontrollierte Aufschaukeln von Nervenaktivität in Neuronenverbänden entstehen.

Epileptische Anfälle sind allerdings keine Erklärung für die Verschaltung

191

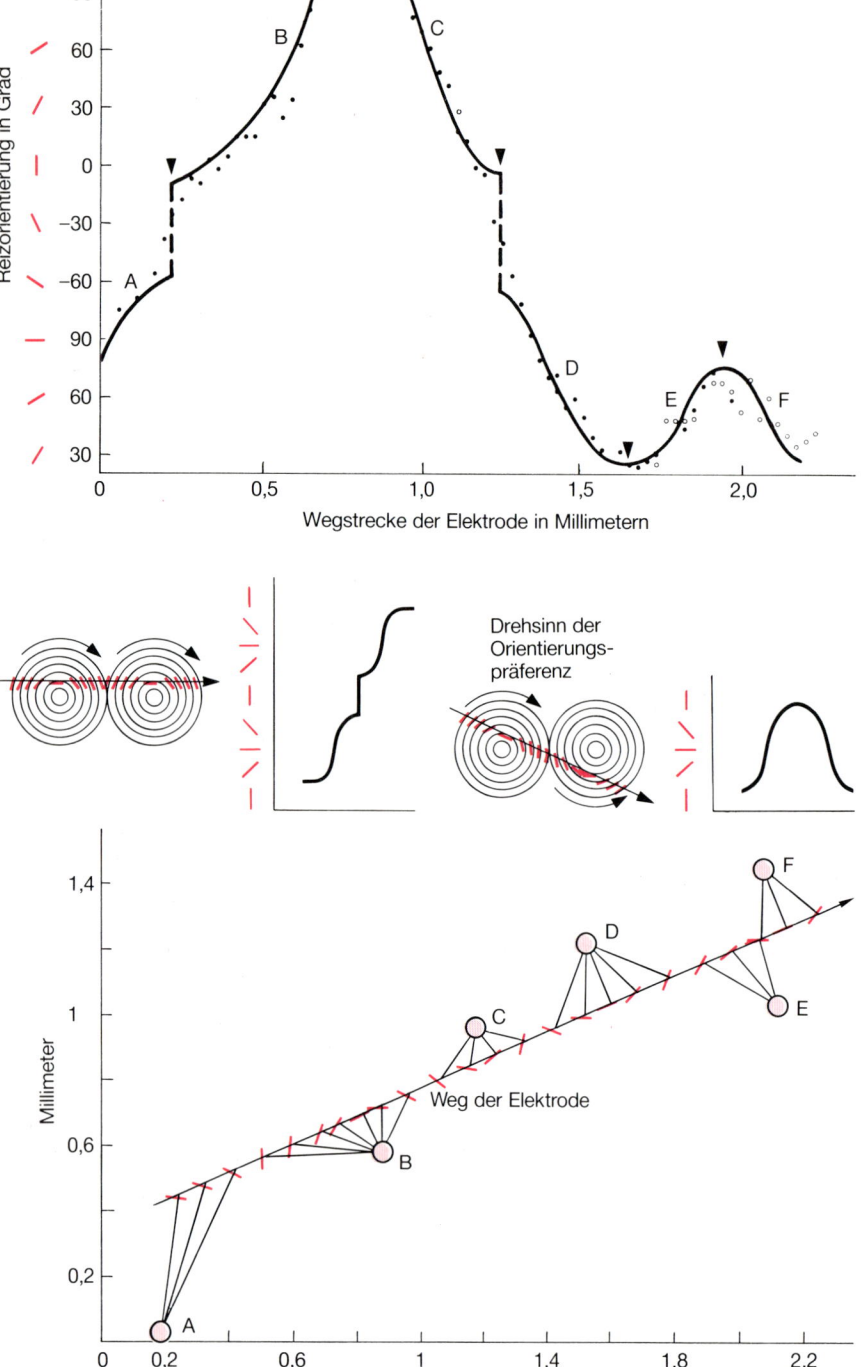

Bild 11: Die meisten Neuronen der Sehrinde von Makaken sprechen, wie David Hubel und Torsten Wiesel festgestellt haben, am besten auf strichförmige visuelle Reize mit einer bestimmten Winkelneigung an; und diese Orientierungspräferenz ändert sich ziemlich regelmäßig zwischen Zellen, die mit einer möglichst flach durch den Cortex fortschreitenden Elektrode nacheinander sondiert werden (Punkte im oberen Diagramm). Die Änderung der Präferenz läßt sich theoretisch nachvollziehen, wenn man annimmt, daß die Neuronen verschiedener Orientierungsspezifität auf Kreisen um gewisse Zentren angeordnet sind. Die Tangente in dem Punkt, wo der Einstichkanal einen der gedachten Kreise schneidet, repräsentiert die Orientierung, auf die eine dort liegende Zelle am besten anspricht (Mitte). Die Än-derung der Präferenz zwischen zwei Zentren folgt den angegebenen Teilkurven. Aus den von Hubel und Wiesel veröffentlichten Orientierungen entlang eines Elektrodeneinstichs kann man nun – durch Einzeichnen der zugehörigen Kreisradien – die Lage der Zentren rekonstruieren (unteres Diagramm). Die beiden Zentren A und B befinden sich auf derselben Seite des Einstichkanals; die Zentren B und C aber auf verschiedenen Seiten, wie es in der Mitte schematisch dargestellt ist. Aus den zugehörigen Teilkurven läßt sich die theoretische Gesamtkurve für die von Hubel und Wiesel gemessenen Ergebnisse (oberes Diagramm) rekonstruieren. Die Grenzen der Bereiche, innerhalb derer sich die Orientierungspräferenz um die Zentren A bis F herum regelmäßig ändern, sind durch Dreiecke markiert.

der Nervenzellen im Cortex, vielmehr ein betrüblicher Nebeneffekt. Hingegen bietet ein assoziatives Gedächtnis, besonders in Form der Hebbschen Neuronenverbände (englisch *cell assemblies*), eine Erklärung für das meiste, was wir bisher gesagt haben. Das Modell geht auf Donald O. Hebb von der McGill-Universität in Montreal zurück, der damit assoziatives Lernen auf der Ebene der Synapsen zu erklären versuchte. Solche Zell-Ensembles, wie man sie vielleicht auf deutsch nennen könnte, entstehen nach seiner Vorstellung aus Gruppen von Neuronen, die nicht unbedingt nahe beieinander liegen, aber durch erregende Synapsen vielfach miteinander verbunden sind, und zwar so, daß die Aktivierung einiger Zellen die anderen mitaktiviert; die erregenden Synapsen zwischen jenen Neuronen, die oft gleichzeitig aktiv sind, sollten dann verstärkt werden und diese so zu Ensembles koppeln. Das geschieht beispielsweise, wenn die Sinnesreize, welche die einzelnen Neuronen aktivieren, zu ein und demselben „Ding" der Außenwelt gehören. So entstehen im Cortex Zell-Ensembles als Vertreter von Dingen und Ereignissen der Außenwelt.

Verschiedene Neuronenverbände haben unter Umständen auch Zellen gemeinsam, weil verschiedene Dinge ja dieselben Eigenschaften haben können. Regelmechanismen sorgen aber dafür, daß entweder das eine oder das andere Ensemble „zündet", also aktiv wird: Das entspricht in der Wahrnehmungspsychologie verschiedenen, sich gegenseitig ausschließenden Deutungen derselben Situation. In einem Netzwerk wie der Hirnrinde kann eine überaus große Zahl solcher Ensembles Platz finden – entsprechend reich ist die Begriffswelt, die durch Erfahrung aufgebaut wird. Das Überwiegen erregender Synapsen im Cortex erstaunt dann nicht mehr.

Jedoch muß auch die Minderheit hemmender Neuronen im Cortex ihren Sinn haben. Und in der Tat, wenn Lernen durch Zusammenschalten von Neuronen geschieht, so ist schwer vorstellbar, wie Begriffe erlernt werden können, die negative Bestandteile haben (eine Glatze ist ein Kopf ohne Haar, ein Kneifer ist eine Brille ohne Bügel) – es sei denn, die einlaufenden Informationen gelangten nicht bloß direkt, sondern auch über inhibitorische Zwischenneuronen zu dem Lernmechanismus. Es wundert also nicht, daß die aufsteigenden Fasern, die in den Cortex einstrahlen, sowohl mit Pyramidenzellen als auch mit hemmenden Zwischenneuronen synaptische Verbindungen haben. Verständlich ist dann auch, daß diese – anders als die erregenden Pyramidenzellen, die den Lernmechanismus darstellen – viel konzentriertere Axon-Endigungen haben: Ihre Aufgabe ist ja nicht die möglichst diffuse Verteilung von Signalen, sondern eine Umschaltung am Ort.

## Modell der Sehrinde – Variation gegenüber dem Grundtypus

Das Bild des Cortex, das wir bisher gezeichnet haben, ist weit entfernt von dem einer präzise programmierten Maschine. Es entspricht eher einem Netzwerk von diffusen, durch Aktivität veränderlichen Verbindungen über kurze und weite Strecken hinweg.

Sicher, was dieses Netzwerk „lernen" muß, ist im visuellen Bereich anders als im akustischen, taktilen oder motorischen. So ist es ganz einleuchtend, daß ein Teil der Verschaltung für jeden dieser Bereiche schon vorgegeben ist: durch besondere Formen der Dendriten und axonalen Verzweigungen. Man erkennt das bereits bei geringer Vergrößerung an der unterschiedlichen Architektonik der Hirnrinde (Bild 9); je nach Feld variieren die Dicke der einzelnen Schichten und die Zahl der größeren und kleineren Nervenzellkörper darin.

Könnte es nicht sein, daß – selbst wenn unsere statistische Beschreibung des Cortex im allgemeinen stimmt – in manchen dieser besonderen Rindenfelder doch viel genauere Verschaltungsmuster angelegt sind, wobei das Lernen dort vielleicht die geringere Rolle spielt? Der Fachmann denkt da besonders an Feld 17, die primäre Sehrinde, auf die das Bild der Netzhaut – nach einer Umschaltung in einer Zwischenstation – projiziert wird. Dort haben David H. Hubel und Torsten N. Wiesel – Nobelpreisträger des Jahres 1981 – und viele andere nach ihnen Effekte beschrieben, die ein sehr komplex angelegtes Nervennetz vermuten lassen. Beispielsweise gibt es in der Sehrinde Neuronen, die auf genau definierte Reizmuster im Gesichtsfeld, meist Striche einer bestimmten Orientierung, ansprechen. Es liegt uns nun daran, zu zeigen, daß auch solche Effekte ganz leicht in einem Nervennetz zustande kommen können, das im wesentlichen zufällig angelegt ist, nur mit einer geringfügigen „architektonischen" Variation gegenüber dem Grundtypus.

Hubel und Wiesel, damals beide an der Medizinischen Fakultät der Harvard-Universität in Cambridge (Massachusetts), haben bei ihren Experimenten an Makaken eine Elektrode in die Hirnrinde eingestochen und die Reak-

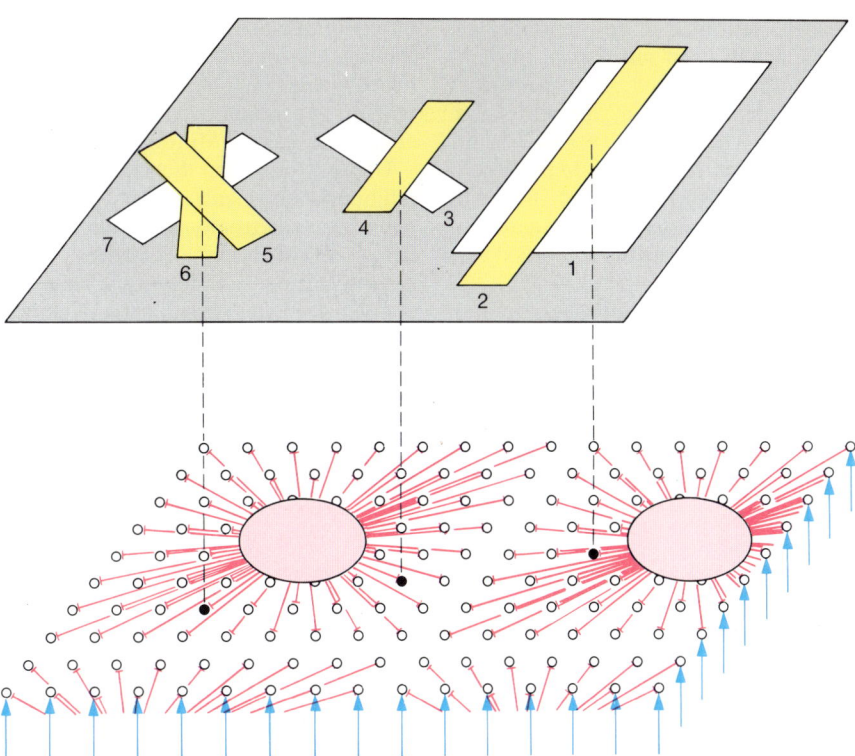

Bild 12: Die Orientierungspräferenz und andere Effekte lassen sich mühelos erklären, wenn man annimmt, daß es in der Sehrinde im Abstand von jeweils etwa einem halben Millimeter Zentren hemmender Elemente gibt (rote Kreise), welche die Aktivität umliegender Nervenzellen (kleine schwarze Kreise) drosseln (rote Linien). Erregen die Fasern der Sehbahn (blaue Pfeile) ein zu großes Gebiet des Cortex, beispielsweise weil ein breiter, rechteckiger Lichtfleck als visueller Reiz (1) geboten wird, so wird immer auch das hemmende Zentrum mitaktiviert; eine einzelne, von ihm beeinflußte Zelle kann dann auf diesen Reiz, obwohl er sie trifft, nicht reagieren. Das über die einlaufenden Fasern auf den Cortex projizierte elektrische Abbild eines schmalen Lichtstreifens (2) paßt dagegen in den Raum zwischen den Zentren und kann deshalb Zellen in diesem Bereich aktivieren. Bei einem nahe an einem Hemmzentrum gelegenen Neuron kann ein schmaler, unpassend orientierter Reiz wieder das Zentrum mittreffen (3); er vermag daher die entsprechende Zelle (schwarz) nicht zu aktivieren. Bei anderer Orientierung aber, wenn er das Zentrum nicht berührt (4), wird er wirksam. Eine solche Zelle weist also eine Orientierungspräferenz auf. Ein anderes Neuron in der Nachbarschaft desselben Hemmzentrums hat eine andere Orientierungspräferenz – mit einer gewissen Toleranz (5 und 6) – und wird entsprechend von einem anders orientierten Streifen (7) gehemmt. Auf diese Weise könnten sich die Orientierungspräferenzen, wie man sie beim Fortschreiten der Elektrode durch den Cortex mißt (Bild 11), regelmäßig um gewisse „Drehzentren" ordnen. Tatsächlich gibt es in der Sehrinde Zentren, wo sich ein bestimmtes Enzym konzentriert, und zwar in den vom Modell geforderten Abständen. Innerhalb dieser Zentren haben die Zellen übrigens keinerlei Orientierungsspezifität.

tion der nacheinander getesteten Neuronen auf – beispielsweise – unterschiedlich im Gesichtsfeld orientierte Striche geprüft. Bei fast parallel zur Cortexfläche angesetzter Elektrode änderte sich die Orientierungspräferenz der Zellen entlang des Einstichkanals mit einer gewissen Regelmäßigkeit (Bild 11 oben).

Die Art der Änderung legte die Annahme nahe, daß Neuronen verschiedener Orientierungsspezifität auf Kreisen um gewisse Zentren angeordnet sind, die etwa einen halben Millimeter auseinander liegen (Bild 11 Mitte und unten). Als diese Behauptung von einem von uns (Braitenberg) zusammen mit Carla Braitenberg 1979 aufgestellt wurde, waren in der Anatomie des primären Sehfelds noch keine Besonderheiten

bekannt, die das hätten erklären können. Wenig später aber entdeckten Allen L. Humphrey und Anita E. Hendrikson an der Universität von Washington in Seattle sowie Jonathan C. Horton und Hubel an der Medizinischen Fakultät der Harvard-Universität in Cambridge (Massachusetts), daß diese Gegend des Cortex bei Makaken tatsächlich ein inselartiges Muster aufweist: Das Enzym Cytochromoxidase konzentriert sich in Flecken (Blobs), die genau in dem von uns vorhergesagten Abstand verteilt sind. Den Zellen in diesen Flecken fehlt, wie sich herausstellte, jegliche Orientierungsspezifität.

Es ist verlockend, die beiden Phänomene miteinander in Verbindung zu bringen. Schon lange hat man sich überlegt, wie es dazu kommt, daß die meisten Neuronen in der Sehrinde von Affen und Katzen auf Striche im Gesichtsfeld ansprechen. Eine besonders anziehende Hypothese, die auf Adam M. Sillito von der Universität Cardiff und Otto Creutzfeld vom Max-Planck-Institut für biophysikalische Chemie in Göttingen zurückgeht, macht dafür inhibitorische Neuronen im Cortex verantwortlich.

Nach unserem Modell der primären Sehrinde wird ein Strich von einer Pyramidenzelle „gesehen", wenn sein Abbild, das die Projektionsbahnen vom Auge quasi auf dem Cortex entwerfen, dort gerade zwischen zwei flankierende inhibitorische Zentren paßt. Ein breiterer „Erregungsklecks" oder ein anders orientierter Strich würde auch die Einzugsgebiete (die Dendritenfelder) der inhibitorischen Zellen treffen; diese würden über ihre Axone, die über das Einzugsgebiet hinausreichen, die Pyramidenzelle zum Schweigen bringen. Nimmt man nun an, daß die inhibitorischen Neuronen in der Sehrinde an den Stellen konzentriert sind, die den Cytochromoxidase-Flecken entsprechen, und daß sie alle umliegenden Pyramidenzellen hemmen (Bild 12), dann würden sich die Orientierungen, auf die diese Zellen ansprechen, gerade so um die Flecken oder Zentren ordnen und drehen, wie es unsere Analyse der Hubelschen und Wieselschen Experimente ergeben hat (Bild 11 unten).

Zur Zeit wird die Frage, wie Neuronen mit verschiedener Vorzugsorientierung auf der Cortex-Oberfläche verteilt sind, mit raffinierten Methoden untersucht. Das Aktivitätsmuster auf der Oberfläche läßt sich zum Beispiel optisch sichtbar machen, wenn man das lebende Hirngewebe mit Farbstoffen tränkt, die unter der Einwirkung der Erregungspotentiale ihre Reflexionseigenschaften ändern. Gary G. Blasdel an der Universität Calgary (kanadische Provinz Alberta) hat mit dieser Methode beim lebenden Tier die Verteilung der erregten Zellen nach Darbietung bestimmter visueller Reize regelrecht photographiert.

Eine andere, länger bekannte Methode besteht darin, die Zellen mit radioaktiv markierter Desoxyglucose zu füttern, die sie nicht verdauen können. Sie nehmen von diesem vermeintlichen Energiespender (der echte ist die Glucose) um so mehr auf, je stärker sie aktiv sind. Nach visueller Reizung mit Strichen bestimmter Orientierung kann man dann auf Gewebeschnitten anhand der radioaktiven Markierung die Verteilung aktiver Zellen im Cortex erkennen.

In beiden Fällen zeigt sich ein fleckiges Muster, und es sieht so aus, als wären corticale Zellen verschiedener Orientierungspräferenz um gewisse Zentren herum angeordnet − und diese haben wieder ungefähr den Abstand der von uns angenommenen Hemmzentren: etwa einen halben Millimeter.

Unser Modell der Sehrinde mit den inhibitorischen Zentren paßt auch sonst gut zu den elektrophysiologisch gewonnenen Ergebnissen, besonders wenn man es mit der Vorstellung eines assoziativen Speichers kombiniert. Nehmen wir einmal die rezeptiven Felder einzelner Rindenneuronen, wie Hubel und Wiesel sie beschrieben haben (ein solches Feld ist der Bereich im Gesichtsfeld, auf den ein Neuron anspricht, wenn dort ein entsprechender visueller Reiz − ein richtig orientierter Lichtstreifen etwa − erscheint). Die gemessenen Felder sind so groß, daß sie − auf den Cortex projiziert − einen Bereich von etwa einem Millimeter Durchmesser abdecken. Innerhalb dieses Rindenstücks, das mehrere unserer Hemmzentren einschließt, muß man daher das Zusammenwirken mehrerer Elemente annehmen. Dies könnte sehr wohl durch assoziatives Zusammenschalten einer Gruppe elementarer Strichdetektoren mit ähnlicher Orientierung geschehen. Was ein Elektrophysiologe als rezeptives Feld mißt, wäre dann in Wirklichkeit die Summe aller Mikrofelder des Zell-Ensembles. Je nach Lage der so zusammengeschalteten Neuronen gegenüber dem Raster der hemmenden Zentren können auch rezeptive Felder mit getrennten erregenden und hemmenden Unterabteilungen entstehen, wie Hubel und Wiesel sie gefunden haben.

Die rezeptiven Felder von Neuronen, die in der Sehrinde nahe beieinander liegen, sind im Gesichtsfeld oft gegeneinander stark verschoben, haben aber fast immer eine sehr ähnliche Orientierungspräferenz. Auch dies läßt sich erklären, wenn man wieder annimmt, daß das rezeptive Feld durch Zusammenschalten verschiedener Zellen zu Ensembles entsteht: In dem weitgehend zufällig angelegten Netzwerk intracorticaler Verbindungen kann es durchaus passieren, daß sich zwei benachbarte Neuronen mit jeweils anderen, recht weit auseinanderliegenden Gruppen assoziieren, wenn sie nur auf dieselbe Art von Reizen − beispielsweise auf dieselbe Orientierung − ansprechen.

Die Möglichkeit, daß sich ein Teil der von Hubel und Wiesel beschriebenen Effekte auf so einfache Weise erklären ließe, ist für unsere These wichtig. Wir haben ja aus der Anatomie des Cortex den Verdacht geschöpft, daß dort die Verbindungen weitgehend dem Zufall überlassen sind, nur mit kleinen, sogenannten „architektonischen" Variationen von Feld zu Feld. Hier hätten wir eine solche kleine Variation, nämlich die Konzentration der Hemmzellen in gewissen Zentren, die sehr präzise, überraschende Folgen in der Physiologie hat, ohne daß man raffinierte Muster in der Faseranatomie annehmen müßte.

## Resümee

Der Cortex allgemein gleicht also, nach unserem Modell, weniger einer präzise vorprogrammierten Maschine als einem Netzwerk von diffusen, durch Aktivität veränderlichen Verbindungen. Die Grundzüge der Verschaltung sind vorgegeben, variieren aber leicht von Region zu Region − kenntlich beispielsweise an den besonderen Formen der Dendriten und axonalen Verzweigungen. Durch seine ausgiebige Selbstverkabelung arbeitet der Cortex als assoziativer Speicher. Seine volle Funktionsfähigkeit erhält er in der Auseinandersetzung mit der Umwelt: durch Koppeln gleichzeitig aktiver Zellen zu Ensembles, durch Stärken oder Schwächen der Verbindungen an plastischen Synapsen. Es genügt, den Grundtypus einer in groben Zügen überall gleichen Verschaltung geringfügig abzuwandeln (Beispiel Hemmzentren), um selbst Mechanismen, die eine raffinierte Vorverdrahtung zu verlangen scheinen, mühelos zu erklären.

Letztlich war es unser Anliegen zu erläutern, welch große Aussagekraft die Neuroanatomie bei Überlegungen zur möglichen Funktionsweise des Gehirns hat. Voraussetzung ist allerdings, daß die theoretischen Vorstellungen über die Hirnmechanismen genau genug formuliert sind, damit sich eventuelle Widersprüche oder Übereinstimmungen mit den anatomischen Gegebenheiten feststellen lassen. Umgekehrt müssen die Hirnanatomen bereit sein, ihre Ergebnisse in Zahlen auszudrükken; diese sind der Prüfstein für gute Theorien, die ja meist quantitative Voraussagen machen.

Dabei hat sich gezeigt, daß relativ grobe Messungen und Zählungen, wenn sie miteinander in Beziehung gebracht werden, oft schon viel aussagen. Wie bei allen Dingen, muß man auch hier zwischen allzuviel Detail und allzu allgemeinen Aussagen einen goldenen Mittelweg finden. Die von uns vorgeschlagene Statistik der neuronalen Verbindungen im Cortex ist ein solcher Mittelweg zwischen dem Modell einer präzisen „Verdrahtung" und dem einer völlig regellosen Struktur. Beide sind gelegentlich als realistisch vorgestellt worden.

# Autoren

**Daniel L. Alkon** ist Leiter des Laboratoriums für Molekulare und Zelluläre Neurobiologie am Nationalen Institut für Neurologische und Kommunikative Störungen und Schlaganfälle (National Institute of Neurological and Communicative Disorders and Stroke) in Bethesda (Maryland), das den National Institutes of Health angeschlossen ist. Von seiner Ausbildung her ist er Mediziner und promovierte 1969 an der medizinischen Fakultät der Cornell-Universität in Ithaca (Bundesstaat New York). Da er sich sehr für menschliches Verhalten und für die molekularen Grundlagen von Lebensprozessen interessiert, ging er 1970 an die National Institutes of Health nach Bethesda und wandte sich der Gedächtnisforschung zu. Vorwiegend arbeitete er damals an der Forschungsstelle für Meeresbiologie in Woods Hole (Massachusetts), wo er seitdem Gedächtnisvorgänge an Meeresschnecken untersucht. In seiner Freizeit, die er am liebsten mit seiner Familie verbringt, spielt er gern Tennis oder erholt sich am Potomac-Fluß.

**Timothy Appenzeller** bildete für diesen Artikel zusammen mit Mishkin ein Wissenschaftler-Journalist-Team. Er ist stellvertretender Chefredakteur von Scientific American.

**Michael J. Bastiani** ist leitender Wissenschaftler in Goodmans Labor, studierte an der Universität von Kalifornien in San Diego und promovierte 1981 an der Universität von Kalifornien in Davis. Im Jahre 1984 wählte ihn die Schweizer Foundation pour l'Étude du Système Nerveux Central et Périphérique als ihren ersten Stipendiaten.

**Valentin Braitenberg** und seine Koautorin Almut Schüz arbeiten seit 15 Jahren am Max-Planck-Institut für Biologische Kybernetik in Tübingen gemeinsam an der Frage, inwieweit sich aus der Struktur der Großhirnrinde ihre Funktionsweise als biologischer Computer ableiten läßt. Dabei hat sich Braitenberg vor allem mit den Besonderheiten der Verschaltung, die den Cortex von anderen Gehirnstrukturen unterscheiden, befaßt. Ähnlichen Fragen geht er seit 1949 an verschiedenen Teilen und Arten von Gehirnen nach. Er hat in Rom in Medizin promoviert und

sich später in Kybernetik und Informationstheorie habilitiert. Er war an verschiedenen Instituten tätig, bevor er nach Tübingen kam. Seit der Gründung des Max-Planck-Instituts für Biologische Kybernetik gehört er zu dessen Direktorium.

**Francis H. C. Crick** ist Professor am Salk-Forschungsinstitut für Biologie in La Jolla in Kalifornien. Er studierte am University College in London Physik, mußte seine Doktorarbeit aber bei Beginn des Zweiten Weltkriegs abbrechen, um bei der Marine an der Entwicklung magnetischer und akustischer Minen zu arbeiten. 1947 begann er an der Universität von Cambridge Biologie zu studieren, wo er auch 1954 promovierte. Zusammen mit James D. Watson, den er 1951 kennenlernte, stellte Crick die Hypothese von der Doppelhelix-Struktur des DNA-Moleküls auf. 1962 erhielt er zusammen mit Watson und M. H. F. Wilkins den Nobelpreis für Physiologie und Medizin. Damit wurde sein Beitrag zur Aufklärung der Doppelhelix-Struktur des DNA-Moleküls gewürdigt.

**Juan D. Delius** ist Professor für Allgemeine Psychologie an der Sozialwissenschaftlichen Fakultät der Universität Konstanz. Er wuchs in Argentinien auf und studierte in Bonn, Freiburg und Göttingen Zoologie. An der letztgenannten Universität promovierte er 1961 mit einer vom Nobelpreisträger Niko Tinbergen in Oxford betreuten Feldstudie über das Verhalten der Feldlerche; als Assistent war er bei ihm dann an einer Untersuchung über das durch Hirnreizung ausgelöste Verhalten von Möwen beteiligt. Für die Verhaltensphysiologie der Taube begann er sich während einer Gastprofessur an der Universität von Kalifornien in San Diego zu interessieren. Anschließend war er mehrere Jahre lang an der Abteilung für Psychologie der Universität Durham, England, in Lehre und Forschung tätig und kam nach Gastaufenthalten an den Max-Planck-Instituten für Hirnforschung in Frankfurt und Verhaltenspsychologie in Seewiesen 1974 als Professor für Experimentelle Tierpsychologie an die Ruhr-Universität Bochum und 1988 nach Konstanz, wo er sich auch weiterhin mit dem Verhalten von Tauben beschäftigt.

**Peter D. Eimas** ist seit 1968 Psychologieprofessor an der Brown-Universität in Providence, Rhode Island. Im Jahre 1956 diplomierte er an der Yale-Universität, drei Jahre später promovierte er an der Universität von Connecticut. Seit 1970 finanziert das Natio-

nal Institute of Child Health and Human Development seine Forschungen über die Sprachwahrnehmung beim Säugling. An dem Artikel dieses Bandes wirkten Alvin M. Liberman von den Haskins-Laboratorien und seine langjährige Mitarbeiterin Joane L. Miller mit.

**Frank A. Geldard** († 1984) war Psychologieprofessor und Leiter der psychologischen Forschungsprogramme an der Princeton-Universität. Nach seiner Promotion im Jahre 1928 wurde er Fakultätsmitglied der Universität von Virginia in Charlottesville. Im Zweiten Weltkrieg leitete er die psychologische Sektion beim Generalstabsarzt des Army Air Force Training Command. An die Princeton-Universität ging er 1962. Ihn interessierte besonders die Fähigkeit der Haut, Reize zu verarbeiten. Das in diesem Band beschriebene Phänomen der Saltation (Empfindungssprung) entdeckte er, als er seinen letzten experimentellen Kurs in Wahrnehmungspsychologie vor seiner Emeritierung im Jahre 1972 abhielt.

**Corey S. Goodman** arbeitet mit Bastiani seit 1981 auf dem Gebiet der Entwicklungsphysiologie zusammen. Er ist Assistenzprofessor für Biologie an der Stanford-Universität. Goodman promovierte 1977 an der Universität von Kalifornien in Berkeley. Die beiden folgenden Jahre arbeitete er an der Universität von Kalifornien in San Diego, und zwar über die Eigenschaften embryonaler Nervenzellen. Seit 1979 ist er Fakultätsmitglied der Stanford-Universität.

**Margaret S. Livingstone** ist außerordentlicher Professor für Neurobiologie an der medizinischen Fakultät der Harvard-Universität in Cambridge (US-Bundesstaat Massachusetts). Nach ihrem Studium am Massachusetts Institute of Technology ging sie an die medizinische Fakultät von Harvard, an der sie 1980 in Neurobiologie promovierte. Seit 1979 arbeitet sie zusammen mit dem Mediziner David H. Hubel (Nobelpreis 1981) über die visuelle Informationsverarbeitung bei Menschen und anderen Primaten. Margaret S. Livingstone erforscht auch die Rolle von Neurohormonen beim Verhalten von Krebstieren und die biochemische Basis des assoziativen Lernens bei der Taufliege *Drosophila*.

**Mortimer Mishkin** ist seit 1980 Leiter des Laboratoriums für Neurophysiologie am amerikanischen National Institute of Mental Health (NIMH). Er untersucht hauptsächlich die Mechanismen des Gehirns, die dem komplexen Verhalten zugrunde liegen. Mishkin promovierte 1951 an der Yale-Universität und ging dann an das Institute of Living in Hartford (Connecticut), wo er am Aufbau eines Laboratoriums für Neurologie und Verhalten von Primaten mitwirkte. Zugleich arbeitete er am Bellevue Medical Center der Universität New York, um die Auswirkungen von Gehirnläsionen bei Kriegsveteranen zu erforschen. Im Jahre 1955 wechselte er zum NIMH. Mishkin war Präsident der amerikanischen Gesellschaft für Neurowissenschaften.

**Jeremy Nathans** arbeitet als Assistenzprofessor in der Abteilung für Molekularbiologie und Genetik und in der Abteilung für Neurowissenschaften am Howard Medical Institute der medizinischen Fakultät der Johns-Hopkins-Universität in Baltimore (Maryland). Er hat am Massachusetts Institute of Technology in Cambridge und an der Stanford-Universität (Kalifornien) studiert und dort auch promoviert. Anschließend arbeitete er ein Jahr bei der Firma Genentech. Im Jahre 1987 ging er zur Johns-Hopkins-Universität.

**Fernando Nottebohm** ist Biologieprofessor mit dem Spezialgebiet Tierverhalten an der Rockefeller-Universität in New York und Direktor des Feldforschungszentrums dieser Universität für Ethologie und Ökologie. Er stammt aus Argentinien und ging zunächst in die USA, um Agrarwissenschaften zu studieren, promovierte dann allerdings in Zoologie an der Universität von Kalifornien in Berkeley. An die Rockefeller-Universität kam er 1967. Zunächst arbeitete er dort als Assistenzprofessor; seit 1976 ist er ordentlicher Professor.

**Günther Palm** ist Professor für Theoretische Hirnforschung an der Universität Düsseldorf. Er hat 1975 an der Universität Tübingen in Mathematik promoviert und anschließend bis Mai 1988 am Max-Planck-Institut für Biologische Kybernetik in Tübingen gearbeitet − von 1981 bis 1986 als Heisenberg-Stipendiat. Seine Forschungsschwerpunkte sind die Analyse neuroanatomischer und -physiologischer Daten, die Theorie neuronaler Netze und assoziativer Informationstheorie. Im Jahre 1985 wurde er mit dem Forschungspreis für technische Kommunikation der Standard Elektrik Lorenz AG ausgezeichnet. Er ist Autor des 1982 im Springer-Verlag erschienenen Buches *Neural Assemblies*.

**Vilayanur S. Ramachandran** ist Psychologieprofessor an der Universität von Kalifornien in San Diego und gleichzeitig Gastprofessor für Psycho-

logie am California Institute of Technology in Pasadena. Nach seinem Diplom 1974 an der Universität Madras in Indien promovierte er 1978 in Neurophysiologie an der Universität Cambridge in Großbritannien. Er las an mehreren Institutionen, darunter an der Universität Oxford, an der er die Entwicklung der neuronalen Mechanismen des binokularen Sehens bei Tieren erforschte. Sein augenblickliches Forschungsziel ist es, die physiologischen Mechanismen herauszufinden, die den im Artikel dargestellten Wahrnehmungseffekten zugrunde liegen.

**Almut Schüz** und ihr Koautor Valentin Braitenberg arbeiten seit 15 Jahren am Max-Planck-Institut für Biologische Kybernetik in Tübingen gemeinsam an der Frage, inwieweit sich aus der Struktur der Großhirnrinde ihre Funktionsweise als biologischer Computer ableiten läßt. Dabei hat sich Almut Schüz vor allem mit der Frage eines möglichen Gedächtnisniederschlags in der Großhirnrinde befaßt. Sie hat in Marseille und Tübingen Biologie studiert und am Max-Planck-Institut für Biologische Kybernetik promoviert, wo sie als wissenschaftliche Mitarbeiterin tätig ist und sich gerade habilitiert.

**Carl E. Sherrick** untersuchte jahrelang gemeinsam mit Geldard die Fähigkeit der Haut, Reize zu verarbeiten. Er ist psychologischer Forschungsleiter und Psychologiedozent an der Princeton-Universität. Er studierte Experimentelle Psychologie bei Geldard und promovierte 1952. Ein Jahr später ging er nach St. Louis, wo er an der Washington-Universität sowie am Zentralinstitut für Taube tätig war. Im Jahre 1962 wechselte er zusammen mit Geldard nach Princeton. Sherrick interessiert sich besonders für die Fähigkeit des Tastsinns, geschädigte Sinnesorgane zu ersetzen.

**Wolf Singer** ist Professor für Neurophysiologie und Direktor des Max-Planck-Instituts für Hirnforschung in Frankfurt. Er studierte Medizin in München und Paris. An der Münchner Universität legte er 1968 neben dem deutschen auch das amerikanische Staatsexamen ab und promovierte dann im gleichen Jahr mit einem neurophysiologischen Thema. Nach seiner Approbation als Arzt für Allgemeinmedizin ging er 1971 an die University of Sussex in England, um sich weiter in die Methoden psycho-physischer Untersuchungen einzuarbeiten. Von 1972 an war er am Max-Planck-Institut für Psychiatrie in München tätig. Nach seiner Habilitation erhielt er 1976 einen

Ruf an die Universität Bielefeld und zwei Jahre später dann an das Hirnforschungsinstitut der Universität Zürich. Seit 1981 ist er Direktor des Max-Planck-Instituts für Hirnforschung. Er bearbeitet dort als Schwerpunkte die in seinem Artikel dargestellten Probleme.

**Gunther S. Stent** arbeitet in der molekularbiologischen Abteilung der Universität von Kalifornien in Berkeley und leitet das universitätseigene Viruslaboratorium. Er ist gebürtiger Berliner und ging 1940 in die Vereinigten Staaten. Stent studierte an der Universität von Illinois Physikalische Chemie und arbeitete nach der Promotion am California Institute of Technology (Caltech) und am Pasteur-Institut „auf einem Gebiet, das schließlich unter dem Namen ‚Molekularbiologie' bekannt werden sollte". 1952 ging er nach Berkeley. Die Neurobiologie von Blutegeln untersucht Stent seit 1969, als er ein Forschungssemester an der Harvard Medical School bei Stephen W. Kuffler und John G. Nicholls verbrachte.

**Lubert Stryer** ist seit 1976 Professor für Zellbiologie an der medizinischen Fakultät der Universität Stanford. Er promovierte 1961 an der Harvard-Universität und war dann als Gastwissenschaftler am molekularbiologischen Laboratorium des Britischen Medizinischen Forschungsrates in Cambridge tätig. Zwischen 1963 und 1969 lehrte er in Stanford Biochemie und wurde dann als Professor für Molekulare Biophysik und Biochemie an die Yale-Universität berufen. Er ist Mitglied der National Academy of Sciences der USA.

**Anne Treisman** ist seit 1986 Psychologieprofessorin an der Universität von Kalifornien in Berkeley. Die gebürtige Engländerin studierte zunächst an der Universität Cambridge, anschließend an der Universität Oxford. Sie forschte in Großbritannien und in den USA und wurde 1978 auf den Lehrstuhl für Psychologie an der Universität von British Columbia in Vancouver berufen. Die hier beschriebenen Forschungen sind vom Engineering Research Council of Canada und dem Canadian Institute of Advanced Research unterstützt worden. 1989 wurde Frau Treisman zum Mitglied der Royal Society of London ernannt.

**David A. Weisblat** arbeitet am Zoologischen Institut der Universität von Kalifornien in Berkeley und seit 1976 zusammen mit Stent. Er studierte am Harvard College und promovierte am California Institute of Technology in Chemie und Neurophysiologie.

# Literatur

## Wie embryonale Nervenzellen einander erkennen
(*Spektrum der Wissenschaft, 2/1985*)

Bastiani, M. J.; Goodman, C. S. *Neuronal Growth Cones: Specific Interactions Mediated by Filopodial Insertion and Induction of Coated Vesicles.* In: *Proceedings of the National Academy of Sciences of the United States of America* 81/6 (1984) S. 1849–1853.
Edelman, G. M. *Cell Adhesion Molecules in the Regulation of Animal Form and Tissue Pattern.* In: *Ann. Rev. Cell Biol.* 2 (1986) S. 81–116.
Goodman, C. S.; Bastiani, M. J. *Cell Recognition During Neuronal Development.* In: *Science* 225/4668 (1984) S. 1271–1279.
Goodman, C. S.; Spitzer, N. C. *Embryonic Development of Identified Neurones: Differentiation from Neuroblast to Neuron.* In: *Nature* 280/5719 (1979) S. 208–214.
Raper, J. A.; Bastiani, M. J.; Goodman, C. S. *Guidance of Neuronal Growth Cones: Selective Fasciculation in the Grasshopper Embryo.* In: *Cold Spring Harbor Symposia on Quantitative Biology* 48 (1983) S. 587–598.

## Die Entwicklung eines einfachen Nervensystems
(*Spektrum der Wissenschaft, 3/1982*)

Miller, K. J.; Nicholls, J. G.; Stent, G. S. (Hrsg.) *Neurobiology of the Leech.* Cold Spring Harbor (Cold Spring Harbor Laboratory) 1981.
Schliep, W. *Ontogenie der Hirudineen.* In: Bonn, H. G. (Hrsg.) *Klassen und Ordnungen des Tierreichs.* Bd. 4, Unterband III, Buch 4, Teil 2. Leipzig (Akademische Verlagsgesellschaft) 1936. S. 1–121.
Weisblat, D. A.; Sawyer, R. T.; Stent, G. S. *Cell Lineage Analysis by Intracellular Injection of a Tracer Enzyme.* In: *Science* 202/4374 (1978) S. 1295–1298.
Weisblat, D. A.; Harper, G.; Stent, G. S.; Sawyer, R. T. *Embryonic Cell Lineages in the Nervous System of the Glossiphoniid Leech Helobdella Triserialis.* In: *Developmental Biology* 76/1 (1980) S. 58–78.

## Die Sehkaskade
(*Spektrum der Wissenschaft, 9/1987*)

Fung, B. K.-K.; Hurley, J. B.; Stryer, L. *Flow of Information in the Light-triggered Cyclic Nucleotide Cascade of Vision.* In: *Proceedings of the National Academy of Sciences of the United States of America* 78/1 (1981) S. 152–156.
Liebman, P. A.; Pugh, E. N. jr. *Control of Rod Disk Membrane Phosphodiesterase and a Model for Visual Transduction.* In: *Current Topics in Membranes and Transport* 15 (1981) S. 157–170.
Stryer, L. *Cyclic GMP Cascade of Vision.* In: *Annual Review of Neuroscience* 9 (1986) S. 87–119.
Stryer, L. *Biochemie.* Heidelberg (Spektrum der Wissenschaft) 1990.

## Die Gene für das Farbensehen
(*Spektrum der Wissenschaft, 4/1989*)

von Campenhausen, C. *Farbensehen und Helligkeitskonstanz.* In: *Mathematisch-Naturwissenschaftlicher Unterricht* 42/3 (1989) S. 143–152.
Hubel, D. H. *Auge und Gehirn. Neurobiologie des Sehens.* Heidelberg (Spektrum der Wissenschaft) 1989.
Nathans, J.; Piantanida, T. P.; Eddy, R. L.; Shows, T. B.; Hogness, D. S. *Molecular Genetics of Inherited Variation in Human Color Vision.* In: *Science* 232/4747 (1986) S. 203–210.
Wald, G. *The Molecular Basis of Visual Excitation.* In: *Nature* 219/5156 (1968) S. 800–807.

## Hirnentwicklung und Umwelt
(*Spektrum der Wissenschaft, 3/1985*; aktualisiert)

Creutzfeldt, O. D. *Cortex Cerebri. Leistung, strukturelle und funktionelle Organisation der Hirnrinde.* Heidelberg/New York (Springer) 1983.
Kalil, R. E. *Nervenverknüpfung im jungen Gehirn.* In: *Spektrum der Wissenschaft* 2 (1990) S. 94–102.
Rakic, P.; Singer, W. (Hrsg.) *Neurobiology of Neocortex.* In: *Dahlem Workshop Reports.* Chichester (Wiley) 1988.
Singer, W. *Learning to See: Mechanisms in Experience-Dependent Development.* In: Marler, P.; Terrace, H. S. *The Biology of Learning.* Heidelberg/New York (Springer) 1984.
Singer, W. *Zur Selbstorganisation kognitiver Strukturen.* In: Pöppel, E. (Hrsg.) *Gehirn und Bewußtsein.* Weinheim/New York (VCH) 1989.

## Vom Vogelgesang zur Bildung neuer Nervenzellen
(*Spektrum der Wissenschaft, 4/1989*)

Alvarez-Buylla, A.; Nottebohm, F. *Migration of Young Neurons in Adult Avian Brain.* In: *Nature* 335/6188 (1988) S. 353f.
Nottebohm, F. *Hormonal Regulation of Synapses and Cell Number in the Adult Canary Brain and Its Relevance to Theories of Long-Term Memory Storage.* In: Lakoski, J. M.; Perez-Polo, J. R.; Rassin, D. K. (Hrsg.) *Neural Control of Reproductive Function.* New York (Liss) 1988.
Paton, J. A.; Nottebohm, F. *Neurons Generated in the Adult Brain Are Recruited into Functional Circuits.* In: *Science* 225/4666 (1984) S. 1046–1048.

## Eine Meeresschnecke als Lernmodell
(*Spektrum der Wissenschaft, 9/1983*)

Alkon, D. L. *Cellular Analysis of a Gastropod* (Hermissenda crassicornis) *Model of Associative Learning.* In: *The Biological Bulletin* 159/3 (1980) S. 505–560.
Alkon, D. L.; Lederhendler, I.; Shoukimas, J. J. *Primary Changes of Membrane Currents During Retention of Associative Learning.* In: *Science* 215/4533 (1982) S. 693–695.
Rasmussen, H. *Calcium and Cyclic-AMP as Synarchic Messengers.* Chichester/New York (Wiley) 1981.
Woody, C. D. (Hrsg.) *Conditioning: Representation of Involved Neural Functions.* New York (Plenum Press) 1982.

## Gedächtnisspuren in Nervensystemen und künstliche neuronale Netze
(*Spektrum der Wissenschaft, 9/1989*)

Alkon, D. L. *Memory Traces in the Brain.* Cambridge (Cambridge University Press) 1988.
Alkon, D. L.; Rasmussen, H. *A Spatial Temporal Model of Cell Activation.* In: *Science* 239/4843 (1988) S. 998–1005.
*Gehirn und Nervensystem.* 8. Aufl. Heidelberg (Spektrum der Wissenschaft) 1987.

## Die Anatomie des Gedächtnisses
(*Spektrum der Wissenschaft, 8/1987*)

Aggleton, J. P.; Mishkin, M. *The Amygdala: Sensory Gateway to the Emotions.* In: Plutchik, R.; Kellerman, H. *Emotion: Theory, Research,* and Experience. Bd. 3. London/New York (Academic Press) 1985.

Baddeley, A. D. Die Psychologie des Gedächtnisses. Stuttgart (Klett-Cotta) 1979.

Changeux, J.-P.; Konishi, M. The Neural and Molecular Basis of Learning. In: Dahlem Workshop Reports. Chichester/New York (Wiley) 1985.

Creutzfeld, O. D. Cortex cerebri. Berlin/Heidelberg/New York (Springer) 1983.

Kintsch, W. Gedächtnis und Kognition. Berlin/Heidelberg/New York (Springer) 1982.

Marler, P.; Terrace, H. S.; Bever, T.; Cavalli-Sforza, L. L.; Gould, J. L.; Immelmann, K.; Thompson, R. F.; Wagner, A. R. (Hrsg.) The Biology of Learning. In: Dahlem Workshop Reports. Bd. 29. Berlin/Heidelberg/New York (Springer) 1984.

Mishkin, M. A Memory System in the Monkey. In: Philosophical Transactions of the Royal Society of London, Series B 298/1089 (1982) S. 85−95.

Mishkin, M.; Malamut, B.; Bachevalier, J. Memories and Habits: Two Neural Systems. In: Lynch, G.; McGaugh, J. L.; Weinberger, N. M. (Hrsg.) Neurobiology of Learning and Memory. New York (The Guilford Press) 1984.


**Komplexe Wahrnehmungsleistungen bei Tauben**
(Spektrum der Wissenschaft, 4/1986)

Abs, M. (Hrsg.) Physiology and Behaviour of the Pigeon. London/New York/San Diego (Academic Press) 1983.

Delius, J. D.; Nowak, B. Visual Symmetry Recognition by Pigeons. In: Psychological Research 44 (1982) S. 199−212.

Granda, A. M.; Maxwell, J. H. Neural Mechanism of Behavior in the Pigeon. New York (Plenum Press) 1979.

Herrnstein, R. J.; De Villiers, P. A. Fish as a Natural Category for People and Pigeons. In: Psychology of Learning and Motivation 14 (1980) S. 59−95.

Hollard, V. D.; Delius, J. D. Rotational Invariance in Visual Pattern Recognition by Pigeons and Humans. In: Science 218 (1982) S. 804−806.

Lombardi, C. M.; Delius, J. D. Size Invariance of Pattern Recognition in Pigeons. In: Commons, M. L.; Kosslyn, S. M.; Herrnstein, R. J. (Hrsg.) Pattern Recognition and Concepts in Animals, People and Machines. Hillsdale/New Jersey (Erlbaum) 1989.


**Sprachwahrnehmung beim Säugling**
(Spektrum der Wissenschaft, 3/1985)

Friederici, A. D. Kognitive Strukturen des Sprachverstehens. In: Lehr- und Forschungstexte Psychologie. Bd. 23. Berlin/Heidelberg/New York (Springer) 1987.

Grimm, H.; Engelkamp, J. Sprachpsychologie. Handbuch und Lexikon der Psycholinguistik. Berlin (Schmidt) 1981.

Hörmann, H. Psychologie der Sprache. 2. überarbeitete Auflage Berlin/Heidelberg/New York/Tokyo (Springer) 1977.

Tillmann, H. G.; Mansell, P. Phonetik. Stuttgart (Klett-Cotta) 1980.


**Raum, Zeit und Tastsinn**
(Spektrum der Wissenschaft, 9/1986)

Geldard, F. A. Sensory Saltation: Metastability in the Perceptual World. Hillsdale/New Jersey (Erlbaum) 1975.

Geldard, F. A. Saltation in Somesthesis. In: Psychological Bulletin 92/1 (1982) S. 136−175.

Geldard, F. A.; Sherrick, C. E. The Cutaneous „Rabbit": A Perceptual World. In: Science 178/4057 (1972) S. 178f.


**Merkmale und Gegenstände in der visuellen Verarbeitung**
(Spektrum der Wissenschaft, 1/1987)

von Campenhausen, C. Die Sinne des Menschen. Bd. 1: Einführung in die Psychophysik der Wahrnehmung. Stuttgart (Thieme) 1981.

Lindsay, P. H. Einführung in die Psychologie. Informationsaufnahme und -verarbeitung beim Menschen. Berlin/Heidelberg/New York (Springer) 1981.

Prinz, W. Wahrnehmung und Tätigkeitssteuerung. Berlin/Heidelberg/New York (Springer) 1983.

Ritter, M. (Hrsg.) Wahrnehmung und visuelles System. Heidelberg (Spektrum der Wissenschaft) 1986.

Schmidt, R. F. (Hrsg.) Grundriß der Sinnesphysiologie. Berlin/Heidelberg/New York (Springer) 1985.

Treisman, A. Properties, Parts and Objects. In: Boff, K. et al. (Hrsg.) Handbook of Perception and Performance. Bd. 2. Chichester/New York (Wiley) 1986.

Treisman, A. Features and Objects: The Fourteenth Bartlett Memorial Lecture. In: Journal of Experimental Psychology 140A (1987) S. 201 bis 237.


Treisman, A.; Gormican, S. Feature Analysis in Early Vision: Evidence from Search Asymmetries. In: Psychological Review 95 (1987) S. 15−48.


**Formwahrnehmung aus Schattierung**
(Spektrum der Wissenschaft, 10/1988)

Ramachandran, S. Perception of Shape from Shading. In: Nature 331 (1988) S. 133−166.

Ramachandran, V. S.; Anstis, S. M. Das Wahrnehmen von Scheinbewegung. In: Spektrum der Wissenschaft 8 (1986) S. 104−115.

Wolf, R. Binokulares Sehen, Raumverrechnung und Raumwahrnehmung. In: Biologie in unserer Zeit 15/6 (1985) S. 161−178.


**Kunst, Schein und Wahrnehmung**
(Spektrum der Wissenschaft, 3/1988)

Arnheim, R. Kunst und Sehen: Eine Psychologie des schöpferischen Auges. Berlin (de Gruyter) 1978.

Hubel, D. H. Auge und Gehirn. Neurobiologie des Sehens. Heidelberg (Spektrum der Wissenschaft) 1989.

Livingstone, M. S.; Hubel, D. H. Anatomy and Physiology of a Color System in the Primate Visual Cortex. In: The Journal of Neuroscience 4/1 (1984) S. 309−356.

Ritter, M. (Hrsg.) Wahrnehmung und visuelles System. Heidelberg (Spektrum der Wissenschaft) 1986.

Rock, I. Wahrnehmung. Vom visuellen Reiz zum Sehen und Erkennen. Heidelberg (Spektrum der Wissenschaft) 1985.


**Assoziatives Gedächtnis und Gehirntheorie**
(Spektrum der Wissenschaft, 6/1988, sowie Computer-Systeme, Reihe „Verständliche Forschung", 1989)

Kohonen, T. Self-Organization and Associative Memory. Berlin/Heidelberg/New York/Tokyo (Springer) 1988.

Palm, G. (Hrsg.) Neural Assemblies: An Alternative Approach to Artificial Intelligence. In: Studies of Brain Function. Band 7. Berlin/Heidelberg / New York / Tokyo (Springer) 1982.

Palm, G. Local Synaptic Modification Can Lead to Organized Connectivity Pattern in Associative Memory. In: Frehland, E. (Hrsg.) Synergetics − From Microscopic to Macroscopic Order. Berlin/Heidelberg/New York (Springer) 1984.

Willwacher, G. *Fähigkeiten eines assoziativen Speichersystems im Vergleich zu Gehirnfunktionen.* In: *Biological Cybernetics* 24 (1976) S. 181–198.

**Gedanken über das Gehirn**
(*Spektrum der Wissenschaft, 11/1979*)

Changeux, J.-P. *Der neuronale Mensch. Wie die Seele funktioniert – die Entdeckungen der neuronalen Hirnforschung.* Reinbek (Rowohlt) 1984.

Edelman, M. *Neural Darwinism: The Theory of Neuronal Group Selection.* New York (Basic Books) 1987.

Edelman, M. *The Remembered Present. A Biological Theory of Consciousness.* New York (Basic Books) 1989.

Popper, K. R.; Eccles, J. C. *Das Ich und sein Gehirn.* München (Piper) 1979.

Thompson, R. F. *Das Gehirn. Von der Nervenzelle zur Verhaltenssteuerung.* Heidelberg (Spektrum der Wissenschaft) 1990.

**Cortex: hohe Ordnung oder größtmögliches Durcheinander?**
(*Spektrum der Wissenschaft, 5/1989,* sowie *Chaos und Fraktale,* Reihe „Verständliche Forschung", 1989)

Braitenberg, V. *Künstliche Wesen. Verhalten kybernetischer Vehikel.* Wiesbaden (Vieweg) 1986.

Braitenberg, V. *Gehirngespinste. Neuroanatomie für kybernetisch Interessierte.* Berlin/Heidelberg/New York (Springer) 1973.

*Gehirn und Nervensystem.* 8. Aufl. Heidelberg (Spektrum der Wissenschaft) 1987.

Hubel, D. H. *Auge und Gehirn. Neurobiologie des Sehens.* Heidelberg (Spektrum der Wissenschaft) 1989.

Palm, G. *Neural Assemblies. An Alternative Approach to Artificial Intelligence.* Berlin/Heidelberg/New York (Springer) 1982.

Peters, A.; Jones, E. G. (Hrsg.) *Cerebral Cortex.* Bde. 1–7. New York/London (Plenum Press) 1984–1988.

Rose, D.; Dobson, V. G. (Hrsg.) *Models of the Visual Cortex.* Chichester/New York (Wiley) 1985.

# Bildnachweise

**Titelbild**[*]: Peter Germroth, Max-Planck-Institut für Hirnforschung — **Wie embryonale Nervenzellen einander erkennen:** Bilder 1, 4, 7, 9 und 11: Corey S. Goodman und Michael J. Bastiani, Stanford University; Bild 2: Keir G. Pearson und John D. Steeves; Bild 3: Keir G. Pearson; Bilder 5, 6 und 8: Carol Donner; Bild 10: Ilil Arbel — **Die Entwicklung eines einfachen Nervensystems:** Bilder 1 und 9: Saul L. Zackson, University of California at Berkeley; Bilder 2–4: Tom Prentiss; Bilder 5 und 6: Roy T. Sawyer, University of California at Berkeley; Bild 7 (links) und 8: Andrew P. Kramer, University of California at Berkeley; Bild 7 (rechts): Duncan K. Stuart, University of California at Berkeley; Bild 10: Gunther S. Stent und David A. Weisblat; Bild 11: Tom Prentiss — **Die Sehkaskade:** Bild 1: Lubert Stryer; Bild 2: Tom Prentiss; Bilder 3–9: George V. Kelvin/Science Graphics — **Die Gene für das Farbensehen:** Bild 1: Bruce Coleman Inc./Nicholas deVore III; Bilder 2–6: George V. Kelvin — **Hirnentwicklung und Umwelt:** Bilder 1 und 14: Wolf Singer; Bilder 2–13: Wolf Singer/Spektrum der Wissenschaft — **Vom Vogelgesang zur Bildung neuer Nervenzellen:** Bild 1: Fernando Nottebohm; Bilder 2–5: Patricia J. Wynne — **Eine Meeresschnecke als Lernmodell:** Bild 1: Pierre A. Henkart, National Cancer Institute; Bilder 2 und 3: Alan M. Kuzirian, Marine Biological Laboratory, Woods Hole, Massachusetts; Bilder 4, 5, 7 und 9–17: Jerome Kuhl; Bilder 6 und 8: Daniel L. Alkon, Marine Biological Laboratory, Woods Hole, Massachusetts — **Gedächtnisspuren in Nervensystemen und künstliche neuronale Netze:** Bild 1: J. L. Olds, National Institute of Neurological and Communicative Disorders and Stroke; Bilder 2–9: T. C. Moore — **Die Anatomie des Gedächtnisses:** Bild 1: James Kilkelly; Bilder 2–8: Carol Donner — **Komplexe Wahrnehmungsleistungen bei Tauben:** Bilder 1 (oben) und 5: Günter Keim; Bild 1 (unten): Juan Delius; Bilder 7 und 8: Anette Lohmann; Bilder 2–4 und 6: Anette Lohmann/Spektrum der Wissenschaft; Bild 9: Onur Güntürkün — **Sprachwahrnehmung beim Säugling:** Bild 1 (oben): James Kilkelly; Bilder 1 (unten), 3 und 6: Ilil Arbel; Bild 2: Canadian Journal of Psychology; Bild 4: Cognition; Bild 5: Patricia K. Kuhl, University of Washington — **Raum, Zeit und Tastsinn:** Bild 1: James Kilkelly; Bilder 2–6: Carol Donner — **Merkmale und Gegenstände in der visuellen Verarbeitung:** Bild 1: Jon Brenneis; Bilder 2–9: Jerome Kuhl — **Formwahrnehmung aus Schattierung:** Bild 1: Vilayanur S. Ramachandran; Bilder 2–6 (Mitte und rechts) und 7–10: George V. Kelvin; Bild 6 (links): Ron James — **Kunst, Schein und Wahrnehmung:** Bilder 1 und 3: Margaret S. Livingstone; Bilder 2 und 9: Patricia J. Wynne; Bilder 4 und 7: Richard MacDonald; Bild 5: David H. Hubel; Bild 6: Bettmann Archive; Bild 8: Baltimore Museum of Art/Cone Collection — **Assoziatives Gedächtnis und Gehirntheorie:** Bild 1: Teuvo Kohonen; Bilder 2, 3 (rechts) und 4–9: Günther Palm; Bild 3 (links): Valentin Braitenberg; Bild 10: Gerd Willwacher — **Gedanken über das Gehirn:** Bild 1: Ilil Arbel — **Cortex: hohe Ordnung oder größtmögliches Durcheinander?:** Bilder 1 und 4: Valentin Braitenberg und Almut Schüz; Bilder 2, 5 und 9 (oben und Mitte): Valentin Braitenberg; Bild 3: Santiago Ramón y Cajal; Bild 6: Volker Staiger, Valentin Braitenberg und Monika Dortenmann; Bilder 7 (unten) und 9 (unten): Almut Schüz; Bild 8: Valentin Braitenberg und Almut Schüz/Spektrum der Wissenschaft; Bild 10: Claudia Martin-Schubert und Valentin Braitenberg; Bild 11: Valentin Braitenberg und Carla Braitenberg/Spektrum der Wissenschaft; Bild 12: Valentin Braitenberg/Spektrum der Wissenschaft.

[*]Pyramidenzelle aus dem entorhinalen Cortex der Ratte. Diese Nervenzelle wurde mit dem Fluoreszenzfarbstoff Lucifer Yellow markiert.

# Index

Die Deutsche Bibliothek – CIP-Einheitsaufnahme

**Gehirn und Kognition**/mit einer Einf. von Wolf Singer. – Heidelberg ;
Berlin ; New York : Spektrum Akad. Verl., 1992. (Verständliche Forschung)
ISBN 3-86025-070-1 NE: Singer, Wolf [Vorr.]

Lektorat: Merlet Behncke
Produktion: Jutta Liebau

Typographie, Umschlag- und Buchgestaltung:
Studio für visuelle Gestaltung Paul-Henri Wirthner, Gengenbach

Gesamtherstellung: Klambt-Druck GmbH, Speyer

Spektrum Akademischer Verlag Heidelberg · Berlin · New York

EIN VERLAG DER SPEKTRUM FACHVERLAGE GMBH

Gedruckt auf säurefreiem und chlorarmem Papier